eXamen.press

eXamen.press ist eine Reihe, die Theorie und Praxis aus allen Bereichen der Informatik für die Hochschulausbildung vermittelt.

Christof Paar · Jan Pelzl

Kryptografie verständlich

Ein Lehrbuch für Studierende und Anwender

Christof Paar
Ruhr-Universität Bochum
Bochum, Deutschland

Jan Pelzl
Hochschule Hamm-Lippstadt
Hamm, Deutschland

ISSN 1614-5216
eXamen.press
ISBN 978-3-662-49296-3
ISBN 978-3-662-49297-0 (eBook)
DOI 10.1007/978-3-662-49297-0

Die Deutsche Nationalbibliothek verzeichnet diese Publikation in der Deutschen Nationalbibliografie; detaillierte bibliografische Daten sind im Internet über http://dnb.d-nb.de abrufbar.

Springer Vieweg

Übersetzung: (der englischen Ausgabe) Understanding Cryptography © Springer-Verlag 2010

Gedruckt auf säurefreiem und chlorfrei gebleichtem Papier

Springer Vieweg ist Teil von Springer Nature
Die eingetragene Gesellschaft ist Springer-Verlag GmbH Berlin Heidelberg

Für
Flora, Maja, Noah und Sarah
sowie
Greta, Karl, Thea, Klemens und Nele

Beim Schreiben dieses Buches fiel uns auf, dass die Namen unserer Kinder und Ehefrauen alle aus 4, 5 oder 7 Buchstaben bestehen. Unseres Wissens nach hat dies keine kryptografische Signifikanz.

Geleitwort

Universitäre Forschung auf dem Gebiet der Kryptografie begann zögerlich Mitte der 1970er-Jahre. Heute hat sie sich zu einer etablierten Wissenschaft mit Tausenden von Forschern, Dutzenden von internationalen Konferenzen und Workshops sowie dem weltweiten Berufsverband International Association for Cryptologic Research entwickelt. Jedes Jahr gibt es über tausend wissenschaftliche Veröffentlichungen auf dem Gebiet der Kryptografie und deren Anwendungen.

Bis in die 1970er-Jahre wurde Kryptografie fast ausschließlich für diplomatische, militärische und andere Regierungsanwendungen eingesetzt. Im Lauf der 1980er-Jahre wurden zunehmend Hardware-Chips mit Kryptografie für Banken und in Telekommunikationsanwendungen eingesetzt. Die ersten Massenanwendungen für Kryptografie waren digitale Mobiltelefone Ende der 1980er-Jahre. Heutzutage wird Kryptografie von fast allen Menschen täglich genutzt: Unsere Autos werden elektronisch ver- und entriegelt, unsere Laptops sind per WLAN verbunden, wir verwenden die elektronische ec-Karte in Geschäften oder online, unsere Rechner aktualisieren ihre Software sicher im Hintergrund und wir nutzen Skype oder eine andere Internettelefonie. Durch zukünftige Anwendungen im Bereich der Telemedizin, vernetzten Autos und intelligenten Gebäude wird die Kryptografie unser Alltagsleben noch stärker durchdringen.

Die Kryptografie ist ein faszinierendes und sich schnell entwickelndes Gebiet, das an der Schnittstelle zwischen Informatik, Mathematik und Elektrotechnik liegt. Im Lauf der letzten drei Jahrzehnte hat sich unser Verständnis der theoretischen Grundlagen deutlich verbessert, wodurch es möglich geworden ist, die Sicherheit von Protokollen und anderen kryptografischen Konstruktionen zu beweisen. Auch in der angewandten Kryptografie gibt es ständig neue Entwicklungen, alte Chiffren werden gebrochen und neue Kryptoverfahren werden vorgeschlagen.

Obwohl im Lauf der letzten Dekade eine Reihe guter Lehrbücher erschienen ist, zielen die meisten von ihnen auf Leser ab, die über mathematische Spezialkenntnisse, z. B. aus der Zahlentheorie, verfügen. Es ist für Autoren auch verführerisch, in Büchern Spezialthemen zu behandeln, die aktuell in der „scientific community" diskutiert werden. Im Gegensatz dazu zeichnet sich das vorliegende Lehrbuch dadurch aus, dass der Fokus auf Themen liegt, die für heutige Anwendungen relevant sind. Es werden nur genau die Mathematik und die Formalismen eingeführt, die auch wirklich benötigt werden. Zudem sind die mathematischen Aspekte in die betreffenden Kapitel integriert, sodass der Leser diese immer zum richtigen Zeitpunkt vermittelt bekommt. Dieser Weniger-ist-Mehr-Ansatz ist gerade für Neueinsteiger in das Gebiet der Kryptografie sehr hilfreich. Der Leser wird schrittweise an alle wichtigen Konzepte und sorgfältig ausgewählte Algorithmen und Protokolle herangeführt. Am Ende jedes Kapitels gibt es Hinweise für weiterführende Literatur, wodurch ein tiefergehendes Selbststudium möglich ist.

Den Autoren ist die schwierige Aufgabe geglückt, eine äußerst gelungene Einführung in die angewandte Kryptografie zu schreiben. Das Buch ist sowohl für Praktiker sehr hilfreich, die Kryptografie in ihre Anwendungen integrieren möchten, als auch für Wissenschaftler, die sich in das spannende Thema der Kryptografie einarbeiten möchten.

Leuven, März 2016 Bart Preneel

Vorwort

Dies ist die deutsche Übersetzung von „Understanding Cryptography“. Das Buch ist im Jahr 2010 in englischer Sprache erschienen und hat sich schnell zu einem Klassiker in der Kryptografieliteratur entwickelt. Bis heute wurde es an fast 200 Universitäten auf allen fünf Kontinenten als Lehrbuch eingesetzt. Unzählige Anwender aus der Industrie sowie Kryptografie-Interessierte nutzen das Werk, um sich in das faszinierende Gebiet der Verschlüsselung einzuarbeiten.

Kryptografie wird schon seit langem standardmäßig im Internet eingesetzt, beispielsweise beim Online-Banking, bei der E-Mail-Verschlüsselung oder bei Webshops. Darüber hinaus sind wir mittlerweile in einem Maße von Kryptografie umgeben, die vielen Menschen kaum bewusst ist. Viele von uns haben täglich ihren elektronischen Personalausweis, Smartphones und elektronische Autoschlüssel bei sich. Alle diese Kleinstgeräte sind heutzutage mit starker Kryptografie ausgestattet. Aufgrund zukünftiger Entwicklungen im Bereich der Informationstechnologie wie dem Internet der Dinge werden wir in der nahen Zukunft zahlreiche neue wichtige Anwendungen sehen, u. a. verstärkt Krypto-Währungen wie Bitcoin, vernetzte medizinische Implantate, das Smart Home, intelligente Fabriken bis hin zu selbstfahrenden Autos. Für all diese Anwendungen sind starke Sicherheitsfunktionen eine zentrale Voraussetzung. Kryptografische Algorithmen sind die elementaren Bausteine, mit denen diese und praktisch alle anderen digitalen Sicherheitssysteme realisiert werden. Neben der Bedeutung der Kryptografie für unzählige Alltagsgeräte ist sie auch in der politischen Diskussion zunehmend wichtiger geworden. Bei vielen großen gesellschaftlichen Fragestellungen wie dem Schutz der Privatsphäre im Internet oder dem Abhören von Nachrichtendiensten – man erinnere sich nur an die Enthüllungen von Edward Snowden – spielt die Kryptografie eine zentrale Rolle.

Aufgrund ihrer ständig wachsenden Bedeutung ist ein Verständnis der Kryptografie für viele von uns wichtig geworden und dieses Buch versucht, diesen Bedarf zu decken. Es gibt einen umfassenden Einstieg in moderne angewandte Kryptografie. Das Buch richtet sich insbesondere an Studenten in Präsenz- und Fernstudiengängen sowie an Ingenieure und Informatiker in der Industrie, die sich in das Gebiet der Kryptografie einarbeiten möchten. Darüber hinaus nutzen auch viele Privatpersonen das Buch, die mehr über das spannende Gebiet der Chiffrierung lernen möchten.

In dem Buch werden die meisten kryptografischen Verfahren vorgestellt, die heutzutage in der Praxis sowohl im Internet als auch in eingebetteten Geräten wie Smartphones und Chipkarten eingesetzt werden. Das Buch gibt dem Leser ein genaues Verständnis dafür, wie jeder Kryptoalgorithmus funktioniert. Für jedes Verfahren werden aktuelle Sicherheitseinschätzungen und Empfehlungen für die Schlüssellänge angegeben. Ebenfalls wird das wichtige Thema der Umsetzung in Software und Hardware für alle Kryptoverfahren diskutiert. Neben den eigentlichen kryptografischen Algorithmen werden auch die Grundlagen zu Schlüsselaustauschprotokollen, Sicherheitsdiensten und Betriebsmodi beschrieben. Neben den meisten heute im Einsatz befindlichen Kryptoalgorithmen werden auch einige zukünftig wichtige Verfahren vorgestellt, wie die Lightweight-Chiffre PRESENT. Jedes Kapitel endet mit einem Abschnitt, in dem historische Entwicklungen sowie Material zum weiterführenden Selbststudium besprochen werden. In der hier vorliegenden Ausgabe wurden an vielen Stellen Aktualisierungen vorgenommen. Insbesondere wurden die Empfehlungen zu Schlüssellängen auf den neusten Stand gebracht und die Vorschläge für das weitergehende Selbststudium aktualisiert.

Uns war es wichtig, ein Buch zu schreiben, das eine umfassende Einführung in die Kryptografie gibt und dennoch ohne Vorkenntnisse genutzt werden kann. Aus diesem Grund sind die für die Kryptografie notwendigen mathematischen Konzepte aus der Zahlentheorie verständlich aufgearbeitet und in die entsprechenden Kapitel integriert.

Es gibt umfangreiche Zusatzinformationen zu dem Buch. Auf der begleitenden Webseite www.crypto-textbook.com befinden sich Foliensätze für jedes Kapitel, Lösungen für alle Aufgaben mit ungeraden Nummern, eine Link-Sammlung zu kryptografischen Themen und viele weitere nützliche Informationen rund um das Buch.

Auf der Seite finden sich auch Videomitschnitte einer zweisemestrigen Einführungsvorlesung „Einführung in die Kryptografie I und II" auf Deutsch und Englisch. Die Videos sind ebenfalls auf YouTube verfügbar. Es handelt sich um 24 Vorlesungen, in denen die meisten Inhalte des Buchs behandelt werden. Dies sind die beiden Grundlagenvorlesungen im ersten Jahr für die großen Bachelor- und Masterstudiengänge in IT-Sicherheit an der Ruhr-Universität Bochum, die wir seit dem Jahr 2000 anbieten und in denen wir umfangreiche Erfahrung zur Kryptografieausbildung sammeln konnten.

Einsatz des Buchs in der Lehre

Das Buch ist aus unserer 20-jährigen Lehrtätigkeit in Deutschland und den USA hervorgegangen. Wir haben Kryptografie sowohl als einführende Bachelor-Vorlesung als auch für Master-Studenten in verschiedensten Studiengängen gehalten, von reiner Elektrotechnik über Informatik bis hin zu spezialisierten Studiengängen für IT-Sicherheit. Das Buch ist so aufgebaut, dass es für alle Zielgruppen geeignet ist. Es kann sowohl für eine reine Kryptografievorlesung genutzt werden, als auch in Auszügen für breiter angelegte Veranstaltungen, beispielsweise Vorlesungen zur allgemeinen IT-Sicherheit, Internetsicherheit oder Computersicherheit.

In einer zweisemestrigen Kryptografievorlesung, bestehend aus 90 Minuten Vorlesung und 45–90 Minuten Übung pro Woche (insgesamt 10 ECTS-Punkte), kann ein Großteil des Stoffs aus dem Buch vermittelt werden. In einer einsemestrigen Vorlesung mit weniger ECTS-Punkten kann man leicht eine sinnvolle Auswahl von Themen aus dem Buch treffen. Hier sind zwei Vorschläge für Veranstaltungen, die etwa 2/3 des Stoffs behandeln:

Curriculum 1 Der Fokus liegt auf den *Anwendungen* der Kryptografie, wie sie z. B. für die Internetsicherheit benötigt werden. In einer solchen Veranstaltung können die folgenden Abschnitte des Buchs unterrichtet werden: Kap. 1; Abschn. 2.1–2.2; Kap. 4; Abschn. 5.1; Kap. 6; Abschn. 7.1–7.3; Abschn. 8.1–8.4; Abschn. 10.1–10.2; Kap. 11; Kap. 12 und Kap. 13.

Curriculum 2 Hier liegt der Fokus auf den *kryptografischen Algorithmen und deren Mathematik*. Das Curriculum eignet sich gut für eine Vorlesung in angewandter Kryptografie für Informatiker oder Elektrotechniker. Es kann auch als eine Einführungsvorlesung für Mathematiker, insbesondere in Bachelorstudiengängen, dienen. Für das Curriculum können die folgenden Buchabschnitte genutzt werden: Kap. 1; Kap. 2; Kap. 3; Kap. 4; Kap. 6; Kap. 7; Abschn. 8.1–8.4; Kap. 9; Kap. 10; und Abschn. 11.1–11.2.

Obwohl wir von der Ausbildung her beide Ingenieure sind, arbeiten wir seit über 20 Jahren in der angewandten Kryptografie. Wir haben sowohl in der Forschung als auch in der industriellen Praxis gearbeitet und hoffen, dass unsere Leser genauso viel Spaß an diesen faszinierenden Thema haben wie wir!

Bochum, im März 2016

Christof Paar
Jan Pelzl

Danksagung

Dieses Buch wäre nicht ohne die Unterstützung zahlreicher Personen möglich gewesen, denen wir hiermit nochmals unseren Dank aussprechen möchten. Wir hoffen, dass wir in der nachfolgenden Auflistung niemanden vergessen haben.

Wir sind dankbar für die exzellente Arbeit an den Grafiken, die von Thomas Kropeit, Daehyun Strobel und Pascal Wißmann geleistet wurde. Wir sind ebenso Christine Utz für ihr sorfältiges Korrekturlesen sehr zum Dank verpflichtet. Axel Poschmann gebührt besonderer Dank für die Bereitstellung des Abschnitts zur PRESENT-Blockchiffre und Maja Paar für ihre Unterstützung bei der Übersetzung ins Deutsche. Technische Fragen konnten wir dank der Hilfe von Frederick Armknecht (Stromchiffren), Roberto Avanzi (endliche Körper und elliptische Kurven), Alex May (Zahlentheorie), Alfred Menezes und Neal Koblitz (Geschichte der Kryptografie mit elliptischen Kurven), Matt Robshaw (AES) und Damian Weber (diskreter Logarithmus) kompetent klären.

Ein großer Dank geht an die früheren Mitarbeiter des Lehrstuhls für Embedded Security an der Ruhr-Universität Bochum – Andrey Bogdanov, Benedikt Driessen, Thomas Eisenbarth, Tim Güneysu, Stefan Heyse, Markus Kasper, Timo Kasper, Amir Moradi und Daehyun Strobel –, die viel Arbeit beim inhaltlichen Korrekturlesen geleistet und zahlreiche Vorschläge zur Verbesserung der Darstellung des gesamten Materials gemacht haben. Besonderer Dank gilt Daehyun Strobel für seine Unterstützung bei den Beispielen und bei einigen komplexen LaTeX-Arbeiten sowie Markus Kasper für seine Unterstützung bei den Aufgaben. Wir bedanken uns ebenfalls bei Olga Paustjans für ihre Unterstützung bei den Grafiken sowie dem Schriftsatz.

Eine frühere Generation von Doktoranden aus unserer Gruppe – Sandeep Kumar, Kerstin Lemke-Rust, Andy Rupp, Kai Schramm und Marko Wolf – hatte geholfen, einen Online-Kurs mit ähnlichem Material zu erstellen. Ihre Unterstützung war extrem hilfreich und wertvolle Inspiration beim Schreiben dieses Buchs.

Bart Preneels Bereitschaft, ein Vorwort zu diesem Buch zu schreiben, ist eine große Ehre für uns und wir möchten ihm an dieser Stelle nochmals herzlich danken. Nicht zuletzt möchten wir allen Beteiligten bei Springer für die Unterstützung und die zahlreichen Anregungen danken!

Inhaltsverzeichnis

Einführung in die Kryptografie und Datensicherheit 1

In diesem Kapitel werden Grundbegriffe der modernen Kryptografie eingeführt. Unter anderem werden wichtige Fachausdrücke und der Unterschied zwischen öffentlich bekannten und proprietären, d. h. geheim gehaltenen, Chiffren besprochen. Ebenso werden die Grundlagen der modularen Arithmetik eingeführt, die von zentraler Bedeutung für die asymmetrische Kryptografie sind.

In diesem Kapitel erlernen Sie

- die Grundregeln der Kryptografie,
- Schlüssellängen für kurz-, mittel- und langfristige Sicherheit,
- die unterschiedlichen Angriffsmöglichkeiten gegen Chiffren,
- einige historische Chiffren; hierbei wird auch die modulare Arithmetik eingeführt, die in der modernen Kryptografie eine wichtige Rolle spielt,
- Gründe, warum man nur öffentliche und gut untersuchte Chiffren einsetzen sollte.

1.1 Überblick über die Kryptografie (und dieses Buch)

Wenn das Wort *Kryptografie* fällt, denkt man schnell an E-Mail-Verschlüsselung, Internetsicherheit, Kryptowährungen à la Bitcoin oder auch Codebrechen im Zweiten Weltkrieg wie den Angriff auf die berühmte Enigma-Chiffriermaschine, die in Abb. 1.1 zu sehen ist.

Es erscheint offensichtlich, dass Kryptografie zwangsläufig mit moderner elektronischer Datenübertragung verbunden ist. Dem ist allerdings nicht so: Frühe Formen der Kryptografie sind schon seit etwa 2000 v. Chr. bekannt, als in Ägypten neben den Standard-Hieroglyphen auch „geheime" Varianten eingesetzt wurden. Seitdem wurde in den letzten 4000 Jahren Kryptografie in vielen, vielleicht sogar in den meisten Kulturen mit Schrift eingesetzt. Prominente Beispiele sind die sog. *Scytale* (Abb. 1.2) oder die Cäsar-Chiffre im antiken Rom, über die wir in diesem Kapitel noch mehr lernen werden.

C. Paar, J. Pelzl, *Kryptografie verständlich*, eXamen.press, DOI 10.1007/978-3-662-49297-0_1

Abb. 1.1 Die Enigma-Chiffriermaschine (Abdruck mit Erlaubnis des Deutschen Museums in München)

In diesem Buch werden allerdings fast ausschließlich moderne kryptografische Verfahren sowie deren Einsatz in der modernen IT-Sicherheit behandelt.

In Abb. 1.3 ist das Gebiet der Kryptologie mit seinen Untergebieten dargestellt. Zunächst fällt auf, dass der Oberbegriff *Kryptologie* lautet und nicht *Kryptografie*. Die Kryptologie zerfällt in zwei große Themenbereiche:

▶ Die **Kryptografie** beschäftigt sich mit der *Absicherung* von Daten, z. B. der Verschlüsselung von Nachrichten.

▶ Die **Kryptanalyse** beschäftigt sich mit dem *Brechen* von Kryptosystemen. Es erscheint zunächst überraschend, dass das Brechen von Codes eine wissenschaftliche Disziplin ist; unsere Annahme wäre eher, dass dies Kriminellen oder Geheimdiensten vorbehalten sei. Es ist aber tatsächlich so, dass die meisten Kryptanalysten heutzutage Wissenschaftler sind. Die Kryptanalyse ist von zentraler Bedeutung für die moderne

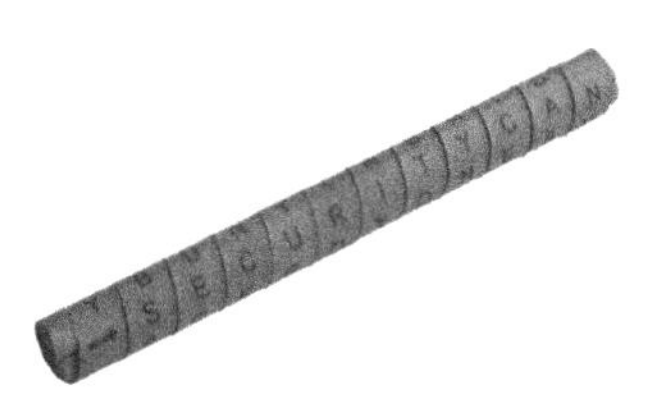

Abb. 1.2 Verschlüsselung mit der Scytale im antiken Sparta

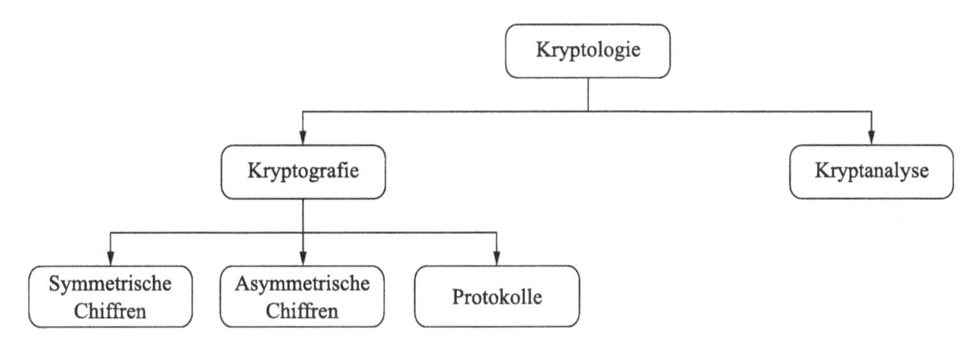

Abb. 1.3 Die Kryptologie und ihre Untergebiete

Kryptografie. Ohne sie wäre es unmöglich einzuschätzen, ob kryptografische Algorithmen sicher sind oder nicht. Dieser wichtige Aspekt wird in Abschn. 1.3 näher diskutiert.

Da die Kryptanalyse der Hauptansatz ist, mit der die Sicherheit von Kryptoverfahren nachgewiesen wird, ist sie fester Bestandteil der Kryptologie. Nichtsdestotrotz liegt der Fokus dieses Buchs auf der Krypto**grafie**. In diesem Buch werden die meisten Kryptoalgorithmen mit praktischer Relevanz im Detail erklärt. Es werden nur Algorithmen betrachtet, die schon seit vielen Jahren intensiv von Kryptanalysten untersucht und bei denen keine Schwachstellen gefunden wurden. Die meisten Kryptoverfahren, die behandelt werden, sind schon seit einigen Jahrzehnten ungebrochen. Obwohl in dem Buch nur vereinzelt Techniken zum Brechen von Codes behandelt werden, werden für alle Kryptoverfahren Sicherheitseinschätzungen basierend auf den jüngsten kryptanalytischen Ergebnissen beschrieben, beispielsweise der Faktorisierungsrekord für Angriffe gegen das RSA-Verschlüsselungsverfahren.

Wir betrachten jetzt die Teilgebiete der Kryptografie, die in Abb. 1.3 dargestellt sind:

▶ **Symmetrische Algorithmen** sind die bekannteste und auch intuitivste Form der Kryptografie. Zwei Parteien besitzen eine Chiffre zum Ver- und Entschlüsseln und haben sich auf einen gemeinsamen geheimen Schlüssel geeinigt. Die gesamte Kryptografie von der Antike bis in das Jahr 1976 folgte diesem Ansatz. Symmetrische Algorithmen sind fester Bestandteil nahezu jedes heutigen Kryptosystems. Sie werden insbesondere für die eigentliche Verschlüsselung von Daten und zum Integritätsschutz, d. h. Schutz gegen Veränderungen, eingesetzt.

▶ **Asymmetrische (oder Public-Key-) Algorithmen** Im Jahr 1976 wurde von Whitfield Diffie, Martin Hellman und Ralph Merkle eine gänzlich neue Art der Kryptografie eingeführt. Bei der asymmetrischen Kryptografie besitzt ein Teilnehmer einen geheimen Schlüssel, ähnlich der symmetrischen Kryptografie. Der Teilnehmer hat aber auch einen öffentlichen Schlüssel, der nicht geheim, sondern allgemein bekannt ist. Mit asymmetrischen Algorithmen können Dienste wie das digitale Signieren von Daten oder der Austausch von geheimen Schlüsseln über unsichere Kanäle realisiert werden. Darüber hinaus kann man sie auch für die klassische Nachrichtenverschlüsselung benutzen.

▶ **Kryptografische Protokolle** Grob gesagt werden mit Kryptoprotokollen Anwendungen basierend auf kryptografischen Algorithmen konstruiert. Hierbei kommen sowohl symmetrische als auch asymmetrische Algorithmen zum Einsatz. Ein Beispiel ist das Transport-Layer-Security(TLS)-Protokoll (auch als SSL bekannt), das von jedem Webbrowser verwendet wird.

Genau genommen gibt es noch eine dritte Algorithmenfamilie, die von Hash-Funktionen gebildet wird, die in Kap. 11 eingeführt werden. Da Hash-Funktionen aber viele Ähnlichkeiten mit symmetrischen Chiffren aufweisen, werden sie oft zusammen mit diesen gruppiert.

In der Mehrzahl von kryptografischen Anwendungen in der Praxis kommen sowohl symmetrische als auch asymmetrische Algorithmen (und oft auch Hash-Funktionen) zum Einsatz. Man spricht in diesem Zusammenhang manchmal von *Hybridsystemen*. Der Grund dafür, dass beide Algorithmenfamilien zum Einsatz kommen, ist, dass beide Arten von Chiffren ihre spezifischen Vorteile haben.

Der Fokus dieses Buchs liegt auf symmetrischen und asymmetrischen Algorithmen sowie auf Hash-Funktionen. Darüber hinaus werden auch die Grundlagen von Sicherheitsprotokollen eingeführt, insbesondere Protokolle zur Schlüsselvereinbarung. Ebenso wird besprochen, welche sog. Sicherheitsdienste mit Protokollen realisiert werden können, z. B. Vertraulichkeit, Integrität oder Authentisierung von Nachrichten.

1.2 Symmetrische Kryptografie

In diesem Abschnitt werden die Grundlagen symmetrischer Chiffren eingeführt und ein historisches Verschlüsselungsverfahren vorgestellt, die Substitutionschiffre. Anhand der Substitutionschiffre werden die beiden grundlegenden Angriffsverfahren, die vollständige Schlüsselsuche und die analytischen Attacken, eingeführt.

1.2.1 Grundlagen

Das Prinzip der symmetrischen Kryptografie kann man anhand eines naheliegenden Beispiels gut veranschaulichen. Wie in Abb. 1.4 dargestellt, möchten zwei Benutzer, die in der Literatur gerne Alice und Bob genannt werden, über einen *unsicheren Kanal* kommunizieren. Der leicht abstrakte Begriff „Kanal" bezeichnet lediglich die Kommunikationsstrecke, z. B. das Internet, eine Luftstrecke im Fall von WLAN oder Mobilfunk oder jedes andere Medium, über das sich digitale Daten übertragen lassen. Aus kryptografischer Sicht wird die Situation durch den Gegenspieler Oskar interessant, der Zugriff auf den Kanal hat und

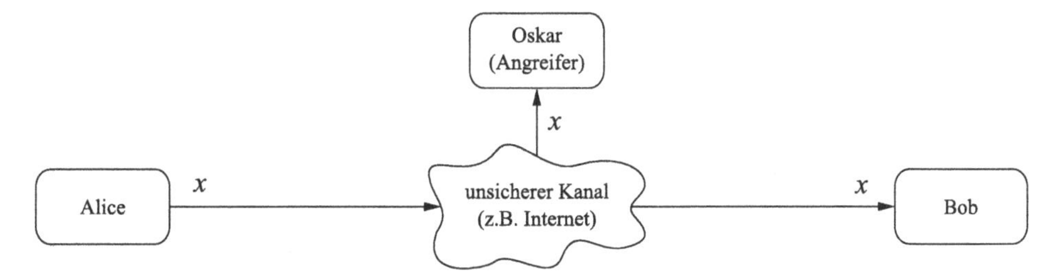

Abb. 1.4 Kommunikation über einen unsicheren Kanal mit lauschendem Gegenspieler

diesen belauschen kann. Sein Name ist ebenfalls in der Literatur weit verbreitet und ist eine Anspielung auf den Begriff des Opponenten. Es ist selbsterklärend, dass es zahlreiche Gründe gibt, warum Alice und Bob gerne vertrauliche Nachrichten austauschen würden, die Oskar nicht mithören soll. Wenn Alice und Bob beispielsweise Zweigstellen eines Automobilkonzerns sind und Dokumente über die Geschäftsstrategie für die Einführung eines neuen Fahrzeugmodells in den kommenden Jahren austauschen wollen, sollten diese nicht in die Hände von Konkurrenten oder ausländischen Nachrichtendiensten, die die Dokumente ebenfalls Konkurrenten zuspielen könnten, fallen.

Dieses Problem der vertraulichen Kommunikation ist das klassische Einsatzgebiet der symmetrischen Kryptografie. Alice verschlüsselt ihre Nachricht x mithilfe eines symmetrischen Verfahrens. Das Ergebnis der Verschlüsselung ist das Chiffrat y, das an Bob geschickt wird, der das Chiffrat wieder entschlüsselt. Wie aus Abb. 1.5 ersichtlich ist, ist das Entschlüsseln somit die inverse Operation zur Verschlüsselung. Die zugrunde liegende Annahme bei dem gesamten Prozess ist, dass der Verschlüsselungsalgorithmus stark ist, sodass für den Angreifer Oskar das Chiffrat wie eine zufällige Zeichenfolge erscheint, aus der er keinerlei Informationen über den Klartext extrahieren kann.

Die Variablen x, y und k in Abb. 1.5 sind in der Kryptografie sehr wichtig:

- $e(\cdot)$ ist die *Verschlüsselung* oder *Chiffrierung*.
- $d(\cdot)$ ist die *Entschlüsselung* oder *Dechiffrierung*.
- x ist der *Klartext*, seltener auch *Dechiffrat* genannt.
- y ist das *Chiffrat* oder der *Geheimtext*; alternative Bezeichnungen sind *Chiffretext* und *Kryptogramm*.
- k ist der *Schlüssel* („key").
- Die Menge aller möglichen Schlüssel wird als *Schlüsselraum* bezeichnet.

Wie im unteren Teil von Abb. 1.5 zu sehen, muss für die symmetrische Kryptografie der Schlüssel zwischen Alice und Bob über einen sog. sicheren Kanal übertragen werden. Ein einfaches Beispiel für einen sicheren Kanal ist die manuelle Übertragung des Schlüssels auf einem Zettel. Diese Methode ist natürlich umständlich, wird aber beispielsweise als sog. „pre-shared key" für die WLAN-Verschlüsselung als Teil des WPA-Protokolls benutzt. Im weiteren Verlauf des Buchs werden wir verschiedene Verfahren

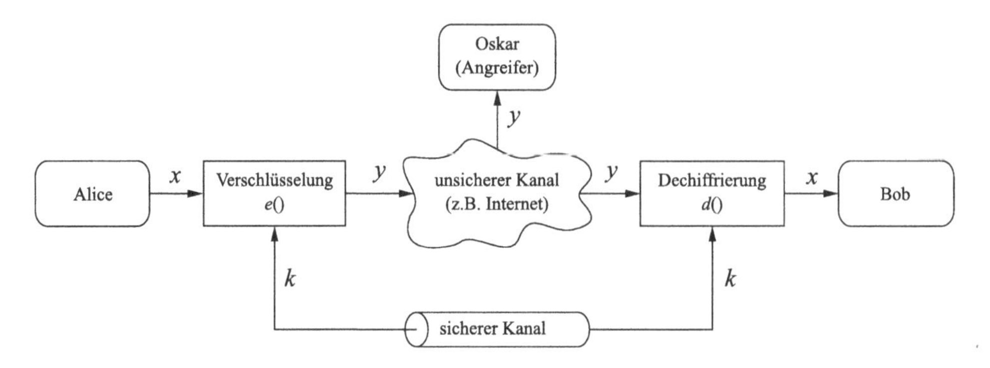

Abb. 1.5 Verschlüsselung mit symmetrischer Kryptografie

kennenlernen, mit denen sich Schlüssel über unsichere Kanäle austauschen lassen. Auf jeden Fall muss der Schlüsselaustausch nur einmal erfolgen. Danach können Alice und Bob beliebig oft sicher miteinander kommunizieren. Noch ein Hinweis zur Notation: Die **Ver**schlüsselung wird aufgrund des englischen „encryption" mit e bezeichnet, während die **Ent**schlüsselung in Anlehnung an das englische „decryption" (oder natürlich Dechiffrierung) mit d bezeichnet wird.

Eine wichtige und vielleicht zunächst überraschende Anforderung ist, dass die Ver- und Entschlüsselungsverfahren öffentlich bekannt sein sollten. Es ist verführerisch, von dem genauen Gegenteil auszugehen: Durch einen geheimen Verschlüsselungsalgorithmus sollte das System schwerer zu brechen sein. Leider bedeutet ein geheimer Algorithmus häufig auch, dass dieser nicht hinreichend auf Schwachstellen untersucht wurde. Die einzige Möglichkeit, um festzustellen, ob ein Verschlüsselungsverfahren sicher ist, d.h. von einem Angreifer nicht gebrochen werden kann, ist, das Verfahren offenzulegen, damit andere Kryptografen dieses analysieren können. In Abschn. 1.3 wird dieses Thema weiter diskutiert. Anstatt des Verschlüsselungsverfahrens muss in der modernen Kryptografie allein der Schlüssel geheim gehalten werden.

Bemerkungen

1. Da Oskar den Entschlüsselungsalgorithmus kennt, kann er den Geheimtext natürlich dechiffrieren, wenn er in den Besitz des Schlüssels gelangt. Von daher ist wichtig festzuhalten, dass wir das Problem der geheimen Nachrichtenübertragung auf das Problem der sicheren Schlüsselübertragung und -speicherung reduziert haben.
2. In dem oben stehenden Beispiel wurde nur das Problem der Geheimhaltung von Nachrichten, auch Vertraulichkeit genannt, behandelt. Im weiteren Verlauf des Buchs wird eine Reihe weiterer Anwendungen der Kryptografie vorgestellt, u. a. der Schutz gegen Manipulation der Nachricht durch Oskar, man spricht hier von Nachrichtenintegrität, oder das eindeutige Feststellen des Senders der Nachricht, die sog. Senderauthentisierung.

1.2.2 Die Substitutionschiffre

Als erstes Beispiel für symmetrische Kryptografie betrachten wir die Substitutionschiffre. Sie ist eines der einfachsten Verschlüsselungsverfahren, das über viele Jahrhunderte eingesetzt wurde. Obwohl sie so simpel (und unsicher) ist, kann man an ihr zwei wichtige Aspekte der Kryptografie studieren, nämlich die Frage der Schlüssellänge und die unterschiedlichen Angriffsmethoden gegen Chiffren.

Im Gegensatz zu modernen Chiffren, bei denen Bits von digitalen Daten chiffriert werden, verschlüsselt die Substitutionschiffre Text, d. h. sie operiert auf Buchstaben. Die Funktionsweise der Chiffre ist denkbar einfach: Jeder Buchstabe des Alphabets wird durch einen anderen ersetzt.

Beispiel 1.1

$$\mathtt{A} \rightarrow \mathtt{k}$$
$$\mathtt{B} \rightarrow \mathtt{d}$$
$$\mathtt{C} \rightarrow \mathtt{w}$$
$$\dots$$

Beispielsweise würde der Klartext `ABBA` verschlüsselt werden als `kddk`.

Die Annahme ist, dass die Substitutionstabelle, d. h. die Regel, welcher Klartextbuchstabe durch welchen Chiffratsbuchstaben ersetzt wird, vollkommen zufällig gewählt wurde, sodass ein Angreifer diese nicht einfach erraten kann. Diese zufällige Zuordnung formt den Schlüssel der Chiffre. Wie bei allen symmetrischen Verfahren müssen sich Alice und Bob im Vorhinein auf einen symmetrischen Schlüssel einigen.

Beispiel 1.2 Hier ist ein weiteres Beispiel für einen Geheimtext, der mithilfe einer Substitutionschiffre erzeugt wurde:

```
dcqmm txghd nrdxz asvqb mxjcn gkqcl nlbnv djqhp
bbqev chqjc xgiqg rngki qdcvm mqg
```

Aus dem Chiffrat kann man erst einmal nicht viel über den Klartext herausfinden und man könnte versucht sein, anzunehmen, dass die Chiffre einen annehmbaren Schutz liefert. Dies ist aber nicht der Fall – *die Substitutionschiffre kann extrem einfach gebrochen werden.*

Angriff Nr. 1: Vollständige Schlüsselsuche

Die *vollständige Schlüsselsuche*, die auch als *Brute-Force-Angriff* bekannt ist, basiert auf einer simplen Idee: Oskar, der Angreifer, hat Zugriff auf den Übertragungskanal und kennt den gesamten Geheimtext. Er kennt auch ein kurzes Stück des Klartexts, beispielsweise die Kopfzeile („header") der Datei, die verschlüsselt wurde. Oskar versucht nun, den Teil des Chiffats, der von dem bekannten Klartext stammt, mit allen möglichen Schlüsseln zu dechiffrieren. Wie oben beschrieben entspricht jeder Schlüssel einer der möglichen Substitutionstabellen. Wenn der Klartext, der durch den Entschlüsselungsversuch erzeugt wird, dem bekannten Klartext (z. B. dem Datei-Header) entspricht, wurde der korrekte Schlüssel gefunden.

Definition 1.1 (Einfache vollständige Schlüsselsuche)
Gegeben sei ein Klartext-Chiffrat-Paar (x, y). Der Schlüsselraum, d. h. die Menge aller möglichen Schlüssel, ist $K = \{k_1, ..., k_\kappa\}$. Für die Schlüsselsuche überprüft der Angreifer für alle Schlüssel $k_i \in K$, ob die Bedingung

$$d_{k_i}(y) \stackrel{?}{=} x$$

erfüllt ist. Falls ja, wurde der Schlüssel gefunden.

In der Praxis kann die vollständige Schlüsselsuche etwas komplizierter sein, da manchmal auch mit falschen Schlüsseln der korrekte Klartext erzeugt wird. Auf diese Problematik wird in Abschn. 5.2 näher eingegangen.

Es ist zunächst wichtig festzuhalten, dass eine vollständige Schlüsselsuche prinzipiell immer möglich ist, d. h. der Angreifer kann nicht daran gehindert werden, diese zu versuchen. Die Frage ist, ob er damit Erfolg hat. Man versucht, dieses zu verhindern, indem der Schlüsselraum ausreichend groß gewählt wird. Wenn die Schlüsselsuche mithilfe vieler schneller Computer ausreichend viel Zeit benötigt, beispielsweise mehr als 10.000 Jahre, geht man davon aus, dass die betroffene Chiffre rechentechnisch sicher ist.

Wir bestimmen nun die Größe des Schlüsselraums der Substitutionschiffre, d. h. wir berechnen, wie viele mögliche Substitutionstabellen existieren. Für den ersten Klartextbuchstaben `A` haben wir 26 Möglichkeiten, zufällig eine Ersetzung zu wählen. (In dem oben stehenden Beispiel wurde `k` gewählt.) Für den nächsten Klartextbuchstaben `B` können wir aus 25 verbleibenden Buchstaben wählen. Die Anzahl der möglichen Substitutionstabellen ist daher:

$$\text{Schlüsselraum der Substitutionschiffre} = 26 \cdot 25 \cdots 3 \cdot 2 \cdot 1 = 26! \approx 2^{88}$$

Selbst mit hunderttausenden der modernsten Rechner würde das Testen von so vielen Schlüsseln mehrere Jahrzehnte benötigen. Von daher ist man versucht anzunehmen, dass die Substitutionschiffre sicher ist. Dies wäre allerdings ein fataler Fehler, da die vollständige Schlüsselsuche nur *eine* mögliche Angriffsform ist und bessere Analysemethoden existieren, wie wir im Folgenden sehen werden.

Tab. 1.1 Buchstabenhäufigkeit der deutschen Sprache

Buchstabe	Häufigkeit	Buchstabe	Häufigkeit
A	0,0558	N	0,1053
B	0,0196	O	0,0224
C	0,0316	P	0,0067
D	0,0498	Q	0,0002
E	0,1693	R	0,0689
F	0,0149	S	0,0642
G	0,0302	T	0,0579
H	0,0498	U	0,0383
I	0,0802	V	0,0084
J	0,0024	W	0,0178
K	0,0132	X	0,0005
L	0,0360	Y	0,0005
M	0,0255	Z	0,0121

Angriff Nr. 2: Frequenz- oder Häufigkeitsanalyse

In der oben beschriebenen vollständigen Schlüsselsuche wird die Chiffre wie eine Blackbox behandelt, d. h. der interne Aufbau des Verschlüsselungsverfahrens wird nicht betrachtet. Wenn man diesen aber in Betracht zieht, kann die Substitutionschiffre leicht gebrochen werden.

Die entscheidende Schwachstelle der Chiffre besteht darin, dass identische Klartextbuchstaben immer auf den gleichen Chiffratsbuchstaben abgebildet werden. Aus diesem Grund hat der Geheimtext die gleichen statistischen Eigenschaften wie der Klartext. In dem zweiten Beispiel, das oben gezeigt wurde, sieht man beispielsweise, dass der Buchstabe q am häufigsten im Chiffrat auftaucht. Dies legt die Vermutung nahe, dass q für einen der häufig vorkommenden Buchstaben in der deutschen Sprache steht.

Die folgenden statistischen Eigenschaften von Sprachen können für den Angriff ausgenutzt werden:

1. Es kann bestimmt werden, wie häufig jeder Buchstabe im Geheimtext auftaucht. Die Häufigkeitsverteilung, die man erhält, wird derjenigen ähneln, die die Zielsprache im Allgemeinen aufweist. Interessanterweise gilt dies zumeist schon für relativ kurze Geheimtexte. Insbesondere kann man hiermit die Klartextbuchstaben entschlüsseln, die relativ häufig auftreten. Beispielsweise ist im Deutschen das E mit etwa 17 % der häufigste Buchstabe, gefolgt von N mit knapp 10 %. In Tab. 1.1 ist die Buchstabenhäufigkeit im Deutschen dargestellt.
2. Diese Methode kann verallgemeinert werden, wenn man die Häufigkeit von Buchstabenpaaren oder die Häufigkeit von Dreiergruppen von Buchstaben betrachtet. Im Deutschen (und einigen anderen europäischen Sprachen) folgt auf den Buchstaben Q zum Beispiel fast immer das U. Hierdurch kann die Verschlüsselung des Q und des U oft erkannt werden.

3. Wenn der Angreifer Leerzeichen, d. h. Wortanfang und -ende, bestimmt hat, können häufig auftretende Wörter wie `DER`, `DIE`, `DAS`, `UND` etc. erkannt werden. Dadurch kennt der Angreifer nicht nur das betroffene Wort, sondern die drei Buchstaben, die das Wort bilden, für den gesamten Text.

Bei praktischen Angriffen werden die drei genannten Ansätze oft kombiniert, um die Substitutionschiffre oder ähnliche Verschlüsselungsverfahren zu brechen.

Beispiel 1.3 Wenn wir die Frequenzanalyse auf den Geheimtext des oben stehenden Beispiels 1.2 anwenden, erhalten wir den folgenden Klartext:

```
TREFFPUNKT IST UM ZWOELF UHR IN DER BIBLIOTHEK
ALLE VORKEHRUNGEN SIND GETROFFEN
```

Lesson Learned Es gibt zwei wichtige Schlüsse, die wir aus der Diskussion über die Substitutionschiffre ziehen können: (1) Chiffren müssen die statistischen Eigenschaften des Klartexts verbergen. Bei modernen starken Chiffren erscheinen die Chiffratsymbole als zufällig gewählt. (2) Ein großer Schlüsselraum bedeutet nicht automatisch, dass es sich um ein starkes Verschlüsselungsverfahren handelt.

1.3 Kryptanalyse

In diesem Abschnitt werden verschiedene Angriffsmöglichkeiten gegen Kryptoverfahren sowie Empfehlungen für Schlüssellängen für symmetrische Chiffren diskutiert. Es wird auch herausgearbeitet, warum kryptografische Algorithmen sicher sein müssen, obwohl der Angreifer alle Details des Verfahrens kennt.

1.3.1 Angriffe gegen kryptografische Verfahren

Wenn das Thema des Codebrechens aufkommt, denkt man zumeist zunächst an brillante Mathematiker und Hochleistungsrechner. Ein Paradebeispiel hierfür ist das Brechen der Enigma durch den britischen Geheimdienst mit dem Team um den berühmten Informatiker Alan Turing, mit raumfüllenden elektromechanischen Computern, wie in dem Film „The Imitation Game“ dargestellt. In der Praxis werden oft gänzlich andere Angriffsmethoden eingesetzt. In Abb. 1.6 sind verschiedene Methoden aufgezeigt, mit denen Kryptanalyse in der Praxis betrieben werden kann.

Klassische Kryptanalyse

Bei der klassischen Kryptanalyse gibt es verschiedene Ziele, die ein Angreifer verfolgen kann. Am häufigsten werden die beiden Situationen angenommen, bei denen der Angrei-

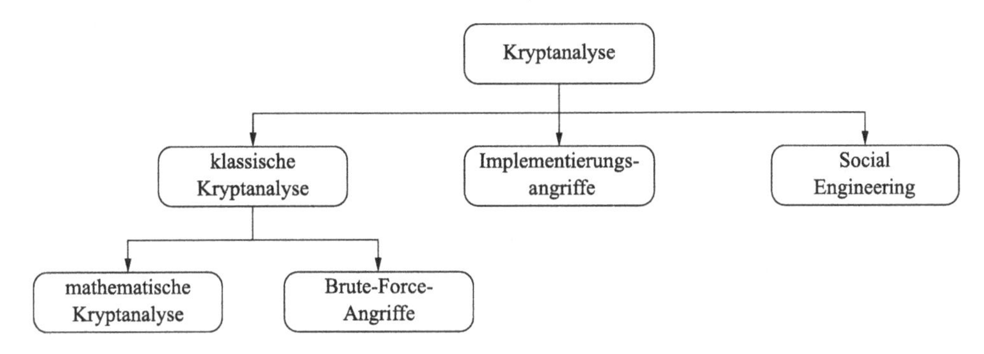

Abb. 1.6 Verschiedene Methoden der Kryptanalyse

fer bei gegebenem Chiffrat y entweder den Klartext x oder den Schlüssel k berechnen möchte. Am Beispiel der Substitutionschiffre haben wir gesehen, dass es innerhalb der klassischen Kryptanalyse die beiden Hauptangriffsarten vollständige Schlüsselsuche und analytische Angriffe gibt. Bei der vollständigen Schlüsselsuche wird die Chiffre als eine Blackbox angesehen, während bei analytischen Angriffen die interne Struktur des Verschlüsselungsverfahrens ausgenutzt wird.

Implementierungsangriffe

Bei der Seitenkanalanalyse werden Nebeninformationen ausgenutzt, um den geheimen Schlüssel zu extrahieren, beispielsweise der Stromverbrauch eines Mikroprozessors, auf dem die Chiffre ausgeführt wird. Der Stromverbrauch wird bei diesem Angriff mithilfe eines Oszilloskops aufgezeichnet. Danach wird aus den Stromverbrauchskurven durch Methoden der Signalverarbeitung der Schlüssel berechnet. Neben dem Stromverbrauch werden in der Praxis insbesondere die elektromagnetische Abstrahlung und das zeitliche Verhalten des Kryptoalgorithmus als Seitenkanäle ausgenutzt.[1] Man beachte, dass Seitenkanalangriffe zumeist nur anwendbar sind, wenn der Angreifer physikalischen Zugang zu dem Kryptosystem hat, beispielsweise in Form einer Chipkarte oder eines Smartphones, auf dem eine Chiffre mit geheimem Schlüssel ausgeführt wird. Im Gegensatz hierzu können Seitenkanalangriffe über das Internet nur deutlich schwerer ausgeführt werden, obwohl es auch Beispiele für Laufzeitangriffe gibt, die über Computernetze ausgeführt werden können.

Social-Engineering-Angriffe

Beim Social Engineering – weniger gebräuchlich ist der deutsche Begriff der sozialen Manipulation – werden zwischenmenschliche Beeinflussungen wie das Vortäuschen ausgenutzt, um Kryptoschlüssel zu erhalten. Eines der ältesten bekannten Beispiele sind

[1] Keine Sorge: In modernen Chipkarten wie beispielsweise der deutschen GeldKarte sind Gegenmaßnahmen gegen Seitenkanalangriffe eingebaut, sodass es (leider) nicht einfach ist, GeldKarten mithilfe eines Oszilloskops auf den Maximalbetrag von 200 € aufzuladen.

Telefonanrufe am Arbeitsplatz der folgenden Art: „Guten Tag, hier ist die IT-Abteilung. Wegen eines dringenden Sicherheitsupdates brauchen wir Ihr Passwort." Es ist immer wieder erstaunlich, wie viele Menschen in solchen Situationen ihr Passwort preisgeben. Sogenannte Phishing-Angriffe sind die bekanntesten Vertreter des Social Engineering.

Über diese drei Arten der Kryptanalyse hinaus gibt es noch eine Reihe weiter Angriffsarten gegen Kryptosysteme. Beispielsweise kann durch Pufferüberlauf („buffer overflow") oder Schadsoftware kryptografische Software ausgehebelt werden. Man ist geneigt, Angriffe wie das Social Engineering oder Implementierungsangriffe als unfair zu betrachten, die außerhalb der Spielregeln liegen. Das Wesen des Angreifers ist es allerdings, dass er versucht, Regeln zu brechen und unfair zu sein. In der Praxis wird er die Methode anwenden, die ihm zum Erfolg verhilft. Ein wichtiger Punkt beim Entwurf von Sicherheitslösungen ist daher:

Ein Angreifer sucht nach dem schwächsten Glied in der Kette, um ein Kryptosystem zu überwinden. Von daher reichen starke kryptografische Algorithmen, die der klassischen Kryptanalyse widerstehen, allein nicht aus, sondern Social Engineering und Implementierungsangriffe müssen ebenfalls verhindert werden.

Bei der Behandlung von Kryptoverfahren in diesem Buch wird zumeist nur die klassische Kryptanalyse als Angriffsklasse angenommen.

In der modernen Kryptografie spielt das *Kerckhoffs'sche Prinzip*, auch Kerckhoffs' Maxime genannt, eine zentrale Rolle. Es wurde von dem niederländischen Kryptografen Auguste Kerckhoffs 1883 postuliert:

Definition 1.2 (Kerckhoffs'sches Prinzip)
Ein kryptografische Lösung muss auch dann noch sicher sein, wenn der Angreifer alle Details des Kryptosystems kennt, mit der Ausnahme des Schlüssels. Insbesondere muss das Verfahren auch dann sicher sein, wenn dem Angreifer der Ver- und Entschlüsselungsalgorithmus bekannt sind.

Bemerkung Das Kerckhoffs'sche Prinzip erscheint zunächst widersinnig! Es ist sehr verlockend, ein Kryptoverfahren zu entwerfen, das scheinbar eine hohe Sicherheit bietet, da Details des Verfahrens geheim sind. Man spricht hier von *Sicherheit durch Verschleierung* („security by obscurity"). Die Erfahrungen der letzten 4000 Jahre haben jedoch gezeigt, dass ein solcher Ansatz fast immer zu schwachen Kryptolösungen führt. In der Regel können sie gebrochen werden, wenn das geheime Design bekannt wird, beispielsweise durch Reverse Engineering. Ein Beispiel par excellence ist das Brechen der *Mifare*-Chipkarten. Diese millionenfach verwendeten kontaktlosen Bezahlkarten für Anwendungen wie dem öffentlichen Nahverkehr beruhten auf einem geheimen Algorithmus, bei dem katastrophale Schwachstellen gefunden wurden, nachdem das Verfahren durch Reverse Engineering der Hardware offengelegt wurde. Von daher muss ein Verschlüsselungsverfahren auf je-

Tab. 1.2 Abschätzung für die Angriffszeit mithilfe vollständiger Schlüsselsuche für symmetrische Algorithmen

Schlüssellänge	Sicherheit
56–64 Bit	Kurzfristig: einige Stunden oder Tage
112–128 Bit	Langfristig: einige Dekaden (Annahme: Quantencomputer stehen nicht zur Verfügung)
256 Bit	Langfristig: einige Dekaden, auch wenn Quantencomputer existieren sollten

den Fall auch dann noch Sicherheit gewähren, wenn dem Angreifer alle internen Details (mit Ausnahme des Kryptoschlüssels) bekannt sind.

1.3.2 Wie viele Schlüsselbit braucht man?

In den 1990er-Jahren gab es eine lebhafte Diskussion über die Schlüssellängen von Chiffren. Bevor wir weiter unten Empfehlungen dazu abgeben, sind die beiden folgenden Punkte extrem wichtig für die anschließende Betrachtung:

1. Schlüssellängen für symmetrische Chiffren sind nur dann entscheidend, wenn die vollständige Schlüsselsuche der beste bekannte Angriff ist. Wie in Abschn. 1.2.2 anhand der Substitutionschiffre gezeigt wurde, nützt ein großer Schlüsselraum nichts, wenn das Verfahren durch mathematische Angriffe gebrochen werden kann. Ein langer Schlüssel hilft ebenso wenig, wenn Social Engineering oder Implementierungsangriffe möglich sind.
2. Die Schlüssellängen für symmetrische und asymmetrische Verfahren unterscheiden sich dramatisch. Beispielsweise bietet ein symmetrischer Algorithmus mit einem 128-Bit-Schlüssel in etwa die gleiche Sicherheit wie RSA mit 3072 Bit (RSA ist eines der beliebtesten asymmetrischen Verfahren).

Beide Punkte werden oft missverstanden, z. B. in Pressebeiträgen zur Kryptografie.

In Tab. 1.2 ist eine Sicherheitsabschätzung für symmetrische Algorithmen bezüglich *Brute-Force-Angriffen* gegeben. Wie in Abschn. 1.2.2 beschrieben, ist ein langer Schlüssel eine notwendige, aber nicht hinreichende Anforderung, damit eine Chiffre sicher ist. Ebenso muss der Algorithmus sicher gegen analytische Angriffe sein.

Man beachte, dass entsprechende Quantencomputer zurzeit noch nicht existieren, an ihnen aber intensiv geforscht wird.

Wie kann man die Zukunft vorhersagen? Für die vollständige Schlüsselsuche ist es wichtig, eine Aussage darüber zu treffen, wie sich die Rechnertechnik zukünftig entwickelt. Es ist offensichtlich extrem schwierig mit Sicherheit vorherzusagen, welche Computer beispielsweise im Jahr 2030 verfügbar sein werden; die mittelfristige Entwicklung in der Rechnertechnik kann jedoch mit dem Moore'schen Gesetz abschätzen. Grob gesprochen besagt das Moore'sche Gesetz, dass sich die Rechenleistung von Computern alle 18 Monate verdoppelt, wobei die Kosten konstant bleiben[2]. Bezüglich vollständiger Schlüsselsuche hat dies die folgenden Implikationen: Wir nehmen an, dass wir mit heutiger Rechnertechnik für €1.000.000 Computer beschaffen müssen, um Chiffre X innerhalb eines Monats zu brechen.

- In 18 Monaten muss man nur €500.000 in Computer investieren, um die Chiffre zu brechen, da die Computer doppelt so schnell rechnen werden.
- In 3 Jahren benötigt man Computer für €250.000.
- In 4,5 Jahren reichen Computer für €125.000 usw.

Wichtig hierbei ist, dass das Moore'sche Gesetz eine Exponentialfunktion ist. Nach 15 Jahren, d. h. nach 10 Verdoppelungen, kann man $2^{10} = 1024$ Mal so viele Rechenoperationen wie heute ausführen, obwohl man die gleiche Summe in Computer investiert. Anders ausgedrückt: In 15 Jahren muss man nur etwa ein Tausendstel der heutigen Summe investieren, um die gleiche Rechenleistung zu erhalten. Für das obige Beispiel bedeutet dies, dass man Chiffre X in 15 Jahren für € $1.000.000/1024 \approx$ € 1000 brechen kann! Alternativ kann ein Angreifer (beispielsweise ein Nachrichtendienst) € 1.000.000 investieren und die Chiffre in etwa 45 min brechen. Das Moore'sche Gesetz verhält sich wie ein Bankkonto mit einem Zinssatz von 50 %. Leider gibt es wenige seriöse Banken, die dies anbieten.

1.4 Modulare Arithmetik und weitere historische Chiffren

In diesem Abschnitt wird das wichtige Thema der modularen Arithmetik anhand zweier historischer Chiffren eingeführt. Obwohl die Chiffren selbst heute natürlich nicht mehr von praktischer Relevanz sind, ist modulare Arithmetik, d. h. Ganzzahlberechnungen mit der Modulooperation, für die moderne Kryptografie von großer Bedeutung. Dies gilt insbesondere für asymmetrische Kryptoverfahren. Historische Verschlüsselungsverfahren waren meist Varianten der Substitutionschiffre. Eine spezielle und besonders einfache Art ist die sog. Cäsar-Chiffre, die schon von Julius Cäsar zur militärischen Kommunikation eingesetzt wurde. Die Chiffre verschiebt jeden Klartextbuchstaben um eine konstante Anzahl von Positionen im Alphabet. Am Ende des Alphabets beginnt man wieder bei dem Buchstaben „A", d. h. die Verschiebung der Buchstaben ist zyklisch.

Um diesen Vorgang mathematisch zu beschreiben, wird jedem Buchstaben im Alphabet eine natürliche Zahl $0, \ldots, 25$ zugeordnet. Die Verschlüsselung mit der Cäsar-Chiffre

[2] Für das Moore'sche Gesetz werden in der Literatur unterschiedliche Zeiträume für eine Verdoppelung angegeben, die zwischen 12 und 24 Monaten schwanken. Die Wahl des Zeitraums ändert aber nichts an der exponentiellen Entwicklung der Rechenleistung. Wir bleiben daher bei der weitverbreiteten Annahme von 18 Monaten.

kann jetzt einfach durch eine modulare Addition mit einem festen Wert beschrieben werden. Dieser Wert bildet den Schlüssel der Chiffre. Wenn anstatt einer Addition eine Multiplikation mit dem Schlüsselwert durchgeführt wird, spricht man von einer affinen Chiffre. Im Folgenden werden die Cäsar- und die affine Chiffre eingeführt.

1.4.1 Modulare Arithmetik

Sowohl symmetrische als auch asymmetrische Algorithmen basieren praktisch alle auf Arithmetik mit einer endlichen Anzahl von Elementen. Im Gegensatz dazu sind wir aus anderen Gebieten der Mathematik (und im Alltagsleben) eher an Zahlen gewöhnt, die aus unendlichen Mengen stammen, z. B. die natürlichen Zahlen oder die reellen Zahlen. Im Folgenden wird das wichtige Konzept der modularen Arithmetik eingeführt, mit dem wir in einer Menge von ganzen Zahlen rechnen können, die begrenzt ist.

Eine endliche Menge mit ganzen Zahlen, mit der wir sehr vertraut sind, werden durch die Stunden der Uhr gebildet.

Beispiel 1.4 Wenn man die Uhrzeit stundenweise erhöht, erhält man:

$$1\,\text{h}, 2\,\text{h}, 3\,\text{h}, \ldots, 23\,\text{h}, 24\,\text{h}, 1\,\text{h}, 2\,\text{h}, 3\,\text{h}, \ldots, 23\,\text{h}, 24\,\text{h}, 1\,\text{h}, 2\,\text{h}, 3\,\text{h}, \ldots$$

Man beachte hierbei: Obwohl immer eine Stunde hinzugezählt (also erhöht) wird, verlässt man nie die Menge der möglichen Stunden, die sich von 1 h bis 24 h (oder 1 h bis 12 h) erstreckt.

Dieses Verhalten ist die Grundlage der modularen Arithmetik, die im Folgenden entwickelt wird.

Beispiel 1.5 Wir möchten in der Menge mit den folgenden neun Zahlen rechnen:

$$\{0, 1, 2, 3, 4, 5, 6, 7, 8\}$$

Solange das Ergebnis kleiner als 9 ist, können wir die normalen Rechenregeln für Addition und Multiplikation anwenden, beispielsweise:

$$4 + 4 = 8$$
$$2 \cdot 3 = 6$$

Aber wie gehen wir mit Operationen wie $8 + 4$ um, bei dem das Ergebnis zu groß wird? Hier wird die folgende Regel angewandt: Wir führen zuerst die gewohnte Ganzzahlarithmetik, d. h. Addition bzw. Multiplikation, durch und dividieren danach durch 9. Das Endergebnis ist der *Rest der Division*. Beispielsweise ergibt $8 + 4 = 12$, das wir dann dividieren $12/9$, wobei sich ein Rest von 3 ergibt. Die Schreibweise für diese Operation lautet:

$$8 + 4 \equiv 3 \bmod 9$$

Hier ist die genaue Definition der Modulooperation:

Definition 1.3 (Modulooperation)
Seien $a, r, m \in \mathbb{Z}$ (wobei $\mathbb{Z}$ die Menge aller ganzen Zahlen ist) und $m > 0$. Man schreibt

$$a \equiv r \bmod m,$$

wenn m ein Teiler von $a - r$ ist.
m ist der *Modul* und r ist der *Rest*. Man sagt auch, dass a und r *kongruent* bezüglich des Moduls sind.

Diese scheinbar simple Regel „teile durch den Modul[3] und betrachte den Rest der Division" hat erstaunliche Implikationen, die nachfolgend diskutiert werden.

Berechnung des Rests

Für einen gegebenen Modul kann jede ganze Zahl $a \in \mathbb{Z}$ in der folgenden Form dargestellt werden:

$$a = q \cdot m + r \quad \text{mit} \quad 0 < r < m \tag{1.1}$$

Da $a - r = q \cdot m$ (d. h. m teilt $a - r$), kann man laut Definition schreiben:

$$a \equiv r \bmod m$$

Man beachte, dass $r \in \{0, 1, 2, \ldots, m - 1\}$.

Beispiel 1.6 Seien $a = 42$ und $m = 9$ gegeben. Dann gilt

$$42 = 4 \cdot 9 + 6$$

und somit $42 \equiv 6 \bmod 9$.

[3] Als mathematischer Begriff wird Modul auf der ersten Silbe (und nicht auf der zweiten) betont. Vereinzelt wird im Deutschen auch der englische bzw. lateinische Ausdruck „Modulus" verwendet.

Der Rest ist nicht eindeutig

Es ist etwas überraschend, dass für einen gegebenen Modul m und eine natürliche Zahl a viele verschiedene gültige Reste existieren, die die Definition erfüllen. Um genau zu sein, gibt es unendlich viele Reste. Hier ist ein Beispiel:

Beispiel 1.7 Das Ziel ist es, 12 mod 9 zu berechnen. Laut der Definition sind alle nachfolgenden Berechnungen korrekt:

- $12 \equiv 3 \bmod 9$, 3 ist korrekt, da $9 \mid (12 - 3)$,
- $12 \equiv 21 \bmod 9$, 21 ist korrekt, da $9 \mid (12 - 21)$,
- $12 \equiv -6 \bmod 9$, -6 ist korrekt, da $9 \mid (12 - (-6))$,

wobei die Schreibweise $x \mid y$ bedeutet: x teilt y. Hinter den oben stehenden Beobachtungen steht folgendes System: Die Menge

$$\{\ldots, -24, -15, -6, 3, 12, 21, 30, \ldots\}$$

bildet eine sogenannte *Restklasse*. Es gibt acht weitere Restklassen modulo 9:

$$\begin{gathered}\{\ldots, -27, -18, -9, 0, 9, 18, 27, \ldots\}\\ \{\ldots, -26, -17, -8, 1, 10, 19, 28, \ldots\}\\ \vdots\\ \{\ldots, -19, -10, -1, 8, 17, 26, 35, \ldots\}\end{gathered}$$

Alle Elemente einer Restklasse verhalten sich äquivalent

Eine wesentliche Eigenschaft von Restklassen ist, dass man bei Berechnungen ein beliebiges Element einer jeden Klasse benutzen kann, um die Berechnung durchzuführen. Diese Eigenschaft wird in der Kryptografie massiv ausgenutzt. Kryptografische Algorithmen, insbesondere asymmetrische, erfordern sehr oft Berechnungen mit einem festen sehr großen Modul. Man kann hierbei jeweils das Element einer jeden Restklasse wählen, mit dem sich die Berechnung am einfachsten ausführen lässt. Dies kann an dem folgenden Beispiel gut veranschaulicht werden:

Beispiel 1.8 Bei den meisten asymmetrischen Kryptoverfahren ist eine Exponentiation der Form $x^e \bmod m$ die zentrale Operation, wobei x, e, m sehr große ganze Zahlen sind, beispielsweise mit einer Länge von 2048 Bit. Anhand eines Beispiels mit kleinen Zahlen betrachten wir zwei Arten, die modulare Exponentiation durchzuführen. Ziel ist es,

$$3^8 = 6561 \bmod 7$$

zu berechnen. Beim ersten Mal wird zunächst das Endergebnis berechnet und die Moduloreduktion erst am Ende ausgeführt; beim zweiten Ansatz wird während der Rechnung innerhalb der Restklassen gewechselt.

- Erster Ansatz: $3^8 = 6561 \equiv 2 \bmod 7$, da $6561 = 937 \cdot 7 + 2$
  Man beachte das große Zwischenergebnis von 6561, obwohl bekannt ist, dass das Endergebnis nicht größer als 6 sein kann.
- Der zweite Ansatz ist wesentlich cleverer: Man zerlegt die Aufgabe in zwei kleinere Exponentiationen:

$$3^8 = 3^4 \cdot 3^4 = 81 \cdot 81$$

  Anstatt mit den größeren Zwischenergebnissen von 81 weiterzurechnen, ersetzen wir die 81 durch einen anderen Vertreter aus der Restklasse, die die 81 enthält. Die kleinste positive ganze Zahl in der Restklasse modulo 7 ist die 4, da $81 = 11 \cdot 7 + 4$. Von daher folgt:

$$3^8 = 81 \cdot 81 \equiv 4 \cdot 4 = 16 \bmod 7$$

  Das Endergebnis ergibt sich dann als $16 \equiv 2 \bmod 7$.

Man beachte, dass der zweite Ansatz einfach durch Kopfrechnen durchgeführt werden kann, da das größte Zwischenergebnis die 81 ist. Hingegen ist bei der ersten Methode der Umgang mit wesentlich größeren Zahlen erforderlich und das Berechnen von 6561 mod 7 ist im Kopf schon deutlich schwieriger. Eine allgemeine Regel bei der modularen Arithmetik ist, dass es fast immer von Vorteil ist, wenn man die Moduloreduktion auf Zwischenergebnisse anwendet, sobald dies möglich ist, um mit möglichst kleinen Zahlen hantieren zu müssen.

Man beachte, dass das Endergebnis immer gleich ist, unabhängig davon, wie oft man die Moduloreduktion während der Zwischenrechnungen anwendet.

Welchen der möglichen Reste wählt man?
Es ist üblich, von allen möglichen Resten, die nach der Definition (1.1) möglich sind, denjenigen positiven Rest zu wählen, der in dem Bereich

$$0 \leq r \leq m - 1$$

liegt. Mathematisch macht es allerdings keinen Unterschied, wenn man einen anderen Vertreter der betroffenen Restklasse wählt.

1.4.2 Restklassenringe

Nachdem wir oben die Grundeigenschaften der Modulooperation eingeführt haben, können wir jetzt die abstrakteren Eigenschaften des Modulorechnens diskutieren. Uns interessiert das mathematische Konstrukt, das aus den ganzen Zahlen von $0, \ldots, m-1$ besteht und in dem es die beiden Operationen Addition und Multiplikation gibt:

Definition 1.4
Der *Restklassenring* $\mathbb{Z}_m$ besteht aus:

1. Der Menge $\mathbb{Z}_m = \{0, 1, 2, \ldots, m-1\}$ sowie
2. den beiden Rechenoperationen „+“ und „·“ für alle $a, b \in \mathbb{Z}_m$, sodass gilt:
   1. $a + b \equiv c \bmod m$, wobei $c \in \mathbb{Z}_m$
   2. $a \cdot b \equiv d \bmod m$, wobei $d \in \mathbb{Z}_m$

Nachfolgend wird ein Beispiel für einen solchen Restklassenring gegeben.

Beispiel 1.9 Es sei $m = 9$, d. h. wir betrachten den Ring $\mathbb{Z}_9 = \{0, 1, 2, 3, 4, 5, 6, 7, 8\}$. Man kann beispielsweise diese beiden Berechnungen in dem Ring ausführen:

$$6 + 8 = 14 \equiv 5 \bmod 9$$
$$6 \cdot 8 = 48 \equiv 3 \bmod 9$$

Ein Ring ist ein fundamentales Konstrukt der Algebra. Ringe haben die folgenden Eigenschaften:

- Wenn zwei beliebige Ringelemente addiert oder multipliziert werden, ist das Ergebnis wiederum ein Element des Rings, d. h. der Ring ist *abgeschlossen*.
- Addition und Multiplikation sind *assoziativ*, d. h. es gilt $a + (b + c) = (a + b) + c$ und $a \cdot (b \cdot c) = (a \cdot b) \cdot c$ für alle $a, b, c \in \mathbb{Z}_m$.
- Die Addition ist *kommutativ*, d. h. es gilt $a + b = b + a$ für alle $a, b \in \mathbb{Z}_m$.
- Es existiert ein *neutrales Element 0 bezüglich der Addition*, d. h. für jedes Element $a \in \mathbb{Z}_m$ gilt, dass $a + 0 \equiv a \bmod m$.
- Für jedes Ringelement a existiert ein negatives Element $-a$, sodass $a + (-a) \equiv 0 \bmod m$, d. h. jedes Element hat eine *additive Inverse*.
- Die Multiplikation ist *kommutativ*, d. h. es gilt $a \cdot b = b \cdot a$ für alle $a, b \in \mathbb{Z}_m$. $\mathbb{Z}_m$ ist von daher ein *kommutativer Ring*.
- Es existiert ein *neutrales Element 1 bezüglich der Multiplikation*, d. h. für jedes Element $a \in \mathbb{Z}_m$ gilt, dass $a \cdot 1 \equiv a \bmod m$.
- Die *multiplikative Inverse* existiert nicht für alle Elemente. Die Inverse a^{-1} eines Elements $a \in \mathbb{Z}$ ist definiert als:

$$a \cdot a^{-1} \equiv 1 \bmod m$$

Wenn die Inverse von a existiert, kann man durch a teilen, da gilt:

$$b/a \equiv b \cdot a^{-1} \bmod m.$$

- Das *Berechnen* der Inversen ist i. d. R. mit etwas Aufwand verbunden. (Zumeist wird der euklidische Algorithmus benutzt, der in Abschn. 6.3 eingeführt wird.) Es gibt allerdings einen einfachen Test, um festzustellen, ob für ein gegebenes Element eine Inverse *existiert*:
  Ein Element $a \in \mathbb{Z}$ hat genau dann eine multiplikative Inverse a^{-1}, wenn gilt, dass $\mathrm{ggT}(a, m) = 1$. Der ggT ist der *größte gemeinsame Teiler*, d. h. die größte natürliche Zahl, die sowohl a als auch m teilt. In der Zahlentheorie ist es oft wichtig zu wissen, ob zwei Zahlen einen ggT von 1 haben; man sagt, dass a und m *teilerfremd* oder *relativ prim* sind, wenn $\mathrm{ggT}(a, m) = 1$ gilt.

Beispiel 1.10 Wir wollen feststellen, ob 15 eine multiplikative Inverse in $\mathbb{Z}_{26}$ hat. Da gilt

$$\mathrm{ggT}(15, 26) = 1,$$

muss die Inverse existieren. Hingegen hat das Element 14 keine Inverse in $\mathbb{Z}_{26}$, da

$$\mathrm{ggT}(14, 26) = 2 \neq 1.$$

Eine weitere Eigenschaften von Ringen ist, dass $a \cdot (b + c) = (a \cdot b) + (a \cdot c)$ für alle $a, b, c \in \mathbb{Z}_m$, d. h. das *Distributivgesetz* gilt. Zusammenfassend kann man grob sagen, dass der Restklassenring $\mathbb{Z}_m$ aus der Menge der ganzen Zahlen $\{0, 1, 2, \ldots, m-1\}$ besteht und wir darin addieren, subtrahieren, multiplizieren und durch einige Elemente dividieren können.

Wie oben erwähnt ist Moduloarithmetik mit ganzen Zahlen, d. h. das Rechnen in Restklassenringen $\mathbb{Z}_m$, von großer Bedeutung für die moderne asymmetrische Kryptografie. In der Praxis werden zumeist Zahlen mit 160–4096 Bit eingesetzt, sodass effiziente Methoden für die Arithmetik benötigt werden.

1.4.3 Die Verschiebe- oder Cäsar-Chiffre

Die Cäsar-Chiffre ist vielleicht das bekannteste historische Verschlüsselungsverfahren. Sie wird auch Verschiebechiffre genannt und ist ein Spezialfall der oben eingeführten Substitutionschiffre.

Die Chiffre arbeitet nach einem einfachen Prinzip. Jeder Klartextbuchstabe wird um eine bestimmte, feste Anzahl von Positionen im Alphabet verschoben. Die Anzahl der Verschiebepositionen bildet hierbei den Schlüssel. Wenn man beispielsweise um drei Positionen schiebt, wird das `A` durch das `d` ersetzt, das `B` durch `e` und so weiter. Gegen Ende des Alphabets kommt die Frage auf, womit die Buchstaben `X`, `Y` und `Z` ersetzt werden. Wie man sich leicht vorstellen kann, besteht die Lösung darin, dass man wieder von vorne anfängt. Dies bedeutet, dass `X` durch `a` ersetzt wird, `Y` durch `b` und `Z` durch `c`. Aus historischen Quellen ist überliefert, dass Julius Cäsar die Chiffre mit einer Verschiebung um drei Positionen für militärische Korrespondenz einsetzte.

Tab. 1.3 Codierung der Buchstaben für die Verschiebechiffre

A	B	C	D	E	F	G	H	I	J	K	L	M
0	1	2	3	4	5	6	7	8	9	10	11	12
N	O	P	Q	R	S	T	U	V	W	X	Y	Z
13	14	15	16	17	18	19	20	21	22	23	24	25

Die Verschiebechiffre kann mithilfe der Modulooperation sehr kompakt dargestellt werden. Um die Chiffre mathematisch beschreiben zu können, wird zunächst jedem Buchstaben eine Zahl zugeordnet (Tab. 1.3).

Sowohl die Klartext- als auch die Chiffratbuchstaben können jetzt als Elemente des Restklassenrings $\mathbb{Z}_{26}$ interpretiert werden. Auch der Schlüssel, d. h. die Anzahl der Verschiebepositionen, ist ein Element in $\mathbb{Z}_{26} = \{0, 1, \ldots, 25\}$. Man beachte, dass ein Schieben um mehr als 25 Positionen keinen Sinn ergeben würde, da eine Verschiebung um 26 Positionen das Gleiche ist wie eine Verschiebung um 0 Positionen. Die Ver- und Entschlüsselung kann jetzt mithilfe der Modulooperation kompakt beschrieben werden:

Definition 1.5 (Verschiebechiffre)
Es seien $x, y, k \in \mathbb{Z}_{26}$.

Verschlüsselung: $e_k(x) \equiv x + k \bmod 26$
Entschlüsselung: $d_k(y) \equiv y - k \bmod 26$

Beispiel 1.11 Der Schlüssel sei $k = 17$ und der Klartext sei gegeben durch

$$\texttt{ATTACK} = x_1, x_2, \ldots, x_6 = 0, 19, 19, 0, 2, 10$$

Das Chiffrat ergibt sich dann zu

$$y_1, y_2, \ldots, y_6 = 17, 10, 10, 17, 19, 1 = \texttt{rkkrtb}$$

Nach der Diskussion über die Schwachstellen der Substitutionschiffre kann man sich leicht vorstellen, dass die Verschiebechiffre auch unsicher ist. Hier sind zwei mögliche Angriffe:

1. Da der Schlüsselraum nur aus 26 Schlüsseln besteht, kann ein Angreifer einfach eine vollständige Schlüsselsuche durchführen. Hierfür benötigt er ein Paar bestehend aus Klartext und Chiffrat. Er entschlüsselt das Chiffrat mit allen möglichen 26 Schlüsseln. Sobald sich der korrekte Klartextbuchstabe ergibt, kennt er den Schlüssel.
2. Genau wie bei der Substitutionschiffre kann man auch bei der Cäsar-Chiffre eine Häufigkeitsanalyse durchführen.

1.4.4 Affine Chiffre

Wenn man die Verschlüsselungsfunktion der Verschiebechiffre verallgemeinert, erhält man die *affine Chiffre*. Die Verschiebechiffre verschlüsselt durch das Aufaddieren des Schlüssels, was durch die Operation $y_i = x_i + k \bmod 26$ beschrieben wird. Hingegen verschlüsselt die affine Chiffre, indem der Klartext sowohl mit einem Teil des Schlüssels multipliziert, als auch ein anderer Schlüsselteil aufaddiert wird.

Definition 1.6 (Affine Chiffre)
Es sei $x, y, a, b \in \mathbb{Z}_{26}$.

Verschlüsselung: $e_k(x) = y \equiv a \cdot x + b \bmod 26$
Entschlüsselung: $d_k(y) = x \equiv a^{-1} \cdot (y - b) \bmod 26$

mit dem Schlüssel $k = (a, b)$, wobei gelten muss, dass $\mathrm{ggT}(a, 26) = 1$.

Die Entschlüsselung kann leicht aus der Verschlüsselungsgleichung abgeleitet werden:

$$\begin{aligned} a \cdot x + b &\equiv y \bmod 26 \\ a \cdot x &\equiv (y - b) \bmod 26 \\ x &\equiv a^{-1} \cdot (y - b) \bmod 26 \end{aligned}$$

Man braucht die Einschränkung $\mathrm{ggT}(a, 26) = 1$, da der Schlüsselteil a für das Entschlüsseln invertiert werden muss. In Abschn. 1.4.2 wurde besprochen, dass ein Element a und der Modul m teilerfremd sein müssen, damit die Inverse von $a \bmod m$ existiert. Von daher sind nur die folgenden Werte für a möglich:

$$a \in \{1, 3, 5, 7, 9, 11, 15, 17, 19, 21, 23, 25\} \tag{1.2}$$

Es stellt sich nun die Frage, wie man a^{-1} berechnet? Zum jetzigen Zeitpunkt genügt es uns, dass wir die Inverse durch einfaches Ausprobieren bestimmen. Für einen gegebenen Wert a testet man alle Möglichkeiten für a^{-1}, bis die folgende Gleichung erfüllt ist:

$$a \cdot a^{-1} \equiv 1 \bmod 26$$

Beispielsweise erhält man für $a = 3$ die Inverse $a^{-1} = 9$, da gilt $3 \cdot 9 = 27 \equiv 1 \bmod 26$. Man beachte, dass a^{-1} auch immer die Bedingung $\mathrm{ggT}(a^{-1}, 26) = 1$ erfüllt, da die Inverse von a^{-1} immer existiert: Die Inverse von a^{-1} ist wiederum a selbst. Für das Ausprobieren braucht man nur die Werte zu betrachten, die in Gleichung (1.2) aufgelistet sind.

Beispiel 1.12 Gegeben seien der Schlüssel $k = (a, b) = (9, 13)$ und der Klartext

$$\texttt{ATTACK} = x_1, x_2, \ldots, x_6 = 0, 19, 19, 0, 2, 10.$$

Die Inverse von a ist $a^{-1} = 3$. Das Chiffrat berechnet sich als

$$y_1, y_2, \ldots, y_6 = 13, 2, 2, 13, 5, 25 = \texttt{nccnfz}$$

Wie man sich unschwer vorstellen kann, ist die affine Chiffre nicht sicher! Der Schlüsselraum ist nicht viel größer als der der Verschiebechiffre:

$$\begin{aligned} \text{Schlüsselraum} &= (\#\text{Werte für } a) \cdot (\#\text{Werte für } b) \\ &= 12 \cdot 26 = 312 \end{aligned}$$

Ein Schlüsselraum mit 312 Elementen ist natürlich immer noch lächerlich klein und kann mithilfe eines Rechners in Bruchteilen einer Sekunde vollständig durchsucht werden. Zudem hat die affine Chiffre die gleiche Schwachstelle wie die Substitutions- und Cäsar-Chiffre: Die Zuordnung von Klartextbuchstaben zu Geheimtextbuchstaben ist fest. Von daher kann auch die affine Chiffre durch Häufigkeitsanalyse gebrochen werden.

Der Rest dieses Buchs behandelt fast ausnahmslos starke kryptografische Algorithmen, die nach dem heutigen Stand der Technik nicht gebrochen werden können und in der Praxis eingesetzt werden.

1.5 Diskussion und Literaturempfehlungen

Der Fokus dieses Buchs liegt auf angewandten Aspekten der Kryptografie. Das Buch ist als Einführung gedacht. Es kann sowohl als klassisches Lehrbuch als auch in der Fernlehre oder im Selbststudium eingesetzt werden. Am Ende eines jeden Kapitels gibt es einen Abschn. mit einer kurzen Diskussion, in der weiterführende Themen angerissen und Literaturempfehlungen zur weiteren Vertiefung gegeben werden.

Zu diesem Kapitel: Historische Chiffren und modulare Arithmetik In diesem Kapitel wurden nur einige wenige historische Chiffren vorgestellt. Es gibt jedoch eine sehr große Anzahl an historischen Verschlüsselungsverfahren, die von der Antike bis zum Zweiten Weltkrieg reichen. Empfehlenswerte Referenzen zu dem Thema sind die Bücher von Bauer [2], Singh [21] und das sehr umfangreiche englischsprachige Standardwerk von Kahn [12]. Zum einen geben die Bücher einen Einblick in die militärische und diplomatische Rolle, die die Kryptografie über die Jahrhunderte gespielt hat. Zum anderen versteht man das Vorgehen heutiger Nachrichtendienste besser, das beispielsweise durch die Enthüllungen von Edward Snowden bekannt geworden ist.

In diesem Kapitel wurde die modulare Arithmetik eingeführt, die ein Teilgebiet der Zahlentheorie ist. Die Zahlentheorie ist ein faszinierender Teil der Mathematik, der unglücklicherweise lange Zeit als ein Gebiet ohne Anwendungen betrachtet wurde. Von daher spielt die Zahlentheorie traditionell fast nur für die Mathematikerausbildung eine Rolle. Es gibt dennoch viele gute Bücher zur Zahlentheorie. Zu den Klassikern gehören die Bücher von Niven und Rosen [17, 19]. Ein besonders verständlich geschriebenes und für Nichtmathematiker geeignetes Buch ist das von Silverman [20].

Die Forschungsszene und Literaturempfehlungen Die Kryptografie existiert seit den späten 1970er-Jahren als eigenständige Forschungsdisziplin. Verglichen mit vielen anderen mathematisch-technischen Disziplinen ist sie immer noch ein junges Gebiet, auf dem es ständig neue Entwicklungen gibt. Der wissenschaftliche Dachverband der Kryptografen ist die International Association for Cryptologic Research (IACR), die die drei allgemeinen Konferenzen Asiacrypt, Crypto (die älteste Fachkonferenz auf diesem Gebiet) und Eurocrypt sowie die vier Konferenzen zu Teilgebieten der modernen Kryptografie Cryptographic Hardware and Embedded Systems[4] (CHES), Fast Software Encryption (FSE), Public Key Cryptography (PKC) und Theory of Cryptography (TCC) organisiert. Auf diesen sieben Veranstaltungen werden viele der neuen wissenschaftlichen Entwicklungen auf dem Gebiet vorgestellt. Die Kryptografie ist ein Teilgebiet der IT-Sicherheit. Zu diesem Thema gibt es zahlreiche internationale Konferenzen, wobei drei der wichtigsten das IEEE Symposium on Security and Privacy (IEEE S&P), die ACM Conference on Computer and Communications Security (CCS) und das USENIX Security Symposium sind.

Es gibt inzwischen eine Reihe empfehlenswerter Bücher zur Kryptografie. Als sehr umfassendes Referenzwerk ist das *Handbook of Applied Cryptography* [16] von Menezes et al. zu empfehlen, obwohl es nur Material bis zum Jahr 1997 enthält. Ein Standardwerk für die formalisierte Sichtweise auf die Kryptografie, die in der modernen Kryptoforschung oft verwendet wird, ist das Buch von Katz und Lindell [13]. Als Nachschlagewerk gibt es die (allerdings hochpreisige) *Encyclopedia of Cryptography and Security*. Alle drei Werke sind gute Ergänzungen zu diesem Lehrbuch.

Beweisbare Sicherheit Das hier vorliegende Buch hat die praktischen Aspekte der modernen Kryptografie im Fokus und behandelt die formalen Grundlagen nur am Rand. In der modernen Forschung gibt es eine starke Strömung, mathematisch beweisbare Aussagen über kryptografische Algorithmen und Protokolle zu treffen. Hierfür muss das Verhalten des Sicherheitssystems und des Angreifers in einem formalen Modell beschrieben werden. Die dann geführten Beweise sind oft reduktiv, d. h. sie basieren auf gewissen Annahmen. Beispiele für solche Annahmen sind, dass das Faktorisieren ganzer Zahlen sehr schwer ist oder dass man für eine Hash-Funktion keine Kollision finden kann.

Das Gebiet der beweisbaren Kryptografie ist inzwischen sehr umfassend und wir geben nachfolgend nur eine knappe Übersicht. Referenz [5] gibt einen Überblick über die beweisbare asymmetrische Kryptografie. Beweisbare Sicherheit ist eng mit den theoretischen Grundlagen der Kryptografie verknüpft. Zu den Standardreferenzen gehören [7, 9]. *Zero-Knowledge-Beweise*, vereinzelt auch kenntnisfreie Beweise genannt, sind Protokol-

[4] Einer der Buchautoren war einer der Gründer der CHES-Konferenz.

le, bei denen eine Partei eine andere davon überzeugt, dass sie ein Geheimnis (z. B. einen Schlüssel) kennt, ohne dieses selber preiszugeben.

Ein frühe Referenz hierzu ist [18] und eine gute Einführung ist in dem Beitrag von Goldreich zu finden [8]. *Multi-party Computation*, im Deutschen manchmal auch Mehrparteienberechnung genannt, kann für Aufgaben wie elektronische Wahlen oder das Ausführen von Berechnungen mit verschlüsselten Daten eingesetzt werden. Letzteres ist gerade im Zusammenhang mit dem Cloud Computing attraktiv. Entscheidend bei Multi-party-Computation ist, dass jeder Teilnehmer nur seine eigenen Eingangswerte und das Ergebnis kennt, jedoch nichts über die Daten der anderen Teilnehmer erfährt. Gute Referenzen hierzu sind [15] und [9, Chap. 7].

An einigen Stellen in diesem Buch wird das Thema der beweisbaren Sicherheit angeschnitten. Beispiele sind der Zusammenhang zwischen dem Diffie-Hellman-Schlüsselaustausch und dem Diffie-Hellman-Problem in Abschn. 8.4, Blockchiffren basierend auf Hash-Funktionen in Abschn. 11.3.2 oder die Sicherheit des HMAC-Authentisierungsschemas in Abschn. 12.2.

Obwohl aus dem Ansatz der beweisbaren Sicherheit eine ganze Reihe von Verfahren mit praktischem Nutzen hervorgegangen sind, gibt es auch viele Ergebnisse mit sehr begrenzter Relevanz für die Praxis. Es soll an dieser Stelle auch angemerkt werden, dass die beweisbare Sicherheit z. T. auch kontrovers diskutiert wird [10, 14].

Entwurf sicherer Systeme Mit einem Sicherheitssystem werden Werte geschützt, beispielsweise Daten, Geld oder Gebäude. Für die Absicherung digitaler Systeme spielen kryptografische Algorithmen oft eine zentrale Rolle. Andererseits muss man für ein sicheres System noch viele andere Aspekte betrachten.

Abstrakt gesprochen sollte durch ein Sicherheitssystem das Brechen teurer sein als der Wert, der geschützt wird. Teurer kann sich hier sowohl auf Geldwert beziehen oder aber auch auf abstraktere Werte wie Reputation. Es sollte beachten werden, dass die Benutzung einer Anwendung oder eines Systems durch eine Sicherheitsmaßnahme oft umständlicher wird. Dies ist bei digitalen Systemen nicht anders als in der physikalischen Welt. Die regelmäßige Nutzung eines Fahrrads ohne Schloss, d. h. ohne das oft lästige Abschließen, ist angenehmer als die regelmäßige Benutzung eines Bügelschlosses.

Es gibt systematische Ansätze für den Entwurf von Sicherheitssystemen. Zumeist müssen die zu schützenden Werte und die Sicherheitsziele anfangs definiert werden. Dann müssen Angriffsziele und mögliche Angriffspfade festgelegt werden. Darauf aufbauend werden Sicherheitsmaßnahmen entworfen, die auf die Anwendung angepasst sind.

Es gibt eine Reihe von Standards, die bei der Definition und Evaluierung eines Sicherheitssystems helfen. Hierzu gehören ISO/IEC (15408, 15443-1, 15446, 19790, 19791, 19792, 21827) [11]; die Normenreihe der ISO 62443, die „common criteria" (deutsche Langform: Allgemeine Kriterien für die Bewertung der Sicherheit von Informationstechnologie; [3]), das IT-Grundschutzhandbuch des Bundesamts für Sicherheit in der Informationstechnik (BSI [1]) oder in den USA die Federal Information Processing Standards Publications (FIPS PUBS; [6]).

1.6 Lessons Learned

- Entwickeln Sie niemals einen eigenen kryptografischen Algorithmus, es sein denn, Sie haben Zugriff auf ein erfahrenes Team von Kryptanalytikern, die die Chiffre auf Schwachstellen prüfen.
- Setzen Sie nur Kryptoalgorithmen (d. h. symmetrische und asymmetrische Chiffren sowie Hash-Funktionen) und -protokolle ein, die seit Langem öffentlich bekannt sind und umfassend analysiert worden sind.
- Ein Angreifer wird immer den schwächsten Punkt eines Kryptoverfahrens ausnutzen. So ist ein großer Schlüsselraum allein noch keine Garantie dafür, dass die Chiffre sicher ist. Sie kann beispielsweise mathematische Schwachstellen aufweisen.
- Nachfolgend sind Abschätzungen für die Schlüssellängen symmetrischer Algorithmen angegeben, um eine vollständige Schlüsselsuche auszuschließen:
  - 64 Bit: Unsicher; nur für Daten einsetzbar, die für einen sehr kurzen Zeitraum (deutlich weniger als einen Tag) geschützt sein müssen.
  - 112–128 Bit: Langzeitsicherheit für einige Jahrzehnte, es sei denn, der Angreifer verfügt über Quantencomputer[5].
  - 256 Bit: Wie oben, allerdings auch sicher gegen Angriffe mit Quantencomputern.
- Mit modularer Arithmetik können historische Chiffren wie die affine Chiffre einfach beschrieben werden. Die modulare Arithmetik spielt eine noch wichtigere Rolle in der modernen asymmetrischen Kryptografie.

1.7 Aufgaben

1.1

Das nachfolgende Chiffrat in englischer Sprache wurde mit der Substitutionschiffre verschlüsselt. Das Ziel ist es, den Klartext zu erhalten.

```
lrvmnir bpr sumvbwvr jx bpr lmiwv yjeryrkbi jx qmbm wi bpr
xjvni mkd ymibrut jx irhx wi bpr riirkvr jx
ymbinlmtmipw utn qmumbr dj w ipmhh but bj rhnvwdmbr bpr
yjeryrkbi jx bpr qmbm mvvjudwko bj yt wkbrusurbmbwjk
lmird jk xjubt trmui jx ibndt
```

[5] Wenn Quantencomputer eines Tages existieren sollten, würden sie die effektive Schlüssellänge symmetrischer Chiffren halbieren. Die optimistischsten Prognosen gehen momentan, d. h. 2016, davon aus, dass Quantenrechner frühestens 2030 zur Verfügung stehen werden, und es gibt viele Fachleute, die Zeiträume von 30–50 Jahren für realistischer halten. Man beachte, dass alle heutzutage verwendeten asymmetrischen Algorithmen mit Quantencomputern gebrochen werden können, unabhängig von der gewählten Schlüssellänge.

```
wb wi kjb mk rmit bmiq bj rashmwk rmvp yjeryrkb mkd wbi
iwokwxwvmkvr mkd ijyr ynib urymwk nkrashmwkrd bj ower m
vjyshrbr rashmkmbwjk jkr cjnhd pmer bj lr fnmhwxwrd mkd
wkiswurd bj invp mk rabrkb bpmb pr vjnhd urmvp bpr ibmbr jx
rkhwopbrkrd ywkd vmsmlhr jx urvjokwgwko ijnkdhrii
ijnkd mkd ipmsrhrii ipmsr w dj kjb drry ytirhx bpr xwkmh
mnbpjuwbt lnb yt rasruwrkvr cwbp qmbm pmi hrxb kj djnlb
bpmb bpr xjhhjcwko wi bpr sujsru msshwvmbwjk mkd
wkbrusurbmbwjk w jxxru yt bprjuwri wk bpr pjsr bpmb bpr
riirkvr jx jqwkmcmk qmumbr cwhh urymwk wkbmvb
```

1. Berechnen Sie die Häufigkeit aller Buchstaben A, ..., Z im Chiffrat. Dies kann von Hand mit Papier und Bleistift erfolgen oder mit Computerunterstützung, beispielsweise mit dem Programm CrypTool [4].
2. Entschlüsseln Sie das Chiffrat mithilfe der Frequenzanalyse unter Benutzung einer Häufigkeitstabelle für die englische Sprache. Man beachte, dass der Text relativ kurz ist und die hier auftretenden Häufigkeiten von denen in Tabellen leicht abweichen können.
3. Wer schrieb den Text?

1.2

Der folgende Geheimtext wurde mit der Verschiebechiffre erzeugt:

```
xultpaajcxitltlxaarpjhtiwtgxktghidhipxciwtvgtpilpit
ghlxiwiwtxgqadds
```

1. Brechen Sie die Chiffre mithilfe der Frequenzanalyse. Die Verschlüsselung von wie vielen Buchstaben muss mit der Frequenzanalyse erkannt werden, um den Schlüssel zu berechnen? Wie lautet der Klartext?
2. Wer ist der Autor?

1.3

In dieser Aufgabe wird die Langzeitsicherheit des Advanced Encryption Standard (AES) mit 128-Bit-Schlüsseln betrachtet. Die Annahme ist, dass der beste bekannte Angriff die vollständige Schlüsselsuche ist. (AES ist die momentan am häufigsten eingesetzte symmetrische Chiffre.)

1. Wir nehmen an, dass der Angreifer spezielle Hardware-IC, sog. ASIC, hat, die für AES-Schlüsseltests optimiert sind. Ein ASIC kann $5 \cdot 10^8$ Schlüssel pro Sekunde überprüfen und der Angreifer verfügt über ein Budget von einer Million Euro. Ein einzelnes

ASIC kostet € 50 und es wird ein Overhead von 100 % für die Integration der ASIC angenommen (Bau des Computers, Stromversorgung, Kühlung usw.).
Wie viele ASIC kann man mit dem gegebenen Budget parallel betreiben? Wie lange dauert eine vollständige Schlüsselsuche im Durchschnitt? Setzen Sie diese Zeit in Relation zu dem Alter des Universums, das 10^{10} Jahre beträgt.
2. Wir schätzen nun die Entwicklung der Rechenleistung zukünftiger Computer ab. Die Zukunft vorherzusagen ist bekannterweise nicht einfach, aber wir orientieren uns an dem Moore'schen Gesetz. Diesem zufolge verdoppelt sich die Rechenleistung alle 18 Monate, wobei die Kosten für Computer konstant bleiben. Nach wie vielen Jahren kann eine Maschine zur vollständigen Schlüsselsuche von AES-128 für eine Million Euro realisiert werden, mit der die *durchschnittliche* Suchzeit 24 h beträgt? Wir ignorieren bei dieser Abschätzung die Geldinflation.

1.4
Diese Aufgabe beschäftigt sich mit dem Zusammenhang zwischen Passwörtern und Schlüssellängen. Wir betrachten ein Kryptosystem, bei dem der Schlüssel aus einem Passwort gebildet wird.

1. Zunächst betrachten wir ein Passwort bestehend aus 8 Zeichen, wobei jedes Zeichen durch ein ASCII-Symbol dargestellt ist, d. h. 7 Bit pro Zeichen und 128 mögliche Zeichen. Wie groß ist der Schlüsselraum?
2. Wie groß ist die entsprechende Schlüssellänge in Bit?
3. Viele Nutzer wählen nur Kleinbuchstaben als Zeichen, d. h. es gibt nur 26 Möglichkeiten für jedes Zeichen. Wie groß ist der Schlüsselraum und die entsprechende Schlüssellänge (in Bit)?
4. Aus wie vielen Zeichen muss ein Passwort bestehen, damit sich eine effektive Schlüssellänge von 128 Bit ergibt mit:
   a. 7-Bit-Zeichen?
   b. Zeichen, die nur aus Kleinbuchstaben bestehen?

1.5
Viele moderne Kryptoverfahren basieren auf modularer Arithmetik. Aus diesem Grund sollte man im Umgang mit ihr sicher sein. Führen Sie die folgenden Berechnungen ohne Taschenrechner durch:

1. $15 \cdot 29 \bmod 13$
2. $2 \cdot 29 \bmod 13$
3. $2 \cdot 3 \bmod 13$
4. $-11 \cdot 3 \bmod 13$

Die Ergebnisse sollten im Bereich von $0, 1, \ldots, (\text{Modul} - 1)$ liegen. Beschreiben Sie kurz den Zusammenhang zwischen den einzelnen Aufgaben.

1.6
Berechnen Sie ohne Taschenrechner:

1. $1/5 \bmod 13$
2. $1/5 \bmod 7$
3. $3 \cdot 2/5 \bmod 7$

1.7
Wir betrachten den Ring $\mathbb{Z}_4$. Stellen Sie eine Tabelle auf, die die Addition aller Ringelemente untereinander beschreibt. Die Tabelle soll die folgende Form haben:

+	0	1	2	3
0	0	1	2	3
1	1	2	...	
2	...			
3				

1. Berechnen Sie die Multiplikationstabelle für $\mathbb{Z}_4$.
2. Berechnen Sie die Additions- und Multiplikationstabelle für $\mathbb{Z}_5$.
3. Berechnen Sie die Additions- und Multiplikationstabelle für $\mathbb{Z}_6$.
4. In $\mathbb{Z}_4$ und $\mathbb{Z}_6$ gibt es Elemente ohne multiplikative Inverse. Welche Elemente sind das? Warum haben alle Elemente außer der 0 eine Inverse in $\mathbb{Z}_5$?

1.8
Wie lautet die multiplikative Inverse von 5 in $\mathbb{Z}_{11}$, $\mathbb{Z}_{12}$, und $\mathbb{Z}_{13}$? Man kann sie durch Ausprobieren mit oder ohne Computerunterstützung finden.

Bei dieser Aufgabe sieht man, dass die Inverse von dem Ring abhängt, in dem sich die Zahl befindet. Wie man sieht, ändert sich die Inverse, wenn der Modul sich ändert. Von daher ergibt es keinen Sinn, von der Inversen einer Zahl zu sprechen, solange nicht klar ist, was der Modul ist. Diese Beobachtung ist für das RSA-Kryptoverfahren wichtig, das in Kap. 7 eingeführt wird. Um multiplikative Inverse effizient für große Moduln zu berechnen, wird zumeist der euklidische Algorithmus eingesetzt, der in Abschn. 6.3 behandelt wird.

1.9
Berechnen Sie x so weit wie möglich ohne Taschenrechner. Es ist empfehlenswert, Zwischenergebnisse mit dem Modul zu reduzieren, wie in dem Beispiel in Abschn. 1.4.1 gezeigt wurde:

1. $x = 3^2 \bmod 13$
2. $x = 7^2 \bmod 13$
3. $x = 3^{10} \bmod 13$

4. $x = 7^{100} \bmod 13$
5. $7^x = 11 \bmod 13$

In der letzten Aufgabe wird ein sog. diskreter Logarithmus berechnet, der in Kap. 8 eingehend behandelt wird. Viele moderne asymmetrische Kryptoverfahren, beispielsweise der Schlüsselaustausch nach Diffie-Hellman, basieren auf dem diskreten Logarithmus, wobei allerdings Zahlen mit einer Länge von 2000 Bit oder mehr verwendet werden sollten.

1.10

Bestimmen Sie alle natürlichen Zahlen n zwischen $0 \leq n < m$, die teilerfremd zu m sind, wobei $m = 4, 5, 9, 26$. Es gibt ein spezielles Symbol für die *Anzahl* der Zahlen n, die diese Bedingung erfüllen. Man schreibt dann $\phi(m)$. Zum Beispiel gilt $\phi(3) = 2$, da sowohl 1 als auch 2 teilerfremd zu dem Modul 3 sind. Die Funktion $\phi(m)$ heißt eulersche Phi-Funktion. Bestimmen Sie $\phi(m)$ für $m = 4, 5, 9, 26$.

1.11

Diese Aufgabe betrachtet die affine Chiffre mit dem Schlüssel $a = 7, b = 22$.

1. Entschlüsseln Sie den Geheimtext:

```
falszztysyjzyjkywjrztyjztyynaryjkyswarztyegyyj
```

2. Von wem stammt der Satz?

1.12

Wir verallgemeinern nun die affine Chiffre aus Abschn. 1.4.4 für das vollständige deutsche Alphabet, d. h. der Klartext- und Chiffratraum umfassen neben den 26 regulären Buchstaben auch die Umlaute Ä, Ö, Ü sowie das ß. Es wird die folgende Codierung verwendet:

A ↔ 0	B ↔ 1	C ↔ 2	D ↔ 3	E ↔ 4	F ↔ 5
G ↔ 6	H ↔ 7	I ↔ 8	J ↔ 9	K ↔ 10	L ↔ 11
M ↔ 12	N ↔ 13	O ↔ 14	P ↔ 15	Q ↔ 16	R ↔ 17
S ↔ 18	T ↔ 19	U ↔ 20	V ↔ 21	W ↔ 22	X ↔ 23
Y ↔ 24	Z ↔ 25	Ä ↔ 26	Ö ↔ 27	Ü ↔ 28	ß ↔ 29

1. Wie lauten die Ver- und Entschlüsselungsgleichung der Chiffre?
2. Wie groß ist der Schlüsselraum?
3. Das folgende Chiffrat wurde mit dem Schlüssel ($a = 17, b = 1$) erzeugt. Bestimmen Sie den Klartext.

```
ä u ß w ß
```

4. Aus welchem Dorf stammt der Klartext?

1.13

Bei einer sog. *chosen plaintext attack* ist der Angreifer, Oskar, in der Lage, Klartexte zu wählen und diese von Alice verschlüsseln zu lassen. Dies kann in der Praxis beispielsweise vorkommen, wenn Alice ein Webserver ist, der Eingabedaten verschlüsselt versendet.

Zeigen Sie, wie Oskar die affine Chiffre brechen kann, wenn er zwei Klartext-Chiffrat-Paare (x_1, y_1) und (x_2, y_2) kennt, wobei Oskar x_1 und x_2 gewählt hat. Welche Bedingung müssen x_1 und x_2 erfüllen?

1.14

Ein naheliegender Ansatz, um die Sicherheit symmetrischer Chiffren zu erhöhen, ist, eine Nachricht zweimal zu verschlüsseln:

$$y = e_{k_2}(e_{k_1}(x))$$

In der Kryptografie gibt es jedoch oft Fallstricke und es ist leicht, Lösungen zu entwerfen, die nur scheinbar sicher sind. In dieser Aufgabe zeigen wir, dass die Doppelverschlüsselung mit der affinen Chiffre nur so sicher ist wie eine Einfachverschlüsselung.

Wir betrachten zwei affine Chiffren $e_{k1} \equiv a_1 x + b_1 \bmod 26$ und $e_{k2} \equiv a_2 x + b_2 \bmod 26$.

1. Zeigen Sie, dass es eine einzelne affine Chiffre $e_{k3} \equiv a_3 x + b_3 \bmod 26$ gibt, die genau die gleiche Ver- und Entschlüsselung ausführt wie die Doppelverschlüsselung $e_{k2}(e_{k1}(x))$.
2. Bestimmen Sie die Werte a_3 und b_3 für $a_1 = 3, b_1 = 5$ und $a_2 = 11, b_2 = 7$.
3. Zur Verifikation der Lösung verschlüsseln Sie den Buchstaben `K` (i) zunächst mit e_{k_1} und das resultierende Chiffrat dann mit e_{k_2} und (ii) verschlüsseln Sie `K` mit e_{k_3}.
4. Beschreiben Sie eine effiziente Methode, um eine vollständige Schlüsselsuche gegen die affine Chiffre mit Doppelverschlüsselung durchzuführen. Ändert sich der effektive Schlüsselraum?

Bemerkung Mehrfachverschlüsselung kann sehr wohl die Sicherheit einer Chiffre erhöhen. Ein prominentes Beispiel ist Data Encryption Standard (DES). Der einfache DES ist sehr unsicher, DES mit Dreifachverschlüsselung (3DES) jedoch sehr sicher. Er wird z. B. im deutschen elektronischen Personalausweis oder im biometrischen Reisepass eingesetzt. Mehr Informationen zu 3DES finden sich in Abschn. 3.7.2.

Literatur

1. Bundesamt für Sicherheit in der Informationstechnik (BSI), http://www.bsi.de/english/publications/bsi_standards/index.htm. Zugegriffen am 1. April 2016
2. Friedrich L. Bauer, *Entzifferte Geheimnisse: Methoden und Maximen der Kryptologie* (Springer, 2000)

3. Common Criteria for Information Technology Security Evaluation, http://www.commoncriteriaportal.org/. Zugegriffen am 1. April 2016
4. Cryptool – Educational Tool for Cryptography and Cryptanalysis, https://www.cryptool.org/. Zugegriffen am 1. April 2016
5. Alexander W. Dent, A brief history of provably-secure public-key encryption, Cryptology ePrint Archive, Report 2009/090, 2009, http://eprint.iacr.org/. Zugegriffen am 1. April 2016
6. Federal Information Processing Standards Publications – FIPS PUBS, http://www.itl.nist.gov/fipspubs/index.htm. Zugegriffen am 1. April 2016
7. Oded Goldreich, *Foundations of Cryptography: Basic Tools* (Cambridge University Press, New York, NY, USA, 2000)
8. Oded Goldreich, Zero-Knowledge: A tutorial by Oded Goldreich, 2001, http://www.wisdom.weizmann.ac.il/~oded/zk-tut02.html. Zugegriffen am 1. April 2016
9. Oded Goldreich, *Foundations of Cryptography: Volume 2, Basic Applications* (Cambridge University Press, New York, NY, USA, 2004)
10. Oded Goldreich, On post-modern cryptography, Cryptology ePrint Archive, Report 2006/461, 2006, http://eprint.iacr.org/. Zugegriffen am 1. April 2016
11. International Organization for Standardization (ISO), ISO/IEC 15408, 15443-1, 15446, 19790, 19791, 19792, 21827
12. D. Kahn, *The Codebreakers. The Story of Secret Writing* (Macmillan, 1967)
13. Jonathan Katz, Yehuda Lindell, *Introduction to Modern Cryptography, Second Edition*, 2. Aufl. (Chapman & Hall/CRC, 2014)
14. Neal Koblitz, The uneasy relationship between mathematics and cryptography. Notices of the AMS **54**(8), 972–979 (2007)
15. Yehuda Lindell, *Composition of Secure Multi-Party Protocols: A Comprehensive Study* (Springer, 2003)
16. A. J. Menezes, P. C. van Oorschot, S. A. Vanstone, *Handbook of Applied Cryptography* (CRC Press, Boca Raton, FL, USA, 1997)
17. I. Niven, H. S. Zuckerman, H. L. Montgomery, *An Introduction to the Theory of Numbers*, 5. Aufl. (Wiley, 1991)
18. Jean-Jacques Quisquater, Louis Guillou, Marie Annick, Tom Berson, How to explain zero-knowledge protocols to your children, in *CRYPTO '89: Proceedings of the 9th Annual International Cryptology Conference, Advances in Cryptology* (Springer, 1989), S. 628–631
19. K. H. Rosen, *Elementary Number Theory*, 5. Aufl. (Addison-Wesley, 2005)
20. J. H. Silverman, *A Friendly Introduction to Number Theory*, 3. Aufl. (Prentice Hall, 2006)
21. Simon Singh, *Geheime Botschaften. Die Kunst der Verschlüsselung von der Antike bis in die Zeiten des Internet* (Springer, 2001)

Stromchiffren

2

Die Welt der symmetrischen Algorithmen teilt sich in die beiden Hauptfamilien der Strom- und Blockchiffren auf, wie in Abb. 2.1 dargestellt.

In diesem Kapitel erlernen Sie

- die Vor- und Nachteil von Stromchiffren,
- echte Zufallszahlengeneratoren und Pseudozufallsgeneratoren,
- eine beweisbar sichere Chiffre, das One-Time-Pad (OTP),
- lineare Schieberegister und Trivium, eine moderne Stromchiffre.

2.1 Einführung

2.1.1 Stromchiffren und Blockchiffren

In der symmetrischen Kryptografie unterscheidet man zwischen Block- und Stromchiffren. In Abb. 2.2 sind die Grundprinzipien der beiden Algorithmenfamilien dargestellt. Die Eingabe zu den Chiffren beträgt in beiden Fällen b Bit, wobei b auch die Eingangsweite der Blockchiffre ist.

Das Funktionsprinzip der beiden Chiffrenarten wird nachfolgend erläutert.

▶ Ein **Stromchiffre** verschlüsselt jedes Klartextbit einzeln. Dies geschieht, indem ein Bit des sog. *Schlüsselstroms* zu dem Klartextbit addiert wird. Man unterscheidet zwischen synchronen Stromchiffren, bei denen der Schlüsselstrom nur von dem eigentlichen Schlüssel abhängt, und asynchronen Stromchiffren, bei den der Schlüsselstrom zusätzlich von dem Chiffrat abhängt. Die gepunktete Linie in Abb. 2.3 ist nur bei einer asynchronen Stromchiffre gegeben. In der Praxis werden mehr synchrone als asynchrone Stromchiffren eingesetzt, und Abschn. 2.3 dieses Kapitels behandelt synchrone Chiffren. Ein Beispiel für eine asynchrone Stromchiffre ist der Cipher-Feedback-Modus in Abschn. 5.1.4.

C. Paar, J. Pelzl, *Kryptografie verständlich*, eXamen.press, DOI 10.1007/978-3-662-49297-0_2

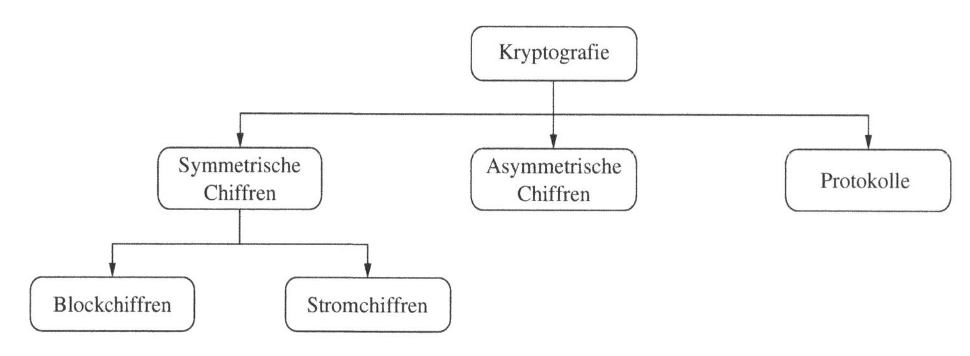

Abb. 2.1 Die Hauptgebiete der Kryptografie

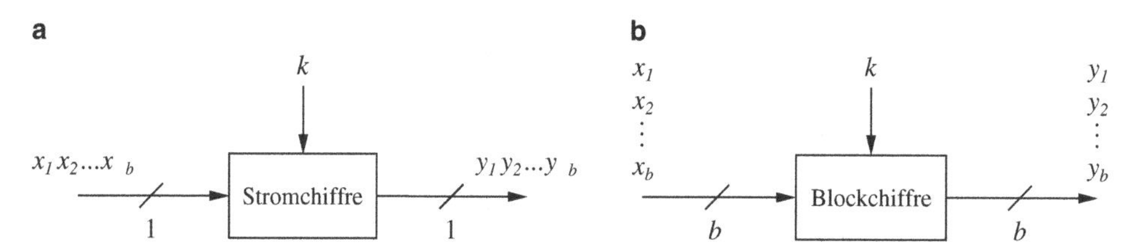

Abb. 2.2 Prinzip der Verschlüsselung von b Bit mit **a** einer Stromchiffre und **b** einer Blockchiffre

Abb. 2.3 Synchrone und asynchrone (*gepunktete Verbindung*) Stromchiffre

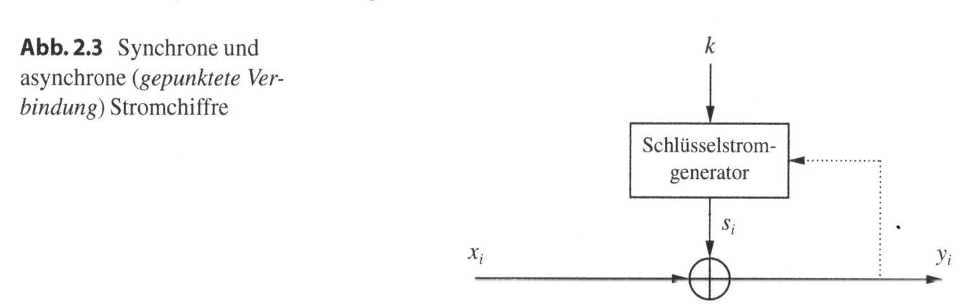

▶ Eine **Blockchiffre** verschlüsselt einen Block aus b Bit gleichzeitig mit dem gleichen Schlüssel. Hierbei beeinflusst jedes Bit die Verschlüsselung jedes anderen Bits in dem Block. Die allermeisten Blockchiffren haben entweder eine Blockbreite von 128 Bit, d. h. 16 Byte, wie der Advanced Encryption Standard (AES), oder von 64 Bit, d. h. 8 Byte, wie der Data Encryption Standard (DES) oder der 3DES-Algorithmus. Diese Chiffren werden in nachfolgenden Kapiteln eingeführt.

Dieses Kapitel gibt eine Einführung in Stromchiffren. Zunächst einige Fakten über Stromchiffren und Blockchiffren in der Praxis:

1. In vielen praktischen Anwendungen, insbesondere für Verschlüsselung im Internet, werden wesentlich häufiger Blockchiffren als Stromchiffren eingesetzt.

2. Weil Stromchiffren oft klein und schnell sind, sind sie attraktiv für Anwendungen, bei denen vergleichsweise wenig Rechenleistung zur Verfügung steht, beispielsweise Mobiltelefone oder andere eingebettete Geräte. Eine weit verbreitete Stromchiffre ist der Algorithmus A5/1, der Teil des GSM-Mobilfunkstandards ist und die eigentlichen Gesprächsdaten chiffriert. Für Datenverschlüsselung im Internet wird manchmal die Stromchiffre RC4 verwendet[1].
3. Früher galt die generelle Annahme, dass Stromchiffren effizienter als Blockchiffren sind. *Effizient* bedeutet im Fall von Software, dass die Chiffre nur wenig Taktzyklen (oder CPU-Befehle) für die Verschlüsselung eines Klartextbits benötigt. Wenn die Chiffre in Hardware realisiert wird, bedeutet effizient, dass sie mit wenigen logischen Gattern implementiert werden kann und somit nur wenig Chipfläche in Anspruch nimmt. Diese Argumente gelten heutzutage jedoch nicht mehr in dem gleichen Maß. Einige moderne Blockchiffren wie AES sind ebenfalls sehr effizient in Software. In den letzten 10 Jahren wurde zudem eine Reihe sog. *leichtgewichtiger Chiffren* („lightweight ciphers") entwickelt, die für Hardware optimiert wurde. Die Blockchiffre PRESENT, die in Abschn. 3.7.3 behandelt wird, ist ein bekannter Vertreter einer leichtgewichtigen Chiffre.

2.1.2 Die Ver- und Entschlüsselung mit Stromchiffren

Wie eingangs erwähnt, verschlüsseln Stromchiffren die Klartextbits einzeln. Die Frage, die wir in diesem Abschnitt beantworten werden, lautet: Wie genau werden die individuellen Bits verschlüsselt? Die Antwort ist verblüffend einfach: Jedes Bit x_i wird verschlüsselt, indem ein geheimes Bit s_i des Schlüsselstroms modulo 2 aufaddiert wird.

Definition 2.1 (Ver- und Entschlüsselung mit Stromchiffren)
Der Klartext, das Chiffrat und der Schlüsselstrom bestehen aus individuellen Bits $x_i, y_i, s_i \in \{0, 1\}$.

Verschlüsselung: $y_i = e_{s_i}(x_i) \equiv x_i + s_i \bmod 2$
Entschlüsselung: $x_i = d_{s_i}(y_i) \equiv y_i + s_i \bmod 2$

Da sowohl die Ver- als auch die Entschlüsselung einfache Additionen modulo 2 sind, kann die grundsätzliche Funktionsweise einer Stromchiffre wie in Abb. 2.4 gezeigt dargestellt werden. Der Kreis mit dem Plus-Symbol steht für die Addition modulo 2.

[1] Man beachte, dass A5/1 und RC4 beide heutzutage nicht mehr als uneingeschränkt sicher gelten.

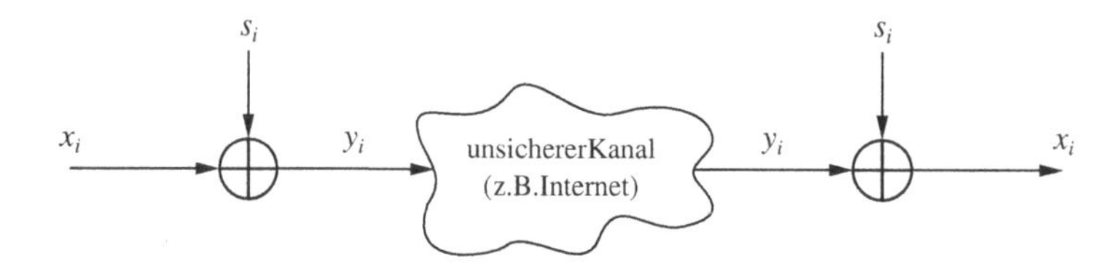

Abb. 2.4 Ver- und Entschlüsselung mit einer Stromchiffre

Wenn man die Ausdrücke für die Ver- und Entschlüsselung betrachtet, fallen drei Aspekte auf:

1. Verschlüsselung und Entschlüsselung sind die gleiche Operation!
2. Warum reicht eine einfache Addition modulo 2 zur Verschlüsselung aus?
3. Was genau sind die Bits s_i des Schlüsselstroms?

Bei der nachfolgenden Diskussion dieser drei Punkte können wichtige Eigenschaften von Stromchiffren direkt geklärt werden.

Warum sind die Verschlüsselung und die Entschlüsselung die gleiche Operation?

Dieses zunächst überraschende Verhalten kann leicht mathematisch hergeleitet werden. Es muss gezeigt werden, dass durch die Entschlüsselung (d. h. die Dechiffrierung) die Klartextbits x_i wiederhergestellt werden. Die Bits des Geheimtexts y_i wurden bei der Verschlüsselung wie folgt berechnet: $y_i \equiv x_i + s_i \bmod 2$. Wir setzen diesen Ausdruck nun in die Gleichung für die Entschlüsselung ein:

$$
\begin{aligned}
d_{s_i}(y_i) &\equiv y_i + s_i \bmod 2 \\
&\equiv (x_i + s_i) + s_i \bmod 2 \\
&\equiv x_i + s_i + s_i \bmod 2 \\
&\equiv x_i + 2\,s_i \bmod 2 \\
&\equiv x_i + 0 \bmod 2 \\
&\equiv x_i \bmod 2 \qquad\qquad \text{q. e. d.}
\end{aligned}
$$

Die entscheidende Beobachtung hierbei ist, dass der Ausdruck $(2\,s_i \bmod 2)$ immer den Wert 0 hat, da gilt $2 \equiv 0 \bmod 2$. Eine intuitive Sichtweise auf dieses Verhalten ist wie folgt: Das Bit s_i hat entweder den Wert 0 und in diesem Fall gilt $2\,s_i = 2 \cdot 0 \equiv 0 \bmod 2$, oder es ist $s_i = 1$, wobei sich $2\,s_i = 2 \cdot 1 = 2 \equiv 0 \bmod 2$ ergibt.

Warum reicht eine einfache Addition modulo 2 als Verschlüsselung?

Mathematisch wird dies in Abschn. 2.2.2 beantwortet. Es ist aber nützlich, sich jetzt schon die Addition modulo 2 näher anzuschauen. Bei Berechnungen mit dem Modul 2 können

Tab. 2.1 Wahrheitstabelle der Addition modulo 2

x_i	s_i	$y_i \equiv x_i + s_i \bmod 2$
0	0	0
0	1	1
1	0	1
1	1	0

Tab. 2.2 Wahrheitstabelle der XOR-Operation

x_i	s_i	y_i
0	0	0
0	1	1
1	0	1
1	1	0

nur die Werte 0 oder 1 auftreten, da bei einer Division durch 2 nur die Reste 0 und 1 möglich sind. Von daher kann man alle Berechnung modulo 2 auch als Boolesche Funktionen wie beispielsweise AND, NAND oder XOR betrachten. Die Addition modulo 2 hat dabei die in Tab. 2.1 dargestellte Wahrheitstabelle.

Man sieht direkt, dass diese Wahrheitstabelle das *exklusive ODER*, oft auch *XOR* genannt, beschreibt. Das XOR ist in der Kryptografie von größter Bedeutung und wird auch in diesem Buch oft verwendet werden. Zusammenfassend halten wir fest: **Addition modulo 2 ist gleichbedeutend mit der XOR-Operation.**

Eine Frage, die man sich nun stellen kann ist, warum ausgerechnet das XOR-Gatter kryptografisch Sinn ergibt und nicht andere boolesche Verknüpfungen wie beispielsweise die AND-Operation. Wir betrachten die Verschlüsselung eines einzelnen Klartextbits $x_i = 0$. In der Wahrheitstabelle, die die Verschlüsselung von x_i beschreibt, befindet man sich jetzt in der ersten oder zweiten Zeile (Tab. 2.2).

In Abhängigkeit vom Schlüsselstrombit ergibt sich entweder ein Chiffratbit y_i von null ($s_i = 0$) oder eins ($s_i = 1$). Wenn das Schlüsselstrombit s_i echt zufällig gewählt wird, d. h. es ist nicht vorhersagbar und hat genau eine 50:50-Chance, null oder eins zu sein, dann verhält sich auch das Chiffratbit echt zufällig und ist mit einer 50 %igen Wahrscheinlichkeit null oder eins. Wenn das Klartextbit hingegen den Wert $x_i = 1$ besitzt, befindet man sich in der dritten oder vierten Zeile. Wie zuvor bestimmt das Schlüsselstrombit, ob das Chiffrat den Wert eins oder null annimmt.

Wie man sieht, ist die XOR-Operation perfekt ausbalanciert, d. h. bei gegebenem Ausgangswert sind alle Eingangswerte gleich wahrscheinlich. Diese Eigenschaft unterscheidet das XOR von den meisten anderen Booleschen Gattern wie OR, AND oder NAND. Darüber hinaus kann man diese Gatter auch nicht invertieren, was eine Eigenschaft ist, die aber für die Entschlüsselung benötigt wird. Es folgt ein Beispiel für die Verschlüsselung eines kurzen Klartexts mit einer Stromchiffre.

Beispiel 2.1 Alice möchte den Buchstaben `A` verschlüsseln, wobei der Klartext als ASCII-Zeichen codiert ist. Der ASCII-Code für `A` ist $65_{10} = 1000001_2$. Die Bit des Schlüsselstroms sind gegeben als $(s_0, \ldots, s_6) = 0101100$.

Alice	**Oskar**	**Bob**
$x_0, \ldots, x_6 = 1000001 = \mathtt{A}$		
$\oplus$		
$s_0, \ldots, s_6 = 0101100$		
$y_0, \ldots, y_6 = 1101101 = \mathtt{m}$		
	$\xrightarrow{\mathtt{m}=1101101}$	
		$y_0, \ldots, y_6 = 1101101$
		$\oplus$
		$s_0, \ldots, s_6 = 0101100$
		$x_0, \ldots, x_6 = 1000001 = \mathtt{A}$

Durch das Verschlüsseln wird aus dem Großbuchstaben A der Kleinbuchstabe m. Der Angreifer Oskar, der Zugriff auf den Übertragungskanal hat, sieht das Chiffrat m. Wenn Bob den Geheimtext *mit dem gleichen Schlüsselstrom* entschlüsselt, ergibt sich wieder der Klartext A.

Bis jetzt erscheinen Stromchiffren fast zu gut, um wahr zu sein: Zum Chiffrieren nimmt man einfach den Klartext und führt die extrem simple XOR-Operation mit dem Schlüsselstrom aus. Auf der Empfängerseite macht Bob das Gleiche. Die einzige verbleibende Frage ist: Wie wird der Schlüsselstrom generiert?

Wie wird der Schlüsselstrom erzeugt?

Die Generierung des Schlüsselstroms, der aus den Bits s_i besteht, bildet die zentrale Fragestellung bei Stromchiffren. *Die Sicherheit der Chiffre hängt vollständig von dem Schlüsselstrom ab.* Zunächst ist es wichtig festzuhalten, dass die Bit des Schlüsselstroms nicht der Schlüssel selbst sind. Die Erzeugung des Schlüsselstroms ist, was eine Stromchiffre ausmacht, und es stellt sich die Frage, wie die Bit s_i generiert werden. Der Rest dieses Kapitels wird sich dementsprechend auch mit dieser Frage auseinandersetzen. Man kann sich leicht vorstellen, dass eine wichtige Anforderung an den Schlüsselstrom sein wird, dass dieser für den Angreifer wie eine zufällig gewählte Bitfolge erscheint. Anderenfalls könnte Oskar die Bits des Schlüsselstroms raten und den Geheimtext entschlüsseln. Von daher diskutieren wir nachfolgend Zufallszahlen.

Historische Anmerkung Stromchiffren wurden 1917 von Gilbert Vernam erfunden, obwohl der Begriff Stromchiffre damals noch nicht üblich war. Vernam hatte einen elektromechanischen Fernschreiber entworfen, mit dem Telegramme automatisch verschlüsselt werden konnten. Dies war das erste Mal in der Geschichte der Kryptografie, dass die Verschlüsselung und das Versenden der Nachricht automatisiert in einem Schritt erfolgten. Stromchiffren werden gelegentlich auch Vernam-Chiffren genannt. Gilbert Vernam hatte Elektrotechnik am Worcester Polytechnic Institute (WPI) in Massachusetts studiert, an dem auch einer der Autoren dieses Buchs in den 1990er-Jahren gelehrt hat. In den 1920er-

Jahren wurde das Verfahren in Deutschland als der *i-Wurm* (individueller Wurm) bekannt und in der Weimarer Republik auch tatsächlich eingesetzt. Mehr zu Stromchiffren und Vernam findet man in dem Standardwerk zur Geschichte der Kryptografie von Kahn [9].

2.2 Zufallszahlen und eine unknackbare Chiffre

2.2.1 Zufallszahlengeneratoren

Wie oben beschrieben ist die eigentliche Ver- und Entschlüsselung mit Stromchiffren extrem einfach, sie besteht lediglich aus der XOR-Operation. Die Sicherheit hängt allein davon ab, ob man einen sicheren Schlüsselstrom $s_0, s_1, s_2, \ldots$ findet. In diesem Zusammenhang spielen Zufallszahlen ein wichtige Rolle und im Folgenden werden drei Arten von Zufallszahlengeneratoren, oft auch Random-number-Generator (RNG) genannt, vorgestellt.

Echte Zufallszahlengeneratoren

Echte Zufallszahlengeneratoren (TNRG, „true random number generators") produzieren Zahlen, die nicht reproduziert oder vorhergesagt werden können. Wenn man beispielsweise durch 100 Münzwürfe eine Sequenz von 100 Bit erzeugt, ist es für jemand anderen praktisch unmöglich, die gleiche Sequenz zu erzeugen. Die Wahrscheinlichkeit, dass dies passiert, beträgt $1/2^{100}$, was verschwindend gering ist. (Die Chance eines Lottogewinns bei 6-aus-49 beträgt in etwa $1/2^{24}$.) TRNG basieren auf physikalischen Prozessen, beispielsweise Münzwurf, Würfeln, thermischem Rauschen von Halbleitern, Takt-Jitter elektronischer Schaltungen, radioaktivem Zerfall oder Variationen in den Paketankunftszeiten in Computernetzen. In der Kryptografie werden Zufallszahlen für verschiedenste Konstruktionen gebraucht. Beispiele sind die Erzeugung von Sitzungsschlüsseln, die dann an Alice und Bob verteilt werden, oder Randomisierungwerte, die als Eingabe für Verschlüsselungen benötigt werden.

Pseudozufallszahlengeneratoren

Pseudozufallszahlengeneratoren (PRNG, „pseudorandom number generators") haben einen Startwert, oft wird auch der englische Ausdruck *Seed* benutzt, von dem ausgehend eine Sequenz von Werten erzeugt wird. Oft geschieht dies rekursiv nach dem folgenden Schema:

$$\begin{aligned} s_0 &= \text{seed} \\ s_{i+1} &= f(s_i), \quad i = 0, 1, \ldots \end{aligned}$$

Eine Verallgemeinerung sind Generatoren der Form $s_{i+1} = f(s_i, s_{i-1}, \ldots, s_{i-t})$, wobei t eine natürliche Zahl ist. Ein oft eingesetzter PRNG ist der *lineare Kongruenzgenerator*:

$$\begin{aligned} s_0 &= \text{seed} \\ s_{i+1} &\equiv a\, s_i + b \bmod m, \quad i = 0, 1, \ldots \end{aligned}$$

wobei a, b und m ganzzahlige Konstanten sind. Obwohl die erzeugten Sequenzen zufällig aussehen, ist es wichtig festzuhalten, dass PRNG keinen wirklichen Zufall erzeugen. Wenn der Startwert bekannt ist, kann die ganze Sequenz eindeutig berechnet werden, d. h. sie sind vollkommen deterministisch. Einer der bekanntesten Vertreter für einen PRNG ist die `rand()`-Funktion in ANSI C. Sie hat die Parameter:

$$s_0 = 12.345$$
$$s_{i+1} \equiv 1.103.515.245\, s_i + 12.345 \bmod 2^{31}, \quad i = 0, 1, \ldots$$

Eine wichtige Eigenschaft von PRNG ist, dass die erzeugten Sequenzen gute statistische Eigenschaften besitzen. Dies bedeutet, dass pseudozufällig erzeugte Folgen sich statistisch so verhalten wie Folgen, die durch Münzwurf (d. h. echt zufällig) erzeugt wurden. Es gibt eine Reihe mathematischer Tests, z. B. den Chi-Quadrat-Test, mit dem das statistische Verhalten eines PRNG überprüft werden kann. Es ist wichtig zu unterstreichen, dass PRNG in sehr vielen technischen Systemen benötigt werden, die nichts mit Kryptografie zu tun haben. Beispielsweise werden Zufallszahlen zum Testen von Software oder von VLSI-Chips benötigt. Aus diesem Grund ist ein PRNG auch Teil von ANSI C.

Kryptografisch sichere Pseudozufallszahlengeneratoren

Kryptografisch sichere Pseudozufallsgeneratoren (CSPRNG, „cryptographically secure") sind PRNG mit einer speziellen zusätzlichen Eigenschaft: CSPRNG sind *nicht vorhersagbar*. Grob gesprochen bedeutet dies, dass es rechentechnisch unmöglich ist, aus den gegebenen n Bits eines Schlüsselstroms $s_i, s_{i+1}, \ldots, s_{i+n-1}$ die folgenden Bits $s_{i+n}, s_{i+n+1}, \ldots$ zu berechnen. Die genauere Definition besagt, dass es keinen Algorithmus mit polynomieller Laufzeit gibt, der das Bit s_{i+n} mit einer Wahrscheinlichkeit von mehr als 50 % plus einer vernachlässigbar kleinen Abweichung berechnen kann. Bei CSPRNG muss es ebenfalls unmöglich sein, eines der vorherigen Bits $s_{i-1}, s_{i-2}, \ldots$ zu berechnen.

Es ist wichtig zu unterstreichen, dass die Eigenschaft der Nichtvorhersagbarkeit nur in der Kryptografie eine Rolle spielt. In praktisch allen anderen technischen Anwendungen für Zufallszahlengeneratoren wird diese nicht benötigt. Deshalb wird die Schwierigkeit, Nichtvorhersagbarkeit zu erreichen, gern von Nichtkryptografen unterschätzt. Nahezu alle PRNG, die nicht speziell für den Einsatz in der Kryptografie entworfen wurden, sind keine CSPRNG.

2.2.2 Das One-Time-Pad

In diesem Abschnitt wird diskutiert, was passiert, wenn man die drei oben eingeführten Arten von Zufallszahlengeneratoren verwendet, um den Schlüsselstrom $s_0, s_1, s_2, \ldots$ einer Stromchiffre zu erzeugen. Aber zunächst definieren wir, welche Eigenschaft eine ideale Chiffre haben sollte:

Definition 2.2 (Informationstheoretische Sicherheit)
Ein Kryptoverfahren ist informationstheoretisch oder beweisbar sicher, wenn es auch dann nicht gebrochen werden kann, wenn dem Angreifer beliebige Rechenleistung zur Verfügung steht.

Der entscheidende Punkt in der Definition ist, dass der Angreifer uneingeschränkt viele Berechnungen ausführen kann. Diese unscheinbare Aussage führt zu einer extrem starken Anforderung an ein Kryptosystem, wie man anhand des nachfolgenden Gedankenexperiments sehen kann. Wir betrachten einen symmetrischen Kryptoalgorithmus, wobei es keine Rolle spielt, ob es sich um eine Strom- oder Blockchiffre handelt. Die Schlüssellänge betrage 10.000 Bit und der einzige Angriff ist eine vollständige Schlüsselsuche. In Abschn. 1.3.2 wurde diskutiert, dass 128 Bit vollständig ausreichend für Langzeitsicherheit sind. Trotz des sehr langen Schlüssels, der für die Praxis ein sehr hohes Sicherheitsniveau bieten würde, ist die Chiffre trotzdem nicht informationstheoretisch sicher. Ein Angreifer mit *beliebiger* Rechenkapazität könnte $2^{10.000}$ Computer einsetzen, die alle parallel laufen. Jeder Computer muss nur einen Schlüssel testen und man hätte den korrekten innerhalb eines einzelnen Zeitschritts gefunden. Ein solches System ließe sich natürlich nie praktisch realisieren, da es unmöglich ist, $2^{10.000}$ Rechner zu bauen; die Anzahl der Atome im bekannten Universum wird auf 2^{266} geschätzt. An diesem Beispiel sieht man, dass Chiffren, die in der Praxis sehr sicher sind, aber trotzdem die scharfe Anforderung der beweisbaren Sicherheit nicht erfüllen. Fast alle Kryptoverfahren, die heutzutage eingesetzt werden (und in diesem Buch behandelt werden), sind informationstheoretisch nicht sicher.

Nichtsdestotrotz gibt es eine sehr einfache Chiffre, die informationstheoretisch sicher ist. Dies ist das sog. One-Time-Pad (OTP), im Deutschen vereinzelt auch Einmalverschlüsselung genannt.

Definition 2.3 (One-Time-Pad)
Eine Stromchiffre, bei der

1. der Schlüsselstrom $s_0, s_1, s_2, \ldots$ durch einen echten Zufallszahlengenerator (TRNG) erzeugt wurde und
2. der Schlüsselstrom nur den legitimen Teilnehmern bekannt ist und
3. jedes Schlüsselstrombit s_i für die Verschlüsselung nur eines Klartextbits benutzt wird,

nennt man *One-Time-Pad* (OTP). Das OTP ist informationstheoretisch sicher.

Zunächst skizzieren wir, warum das OTP beweisbar sicher ist. Für jedes Chiffratbit kann man eine Gleichung der folgenden Form aufstellen:

$$
\begin{aligned}
y_0 &\equiv x_0 + s_0 \bmod 2 \\
y_1 &\equiv x_1 + s_1 \bmod 2 \\
&\vdots
\end{aligned}
$$

Jede einzelne Kongruenz ist linear modulo 2 mit den zwei Unbekannten x_i und s_i. Wenn der Angreifer n y_0 kennt (0 or 1), kann er nicht auf den Wert von x_0 schließen. Beide möglichen Lösungen $x_0 = 0$ und $x_0 = 1$ sind genau gleich wahrscheinlich, wenn s_0 von einem echten Zufallszahlengenerator erzeugt wurde. Das Gleiche gilt für alle anderen Kongruenzen, d. h. für $y_1, y_2, \ldots$ Die Situation ändert sich, wenn die Schlüsselstrombits nicht mehr echt zufällig sind. In diesem Fall gibt es einen funktionalen Zusammenhang zwischen den Bits s_i und die oben stehenden Gleichungen sind nicht mehr unabhängig. Obwohl es gegebenenfalls nicht einfach ist, das so entstandene Gleichungssystem zu lösen, ist das Verfahren dennoch nicht mehr beweisbar sicher!

Wir haben nun eine scheinbar ideale Situation, mit der alle Probleme der Kryptografie gelöst zu sein scheinen: Eine extrem einfache Chiffre, die dazu noch beweisbar sicher ist. Das sog. rote Telefon wurde mit dem OTP verschlüsselt. Das rote Telefon war eine direkte Verbindung zwischen den Regierungen in Washington und Moskau während des Kalten Krieges, um sich in Krisensituation auszutauschen. Allerdings gibt es ansonsten nicht sehr viele weitere praktische Systeme, in denen das OTP eingesetzt wird. So wird es nicht für das Absichern von Webbrowsern, E-Mail, Handykommunikation oder Chipkarten eingesetzt. Die Frage lautet: Warum, obwohl es doch hoch sicher und einfach ist? Zur Beantwortung dieses Paradoxons schauen wir auf die Definition 2.3. Die erste Anforderung besagt, dass ein echter Zufallszahlengenerator benötigt wird. Diese sind kommerziell erhältlich und stellen kein prinzipielles Problem dar. Die zweite Anforderung besagt, dass Alice die Zufallsbits sicher zu Bob übertragen muss. Das ist nicht unbedingt benutzerfreundlich, kann aber sicherlich erreicht werden, beispielsweise mithilfe eines USB-Speicher-Sticks oder einer CD-ROM, die zwischen Alice und Bob ausgetauscht wird. Das größte Problem stellt die dritte Anforderung dar: Der Schlüsselstrom darf nur einmal zur Verschlüsselung benutzt werden. Dies bedeutet, dass für jedes Klartextbit ein Schlüsselbit benötigt wird, oder anders ausgedrückt, *dass der Schlüssel genauso lang wie die zu verschlüsselnden Daten sein muss!* Diese Bedingung macht das OTP für die allermeisten Systeme in der Praxis unbrauchbar. Wenn man beispielsweise eine E-Mail mit PDF-Anhang verschlüsselt versenden möchte, können leicht 10 MByte (d. h. 80 MBit) für den Schlüssel benötigt werden. Danach wäre der Schlüssel unbrauchbar und für die nächste E-Mail werden erneut (viele) Schlüsselbits benötigt. In Aufgabe 2.2 werden weitere praktische Implikationen des OTP diskutiert.

Aufgrund der enormen Schlüssellänge und den Problemen, die das sichere Verteilen und Speichern solcher Schlüssel mit sich bringt, werden OTP sehr selten in praktischen Systemen eingesetzt. Wir können allerdings ihr Grundprinzip ausnutzen, um praktikable

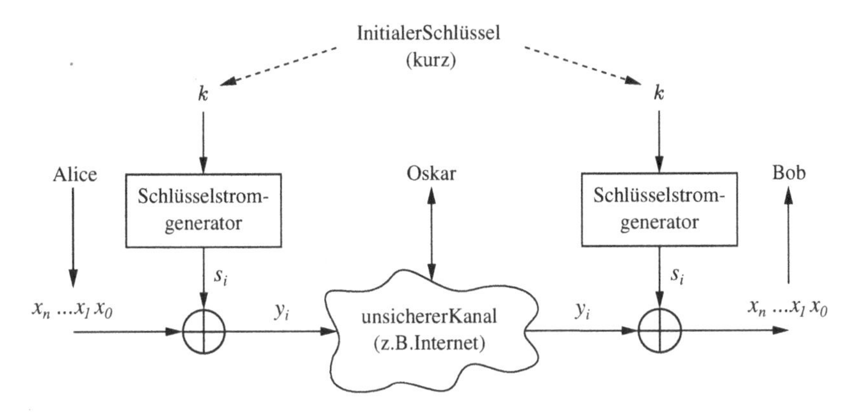

Abb. 2.5 Grundprinzip der Schlüsselstromerzeugung bei Stromchiffren

Chiffren zu entwerfen: Wenn man Bits, die echt zufällig erzeugt wurden, per XOR zu dem Klartext addiert, erhält man ein Chiffrat, das nicht gebrochen werden kann. Nachfolgend werden wir dieses Prinzip ausnutzen, um Stromchiffren mit kurzem Schlüssel zu entwerfen.

2.2.3 Wie konstruiert man praktische Stromchiffren?

Wie oben diskutiert, ist das OTP zwar beweisbar sicher, hat aber den großen Nachteil, dass der Schlüssel genauso lang wie der Klartext sein muss. Für praktische Stromchiffren versucht man, den Schlüsselstrom, der beim OTP von einem echten Zufallszahlengenerator stammt, durch die Ausgabe eines PRNG zu ersetzen, bei dem der Schlüssel k den Startwert des PRNG bildet. Das Prinzip ist in Abb. 2.5 dargestellt.

Zunächst ist es wichtig festzuhalten, dass Stromchiffren nicht beweisbar sicher sind. Es ist allerdings so, dass *alle* in der Praxis verwandten Kryptoalgorithmen, d. h. Stromchiffren, Blockchiffren, asymmetrische Verfahren und Hash-Funktionen, keine informationstheoretische Sicherheit aufweisen. Man hofft allerdings, dass die Algorithmen *berechenbarkeitstheoretisch* sicher sind. Diese Eigenschaft ist wie folgt definiert:

Definition 2.4 (Berechenbarkeitstheoretische Sicherheit)
Ein Kryptosystem ist *berechenbarkeitstheoretisch sicher*, wenn für alle probabilistischen Polynomialzeitalgorithmen gilt, dass sie das System nur mit einer vernachlässigbar kleinen Wahrscheinlichkeit brechen können.

Die Definition besagt im Wesentlichen, dass eine Chiffre berechenbarkeitstheoretisch sicher ist, wenn kein Algorithmus bekannt ist, der die Chiffre *effizient* brechen kann. Effizient bedeutet hierbei, dass kein Angriffsalgorithmus mit polynomialer Laufzeit existiert. Wenn wir annehmen, dass der Schlüssel der Chiffre n Bit lang ist, dann hätte ein polynomialer Angriffsalgorithmus eine Laufzeit, die proportional zu n^2 oder n^3 oder auch n^i ist, wobei i eine natürliche Zahl ist. Gerade für große Exponenten i kann die Laufzeit in der Praxis natürlich erheblich sein, dennoch werden solche Algorithmen erst einmal summarisch als effizient betrachtet. Was man sich von einer berechenbarkeitstheoretisch sicheren Chiffre erhofft, ist, dass der beste bekannte Algorithmus eine Laufzeit hat, die exponentiell in der Schlüssellänge ist, d. h. eine Laufzeit proportional zu a^n, wobei a eine Konstante größer 1 ist.

Es stellt sich heraus, dass es für die meisten Kryptoverfahren, die praktisch verwendet werden, schwer ist, zu zeigen, dass diese berechenbarkeitstheoretisch sicher sind. Die Hauptschwierigkeit liegt darin, zu beweisen, dass der beste Angriffsalgorithmus bekannt ist. Ein Paradebeispiel ist das sehr weit verbreitet RSA-Verfahren, das durch Faktorisierung einer großen natürlichen Zahl gebrochen werden kann. Obwohl zahlreiche Faktorisierungsalgorithmen bekannt sind, weiß man nicht, ob nicht noch bessere existieren. Selbst wenn man ein optimales Faktorisierungsverfahren beweisen könnte, ist die nächste Schwierigkeit zu zeigen, dass Faktorisierung der beste Angriff gegen RSA ist. Es ist vorstellbar, dass es bessere Angriffsmethoden gibt, bei denen man jedoch nicht faktorisieren muss. In Abschn. 1.2.2 war beispielsweise die (hohe) Komplexität eines Brute-Force-Angriffs gegen die Substitutionschiffre bekannt, es gab jedoch wesentlich effizientere Angriffe. Für die meisten in der Praxis eingesetzten Kryptoverfahren ist die Situation so, dass man *annimmt*, jedoch nicht beweisen kann, dass diese berechenbarkeitstheoretisch sicher sind. Bei RSA ist die Annahme, dass Faktorisieren tatsächlich der bestmögliche Angriff ist. Im Fall von symmetrischen Chiffren ist die Annahme, dass der beste Angriff die vollständige Schlüsselsuche ist, deren Laufzeit natürlich exponentiell mit der Bitlänge des Schlüssels wächst.

Wir wenden uns jetzt wieder der Stromchiffre aus Abb. 2.5 zu. Diese emuliert ein OTP, d. h. sie versucht ein OTP nachzuahmen. Wenn dieser Ansatz funktioniert, hat er den entscheidenden Vorteil, dass Alice und Bob nur einen kurzen Schlüssel von beispielsweise 128 Bit austauschen müssen. Wir erinnern uns, dass beim OTP der Schlüssel so lang wie die Nachricht sein muss. Die entscheidende Frage ist, welche Eigenschaft der Schlüsselstrom $s_0, s_1, s_2, \ldots$ haben muss, der von Alice und Bob erzeugt wird. Dieser muss für den Angreifer Oskar wie eine *zufällige Bitfolge erscheinen*, da er ihn ansonsten vorhersagen könnte. Zunächst kann man feststellen, dass der Schlüsselstrom nicht von einem TRNG stammen kann, da Alice und Bob beide den gleichen Schlüsselstrom benötigen. Stattdessen wird ein deterministischer Generator benötigt. Oben wurden zwei solcher Zufallszahlengeneratoren eingeführt, PRNG und CSPRNG, und deren Verwendung im Rahmen von Stromchiffren wird nachfolgend betrachtet.

Stromchiffren und PRNG

Der folgende Ansatz erscheint vielversprechend (führt aber zu einer unsicheren Chiffre): Man verwendet einen der vielen bekannten PRNG, z. B. den linearen Kongruenzgenerator aus Abschn. 2.2.1, um den Schlüsselstrom zu erzeugen. Diese PRNG haben gute statistische Eigenschaften, was eine notwendige Bedingung für eine Stromchiffre ist. Wenn statistische Tests auf den Schlüsselstrom angewandt werden, verhält er sich wie eine Sequenz, die durch Münzwürfe, d. h. echt zufällig, erzeugt wurde. Von daher ist es verführerisch anzunehmen, dass die Chiffre sicher ist. Oskar, der Angreifer, würde jedoch versuchen, die mathematischen Eigenschaften des PRNG auszunutzen. Das folgende Beispiel verdeutlicht das Problem:

Beispiel 2.2 Wir betrachten eine Stromchiffre, die einen linearen Kongruenzgenerator für die Schlüsselstromerzeugung nutzt:

$$S_0 = \text{seed}$$
$$S_{i+1} \equiv A\, S_i + B \bmod m, \quad i = 0, 1, \ldots$$

Wir nehmen an, dass m 100 Bit lang ist und $S_i, A, B \in \{0, 1, \ldots, m-1\}$. Man beachte, dass der Generator sehr gute statistische Eigenschaften aufweisen kann, wenn die Parameter korrekt gewählt werden. Der Modul m ist Teil der Chiffre und ist öffentlich bekannt. Der geheime Schlüssel besteht aus den Werten (A, B) und möglicherweise dem Startwert S_0. Alle drei Werte haben eine Bitlänge von 100. Von daher ist der Schlüssel mindestens 200 Bit lang, was einen extrem hohen Schutz gegen vollständige Schlüsselsuche bietet. Alice verschlüsselt, indem sie die folgende Operation ausführt:

$$y_i \equiv x_i + s_i \bmod 2$$

wobei die s_i die Bits sind, die die Werte S_j bilden.

Trotz des sehr langen Schlüssels kann Oskar einfach einen mathematischen Angriff ausführen. Angenommen er kennt die ersten 300 Bit, d. h. $300/8 = 37{,}5$ Byte, des Klartexts. Dies können z. B. Teile eines Datei-Headers sein oder er rät den Beginn des Klartexts. Da er auch das Chiffrat kennt, kann er nun die ersten 300 Bit des Schlüsselstroms berechnen:

$$s_i \equiv y_i + x_i \bmod 2, \quad i = 1, 2, \ldots, 300$$

Diese 300 Bit formen die ersten drei Ausgangswerte des PRNG: $S_1 = (s_1, \ldots, s_{100})$, $S_2 = (s_{101}, \ldots, s_{200})$ und $S_3 = (s_{201}, \ldots, s_{300})$. Hiermit kann Oskar nun zwei Gleichungen aufstellen:

$$S_2 \equiv A\, S_1 + B \bmod m$$
$$S_3 \equiv A\, S_2 + B \bmod m$$

Dies ist ein lineares Gleichungssystem über $\mathbb{Z}_m$ mit den beiden Unbekannten A und B. Diese beiden Werte bilden aber den Schlüssel und sie können natürlich leicht aus dem

Gleichungssystem berechnet werden als:

$$A \equiv (S_2 - S_3)/(S_1 - S_2) \bmod m$$
$$B \equiv S_2 - S_1(S_2 - S_3)/(S_1 - S_2) \bmod m$$

Falls $\mathrm{ggT}((S_1 - S_2), m)) \neq 1$ gilt, ergeben sich mehrfache Lösungen, da es sich um Gleichungssysteme über $\mathbb{Z}_m$ handelt. Falls Oskar allerdings noch ein viertes Klartextsymbol kennt, kann der Schlüssel mit hoher Wahrscheinlichkeit eindeutig bestimmt werden. Alternativ kann Oskar bei mehreren möglichen Schlüsseln das Chiffrat mit jedem der Schlüsselkandidaten entschlüsseln und überprüfen, ob der entstandene Klartext sinnvoll ist.

Die Moral der Geschichte lautet: Ein linearer Kongruenzgenerator ist als Stromchiffre vollkommen unbrauchbar. Mit nur wenigen bekannten Klartexten kann das System vollkommen gebrochen werden.

Da es fast immer mathematische Angriffe gegen PRNG gibt, die für andere Zwecke, wie Pseudozufallszahlenerzeugung für das Softwaretesten, entworfen wurden, benötigt man für Stromchiffren CSPRNG.

Stromchiffren und CSPRNG

Um den Angriff zu verhindern, müssen kryptografisch sichere Generatoren, d. h. CSPRNG, zur Erzeugung des Schlüsselstroms benutzt werden. Wir erinnern uns, dass genau diese die benötigte Eigenschaft aufweisen: Bei gegebenen n Bit des Schlüsselstroms $s_1, s_2, \ldots, s_n$ ist es rechentechnisch nicht möglich, die nachfolgenden Bits $s_{n+1}, s_{n+2}, \ldots$ zu berechnen. Leider erfüllen fast alle PRNG, die nicht speziell für kryptografische Anwendungen entworfen wurden, diese Eigenschaft nicht. Von daher müssen für Stromchiffren speziell entworfene CSPRNG benutzt werden. Um genau zu sein, *sind* diese CSPRNG selbst die Stromchiffre.

Die Frage ist, wie sichere Stromchiffren aussehen. In der Literatur sind viele Hunderte davon im Lauf der letzten vier Jahrzehnte vorgeschlagen worden. Gerade Stromchiffren, die seit der Jahrtausendwende entworfen wurden, können grob in zwei Klassen eingeteilt werden. Es handelt sich zumeist um Chiffren, die entweder mit guten Eigenschaften für eine Software- oder für eine Hardwareimplementierung entworfen wurden. Im ersten Fall bedeutet dies, dass jedes Ausgangsbit des Schlüsselstroms mit nur wenigen CPU-Instruktionen berechnet werden kann. Im Hardwarefall versucht man einen Algorithmus zu realisieren, der mit möglichst wenigen logischen Gattern implementiert werden kann, was zu einer kleineren Chipfläche und geringem Stromverbrauch führt. Gerade für Hardware werden oft Chiffren eingesetzt, die auf linear rückgekoppelten Schieberegistern (LFSR) basieren und im nächsten Abschnitt besprochen werden. Eine dritte Klasse von Stromchiffren basiert auf Blockchiffren. In Kap. 5 werden die sog. Betriebsmodi Cipher-Feedback-Modus, Output-Feedback-Modus und Counter-Modus eingeführt. Dies sind drei Verfahren, um eine Blockchiffre wie eine Stromchiffre zu betreiben.

Obwohl Stromchiffren schon seit Langem bekannt sind und untersucht wurden, ist es für Kryptografen heutzutage einfacher, sichere Blockchiffren zu entwerfen als sichere Stromchiffren. Dies ist vermutlich einer der Gründe, warum Blockchiffren in der Praxis weiter verbreitet sind. Im nächsten Abschnitt werden wir ein mögliches Konstruktionsprinzip für Stromchiffren kennenlernen. Die nachfolgenden drei Kapitel werden sich dann mit Blockchiffren beschäftigen. Insbesondere werden auch die beiden bekanntesten Vertreter von Blockchiffren behandelt, DES und AES.

2.3 Stromchiffren basierend auf Schieberegistern

Wie oben beschrieben erzeugen Stromchiffren einen Schlüsselstrom $s_1, s_2, \ldots$, der gewisse Eigenschaften aufweisen muss. Eine elegante Art, lange pseudozufällige Sequenzen zu erzeugen, sind LFSR („linear feedback shift register"). In Hardware können LFSR sehr einfach realisiert werden und viele, aber bestimmt nicht alle Stromchiffren basieren auf ihnen. Der am weitesten verbreitete Algorithmus dieser Art ist die Stromchiffre A5/1, die seit den 1980er-Jahren für die Sprachverschlüsselung beim GSM-Mobilfunk eingesetzt wird. Ein wesentliches Lernziel dieses Unterkapitels ist es, zu zeigen, dass LFSR zwar sehr lange Pseudozufallssequenzen mit guten statistischen Eigenschaften erzeugen können, sie aber dennoch kryptografisch schwach sind. Mit anderen Worten: LFSR sind PRNG, aber keine CSPRNG. Um sichere Stromchiffren zu erhalten, muss man mehrere LFSR geschickt kombinieren. Dies ist der Fall für A5/1 oder Trivium, eine Chiffre, die in Abschn. 2.3.3 eingeführt werden wird. Man beachte, dass es auch viele andere Stromchiffren gibt, die nicht auf Schieberegistern basieren.

2.3.1 Linear rückgekoppelte Schieberegister

Ein LFSR besteht aus Flipflops, d. h. Speicherelementen für ein Bit, und einem Rückkoppelungspfad. Die Anzahl der Speicherelemente bestimmt den *Grad* des LFSR. Ein LFSR, das m Flipflops enthält, hat dementsprechend den Grad m. Der Rückkopplungspfad berechnet den Eingangswert für das letzte Flipflop des Schieberegisters, und zwar als die XOR-Summe bestimmter Flipflops. Am einfachsten versteht man dies anhand eines Beispiels.

Beispiel 2.3 Wir betrachten ein einfaches LFSR vom Grad $m = 3$. Es hat drei Flipflops FF_2, FF_1 und FF_0 sowie den in Abb. 2.6 gezeigten Rückkopplungspfad. Die internen Zustandsbits – dies sind die Werte, die die Flipflops aktuell speichern – werden mit s_i bezeichnet. Bei jedem Taktzyklus werden die Bits um eine Position nach rechts verschoben. Das Zustandsbit des ganz rechts stehenden Flipflops FF_0 ist gleichzeitig das aktuelle Ausgangsbit s_i des LFSR. Für den nächsten Taktzyklus muss jeweils ein frisches Eingangsbit für das ganz links stehende Flipflop FF_2 berechnet werden. Dies geschieht, indem die XOR-Summe des Inhalts von FF_1 und FF_0 berechnet wird. Da die XOR-Verknüpfung

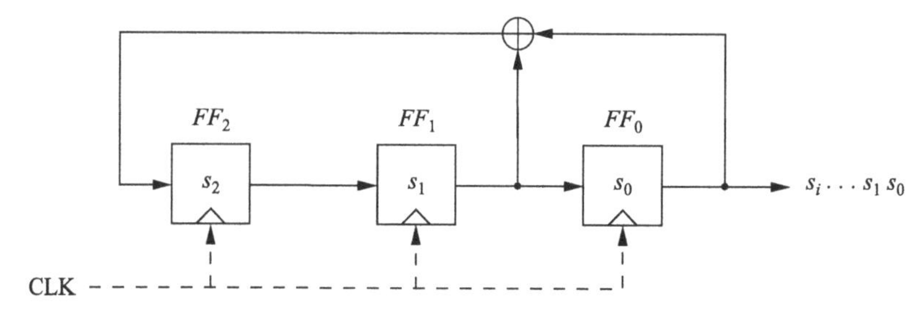

Abb. 2.6 Linear rückgekoppeltes Schieberegister vom Grad 3 mit den Startwerten s_2, s_1 und s_0

eine Addition modulo 2, d. h. eine lineare Operation, ist, werden solche Schaltungen LFSR genannt.

Wir nehmen einen Anfangszustand von $(s_2 = 1, s_1 = 0, s_0 = 0)$ an. In Tab. 2.3 ist dargestellt, welche Zustände das LFSR in jedem nachfolgenden Taktzyklus annimmt.

Man beachte, dass die rechte Spalte die Ausgangssequenz des LFSR enthält. LFSR erzeugen zyklische Sequenzen. Man erkennt anhand der Tabelle, dass sich die Zustände nach dem 6. Takt wiederholen, d. h. Zustand 7 ist gleich Zustand 0, Zustand 8 ist gleich Zustand 1 usw. Es ergibt sich somit die folgende periodische Ausgangssequenz:

$$0010111\ 0010111\ 0010111\ \dots$$

Das LFSR, beziehungsweise die von ihm erzeugte Sequenz, kann durch eine verblüffend einfache Formel beschrieben werden. Man muss hierfür den XOR-Rückkopplungspfad mathematisch erfassen. Dafür betrachtet man, wie die Ausgangsbits s_i in jedem Taktzyklus berechnet werden, wobei die Startwerte die Bits s_0, s_1 und s_2 sind:

$$\begin{aligned} s_3 &\equiv s_1 + s_0 \bmod 2 \\ s_4 &\equiv s_2 + s_1 \bmod 2 \\ s_5 &\equiv s_3 + s_2 \bmod 2 \\ &\vdots \end{aligned}$$

Tab. 2.3 Zustände des linear rückgekoppelten Schieberegisters von Abb. 2.6

Takt	FF_2	FF_1	$FF_0 = s_i$
0	1	0	0
1	0	1	0
2	1	0	1
3	1	1	0
4	1	1	1
5	0	1	1
6	0	0	1
7	1	0	0
8	0	1	0
⋮	⋮	⋮	⋮

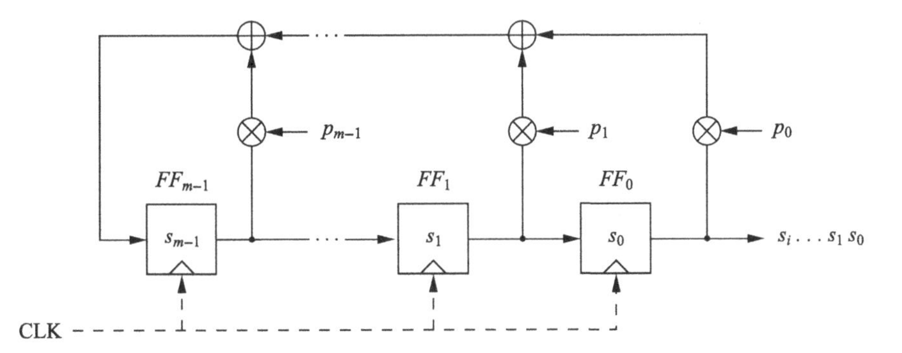

Abb. 2.7 Allgemeine Form eines linear rückgekoppelten Schieberegisters mit Rückkopplungskoeffizienten p_i und den Startwerten $s_{m-1}, \dots, s_0$

Die allgemeine Rechenvorschrift für das Ausgangsbit des LFSR ist:

$$s_{i+3} \equiv s_{i+1} + s_i \bmod 2$$

mit $i = 0, 1, 2, \dots$

Dies ist zwar nur ein einfaches Beispiel für ein kurzes Schieberegister, man kann jedoch schon eine Reihe wichtiger Eigenschaften erkennen, die alle LFRS aufweisen. Nachfolgend betrachten wir allgemeine LFSR.

Eine mathematische Beschreibung von LFSR

Die allgemeine Form eines LFSR vom Grad m ist in Abb. 2.7 dargestellt. Es besteht aus m Flipflops, deren m Ausgänge über eine Kette von XOR-Gattern rückgekoppelt werden können. Ob ein Flipflop-Ausgang Teil der XOR-Summe ist oder nicht, hängt von den Rückkopplungskoeffizienten $p_0, p_1, \dots, p_{m-1}$ ab, die wie folgt definiert sind:

- Falls $p_i = 1$ (geschlossener Schalter): Wert wird zurückgekoppelt
- Falls $p_i = 0$ (offener Schalter): Wert wird nicht zurückgekoppelt

Mit dieser Definition erhält man eine elegante mathematische Beschreibung für die Rückkopplung. Wenn der Ausgangswert des Flipflops i mit dem entsprechenden Koeffizienten p_i *multipliziert* wird, ist das Ergebnis entweder der Ausgangswert, falls $p_i = 1$, was einem geschlossen Schalter entspricht, oder das Ergebnis ist null, wenn $p_i = 0$, d. h. der Schalter offen ist. Die m Rückkopplungskoeffizienten beschreiben das gesamte LFSR eindeutig, d. h. sie bestimmen, welche Ausgangssequenz erzeugt wird.

Die Startwerte, mit denen die m Flipflops anfangs geladen sind, sind die Bits $s_0, \dots, s_{m-1}$. Diese bilden auch die ersten m Ausgänge des Schieberegisters. Interessant ist das nächste Ausgangsbit s_m, das auch den Eingangswert für das Flipflop ganz links in der Grafik bildet. Das Bit s_m ist die XOR-Summe über die Produkte aller Flipflop-Zustände s_i mit den entsprechenden Rückkopplungskoeffizienten:

$$s_m \equiv s_{m-1} p_{m-1} + \cdots + s_1 p_1 + s_0 p_0 \bmod 2$$

Der nächste Ausgang des LFSR ergibt sich aus:

$$s_{m+1} \equiv s_m p_{m-1} + \cdots + s_2 p_1 + s_1 p_0 \bmod 2$$

Die gesamte Ausgangssequenz wird durch den folgenden Ausdruck beschrieben:

$$s_{m+i} \equiv \sum_{j=0}^{m-1} p_j \cdot s_{i+j} \bmod 2; \quad s_i, p_j \in \{0, 1\} \text{ mit } i = 0, 1, 2, \ldots \tag{2.1}$$

Man sieht, dass sich der neue Ausgangswert aus einer Kombination vorheriger Ausgangsbits berechnet. Gleichung (2.1) wird auch als lineare Differenzengleichung oder lineare Rekursion bezeichnet.

Da es nur endlich viele interne Zustände gibt, wiederholt sich die Ausgangssequenz eines LFSR periodisch, was man auch im Beispiel 2.3 beobachten konnte. Die Periodenlänge der Ausgangsfolge hängt von den Rückkopplungskoeffizienten ab. Der folgende Satz gibt Auskunft über die maximale Länge eines LFSR:

Satz 2.1
Die maximale Länge einer Bitfolge, die ein LFSR vom Grad m erzeugen kann, ist $2^m - 1$. Man spricht dann von einem LFSR mit *Maximalfolge*.

Dieser Satz lässt sich mit einer einfachen Überlegung herleiten. Unter dem Zustand eines LFSR versteht man die Bits, die in den m Flipflops gespeichert sind. Wenn ein bestimmter Zustand gegeben ist, nimmt das Schieberegister deterministisch den nächsten Zustand ein, d. h. der Folgezustand hängt nur von dem aktuellen ab. Sobald die Sequenz von Zuständen des LFSR einen Zustand erreicht, den es zuvor schon einmal hatte, muss es von daher wiederholen. Ein LFSR vom Grad m hat $2^m - 1$ mögliche Zustände, wenn man den Nullzustand ausschließt. Hieraus folg der oben stehende Satz. Der Nullzustand muss ausgeschlossen werden, da ein LFSR in ihm stecken bleiben würde, d. h. es würde dann nur noch das Bit 0 am Ausgang erzeugen.

Ein wichtiger Aspekt von LFSR ist, dass nur bestimmte Konfigurationen von Rückkopplungskoeffizienten $(p_0, \ldots, p_{m-1})$ Folgen maximaler Länge erzeugen. Hier ist ein Beispiel für dieses Verhalten.

Beispiel 2.4 (LFSR mit Maximalfolge) Gegeben sei ein LFSR vom Grad $m = 4$ mit dem Rückkopplungspfad $(p_3 = 0, p_2 = 0, p_1 = 1, p_0 = 1)$. Die Ausgangsfolge hat eine Periode von $2^m - 1 = 15$, d. h. es handelt sich um ein LFSR mit maximaler Folgenlänge.

Beispiel 2.5 (LFSR, das keine Maximalfolge erzeugt) Gegeben sei ein LFSR vom Grad $m = 4$ mit dem Rückkopplungspfad $(p_3 = 1, p_2 = 1, p_1 = 1, p_0 = 1)$. Die Ausgangsfolge hat eine Periode von 5, was keine Maximalfolge ist.

Zu der Mathematik von Schieberegisterfolgen existiert umfassende Literatur, die hier allerdings nicht eingeführt wird. Stattdessen beschränken wir uns auf einige wichtige Eigenschaften von LFSR. Zunächst ist es wichtig zu beachten, dass LFSR oft durch Polynome beschrieben werden, was zunächst überraschend erscheint. Ein LFSR, dass die Rückkopplungskoeffizienten $(p_{m-1}, \ldots, p_1, p_0)$ hat, wird durch das folgende Polynom eindeutig beschrieben:

$$P(x) = x^m + p_{m-1}x^{m-1} + \ldots + p_1 x + p_0$$

Beispielsweise kann das LFSR mit Maximalfolge aus oben stehendem Beispiel mit den Koeffizienten $(p_3 = 0, p_2 = 0, p_1 = 1, p_0 = 1)$ durch das Polynom x^4+x+1 dargestellt werden. Denjenigen LFSR, die Maximalfolgen erzeugen, liegen sog. primitive Polynome zugrunde. Diese sind ein Spezialfall der sog. irreduziblen Polynome. Irreduzible Polynome verhalten sich analog zu Primzahlen. Genau wie Primzahlen haben auch sie nur die 1 und das Polynom selbst als Faktoren. Primitive Polynome können relativ leicht berechnet werden, woraus folgt, dass man auch LFSR mit Maximalfolgen leicht bestimmen kann. Tab. 2.4 enthält ein primitives Polynom, das ein LFSR mit Maximalfolge beschreibt, für jeden Grad m für $m = 2, 3, \ldots, 128$. In der Tabelle steht die Notation $(0, 2, 5)$ beispielsweise für das Polynom $1 + x^2 + x^5$. Man beachte, dass es für jeden Grad m eine Reihe primitiver Polynome gibt. In der Tabelle ist lediglich jeweils nur eines der existierenden Polynome für jeden Grad m dargestellt. Es gibt zum Beispiel 69.273.666 unterschiedliche primitive Polynome vom Grad $m = 31$.

2.3.2 Ein Angriff auf LFSR mit bekanntem Klartext

Wie der Name schon sagt, sind LFSR lineare Konstrukte. Dies bedeutet, dass Ein- und Ausgabewerte über lineare Gleichungen miteinander verbunden sind. In vielen technischen Bereichen, beispielsweise in der Nachrichtentechnik, wird gewünscht, dass lineare Systeme einfach analysiert werden können. In der Kryptografie ist die Situation allerdings genau umgekehrt. Wenn die Schlüsselbits einer Chiffre durch lineare Ausdrücke beschrieben werden können, führt dies zu einem sehr unsicheren Algorithmus. Der Angreifer muss in diesem Fall lediglich ein lineares Gleichungssystem aufstellen. Selbst sehr große lineare Gleichungssysteme lassen sich mit Standardverfahren effizient lösen. Wir werden diesen Ansatz nun anhand eines LFSR-Angriffs zeigen.

Wenn LFSR als Stromchiffre benutzt werden, wird der geheime Schlüssel k durch die Rückkopplungskoeffizienten $(p_{m-1}, \ldots, p_1, p_0)$ gebildet. Für den Angriff benötigt Oskar einige Klartextbits und das zugehörige Chiffrat. Man kann annehmen, dass Oskar

Tab. 2.4 Primitive Polynome für linear rückgekoppelte Schieberegister mit Maximalfolgen

(0,1,2)	(0,1,3,4,24)	(0,1,46)	(0,1,5,7,68)	(0,2,3,5,90)	(0,3,4,5,112)
(0,1,3)	(0,3,25)	(0,5,47)	(0,2,5,6,69)	(0,1,5,8,91)	(0,2,3,5,113)
(0,1,4)	(0,1,3,4,26)	(0,2,3,5,48)	(0,1,3,5,70)	(0,2,5,6,92)	(0,2,3,5,114)
(0,2,5)	(0,1,2,5,27)	(0,4,5,6,49)	(0,1,3,5,71)	(0,2,93)	(0,5,7,8,115)
(0,1,6)	(0,1,28)	(0,2,3,4,50)	(0,3,9,10,72)	(0,1,5,6,94)	(0,1,2,4,116)
(0,1,7)	(0,2,29)	(0,1,3,6,51)	(0,2,3,4,73)	(0,11,95)	(0,1,2,5,117)
(0,2,3,4,8)	(0,1,30)	(0,3,52)	(0,1,2,6,74)	(0,6,9,10,96)	(0,2,5,6,118)
(0,1,9)	(0,3,31)	(0,1,2,6,53)	(0,1,3,6,75)	(0,6,97)	(0,8,119)
(0,3,10)	(0,2,3,7,32)	(0,3,6,8,54)	(0,2,4,5,76)	(0,3,4,7,98)	(0,1,3,4,120)
(0,2,11)	(0,1,3,6,33)	(0,1,2,6,55)	(0,2,5,6,77)	(0,1,3,6,99)	(0,1,5,8,121)
(0,3,12)	(0,1,3,4,34)	(0,2,4,7,56)	(0,1,2,7,78)	(0,2,5,6,100)	(0,1,2,6,122)
(0,1,3,4,13)	(0,2,35)	(0,4,57)	(0,2,3,4,79)	(0,1,6,7,101)	(0,2,123)
(0,5,14)	(0,2,4,5,36)	(0,1,5,6,58)	(0,2,4,9,80)	(0,3,5,6,102)	(0,37,124)
(0,1,15)	(0,1,4,6,37)	(0,2,4,7,59)	(0,4,81)	(0,9,103)	(0,5,6,7,125)
(0,1,3,5,16)	(0,1,5,6,38)	(0,1,60)	(0,4,6,9,82)	(0,1,3,4,104)	(0,2,4,7,126)
(0,3,17)	(0,4,39)	(0,1,2,5,61)	(0,2,4,7,83)	(0,4,105)	(0,1,127)
(0,3,18)	(0,3,4,5,40)	(0,3,5,6,62)	(0,5,84)	(0,1,5,6,106)	(0,1,2,7,128)
(0,1,2,5,19)	(0,3,41)	(0,1,63)	(0,1,2,8,85)	(0,4,7,9,107)	
(0,3,20)	(0,1,2,5,42)	(0,1,3,4,64)	(0,2,5,6,86)	(0,1,4,6,108)	
(0,2,21)	(0,3,4,6,43)	(0,1,3,4,65)	(0,1,5,7,87)	(0,2,4,5,109)	
(0,1,22)	(0,5,44)	(0,3,66)	(0,8,9,11,88)	(0,1,4,6,110)	
(0,5,23)	(0,1,3,4,45)	(0,1,2,5,67)	(0,3,5,6,89)	(0,2,4,7,111)	

den Grad m des Schieberegisters kennt. Selbst wenn er ihn nicht kennen sollte, ist der Angriff so effizient, dass er in der Praxis einfach alle möglichen Werte von m ausprobieren kann. Der bekannte Klartext sei $x_0, x_1, \ldots, x_{2m-1}$ und der zugehörige Geheimtext $y_0, y_1, \ldots, y_{2m-1}$. Mit diesen $2m$ Klartext-Chiffrat-Paaren kann Oskar die ersten $2m$ Bits des Schlüsselstroms berechnen:

$$s_i \equiv x_i + y_i \bmod 2; \quad i = 0, 1, \ldots, 2m - 1.$$

Oskars Ziel ist es nun, die Werte für die Koeffizienten p_i zu bestimmen.

Die Kongruenz (2.1) beschreibt den Zusammenhang zwischen den gesuchten Schlüsselbits p_i und dem Ausgang des Schieberegisters. Der Einfachheit halber ist die LFSR-Kongruenz hier noch einmal dargestellt:

$$s_{i+m} \equiv \sum_{j=0}^{m-1} p_j \cdot s_{i+j} \bmod 2; \quad s_i, p_j \in \{0, 1\}; \quad i = 0, 1, 2, \ldots$$

Es ist wichtig festzuhalten, dass sich für jeden Wert von i eine andere Gleichung modulo 2 ergibt. Die sich so ergebenden Gleichungen sind linear unabhängig. Oskar erzeugt sich nun m solcher Gleichungen:

$$\begin{aligned} i &= 0, & s_m &\equiv p_{m-1}s_{m-1} + \ldots + p_1 s_1 + p_0 s_0 && \bmod 2 \\ i &= 1, & s_{m+1} &\equiv p_{m-1}s_m + \ldots + p_1 s_2 + p_0 s_1 && \bmod 2 \\ &\vdots & &\vdots && \vdots \\ i &= m-1, & s_{2m-1} &\equiv p_{m-1}s_{2m-2} + \ldots + p_1 s_m + p_0 s_{m-1} && \bmod 2 \end{aligned} \tag{2.2}$$

Oskar ist jetzt fast am Ziel. Er hat m lineare Gleichungen modulo 2 mit den m Unbekannten $p_0, p_1, \ldots, p_{m-1}$. Solche Systeme von linearen Kongruenzen lassen sich einfach mit Standardalgorithmen, z. B. mithilfe des Gaußschen Eliminationsverfahrens oder der Matrixinversion, lösen. Selbst für sehr große Werte von m ist dies mit normalen PC ohne Weiteres machbar.

Der gezeigte Angriff hat massive Konsequenzen: **Sobald Oskar $2m$ Ausgangsbit eines LFSR vom Grad m kennt, kann er die p_i Rückkopplungskoeffizienten berechnen, indem er ein lineares Gleichungssystem löst**. Wenn er die Koeffizienten kennt, kann er das LFSR bauen und mit beliebigen m aufeinanderfolgenden Ausgangsbits laden, die er kennt. Er kann das LFSR nun takten und alle zukünftigen Ausgaben des Schieberegisters berechnen. Aufgrund dieses mächtigen Angriffs sind einzelne LFSR kryptografisch extrem schwach! Sie sind ein Paradebeispiel für einen PRNG mit guten statistischen Eigenschaften, der jedoch ein extrem schlechter CSPRNG ist. Das Grundproblem bei der Verwendung einzelner LFSR ist, dass das kryptografische Geheimnis, nämlich die Koeffizienten p_i, in einem einfachen linearen Zusammenhang zu der Ausgangsfolge stehen. Es ist jedoch möglich, mit LFSR sichere Stromchiffren zu konstruieren, wenn man mehrere Schieberegister geschickt *in Kombination* verwendet. Der im Folgenden vorgestellte Algorithmus Trivium ist ein Beispiel für eine sichere Stromchiffre, die auf Schieberegistern basiert.

2.3.3 Trivium

Trivium ist eine Stromchiffre, die einen Schlüssel von 80 Bit verwendet. Sie basiert auf einer Kombination von drei Schieberegistern. Es handelt sich dabei zwar um rückgekoppelte Schieberegister, für die internen Eingangswerte der Register werden allerdings nichtlineare Komponenten benutzt.

Der Aufbau von Trivium

Man sieht in Abb. 2.8, dass Trivium im Kern aus drei Schieberegistern A, B und C besteht. Die Register haben die Längen 93, 84 und 111. Die XOR-Summe der drei Registerausgänge bildet den Schlüsselstrom s_i. Eine Charakteristik von Trivium ist, dass die drei Register kreisförmig verbunden sind, d. h. jeder Registerausgang ist an den Eingang des nächsten Registers angeschlossen. Die Gesamtlänge dieses Rings aus Registern ist $93 + 84 + 111 = 288$. Der Aufbau jedes der Register ist nachfolgend beschrieben.

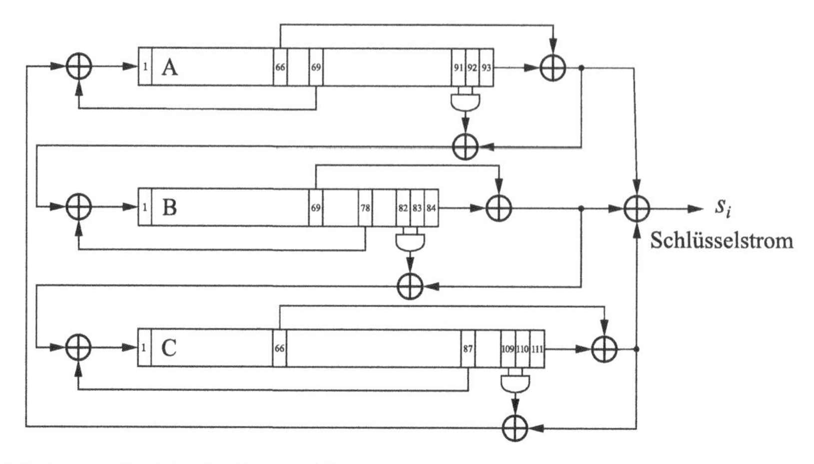

Abb. 2.8 Interne Struktur der Stromchiffre Trivium

Der Eingang jedes Registers ist die XOR-Summe von drei Bit, die wie folgt berechnet werden, vgl. Abb. 2.8:

- Die XOR-Verknüpfung des Ausgangsbits des zuvor liegenden Registers und eines weiteren Bits des vorherigen Registers. Die Bitpositionen sind in Tab. 2.5 spezifiziert. Beispielsweise geht die XOR-Summe des Ausgangs von Register A und Bit 66 von Register A in den Eingang von Register B ein.
- Die AND-Verknüpfung zweier Bits des zuvor liegenden Registers. Für Register B ist dies z. B. die AND-Verknüpfung von Bit 91 und 92 von Register A.
- Ein Bit des Registers wird zum Eingang rückgekoppelt, vgl. Tab. 2.5. Bei Register B wird beispielsweise Bit 78 verwendet.

Jedes Register erzeugt einen Ausgangswert, der sich als die XOR-Summe dreier Bit ergibt. Jedes der Bit ist wiederum die XOR-Summe zweier Bit eines jeden Registers. Es wird jeweils das letzte Bit des Registers und ein Bit an einer festen Stelle (Vorwärsbit) ausgewählt. Im Fall von Register A wird das letzte Bit an Position 93 mit dem Bit an Position 66 XOR-verknüpft.

Kryptografisch entscheidend hierbei ist, dass die AND-Operation einer Multiplikation modulo 2 entspricht. Hierdurch wird erreicht, dass die Chiffre nicht mehr linear ist. Grob gesprochen liegt das daran, dass die für einen Angreifer unbekannten Werte die Registerinhalte sind. Durch das AND-Gatter werden jetzt Unbekannte miteinander multipliziert,

Tab. 2.5 Die Spezifikation von Trivium

Register	Länge	Rückkopplungsbit	Vorwärtsbit	Eingang AND-Gatter
A	93	69	66	91, 92
B	84	78	69	82, 83
C	111	87	66	109, 110

d. h. die gesuchten Werte liegen nicht mehr in der ersten Potenz vor, sondern als Produkte. Daher sind die durch das AND-Gatter berechneten Werte zentral für die Sicherheit von Trivium. Beispielsweise ist der oben vorgestellte Angriff gegen LFSR nicht möglich.

Die Trivium-Verschlüsselung

Praktisch alle modernen Stromchiffren benötigen zwei Eingangswerte, den Schlüssel k und einen Initialisierungsvektor IV. Bei k handelt es sich um den geheimen Schlüssel, der für jedes symmetrische Kryptosystem benötigt wird. Der IV dient der Randomisierung des Chiffrats. Es ist wichtig zu beachten, dass der IV nicht geheim gehalten werden muss. Für jede Sitzung, d. h. jedes Mal, wenn ein neuer Verschlüsselungsvorgang gestartet wird, muss der IV jedoch einen neuen Wert annehmen. Man spricht hier von einer sog. Nonce, was für „used only once" oder „number used once" steht. Durch den IV wird erreicht, dass die Chiffre jedes Mal einen anderen Schlüsselstrom erzeugt, wenn sie verwendet wird, auch wenn der Schlüssel der gleiche ist. Wenn dies nicht der Fall ist, ist der folgende Angriff möglich. Sobald der Angreifer den Klartext von einer ersten Verschlüsselungssitzung kennt, kann er den benutzten Schlüsselstrom bestehend aus den Werten s_i berechnen. Wenn in der nächsten Sitzung der gleiche Schlüsselstrom von der Chiffre erzeugt wird, kann der Angreifer den Geheimtext direkt entschlüsseln. Ohne einen IV, der sich immer ändert, verschlüsseln Stromchiffren *deterministisch*. Methoden, um IV zu erzeugen, werden in Abschn. 5.1.2 besprochen. Wir betrachten nun, wie mit Trivium verschlüsselt wird.

Startwerte Anfangs wird ein 80-Bit-IV in die 80 linken Positionen des Registers A geladen und ein 80-Bit-Schlüssel in die 80 linken Positionen des Registers B. Alle anderen Registerbits werden auf 0 gesetzt, bis auf die drei ganz rechten Positionen von C, d. h. die Bits c_{109}, c_{110} und c_{111}, die die 1 zugewiesen bekommen.

Initialisierungsphase Bevor Daten verschlüsselt werden können, wird der Algorithmus $4 \cdot 288 = 1152$-mal getaktet. Hierbei werden keine Ausgangsbits erzeugt. Man spricht hier auch von der Aufwärmphase.

Verschlüsselung Nach der Initialisierung, d. h. ab Takt 1153, werden die Bits erzeugt, die den Schlüsselstrom bilden.

Die Initialisierungsphase ist aus Sicherheitsgründen erforderlich, damit der Angreifer nicht den Schlüssel aus dem Schlüsselstrom rekonstruieren kann. Am Ende der Phase ist zudem sichergestellt, dass der Schlüsselstrom stark randomisiert wurde, d. h. er hängt sowohl von dem Schlüssel als auch von dem IV ab.

Implementierungseigenschaften

Trivium ist eine sehr kleine Chiffre, besonders wenn sie in Hardware realisiert wird. Im Wesentlichen besteht der Algorithmus aus einem 288-Bit-Schieberegister und einigen Booleschen Gattern. In Hardware kann Trivium mit etwa 3500–5500 Gatteräquivalenten implementiert werden. Die Größe hängt hierbei u. a. von dem Grad der Parallelisierung ab. (Ein Gatteräquivalent ist die Chipfläche, die von einem NAND-Gatter mit zwei Eingängen benötigt wird.) In einer repräsentativen Implementierung werden 4000 Gatteräquivalente benötigt und per Takt werden 16 Bit des Schlüsselstroms erzeugt. Wenn diese Schaltung mit moderaten 125 MHz getaktet wird, würde die Verschlüsselungsgeschwindigkeit $16\,\text{Bit} \cdot 125\,\text{MHz} = 2\,\text{Gbit/s}$ betragen, was eine sehr hohe Durchsatzrate ist. In Software können mit Trivium typischerweise alle 12 Taktzyklen 8 Ausgangsbits berechnet werden. Auf einer CPU mit 1,5 GHz ergibt sich damit eine Verschlüsselungsrate von 1 Gbit/s.

Sicherheit von Trivium

Trivium wurde bewusst als sehr kompakte Chiffre entworfen und nicht notwendigerweise als Hochsicherheitsalgorithmus. Trotzdem ist zum heutigen Zeitpunkt kein Angriff bekannt, der besser als eine vollständige Schlüsselsuche ist, die 2^{80} Schritte benötigt. Es gibt allerdings Angriffe gegen abgeschwächte Varianten von Trivium. Beispielsweise kann der Schlüssel mit 2^{68} Schritten berechnet werden, wenn die Initialisierungsphase auf 799 Iterationen reduziert wird (was natürlich nicht mehr den Spezifikationen entspricht). Ein Angriff gegen die reguläre Version von Trivium ist mit 2^{90} Schritten möglich. Aus diesem Grund wird Trivium als ein Algorithmus mit einer relativ kleinen Sicherheitsmarge eingeschätzt. Mehr Informationen zu dem Algorithmus ist in [14] zu finden.

2.4 Diskussion und Literaturempfehlungen

Stromchiffren in der Praxis Im Lauf der letzten drei Jahrzehnte wurden zwar sehr viele Stromchiffren vorgeschlagen, es gibt hierbei allerdings viele, die noch nicht im Detail analysiert wurden. Dies bedeutet, dass es bei vielen unklar ist, wie sicher sie wirklich sind. Zudem ist eine ganze Reihe der vorgeschlagenen Stromchiffren unsicher. Die Stromchiffre, die in der Praxis wahrscheinlich am verbreitesten ist, ist RC4 [12]. Sie gilt inzwischen aber nicht mehr als uneingeschränkt sicher und es wird empfohlen, sie nicht mehr einzusetzen. Es gibt auch viele ältere Chiffren, die speziell für Hardwareeffizienz entworfen wurden und auf LFSR basieren. Viele der Algorithmen sind inzwischen gebrochen, vgl. [1, 8]. Die LFSR-Stromchiffren, die die größte Verbreitung in der Praxis haben, sind A5/1 und A5/2. Sie sind im GSM-Mobilfunkstandard für die Sprachverschlüsselung zwischen Mobiltelefon und der Basisstation spezifiziert. A5/1 wurde 1987 entwickelt und wird primär in Europa und den USA eingesetzt. Die Chiffre wurde zunächst geheim gehalten, 1998 wurde sie allerdings durch Reverse-Engineering offengelegt. A5/1 hat eine Reihe kryptografischer Schwachstellen [2, 3] und es kann davon ausgegangen werden, dass zumindest Nachrichtendienste sie brechen können, was auch aus den Dokumenten von Edward Snowden hervorgeht. Es wird vermutet, dass A5/1 bewusst so ausgelegt wurde, dass solche Angriffe möglich sind. A5/2 wurde als sog. Exportversion von A5/1 entworfen und ist kryptografisch noch einmal deutlich schwächer als A5/1 [2]. Diese eher pessimistische Lageeinschätzung zu Stromchiffren ändert sich durch das eSTREAM-Projekt, das unten beschrieben wird.

Für Mobilfunknetze der dritten Generation (3GPP), zu denen auch UMTS gehört, wird die Blockchiffre *KASUMI* zur Sprachverschlüsselung eingesetzt. Hier sind auch Angriffe bekannt, es ist allerdings noch unsicher, ob sich diese in der Praxis umsetzen lassen [5].

eSTREAM-Projekt Das Ziel von *eSTREAM* war es, den Stand der Technik bezüglich Stromchiffren zu verbessern. Insbesondere sollten Algorithmen gefunden werden, die sicher sind und gute Eigenschaften aufweisen, wenn sie in Hard- und Software realisiert werden. eSTREAM war Teil von ECRYPT, des European Network of Excellence in Cryptography. Die Ausschreibung zur Einreichung von Stromchiffren wurde im November 2004 veröffentlicht und Algorithmen konnten bis 2008 vorgeschlagen werden. Die Chiffren wurden in zwei sog. Profile eingeteilt:

- Profil 1: Stromchiffren mit guten Eigenschaften für Softwareimplementierungen, die hohe Verschlüsselungsraten erlauben. Die Algorithmen haben eine Schlüssellänge von 128 Bit.
- Profil 2: In diesem Profil sind Stromchiffren mit guten Eigenschaften für Hardwareimplementierungen, die sich sehr kompakt realisieren lassen, d. h. wenig Chipfläche und einen geringen Stromverbrauch aufweisen. Die Chiffren haben eine Schlüssellänge von 80 Bit.

Insgesamt wurden 34 Algorithmen eingereicht. Am Ende des Projekts wurden vier Chiffren für das Profil 1 ausgewählt: *HC-128*, *Rabbit*, *Salsa20/12* und *SOSEMANUK*. Bezüglich Algorithmen mit guten Hardwareeigenschaften, d. h. Chiffren im Profil 2, wurden ausgewählt: *Grain v1*, *MICKEY v2* und *Trivium*. Für Grain existiert auch eine Variante mit 128-Bit-Schlüsseln, die empfohlen wird. Man beachte, dass Algorithmen mit 80-Bit-Schlüsseln zwar zum jetzigen Zeitpunkt sicher sind, aber keine sehr große Langzeitsicherheit bieten. Die Beschreibung der Algorithmen zusammen mit Source-Code und den Ergebnissen des vierjährigen Evaluierungsprozess sind online verfügbar [6]. Es gibt auch ein Buch über den eSTREAM-Prozess [13].

Es sei angemerkt, dass die Aufnahme in eines der beiden eSTREAM-Profile nicht automatisch bedeutet, dass die Algorithmen auch Standards sind, da ECRYPT keine Standardisierungsbehörde ist. Nichtsdestotrotz wurde Trivium als „lightweight cipher“ nach ISO/IEC 29192-3:2012 standardisiert und die Chiffren ChaCha, die eine Variante des Salsa-Algorithmus sind, sind in RFC 7539 als Internetstandard spezifiziert. Obwohl gerade die Algorithmen im Profil 2 als sicher angesehen werden können, haben sie bei Weitem nicht die Verbreitung wie die AES-Blockchiffre, die in Kap. 4 behandelt wird.

Echte Zufallszahlengeneratoren In diesem Kapitel wurden verschiedene Arten von Zufallszahlengeneratoren eingeführt. Um Stromchiffren zu realisieren, sind CSPRNG, d. h. kryptografisch sichere PRNG, erforderlich. In der Kryptografie werden jedoch auch oft

TRNG, d. h. echte Zufallszahlengeneratoren, benötigt, beispielsweise zur Erzeugung von Sitzungsschlüsseln, die dann verteilt werden. Es gibt noch zahlreiche andere Anwendungen, u. a. die Erzeugung von Nonces, um eine Verschlüsselung zu randomisieren, vgl. Abschn. 2.3.3 oder die Betriebsmodi mit IV in Kap. 5, Startwerte für die Erzeugung von Primzahlen oder die Erzeugung zufälliger PIN und Passwörter. Naturgemäß basieren alle TRNG auf einer Entropiequelle, die auf einem wirklich zufälligen Prozess basiert. Im Lauf der Jahre wurden sehr viele TRNG-Konstruktionen vorgeschlagen. Sie können grob in solche unterteilt werden, die auf spezieller Hardware basieren, oder Generatoren, die externe Prozesse ausnutzen. Beispiele für die erste Klasse sind TRNG, die auf mehreren unkorrelierten Oszillatorschaltungen (z. B. Ringoszillatoren) basieren oder zeitliche Schwankungen, den sog. Jitter, in Schaltungen ausnutzen. Eine gute Übersicht zu solchen Zufallszahlengeneratoren findet sich in [10, Kap. 5]. Beispiele für die zweite TRNG-Klasse sind oft in Computersystemen zu finden. Als Entropiequelle werden Unsicherheiten in der Zeit zwischen Tastaturanschlägen, Bewegungen der Computermaus oder Ankunftszeiten zwischen Netzwerkpaketen genutzt. Die UNIX-Funktion `/dev/random` basiert auf solchen Entropiequellen. Für beide Klassen von TRNG gilt, dass schon viele Generatoren vorgeschlagen wurden, die nicht genügend zufällig waren, d. h. nicht über ausreichende Entropie verfügten, was von einem Angreifer ausgenutzt werden kann. Es gibt einige Softwarewerkzeuge, die die statistischen Eigenschaften der Zufallsfolgen untersuchen. Am bekanntesten sind die *Diehard*-Zufallstests und die Tests der amerikanischen Standardisierungsbehörde NIST [4, 11]. Man beachte, dass erfolgreiche statistische Tests nur eine notwendige, aber keine hinreichende Bedingung dafür sind, dass der Generator kryptografisch starke Zufallsfolgen erzeugt. Es gibt auch Standards, um TRNG formal zu evaluieren [7].

2.5 Lessons Learned

- Heutzutage werden Stromchiffren seltener eingesetzt als Blockchiffren.
- Stromchiffren lassen sich oft kompakt implementieren, d. h. sie haben eine geringe Codegröße (in Software) oder benötigen eine kleinere Chipfläche (in Hardware), was für sog. eingebettete Systeme wie Chipkarten oder batteriebetriebene Anwendungen attraktiv ist. Früher galt allgemein, dass Stromchiffren kompakter als Blockchiffren sind, dies gilt heute aber nur noch mit Einschränkungen.
- Es ist wesentlich schwieriger, kryptografisch sichere PRNG (CSPRNG) zu entwerfen als gewöhnliche PRNG, die außerhalb der Kryptografie weit verbreitet sind.
- Das OTP ist ein beweisbar sicheres Verschlüsselungsverfahren. Da der Schlüssel so lang wie die Nachricht sein muss, ist er in den meisten modernen Anwendungen allerdings nicht einsetzbar.
- Einzelne LFSR sind kryptografisch sehr schwach, da sie linear sind. Es gibt allerdings sichere Stromchiffren, die auf der geschickten Kombination mehrerer LFSR basieren.

2.6 Aufgaben

2.1

Die Stromchiffre aus Definition 2.1 kann einfach verallgemeinert werden, sodass sie auf beliebigen Alphabeten operiert und nicht auf das binäre beschränkt ist. Für Handchiffren, d. h. Chiffren für die manuelle Verschlüsselung ohne Computer, ist es beispielsweise vorteilhaft, wenn die Stromchiffre direkt Buchstaben verschlüsseln kann.

1. Beschreiben Sie die Ver- und Entschlüsselungsfunktion für eine Stromchiffre, die auf den Buchstaben (A, B, ..., Z) operiert, wobei diese durch die Zahlen $(0, 1, \ldots, 25)$ dargestellt werden. Wie sieht der Schlüsselstrom aus?
2. Entschlüsseln Sie den folgenden Text:
   `bsaspp kkuosr,`
   der mit dem folgenden Schlüsselstrom chiffriert wurde:
   `rsidpy dkawoa`
3. Wie wurde der junge Mann umgebracht?

2.2

Gegeben sei ein Einmalschlüssel eines OTP mit 1 GByte, der auf einer CD-ROM gespeichert ist. Diskutieren Sie die folgenden praktischen Aspekte für die Nutzung des OTP: Lebensdauer des Schlüssels, Speicherung des Schlüssels während und nach der Lebensdauer, Schlüsselerzeugung, Verteilung des Schlüssels etc.

2.3

Wir nehmen ein OTP an, bei dem der Schlüssel nur 128 Bit beträgt. Für größere Klartexte wird der Schlüssel periodisch wiederverwendet. Wie kann diese Verschlüsselung gebrochen werden?

2.4

Auf den ersten Blick scheint es möglich, das OTP durch vollständige Schlüsselsuche zu brechen, was einen Widerspruch zu der informationstheoretischen Sicherheit des OTP ist. Gegeben sei eine kurze Nachricht bestehend aus 5 ASCII-Zeichen, d. h. 40 Bit. Dieser Klartext wurde mit 40 Bit eines OTP verschlüsselt. Beschreiben Sie genau, warum eine vollständige Schlüsselsuche nicht zum Erfolg führt, obwohl genug Rechenleistung für die Suche zur Verfügung steht.

Bemerkung: Das Paradox muss aufgelöst werden, d. h. Anworten à la „Das OTP ist beweisbar sicher, daher funktioniert die vollständige Schlüsselsuche nicht." reichen nicht.

2.5

Gegeben sei ein LFSR mit den Koeffizienten $(p_2 = 1, p_1 = 0, p_0 = 1)$.

1. Welche Folge wird mit den Startwerten $(s_2 = 1, s_1 = 0, s_0 = 0)$ erzeugt?
2. Welche Folge wird mit den Startwerten $(s_2 = 0, s_1 = 1, s_0 = 1)$ erzeugt?
3. Wie hängen die beiden Folgen zusammen?

2.6

Gegeben sei eine Stromchiffre mit kurzer Periode, von der wir wissen, dass sie im Bereich von 150–200 Bit liegt. Wir wissen *nichts* über die Interna der Chiffre, d. h. wir können auch nicht annehmen, dass es sich um ein einfaches LFSR handelt. Bei dem Klartext, der verschlüsselt wird, handelt es sich um ASCII-Zeichen in deutscher Sprache.

Beschreiben Sie genau, wie die Chiffre gebrochen werden kann. Spezifizieren Sie, wie viel Klartext und Geheimtext Oskar kennen muss und wie er das gesamte Chiffrat entschlüsseln kann.

2.7

Gegeben sei ein LFSR vom Grad 8 mit dem Rückkopplungspolynom aus Tab. 2.4. Berechnen Sie die ersten zwei Bytes, die von dem Schieberegister generiert werden, wenn der Startvektor, d. h. der Anfangszustand der Flipflops, den Hexadezimalwert FF hat.

2.8

In dieser Aufgabe betrachten wir LFSR etwas detaillierter. Es gibt drei Arten von LFSR:

- LFSR, die Maximalfolgen erzeugen. Diese LFSR basieren auf *primitiven Polynomen*.
- LFSR, die keine Maximalfolgen erzeugen, deren Sequenzlänge aber unabhängig von dem Startwert des Registers ist. Diese LFSR basieren auf *irreduziblen Polynomen*. Man beachte, dass alle primitiven Polynome auch irreduzibel sind, das Umgekehrte gilt allerdings nicht.
- LFSR, die keine Maximalfolgen erzeugen und bei denen die Sequenzlänge von dem Startwert des Registers abhängt. Diese Schieberegister basieren auf *reduziblen* Polynomen.

Wir betrachten nur Beispiele für die verschiedenen LFSR-Arten. Bestimmen Sie *alle* Sequenzen, die von den folgenden Schieberegistern erzeugt werden:

1. $x^4 + x + 1$
2. $x^4 + x^2 + 1$
3. $x^4 + x^3 + x^2 + x + 1$

Beachten Sie, dass für jedes Register die Summe der Längen aller Sequenzen $2^m - 1$ ergeben muss. Zeichnen Sie für jedes Polynom das zugehörige LFSR. Welches Polynom ist primitiv, irreduzibel bzw. reduzibel?

2.9

Gegeben sei eine Stromchiffre, die aus einem einzelnen LFSR als Schlüsselstromgenerator besteht. Das Schieberegister hat die Länge 256.

1. Wie viele Klartext-Geheimtext-Paare werden für einen Angriff benötigt?
2. Beschreiben Sie im Detail alle Schritte, die für einen Angriff notwendig sind. Zeigen Sie die Gleichung, die der Angreifer am Ende lösen muss.

3. Was ist der Schlüssel bei dieser Chiffre? Warum macht es keinen Sinn, den Startwert des Registers als Schlüssel zu verwenden?

2.10

Ziel ist es, eine LFSR-basierte Stromchiffre anzugreifen, bei der der Angreifer einen Teil des Klartexts kennt. Die Klartextbits sind:

```
1001 0010 0110 1101 1001 0010 0110
```

Der Angreifer beobachtet auf dem Kanal das folgende Chiffrat:

```
1011 1100 0011 0001 0010 1011 0001
```

1. Welchen Grad m hat das LFSR?
2. Was ist der Startvektor?
3. Bestimmen Sie die Rückkopplungskoeffizienten.
4. Zeichnen Sie ein Diagramm des LFSR und verifizieren Sie die erzeugte Ausgangssequenz.

2.11

In dieser Aufgabe wird ebenfalls eine Stromchiffre angegriffen, die aus einem einzelnen LFSR besteht. Um Buchstaben zu verschlüsseln, wird für die 26 Großbuchstaben und für die Ziffern 0, 1, 2, 3, 4, 5 die folgende Codierung mit 5 Bit verwendet:

$$
\begin{aligned}
A &\leftrightarrow 0 = 00000_2 \\
&\vdots \\
Z &\leftrightarrow 25 = 11001_2 \\
0 &\leftrightarrow 26 = 11010_2 \\
&\vdots \\
5 &\leftrightarrow 31 = 11111_2
\end{aligned}
$$

Dem Angreifer sind die folgende Details über das System bekannt:

- Das Schieberegister hat den Grad $m = 6$.
- Jede Nachricht beginnt mit dem Header `WPI`.

Auf dem Kanal wird das folgende Chiffrat mitgeschnitten (das vierte Symbol ist eine Null):

```
j5a0edj2b
```

1. Wie lautet der Startvektor?
2. Was sind die Rückkopplungskoeffizienten des LFSR?

3. Schreiben Sie ein Programm in einer beliebigen Programmiersprache, das die gesamte Sequenz erzeugt, und bestimmen Sie den Klartext.
4. Wo lebt das Wesen nach `WPI`?
5. Wie würde man den Angriff klassifizieren?

2.12
Geben sei die Chiffre Trivium, bei der der Initialisierungsvektor IV und der Schlüssel nur aus Nullen bestehen. Berechnen Sie die ersten 70 Bits $s_1, \ldots, s_{70}$, die während der Initialisierungsphase erzeugt werden. (Man beachte, dass dies nur interne Bits sind, die nicht für die Verschlüsselung von Klartext benutzt werden, da in der Initialisierungsphase 1152 Bits erzeugt werden, bevor der eigentliche Schlüsselstrom ausgegeben wird.)

Literatur

1. Frederik Armknecht, Algebraic attacks on certain stream ciphers. Dissertation, Fakultät für Mathematics, Universität Mannheim, 2006, http://madoc.bib.uni-mannheim.de/madoc/volltexte/2006/1352/. Zugegriffen am 1. April 2016
2. Elad Barkan, Eli Biham, Nathan Keller, Instant Ciphertext-Only Cryptanalysis of GSM Encrypted Communication, Journal of Cryptology **21**(3):392–429, 2008
3. Alex Biryukov, Adi Shamir, David Wagner, Real time cryptanalysis of A5/1 on a PC, in *FSE: Fast Software Encryption* (Springer, 2000), S. 1–18
4. Diehard Battery of Tests of Randomness CD (1995) http://i.cs.hku.hk/~diehard/. Zugegriffen am 1. April 2016
5. Orr Dunkelman, Nathan Keller, Adi Shamir, A practical-time attack on the A5/3 cryptosystem used in third generation GSM telephony. Cryptology ePrint Archive, Report 2010/013 (2010), http://eprint.iacr.org/2010/013. Zugegriffen am 1. April 2016
6. eSTREAM—The ECRYPT Stream Cipher Project (2007), http://www.ecrypt.eu.org/stream/. Zugegriffen am 1. April 2016
7. Bundesamt für Sicherheit in der Informationstechnik, Anwendungshinweise und Interpretationen zum Schema (AIS). Funktionalitätsklassen und Evaluationsmethodologie für physikalische Zufallszahlengeneratoren. AIS 31, Version 1 (2001), http://www.bsi.bund.de/zertifiz/zert/interpr/ais31.pdf. Zugegriffen am 1. April 2016
8. Jovan Dj. Golic, On the security of shift register based keystream generators, in *Fast Software Encryption, Cambridge Security Workshop* (Springer, 1994), S. 90–100
9. D. Kahn, *The Codebreakers. The Story of Secret Writing* (Macmillan, 1967)
10. Çetin Kaya Koç, *Cryptographic Engineering* (Springer, 2008)
11. NIST test suite for random numbers, http://csrc.nist.gov/rng/. Zugegriffen am 1. April 2016
12. Ron Rivest, The RC4 Encryption Algorithm (1992), http://www.rsasecurity.com. Zugegriffen am 1. April 2016
13. Matthew Robshaw, Olivier Billet (Hrsg.), *New Stream Cipher Designs: The eSTREAM Finalists*. LNCS, Bd. 4986 (Springer, 2008)
14. Trivium Specifications http://www.ecrypt.eu.org/stream/p3ciphers/trivium/trivium_p3.pdf. Zugegriffen am 1. April 2016

3 Der Data Encryption Standard und Alternativen

Der *Data Encryption Standard (DES)* war über 30 Jahre die bei Weitem verbreitetste Blockchiffre. Auch wenn DES selbst aufgrund des zu kleinen Schlüsselraums heute als unsicher gilt, kann man mit einer dreifachen DES-Verschlüsselung eine sehr sichere Chiffre bauen. Dieser *3DES* oder auch *Triple-DES* genannte Algorithmus wird in Abschn. 3.7.2 behandelt und in vielen modernen Anwendungen eingesetzt. Das Verstehen von DES ist aus heutiger Sicht auch wichtig, da es sich um den am besten untersuchten symmetrischen Algorithmus handelt, dessen Design viele aktuelle Chiffren beeinflusst hat.

In diesem Kapitel erlernen Sie

- den Entwurfprozess des DES, der sehr hilfreich für das Verständnis von technischen Details, aber auch der politischen Hintergründe bei der Entstehung der modernen Kryptografie ist,
- die grundlegenden Operationen, aus denen Blockchiffren aufgebaut sind; hierzu gehören die Konzepte der Konfusion und Diffusion,
- die interne Struktur des DES mit Feistel-Netzwerk, S-Box und Schlüsselfahrplan,
- die Sicherheitseinschätzung des DES,
- die Alternativen zum DES, u. a. 3DES und die Lightweight-Chiffre PRESENT.

3.1 Einführung zum DES

1972 unternahm das amerikanische National Bureau of Standards (NBS), das heute *National Institute of Standards and Technology (NIST)* heißt, einen Schritt, der aus damaliger Sicht revolutionär war: Das NBS initiierte eine Ausschreibung, um ein Verschlüsselungsverfahren in den USA zu standardisieren. Das Ziel war es, eine einzelne sichere Chiffre zu finden, die in zahlreichen Anwendungen eingesetzt werden kann. Bis zu diesem Punkt

C. Paar, J. Pelzl, *Kryptografie verständlich*, eXamen.press, DOI 10.1007/978-3-662-49297-0_3

hatten Regierungen weltweit die Kryptografie und insbesondere die Kryptanalyse als für so kritisch für die nationale Sicherheit gehalten, dass diese schlichtweg geheim gehalten wurden. Indes war Anfang der 1970er-Jahre der Bedarf für Verschlüsselung im kommerziellen Bereich, insbesondere im Bankwesen, so pressierend geworden, dass man diesen nicht ohne Auswirkung auf die Gesamtwirtschaft ignorieren konnte.

Das NBS erhielt 1974 den vielversprechendsten Algorithmenvorschlag von einem Team von Kryptografen von IBM. Der von IBM eingereichte Algorithmus basierte auf der Chiffre *Lucifer*. Lucifer war eine von Horst Feistel in den 1960er-Jahren entwickelte Familie von Chiffren und auch eine der ersten Blockchiffren, die für digitale Daten entworfen worden war. Lucifer ist eine sog. Feistel-Chiffre, die Blöcke von 64 Bit mit einem 128-Bit-Schlüssel chiffriert. Um die Sicherheit des eingereichten Algorithmus zu untersuchen, hatte das NBS um die Hilfe der *National Security Agency (NSA)* ersucht, die zu diesem Zeitpunkt noch nicht einmal ihre Existenz zugegeben hatte[1]. Es scheint sicher zu sein, dass die NSA auf Änderungen der Chiffre gedrungen hatte. Die veränderte Chiffre wurde Data Encryption Standard (DES) genannt. Eine der Änderungen war eine Härtung von DES gegen die sog. differenzielle Kryptanalyse, eine mächtige Angriffsmethode, die bis 1990 nicht öffentlich bekannt war. Bis heute ist nicht klar, ob das Wissen über die differenzielle Kryptanalyse von dem IBM-Team selbst entwickelt worden war oder ob die NSA hier einen starken Einfluss gehabt hatte. Die NSA überzeugte IBM auch, die Lucifer-Schlüssellänge von 128 auf 56 Bit zu reduzieren, was die Chiffre wesentlich schwächer gegen Brute-Force-Angriffe macht.

Die Beteiligung der NSA hatte in manchen Kreisen auch zu Besorgnis geführt, da man befürchtete, dass der Einbau einer geheimen Hintertür der wahre Grund für die Modifikationen des DES war. Die Sorge war, dass DES eine mathematische Eigenschaft besaß, mithilfe derer die NSA den DES brechen konnte. Ein anderer wesentlicher Kritikpunkt war die Reduktion der Schlüssellänge. Es wurde gemutmaßt, dass die NSA dazu in der Lage sei, einen Schlüsselraum von 2^{56} zu durchsuchen und damit DES durch Brute-Force-Angriff zu brechen. In den darauffolgenden Jahrzehnten stellten sich die meisten dieser Sorgen als gegenstandslos heraus. In Abschn. 3.5 werden die tatsächlichen und vermeintlichen Schwächen des DES weiter diskutiert.

Trotz aller Kritik veröffentlichte die NBS 1977 die modifizierte Chiffre als den *Data Encryption Standard (FIPS PUB 46)*. Obwohl die Chiffre in dem Standard bis auf die unterste Bit-Ebene spezifiziert ist, wurden die Hintergründe, warum die einzelnen Komponenten der Chiffre genau so gewählt worden waren (man spricht hier von den sog. Designkriterien), nie veröffentlicht. Dies betraf insbesondere die S-Boxen, die das Herzstück des DES sind.

Mit der rapiden Verbreitung von PC Anfang der 1980er-Jahre und der öffentlichen Verfügbarkeit aller Spezifikationen des DES wurde es einfacher, die innere Struktur der Chif-

[1] Ein gängiger Witz damals war, dass NSA die Abkürzung für „no such agency" sei.

fre zu analysieren. Während dieser Zeit unterzogen auch mehr und mehr Wissenschaftler DES einer genauen Prüfung. Dennoch wurden bis 1990 keine wesentlichen Schwachstellen festgestellt. Ursprünglich war DES nur für 10 Jahre – bis 1987 – als Standard festgeschrieben worden. Durch die weite Verbreitung von DES und da zum damaligen Zeitpunkt keine ernsthaften Schwachstellen bekannt waren, verlängerte das NIST den DES-Standard bis 1999, als DES letztlich vom *Advanced Encryption Standard (AES)* abgelöst wurde.

3.1.1 Konfusion und Diffusion

Bevor wir uns der detaillierten Betrachtung von DES widmen, ist es aufschlussreich, sich die grundlegenden Operationen anzuschauen, mit denen man eine starke Verschlüsselung erreicht. Dem Begründer der modernen Informationstheorie, Claude Shannon, zufolge gibt es zwei grundlegende Operationen, mit denen starke Chiffren realisiert werden können:

1. **Konfusion** ist eine Verschlüsselungsoperation, die die Beziehung zwischen Schlüssel und Chiffrat verschleiert. Substitutionstabellen sind heutzutage das gängigste Element, um Konfusion zu erreichen. Sie finden sich sich sowohl im DES als auch im AES.
2. **Diffusion** ist eine Verschlüsselungsoperation, bei der der Einfluss eines Klartextsymbols auf zahlreiche Chiffratsymbole gestreut wird, um statistische Eigenschaften des Klartexts zu verbergen. Ein einfaches Beispiel, um Diffusion zu erreichen, ist die Bitpermutation, die von DES verwendet wird. AES benutzt eine komplexere Diffusionsfunktion, die MixColumn-Operation.

Chiffren wie beispielsweise die im Zweiten Weltkrieg eingesetzte Enigma oder die Schiebechiffre (vgl. Abschn. 1.4.3), die lediglich Konfusion verwenden, sind nicht sicher. Gleiches gilt für Chiffren, die nur Diffusion durchführen. Dennoch kann durch ein Hintereinanderschalten beider Operationen eine starke Chiffre gebildet werden. Die Idee der Hintereinanderschaltung („concatenation“) von Verschlüsselungsoperationen wurde auch von Shannon vorgeschlagen. Solche Algorithmen werden auch *Produktchiffren* genannt. Alle heutigen Blockchiffren sind Produktchiffren, da sie aus sich wiederholenden Runden bestehen (vgl. Abb. 3.1), die die Eingangsdaten sukzessiv verschlüsseln.

Moderne Blockchiffren besitzen hervorragende Diffusionseigenschaften. Auf Ebene der Chiffre bedeutet dies, dass die Änderung eines Bits im Klartext die Änderung von *durchschnittlich* der Hälfte aller Ausgabebits zur Folge hat. Das heißt, dass zwei Chiffrate, deren Klartexte sich in nur einem Bit unterscheiden, statistisch vollkommen unabhängig sind. Wenn man sich mit Blockchiffren beschäftigt, ist diese Verwürfelungseigenschaft sehr wichtig. Das folgende einfache Beispiel zeigt dieses Verhalten.

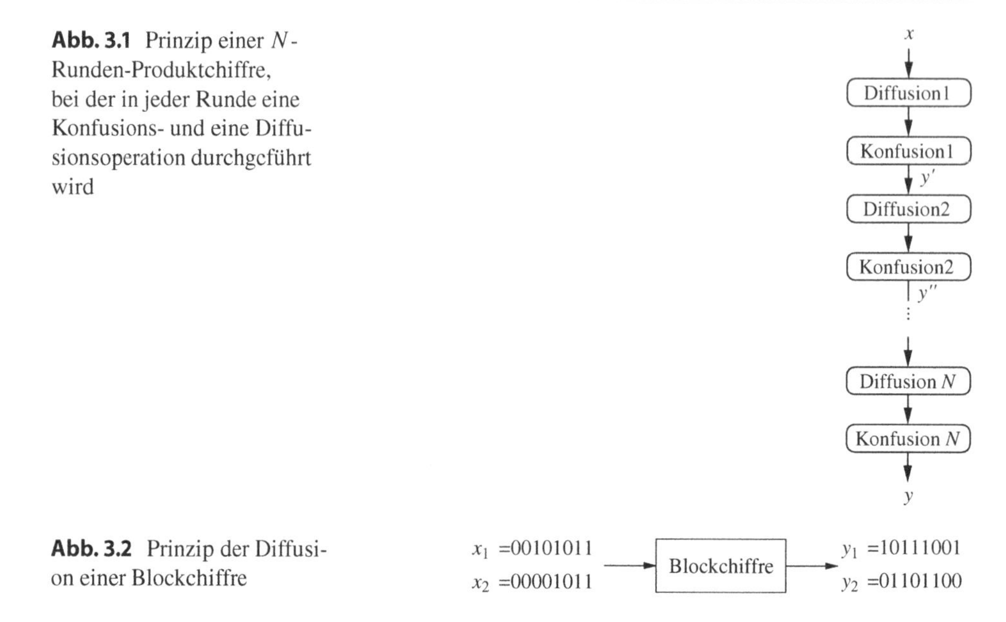

Abb. 3.1 Prinzip einer N-Runden-Produktchiffre, bei der in jeder Runde eine Konfusions- und eine Diffusionsoperation durchgeführt wird

Abb. 3.2 Prinzip der Diffusion einer Blockchiffre

Beispiel 3.1 Angenommen wir haben eine extrem kleine Blockchiffre mit einer Blockgröße von 8 Bit. Die Verschlüsselung zweier Klartexte x_1 und x_2, die sich nur in einem einzigen Bit unterscheiden, sollte ein Chiffrat ergeben wie in Abb. 3.2 gezeigt, d. h. etwa die Hälfte der Ausgangsbits sollten sich ändern.

Anmerkung: Moderne Blockchiffren haben eine Eingangsgröße von 64 oder 128 Bit und zeigen das oben skizzierte Verhalten im Fall eines veränderten Eingangsbits.

3.2 Übersicht über den DES-Algorithmus

DES ist ein Algorithmus, der Blöcke von 64 Bit mit einem 56-Bit-Schlüssel chiffriert (Abb. 3.3). DES ist eine symmetrische Chiffre, d. h. es wird derselbe Schlüssel für die Ver- und Entschlüsselung verwendet. DES, wie alle modernen Blockchiffren, ist ein iterativer Algorithmus. Für jeden Klartextblock wird die Verschlüsselung in 16 Runden durchgeführt, die alle identische Operationen ausführen. Abb. 3.4 zeigt die Rundenstruktur des DES. In jeder Runde wird ein anderer Rundenschlüssel verwendet. Die Rundenschlüssel k_i werden von dem Hauptschlüssel k abgeleitet.

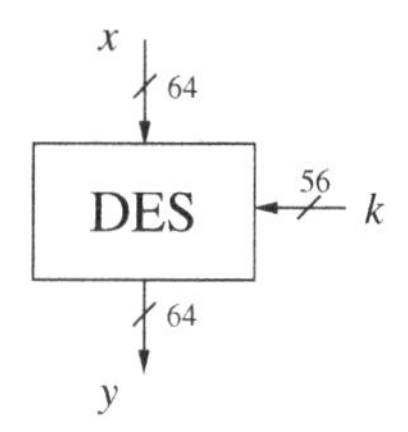

Abb. 3.3 Ein- und Ausgangsparameter der DES-Blockchiffre

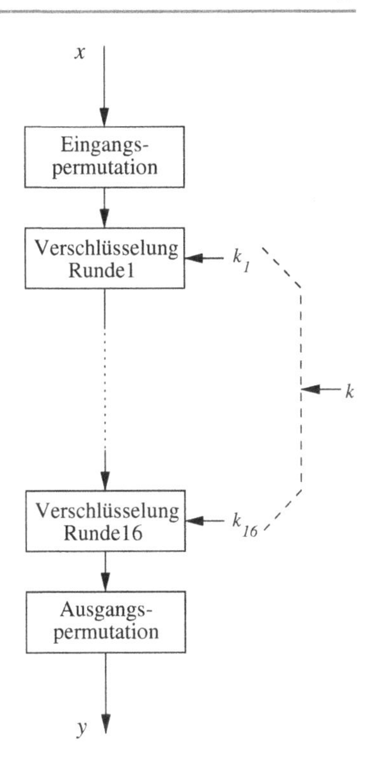

Abb. 3.4 Iterative Struktur des Data Encryption Standard

Wir werden uns nun den inneren Aufbau des DES, wie in Abb. 3.5 gezeigt, etwas genauer anschauen. Die in der Abbildung gezeigte Struktur nennt man *Feistel-Netzwerk*, die nach dem Erfinder dieser Struktur, Horst Feistel, benannt ist. Wenn die Komponenten sorgfältig gewählt werden, lässt sich mit einem Feistel-Netzwerk eine sehr starke Chiffre konstruieren. Feistel-Netzwerke werden in vielen, aber längst nicht allen modernen Blockchiffren verwendet. So ist beispielsweise AES keine Feistel-Chiffre. Ein Vorteil von Feistel-Chiffren ist, dass Ver- und Entschlüsselung fast identisch sind. Die Entschlüsselung benötigt lediglich eine Schlüsselableitung in der umgekehrten Reihenfolge, was von Vorteil bei der Umsetzung in Software und Hardware ist. Im Folgenden schauen wir uns Feistel-Netzwerke genauer an.

Nach der bitweisen Eingangspermutation IP eines 64-Bit-Klartexts x, werden die Daten in zwei Hälften L_0 und R_0 aufgeteilt. Diese beiden 32-Bit-Hälften sind die Eingangswerte für das Feistel-Netzwerk, das aus 16 Runden besteht. Die rechte Seite R_i dient als Eingabe für die sog. f-Funktion. Die Ausgabe der f-Funktion wird mit der linken 32-Bit-Hälfte L_i per XOR verknüpft (für das üblicherweise das Symbol $\oplus$ benutzt wird). Danach werden die linke und die rechte Hälfte vertauscht. Dieser Vorgang wiederholt sich in allen 16 Runden und kann wie folgt beschrieben werden:

$$L_i = R_{i-1},$$
$$R_i = L_{i-1} \oplus f(R_{i-1}, k_i),$$

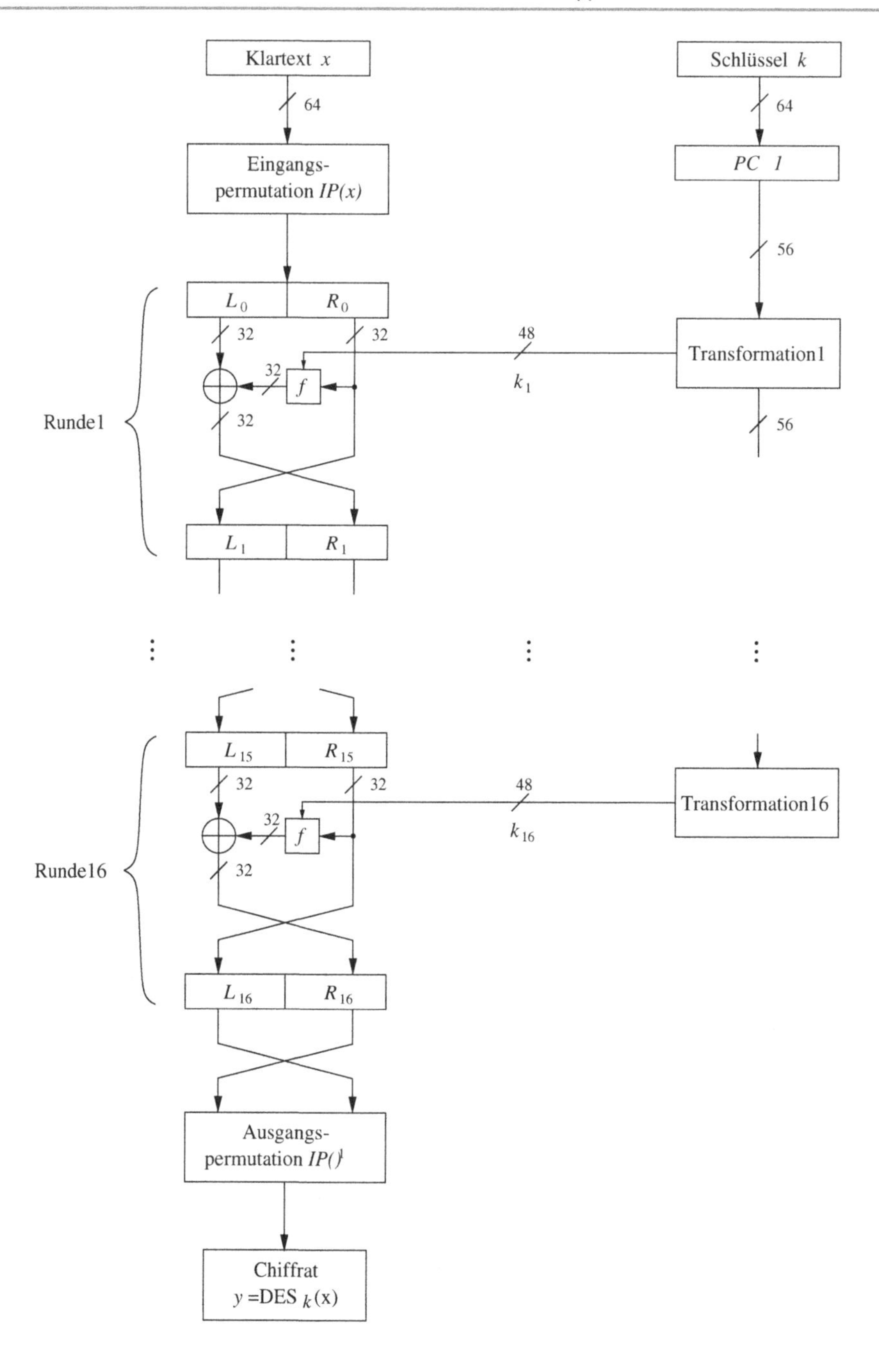

Abb. 3.5 Die Feistel-Struktur des Data Encryption Standard

wobei $i = 1, \ldots, 16$. Nach der letzten Runde 16 werden die beiden Hälften L_{16} und R_{16} noch einmal vertauscht. Die Ausgangspermutation IP^{-1} ist die letzte DES-Operation. Wie die Notation schon ausdrückt, handelt es sich bei der Ausgangspermutation IP^{-1} um die inverse Operation der Eingangspermutation IP. In jeder Runde wird in dem sog. Schlüsselfahrplan ein Rundenschlüssel k_i aus dem 56-Bit-Hauptschlüssel abgeleitet.

Eine wesentliche Eigenschaft der Feistel-Struktur ist, dass pro Runde immer nur eine Hälfte der eingehenden Bits verschlüsselt wird – und zwar jeweils die linke Hälfte. Die rechte Hälfte wird unverändert in die nächste Runde übernommen. Insbesondere wird die rechte Hälfte *nicht* mit der f-Funktion verschlüsselt. Um ein besseres Verständnis für die Funktionsweise von Feistel-Chiffren zu bekommen, ist folgende Interpretation hilfreich: Wir stellen uns die f-Funktion als einen Pseudozufallszahlengenerator (PRNG) mit den zwei Eingangsparametern R_{i-1} und k_i vor. Die Ausgabe des PRNG wird dann zur Verschlüsselung der linken Hälfte L_{i-1} mittels der XOR-Operation verwendet. Wie wir in Kap. 2 gesehen haben, ist dies eine starke Verschlüsselung, wenn die Ausgabe der f-Funktion für einen Angreifer nicht vorhersagbar ist.

Die beiden oben erwähnten grundlegenden Eigenschaften von Chiffren, Konfusion und Diffusion, werden innerhalb der f-Funktion realisiert. Um komplexe mathematische Angriffe abzuwehren, muss die f-Funktion sehr sorgfältig konstruiert werden. Wenn die f-Funktion keine Schwachstellen aufweist, steigt die Sicherheit einer Feistel-Chiffre mit der Anzahl der Runden.

Bevor wir alle Komponenten des DES im Detail besprechen, wollen wir noch eine algebraische Beschreibung der Feistel-Chiffre für mathematisch interessierte Leser anführen: Die Feistel-Struktur bildet in jeder Runde einen 64-Bit-Eingangsblock bijektiv auf einen 64-Bit-Block am Ausgang ab (d. h. jede mögliche Eingabe wird eindeutig auf genau eine Ausgabe abgebildet und umgekehrt). Diese Abbildung bleibt auch dann bijektiv, wenn eine beliebige Funktion f, die selbst nicht bijektiv ist, verwendet wird. Beim DES ist die f-Funktion eine surjektive (Viele-auf-eins-)Abbildung, die intern nichtlineare Elemente verwendet. Die f-Funktion bildet eine 32-Bit-Eingabe auf eine 32-Bit-Ausgabe unter Verwendung eines 48-Bit-Rundenschlüssels k_i (mit $1 \leq i \leq 16$) ab.

3.3 Interne Struktur des DES

Die Struktur des DES ist in Abb. 3.5 zu sehen. Man sieht die internen Funktionsblöcke, die wir in diesem Abschnitt näher besprechen. Die Hauptkomponenten sind die Eingangs- und Ausgangspermutationen, die eigentliche DES-Runde mit ihrem Herzstück, der f-Funktion, sowie der Schlüsselfahrplan.

3.3.1 Eingangs- und Ausgangspermutation

Wie in den Abb. 3.6 und 3.7 dargestellt, sind die *Eingangspermutation IP* und die *Ausgangspermutation* IP^{-1} bitweise Permutationen. Eine Bitpermutation kann man sich als

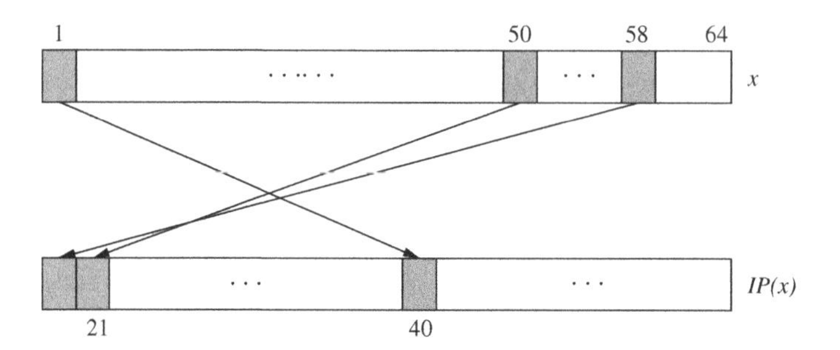

Abb. 3.6 Beispiele für die bitweise Vertauschung durch die Eingangspermutation

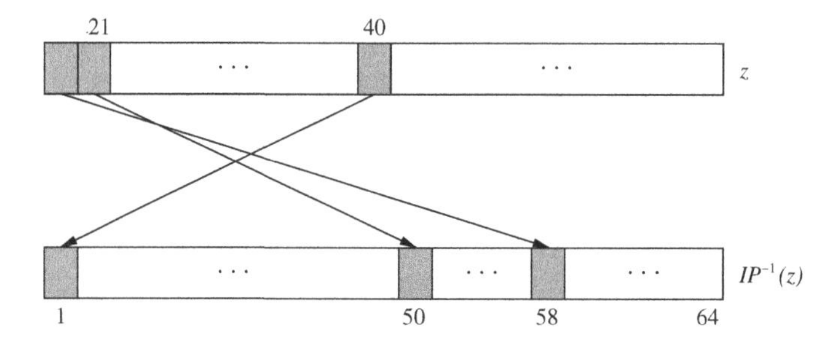

Abb. 3.7 Beispiele für die bitweise Vertauschung durch die Ausgangspermutation

einfache Vertauschung von elektrischen Drähten vorstellen. In Hardware können Bitpermutationen extrem einfach umgesetzt werden, ihre Softwarerealisierung ist etwas aufwendiger. Man beachte, dass Eingangs- und Ausgangspermutation die Sicherheit von DES nicht im Geringsten erhöhen. Der genaue Grund für die Existenz dieser zwei Permutationen war lange Zeit nicht bekannt. Vermutlich dienten sie ursprünglich dem Zweck, den Klartext und das Chiffrat byteweise zu ordnen, um die Anbindung von DES-Modulen über 8-Bit-Busse, die in den 1970er-Jahren weit verbreitet waren, zu erleichtern.

Die Details der Permutation *IP* sind in Tab. 3.1 dargestellt. Wie alle anderen Tabellen in diesem Kapitel auch ist diese Tabelle von links nach rechts und von oben nach unten zu lesen. Die Tabelle besagt, dass das Eingangsbit an Position 58 auf das Ausgangsbit an Position 1 abgebildet wird, das Eingangsbit 50 auf die zweite Position am Ausgang und so weiter. Wie in Tab. 3.2 zu sehen, führt die Ausgangspermutation IP^{-1} die inverse Operation von *IP* durch, d. h. für jeden beliebigen 64-Bit-Wert x gilt: $IP^{-1}(IP(x)) = x$.

3.3.2 Die f-Funktion

Wie bereits erwähnt spielt die f-Funktion eine zentrale Rolle für die Sicherheit des DES. In Runde i verwendet sie als Eingabe die rechte Hälfte R_{i-1} der Ausgabe der vorherigen

Tab. 3.1 Eingangspermutation *IP*

IP							
58	50	42	34	26	18	10	2
60	52	44	36	28	20	12	4
62	54	46	38	30	22	14	6
64	56	48	40	32	24	16	8
57	49	41	33	25	17	9	1
59	51	43	35	27	19	11	3
61	53	45	37	29	21	13	5
63	55	47	39	31	23	15	7

Tab. 3.2 Ausgangspermutation IP^{-1}

IP^{-1}							
40	8	48	16	56	24	64	32
39	7	47	15	55	23	63	31
38	6	46	14	54	22	62	30
37	5	45	13	53	21	61	29
36	4	44	12	52	20	60	28
35	3	43	11	51	19	59	27
34	2	42	10	50	18	58	26
33	1	41	9	49	17	57	25

Runde und den aktuellen Rundenschlüssel k_i. Die Ausgabe der f-Funktion wird als XOR-Maske zur Verschlüsselung der linken Hälfte der Eingangsbits L_{i-1} verwendet.

Die Struktur der f-Funktion ist in Abb. 3.8 dargestellt. Zuerst werden die 32 Eingangsbits auf 48 Bits expandiert, indem jeweils Blöcke des Eingangsworts von vier Bits auf sechs Bits expandiert werden. Diese spezielle Art der Expansion passiert in der E-Box. Der erste Vier-Bit-Block besteht aus den Bits $(1, 2, 3, 4)$, der zweite aus $(5, 6, 7, 8)$ etc. Die Expansion von vier auf sechs Bits ist in Abb. 3.9 gezeigt.

Wie aus Tab. 3.3 hervorgeht, tauchen genau 16 der 32 Eingangsbits doppelt am Ausgang auf. Trotzdem kommt innerhalb eines der 6-Bit-Ausgangsblöcke kein Eingangsbit doppelt vor. Die Expansionsfunktion erhöht die Diffusionseigenschaft von DES, da sich manche Eingangsbits auf zwei verschiedene Positionen am Ausgang auswirken.

Tab. 3.3 Expansion *E*

E					
32	1	2	3	4	5
4	5	6	7	8	9
8	9	10	11	12	13
12	13	14	15	16	17
16	17	18	19	20	21
20	21	22	23	24	25
24	25	26	27	28	29
28	29	30	31	32	1

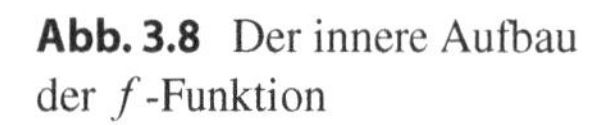

Abb. 3.8 Der innere Aufbau der f-Funktion

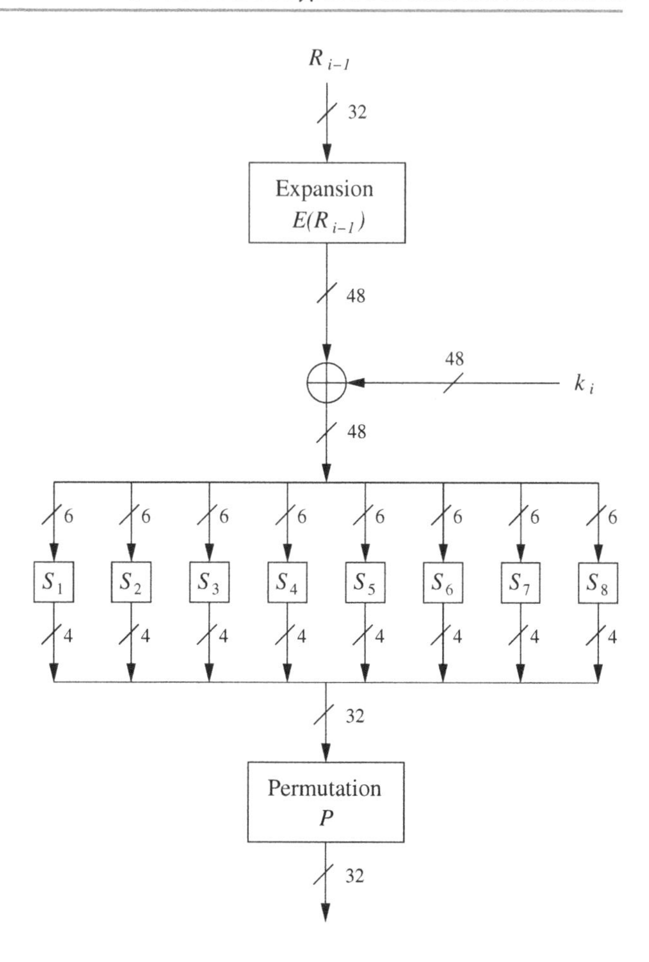

Als nächstes wird der 48-Bit-Ausgang der Expansion mit dem Rundenschlüssel k_i über ein XOR verknüpft. Danach werden die 48 Bit in acht 6-Bit-Blöcke aufgeteilt, die als Eingang für acht verschiedene *Substitutionsboxen* dienen, die häufig auch als *S-Boxen* bezeichnet werden. Jede S-Box ist eine Tabelle mit sechs Eingangs- und vier Ausgangsbits. Tabellen mit mehr Einträgen wären kryptografisch vorteilhafter, aber auch wesentlich

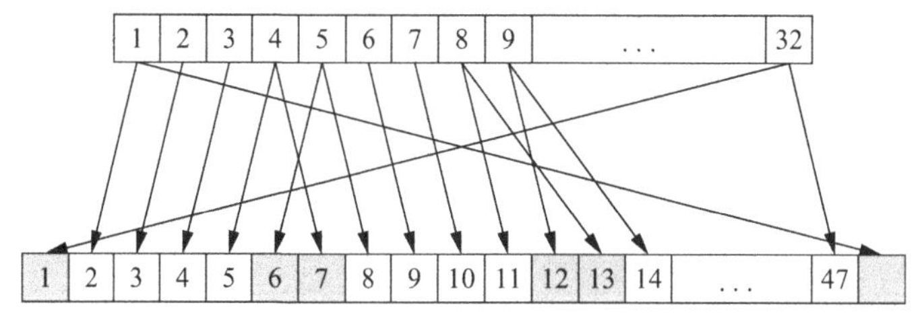

Abb. 3.9 Beispiel für die Bitvertauschungen innerhalb der Expansionsfunktion E

Tab. 3.4 S-Box S_1

S_1	0	1	2	3	4	5	6	7	8	9	10	11	12	13	14	15
0	14	04	13	01	02	15	11	08	03	10	06	12	05	09	00	07
1	00	15	07	04	14	02	13	01	10	06	12	11	09	05	03	08
2	04	01	14	08	13	06	02	11	15	12	09	07	03	10	05	00
3	15	12	08	02	04	09	01	07	05	11	03	14	10	00	06	13

Tab. 3.5 S-Box S_2

S_2	0	1	2	3	4	5	6	7	8	9	10	11	12	13	14	15
0	15	01	08	14	06	11	03	04	09	07	02	13	12	00	05	10
1	03	13	04	07	15	02	08	14	12	00	01	10	06	09	11	05
2	00	14	07	11	10	04	13	01	05	08	12	06	09	03	02	15
3	13	08	10	01	03	15	04	02	11	06	07	12	00	05	14	09

Tab. 3.6 S-Box S_3

S_3	0	1	2	3	4	5	6	7	8	9	10	11	12	13	14	15
0	10	00	09	14	06	03	15	05	01	13	12	07	11	04	02	08
1	13	07	00	09	03	04	06	10	02	08	05	14	12	11	15	01
2	13	06	04	09	08	15	03	00	11	01	02	12	05	10	14	07
3	01	10	13	00	06	09	08	07	04	15	14	03	11	05	02	12

Tab. 3.7 S-Box S_4

S_4	0	1	2	3	4	5	6	7	8	9	10	11	12	13	14	15
0	07	13	14	03	00	06	09	10	01	02	08	05	11	12	04	15
1	13	08	11	05	06	15	00	03	04	07	02	12	01	10	14	09
2	10	06	09	00	12	11	07	13	15	01	03	14	05	02	08	04
3	03	15	00	06	10	01	13	08	09	04	05	11	12	07	02	14

Tab. 3.8 S-Box S_5

S_5	0	1	2	3	4	5	6	7	8	9	10	11	12	13	14	15
0	02	12	04	01	07	10	11	06	08	05	03	15	13	00	14	09
1	14	11	02	12	04	07	13	01	05	00	15	10	03	09	08	06
2	04	02	01	11	10	13	07	08	15	09	12	05	06	03	00	14
3	11	08	12	07	01	14	02	13	06	15	00	09	10	04	05	03

größer. DES wurde Anfang der 1970er-Jahre entworfen und viel größere Tabellen als die 6-auf-4-S-Boxen konnte man mit damaliger IC-Technologie nicht als Hardwareschaltung realisieren. Jede S-Box enthält $2^6 = 64$ Einträge, die typischerweise als Tabelle mit 16 Spalten und vier Reihen dargestellt werden. Jeder Eintrag in der Tabelle ist ein 4-Bit-Wert. Sämtliche S-Boxen sind in den Tab. 3.4, 3.5, 3.6, 3.7, 3.8, 3.9, 3.10 und 3.11 dargestellt. Man beachte, dass alle S-Boxen unterschiedlich sind. Die Tabellen lesen sich wie in

Tab. 3.9 S-Box S_6

S_6	0	1	2	3	4	5	6	7	8	9	10	11	12	13	14	15
0	12	01	10	15	09	02	06	08	00	13	03	04	14	07	05	11
1	10	15	04	02	07	12	09	05	06	01	13	14	00	11	03	08
2	09	14	15	05	02	08	12	03	07	00	04	10	01	13	11	06
3	04	03	02	12	09	05	15	10	11	14	01	07	06	00	08	13

Tab. 3.10 S-Box S_7

S_7	0	1	2	3	4	5	6	7	8	9	10	11	12	13	14	15
0	04	11	02	14	15	00	08	13	03	12	09	07	05	10	06	01
1	13	00	11	07	04	09	01	10	14	03	05	12	02	15	08	06
2	01	04	11	13	12	03	07	14	10	15	06	08	00	05	09	02
3	06	11	13	08	01	04	10	07	09	05	00	15	14	02	03	12

Tab. 3.11 S-Box S_8

S_8	0	1	2	3	4	5	6	7	8	9	10	11	12	13	14	15
0	13	02	08	04	06	15	11	01	10	09	03	14	05	00	12	07
1	01	15	13	08	10	03	07	04	12	05	06	11	00	14	09	02
2	07	11	04	01	09	12	14	02	00	06	10	13	15	03	05	08
3	02	01	14	07	04	10	08	13	15	12	09	00	03	05	06	11

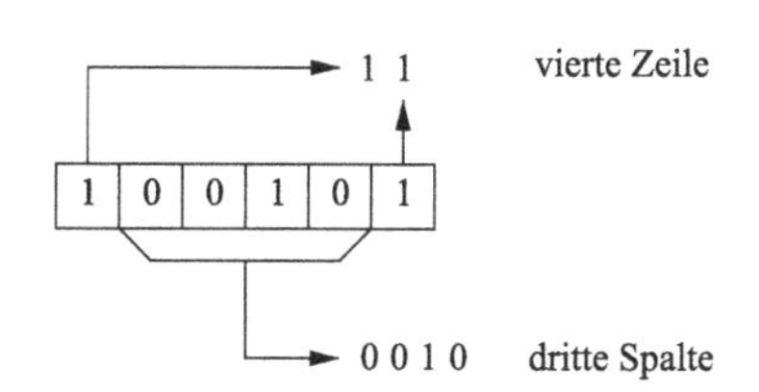

Abb. 3.10 Beispiel für die Decodierung des Eingangswerts 100101_2 der S-Box S_1

Abb. 3.10 dargestellt: Das höchstwertige Bit (MSB) und das niedrigstwertige Bit (LSB) von jedem 6-Bit-Eingang bestimmen die Reihe der Tabelle, während die vier inneren Bits die Spalte bestimmen. Die Zahlen 0,1,...,15 jedes Tabelleneintrags repräsentieren den 4-Bit-Ausgangswert in Dezimalschreibweise.

Beispiel 3.2 Abb. 3.10 zeigt die S-Box S_1 mit dem Input $b = (100101)_2$. Mit b werden die Reihe $11_2 = 3$ (d. h. die vierte Reihe, da die Nummerierung mit 00_2 beginnt) und die Spalte $0010_2 = 2$ (d.h. die dritte Spalte) adressiert. Der Eingang b in S-Box 1 ergibt somit den Ausgang $S_1(37 = 100101_2) = 8 = 1000_2$.

Die S-Boxen sind der eigentliche kryptografische Kern des DES. Sie sind die einzigen nichtlinearen Elemente in dem Algorithmus und erzeugen Konfusion. Trotz der Veröffentlichung der gesamten Spezifikation des DES durch die NBS/NIST im Jahr 1977 wurde nie erklärt, wie genau die S-Box-Werte gewählt worden waren. Dies nährte Spekulationen über die Existenz einer potenziellen geheimen Hintertür oder andersartigen absichtlich konstruierten Schwachstellen, die nur durch die NSA ausgenutzt werden können. Diese Vermutungen haben sich allerdings als unbegründet herausgestellt, vgl. Abschn. 3.5.2. Heutzutage wissen wir, dass die S-Boxen nach den im Folgenden gelisteten Kriterien ausgewählt wurden.

1. Jede S-Box hat sechs Eingangs- und vier Ausgangsbits.
2. Kein einzelnes Ausgangsbit soll sich als Annäherung an eine Linearkombination der Eingangsbits darstellen lassen.
3. Wenn das niederwertigste und das höherwertigste Bit des Eingangs fest sind und die vier mittleren Bits variiert werden, darf jeder der möglichen 4-Bit-Ausgangswerte nur einmal vorkommen.
4. Wenn sich zwei unterschiedliche Eingänge einer S-Box nur genau in einem Bit unterscheiden, müssen sich die entsprechenden Ausgänge in mindestens zwei Bits unterscheiden.
5. Wenn sich zwei Eingänge einer S-Box in den mittleren zwei Bits unterscheiden, so müssen sich die entsprechenden Ausgänge in mindestens zwei Bits unterscheiden.
6. Wenn sich zwei Eingänge einer S-Box in den ersten zwei Bits unterscheiden und die letzten beiden Bits identisch sind, so müssen die Ausgänge verschieden sein.
7. Für beliebige 6-Bit-Differenzen ungleich null zwischen zwei Eingangswerten dürfen nicht mehr als 8 der 32 Eingangspaare dieselbe Differenz am Ausgang hervorrufen.
8. Eine Kollision (d. h. Differenz von 0) der 32 Ausgangsbits der acht S-Boxen ist nur möglich für drei nebeneinanderliegende S-Boxen.

Man beachte, dass einige dieser Designkriterien bis in die 1990er-Jahre nicht bekannt gemacht wurden. Mehr Details über die Geheimhaltung der Designkriterien sind in Abschn. 3.5 beschrieben.

Aufgrund ihrer *Nichtlinearität* sind die S-Boxen die wichtigsten Elemente des DES. Nichtlinearität bedeutet, dass gilt:

$$S(a) \oplus S(b) \neq S(a \oplus b).$$

Ohne ein nichtlineares Element könnte ein Angreifer den Zusammenhang zwischen DES-Eingang und -Ausgang durch ein System linearer Gleichungen beschreiben, in dem die Schlüsselbits die Unbekannten sind. Solche Systeme können einfach und sehr effizient gelöst werden, was beispielsweise auch bei den Angriffen auf die linear rückgekoppelten Schieberegister (LFSR) in Abschn. 2.3.2 gezeigt wurde. Darüber hinaus sind die S-Boxen sorgfältig entworfen worden, um auch anderen komplexen Angriffen zu widerstehen, unter anderem der *differenziellen Kryptanalyse*. Interessanterweise wurde die differenzielle Kryptanalyse erstmals 1990 in der Wissenschaft entdeckt. Zu diesem Zeitpunkt erklärte das IBM-Team, dass der Angriff den DES-Designern bereits 16 Jahre früher bekannt gewesen wäre und dass DES speziell gegen die differenzielle Kryptanalyse gehärtet sei.

Tab. 3.12 Die P-Permutation innerhalb der f-Funktion

P							
16	7	20	21	29	12	28	17
1	15	23	26	5	18	31	10
2	8	24	14	32	27	3	9
19	13	30	6	22	11	4	25

Zuletzt wird der 32-Bit-Ausgang bitweise mithilfe der P-Permutation verwürfelt (Tab. 3.12). Im Gegensatz zu der Eingangspermutation IP und ihrer Inversen IP^{-1} führt die P-Permutation Diffusion in die Verschlüsselung ein, da die vier Ausgabebits jeder S-Box derart permutiert werden, dass sie jeweils mehrere S-Boxen in der nächsten Runde beeinflussen. Durch die von der E-Box, den S-Boxen und der P-Permutation erzeugte Diffusion wird garantiert, dass jedes Bit am Ende der fünften Runde eine Funktion von jedem Bit des Klartexts und des Schlüssels ist. Dieses Verhalten ist auch als *Avalanche-Effekt* (Lawineneffekt) bekannt.

3.3.3 Schlüsselfahrplan

Der *Schlüsselfahrplan* leitet 16 Rundenschlüssel k_i mit jeweils 48 Bit aus dem 56-Bit-Hauptschlüssel ab. Eine andere Bezeichnung für Rundenschlüssel ist Unterschlüssel. Man beachte, dass der DES-Eingangsschlüssel oft als 64-Bit-Wert angegeben wird, wobei jedes achte Bit als ungerades Paritätsbit für die vorherigen sieben Bits verwendet wird (Abb. 3.11). Es ist nicht klar, warum der DES derartig spezifiziert wurde. Auf jeden Fall sind die acht Paritätsbits **keine** Schlüsselbits und erhöhen nicht die Sicherheit. DES ist eine 56-Bit-Chiffre und keine 64-Bit-Chiffre.

Wie in Abb. 3.12 dargestellt wird der 64-Bit-Eingangswert durch die Permutation $PC-1$ auf 56 Bit reduziert. Die Permutation $PC-1$ ignoriert jedes achte Bit, d. h. die Paritätsbits werden nicht weitergeleitet. Es sollte hier noch einmal betont werden: Die Paritätsbits vergrößern nicht den Schlüsselraum! Der Name $PC-1$ steht für „permuted choice 1“ (permutierte Auswahl Nr. 1). Die von $PC-1$ durchgeführten Bit-Vertauschungen der 56 Bit sind in Tab. 3.13 angegeben.

Der resultierende 56-Bit-Schlüssel wird in zwei Hälften C_0 und D_0 aufgeteilt und der eigentliche Schlüsselfahrplan ist in Abb. 3.12 dargestellt. Die zwei 28-Bit-Hälften werden

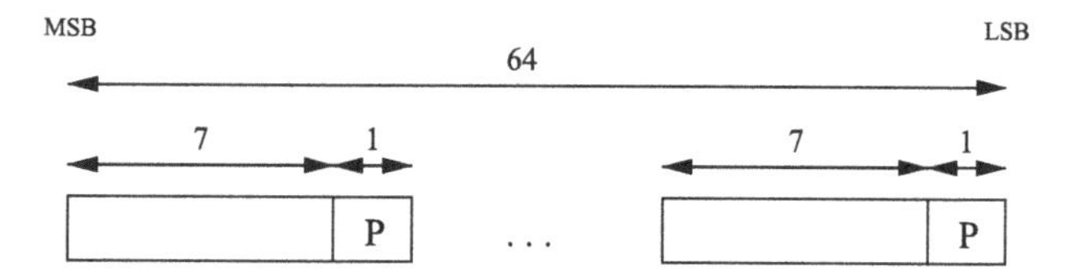

Abb. 3.11 Position der acht Paritätsbits bei einem 64-Bit-Eingangsschlüssel. *LSB* niedrigstwertiges Bit, *MSB* höchstwertiges Bit

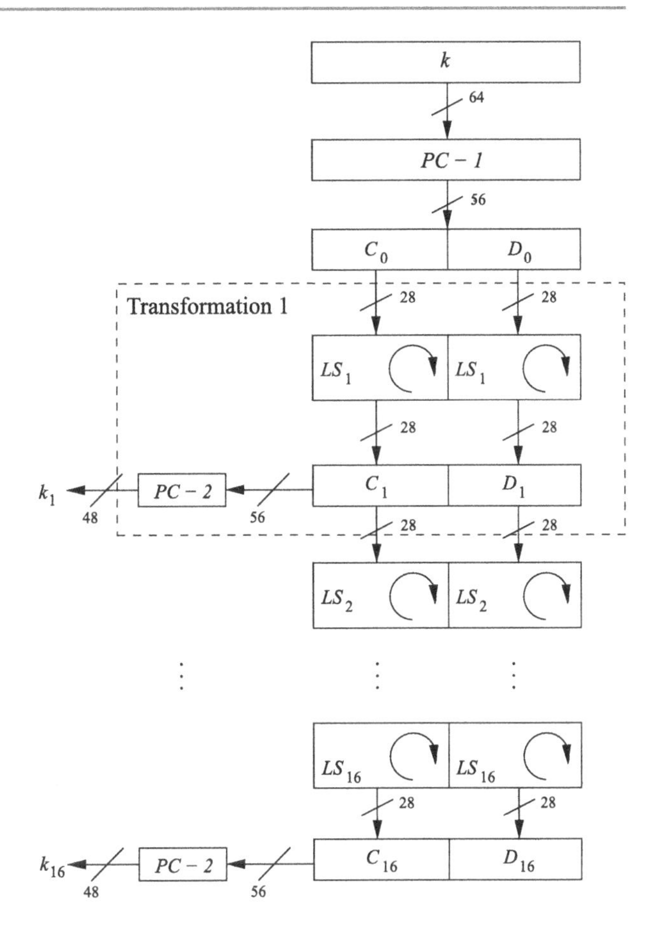

Abb. 3.12 Schlüsselfahrplan der Data-Encryption-Standard-Verschlüsselung

zyklisch verschoben, d. h. rotiert. In Abhängigkeit von der Rundennummer i beträgt die zyklische Verschiebung nach links entweder eine oder zwei Positionen:

- In den Runden $i = 1, 2, 9, 16$ werden beide Hälften um ein Bit nach links rotiert.
- In allen anderen Runden, d. h. $i \neq 1, 2, 9, 16$, werden die beiden Hälften um zwei Bit nach links rotiert.

Man beachte, dass die Rotationen nur *innerhalb* der linken bzw. der rechten Hälfte stattfinden. Insgesamt wird um $4 \cdot 1 + 12 \cdot 2 = 28$ Bitpositionen rotiert. Dies führt zu der Eigenschaft: $C_0 = C_{16}$ und $D_0 = D_{16}$. Diese Tatsache ist besonders hilfreich für den Schlüsselfahrplan der Entschlüsselung, in dem die Rundenschlüssel in umgekehrter Reihenfolge erzeugt werden müssen, wie wir noch in Abschn. 3.4 sehen werden.

Um den 48-Bit-Rundenschlüssel k_i abzuleiten, werden beide Hälften bitweise durch $PC-2$ permutiert. $PC-2$ steht für „permuted choice 2“ (permutierte Auswahl Nr. 2) und permutiert die 56 Bits, die von C_i und D_i kommen, wobei 8 Bits ignoriert werden. Die genaue Bit-Spezifikation von $PC-2$ ist in Tab. 3.14 gegeben.

Tab. 3.13 Schlüsselpermutation $PC-1$

$PC-1$							
57	49	41	33	25	17	9	1
58	50	42	34	26	18	10	2
59	51	43	35	27	19	11	3
60	52	44	36	63	55	47	39
31	23	15	7	62	54	46	38
30	22	14	6	61	53	45	37
29	21	13	5	28	20	12	4

Tab. 3.14 Permutation der Rundenschlüssel durch $PC-2$

$PC-2$							
14	17	11	24	1	5	3	28
15	6	21	10	23	19	12	4
26	8	16	7	27	20	13	2
41	52	31	37	47	55	30	40
51	45	33	48	44	49	39	56
34	53	46	42	50	36	29	32

Man beachte, dass jeder Rundenschlüssel eine Auswahl von 48 Bits des Hauptschlüssels k ist, d. h. jeder der 16 Rundenschlüssel könnte auch durch eine einzige bestimmte Permutation des Hauptschlüssels beschrieben werden. Der Schlüsselfahrplan ist lediglich eine Methode, die 16 Permutationen systematisch und einfach zu erzeugen. Besonders in Hardware ist der Schlüsselfahrplan sehr einfach zu implementieren. Der Schlüsselfahrplan ist derart gestaltet, dass jedes der 56 Schlüsselbits in durchschnittlich 14 der 16 Runden zum Einsatz kommt.

3.4 Entschlüsselung

Ein elegante Eigenschaft der DES-Chiffre ist, dass die Entschlüsselung fast die gleiche Funktion wie die Verschlüsselung ist. Diese Tatsache ist dem Feistel-Netzwerk des DES geschuldet. Abb. 3.13 zeigt das Blockschaltbild der Entschlüsselung. Verglichen mit der Verschlüsselung ist lediglich der Schlüsselfahrplan umgekehrt, d. h. in der ersten Entschlüsselungsrunde wird der Rundenschlüssel 16 verwendet, in der zweiten Entschlüsselungsrunde der Rundenschlüssel 15 etc. Hieraus folgt, dass im Entschlüsselungsmodus der Schlüsselfahrplan die Rundenschlüssel in der Reihenfolge $k_{16}, k_{15}, \ldots, k_1$ generieren muss.

3.4.1 Umgekehrter Schlüsselfahrplan

Zunächst müssen wir klären, wie wir aus dem DES-Hauptschlüssel k den Rundenschlüssel k_{16} einfach ableiten können. Wir hatten oben bereits gesehen, dass gilt: $C_0 = C_{16}$ und

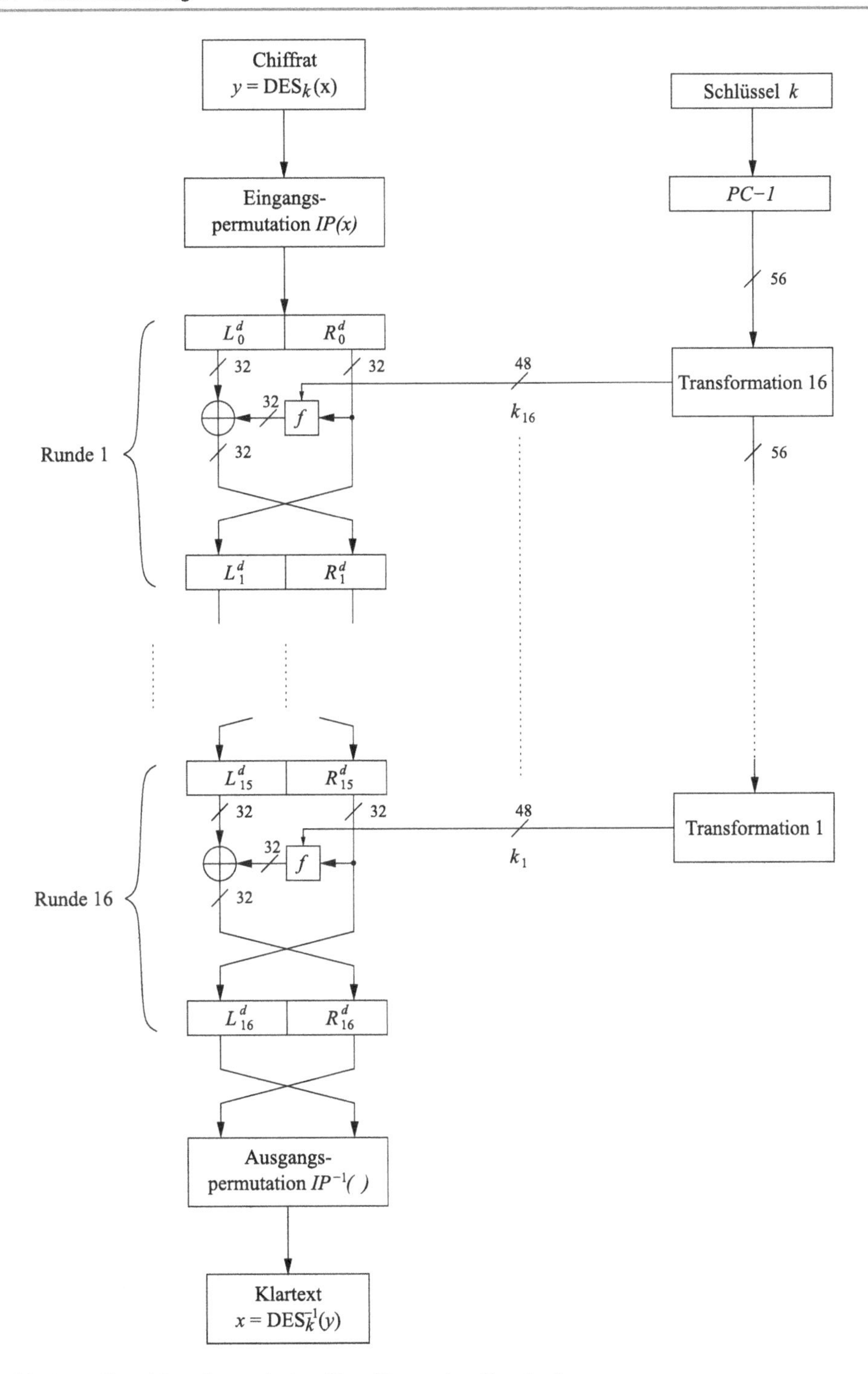

Abb. 3.13 Entschlüsselung mit dem Data Encryption Standard

$D_0 = D_{16}$. Daher kann k_{16} auch direkt nach der Permutation $PC-1$ abgeleitet werden.

$$\begin{aligned} k_{16} &= PC-2(C_{16}, D_{16}) \\ &= PC-2(C_0, D_0) \\ &= PC-2(PC-1(k)) \end{aligned}$$

Um k_{15} zu berechnen, benötigen wir die Variablen C_{15} und D_{15}, die aus C_{16} und D_{16} durch zyklisches Verschieben nach *rechts* (*RS*, “right shift“) gebildet werden können:

$$\begin{aligned} k_{15} &= PC-2(C_{15}, D_{15}) \\ &= PC-2(RS_2(C_{16}), RS_2(D_{16})) \\ &= PC-2(RS_2(C_0), RS_2(D_0)) \end{aligned}$$

Die nachfolgenden Rundenschlüssel $k_{14}, k_{13}, \ldots, k_1$ werden über Rechtsrotationen in der gleichen Art abgeleitet. Die Anzahl der Stellen, um die bei der Entschlüsselung nach rechts rotiert wird, ist:

- In Entschlüsselungsrunde 1 wird der Schlüssel nicht rotiert.
- In Entschlüsselungsrunden 2, 9 und 16 werden die beiden Hälften um eine Position nach rechts rotiert.
- In den anderen Runden 3, 4, 5, 6, 7, 8, 10, 11, 12, 13, 14 und 15 werden die beiden Hälften um zwei Positionen nach rechts rotiert.

Abb. 3.14 zeigt den umgekehrten Schlüsselfahrplan für die Entschlüsselung.

3.4.2 Entschlüsselung mit Feistel-Chiffren

Bisher haben wir noch nicht die Kernfrage adressiert, warum die Entschlüsselungsfunktion im Wesentlichen identisch mit der Verschlüsselung ist. Die zugrunde liegende Idee hierbei ist, dass bei der Dechiffrierung die Verschlüsselung rundenweise rückgängig gemacht wird. Dies bedeutet, dass die Runde 1 der Dechiffrierung die Runde 16 der Verschlüsselung umkehrt, Runde 2 der Dechiffrierung kehrt Runde 15 der Verschlüsselung um und so weiter. Schauen wir zunächst auf den Anfangszustand bei der Dechiffrierung in Abb. 3.13. Man beachte, dass die rechte und linke Hälfte in der letzten Runde der Verschlüsselung vertauscht wurden:

$$(L_0^d, R_0^d) = IP(y) = IP(IP^{-1}(R_{16}, L_{16})) = (R_{16}, L_{16})$$

Damit gilt:

$$\begin{aligned} L_0^d &= R_{16} \\ R_0^d &= L_{16} = R_{15} \end{aligned}$$

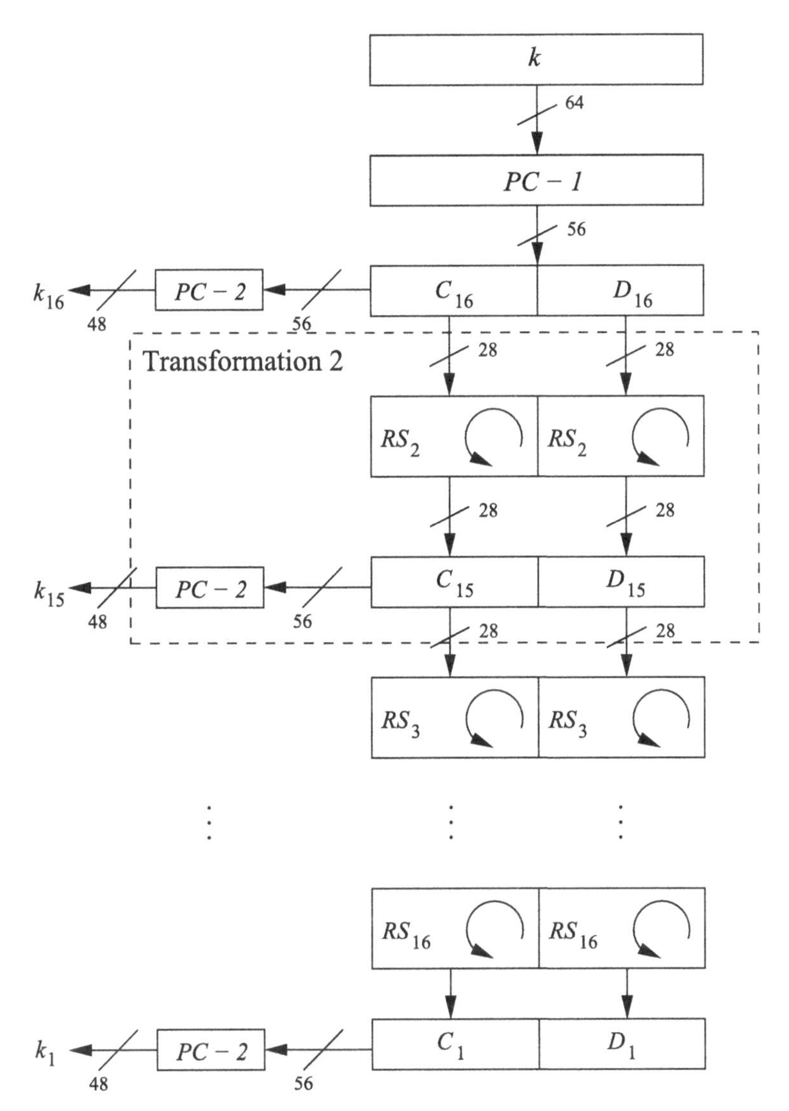

Abb. 3.14 Umgekehrter Schlüsselfahrplan für die Data-Encryption-Standard-Entschlüsselung

Alle Variablen in der Dechiffrierung sind mit dem Index d markiert, alle Variablen der Verschlüsselung sind ohne Indizes. Die oben stehenden Gleichungen besagen einfach, dass der Eingang der ersten Dechiffrierrunde gleich dem Ausgang der letzten Verschlüsselungsrunde ist, da Ausgangs- und Eingangspermutation sich aufheben.

Nun werden wir zeigen, dass die erste Runde der Dechiffrierung die letzte Runde der Verschlüsselung umkehrt. Hierzu müssen wir die Ausgabewerte (L_1^d, R_1^d) der ersten Dechiffrierrunde mithilfe der Eingangswerte der letzten Runde der Verschlüsselung

(L_{15}, R_{15}) ausdrücken. Der erste Schritt ist einfach:

$$L_1^d = R_0^d = L_{16} = R_{15}$$

Nun schauen wir uns an, wie R_1^d berechnet wird:

$$R_1^d = L_0^d \oplus f(R_0^d, k_{16}) = R_{16} \oplus f(L_{16}, k_{16})$$
$$R_1^d = [L_{15} \oplus f(R_{15}, k_{16})] \oplus f(R_{15}, k_{16})$$
$$R_1^d = L_{15} \oplus [f(R_{15}, k_{16}) \oplus f(R_{15}, k_{16})] = L_{15}$$

Der wesentliche Schritt ist in der untersten der oben stehenden Gleichungen dargestellt: Eine identische Ausgabe der f-Funktion, nämlich der Wert $f(R_{15}, k_{16})$, wird zweimal per XOR zu L_{15} addiert. Diese beiden Operationen heben sich gegenseitig auf, sodass gilt $R_1^d = L_{15}$. Daher haben wir nach der ersten Dechiffrierrunde tatsächlich diejenigen Werte berechnet, die die *Eingangswerte* der letzten Verschlüsselungsrunde waren. Somit kehrt die erste Dechiffrierrunde die letzte Verschlüsselungsrunde um. Dies ist ein iterativer Prozess, der über die nächsten 15 Entschlüsselungsrunden weitergeführt wird und wie folgt beschrieben werden kann:

$$L_i^d = R_{16-i},$$
$$R_i^d = L_{16-i}$$

mit $i = 0, 1, \ldots, 16$. Insbesondere gilt nach der letzten Entschlüsselungsrunde:

$$L_{16}^d = R_{16-16} = R_0$$
$$R_{16}^d = L_0$$

Schlussendlich müssen wir noch nach dem Ende der Entschlüsselung die Anfangspermutation umkehren:

$$IP^{-1}(R_{16}^d, L_{16}^d) = IP^{-1}(L_0, R_0) = IP^{-1}(IP(x)) = x,$$

wobei x der Klartext ist, der die ursprüngliche Eingabe für die DES-Verschlüsselung war.

3.5 Sicherheit von DES

Wie bereits in Abschn. 1.2.2 besprochen wurde, können Chiffren auf vielen Wegen angegriffen werden. Bei kryptografischen Angriffen unterscheiden wir zwischen der vollständigen Schlüsselsuche (Brute-Force-Angriff) und analytischen Attacken. Letztere wurden beispielsweise bei den Angriffen auf LFSR in Abschn. 2.3.2 benutzt, bei dem eine auf

LFSR basierende Stromchiffre durch Lösen eines linearen Gleichungssystems gebrochen werden konnte. Kurz nachdem DES Mitte der 1970er-Jahre vorgestellt worden war, gab es zwei wesentliche Kritikpunkte an dem Algorithmus:

1. Der Schlüsselraum ist zu klein, d. h. der Algorithmus ist anfällig gegenüber einer vollständigen Schlüsselsuche.
2. Die Designkriterien der S-Boxen wurden geheim gehalten und es könnte einen analytischen Angriff geben, der nur den DES-Designern bekannt ist, der die mathematischen Eigenschaften der S-Boxen ausnutzt.

Wir werden im Folgenden beide Angriffstypen besprechen. Dennoch kann man die wesentliche Sicherheitsaussage zu DES bereits an dieser Stelle nennen: Trotz sehr intensiver Kryptanalyse des DES über mehrere Jahrzehnte sind alle bekannten analytischen Angriffe kaum praktikabel. Jedoch kann der DES heutzutage relativ einfach mithilfe vollständiger Schlüsselsuche gebrochen werden und Standard-DES mit 56-Bit-Schlüssel ist daher für die meisten Anwendungen nicht mehr geeignet.

3.5.1 Vollständige Schlüsselsuche

Der erste Kritikpunkt bezüglich der zu kurzen Schlüssellänge ist heute sicherlich gerechtfertigt. Die ursprüngliche von IBM vorgeschlagene Chiffre hatte einen Schlüssel von 128 Bit und es ist verdächtig, dass dieser auf 56 Bit reduziert wurde. Die offizielle Begründung, dass eine kürzere Schlüssellänge die Implementierung von DES auf einem IC einfacher macht, klang selbst 1974 nicht sehr überzeugend. Schauen wir uns zur Verdeutlichung noch einmal das Prinzip einer ausführlichen Schlüsselsuche (Brute-Force-Angriff) an:

Definition 3.1 (Vollständige Schlüsselsuche für DES)
Input: Mindestens ein Klar-/Geheimtext-Paar (x, y)
Output: k mit $y = DES_k(x)$
Angriff: Teste so lange alle 2^{56} möglichen Schlüssel, bis gilt:

$$DES_{k_i}^{-1}(y) \stackrel{?}{=} x, \quad i = 0, 1, \ldots, 2^{56} - 1$$

Man beachte, dass mit einer Wahrscheinlichkeit von $1/2^8$ ein falscher Schlüssel k („*false positive*“) gefunden wird. Dieser falsche Schlüssel würde zwar den Block y des Chiffrats korrekt entschlüsseln, jedoch nicht die andere Chiffratblöcke. Um diese False-positive-Schlüssel auszuschließen, muss der Angreifer einen gefundenen Schlüsselkandidaten mit einem weiteren Klar-/Geheimtext-Paar überprüfen. Mehr hierzu wird in Abschn. 5.2 erläutert.

Abb. 3.15 Deep Crack – die Schlüsselsuchmaschine, mit der Data Encryption Standard 1998 gebrochen wurde (Wiedergabe mit Erlaubnis von Paul Kocher)

Standardcomputer sind nicht optimal, um die 2^{56} Schlüssel von DES durchzuprobieren. Spezialhardware zur vollständigen Schlüsselsuche ist hier eine geeignetere Option. Es erscheint wahrscheinlich, dass große Organisationen, insbesondere Nachrichtendienste, schon seit Langem in der Lage sind, entsprechende *Schlüsselsuchmaschinen* zu bauen, die den DES innerhalb von Tagen brechen können. Im Jahr 1977 hatten Whitfield Diffie und Martin Hellman eine Abschätzung durchgeführt, nach der der Bau einer Schlüsselsuchmaschine mit 20 Millionen US-Dollar möglich sei [9]. Auch wenn sie später bekannt gaben, dass ihre Abschätzung zu optimistisch gewesen sei, war von Anfang an klar, dass ein Angreifer mit großen finanzielle Möglichkeiten ein solche Schlüsselsuchmaschine bauen kann.

Auf der Rump Session der Konferenz CRYPTO 1993 stellte Michael Wiener das Design einer sehr effizienten, auf Pipelining basierenden Schlüsselsuchmaschine vor. Eine ausführliche Version seines Vorschlags findet sich in [29]. Er schätzte die Kosten seiner Maschine, mit der man einen Schlüssel in 1,5 Tagen finden kann, mit etwa einer Millionen US-Dollar ab. Dies war nur ein Vorschlag, der niemals realisiert wurde. Im Jahr 1998 baute jedoch die EFF (Electronic Frontier Foundation) die Maschine *Deep Crack* (Abb. 3.15), die einen Brute-Force-Angriff gegen DES in 56 h durchführen konnte. Die Maschine besteht aus 1800 integrierten Schaltungen (IC), die jeweils über 24 Module für einen Schlüsseltest verfügen. Die durchschnittliche Schlüsselsuche benötigt mit Deep Crack 15 Tage und die Maschine hatte Materialkosten von unter 250.000 $. Der erfolgreiche Angriff mit Deep Crack auf DES wurde als offizielle Demonstration gesehen, dass DES nicht mehr sicher gegen starke Angreifer ist. Man beachte, dass der Angriff nicht bedeutet, dass über 20 Jahre lang ein schwacher Algorithmus verwendet worden war. Deep Crack war nur durch die ständig sinkenden Kosten für digitale Schaltungen erschwinglich geworden. In den 1980er-Jahren wäre der Bau einer entsprechenden DES-Schlüsselsuchmaschine unmöglich gewesen, ohne viele Millionen zu investieren. Man darf spekulieren, dass nur Nachrichtendienste bereit gewesen waren, so viel Geld für das Codebrechen zu investieren.

Brute-Force-Angriffe auf DES sind auch gute Fallstudien für die exponentiell sinkenden Kosten von Hardware, wie sie mit dem Mooreschen Gesetz vorhergesagt werden

Abb. 3.16 COPACOBANA (Cost-Optimized Parallel Code Breaker), eine Data-Encryption-Standard-Schlüsselsuchmaschine basierend auf programmierbaren Hardwarebausteinen

(vgl. auch Abschn. 1.3.2). Im Jahr 2006 wurde von einem Team von Wissenschaftlern der Ruhr-Universität Bochum und der Christian-Albrechts-Universität zu Kiel die Maschine *COPACOBANA (Cost-Optimized Parallel Code-Breaker*; Abb. 3.16) auf Basis von kommerziell erhältlichen Hardwarebausteinen gebaut[2]. Mit COPACOBANA kann der DES in einer durchschnittlichen Zeit von sieben Tagen gebrochen werden. Ein interessanter Fakt hierbei ist, dass die Kosten für diese Maschine um die 10.000 $ lagen, während Deep Crack etwa 250.000 $ gekostet hatte.

Zusammenfassend sollte deutlich geworden sein, dass heutzutage eine Schlüssellänge von 56 Bit viel zu kurz für die Absicherung von vertraulichen Daten ist. Daher sollte ein einfacher DES nicht mehr benutzt, es sei denn, es wird nur extreme Kurzzeitsicherheit von einigen Stunden benötigt. Wie schon oben erwähnt, gibt es Varianten von DES, insbesondere 3DES, die immer noch als hoch sicher gelten, vgl. Abschn. 3.7.2.

3.5.2 Analytische Angriffe

Wie bereits im ersten Kapitel gezeigt wurde, können analytische Angriffe sehr mächtig sein. Seit der Einführung von DES Mitte der 1970er-Jahre haben zahlreiche exzellente Forscher an Universitäten (und ohne Zweifel auch zahlreiche exzellente Wissenschaftler der Geheimdienste) versucht, mathematische Schwächen und damit Möglichkeiten zum Brechen von DES zu finden. Es kann als großer Erfolg der DES-Designer gewertet werden, dass bis 1990 keine Schwachstellen gefunden worden waren. In diesem Jahr entdeckten Eli Biham und Adi Shamir die sog. *differenzielle Kryptanalyse*. Dies ist ein mächtiger Angriff, der *prinzipiell* auf alle Blockchiffren anwendbar ist. Es stellte sich jedoch heraus, dass die DES-S-Boxen besonders gegen differenzielle Kryptanalyse gehärtet sind. In der Tat erklärte nach der Entdeckung der differenziellen Kryptanalyse ein Mitglied des ursprünglichen DES-Design-Teams von IBM, dass man bereits zur Entwicklungs-

[2] Beide Autoren dieses Buchs waren maßgeblich an der Realisierung der COPACOBANA beteiligt.

Tab. 3.15 Geschichte der Angriffe auf den vollständigen DES-Algorithmus

Datum	Vorgeschlagene oder durchgeführte Angriffe
1977	W. Diffie und M. Hellman stellen eine Kostenabschätzung für eine Schlüsselsuchmaschine vor
1990	E. Biham und A. Shamir stellen die differenzielle Kryptanalyse vor, die 2^{47} wählbare Klartexte benötigt
1993	M. Wiener schlägt ein detailliertes Hardwaredesign für eine Schlüsselsuchmaschine mit einer durchschnittlichen Suchzeit von 36 Stunden und geschätzten Kosten von 1.000.000 $ vor
1993	M. Matsui veröffentlicht die lineare Kryptanalyse, die 2^{43} wählbare Chiffrate benötigt
Jun. 1997	DES-Challenge I wird mit Brute-Force gebrochen; 4,5 Monate verteilter Rechenaufwand über das Internet
Feb. 1998	DES-Challenge II–1 wird mit Brute-Force gebrochen; 39 Tage verteilter Rechenaufwand über das Internet
Jul. 1998	DES-Challenge II–2 wird mit Brute-Force gebrochen; die Electronic Frontier Foundation baut die Schlüsselsuchmaschine Deep Crack für etwa 250.000 $; der Angriff benötigte 56 Stunden (15 Tage im Mittel)
Jan. 1999	DES-Challenge III wird mit Brute-Force durch verteiltes Rechnen über das Internet kombiniert mit Deep Crack gebrochen. Die Suche benötigt 22 Stunden
Apr. 2006	Die Universitäten Bochum and Kiel bauen die Schlüsselsuchmaschine COPACOBANA auf Basis von kostengünstigen FPGAs für etwa 10.000 $. Die durchschnittliche Suchzeit beträgt 7 Tage

zeit des DES diesen Angriff gekannt hatte. Dies war vermutlich auch der Grund, warum die Designkriterien der DES-S-Boxen zum damaligen Zeitpunkt nicht bekannt gemacht wurden: Die DES-Designer wollten einen solch mächtigen Angriff nicht publik machen. Wenn diese Behauptung wahr ist – und alle Umstände deuten darauf hin –, bedeutet dies, dass das Team von IBM und die NSA 15 Jahre Vorsprung vor der öffentlichen Kryptoforschung hatte. Allerdings sollte man beachten, dass es in den 1970er- und 1980er-Jahren relativ wenig aktive Wissenschaftler im Bereich der Kryptografie gab.

Im Jahr 1993 wurde ein verwandter, jedoch auf einem anderen Prinzip basierender analytischer Angriff von Mitsuru Matsui vorgestellt, die sog. *lineare Kryptanalyse*. Genau wie die differenzielle Kryptanalyse hängt auch hier die Effektivität des Angriffs von der Struktur der S-Boxen ab.

Was ist die praktische Bedeutung dieser beiden analytischen Angriffe gegen DES? Es stellt sich heraus, dass ein Angreifer 2^{47} Klar-/Geheimtext-Paare für einen erfolgreichen Angriff mit differenzieller Kryptanalyse benötigt. Dies setzt zudem voraus, dass der Angreifer die Klartextblöcke wählen kann. Bei zufälligen Klartextblöcken werden 2^{55} Paare Klar-/Geheimtext benötigt. Im Fall von linearer Kryptanalyse benötigt ein Angreifer 2^{43} Klar-/Geheimtext-Paare. Diese Zahlen machen einen Angriff aus mehrfacher Sicht unrealistisch. Erstens benötigt ein Angreifer eine extrem große Anzahl an Klartexten, d. h. Daten, die vermutlich verschlüsselt und daher dem Angreifer unbekannt sind. Zweitens benötigt das Sammeln und Speichern entsprechend großer Mengen von Daten viel Zeit und Speicherkapazität. Drittens erhält der Angreifer nur einen einzigen Schlüssel, d. h. bei einem Schlüsselwechsel muss der Angreifer wieder neu beginnen. (Dies ist übrigens eines von vielen Argumenten für einen regelmäßigen Schlüsselwechsel in kryptografischen Anwendungen.)

Zusammenfassend kann gesagt werden, dass es nicht sehr wahrscheinlich erscheint, dass praktische DES-Systeme mit differenzieller oder linearer Kryptanalyse gebrochen werden können. Dennoch sind beide sehr mächtige Angriffe, die sich auf viele Blockchiffren anwenden lassen. Tab. 3.15 gibt eine Übersicht über vorgeschlagene und durchgeführte Attacken auf den DES. Einige der Einträge beziehen sich auf die sog. DES-Challenges, die von der Firma RSA Security in den 1990er-Jahren veranstaltet wurden.

3.6 Implementierung in Software und Hardware

Im Folgenden wird ein Überblick über die Eigenschaften von DES bezüglich der Implementierung in Soft- und Hardware gegeben. Wenn wir über Software sprechen, beziehen wir uns auf DES-Implementierungen für Desktop-PC und Laptops oder eingebettete Microcontroller, wie sie in Chipkarten oder Mobiltelefonen zum Einsatz kommen. Hardware bezieht sich auf DES-Implementierungen in IC, d. h. auf „application specific integrated circuit" (ASIC) oder programmierbaren Hardwarebausteinen den Field-programmable-gate-Arrays (FPGA).

3.6.1 Software

Eine naive Softwareumsetzung, die der Datenflussbeschreibung folgt, wie sie auch in diesem Kapitel gegeben ist, führt zu einer Implementierung mit schlechter Performanz. Das liegt daran, dass DES sehr viele Bitpermutationen wie die E- und P-Permutationen beinhaltet, die sehr langsam in Software sind. Ebenso sind die kleinen S-Boxen, wie sie beim DES verwendet werden, sehr effizient in Hardware, aber nur mäßig effizient auf modernen CPU. Es gab zahlreiche Techniken, um DES-Implementierungen in Software zu beschleunigen. Die grundlegende Idee der meisten Methoden ist, Tabellen mit vorausberechneten Werten zu verwenden, die eine Reihe von DES-Operationen realisieren, beispielsweise Tabellen, die mehrere S-Boxen und Permutationen zusammenfassen. Optimierte Implementierungen benötigen in etwa 240 Zyklen für die Verschlüsselung eines Blocks auf einer 32-Bit-CPU. Auf einer 2-GHz-CPU bedeutet dies einen theoretischen Durchsatz von etwa 533 MBit/s. Der gegenüber DES deutlich sicherere 3DES läuft mit genau einem Drittel der DES-Geschwindigkeit. Man beachte, dass nicht optimierte Implementierungen deutlich langsamer sind, oft unterhalb von 100 MBit/s.

Eine bemerkenswerte Methode zur Beschleunigung von Softwareimplementierungen von DES ist das *Bit-Slicing*, entwickelt von Eli Biham [2]. Auf einer DEC-Alpha-

Workstation mit 300 MHz wurde ein Durchsatz von 137 MBit/s für die Verschlüsselung erreicht. Dies war seinerzeit deutlich schneller als alle anderen bekannten Implementierungen. Ein Nachteil von Bit-Slicing ist allerdings die Tatsache, dass hierbei eine Reihe von Klartextblöcken parallel verschlüsselt wird, was nachteilig für bestimmte Betriebsmodi ist, wie beispielsweise den Cipher-Block-Chaining-Mode (CBC) und den Output-Feedback-Mode (OFB) (vgl. Kap. 5).

3.6.2 Hardware

Ein Entwurfskriterium für DES war Effizienz in Hardware. Permutationen wie E, P, IP und IP^{-1} sind sehr einfach in Hardware zu implementieren, da sie lediglich Verdrahtung und keine Logik benötigen. Die kleinen 6-auf-4-S-Boxen sind ebenfalls relativ einfach in Hardware realisierbar. Üblicherweise werden diese mit Boolescher Logik, d. h. mit logischen Gattern, und nicht mit Speicherelementen implementiert. Durchschnittlich benötigt eine S-Box um die 100 Gatter.

Eine platzsparende Implementierung einer einzelnen DES-Runde kann mit weniger als 3000 Gattern realisiert werden. Ist hoher Durchsatz gewünscht, kann DES durch Parallelisierung sehr schnell gemacht werden. Beim sog. Pipelining werden mehrere DES-Runden auf einem IC realisiert, die gleichzeitig arbeiten. Auf modernen ASIC und FPGA ist ein Durchsatz von mehreren 100 GBit/s möglich. Auf der anderen Seite des Leistungsspektrums liegen sehr kleine Implementierungen mit weniger als 3000 Gattern, die sogar auf extrem billigen RFID-Chips Platz finden.

3.7 DES-Alternativen

Neben DES und AES existieren hunderte anderer Blockchiffren. Auch wenn es zahlreiche Chiffren mit Sicherheitslücken gibt bzw. Chiffren, deren Sicherheitseigenschaften noch nicht ausreichend untersucht wurden, gibt es auch viele Algorithmen, die kryptografisch sehr stark sind. Im Folgenden haben wir eine kleine Auswahl von Blockchiffren zusammengestellt, die als sicher gelten.

3.7.1 Der Advanced Encryption Standard (AES) und die AES-Finalisten

Heute ist für sehr viele Anwendungen der AES, den wir detailliert im folgenden Kapitel behandeln, der Algorithmus der Wahl. AES ist mit seinen drei Schlüssellängen von 128, 192 und 256 Bit für mehrere Jahrzehnte sicher gegen Brute-Force-Angriffe und bisher sind keine nennenswerten analytischen Angriffe bekannt.

Der AES ist das Ergebnis eines öffentlichen Wettbewerbs und in der letzten Runde des Auswahlprozesses gab es vier weitere Finalisten. Hierbei handelt es sich um die Block-

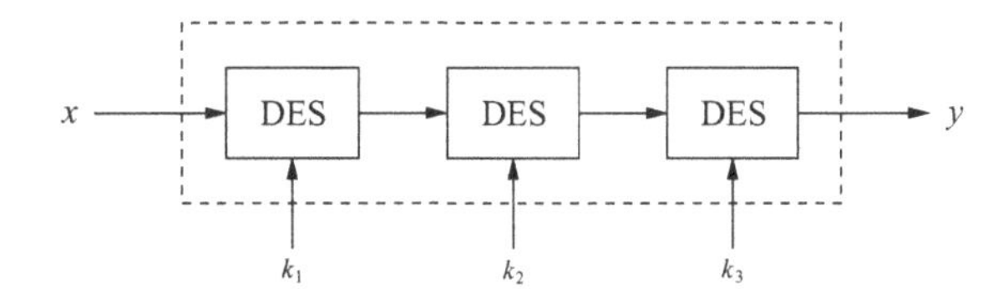

Abb. 3.17 Triple Data Ecryption Standard (3DES)

chiffren *Mars*, *RC6*, *Serpent* und *Twofish*. Jeder der Algorithmen ist kryptografisch sicher und relativ schnell, insbesondere in Software. Nach heutigem Wissensstand können alle empfohlen werden. Mars, Serpent und Twofish können lizenzfrei verwendet werden.

3.7.2 Triple-DES (3DES) und DESX

Eine Alternative zum AES und den AES-Finalisten ist der *Triple-DES* oder Dreifach-DES, oft auch als *3DES* oder TDES bezeichnet. 3DES besteht aus drei aufeinanderfolgenden DES-Verschlüsselungen

$$y = DES_{k_3}(DES_{k_2}(DES_{k_1}(x)))$$

mit unterschiedlichen Schlüsseln, wie in Abb. 3.17 dargestellt.

3DES ist sowohl gegen vollständige Schlüsselsuche resistent als auch gegen alle heutzutage bekannten analytischen Angriffe. In Kap. 5 wird näher auf die Doppel- und Dreifachverschlüsselung eingegangen. In der Praxis wird 3DES zumeist in dem Encryption-decryption-encryption(EDE)-Modus verwendet:

$$y = DES_{k_3}(DES_{k_2}^{-1}(DES_{k_1}(x))).$$

Der Vorteil dieser Variante ist, dass 3DES für $k_3 = k_2 = k_1$ eine einfache DES-Verschlüsselung durchführt, was manchmal in Implementierungen von Vorteil ist, bei denen auch eine einfache DES-Verschlüsselung benötigt wird. Der EDE-Modus kann auch mit nur zwei Schlüsseln genutzt werden. In diesem Fall wählt man $k_1 = k_3$. Um eine hohe Sicherheit zu garantieren, muss zudem natürlich gelten: $k_2 \neq k_1$. 3DES ist sehr effizient in Hardware, aber weniger effizient in Software. Der Algorithmus kommt im Finanzwesen oft zum Einsatz und wird beispielsweise auch im elektronischen Personalausweis und biometrischen Reisepässen genutzt.

Key Whitening ist eine andere Möglichkeit, um DES zu stärken. Hierzu werden zwei zusätzliche 64-Bit-Schlüssel k_1 und k_2 auf den Klartext und das Chiffrat jeweils vor bzw. nach dem DES-Algorithmus per XOR addiert. Dies führt zu dem folgenden Verschlüsselungsschema:

$$y = DES_{k,k_1,k_2}(x) = DES_k(x \oplus k_1) \oplus k_2$$

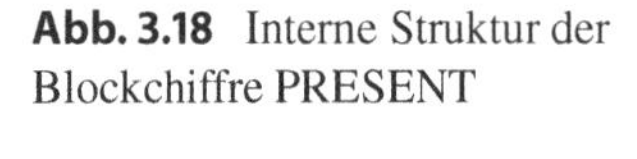

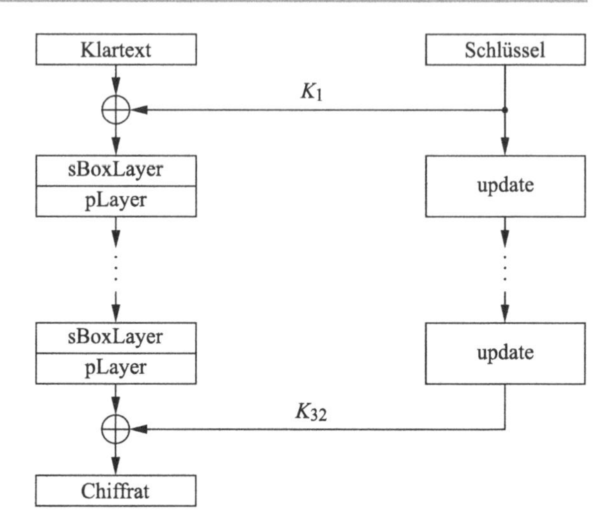

Abb. 3.18 Interne Struktur der Blockchiffre PRESENT

Diese an sich sehr einfache Modifikation macht den DES wesentlich resistenter gegenüber der vollständigen Schlüsselsuche. In Abschn. 5.3.3 werden mehr Details zum Key Whitening besprochen.

3.7.3 Die Lightweight-Chiffre PRESENT

Seit etwa 2006 wurden zahlreiche Blockalgorithmen vorgeschlagen, die als sog. Lightweight-Chiffren (leichtgewichtige Chiffren) bezeichnet werden. Leichtgewichtig werden im Allgemeinen Algorithmen bezeichnet, die eine sehr niedrige Implementierungskomplexität aufweisen, insbesondere in Hardware. Trivium (vgl. Abschn. 2.3.3) ist ein Beispiel für eine leichtgewichtige Stromchiffre. Es wurde eine ganze Reihe Lightweight-Blockchiffren vorgeschlagen und der am besten untersuchte Algorithmus ist *PRESENT*. PRESENT wurde speziell für Einsatzzwecke wie RFID-Etiketten oder andere Anwendungen für das Internet der Dinge mit extremen Energie- oder Kosteneinschränkungen entwickelt. (Einer der Buchautoren hat an der Entwicklung von PRESENT mitgewirkt.)

Im Gegensatz zum DES basiert PRESENT nicht auf einem Feistel-Netzwerk. PRESENT ist eine sog. Substitutions-Permutations-Chiffre (SP-Chiffre) und hat 31 Runden. Die Blocklänge beträgt 64 Bit und zwei Schlüssellängen, 80 und 128 Bit, werden unterstützt. In jeder der 31 Runden wird der aktuelle interne Zustand per XOR-Operation mit einem Rundenschlüssel K_i verknüpft, mit $1 \leq i \leq 32$. Der Unterschlüssel K_{32} wird nach der letzten Runde 31 verwendet. Den Kern von PRESENT bildet ein nichtlinearer Substitutions-Layer (sBoxLayer) und eine lineare Bitpermutation (pLayer). Der nichtlineare Layer verwendet eine einzige 4-Bit-S-Box S, die 16-mal parallel in jeder Runde angewendet wird. Der Schlüsselfahrplan generiert aus dem Hauptschlüssel 32 Rundenschlüssel. Die Verschlüsselungsfunktion der Chiffre ist in Abb. 3.18 dargestellt und kann durch folgenden Pseudocode beschrieben werden:

Tab. 3.16 Die PRESENT-S-Box in hexadezimaler Notation

x	0	1	2	3	4	5	6	7	8	9	A	B	C	D	E	F
$S[x]$	C	5	6	B	9	0	A	D	3	E	F	8	4	7	1	2

PRESENT-Algorithmus (Pseudocode)

Eingabe: Klartext x und Schlüssel K
Ausgabe: Chiffrat y
Initialisierung: STATE $= x$
Algorithmus:
1. generateRoundKeys()
2. FOR $i = 1$ TO 31 DO
2.1 addRoundKey(STATE,K_i)
2.2 sBoxLayer(STATE)
2.3 pLayer(STATE)
2.4 END FOR
3. RETURN addRoundKey(STATE,K_{32})

Wir besprechen nun die einzelnen Module der Chiffre.

addRoundKey Zu Beginn jeder Runde wird der Rundenschlüssel K_i auf den aktuellen Zustand per XOR addiert.

sBoxLayer PRESENT verwendet eine einzige 4-Bit-auf-4-Bit-S-Box. Die S-Box wurde so klein gewählt, um eine effiziente Umsetzbarkeit in Hardware zu ermöglichen. Eine solche 4-Bit-S-Box erlaubt eine Umsetzung mit deutlich weniger Gattern als beispielsweise eine 8-Bit-S-Box. Die PRESENT-S-Box in hexadezimaler Notation ist in Tab. 3.16 angegeben.

Der 64-Bit-Datenpfad $b_{63} \ldots b_0$ wird als *Zustand* bezeichnet. Für den sBoxLayer betrachtet man den aktuellen Zustand als 16 4-Bit-Wörter $w_{15} \ldots w_0$, wobei $w_i = b_{4*i+3} \| b_{4*i+2} \| b_{4*i+1} \| b_{4*i}$ für $0 \leq i \leq 15$. Die Ausgabe sind die 16 Wörter $S[w_i]$.

pLayer Wie beim DES wird Diffusion über eine Bitpermutation erzeugt, die sich sehr kompakt in Hardware realisieren lässt. Die Bitpermutation in PRESENT ist in Tab. 3.17 dargestellt. Bit i des Zustands wird auf Bitposition $P(i)$ abgebildet.

Die Bitpermutation kann auch als zyklische Verschiebung wie folgt ausgedrückt werden:

$$P(i) = \begin{cases} i \cdot 16 \mod 63, & i \in \{0, \ldots, 62\} \\ 63, & i = 63. \end{cases}$$

Tab. 3.17 Die Permutationsschicht (pLayer) von PRESENT

i	0	1	2	3	4	5	6	7	8	9	10	11	12	13	14	15
$P(i)$	0	16	32	48	1	17	33	49	2	18	34	50	3	19	35	51
i	16	17	18	19	20	21	22	23	24	25	26	27	28	29	30	31
$P(i)$	4	20	36	52	5	21	37	53	6	22	38	54	7	23	39	55
i	32	33	34	35	36	37	38	39	40	41	42	43	44	45	46	47
$P(i)$	8	24	40	56	9	25	41	57	10	26	42	58	11	27	43	59
i	48	49	50	51	52	53	54	55	56	57	58	59	60	61	62	63
$P(i)$	12	28	44	60	13	29	45	61	14	30	46	62	15	31	47	63

Schlüsselfahrplan Im Folgenden beschreiben wir den Schlüsselfahrplan von PRESENT für einen 80-Bit-Schlüssel, der für viele Anwendungen mit mittlerem Sicherheitsniveau ausreicht. (Details des Schlüsselfahrplans für PRESENT-128 findet man z. B. in [4].) Der Eingangsschlüssel wird im Schlüsselregister K gespeichert und besteht aus den Bits $k_{79}k_{78}\dots k_0$. In Runde i besteht der 64-Bit-Rundenschlüssel $K_i = \kappa_{63}\kappa_{62}\dots\kappa_0$ aus den linken 64 Bits des aktuellen Schlüsselregisters K. In Runde i haben wir somit:

$$K_i = \kappa_{63}\kappa_{62}\dots\kappa_0 = k_{79}k_{78}\dots k_{16}$$

Der erste Unterschlüssel K_1 ist eine direkte Kopie der 64 Bits des Eingangsschlüssels. Für die folgenden Unterschlüssel $K_2,\dots,K_{32}$ wird das Schlüsselregister $K = k_{79}k_{78}\dots k_0$ is wie folgt aktualisiert:

1. $[k_{79}k_{78}\dots k_1k_0] = [k_{18}k_{17}\dots k_{20}k_{19}]$
2. $[k_{79}k_{78}k_{77}k_{76}] = S[k_{79}k_{78}k_{77}k_{76}]$
3. $[k_{19}k_{18}k_{17}k_{16}k_{15}] = [k_{19}k_{18}k_{17}k_{16}k_{15}] \oplus \texttt{round\_counter}$

Folglich besteht der Schlüsselfahrplan aus drei Operationen: (1) Rotation des Schlüsselregisters um 61 Positionen nach links, (2) die vier linken Bits werden durch die PRESENT-S-Box modifiziert und (3) XOR-Verknüpfung des Rundenzählers i mit den Bits $k_{19}k_{18}k_{17}k_{16}k_{15}$ von K, wobei das niederwertigste Bit des Rundenzählers rechts steht. Dieser Zähler ist eine natürliche Zahl, die die Werte $(00001, 00010, \dots, 11111)$ annimmt. Man beachte, dass für die Ableitung von K_2 der Rundenzähler den Wert 00001 hat, für K_3 den Wert 00010 etc.

Implementierung Da PRESENT für Hardwareimplementierungen optimiert wurde, ist der Datendurchsatz in Software verglichen mit anderen modernen Chiffren wie AES nur durchschnittlich. Eine optimierte Softwarerealisierung auf einer Pentium-III-CPU erreicht einen Durchsatz von rund 60 MBit/s bei einer Taktfrequenz von 1 GHz. Dennoch hat PRESENT passable Durchsatzraten auf kleinen Mikrocontrollern, die in vielen eingebetten Geräten verwendet werden.

PRESENT-80 kann mit unter 1600 Gatter-Äquivalenten in Hardware implementiert werden, was sehr klein und somit kostengünstig ist. Die Verschlüsselung eines 64-Bit-Klartextblocks benötigt hierbei 32 Taktzyklen. Bei einer Taktfrequenz von 1 MHz, die bei kleinen, auf Kosten optimierten Geräten vorkommen kann, würde dies beispielsweise einen Durchsatz von 2 MBit/s ermöglichen, was für die meisten Anwendungen ausreichend ist. Es ist sogar möglich, die Chiffre mit etwa 1000 Gatter-Äquivalenten zu implementieren, wobei die Verschlüsselung eines Klartextblocks 547 Taktzyklen benötigt. Im Gegensatz hierzu schafft eine Pipeline-Implementierung von PRESENT mit 31 Verschlüsselungsstufen einen Durchsatz von 64 Bit pro Takt, was je nach Taktfrequenz zu einem Durchsatz von mehr als 50 GBit/s führen kann.

PRESENT wurde 2007 vorgeschlagen. Seitdem hat es eine Reihe kryptanalytischer Untersuchungen von Wissenschaftlern gegeben, jedoch wurde bisher kein Angriff gefunden, der deutlich besser ist als eine vollständige Schlüsselsuche. Daher gilt PRESENT heutzutage als kryptografisch sicher.

3.8 Diskussion und Literaturempfehlungen

Geschichte des DES und Angriffe Auch wenn der einfache DES (nicht der 3DES) heutzutage fast nur noch in historisch gewachsenen Anwendungen auftaucht, hilft uns seine Geschichte, die Entwicklung der modernen Kryptologie zu verstehen. Bis Mitte der 1970er-Jahre war die Kryptologie eine Geheimwissenschaft, die sich seitdem zu einer technisch-wissenschaftlichen Disziplin mit vielen Beteiligten an Universitäten und in der Industrie entwickelt hat. Eine Zusammenfassung der Geschichte des DES findet sich in [26]. Die beiden wesentlichen analytischen Angriffe auf den DES, die differenzielle und die lineare Kryptanalyse, zählen heute zu den mächtigsten Methoden zum Brechen von Blockchiffren überhaupt. Die beiden Angriffe wurden zum ersten Mal in [3, 21] beschrieben. Die didaktisch beste Referenz für diese Angriffe und für die Theorie von Blockchiffren allgemein ist das Buch [17].

Wie in diesem Kapitel bereits mehrfach erwähnt, sollte DES nicht mehr verwendet werden, da ein Brute-Force-Angriff in kurzer Zeit mit relativ wenig Aufwand mit Spezialhardware durchgeführt werden kann. Die beiden Schlüsselsuchmaschinen, die außerhalb der Geheimdienste gebaut wurden, Deep Crack und COPACOBANA, sind sehr gute Beispiele dafür, wie man kostengünstige Supercomputer für einfache kryptanalytische Aufgaben bauen kann. Mehr Informationen zu Deep Crack finden man im Internet unter [12], zu COPACOBANA in den Artikeln [14, 18] sowie online unter [6]. Denjenigen Lesern, die sich für das faszinierende Thema der kryptanalytischen Spezialcomputer interessieren, sei die Workshop-Reihe SHARCS (Special-purpose Hardware for Attacking Cryptographic Systems) empfohlen, die seit 2005 in unregelmäßiger Reihenfolge stattfindet [28].

DES-Alternativen In den letzten Jahrzehnten wurden Hunderte von Blockchiffren vorgeschlagen, insbesondere in den späten 1980er- und den 1990er-Jahren. Einige verbreitete

Blockchiffren basieren wie DES ebenfalls auf Feistel-Netzwerken. Beispiele für Feistel-Chiffren sind u. a. Blowfish, CAST, KASUMI, Mars, MISTY1, Twofish und RC6. Neben Feistel-Chiffren gibt es zwei andere grundsätzliche Konstruktionen für Blockchiffren, Substitutions-Permutations-Chiffren (SP) und die sog. Addition-Rotation-XOR-Chiffren (ARX). Eine Runde einer SP-Chiffre besteht aus einer Substitutionsschicht gefolgt von einer Permutationsschicht und dem Aufaddieren des Rundenschlüssels, vgl. auch Abb. 3.18. SP-Chiffren verschlüsseln im Gegensatz zu Feistel-Chiffren in jeder Runde den gesamten Datenpfad und sind theoretisch sehr gut untersucht. Die bekannteste SP-Chiffre ist AES, die in Kap. 4 ausführlich behandelt wird. Es gibt darüber hinaus zahlreiche weitere SP-Chiffren, u. a. PRESENT, Safer und Square. ARX-Chiffren sind gänzlich anders aufgebaut. Ihre Rundenfunktion besteht aus den drei Operationen modulare Addition, Rotation (um eine feste Anzahl von Bitpositionen) und XOR. Ein Vorteil von ARX-Chiffren ist, dass sie effizient in Software implementiert werden können. Beispiele für ARX-Chiffren sind FEAL, RC5, Speck und XTEA. Mit der ARX-Konstruktion können auch Stromchiffren – ein Beispiel ist Salsa20 – und Hash-Funktionen, wie beispielsweise Skein und BLAKE, realisiert werden. Ein Beispiel für eine Chiffre, die zu keiner der drei oben beschriebenen Konstruktionen gehört, ist IDEA. IDEA basiert auf Arithmetik in drei verschiedenen algebraischen Strukturen.

Lightweight-Chiffren DES ist ein gutes Beispiel für eine Blockchiffre, die mit geringen Hardwareressourcen, d. h. wenigen logischen Gattern, implementiert werden kann. Mit dem Aufkommen des Internets der Dinge gibt es einen zunehmenden Bedarf an weiteren Lightweight-Chiffren für Anwendungen wie RFID-Etiketten oder kontaktlose Chipkarten, bei denen niedrige Herstellungskosten wichtig sind. Die bekannteste leichtgewichtige Chiffre ist PRESENT, die in Abschn. 3.7.3 vorgestellt wurde und in [4, 24] ausführlich beschrieben ist. Über PRESENT hinaus wurde eine ganze Reihe weiterer schlanker Blockchiffren vorgeschlagen, wie z. B. Clefia [7], HIGHT [15], KATAN [8], Klein [13] und mCrypton [20]. PRESENT und Clefia wurden im Jahr 2012 in der Norm ISO/IEC 29192 standardisiert. Eine Übersicht über Lightweight-Kryptografie findet sich in [11, 16]. Eine tiefergehende Betrachtung von leichtgewichtigen Algorithmen ist in der Dissertation [23] zu finden. All diese Chiffren wurden für eine geringe Hardwarekomplexität optimiert. Chiffren können jedoch auch auf andere Eigenschaften optimiert werden. Ein Beispiel für eine Chiffre, die besonders gut für Softwareimplementierungen geeignet ist, ist die Blockchiffre XTEA [22]. Ein Beispiel für eine Spezialchiffre, die für eine sehr geringe Latenzzeit (d. h. Zeitraum zwischen Eingabe des Klartexts bis zum Erscheinen des Chiffrats) entwickelt wurde, ist die relativ neue Blockchiffre PRINCE [5]. Erwähnenswert sind auch die beiden im Jahr 2013 von der NSA vorgeschlagenen Lightweight-Chiffren Simon und Speck[1]. Simon ist für Hardwarerealisierungen optimiert und Speck für Software.

DES-Implementierung Bezüglich Softwareimplementierungen von DES ist [2] eine der früheren Arbeiten zu diesem Thema. Fortgeschrittene Methoden für schnelle Softwarerealisierungen sind in [19] beschrieben. Die in Abschn. 3.6 erwähnte Methode des Bit-Slicing [2] ist eine universelle Technik, um Blockchiffren schnell zu implementieren, und kann auch auf andere Algorithmen wie beispielsweise AES angewandt werden. Bezüglich DES-Hardwareimplementierungen ist eine frühe Referenz [27]. Darüber hinaus existieren viele weitere Beschreibungen von hochperformanten Implementierungen von DES in Hardware, d. h. auf FPGA [25] und auf ASIC [10, 30].

3.9 Lessons Learned

- DES war der dominierende symmetrische Verschlüsselungsalgorithmus von Mitte der 1970er- bis Mitte der 1990er-Jahre. Da die Schlüssellänge von 56 Bit nicht mehr sicher war, wurde der AES entwickelt.
- Standard-DES mit 56 Bit Schlüssellänge kann heutzutage relativ leicht mithilfe vollständiger Schlüsselsuche (Brute-Force-Angriff) gebrochen werden.
- Obwohl es zwei analytische Angriffe gegen DES gibt, differenzielle und lineare Kryptanalyse, ist es in der Praxis sehr schwer, DES mit diesen Angriffen zu brechen.
- DES ist mäßig effizient in Software und sehr schnell in Hardware.
- Durch dreimalig aufeinanderfolgende Verschlüsselung mit DES erhält man Triple-DES (3DES), gegen den bisher kein praktikabler Angriff bekannt ist. 3DES wird auch in vielen modernen Anwendungen wie dem elektronischen Personalausweis oder Reisepass eingesetzt.
- Die heutige Standardblockchiffre ist AES. Auch die anderen vier Finalisten des AES-Auswahlprozesses gelten als sehr sicher und effizient.
- Seit 2005 wurden viele Vorschläge für Lightweight-Chiffren gemacht. Diese Blockchiffren sind gut geeignet für Anwendungen, die stark bezüglich Hardwarekosten und/oder Energie beschränkt sind.

3.10 Aufgaben

3.1
In Abschn. 3.5.2 wurde gesagt, dass die S-Boxen die einzigen nichtlinearen Komponenten von DES sind und dass diese Eigenschaft für die Sicherheit von großer Bedeutung ist. Nachfolgend verifizieren wir die Nichtlinearität der S-Box S_1 für einige Eingangswerte.

Zeigen Sie, dass $S_1(x_1) \oplus S_1(x_2) \neq S_1(x_1 \oplus x_2)$ gilt, wobei „$\oplus$“ eine bitweise XOR-Verknüpfung ist.

1. $x_1 = 000000, x_2 = 000001$
2. $x_1 = 111111, x_2 = 100000$
3. $x_1 = 101010, x_2 = 010101$

3.2
Wir möchten verifizieren, dass $IP(\cdot)$ und $IP^{-1}(\cdot)$ tatsächlich inverse Operationen darstellen. Wir betrachten den 64-Bit-Vektor $x = (x_1, x_2, \ldots, x_{64})$. Zeigen Sie, dass $IP^{-1}(IP(x)) = x$ für die ersten fünf Bit von x gilt, d. h. für x_i, $i = 1, 2, 3, 4, 5$.

3.3
Wie lautet der 64-Bit-Ausgangswert der ersten DES-Runde, wenn die Klartext- und die Schlüsselbits alle null sind?

3.4
Was ist der Ausgangswert der ersten DES-Runde, wenn die Klartext- und die Schlüsselbits alle den Wert eins haben?

3.5
Eine wichtige Eigenschaft von Blockchiffren ist die Diffusion, d. h. die Änderung eines Eingangsbits soll die Änderung vieler Ausgangsbits zur Folge haben. In dieser Aufgabe untersuchen wir diese auch Avalanche-Effekt (Lawineneffekt) genannte Eigenschaft.

Der DES-Eingang sei ein 64-Bit-Wort, dass nur aus Nullen besteht, bis auf Bit Nummer 57, das den Wert „1" hat. (Man beachte, dass das Eingangswort zunächst die Anfangspermutation durchläuft.)

1. Für welche S-Boxen der ersten Runde ändert sich der Eingangswert verglichen mit dem Fall, bei dem alle 64 Klartextbits den Wert 0 haben?
2. Was ist die minimale Anzahl der S-Box-Ausgangsbits, die sich ändern werden, wenn man nur die Entwurfskriterien der S-Boxen in Betracht zieht (und nicht die tatsächlichen Eingangswerte)?
3. Wie lautet der Ausgang nach der ersten Runde?
4. Wie viele Ausgangsbits nach der ersten Runde haben sich tatsächlich verändert verglichen mit dem Fall, bei dem alle Klartextbits den Wert 0 hatten? (Wir betrachten hier nur die Veränderung nach einer Runde. Der wirkliche Lawineneffekt kommt zustande, wenn man die nachfolgenden Runden betrachtet.)

3.6
Ein weitere wichtige Eigenschaft von Blockchiffren ist, dass eine minimale Änderung im Schlüssel den Ausgang, d. h. das Chiffrat, stark beeinflusst.

1. Gegeben sei eine DES-Verschlüsselung mit einem gegebenen Schlüssel. Nun ändert das Schlüsselbit an Position 1 (noch vor $PC-1$) seinen Wert. Welche S-Boxen in welchen Runden werden bei der DES-Verschlüsselung hierdurch beeinflusst?
2. Welche S-Boxen in welchen Runden werden bei der DES-Dechiffrierung beeinflusst?

3.7
Ein DES-Schlüssel K_w ist ein sog. *schwacher Schlüssel* („weak key"), wenn Ver- und Entschlüsselung die gleiche Operation sind:

$$DES_{K_w}(x) = DES^{-1}_{K_w}(x), \text{ für alle } x \tag{3.1}$$

1. Welche Beziehung müssen die Unterschlüssel der Ver- und Entschlüsselung aufweisen, damit Bedingung (3.1) erfüllt ist?
2. Es gibt vier schwache DES-Schlüssel. Wie lauten diese?
3. Wie wahrscheinlich ist es, dass ein zufällig gewählter Schlüssel ein schwacher Schlüssel ist?

3.8

DES hat eine ungewöhnliche Eigenschaft, wenn man die bitweisen Komplemente der Ein- und Ausgänge betrachtet. Wir untersuchen die Komplementeigenschaft in dieser Aufgabe.

Das bitweise Komplement (d. h. Einsen werden Nullen und umgekehrt) eines Worts A wird mit A' bezeichnet. Wie üblich steht das Symbol $\oplus$ für die bitweise XOR-Verknüpfung. Ziel ist es, zu zeigen, dass für das Tripel (x, y, k) mit

$$y = DES_k(x)$$

das Folgende auch gilt:

$$y' = DES_{k'}(x'). \tag{3.2}$$

In Worten ausgedrückt: Gegeben sei DES mit einem Paar Klar-/Geheimtext sowie dem Schlüssel. Wenn man nun das Komplement des Klartexts und des Schlüssels bildet, so ist das resultierende Chiffrat ebenfalls das Komplement des ursprünglichen Chiffrats. Um die Komplementeigenschaft zu beweisen, zeigen Sie, dass die folgenden Schritte gelten:

1. Zeigen Sie, dass für Wörter (A, B) mit gleicher Bitlänge das Folgende gilt:

$$A' \oplus B' = A \oplus B$$

und

$$A' \oplus B = (A \oplus B)'.$$

2. Zeigen Sie, dass gilt: $PC - 1(k') = (PC - 1(k))'$.
3. Zeigen Sie, dass gilt: $LS_i(C'_{i-1}) = (LS_i(C_{i-1}))'$.
4. Zeigen Sie unter Verwendung der beiden obigen Resultate, dass, wenn k_i die Unterschlüssel von k sind, die Unterschlüssel von k' die Werte k'_i sind, wobei $i = 1, 2, \ldots, 16$.
5. Zeigen Sie, dass gilt: $IP(x') = (IP(x))'$.
6. Zeigen Sie, dass gilt: $E(R'_i) = (E(R_i))'$.
7. Zeigen Sie unter Verwendung der vorherigen Schritte, dass, wenn (R_{i-1}, L_{i-1}, k_i) den Wert R_i erzeugen, dann erzeugen $(R'_{i-1}, L'_{i-1}, k'_i)$ den Wert R'_i.
8. Zeigen Sie die Korrektheit von (3.2).

3.9
Wir betrachten einen DES-Angriff per vollständiger Schlüsselsuche. Geben sei ein Paar Klartext/Chiffrat. Wie viele Schlüssel muss man (i) maximal testen und (ii) im Durchschnitt testen, bis man den Schlüssel gefunden hat?

3.10
In dieser Aufgabe untersuchen wir Taktraten, mit der DES in Hardware getaktet werden muss, um hohe Durchsatzraten zu erzielen. Der Durchsatz wird im Wesentlichen von der Geschwindigkeit einer DES-Runde bestimmt. Das Hardwaremodul für eine DES-Runde wird 16-mal iteriert, um die vollständige Verschlüsselung durchzuführen. (Alternativ können auch alle 16 Runden hintereinander in Hardware in einer sog. Pipeline realisiert werden. Dies führt zu einem sehr hohen Durchsatz, aber auch zu hohen Hardwarekosten).

1. Wir nehmen an, dass eine Runde in einem Taktzyklus ausgeführt werden kann. Wie lautet die Formel für die Taktfrequenz, um eine Verschlüsselungsrate von r [Bit/s] zu erzielen? Wir ignorieren hierbei die Eingangs- und Endpermutation.
2. Welche Taktrate ist für eine Verschlüsselungsgeschwindigkeit von 1 Gbit/s erforderlich? Und welche Taktrate für eine Verschlüsselungsgeschwindigkeit von 8 Gbit/s?

3.11
Wie in Abschn. 3.5.1 beschrieben, kann man mit dem COPACABANA-Spezialrechner kostengünstig Brute-Force-Angriffe durchführen. Nachfolgend betrachten wir Angriffe auf DES.

1. Berechnen Sie die durchschnittliche Laufzeit für eine vollständige Schlüsselsuche unter den folgenden Annahmen:
   - COPACOBANA besteht aus 20 Einsteckmodulen.
   - Jedes Modul ist mit 6 FPGA (dies sind programmierbare Hardwarebausteine) bestückt.
   - In jedem FPGA sind 4 DES-Kerne implementiert.
   - Jeder DES-Kern besteht aus einer sog. Pipeline-Architektur, sodass in jedem Taktzyklus eine vollständige Ver- bzw. Entschlüsselung stattfindet.
   - Die Taktfrequenz beträgt 100 MHz.
2. Wie viele COPACOBANA-Maschinen werden benötigt, wenn eine durchschnittliche DES-Schlüsselsuche eine Stunde betragen soll?
3. Warum ist der COPACOBANA-Angriff nur eine obere Schranke für die Angriffszeit auf DES?

3.12
In dieser Aufgabe betrachten wir eine Software zur Dateiverschlüsselung, die in den 1990er-Jahren verbreitet war. Zur Verschlüsselung wurde der normale DES mit 56-Bit-

Schlüsseln verwendet. Zu der damaligen Zeit waren Computer und Hardware-Chips noch bedeutend langsamer, sodass eine vollständige Schlüsselsuche erheblicher schwerer war und DES für viele Anwendungen ausreichend Schutz bot. Unglücklicherweise gab es allerdings eine Schwachstelle in der Schlüsselableitung, die im Folgenden analysiert wird. Wir nehmen an, dass man mit einen konventionellen PC 10^6 Schlüssel pro Sekunde testen kann.

Der Schlüssel wird durch ein Passwort gebildet, das aus acht Zeichen besteht. Der Schlüssel ist einfach die Aneinanderreihung von acht ASCII-Zeichen, sodass sich insgesamt $64 = 8 \cdot 8$ Schlüsselbits ergeben. Wie bekannt ignoriert die Permutation $PC-1$ das „least significant bit" (LSB) jedes ASCII-Zeichens, sodass sich effektiv 56 Schlüsselbits ergeben.

1. Wie groß ist der Schlüsselraum, wenn alle acht Passwortzeichen zufällig gewählte 8-Bit-ASCII-Zeichen sind? Wie lange dauert eine vollständige Schlüsselsuche im Durchschnitt mit einem einzelnen PC?
2. Wie viele Schlüsselbits gibt es, wenn alle acht Passwortzeichen zufällig gewählte 7-Bit-ASCII-Zeichen sind, d. h. die MSB haben alle den Wert null. Wie lange dauert durchschnittlich eine vollständige Schlüsselsuche mit einem PC?
3. Wie groß ist der Schlüsselraum, wenn neben der Einschränkung aus dem Aufgabenteil 2 nur Buchstaben für das Passwort verwendet werden? Eine Besonderheit der Software war, dass alle Buchstaben zunächst in Großbuchstaben konvertiert wurden, bevor der DES-Schlüssel gebildet wurde. Wie lange dauert eine vollständige Schlüsselsuche im Durchschnitt mit einem einzelnen PC?

3.13

In dieser Aufgaben betrachten wir die Lightweight-Chiffre PRESENT.

1. Berechnen Sie den Zustand von PRESENT-80 nach der ersten Runde. Es werden die folgenden Eingangswerte benutzt (Angaben in Hexadezimalnotation):
   Klartext = `0000 0000 0000 0000`,
   Schlüssel = `BBBB 5555 5555 EEEE FFFF`.
   Benutzen Sie die folgende Tabelle, um das Problem mit Papier und Bleistift zu lösen.

Klartext	`0000 0000 0000 0000`
Rundenschlüssel	
Zustand nach addRoundKey	
Zustand nach sBoxLayer	
Zustand nach pLayer	

2. Berechnen Sie nun den Rundenschlüssel für die zweite Runde unter Benutzung der nachfolgenden Tabelle.

Schlüssel	BBBB 5555 5555 EEEE FFFF
Schlüssel nach Rotation	
Schlüssel nach S-Box	
Schlüssel nach Round Counter	
2. Rundenschlüssel	

Literatur

1. Ray Beaulieu, Douglas Shors, Jason Smith, Stefan Treatman-Clark, Bryan Weeks, Louis Wingers, The SIMON and SPECK lightweight block ciphers, in *Proceedings of the 52nd Annual Design Automation Conference* (ACM, 2015), S. 175
2. E. Biham, A fast new DES implementation in software, in *Fourth International Workshop on Fast Software Encryption*. LNCS, Bd. 1267 (Springer, 1997), S. 260–272
3. Eli Biham, Adi Shamir, *Differential Cryptanalysis of the Data Encryption Standard* (Springer, 1993)
4. Andrey Bogdanov, Gregor Leander, Lars R. Knudsen, Christof Paar, Axel Poschmann, Matthew J.B. Robshaw, Yannick Seurin, Charlotte Vikkelsoe, PRESENT – an ultra-lightweight block cipher, in *CHES 2007: Proceedings of the 9th International Workshop on Cryptographic Hardware and Embedded Systems*. LNCS, Bd. 4727 (Springer, 2007), S. 450–466
5. Julia Borghoff, Anne Canteaut, Tim Güneysu, Elif Bilge Kavun, Miroslav Knezevic, Lars R. Knudsen, Gregor Leander, Ventzislav Nikov, Christof Paar, Christian Rechberger et al., PRINCE – a low-latency block cipher for pervasive computing applications, in *Advances in Cryptology – ASIACRYPT 2012* (Springer, 2012), S. 208–225
6. COPACOBANA – A Cost-Optimized Parallel Code Breaker, http://www.copacobana.org/. Zugegriffen am 1. April 2016
7. Sony Corporation, Clefia – new block cipher algorithm based on state-of-the-art design technologies (2007), http://www.sony.net/SonyInfo/News/Press/200703/07-028E/index.html. Zugegriffen am 1. April 2016
8. Christophe De Canniere, Orr Dunkelman, Miroslav Knežević, KATAN and KTANTAN – a family of small and efficient hardware-oriented block ciphers, in *Cryptographic Hardware and Embedded Systems – CHES 2009* (Springer, 2009), S. 272–288
9. W. Diffie, M. E. Hellman, Exhaustive cryptanalysis of the NBS Data Encryption Standard, Computer **10**(6):74–84 (1977)
10. H. Eberle, C.P. Thacker, A 1 Gbit/second GaAs DES chip, in *Custom Integrated Circuits Conference* (IEEE, 1992), S. 19.7/1–4
11. Thomas Eisenbarth, Sandeep Kumar, Christof Paar, Axel Poschmann, Leif Uhsadel, A Survey of Lightweight Cryptography Implementations. IEEE Design & Test of Computers **24**(6), 522 – 533 (2007)
12. Electronic Frontier Foundation, Frequently Asked Questions (FAQ) About the Electronic Frontier Foundation's DES Cracker Machine (1998), http://w2.eff.org/Privacy/Crypto/Crypto_misc/DESCracker/HTML/19980716_eff_des_faq.html. Zugegriffen am 1. April 2016

13. Zheng Gong, Svetla Nikova, Yee Wei Law, KLEIN: A new family of lightweight block ciphers, in *RFID Security and Privacy – 7th International Workshop, RFIDSec 2011, Amherst, USA, June 26–28, 2011, Revised Selected Papers* (2011), S. 1–18
14. Tim Güneysu, Timo Kasper, Martin Novotny, Christof Paar, Andy Rupp, Cryptanalysis with COPACOBANA. IEEE Transactions on Computers **57**(11), 1498–1513 (2008)
15. Deukjo Hong, Jaechul Sung, Seokhie Hong et al., Hight: A new block cipher suitable for low-resource devices, in *CHES 2006: Proceedings of the 8th International Workshop on Cryptographic Hardware and Embedded Systems* (Springer, 2006), S. 46–59
16. Jens-Peter Kaps, Gunnar Gaubatz, Berk Sunar, Cryptography on a speck of dust. Computer **40**(2), 38–44 (2007)
17. Lars Knudsen, Matthew Robshaw, *The Block Cipher Companion*. Information Security and Cryptography (Springer, Heidelberg, London, 2011)
18. S. Kumar, C. Paar, J. Pelzl, G. Pfeiffer, M. Schimmler, Breaking ciphers with COPACOBANA – A cost-optimized parallel code breaker, in *CHES 2006: Proceedings of the 8th International Workshop on Cryptographic Hardware and Embedded Systems*. LNCS (Springer, 2006)
19. Matthew Kwan, Reducing the Gate Count of Bitslice DES (1999), http://www.darkside.com.au/bitslice/bitslice.ps. Zugegriffen am 1. April 2016
20. Chae Hoon Lim, Tymur Korkishko, mCrypton – A lightweight block cipher for security of low-cost RFID tags and sensors, in *Information Security Applications*, LNCS, Bd. 3786 (Springer, 2006), S. 243–258
21. Mitsuru Matsui, Linear cryptanalysis method for DES cipher, in *Advances in Cryptology – EUROCRYPT '93* (1993)
22. Roger M. Needham, David J. Wheeler, Tea extensions. Report (Cambridge University, Cambridge, UK, 1997)
23. Axel Poschmann, Lightweight cryptography – cryptographic engineering for a pervasive world. Dissertation, Ruhr-Universität Bochum, 2009, http://www.crypto.ruhr-uni-bochum.de/en_theses.html. Zugegriffen am 1. April 2016
24. Carsten Rolfes, Axel Poschmann, Gregor Leander, Christof Paar, Ultra-lightweight implementations for smart devices – security for 1000 gate equivalents, in *Proceedings of the 8th Smart Card Research and Advanced Application IFIP Conference – CARDIS 2008*, LNCS, Bd. 5189 (Springer, 2008), S. 89–103
25. S. Trimberger, R. Pang, A. Singh, A 12 Gbps DES Encryptor/Decryptor Core in an FPGA, in *CHES '00: Proceedings of the 2nd International Workshop on Cryptographic Hardware and Embedded Systems*, hrsg. von Ç.K. Koç, C. Paar. LNCS, Bd. 1965 (Springer, 2000), S. 157–163
26. Walter Tuchman, A brief history of the data encryption standard, in *Internet Besieged: Countering Cyberspace Scofflaws* (ACM Press/Addison-Wesley, 1998), S. 275–280
27. Ingrid Verbauwhede, Frank Hoornaert, Joos Vandewalle, Hugo De Man, ASIC cryptographical processor based on DES (1991), http://www.ivgroup.ee.ucla.edu/pdf/1991euroasic.pdf. Zugegriffen am 1. April 2016
28. SHARCS – Special-purpose hardware for attacking cryptographic systems, http://www.sharcs.org/. Zugegriffen am 1. April 2016
29. M.J. Wiener, Efficient DES key search: An update, Cryptobytes **3**(2):6–8 (1997)
30. D.C. Wilcox, L. Pierson, P. Robertson, E. Witzke, K. Gass, A DES ASIC suitable for network encryption at 10 Gbps and beyond, in *CHES '99: Proceedings of the 1st International Workshop on Cryptographic Hardware and Embedded Systems*, hrsg. von Ç. Koç, C. Paar. LNCS, Bd. 1717 (Springer, 1999), S. 37–48

Der Advanced Encryption Standard

4

Der *Advanced Encryption Standard* (AES) ist die heutzutage am meisten genutzte symmetrische Chiffre überhaupt. Die AES-Blockchiffre ist für zahlreiche behördliche und industrielle Anwendungen als Standard vorgeschrieben. Zu den weit verbreiteten Standards, die AES verwenden, gehören u. a. TLS, der Internetsicherheitsstandard IPsec, der WLAN-Verschlüsselungsstandard IEEE 802.11i, das Secure-Shell-Protokoll SSH oder zur Sprachverschlüsselung von Skype. Darüber hinaus gibt es unzählige weitere Sicherheitslösungen, bei denen AES zum Einsatz kommt. Bis heute gibt es keine Angriffe auf AES, die signifikant besser als vollständige Schlüsselsuche sind.

In diesem Kapitel erlernen Sie

- den Auswahlprozess, der zum AES geführt hat,
- die Ver- und Entschlüsselungsfunktion von AES,
- die interne Struktur von AES, namentlich
  - Byte-Substitution-Schicht,
  - Diffusionsschicht,
  - Key-Addition-Schicht,
  - Schlüsselfahrplan,
- die Grundlagen zu endlichen Körpern,
- Implementierungseigenschaften von AES.

4.1 Einführung

1999 gab das amerikanische National Institute of Standards and Technology (NIST) bekannt, dass Data Encryption Standard (DES) nur noch aus Kompatibilitätsgründen für bestehende Systeme genutzt werden und stattdessen Triple-DES (3DES) verwendet werden sollte. Obwohl 3DES auch mit heutiger Technologie Brute-Force-Angriffen widersteht, weist er einige Nachteile auf. Zunächst ist zu beachten, dass 3DES nicht sonderlich

C. Paar, J. Pelzl, *Kryptografie verständlich*, eXamen.press, DOI 10.1007/978-3-662-49297-0_4

effizient in Software ist. DES selbst ist nicht gut geeignet für Softwareimplementierungen und 3DES ist dreimal langsamer als der einfache DES. Ein weiterer Nachteil ist die relative kleine Blockgröße von 64 Bit, die sowohl aus theoretischen Betrachtungen nicht wünschenswert ist, als auch praktische Nachteile hat, beispielsweise wenn man Hash-Funktionen aus Blockchiffren bauen möchte (vgl. Abschn. 11.3.2). Ein weiterer Grund sind zukünftige Angriffe mit Quantencomputern, die in einigen Jahrzehnten Realität werden könnten: Um Blockchiffren resistent gegen Quantencomputer zu machen, sind Schlüssellängen von 256 Bit wünschenswert. All diese Betrachtungen haben das NIST zu dem Schluss gebracht, dass eine vollständig neue Blockchiffre als Nachfolger des DES benötigt wird.

1997 hat das NIST eine Ausschreibung für den neuen AES veröffentlicht. Im Gegensatz zur Entwicklung des DES war die Auswahl des AES-Algorithmus ein öffentlicher Prozess, begleitet durch das NIST. In drei aufeinanderfolgenden AES-Evaluierungsrunden haben das NIST und die internationale wissenschaftliche Gemeinschaft Vor- und Nachteile der eingereichten Chiffren diskutiert und damit die Anzahl der potenziellen Kandidaten reduziert. Im Jahr 2001 hat das NIST schließlich die Blockchiffre *Rijndael* als den neuen AES vorgestellt und in dem Standard FIPS PUB 197 veröffentlicht. Rijndael wurde von zwei jungen belgischen Kryptografen entwickelt.

In der ursprünglichen Ausschreibung waren folgende Anforderungen für alle AES-Kandidaten verpflichtend:

- Blockchiffre mit 128 Bit Blockgröße;
- Unterstützung von drei Schlüssellängen: 128, 192 und 256 Bit;
- hohe Sicherheit relativ zu den anderen eingereichten Algorithmen und
- Effizienz in Soft- und Hardware.

Abb. 4.1 stellt die Ein- und Ausgabeparameter des AES dar. Die Ausschreibung und der nachfolgende Auswahlprozess erfolgten öffentlich. Hier ist eine kompakte Chronologie des AES-Auswahlprozesses :

- Die Notwendigkeit für eine neue Blockchiffre wird am 2. Januar 1997 vom NIST angekündigt.
- Eine formelle Ausschreibung für den AES wurde am 12. September 1997 bekannt gegeben.
- Bis zum 20. August 1998 wurden 15 Kandidaten für den AES von Wissenschaftlern aus aller Welt eingereicht.
- Am 9. August 1999 wurden die fünf finalen Kandidaten bekannt gegeben:
  - *Mars* von IBM,
  - *RC6* von RSA Laboratories,
  - *Rijndael* von Joan Daemen und Vincent Rijmen,
  - *Serpent* von Ross Anderson, Eli Biham und Lars Knudsen,
  - *Twofish* von Bruce Schneier, John Kelsey, Doug Whiting, David Wagner, Chris Hall und Niels Ferguson.

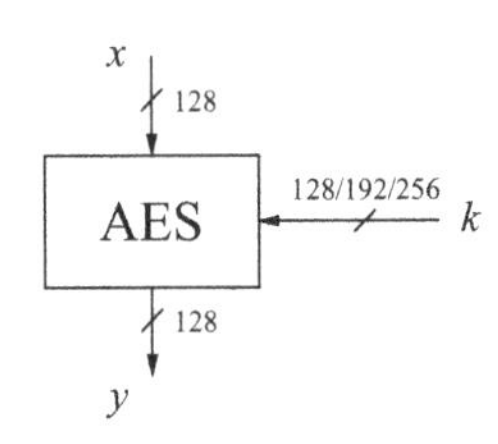

Abb. 4.1 AES-Ein- und -Ausgabeparameter

- Am 2. Oktober 2000 gab das NIST bekannt, dass die Wahl auf Rijndael als AES gefallen ist.
- Am 26. November 2001 wurde der AES formal als US-Standard freigegeben.

Es ist zu erwarten, dass AES in den nächsten Jahrzehnten weiterhin der dominante symmetrische Algorithmus für viele Anwendungen bleibt. Ebenfalls erwähnenswert ist die Tatsache, dass die amerikanische National Security Agency (NSA) im Jahr 2003 bekannt gab, dass es erlaubt ist, vertrauliche Dokumente für die Regierungskommunikation bis zur Stufe SECRET mit AES mit allen Schlüssellängen und bis zur Stufe TOP SECRET mit den Schlüssellängen 192 oder 256 Bit zu verschlüsseln. Vor dieser Bekanntgabe wurden nur geheime Algorithmen für die Verschlüsselung von klassifizierten Dokumenten verwendet.

4.2 Übersicht über den AES-Algorithmus

Die AES-Chiffre ist fast identisch zu der Blockchiffre Rijndael. Die Blockgröße und Schlüssellänge von Rijndael variiert zwischen 128, 192 und 256 Bit. Der AES-Standard erlaubt jedoch nur eine Blockgröße von 128 Bit. Daher ist nur Rijndael mit eine Blockgröße von 128 Bit als AES-Algorithmus bekannt. Im weiteren Verlauf dieses Kapitels werden wir nur die Standardversion des Rijndael mit einer Blockgröße von 128 Bit besprechen.

Wie bereits zuvor erwähnt, musste Rijndael laut NIST-Anforderung drei Schlüssellängen unterstützen. Die Anzahl der internen Runden der Chiffre ist, wie in Tab. 4.1 zu sehen, eine Funktion der Schlüssellänge.

Im Gegensatz zum DES hat der AES keine Feistel-Struktur. Feistel-Netzwerke verschlüsseln pro Iteration nicht den gesamten Block. Beim DES beispielsweise werden $64/2 = 32$ Bits in einer Runde verschlüsselt. Im Gegensatz hierzu verschlüsselt AES in jeder Runde alle 128 Bits. Dies ist einer der Gründe, warum der AES vergleichsweise wenige Runden hat.

Tab. 4.1 Schlüssellänge und Anzahl der Runden für AES

Schlüssellänge	# Runden $= n_r$
128 Bit	10
192 Bit	12
256 Bit	14

AES besteht aus sog. *Schichten* („layer"). Jede Schicht manipuliert alle 128 Bits des Datenpfads. Den Datenpfad nennt man auch den *Zustand* des Algorithmus. Es gibt nur drei verschiedene Arten von Schichten. Mit Ausnahme der letzten Runde besteht jede Runde aus allen drei Schichten, wie in Abb. 4.2 dargestellt: Der Klartext wird hierbei mit x bezeichnet, das Chiffrat mit y und die Anzahl der Runden mit n_r, wobei $n_r = 10, 12, 14$. Jedoch wird in der letzten Runden n_r nicht die MixColumn-Transformation verwendet, wodurch die AES-Ver- und -Entschlüsselung symmetrisch aufgebaut sind.

Nachfolgend werden die Schichten kurz beschrieben:

Key-Addition-Schicht Ein 128-Bit-Rundenschlüssel (auch Unterschlüssel genannt), der von dem Hauptschlüssel im Schlüsselfahrplan abgeleitet wird, wird auf den Zustand per XOR addiert.

Byte-Substitution-Schicht (S-Box) Jedes Byte des Zustands wird über eine nichtlineare Transformation durch ein anderes Byte ersetzt. Dies erfolgt mit einer S-Box mit speziellen mathematischen Eigenschaften. Die S-Boxen sind die Konfusionselemente des AES.

Diffusionsschicht Diese Schicht erzeugt *Diffusion* über alle Zustandbits. Die Schicht besteht aus zwei Unterschichten, die beide lineare Operationen durchführen:

- Die *ShiftRows*-Operation permutiert die Daten byteweise.
- Die *MixColumn*-Operation ist eine Matrixmultiplikation, die Blöcke von jeweils vier Bytes verwürfelt.

Analog zum DES berechnet der Schlüsselfahrplan die Rundenschlüssel $(k_0, k_1, \ldots, k_{n_r})$ aus dem AES-Hauptschlüssel.

Bevor wir die internen Funktionen der Schichten genauer in Abschn. 4.4 untersuchen, müssen wir ein neues mathematisches Konzept, nämlich das der *endlichen Körper*, einführen.

4.3 Eine kurze Einführung in endliche Körper

In den meisten Schichten erfordert AES das Rechnen in endlichen Körpern, insbesondere bei der S-Box und der MixColumn-Schicht. Für ein besseres Verständnis der AES-Interna ist daher eine Einführung in endliche Körper notwendig, bevor wir mit der eigentlichen Chiffre in Abschn. 4.4 fortfahren. Für ein rudimentäres Verständnis von AES ist das Wissen über endliche Körper jedoch nicht zwingend erforderlich und dieser Abschnitt kann in dem Fall übersprungen werden.

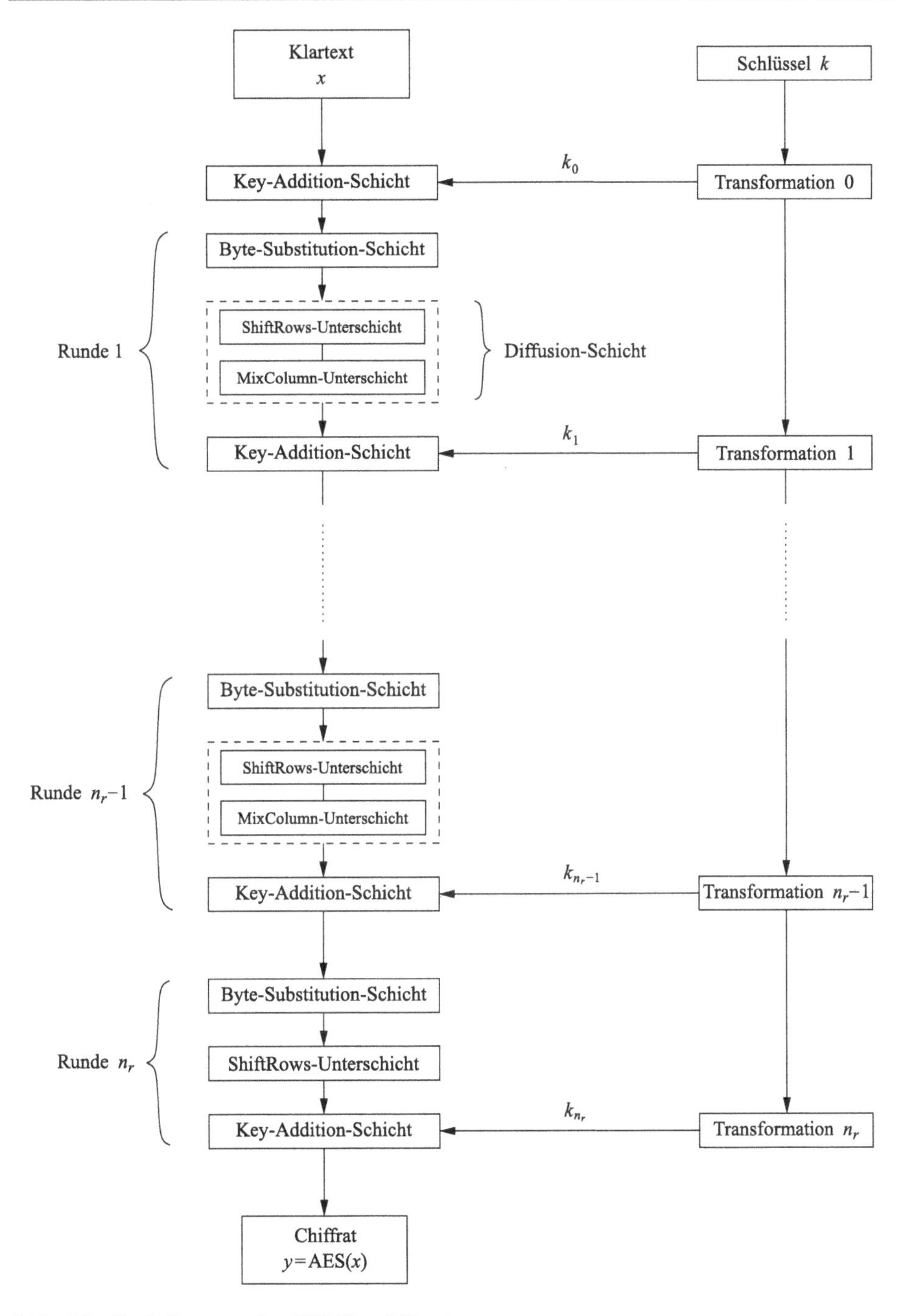

Abb. 4.2 Blockdiagramm der AES-Verschlüsselung

4.3.1 Die Existenz endlicher Körper

Ein *endlicher Körper*, im Englischen „finite field" oder „Galois field" genannt, ist eine endliche Menge von Elementen. Einfach beschrieben ist ein endlicher Körper eine endliche Menge von Elementen, in der wir addieren, subtrahieren, multiplizieren und invertieren können. Um Körper zu definieren, benötigen wir zunächst das Konzept einer noch einfacheren algebraischen Struktur, einer Gruppe.

Definition 4.1 (Gruppe)
Eine *Gruppe* ist eine Menge von Elementen G zusammen mit einer Operation $\circ$, die zwei Elemente von G verknüpft. Eine Gruppe hat die folgenden Eigenschaften:

1. Die Gruppenoperation $\circ$ ist *abgeschlossen*. D. h. für alle $a, b \in G$ gilt $a \circ b = c \in G$.
2. Die Gruppenoperation ist *assoziativ*. D. h. es gilt $a \circ (b \circ c) = (a \circ b) \circ c$ für alle $a, b, c \in G$.
3. Es existiert ein Element $1 \in G$, genannt *neutrales Element* (oder *Identität*), sodass $a \circ 1 = 1 \circ a = a$ für alle $a \in G$.
4. Für jedes $a \in G$ existiert ein Element $a^{-1} \in G$, die *Inverse* von a, mit $a \circ a^{-1} = a^{-1} \circ a = 1$.
5. Eine Gruppe G ist *abelsch (oder kommutativ)*, wenn zusätzlich für alle $a, b \in G$ gilt $a \circ b = b \circ a$.

Vereinfacht gesagt ist eine Gruppe eine Menge mit einer Rechenoperation und der zugehörigen inversen Operation. Wenn die Operation eine Addition ist, ist die inverse Operation die Subtraktion. Ist die Operation eine Multiplikation, so nennt man die inverse Operation Division (oder Multiplikation mit dem inversen Element).

Beispiel 4.1 Die Menge der ganzen Zahlen $\mathbb{Z}_m = \{0, 1, \ldots, m-1\}$ mit Addition modulo m formt eine Gruppe mit dem neutralen Element 0. Jedes Element a hat eine Inverse $-a$, d. h. es gilt $a + (-a) = 0 \bmod m$. Man beachte, dass diese Menge keine Gruppe bezüglich der Multiplikation formt, da die meisten Elemente a keine Inverse haben, d. h. im Allgemeinen gibt es kein Element a^{-1}, sodass gilt: $a \circ a^{-1} = 1 \bmod m$.

Um eine Struktur mit allen vier grundlegenden arithmetischen Operationen (d. h. Addition, Subtraktion, Multiplikation, Division) zu erhalten, benötigen wir eine Menge, die sowohl eine additive Gruppe als auch eine multiplikative Gruppe enthält. Man spricht dann von einem Körper.

Definition 4.2 (Körper)
Ein *Körper* F ist eine Menge von Elementen mit den folgenden Eigenschaften:

- Alle Elemente von F bilden eine additive abelsche Gruppe mit der Gruppenoperation „+" und dem neutralen Element 0.
- Alle Elemente von F mit Ausnahme der 0 bilden eine multiplikative abelsche Gruppe mit der Gruppenoperation „·" und dem neutralen Element 1.
- Die beiden Gruppenoperationen sind über das Distributivgesetz verknüpft, d. h. für alle $a, b, c \in F$ gilt: $a(b + c) = (ab) + (ac)$.

Beispiel 4.2 Die Menge der reellen Zahlen $\mathbb{R}$ ist ein Körper mit dem neutralen Element 0 für die additive Gruppe und dem neutralen Element 1 für die multiplikative Gruppe. Jede reelle Zahl a hat eine additive Inverse, nämlich $-a$. Jedes Element a mit Ausnahme der 0 hat die multiplikative Inverse $1/a$.

In der Kryptografie sind wir immer an Körpern mit einer endlichen Anzahl an Elementen interessiert, die wir endliche Körper nennen. Die Anzahl der Elemente in dem Körper nennt man die *Ordnung* oder die *Kardinalität* des Körpers. Von fundamentaler Bedeutung für endliche Körper ist der folgende Satz:

Satz 4.1
Ein Körper mit der Ordnung q existiert nur, wenn q eine Primzahlpotenz ist, d. h. es gilt $q = p^m$, wobei m eine positive ganze Zahl und p eine Primzahl ist. Man nennt p die *Charakteristik* des endlichen Körpers.

Dieser Satz impliziert, dass es beispielsweise endliche Körper mit 11 oder mit $81 = 3^4$ Elementen oder mit $256 = 2^8$ (2 ist prim) Elementen gibt. Es gibt jedoch beispielsweise keinen endlichen Körper mit 12 Elementen, da $12 = 2^2 \cdot 3$ keine Primzahlpotenz ist. Im Folgenden werden wir untersuchen, wie man endliche Körper konstruieren und insbesondere wie man in ihnen rechnen kann.

4.3.2 Primzahlkörper

Das einfachste Beispiel für endliche Körper sind Körper, deren Ordnung eine Primzahl ist, d. h. es gilt $m = 1$. Die Elemente des Körpers $GF(p)$ sind die ganzen Zahlen

$0, 1, \ldots, p - 1$. Die beiden Operationen des Körpers sind Additionen und Multiplikationen modulo p.

Satz 4.2
Sei p prim. Der Restklassenring $\mathbb{Z}_p$, für den die Notation $GF(p)$ verwendet wird, wird als *Primzahlkörper* oder *endlicher Körper* mit einer primen Anzahl von Elementen bezeichnet. Alle Elemente von $GF(p)$, die nicht null sind, haben eine Inverse. Arithmetik in $GF(p)$ wird modulo p durchgeführt.

Wenn wir uns an die Restklassenringe $\mathbb{Z}_m$ mit modularer Addition und Multiplikation aus Abschn. 1.4.2 erinnern, so sind diese Ringe dann endliche Körper, wenn m eine Primzahl ist. Um in Primzahlkörpern zu rechnen, müssen wir folgende Regeln für Restklassenringe befolgen: Addition und Multiplikation werden modulo p berechnet, die additive Inverse eines beliebigen Elementes a ist gegeben durch $a + (-a) = 0 \bmod p$ und die multiplikative Inverse eines beliebigen Elementes a ungleich Null ist definiert als $a \cdot a^{-1} = 1$. Nun schauen wir uns ein Beispiel für einen Primzahlkörper an.

Beispiel 4.3 Wir betrachten den endlichen Körper $GF(5) = \{0, 1, 2, 3, 4\}$. Die unten stehenden Tabellen beschreiben, wie beliebige Elemente addiert und multipliziert werden und was die additiven und multiplikativen Inversen der Körperelemente sind. Mithilfe der Tabellen können wir jede Berechnung in diesem Körper ausführen, ohne explizite Moduloarithmetik durchzuführen.

Addition

+	0	1	2	3	4
0	0	1	2	3	4
1	1	2	3	4	0
2	2	3	4	0	1
3	3	4	0	1	2
4	4	0	1	2	3

Additive Inverse

$-0 = 0$
$-1 = 4$
$-2 = 3$
$-3 = 2$
$-4 = 1$

Multiplikation

$\cdot$	0	1	2	3	4
0	0	0	0	0	0
1	0	1	2	3	4
2	0	2	4	1	3
3	0	3	1	4	2
4	0	4	3	2	1

Multiplikative Inverse

0^{-1} existiert nicht
$1^{-1} = 1$
$2^{-1} = 3$
$3^{-1} = 2$
$4^{-1} = 4$

Ein sehr wichtiger Primzahlkörper ist $GF(2)$. Er ist der kleinste endliche Körper, der existiert. Nachfolgend sind die Additions- und Multiplikationstafeln für $GF(2)$ beschrieben.

Beispiel 4.4 Wir betrachten den kleinstmöglichen endlichen Körper $GF(2) = \{0, 1\}$. Sämtliche Arithmetik wird einfach modulo 2 durchgeführt, was zu folgenden Arithmetiktafeln führt:

Addition

+	0	1
0	0	1
1	1	0

Multiplikation

·	0	1
0	0	0
1	0	1

Wie wir in Kap. 2 über Stromchiffren gesehen haben, ist die $GF(2)$-Addition, d. h. die Modulo-2-Addition, äquivalent zu dem XOR-Gatter. Anhand des oben stehenden Beispiels sieht man, dass die Multiplikation in $GF(2)$ äquivalent zu einem UND-Gatter ist. Der Körper $GF(2)$ und der darauf basierende Erweiterungskörper $GF(2^m)$ spielen eine wichtige Rolle für AES.

4.3.3 Erweiterungskörper $GF(2^m)$

Innerhalb des AES kommt der endliche Körper mit 256 Elementen zur Anwendung, für den die Notation $GF(2^8)$ verwendet wird. Dieser Körper wurde gewählt, da jedes Körperelement mit genau einem Byte dargestellt werden kann. In der S-Box und der MixColumn-Transformation wird jedes Byte des internen Datenpfads als ein Element des Körpers $GF(2^8)$ interpretiert. Die Bytes werden dann entsprechend der Rechenvorschriften dieses Körpers verarbeitet. Ist die Ordnung eines endlichen Körpers nicht prim (und 2^8 ist offensichtlich keine Primzahl), können Körperaddition und -multiplikation nicht durch Addition und Multiplikation modulo 256 realisiert werden. Derartige Körper mit $m > 1$ nennt man auch *Erweiterungskörper*. Um mit Erweiterungskörpern arbeiten zu können, benötigen wir (1) eine spezielle Darstellung der Körperelemente und (2) andere Regeln für das Rechnen mit den Elementen. Im Folgenden werden wir sehen, dass die Elemente von Erweiterungskörpern als *Polynome* dargestellt werden können und dass das Rechnen in einem Erweiterungskörper mithilfe der *Polynomarithmetik* möglich ist.

In Erweiterungskörpern $GF(2^m)$ werden Elemente nicht als ganze Zahlen, sondern als Polynome mit Koeffizienten in $GF(2)$ dargestellt. Der maximale Grad der Polynome beträgt $m - 1$, sodass jedes Element durch m Koeffizienten beschrieben wird. In dem Körper $GF(2^8)$, der von AES verwendet wird, kann demnach jedes Element $A \in GF(2^8)$ wie folgt dargestellt werden:

$$A(x) = a_7x^7 + \cdots + a_1x + a_0, \quad a_i \in GF(2) = \{0, 1\}$$

Man beachte, dass es exakt $256 = 2^8$ derartige Polynome gibt. Die Menge dieser 256 Polynome bildet den endlichen Körper $GF(2^8)$. Jedes Polynom kann einfach in digitaler Form als 8-Bit-Vektor gespeichert werden, der von den acht Polynomkoeffizienten gebildet wird:

$$A = (a_7, a_6, a_5, a_4, a_3, a_2, a_1, a_0)$$

Insbesondere muss man *nicht* die Terme x^7, x^6 etc. speichern, da durch die Bitposition klar ist, zu welcher Potenz x^i jeder Koeffizient gehört.

4.3.4 Addition und Subtraktion in $GF(2^m)$

Nun schauen wir uns Addition und Subtraktion in Erweiterungskörpern an. Beide Operationen können durch die uns bekannte Polynomaddition bzw. -subtraktion realisiert werden: Man muss lediglich die entsprechenden Koeffizienten addieren oder subtrahieren. Die Additionen oder Subtraktionen der Koeffizienten finden dabei in dem Grundkörper $GF(2)$ statt.

Definition 4.3 (Addition und Subtraktion im Erweiterungskörper)
Seien $A(x), B(x) \in GF(2^m)$. Die Summe der beiden Körperelemente berechnet sich als:

$$C(x) = A(x) + B(x) = \sum_{i=0}^{m-1} c_i x^i, \quad c_i \equiv a_i + b_i \bmod 2$$

und die Differenz berechnet sich als:

$$C(x) = A(x) - B(x) = \sum_{i=0}^{m-1} c_i x^i, \quad c_i \equiv a_i - b_i \equiv a_i + b_i \bmod 2$$

Man beachte, dass die Koeffizienten modulo 2 addiert bzw. subtrahiert werden. Wie wir in Kap. 2 gesehen haben, sind Addition und Subtraktion modulo 2 ein und dieselbe Operation. Darüber hinaus ist die Addition modulo 2 gleich der XOR-Verknüpfung. Schauen wir uns ein Beispiel in dem Körper $GF(2^8)$ an, der auch von AES verwendet wird:

Beispiel 4.5 Im Folgenden wird die Summe $C(x) = A(x) + B(x)$ zweier Elemente aus $GF(2^8)$ berechnet:

$$\begin{array}{rl} A(x) = & x^7 + x^6 + x^4 + \quad\quad\quad 1 \\ B(x) = & \quad\quad\quad\quad\;\; x^4 + x^2 + 1 \\ \hline C(x) = & x^7 + x^6 + \quad\quad x^2 \end{array}$$

Wir erhielten dasselbe Resultat, wenn wir die Differenz $A(x) - B(x)$ der beiden Polynome aus obigem Beispiel berechnen würden.

4.3.5 Multiplikation in $GF(2^m)$

Die Multiplikation in $GF(2^8)$ ist die Hauptoperation innerhalb der MixColumn-Transformation des AES. Als erster Schritt werden die beiden Körperelemente (die durch die entsprechenden Polynome gegeben sind) miteinander multipliziert, wobei die üblichen Regeln für die Polynommultiplikation verwendet werden:

$$\begin{aligned} A(x) \cdot B(x) &= (a_{m-1}x^{m-1} + \cdots + a_0) \cdot (b_{m-1}x^{m-1} + \cdots + b_0) \\ C'(x) &= c'_{2m-2}x^{2m-2} + \cdots + c'_0, \end{aligned}$$

wobei:

$$\begin{aligned} c'_0 &= a_0 b_0 \bmod 2 \\ c'_1 &= a_0 b_1 + a_1 b_0 \bmod 2 \\ &\vdots \\ c'_{2m-2} &= a_{m-1} b_{m-1} \bmod 2 \end{aligned}$$

Man beachte, dass alle Koeffizienten a_i, b_i und c_i Elemente von $GF(2)$ sind und dass alle Berechnungen mit den Koeffizienten in $GF(2)$ durchgeführt werden. Im Allgemeinen wird das Produktpolynom $C(x)$ einen höheren Grad als $m - 1$ haben und muss im zweiten Schritt der Körpermultiplikation reduziert werden. Die grundlegende Idee ist ein Ansatz ähnlich der Multiplikation in Primkörpern: In $GF(p)$ haben wir zwei ganze Zahlen multipliziert, das Resultat durch p dividiert und nur den ganzzahligen Rest betrachtet. In Erweiterungskörpern gehen wir wie folgt vor: Das Produkt der Polynommultiplikation wird durch ein bestimmtes Polynom dividiert und wir betrachten nur den Rest der Division. Die bestimmten Polynome, durch die dividiert wird, sind irreduzible Polynome. Wir erinnern uns an Abschn. 2.3.1 und an die Tatsache, dass irreduzible Polynome vergleichbar mit Primzahlen sind, d. h. ihre einzigen Faktoren sind die Zahl 1 und das Polynom selbst.

Definition 4.4 (Multiplikation im Erweiterungskörper)
Seien $A(x), B(x) \in GF(2^m)$ und sei

$$P(x) \equiv \sum_{i=0}^{m} p_i x^i, \quad p_i \in GF(2)$$

ein irreduzibles Polynom. Das Produkt von $A(x)$ und $B(x)$ wird gebildet durch:

$$C(x) \equiv A(x) \cdot B(x) \bmod P(x)$$

Aus der Definition der Multiplikation ergibt sich, dass jeder Körper $GF(2^m)$ ein irreduzibles Polynom $P(x)$ vom Grad m mit Koeffizienten in $GF(2)$ benötigt. Man beachte, dass nicht alle Polynome irreduzibel sind. So ist z. B. das Polynom $x^4 + x^3 + x + 1$ reduzibel, da

$$x^4 + x^3 + x + 1 = (x^2 + x + 1)(x^2 + 1),$$

und es kann daher nicht zur Konstruktion des Erweiterungskörpers $GF(2^4)$ verwendet werden. Da primitive Polynome ein Spezialfall von irreduziblen Polynomen sind, können die primitiven Polynome aus Tab. 2.4 in Abschn. 2.3.1 zur Konstruktion von Erweiterungskörpern $GF(2^m)$ verwendet werden. Für AES wird das irreduzible Polynom

$$P(x) = x^8 + x^4 + x^3 + x + 1$$

verwendet. Es ist Teil der AES-Spezifikation.

Beispiel 4.6 Wir möchten die zwei Polynome $A(x) = x^3 + x^2 + 1$ und $B(x) = x^2 + x$ im Körper $GF(2^4)$ multiplizieren. Das irreduzible Polynom dieses endlichen Körpers ist:

$$P(x) = x^4 + x + 1.$$

Das einfache Polynomprodukt ergibt sich zu:

$$C'(x) = A(x) \cdot B(x) = x^5 + x^3 + x^2 + x$$

Nun können wir $C'(x)$ durch Polynomdivision reduzieren und den Rest betrachten. Manchmal ist es jedoch einfacher, jeden der führenden Terme x^4 und x^5 individuell zu reduzieren:

$$\begin{aligned} x^4 &= 1 \cdot P(x) + (x + 1) \\ x^4 &\equiv x + 1 \bmod P(x) \\ x^5 &\equiv x^2 + x \bmod P(x) \end{aligned}$$

Nun müssen wir lediglich den reduzierten Ausdruck für x^5 in das Zwischenergebnis für $C'(x)$ einsetzen:

$$\begin{aligned} C(x) &\equiv x^5 + x^3 + x^2 + x \bmod P(x) \\ C(x) &\equiv (x^2 + x) + (x^3 + x^2 + x) = x^3 \\ A(x) \cdot B(x) &\equiv x^3 \end{aligned}$$

Es ist wichtig, die Multiplikation in $GF(2^m)$ nicht mit der Multiplikation von ganzen Zahlen zu verwechseln. Dies gilt insbesondere, wenn wir Berechnungen in endlichen Körpern in Software ausführen. Im Normalfall werden die Polynome, d. h. die Elemente des

Körpers, als einfache Bitvektoren in einem Computerwort gespeichert. Wenn wir uns die Körpermultiplikation des vorherigen Beispiels anschauen, wird folgende sehr untypische Operation auf Bitebene durchgeführt:

$$\begin{array}{ccccc} A & \cdot & B & = & C \\ (x^3+x^2+1) & \cdot & (x^2+x) & = & x^3 \\ (1\ 1\ 0\ 1) & \cdot & (0\ 1\ 1\ 0) & = & (1\ 0\ 0\ 0) \end{array}$$

Diese Berechnung ist **nicht** identisch mit der gewöhnlichen Ganzzahlarithmetik. Wenn man die Polynome der Körperelemente als ganze Zahlen interpretiert würde, d. h. $(1101)_2 = 13_{10}$ und $(0110)_2 = 6_{10}$, wäre das Resultat $(1001110)_2 = 78_{10}$, was offensichtlich nicht das Gleiche ist wie das Resultat der Körpermultiplikation. Daher können wir die Ganzzahlarithmetik, die von CPU standardmäßig zur Verfügung gestellt wird, nicht nutzen, obwohl die Elemente der endlichen Körper auch als Ganzzahltypen dargestellt werden.

4.3.6 Inversion in $GF(2^m)$

Die wesentliche Operation der Byte-Substitution-Schicht ist Inversion in $GF(2^8)$, die innerhalb der S-Boxen stattfindet. Für einen endlichen Körper $GF(2^m)$ und dem zugehörigen irreduziblen Polynome $P(x)$ ist die Inverse A^{-1} eines Elements $A \in GF(2^m)$ mit $A \neq 0$ definiert als:

$$A^{-1}(x) \cdot A(x) = 1 \bmod P(x)$$

Für kleine Körper – in der Praxis sind dies zumeist Körper mit 2^{16} oder weniger Elementen – werden häufig Tabellen mit den vorausberechneten Inversen aller Elemente des Körpers verwendet. Tab. 4.2 zeigt die Werte, die innerhalb der AES-S-Box verwendet werden. Die Tabelle enthält alle Inversen in $GF(2^8)$ modulo $P(x) = x^8 + x^4 + x^3 + x + 1$ in hexadezimaler Darstellung. Ein spezieller Fall ist der Eintrag für das Null-Element des Körpers, für das keine Inverse existiert. Dennoch wird für die S-Box des AES eine Substitution für jeden möglichen Eingabewert benötigt. Für AES wurde deshalb definiert, dass das Null-Element auf das Null-Element abgebildet wird.

Beispiel 4.7 Aus Tab. 4.2 geht hervor, dass die Inverse von

$$x^7 + x^6 + x = (1100\,0010)_2 = (\mathrm{C2})_{\mathrm{hex}} = (xy)$$

durch das Element in der Zeile C, Spalte 2, gegeben ist:

$$(\mathrm{2F})_{\mathrm{hex}} = (0010\,1111)_2 = x^5 + x^3 + x^2 + x + 1$$

Tab. 4.2 Tabelle der multiplikativen Inversen der AES-S-Box in $GF(2^8)$ für Bytes xy

		y															
		0	1	2	3	4	5	6	7	8	9	A	B	C	D	E	F
	0	00	01	8D	F6	CB	52	7B	D1	E8	4F	29	C0	B0	E1	E5	C7
	1	74	B4	AA	4B	99	2B	60	5F	58	3F	FD	CC	FF	40	EE	B2
	2	3A	6E	5A	F1	55	4D	A8	C9	C1	0A	98	15	30	44	A2	C2
	3	2C	45	92	6C	F3	39	66	42	F2	35	20	6F	77	BB	59	19
	4	1D	FE	37	67	2D	31	F5	69	A7	64	AB	13	54	25	E9	09
	5	ED	5C	05	CA	4C	24	87	BF	18	3E	22	F0	51	EC	61	17
	6	16	5E	AF	D3	49	A6	36	43	F4	47	91	DF	33	93	21	3B
	7	79	B7	97	85	10	B5	BA	3C	B6	70	D0	06	A1	FA	81	82
x	8	83	7E	7F	80	96	73	BE	56	9B	9E	95	D9	F7	02	B9	A4
	9	DE	6A	32	6D	D8	8A	84	72	2A	14	9F	88	F9	DC	89	9A
	A	FB	7C	2E	C3	8F	B8	65	48	26	C8	12	4A	CE	E7	D2	62
	B	0C	E0	1F	EF	11	75	78	71	A5	8E	76	3D	BD	BC	86	57
	C	0B	28	2F	A3	DA	D4	E4	0F	A9	27	53	04	1B	FC	AC	E6
	D	7A	07	AE	63	C5	DB	E2	EA	94	8B	C4	D5	9D	F8	90	6B
	E	B1	0D	D6	EB	C6	0E	CF	AD	08	4E	D7	E3	5D	50	1E	B3
	F	5B	23	38	34	68	46	03	8C	DD	9C	7D	A0	CD	1A	41	1C

Dies kann durch eine Multiplikation verifiziert werden:

$$(x^7 + x^6 + x) \cdot (x^5 + x^3 + x^2 + x + 1) \equiv 1 \bmod P(x)$$

Man beachte, dass die Tabelle oben nicht die kompletten S-Boxen enthält. Die S-Boxen selbst sind etwas komplexer und werden in Abschn. 4.4.1 näher beschrieben.

Als Alternative zu Tabellen kann man die Inversen auch *berechnen*. Der Hauptalgorithmus zur Berechnung multiplikativer Inverser ist der erweiterte euklidische Algorithmus, der in Abschn. 6.3.1 eingeführt wird.

4.4 Die interne Struktur des AES

Im Folgenden betrachten wir die interne Struktur des AES genauer. Abb. 4.3 zeigt den Ablauf einer einzelnen AES-Runde. Die 16 Bytes des Eingangs $A_0, \ldots, A_{15}$ werden byteweise in die S-Box-Schicht gegeben. Die 16 Ausgangsbytes $B_0, \ldots, B_{15}$ werden in der ShiftRows-Schicht byteweise permutiert und durch die MixColumn-Operation miteinander verwürfelt. Letztlich wird der 128-Bit-Unterschlüssel k_i auf den Ausgang $C_0, \ldots, C_{15}$ der MixColumn-Operation per XOR addiert. Wir sehen, dass AES eine byteorientierte

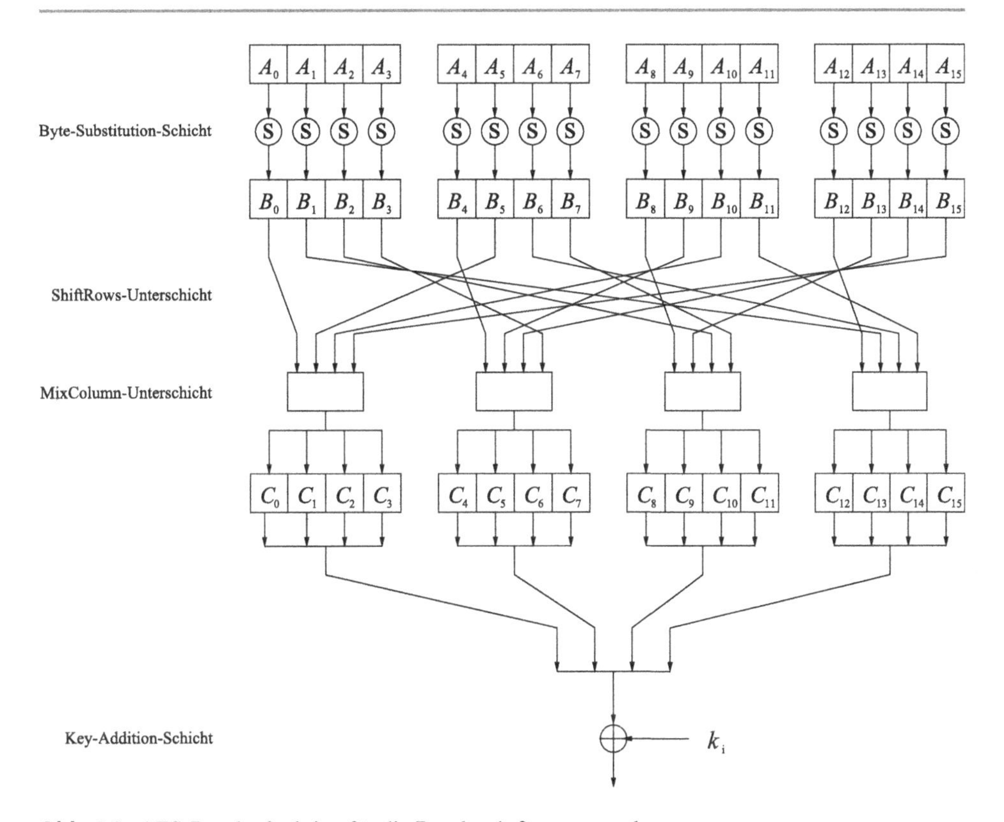

Abb. 4.3 AES-Rundenfunktion für die Runden $1, 2, \ldots, n_r - 1$

Chiffre ist. Dies steht im Gegensatz zum DES, der sehr viele Bitpermutationen ausnutzt und daher eher eine bitorientierte Struktur besitzt.

Um zu verstehen, wie sich die Daten durch den AES bewegen, stellen wir uns den Zustand A (d. h. den 128-Bit-Datenpfad) bestehend aus 16 Bytes $A_0, A_1, \ldots, A_{15}$ als eine 4×4-Byte-Matrix vor:

A_0	A_4	A_8	A_{12}
A_1	A_5	A_9	A_{13}
A_2	A_6	A_{10}	A_{14}
A_3	A_7	A_{11}	A_{15}

Wie wir im Folgenden sehen werden, operiert der AES auf einzelnen Bytes, Spalten oder Zeilen dieser Zustandsmatrix. In gleicher Art und Weise wird der Schlüssel durch eine Bytematrix bestehend aus vier Zeilen und vier Spalten (128-Bit-Schlüssel), sechs Spalten (192-Bit-Schlüssel) oder acht Spalten (256-Bit-Schlüssel) dargestellt. Hier ist ein Beispiel für die Schlüsselmatrix für AES-192-Schlüssel:

K_0	K_4	K_8	K_{12}	K_{16}	K_{20}
K_1	K_5	K_9	K_{13}	K_{17}	K_{21}
K_2	K_6	K_{10}	K_{14}	K_{18}	K_{22}
K_3	K_7	K_{11}	K_{15}	K_{19}	K_{23}

Nachfolgend werden die Interna jeder Schicht behandelt.

4.4.1 Byte-Substitution-Schicht

Wie in Abb. 4.3 gezeigt, besteht die erste Schicht jeder Runde aus der *Byte-Substitution*. Die Byte-Substitution-Schicht besteht aus 16 parallelen S-Boxen, wobei jede S-Box 8 Ein- und Ausgabebits hat. Man beachte, dass im Gegensatz zum DES beim AES alle 16 S-Boxen identisch sind. In der Schicht wird jedes Zustandsbyte A_i durch ein Byte B_i ersetzt, d. h. substituiert:

$$S(A_i) = B_i$$

Die S-Box ist das einzige nichtlineare Element des AES, sodass gilt $\text{ByteSub}(A) + \text{ByteSub}(B) \neq \text{ByteSub}(A + B)$, wobei A und B zwei Zustandsbytes sind. Die Substitution der S-Box ist eine bijektive Abbildung, d. h. jeder der $2^8 = 256$ möglichen Eingangswerte wird eineindeutig, d. h. bijektiv, auf ein Ausgabeelement abgebildet. Dies erlaubt uns, die S-Box-Abbildung rückgängig zu machen, was für die Entschlüsselung notwendig ist. In Software wird die S-Box üblicherweise als Tabelle mit 256 Byteeinträgen implementiert, wie in Tab. 4.3 dargestellt.

Beispiel 4.8 Nehmen wir an, die Eingabe in die S-Box ist das Byte $A_i = (\text{C2})_{\text{hex}}$. Der substituierte Wert ergibt sich dann zu:

$$S((\text{C2})_{\text{hex}}) = (25)_{\text{hex}}$$

Auf Bitebene – und im Grunde ist die Manipulation von Bits die entscheidende Aufgabe einer jeden Chiffre – kann diese Substitution wie folgt beschrieben werden:

$$S(1100\,0010) = (0010\,0101)$$

Auch wenn die S-Box bijektiv ist, hat sie keine Fixpunkte, d. h. es gibt keine Eingabewerte A_i, für die gilt $S(A_i) = A_i$. Auch der Eingabewert null ist kein Fixpunkt: $S(0000\,0000) = (0110\,0011)$.

Tab. 4.3 AES-S-Box: Substitutionswerte in hexadezimaler Notation für die Eingabebytes (xy)

		y															
		0	1	2	3	4	5	6	7	8	9	A	B	C	D	E	F
	0	63	7C	77	7B	F2	6B	6F	C5	30	01	67	2B	FE	D7	AB	76
	1	CA	82	C9	7D	FA	59	47	F0	AD	D4	A2	AF	9C	A4	72	C0
	2	B7	FD	93	26	36	3F	F7	CC	34	A5	E5	F1	71	D8	31	15
	3	04	C7	23	C3	18	96	05	9A	07	12	80	E2	EB	27	B2	75
	4	09	83	2C	1A	1B	6E	5A	A0	52	3B	D6	B3	29	E3	2F	84
	5	53	D1	00	ED	20	FC	B1	5B	6A	CB	BE	39	4A	4C	58	CF
	6	D0	EF	AA	FB	43	4D	33	85	45	F9	02	7F	50	3C	9F	A8
	7	51	A3	40	8F	92	9D	38	F5	BC	B6	DA	21	10	FF	F3	D2
x	8	CD	0C	13	EC	5F	97	44	17	C4	A7	7E	3D	64	5D	19	73
	9	60	81	4F	DC	22	2A	90	88	46	EE	B8	14	DE	5E	0B	DB
	A	E0	32	3A	0A	49	06	24	5C	C2	D3	AC	62	91	95	E4	79
	B	E7	C8	37	6D	8D	D5	4E	A9	6C	56	F4	EA	65	7A	AE	08
	C	BA	78	25	2E	1C	A6	B4	C6	E8	DD	74	1F	4B	BD	8B	8A
	D	70	3E	B5	66	48	03	F6	0E	61	35	57	B9	86	C1	1D	9E
	E	E1	F8	98	11	69	D9	8E	94	9B	1E	87	E9	CE	55	28	DF
	F	8C	A1	89	0D	BF	E6	42	68	41	99	2D	0F	B0	54	BB	16

Beispiel 4.9 Nehmen wir an, die Eingabe in die Byte-Substitution-Schicht sind die 16 Bytes

$$((\mathrm{C2}), (\mathrm{C2}), \ldots, (\mathrm{C2}))$$

in hexadezimaler Notation. Der Zustand der Ausgabe ist dann

$$(25, 25, \ldots, 25)$$

Mathematische Beschreibung der S-Box Nachfolgend beschreiben wir, wie die S-Box-Einträge konstruiert werden. Für ein grundlegendes Verständnis des AES ist diese Beschreibung jedoch nicht notwendig und kann ohne Probleme übersprungen werden. Anders als die DES-S-Boxen, die im Wesentlichen Zufallstabellen mit bestimmten Eigenschaften sind, haben die AES-S-Boxen eine algebraische Struktur. Eine AES-S-Box kann als zweistufige mathematische Transformation gesehen werden, wie in Abb. 4.4 dargestellt.

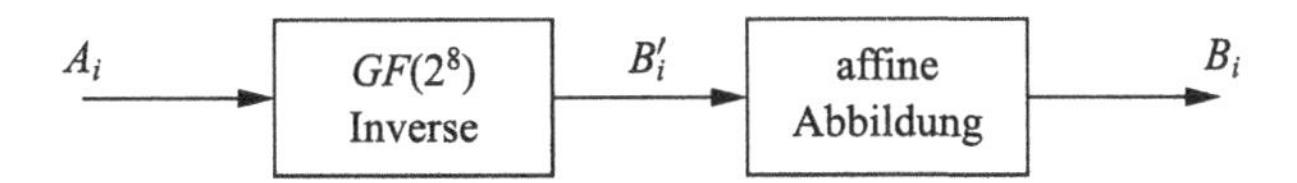

Abb. 4.4 Die beiden Operationen innerhalb der AES-S-Box, die die Ausgabe $B_i = S(A_i)$ berechnen

Der erste Teil der Substitution ist eine Inversion in einem endlichen Körper, vgl. Abschn. 4.3.2. Für jedes Eingabeelement A_i wird die Inverse berechnet, $B'_i = A_i^{-1}$, wobei A_i und B'_i als Elemente des Körpers $GF(2^8)$ mit dem irreduziblen Polynom $P(x) = x^8 + x^4 + x^3 + x + 1$ betrachtet werden. Eine Tabelle mit allen Inversen ist in Tab. 4.2 abgebildet. Man beachte, dass die Inverse des Null-Elements nicht existiert. Für den AES ist für diese Operation jedoch die Abbildung des Null-Elements $A_i = 0$ auf sich selbst definiert.

In dem zweiten Teil der Substitution wird jedes Byte B'_i mit einer konstanten Bitmatrix multipliziert, gefolgt von der Addition mit einem festen 8-Bit-Vektor. Diese Operation lässt sich wie folgt darstellen:

$$\begin{pmatrix} b_0 \\ b_1 \\ b_2 \\ b_3 \\ b_4 \\ b_5 \\ b_6 \\ b_7 \end{pmatrix} \equiv \begin{pmatrix} 1 & 0 & 0 & 0 & 1 & 1 & 1 & 1 \\ 1 & 1 & 0 & 0 & 0 & 1 & 1 & 1 \\ 1 & 1 & 1 & 0 & 0 & 0 & 1 & 1 \\ 1 & 1 & 1 & 1 & 0 & 0 & 0 & 1 \\ 1 & 1 & 1 & 1 & 1 & 0 & 0 & 0 \\ 0 & 1 & 1 & 1 & 1 & 1 & 0 & 0 \\ 0 & 0 & 1 & 1 & 1 & 1 & 1 & 0 \\ 0 & 0 & 0 & 1 & 1 & 1 & 1 & 1 \end{pmatrix} \begin{pmatrix} b'_0 \\ b'_1 \\ b'_2 \\ b'_3 \\ b'_4 \\ b'_5 \\ b'_6 \\ b'_7 \end{pmatrix} + \begin{pmatrix} 1 \\ 1 \\ 0 \\ 0 \\ 0 \\ 1 \\ 1 \\ 0 \end{pmatrix} \bmod 2$$

Das Byte $B' = (b'_7, \ldots, b'_0)$ enthält die acht Bits, die durch die Inversion $B'_i(x) = A_i^{-1}(x)$ berechnet wurden. Dieser zweite Schritt wird als *affine Abbildung* bezeichnet. Wir betrachten nun ein Beispiel für eine vollständige S-Box-Operation.

Beispiel 4.10 Wir nehmen an, die Eingabe in die S-Box sei $A_i = (1100\,0010)_2 = (\mathrm{C2})_{\mathrm{hex}}$. Aus Tab. 4.2 entnehmen wir, dass die Inverse gegeben ist als

$$A_i^{-1} = B'_i = (\mathrm{2F})_{\mathrm{hex}} = (0010\,1111)_2$$

Der Bitvektor B'_i ist nun die Eingabe für die affine Transformation. Das niedrigstwertige Bit (LSB) b'_0 von B'_i liegt hierbei rechts außen.

$$B_i = (0010\,0101) = (25)_{\mathrm{hex}}$$

Somit ist $S((\mathrm{C2})_{\mathrm{hex}}) = (25)_{\mathrm{hex}}$, was natürlich mit dem Ergebnis aus der S-Box-Tab. 4.3 übereinstimmt.

Wenn wir beide Schritte der S-Box-Abbildung für alle 256 möglichen Eingangselemente der S-Box berechnen und abspeichern würden, würde man die Tab. 4.3 erhalten. In den meisten AES-Implementierungen, insbesondere in fast allen Softwarerealisierungen, werden die S-Box-Ausgaben jedoch *nicht explizit berechnet*, so wie hier gezeigt, sondern stattdessen vorberechnete Tabellen wie in Tab. 4.3 verwendet. Für Implementierungen in Hardware ist es jedoch manchmal vorteilhaft, die S-Boxen in Form einer digitalen Schaltung zu realisieren, die die Inverse und die affine Abbildung tatsächlich *berechnet*.

Der Grund, warum Inversion in $GF(2^8)$ als Hauptfunktion der S-Box verwendet wird, ist deren hohe Nichtlinearität, wodurch bestmöglicher Schutz gegen einige der stärksten bekannten analytischen Angriffe gegeben ist. Durch die nachgeschaltete affine Abbildung wird verhindert, dass die algebraische Struktur des endlichen Körpers, in dem die Inversion stattfindet, für andere Angriffe ausgenutzt werden kann.

4.4.2 Diffusionsschicht

Die Diffusionsschicht beim AES besteht aus zwei Teilen, der *ShiftRows*-Transformation und der *MixColumn*-Transformation. Erinnern wir uns daran, dass durch die Diffusion jedes einzelne Bit möglichst viele Bits des Zustands beeinflussen soll. Anders als bei der nichtlinearen S-Box führt die Diffusionsschicht eine lineare Operation aus, d. h. für zwei Zustandsmatrizen A, B gilt: $\mathrm{DIFF}(A) + \mathrm{DIFF}(B) = \mathrm{DIFF}(A + B)$.

ShiftRows-Transformation

Die ShiftRows-Transformation verschiebt die zweite Zeile der Zustandsmatrix zyklisch um drei Bytes nach rechts, die dritte Zeile um zwei Bytes nach rechts und die vierte Zeile um ein Byte nach rechts. Die erste Zeile wird durch die Transformation nicht verändert. Durch die ShiftRows-Operation wird die Diffusionseigenschaft des AES erhöht. Wenn der Eingangszustand in die ShiftRows-Transformation als $B = (B_0, B_1, \ldots, B_{15})$ gegeben ist,

B_0	B_4	B_8	B_{12}
B_1	B_5	B_9	B_{13}
B_2	B_6	B_{10}	B_{14}
B_3	B_7	B_{11}	B_{15}

ist der Ausgang des neuen Zustands:

B_0	B_4	B_8	B_{12}	keine Verschiebung
B_5	B_9	B_{13}	B_1	$\longrightarrow$ Rechtsverschiebung um drei Positionen
B_{10}	B_{14}	B_2	B_6	$\longrightarrow$ Rechtsverschiebung um zwei Positionen
B_{15}	B_3	B_7	B_{11}	$\longrightarrow$ Rechtsverschiebung um eine Position

(4.1)

MixColumn-Transformation

Der *MixColumn*-Schritt ist eine lineare Transformation, die die Bytes jeder Spalte der Zustandsmatrix untereinander verwürfelt. Durch sie wird erreicht, dass jedes der vier Bytes einer Spalte alle anderen Bytes der Spalte beeinflusst. Die MixColumn-Operation ist das ausschlaggebende Diffusionselement des AES. Durch die Kombination der ShiftRows- und der MixColumn-Schichten wird erreicht, dass nach nur zwei Runden jedes Byte der Zustandsmatrix von allen 16 Bytes des Klartexts abhängt.

Im Folgenden bezeichnen wir den 16-Byte-Eingangszustand mit B und den 16-Byte-Ausgangszustand mit C:

$$\text{MixColumn}(B) = C,$$

wobei B der Zustand nach der ShiftRows-Operation ist, vgl. (4.1).

Nun betrachten wir jede Spalte als Vektor bestehend aus vier Bytes, der mit einer 4×4-Matrix multipliziert wird. Diese Matrix besteht aus *konstanten* Einträgen. Die Multiplikationen und Additionen der Bytes, die für die Matrixmultiplikation notwendig sind, erfolgen in $GF(2^8)$. Im Folgenden zeigen wir beispielhaft die Berechnung der ersten vier Ausgabebytes:

$$\begin{pmatrix} C_0 \\ C_1 \\ C_2 \\ C_3 \end{pmatrix} = \begin{pmatrix} 02 & 03 & 01 & 01 \\ 01 & 02 & 03 & 01 \\ 01 & 01 & 02 & 03 \\ 03 & 01 & 01 & 02 \end{pmatrix} \begin{pmatrix} B_0 \\ B_5 \\ B_{10} \\ B_{15} \end{pmatrix}$$

Die zweite Spalte (C_4, C_5, C_6, C_7) des Ausgangszustands berechnet sich aus der Multiplikation der vier Eingangsbytes (B_4, B_9, B_{14}, B_3) mit derselben Matrix usw. Aus Abb. 4.3 ist ersichtlich, welche Eingabebytes in den vier MixColumn-Operationen einer AES-Runde verwendet werden.

Wir werden nun die Details des Vektor-Matrix-Produkts erläutern, aus dem die MixColumn-Operationen besteht. Alle Zustandsbytes C_i und B_i sind 8-Bit-Werte, die jeweils ein Element aus $GF(2^8)$ darstellen. Sämtliche Arithmetik mit den Bytes wird in diesem endlichen Körper durchgeführt. Für die Konstanten der Matrix wird eine hexadezimale Notation verwendet: „01" bezeichnet dabei das Polynom aus $GF(2^8)$ mit den Koeffizienten (0000 0001), also das Element 1 des endlichen Körpers; „02" steht für das Polynom mit der Bitdarstellung (0000 0010), d. h. das Polynom x; „03" bezeichnet das Polynom mit dem Bit-Vektor (0000 0011), also das Element des endlichen Körpers $x + 1$.

Die Additionen in der Vektor-Matrix-Multiplikation sind Additionen in $GF(2^8)$, d. h. die beiden betroffenen Bytes werden einfach bitweise per XOR verknüpft. Für die Koeffizientenmultiplikationen müssen wir $GF(2^8)$-Multiplikationen mit den Konstanten 01, 02 und 03 ausführen. Diese Konstantenmultiplikationen sind sehr effizient. Eine Multiplikation mit 01 ist eine Multiplikation mit der Identität, d. h. es muss keine explizite Berechnung ausgeführt werden. Multiplikationen mit 02 und 03 können durch eine Vorausberechnung von zwei 256-mal-8-Tabellen realisiert werden. Alternativ kann die Multiplikation mit 02 durch eine explizite $GF(2^8)$-Multiplikation mit x realisiert werden. Hierfür verschiebt man das Eingangswort um ein Bit nach links, gefolgt von einer modularen Reduktion mit $P(x) = x^8 + x^4 + x^3 + x + 1$. Analog kann die Multiplikation mit 03, also mit dem

Polynom $(x + 1)$, durch eine Verschiebung um ein Bit nach links und eine Addition des ursprünglichen Werts gefolgt von einer modularen Reduktion mit $P(x)$ erreicht werden.

Beispiel 4.11 Wir setzen nun unser Beispiel von Abschn. 4.4.1 fort und nehmen an, der Zustand am Eingang der MixColumn-Schicht sind die 16 Bytes mit den Werten in Hexadezimalnotation:

$$B = (25, 25, \ldots, 25)$$

In diesem speziellen Fall müssen nur zwei Multiplikationen in $GF(2^8)$ berechnet werden. Diese sind $02 \cdot 25$ und $03 \cdot 25$, was in polynomieller Notation berechnet werden kann als (man beachte, dass $25_{16} = 10\,0101 = x^5 + x^2 + 1$):

$$\begin{aligned} 02 \cdot 25 &= x \cdot (x^5 + x^2 + 1) \\ &= x^6 + x^3 + x, \\ 03 \cdot 25 &= (x + 1) \cdot (x^5 + x^2 + 1) \\ &= (x^6 + x^3 + x) + (x^5 + x^2 + 1) \\ &= x^6 + x^5 + x^3 + x^2 + x + 1 \end{aligned}$$

Da beide Zwischenergebnisse einen Grad kleiner als 8 haben, ist auch keine modulare Reduktion mit $P(x)$ notwendig.

Die Ausgangsbytes der Matrix C berechnen sich durch die folgende Addition in $GF(2^8)$:

$$\begin{array}{rcccccccccccc} 01 \cdot 25 = & & & x^5 & + & & & x^2 & + & & & 1 \\ 01 \cdot 25 = & & & x^5 & + & & & x^2 & + & & & 1 \\ 02 \cdot 25 = & x^6 & + & & & x^3 & + & & & x & & \\ 03 \cdot 25 = & x^6 & + & x^5 & + & x^3 & + & x^2 & + & x & + & 1 \\ \hline C_i = & & & x^5 & + & & & x^2 & + & & & 1, \end{array}$$

wobei $i = 0, \ldots, 15$. Dies führt zu dem Ausgangszustand $C = (25, 25, \ldots, 25)$.

4.4.3 Key-Addition-Schicht

Die beiden Eingänge in die *Key-Addition-Schicht* sind die aktuelle 16-Byte-Zustandsmatrix und ein Unterschlüssel, der ebenfalls aus 16 Bytes (128 Bit) besteht. Die beiden Werte werden über ein bitweises XOR kombiniert. Man beachte, dass die bitweise XOR-Operation einer Addition in dem endlichen Körper $GF(2)$ entspricht. Die Unterschlüssel werden im Schlüsselfahrplan berechnet, der im folgenden Abschn. 4.4.4 beschrieben ist.

4.4.4 Schlüsselfahrplan

Der *Schlüsselfahrplan* nimmt den ursprünglichen Eingangsschlüssel (der Länge 128, 192 oder 256 Bit) und leitet die notwendigen Unterschlüssel für den AES ab. Man beachte, dass sowohl ganz zu Anfang als auch ganz am Ende des AES ein Unterschlüssel aufaddiert wird, vgl. Abb. 4.2. Dieses Vorgehen wird oft als *Key Whitening* bezeichnet. Die Anzahl der Unterschlüssel ist gleich der Anzahl der Runden plus eins, da ein weiterer Unterschlüssel für das Key Whitening in der ersten Key-Addition-Schicht benötigt wird. Da bei einer Schlüssellänge von 128 Bit die Anzahl der Runden $n_r = 10$ beträgt, werden hier 11 Unterschlüssel benötigt. Der AES mit einem 192-Bit-Schlüssel benötigt 13 Unterschlüssel mit einer Länge von 128 Bit und AES mit 256-Bit-Schlüssel hat 15 Unterschlüssel. Die AES-Unterschlüssel werden rekursiv berechnet, d. h. um Unterschlüssel k_i abzuleiten, muss Unterschlüssel k_{i-1} bekannt sein usw.

Der AES-Schlüsselfahrplan ist wortorientiert, wobei ein Wort aus 32 Bit besteht. Unterschlüssel werden in einer Matrix W gespeichert, die aus Wörtern besteht. Die Schlüsselfahrpläne sind für die drei AES-Schlüssellängen von 128, 192 und 256 Bit verschieden, aber relativ einfach aufgebaut. Wir beschäftigen uns nun mit den drei Schlüsselfahrplänen.

Schlüsselfahrplan für AES-128

Die 11 Unterschlüssel werden in einem Schlüsselexpansionsvektor mit den Elementen $W[0], \ldots, W[43]$ gespeichert. Die Unterschlüssel werden wie in Abb. 4.5 dargestellt berechnet. Die Elemente $K_0, \ldots, K_{15}$ bezeichnen dabei die Bytes des ursprünglichen AES-Schlüssels.

Zuerst fällt auf, dass der erste Unterschlüssel k_0 der ursprüngliche AES-Schlüssel ist, d. h. der Schlüssel wird in die ersten vier Wörter des Schlüsselexpansionsvektors W kopiert. Die anderen Vektorelemente werden wie folgt berechnet: Wie aus der Abbildung ersichtlich, wird das Wort links außen eines Unterschlüssels, $W[4i]$ mit $i - 1, \ldots, 10$, berechnet als:

$$W[4i] = W[4(i-1)] + g(W[4i-1])$$

Hierbei ist $g(\cdot)$ eine nichtlineare Funktion mit vier Eingangs- und Ausgangsbytes. Die anderen drei Wörter des Unterschlüssels werden rekursiv berechnet:

$$W[4i+j] = W[4i+j-1] + W[4(i-1)+j],$$

wobei $i = 1, \ldots, 10$ und $j = 1, 2, 3$. Die Funktion $g(\cdot)$ rotiert die vier Eingangsbytes, führt eine byteweise S-Box-Substitution aus und addiert dann einen sog. *Rundenkoeffizienten RC* auf. Der Rundenkoeffizent ist ein Element des endlichen Körpers $GF(2^8)$, d. h. ein 8-Bit-Wert. Dieser Wert wird in der Funktion $g(\cdot)$ auf das links außen stehende Byte

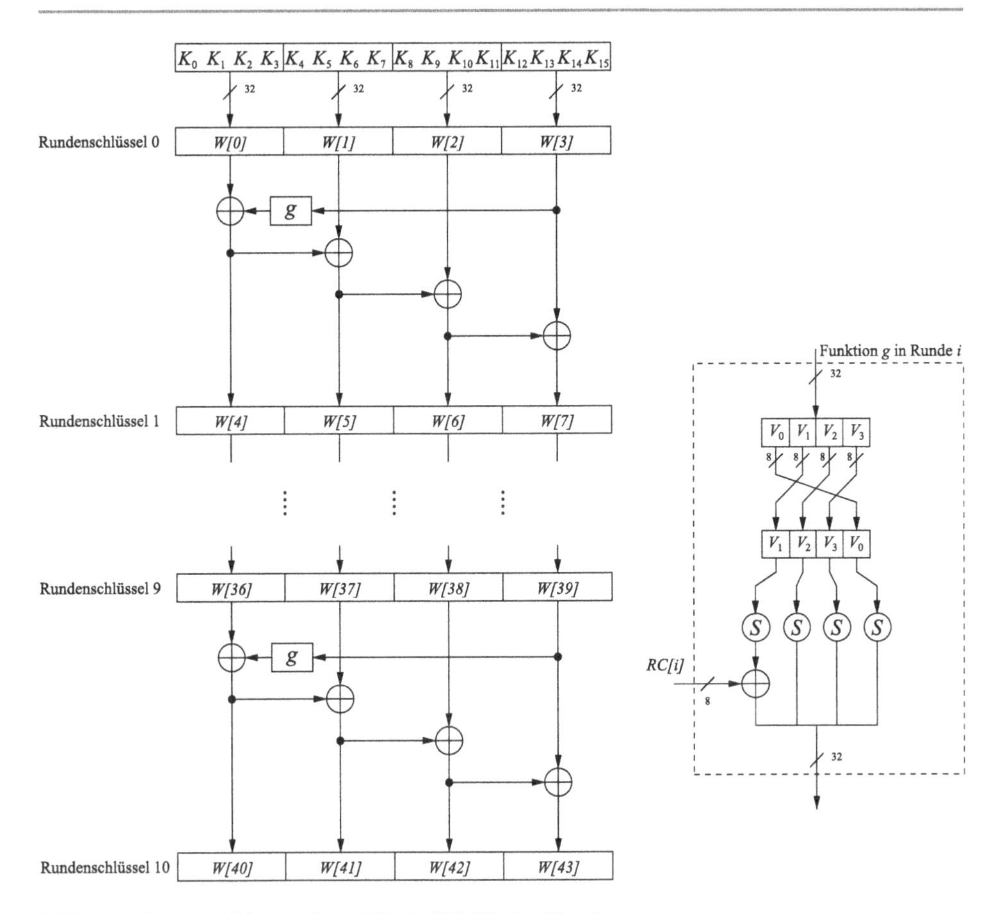

Abb. 4.5 Schlüsselfahrplan für AES mit 128-Bit-Schlüssel

addiert. Der Rundenkoeffizient variiert von Runde zu Runde nach folgender Regel:

$$\begin{aligned} RC[1] &= x^0 = (0000\,0001)_2 \\ RC[2] &= x^1 = (0000\,0010)_2 \\ RC[3] &= x^2 = (0000\,0100)_2 \\ &\vdots \\ RC[10] &= x^9 = (0011\,0110)_2 \end{aligned}$$

Die Funktion $g(\cdot)$ hat zwei Zwecke. Erstens macht sie den Schlüsselfahrplan nichtlinear. Zweitens stellt sie sicher, dass die AES-Runden nicht symmetrisch sind. Beide Eigenschaften sind notwendig, um bestimmte Blockchiffrenangriffe zu verhindern.

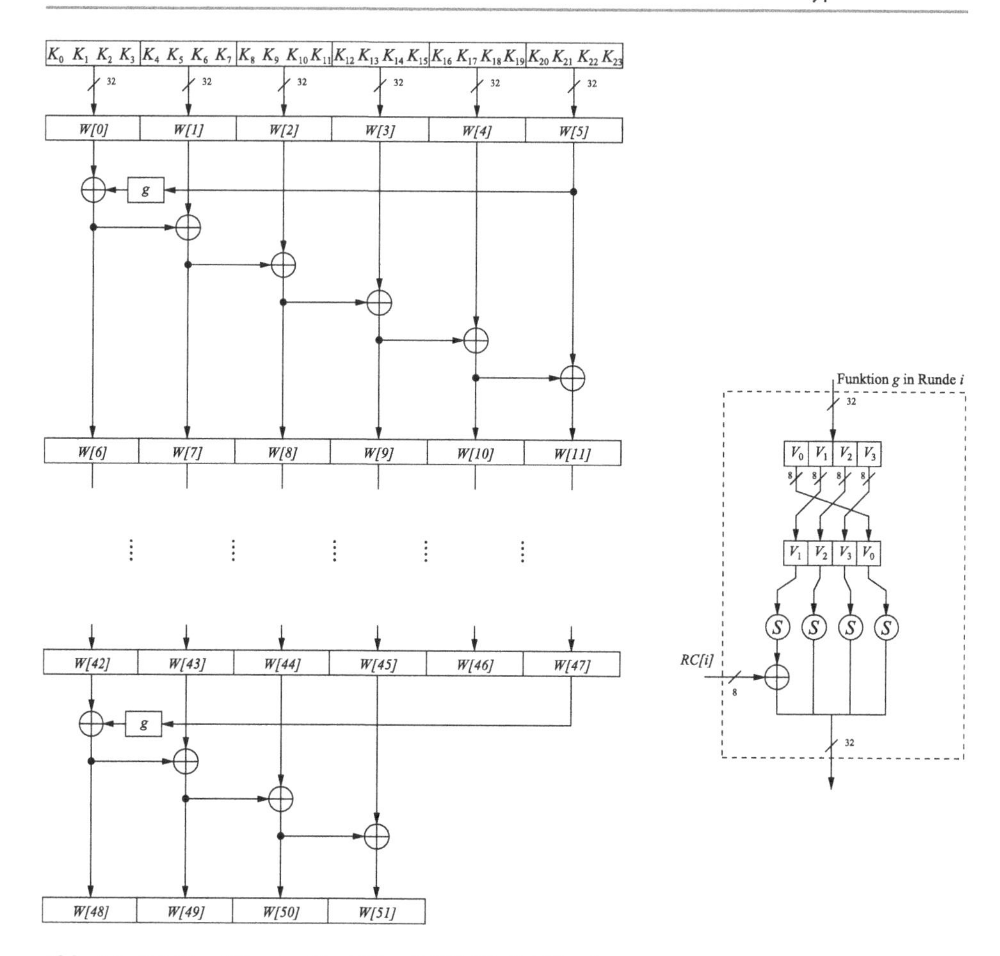

Abb. 4.6 Schlüsselfahrplan für AES mit 192 Bit Schlüssel

Schlüsselfahrplan für AES-192

AES mit 192 Bit Schlüssellänge hat 12 Runden und benötigt daher 13 Unterschlüssel mit jeweils 128 Bit. Die Unterschlüssel werden durch 52 Worte dargestellt, die in dem Schlüsselexpansionsvektor $W[0], \ldots, W[51]$ gespeichert sind. Die Berechnung der Vektoreinträge erfolgt analog zu dem Fall des 128 Bit langen Schlüssels und ist in Abb. 4.6 dargestellt. Es gibt insgesamt acht Iterationen in dem Schlüsselfahrplan. (Man beachte, dass diese Iterationen des Schlüsselfahrplans unabhängig von den 12 AES-Runden sind.) Jede Iteration berechnet sechs neue Wörter des Schlüsselexpansionsvektors W. Der Unterschlüssel für die erste AES-Runde wird durch die Listenelemente $(W[0], W[1], W[2], W[3])$ gebildet, der zweite Unterschlüssel durch die Listenelemente $(W[4], W[5], W[6], W[7])$ usw. Es werden acht Rundenkoeffizienten $RC[i]$ innerhalb der Funktion $g(\cdot)$ benötigt. Diese werden wie im Fall von 128 Bit berechnet und werden bezeichnet als $RC[1], \ldots, RC[8]$.

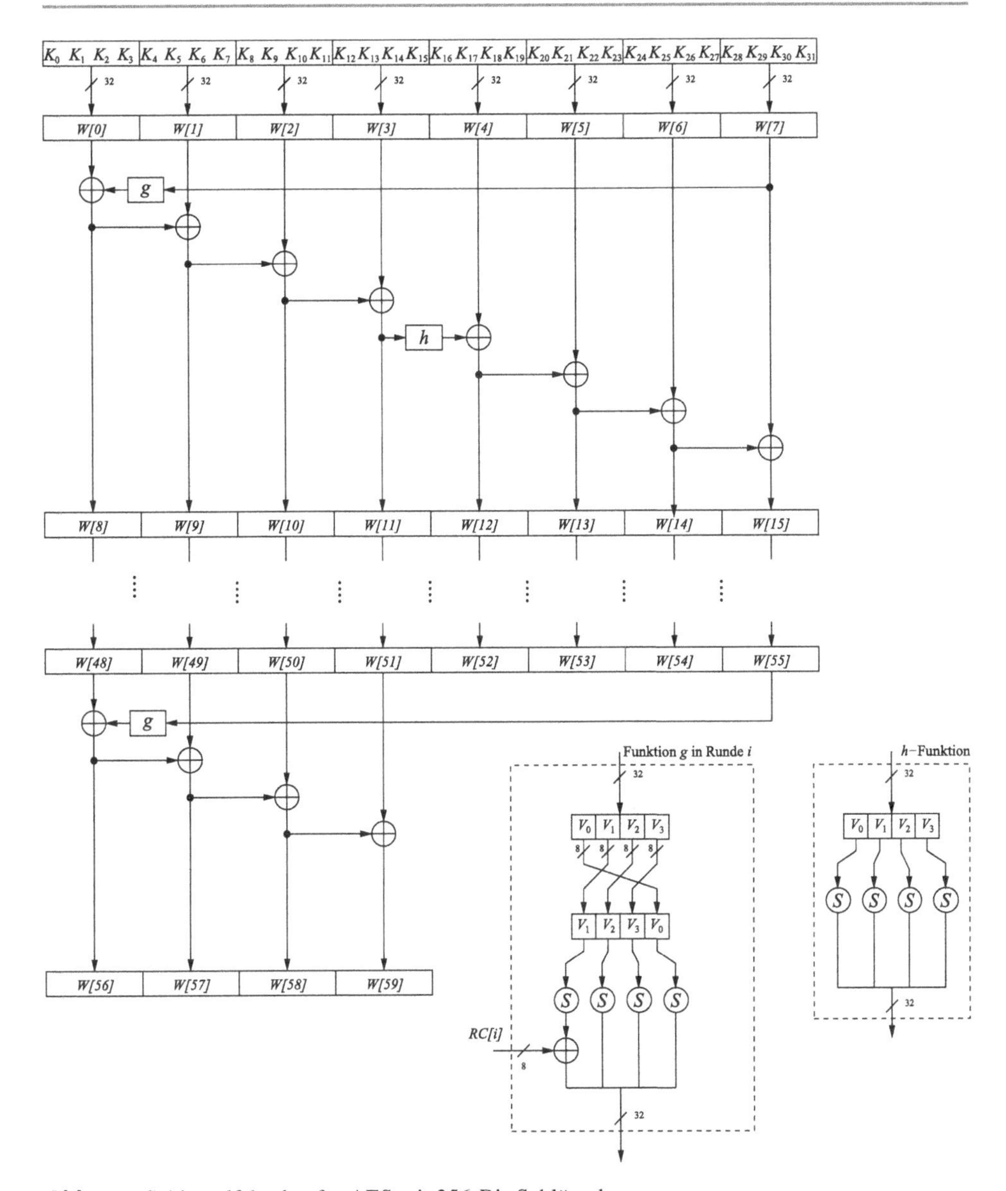

Abb. 4.7 Schlüsselfahrplan für AES mit 256-Bit-Schlüssel

Schlüsselfahrplan für AES-256

AES mit 256 Bit Schlüssellänge benötigt 15 Unterschlüssel, die in den 60 Wörtern $W[0], \ldots, W[59]$ gespeichert werden. Die Berechnung der Listenelemente erfolgt analog zu dem Fall von AES mit 128-Bit-Schlüssel und ist in Abb. 4.7 dargestellt. Der Schlüsselfahrplan hat sieben Iterationen, in denen jeweils acht Worte des Schlüsselexpansionsvektors berechnet werden. (Auch hier sind die Iterationen des Schlüsselfahrplans unabhängig von den 14 AES-Runden.) Der Unterschlüssel für die erste AES-Runde wird durch die Vektoreinträge $(W[0], W[1], W[2], W[3])$ gebildet, der zweite Unterschlüssel durch die Elemente $(W[4], W[5], W[6], W[7])$ und so weiter. Es werden sieben Rundenkoeffizienten $RC[1], \ldots, RC[7]$ innerhalb der Funktion $g(\cdot)$ benötigt, die genau wie im 128-Bit-Fall berechnet werden. Dieser Schlüsselfahrplan benötigt neben $g(\cdot)$ noch die Funktion $h(\cdot)$ mit 4 Bytes Eingang und Ausgang. Die Funktion wendet die S-Box auf alle vier Eingangsbyte an.

In der Praxis gibt es zwei grundsätzliche Strategien, um den Schlüsselfahrplan zu implementieren:

1. Vorausberechnung Zunächst werden alle Unterschlüssel berechnet und in den Schlüsselexpansionsvektor W geschrieben. Die Verschlüsselung bzw. Entschlüsselung eines Klartexts bzw. Chiffrats wird danach ausgeführt. Dieser Ansatz wird oft bei PC- und Serverimplementierungen durchgeführt, bei denen größere Mengen an Daten mit einem einzigen Schlüssel verschlüsselt werden. Dieser Ansatz benötigt $(n_r + 1) \cdot 16$ Byte Speicher, beispielsweise $11 \cdot 16 = 176$ Byte bei einer Schlüssellänge von 128 Bit. Für Anwendungen, bei denen der Speicherplatz begrenzt ist, z. B. Chipkarten, wird oft ein anderer Ansatz verwendet.

2. Fließende Berechnung (On-the-fly-Berechnung) Hierbei wird ein neuer Unterschlüssel in jeder neuen Runde während der Verschlüsselung bzw. Entschlüsselung eines Klartexts/Chiffrats berechnet. Man beachte, dass bei der Entschlüsselung anfangs der letzte Unterschlüssel vorliegen muss, woraus sich eine Verzögerung ergibt, bevor die Entschlüsselung beginnen kann. Die nachfolgenden Unterschlüssel können von diesem letzten Unterschlüssel rekursiv abgeleitet werden.

4.5 Entschlüsselung

Da AES nicht auf einem Feistel-Netzwerk basiert, müssen alle Schichten invertiert werden, d. h. die Byte-Substitution-Schicht wird zur inversen Byte-Substitution-Schicht, die ShiftRows-Schicht wird die inverse ShiftRows-Schicht und die MixColumn-Schicht wird die inverse MixColumn-Schicht. Allerdings stellt sich heraus, dass die Operationen der invertierten Schichten sehr ähnlich zu denen in der Verschlüsselung sind. Zusätzlich wird die Reihenfolge der Unterschlüssel vertauscht, d. h. es wird ein umgekehrter Schlüsselfahrplan benötigt. Ein Blockschaltbild der Entschlüsselungsfunktion ist in Abb. 4.8 zu sehen.

Da die letzte Verschlüsselungsrunde nicht die MixColumn-Operation durchführt, enthält die erste Entschlüsselungsrunde auch nicht die zugehörige inverse Operation. Alle anderen Entschlüsselungsrunden enthalten jedoch sämtliche Schichten. Im Folgenden werden wir die inversen Schichten der AES-Entschlüsselung besprechen (Abb. 4.9). Da die XOR-Operation ihre eigene Inverse ist, ist die Key-Addition-Schicht der Entschlüs-

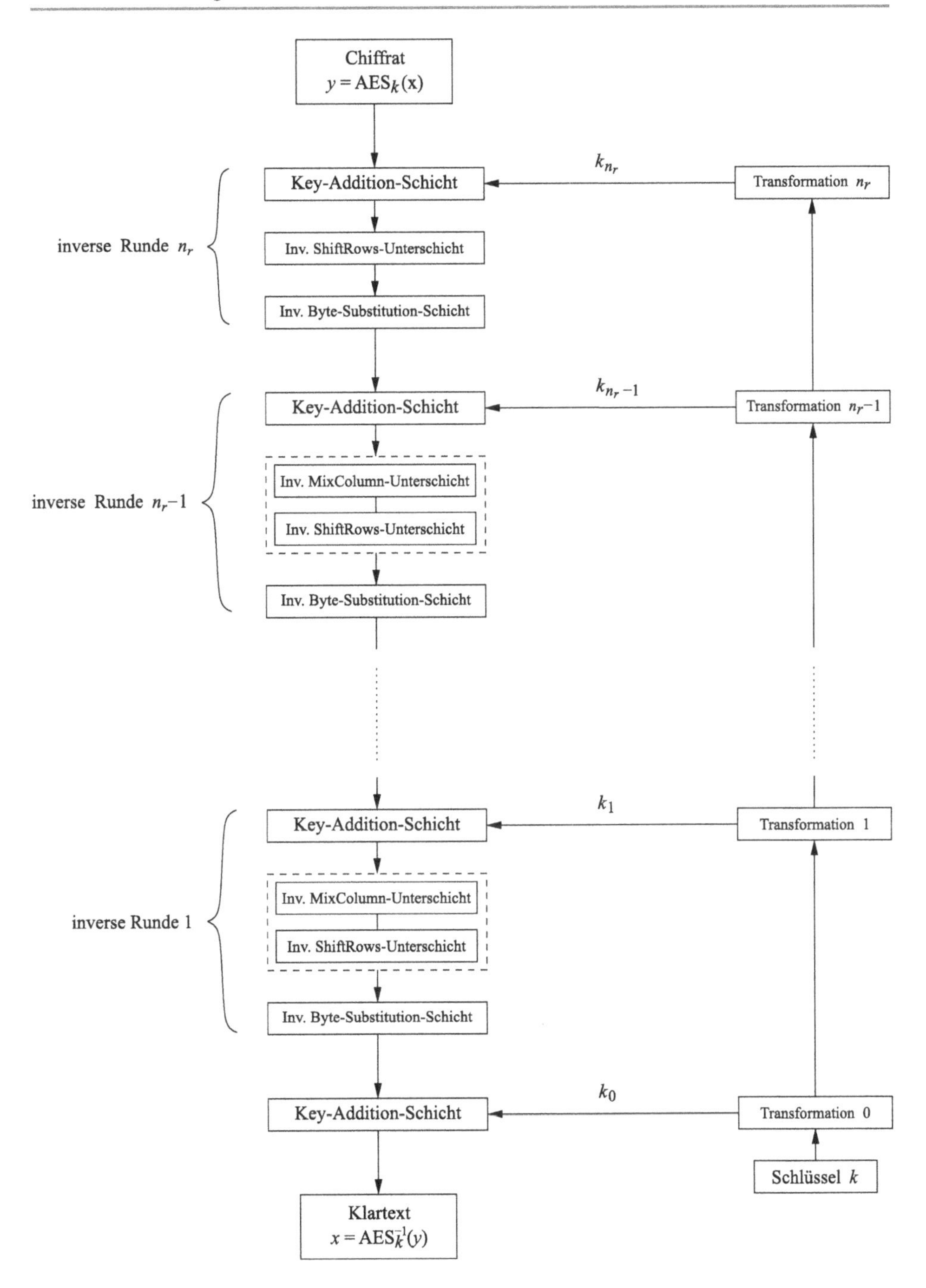

Abb. 4.8 Blockdiagramm der AES-Entschlüsselung

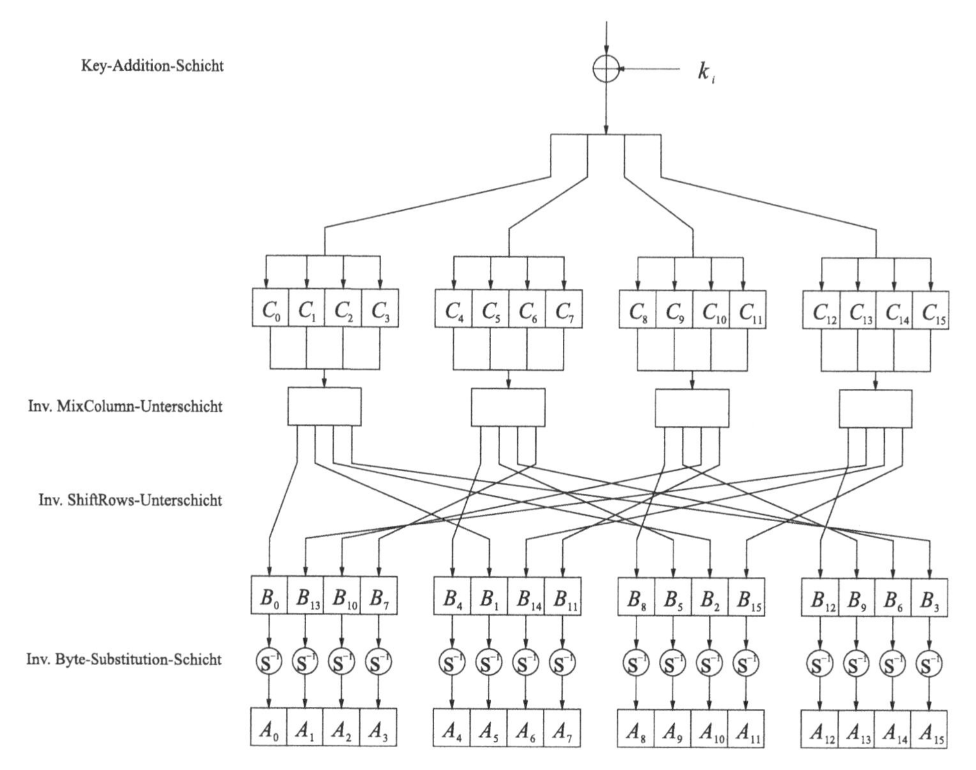

Abb. 4.9 Rundenfunktion $1, 2, \ldots, n_r - 1$ der AES-Entschlüsselung

selung identisch mit der der Verschlüsselung und besteht ebenfalls aus 128 parallelen XOR-Gattern.

4.5.1 Inverse MixColumn-Transformation

Nach der Addition des Unterschlüssels wird der inverse MixColumn-Schritt auf die Zustandsmatrix angewendet (mit Ausnahme der ersten Entschlüsselungsrunde, wie bereits beschrieben). Um die MixColumn-Operation umzukehren, muss die Inverse der Matrix verwendet werden. Der Eingang ist eine aus 4 Bytes bestehende Spalte des Zustands C, der mit der inversen 4×4-Matrix multipliziert wird. Wie bei der MixColumn-Operation bei der Verschlüsselung besteht die Matrix aus konstanten Einträgen und Multiplikation und Addition der Koeffizienzen werden in $GF(2^8)$ durchgeführt.

$$\begin{pmatrix} B_0 \\ B_1 \\ B_2 \\ B_3 \end{pmatrix} = \begin{pmatrix} 0E & 0B & 0D & 09 \\ 09 & 0E & 0B & 0D \\ 0D & 09 & 0E & 0B \\ 0B & 0D & 09 & 0E \end{pmatrix} \begin{pmatrix} C_0 \\ C_1 \\ C_2 \\ C_3 \end{pmatrix}$$

Die zweite Spalte mit den Ausgangsbytes (B_4, B_5, B_6, B_7) wird berechnet, indem die vier Eingangsbytes (C_4, C_5, C_6, C_7) mit derselben konstanten Matrix multipliziert werden etc. Alle Werte B_i und C_i sowie die konstanten Matrixeinträge sind Elemente aus $GF(2^8)$. Die Notation für die Konstanten ist hexadezimal und ist identisch mit der für die MixColumn-Schicht, beispielsweise:

$$0B = (0B)_{\text{hex}} = (0000\,1011)_2 = x^3 + x + 1$$

Die Additionen bei der Vektor-Matrix-Multiplikation sind bitweise XOR.

4.5.2 Inverse ShiftRows-Transformation

Um die ShiftRows-Operation der Verschlüsselung umzukehren, müssen wir die Zeilen der Zustandsmatrix in die umgekehrte Richtung verschieben. Die erste Zeile wird wie bei der Verschlüsselung nicht verschoben. Wenn der Eingang der ShiftRows-Unterschicht durch die Zustandsmatrix $B = (B_0, B_1, \ldots, B_{15})$ gegeben ist,

B_0	B_4	B_8	B_{12}
B_1	B_5	B_9	B_{13}
B_2	B_6	B_{10}	B_{14}
B_3	B_7	B_{11}	B_{15}

erzeugt die inverse ShiftRows-Unterschicht die Ausgabe:

B_0	B_4	B_8	B_{12}	keine Verschiebung
B_{13}	B_1	B_5	B_9	$\longleftarrow$ Linksverschiebung um drei Positionen
B_{10}	B_{14}	B_2	B_6	$\longleftarrow$ Linksverschiebung um zwei Positionen
B_7	B_{11}	B_{15}	B_3	$\longleftarrow$ Linksverschiebung um eine Position

4.5.3 Inverse Byte-Substitution-Schicht

Bei der Entschlüsselung wird die inverse S-Box verwendet. Da die S-Box des AES bijektiv, d. h. eine Eins-zu-eins-Abbildung, ist, ist es möglich, die inverse S-Box derart zu konstruieren, dass:

$$A_i = S^{-1}(B_i) = S^{-1}(S(A_i)),$$

wobei A_i und B_i Elemente der Zustandsmatrix sind. Die Einträge der inversen S-Box sind in Tab. 4.4 gegeben.

Tab. 4.4 Inverse AES-S-Box: Die Ausgangswerte der Substitution sind in hexadezimaler Notation für Eingangsbytes (xy) gegeben

		y															
		0	1	2	3	4	5	6	7	8	9	A	B	C	D	E	F
	0	52	09	6A	D5	30	36	A5	38	BF	40	A3	9E	81	F3	D7	FB
	1	7C	E3	39	82	9B	2F	FF	87	34	8E	43	44	C4	DE	E9	CB
	2	54	7B	94	32	A6	C2	23	3D	EE	4C	95	0B	42	FA	C3	4E
	3	08	2E	A1	66	28	D9	24	B2	76	5B	A2	49	6D	8B	D1	25
	4	72	F8	F6	64	86	68	98	16	D4	A4	5C	CC	5D	65	B6	92
	5	6C	70	48	50	FD	ED	B9	DA	5E	15	46	57	A7	8D	9D	84
	6	90	D8	AB	00	8C	BC	D3	0A	F7	E4	58	05	B8	B3	45	06
	7	D0	2C	1E	8F	CA	3F	0F	02	C1	AF	BD	03	01	13	8A	6B
x	8	3A	91	11	41	4F	67	DC	EA	97	F2	CF	CE	F0	B4	E6	73
	9	96	AC	74	22	E7	AD	35	85	E2	F9	37	E8	1C	75	DF	6E
	A	47	F1	1A	71	1D	29	C5	89	6F	B7	62	0E	AA	18	BE	1B
	B	FC	56	3E	4B	C6	D2	79	20	9A	DB	C0	FE	78	CD	5A	F4
	C	1F	DD	A8	33	88	07	C7	31	B1	12	10	59	27	80	EC	5F
	D	60	51	7F	A9	19	B5	4A	0D	2D	E5	7A	9F	93	C9	9C	EF
	E	A0	E0	3B	4D	AE	2A	F5	B0	C8	EB	BB	3C	83	53	99	61
	F	17	2B	04	7E	BA	77	D6	26	E1	69	14	63	55	21	0C	7D

Für diejenigen Leser, die sich für die Details der Konstruktion der inversen S-Box interessieren, erläutern wir die Herleitung. Für ein Grundverständnis der AES-Entschlüsselung kann dieser Abschnitt jedoch ohne Probleme übersprungen werden. Um die S-Box-Substitution zu invertieren, müssen wir zuerst die inverse affine Transformation berechnen. Hierzu interpretieren wir jedes Eingangsbyte B_i als einen Bitvektor. Die inverse affine Transformation von jedem Byte B_i ergibt sich als:

$$\begin{pmatrix} b'_0 \\ b'_1 \\ b'_2 \\ b'_3 \\ b'_4 \\ b'_5 \\ b'_6 \\ b'_7 \end{pmatrix} \equiv \begin{pmatrix} 0 & 0 & 1 & 0 & 0 & 1 & 0 & 1 \\ 1 & 0 & 0 & 1 & 0 & 0 & 1 & 0 \\ 0 & 1 & 0 & 0 & 1 & 0 & 0 & 1 \\ 1 & 0 & 1 & 0 & 0 & 1 & 0 & 0 \\ 0 & 1 & 0 & 1 & 0 & 0 & 1 & 0 \\ 0 & 0 & 1 & 0 & 1 & 0 & 0 & 1 \\ 1 & 0 & 0 & 1 & 0 & 1 & 0 & 0 \\ 0 & 1 & 0 & 0 & 1 & 0 & 1 & 0 \end{pmatrix} \begin{pmatrix} b_0 \\ b_1 \\ b_2 \\ b_3 \\ b_4 \\ b_5 \\ b_6 \\ b_7 \end{pmatrix} + \begin{pmatrix} 1 \\ 0 \\ 1 \\ 0 \\ 0 \\ 0 \\ 0 \\ 0 \end{pmatrix} \bmod 2,$$

wobei $(b_7, \ldots, b_0)$ die Bits von $B_i(x)$ sind und $(b'_7, \ldots, b'_0)$ das Ergebnis der inversen affinen Transformation ist. Im zweiten Schritt muss die Inversion in dem endlichen Körper umgekehrt werden. Es gilt $A_i = (A_i^{-1})^{-1}$, d. h. es muss wiederum die Inverse berechnet werden. In unserer Notation müssen wir daher

$$A_i = (B'_i)^{-1} \in GF(2^8)$$

mit dem irreduziblen Reduktionspolynom $P(x) = x^8 + x^4 + x^3 + x + 1$ berechnen. Das Nullelement wird wiederum auf sich selbst abgebildet. Der Vektor $A_i = (a_7, \ldots, a_0)$, der das Element $a_7 x^7 + \cdots + a_1 x + a_0$ aus $GF(2^8)$ repräsentiert, ist das Ergebnis der inversen S-Box-Substitution:

$$A_i = S^{-1}(B_i)$$

Schlüsselfahrplan der Entschlüsselung

Da die erste Entschlüsselungsrunde den letzten Unterschlüssel, die zweite Entschlüsselungsrunde den zweitletzten Unterschlüssel etc. benötigt, müssen wir die Unterschlüssel umgekehrt wie in Abb. 4.8 gezeigt ableiten. In der Praxis wird dies zumeist über eine Vorausberechnung des gesamten Schlüsselfahrplans mit den 11, 13 bzw. 15 Unterschlüsseln erreicht. (Wir erinnern uns daran, dass die Anzahl der AES-Runden von den drei Schlüssellängen bestimmt wird.) Diese Vorausberechnung erhöht im Vergleich zur Verschlüsselung geringfügig die Latenz der Entschlüsselungsoperation.

4.6 Implementierung in Software und Hardware

Im Folgenden diskutieren wir kurz die Implementierungseigenschaften des AES in Bezug auf Soft- und Hardwarerealisierungen.

4.6.1 Software

Anders als DES wurde der AES so entworfen, dass eine effiziente Softwareimplementierung möglich ist. Eine Softwareimplementierung, die sich an die Beschreibung der Chiffre in diesem Kapitel anlehnt, ist gut für 8-Bit-Prozessoren wie man sie z. B. auf Smartcards findet, geeignet. Für die in Laptops und PC üblichen 32- und 64-Bit-CPU ist eine solch naheliegende Implementierung jedoch nicht optimal bezüglich Datendurchsatz, da die Beschreibung in diesem Kapitel zumeist Byte-Operationen enthält und die Verarbeitung von nur einem Byte pro Instruktion ineffizient auf CPU ist, die 32- oder 64-Bit-Datenpfade haben.

Die Designer von Rijndael (ursprünglicher Name von AES) hatten jedoch schon anfangs eine Methode vorgeschlagen, die zu einer schnellen Softwareimplementierung führt. Die Hauptidee ist hierbei, dass alle Rundenfunktionen bis auf die triviale Key-Addition-Schicht in vorausberechneten Tabellen zusammengezogen werden können. Diese Methode führt zu vier Tabellen mit jeweils 256 Einträgen, wobei jeder Eintrag 32 Bit breit ist. Diese Tabellen nennt man *T-Tables*. Mit vier Tabellenzugriffen können 32 Ausgangsbits einer Runde berechnet werden, d. h. eine vollständige Runde kann mit 16 Tabellenzugriffen berechnet werden. Auf modernen Intel-Prozessoren benötigen hoch optimierte Softwareimplementierungen etwa 10 Takte für die Verschlüsselung eines Bytes. Bei einer Taktrate von beispielsweise 2,4 GHz kann somit eine theoretische Verschlüsselungsrate von 240 MByte/s (1,92 GBit/s) erreicht werden. Seit 2008 gibt es für Intel- und

AMD-Prozessoren auch eine Befehlssatzerweiterung, die spezielle AES-Befehle enthält. Hierdurch wird eine deutlich beschleunigte Berechnung des AES ermöglicht, ohne dass Tabellen benutzt werden müssen. Hiermit kann eine Verschlüsselungsdauer von unter vier Taktzyklen für die Verschlüsselung eines Bytes erreicht werden, was zu einem theoretischen Durchsatz von über 500 MByte/s auf einer CPU mit 2,4 GHz führt.

4.6.2 Hardware

Im Vergleich zu DES benötigt AES mehr Gatter für eine Hardwareimplementierung. Durch die hohe Integrationsdichte moderner Schaltungen kann jedoch auch AES mit sehr hohem Durchsatz in ASIC (anwendungsspezifischen IC) oder FPGA (Field Programmable Gate Arrays, d. h. programmierbaren Hardwarebausteinen) umgesetzt werden. Kommerzielle ASIC mit AES erreichen Verschlüsselungsgeschwindigkeiten von über 10 GBit/s. Sehr kleine AES-Einheiten können mit unter 3000 Gattern realisiert werden, allerdings sind solche Architekturen vergleichsweise langsam. Allgemein kann festgestellt werden, dass Hardwareschaltungen für symmetrische Chiffren nicht nur sehr schnell sind im Vergleich zu asymmetrischen Verfahren wie RSA und ECC, sondern auch verglichen mit anderen Algorithmen der Kommunikationstechnik wie z. B. Datenkompressions- und Signalverarbeitungsalgorithmen.

4.7 Diskussion und Literaturempfehlungen

AES-Algorithmus und -Sicherheit Eine detaillierte Beschreibung zu AES und dessen Entwurfsprinzipien ist in dem Buch der Rijndael-Entwickler [6] zu finden. Aktuelle Forschungsergebnisse zum AES finden sich in der *AES Lounge* [8], einer Webseite, die im Rahmen von ECRYPT, dem European Network of Excellence in Cryptology, erstellt wurde. Hier finden sich weiterführende Referenzen zu Implementierungs- und theoretischen Aspekten von AES.

Aktuell gibt es keinen analytischen Angriff auf den AES, der eine signifikant geringere Komplexität als ein Brute-Force-Angriff aufweist. Eine elegante algebraische Beschreibung des AES findet sich in [17] und hat zu Spekulationen über mögliche Angriffe geführt. Nachfolgende Forschungen haben allerdings gezeigt, dass ein entsprechender Angriff nicht möglich ist. Bis heute ist die allgemeine Annahme, dass ein solcher Ansatz den AES nicht gefährdet. Eine gute Zusammenfassung zu algebraischen Angriffen ist [4]. Im Jahr 2011 wurde der sog. *Biclique-Angriff* vorgestellt, dessen Angriffskomplexität geringfügig besser als eine vollständige Schlüsselsuche ist [2]. So kann AES mit 128-Bit-Schlüssel mit $2^{126,1}$ Schritten gebrochen werden. Da dies immer noch eine astronomisch große Zahl ist, stellen Biclique-Angriffe keine praktische Gefahr für den AES dar. Darüber hinaus hat es Vorschläge für viele weitere Angriffe wie z. B. Square Attacks, Differential Attacks oder Related Key Attacks gegeben. Als gute Quelle hierfür sei nochmals *AES Lounge* als Referenz genannt.

Die Standardreferenz für die Mathematik endlicher Körper ist [13]. Eine knappe, aber didaktisch sehr gelungene Einführung findet sich in [1]. Der internationale Workshop on the Arithmetic of Finite Fields (WAIFI) beschäftigt sich sowohl mit Anwendungen als auch der Theorie von endlichen Körpern [18].

Implementierungen Wie bereits in Abschn. 4.6 erwähnt, verwenden die meisten Softwareimplementierungen auf modernen CPU spezielle vorausberechnete Tabellen, die sogenannten T-Tables. Eine der ersten detaillierten Beschreibungen der Konstruktion von T-Tables findet sich in [5, Sect. 5]. Eine Beschreibung von schnellen Softwareimplementierungen für 32-Bit- und 64-Bit-Architekturen ist in [14, 15] zu finden. Die sog. Bit-Slicing-Methode, die im Kontext des DES entwickelt wurde, ist ebenfalls auf den AES anwendbar und kann zu sehr schnellen Umsetzungen führen, wie in [16] gezeigt wird. Ein deutliches Indiz für die Bedeutung des AES (und Verschlüsselungstechniken allgemein) war die Einführung von speziellen AES-Instruktionen auf den CPU von Intel und AMD im Jahr 2008 [11]. Wie in Abschn. 4.6 beschrieben erlauben diese speziellen Befehle eine deutlich schnellere Berechnung der AES-Rundenfunktion, als sie mit Standard-CPU-Instruktionen möglich ist.

Es gibt viel Literatur zu Hardwareimplementierungen von AES. Eine gute Einführung in Hardwarearchitekturen für AES ist [12, Chap. 10]. Als Beispiel für die Vielfalt von AES-Implementierungen beschreibt [10] eine sehr kleine FPGA-Realisierung, die mit einer Verschlüsselungsrate von 2,2 MBit/s vergleichsweise langsam ist, und eine sehr schnelle und dafür große Pipeline-Architektur, die mit 25 GBit/s verschlüsselt. Es ist ebenfalls möglich, die sog. DSP-Blöcke (dies sind schnelle Recheneinheiten) von modernen FPGA für den AES zu nutzen. In [7] wurden damit Durchsatzraten von über 50 GBit/s erreicht. Die grundlegende Idee bei allen Hochgeschwindigkeitsarchitekturen ist die der parallelen Verarbeitung mehrer Klartextblöcke durch Pipelining. Am anderen Ende des Performanzspektrums stehen leichtgewichtige Architekturen, die für extrem kleine Plattformen wie z. B. RFID-Etiketten optimiert sind. Die grundlegende Idee hierbei ist eine serielle Verarbeitung des AES-Zustands, d. h. eine AES-Runde wird in mehreren Schritten berechnet. Gute Referenzen hierfür sind [3, 9].

4.8 Lessons Learned

- AES ist eine moderne Blockchiffre, die Schlüssellängen von 128, 192 und 256 Bit unterstützt. Sie bietet sehr gute Langzeitsicherheit gegen Brute-Force-Angriffe.
- AES wird seit den späten 1990er-Jahren intensiv untersucht und bisher wurden keine Angriffe gefunden, die signifikant besser als eine vollständige Schlüsselsuche sind.
- AES basiert nicht auf einem Feistel-Netzwerk. Die grundlegenden Operationen innerhalb des AES nutzen Arithmetik in endlichen Körpern und bieten starke Diffusion und Konfusion.
- AES ist Teil zahlreicher Standards und Produkte wie z. B. TLS oder Skype-Sprachverschlüsselung. In einigen Ländern wird AES auch für behördliche Kommunikation

als Standard vorgeschrieben. Es ist anzunehmen, dass die Chiffre in den kommenden Jahren der dominierende Verschlüsselungsalgorithmus bleiben wird.

- AES kann sehr effizient in Software und Hardware umgesetzt werden.

4.9 Aufgaben

4.1

AES ist im Jahr 2002 von der US-Standardisierungsbehörde NIST standardisiert worden.

1. Die Entstehungsgeschichte des AES unterscheidet sich stark von der des DES. Beschreiben Sie die Unterschiede bei der Entstehung der beiden Blockchiffren.
2. Was waren die wichtigsten Meilensteine des AES-Entstehungsprozesses?
3. Wie hieß der heutige AES-Algorithmus ursprünglich?
4. Wie heißen die beiden Erfinder des AES?
5. Welche Blöckgrößen und Schlüssellängen sind bei dem ursprünglich eingereichten Algorithmus möglich?

4.2

Innerhalb der AES-Rundenfunktion finden viele Berechnungen in endlichen Körpern statt. Die nachfolgenden Aufgaben beschäftigen sich mit Arithmetik in endlichen Körpern.

Erstellen Sie die Multiplikations- und Additionstafeln für den Primkörper $GF(7)$[1]. Die Multiplikationstafel ist eine quadratische (hier: 7×7) Tabelle, deren Zeilen und erste Spalten jeweils einem Körperelemente entsprechen. Die 49 Einträge sind alle möglichen Produkte, die gebildet werden können. Man beachte, dass die Tafel spiegelsymmetrisch bezüglich der Hauptdiagonalen ist, da die Multiplikation kommutativ ist. Die Additionstafel ist analog hierzu aufgebaut, enthält aber alle möglichen Summen der Körperelemente.

4.3

Erstellen Sie die Multiplikationstafel für den Erweiterungskörper $GF(2^3)$ mit dem irreduziblen Polynom $P(x) = x^3 + x + 1$. Es handelt sich um eine Tafel mit 8×8 Einträgen. Die Tafel kann manuell erstellt werden oder mithilfe eines Programms.

4.4

Berechnen Sie $A(x) + B(x) \bmod P(x)$ in dem Körper $GF(2^4)$ mit dem irreduziblen Polynom $P(x) = x^4 + x + 1$.

1. $A(x) = x^2 + 1$, $B(x) = x^3 + x^2 + 1$
2. $A(x) = x^2 + 1$, $B(x) = x + 1$

Ändern sich die Additionsergebnisse, wenn ein anderes irreduzibles Polynom gewählt wird?

[1] In der Mathematik werden diese Tafeln auch Verknüpfungstafeln genannt und in der Gruppentheorie Cayley-Tafeln.

4.5
Berechnen Sie $A(x) \cdot B(x) \bmod P(x)$ in $GF(2^4)$ mit dem irreduziblen Polynom $P(x) = x^4 + x + 1$.

1. $A(x) = x^2 + 1$, $B(x) = x^3 + x^2 + 1$
2. $A(x) = x^2 + 1$, $B(x) = x + 1$

Ändern sich die Additionsergebnisse, wenn ein anderes irreduzibles Polynom gewählt wird, z. B. $P(x) = x^4 + x^3 + 1$?

4.6
Berechnen Sie in $GF(2^8)$:

$$(x^4 + x + 1)/(x^7 + x^6 + x^3 + x^2),$$

wobei das irreduzible Polynom verwendet wird, das auch für AES zum Einsatz kommt: $P(x) = x^8 + x^4 + x^3 + x + 1$. Man beachte, dass Tab. 4.2 die multiplikativen Inversen aller Körperelemente enthält.

4.7
Wir betrachten den endlichen Körper $GF(2^4)$ mit dem irreduziblen Polynom $P(x) = x^4 + x + 1$. Berechnen Sie die Inverse für die beiden Elemente $A(x) = x$ und $B(x) = x^2 + x$. Man kann die Inversen entweder durch Ausprobieren aller möglicher Körperelemente bestimmen, d. h. man führt eine vollständige Suche durch, oder mithilfe des erweiterten euklidischen Algorithmus. (Der Algorithmus wurde in diesem Kapitel allerdings nur kurz erwähnt.) Verifizieren die Lösungen durch Multiplikation mit A bzw. mit B.

4.8
Bestimmen Sie alle irreduziblen Polynome

1. mit Grad 3 über $GF(2)$,
2. mit Grad 4 über $GF(2)$.

Der beste Weg hierfür ist, alle Polynome mit einem kleineren Grad aufzulisten und zu überprüfen, ob sie das Polynom vom Grad 3 (bzw. Grad 4), das man gerade untersucht, teilt.

4.9
Wir betrachten AES mit 128-Bit-Schlüssel. Was ist der Zustand nach der ersten Runde, wenn der Eingang der ersten Runde (nach der Verknüpfung mit k_0) aus 128 Einsen besteht und der Unterschlüssel k_1 ebenfalls nur aus Einsen besteht? Es ist hilfreich, wenn die Zwischenergebnisse und das Endergebnis in Form einer 4×4-Zustandsmatrix aufgeschrieben werden.

4.10

Diese Aufgabe beschäftigt sich mit der *Diffusionseigenschaft* von AES. Wir betrachten hierfür eine einzige Runde. Die vier 32-Bit-Worte $X = (x_0, x_1, x_2, x_3) = (\texttt{0x01000000}, \texttt{0x00000000}, \texttt{0x00000000}, \texttt{0x00000000})$ seien der Eingabewert für AES. Die beiden ersten Unterschlüssel werden durch die Worte $W_0, \ldots, W_7$ gebildet, die die folgenden Werte haben:

$$
\begin{aligned}
W_0 &= (\texttt{0x2B7E1516}),\\
W_1 &= (\texttt{0x28AED2A6}),\\
W_2 &= (\texttt{0xABF71588}),\\
W_3 &= (\texttt{0x09CF4F3C}),\\
W_4 &= (\texttt{0xA0FAFE17}),\\
W_5 &= (\texttt{0x88542CB1}),\\
W_6 &= (\texttt{0x23A33939}),\\
W_7 &= (\texttt{0x2A6C7605}).
\end{aligned}
$$

Schreiben Sie alle Zwischenergebnisse nach der *ShiftRows*-, *SubBytes*- und *MixColumns*-Schicht in Form einer quadratischen Zustandsmatrix bei der Beantwortung der nachfolgenden Fragen. Die Aufgabe kann händisch oder mithilfe eines Computerprogramms gelöst werden.

1. Berechnen Sie den Ausgangszustand nach der ersten Runde für den Eingangswert X und den Unterschlüssel $W_0, \ldots, W_7$.
2. Was ist der Ausgangszustand, wenn der Eingang nur aus Nullen besteht, d. h. ein Bit von X seinen Wert ändert?
3. Wie viele der Ausgangsbits haben sich verändert? (Man beachte, dass hier nur eine einzige Runde betrachtet wird. In den nachfolgenden Runden werden schnell alle Zustandsbits durch die Änderung des einen Eingangsbits beeinflusst. Man spricht hier vom *Avalanche-Effekt.*)

4.11

Die MixColumn-Transformation des AES führt eine Matrix-Vektor-Multiplikation in dem endlichen Körper $GF(2^8)$ mit dem irreduziblen Polynom $P(x) = x^8 + x^4 + x^3 + x + 1$ durch. Es sei $b = (b_7x^7 + \ldots + b_0)$ eines der vier Eingangsbytes der Matrix-Vektor-Multiplikation. Jedes Eingangsbyte wird mit den drei Konstanten 01, 02 und 03 multipliziert. Ziel ist es, die exakten Gleichungen auf Bitebene für die Multiplikation mit den drei Konstanten aufzustellen. Das Ergebnis der jeweiligen Konstantenmultiplikation bezeichnen wir mit $d = (d_7x^7 + \ldots + d_0)$, d. h. jedes Bit von d soll in Abhängigkeit der Bits von b ausgedrückt werden.

1. Wie lauten die Ausdrücke für das Berechnen der acht Bits $d = 01 \cdot b$?
2. Wie lauten die Ausdrücke für das Berechnen der acht Bits $d = 02 \cdot b$?
3. Wie lauten die Ausdrücke für das Berechnen der acht Bits $d = 03 \cdot b$?

Man beachte die AES-Konvention, bei der 01 das Polynom 1 bezeichnet, 02 steht für das Polynom x und 03 repräsentiert $x + 1$.

4.12
Wir untersuchen nun, wie viele logische Gatter benötigt werden, um die MixColumn-Operation auszuführen. Wir verwenden hierfür die Ergebnis von Aufgabe 4.11. Man beachte, dass ein XOR-Gatter mit zwei Eingängen äquivalent zu einer Addition in $GF(2)$ ist.

1. Wie viele XOR-Gatter werden jeweils benötigt, um eine Multiplikation mit den Konstanten 01, 02 and 03 in $GF(2^8)$ durchzuführen?
2. Wie viele Gatter braucht man, um die vollständige Matrix-Vektor-Multiplikation auszuführen?
3. Wie viele Gatter werden für die Hardwarerealisierung der gesamten Diffusionsschicht benötigt? Wir nehmen an, dass Byte-Permutationen keine Gatter benötigen.

4.13
Wir betrachten den ersten Teil der ByteSub-Operation (d. h. der AES-S-Box), in der eine Inversion in dem endlichen Körper stattfindet.

1. Bestimmen Sie die Inversen der Eingangsbytes 29, F3 und 01 unter Benutzung von Tab. 4.2. Die drei Byte-Werte sind in hexadezimaler Notation gegeben.
2. Verifizieren Sie die Antworten, indem Sie die Lösungen mit dem jeweiligen Eingangsbyte in $GF(2^8)$ multiplizieren. Man beachte, dass jedes Byte zunächst als $GF(2^8)$-Polynom dargestellt werden muss. Das höchstwertige Bit eines jeden Byte ist hierbei der Koeffizient für x^7.

4.14
Berechnen Sie die Ausgabe der AES-S-Box, d. h. die ByteSub-Operation, für die Eingangsbytes 29, F3 und 01. Alle Bytes sind in hexadezimaler Notation gegeben.

1. Bestimmen Sie zunächst die Inversen der Eingangsbytes unter Benutzung von Tab. 4.2, um die Zwischenwerte B' zu berechnen. Berechnen Sie danach den zweiten Teil der S-Box-Operation, die affine Abbildung.
2. Verifizieren Sie die Antworten mithilfe der S-Box-Tab. 4.3.
3. Wie lautet der Ausgabewert für $S(00)$?

4.15

In dieser Aufgabe soll die Bit-Darstellung der Rundenkonstanten innerhalb des Schlüsselfahrplans *hergeleitet* werden. Zeigen Sie die Berechnung der folgenden Rundenkonstanten:

- $RC[8]$
- $RC[9]$
- $RC[10]$

4.16

In dieser Aufgabe betrachten wir einen Brute-Force-Angriff auf AES mit einem 192-Bit-Schlüssel. Gegeben sei ein ASIC (d. h. ein spezielles IC), das $3 \cdot 10^7$ Schlüssel pro Sekunde überprüfen kann.

1. Wie lange dauert eine vollständige Schlüsselsuche im Durchschnitt, wenn 100.000 solcher IC parallel eingesetzt werden? Setzen Sie das Ergebnis in Relation zu dem Alter des Universums, das mit 10^{10} Jahren angenommen wird.
2. Wir nehmen nun an, dass das Mooresche Gesetz auch in Zukunft noch gelten wird. Wie viele Jahre muss man warten, bis ein Brute-Force-Angriff im Durchschnitt 24 Stunden benötigt? Wir nehmen wiederum an, dass 100.000 IC zur Verfügung stehen. Gehen Sie bei der Aufgabe von einer Verdoppelung der Rechenleistung all 18 Monate aus (vgl. auch Abschn. 1.3.2).

Literatur

1. N. Biggs, *Discrete Mathematics*, 2. Aufl. (Oxford University Press, New York, 2002)
2. Andrey Bogdanov, Dmitry Khovratovich, Christian Rechberger, Biclique cryptanalysis of the full AES, in *Advances in Cryptology – ASIACRYPT '11* (Springer, Berlin, Heidelberg, 2011), S. 344–371
3. P. Chodowiec, K. Gaj, Very compact FPGA implementation of the AES algorithm, In *CHES '03: Proceedings of the 5th International Workshop on Cryptographic Hardware and Embedded Systems* hrsg. von C. D. Walter, Ć. K. Koć, C. Paar. LNCS, Bd. 2779 (Springer, 2003), S. 319–333
4. C. Cid, S. Murphy, M. Robshaw, *Algebraic Aspects of the Advanced Encryption Standard*, (Springer, 2006)
5. J. Daemen, V. Rijmen, AES Proposal: Rijndael, First Advanced Encryption Standard (AES) Conference, Ventura, California, USA, 1998
6. Joan Daemen, Vincent Rijmen, *The Design of Rijndael* (Springer, 2002)
7. Saar Drimer, Tim Güneysu, Christof Paar, DSPs, BRAMs and a Pinch of Logic: New Recipes for AES on FPGAs, in *IEEE Symposium on Field-Programmable Custom Computing Machines (FCCM)* (2008), S. 99–108

8. AES Lounge (2007), http://www.iaik.tu-graz.ac.at/research/krypto/AES/. Zugegriffen am 1. April 2016
9. M. Feldhofer, J. Wolkerstorfer, V. Rijmen, AES implementation on a grain of sand, Information Security, IEE Proceedings **152**(1), 13–20 (2005)
10. Tim Good, Mohammed Benaissa, AES on FPGA from the fastest to the smallest, in *CHES '05: Proceedings of the 7th International Workshop on Cryptographic Hardware and Embedded Systems* (2005), S. 427–440
11. Shay Gueron, Intel's new AES instructions for enhanced performance and security, in *Fast Software Encryption, 16th International Workshop, FSE 2009, Leuven, Belgium, February 22–25, 2009, Revised Selected Papers* (2009), S. 51–66
12. Çetin Kaya Koć, *Cryptographic Engineering* (Springer, 2008)
13. Rudolf Lidl, Harald Niederreiter, *Introduction to Finite Fields and Their Applications*, 2. Aufl. (Cambridge University Press, 1994)
14. Mitsuru Matsui, How far can we go on the x64 processors?, in *FSE: Fast Software Encryption*. LNCS, Bd. 4047 (Springer, 2006), S. 341–358
15. Mitsuru Matsui, S. Fukuda, How to maximize software performance of symmetric primitives on Pentium III and 4 processors, in *FSE: Fast Software Encryption*. LNCS, Bd. 3557 (Springer, 2005), S. 398–412
16. Mitsuru Matsui, Junko Nakajima, On the power of bitslice implementation on Intel Core2 processor, in *CHES '07: Proceedings of the 9th International Workshop on Cryptographic Hardware and Embedded Systems* (Springer, 2007), S. 121–134
17. Sean Murphy, Matthew J. B. Robshaw, Essential algebraic structure within the AES, in *CRYPTO '02: Proceedings of the 22nd Annual International Cryptology Conference, Advances in Cryptology* (Springer, 2002), S. 1–16
18. WAIFI – International Workshop on the Arithmetic of Finite Fields, http://www.waifi.org/. Zugegriffen am 1. April 2016

Mehr über Blockchiffren

5

Eine Blockchiffre ist wesentlich mehr als nur ein Algorithmus zur Verschlüsselung. Als vielseitiger Baustein kann sie für unterschiedliche kryptografische Mechanismen eingesetzt werden. Zum einen können mit Blockchiffren eine ganze Reihe verschiedener blockorientierter Verschlüsselungsverfahren oder gar Stromchiffren konstruiert werden. Die unterschiedlichen Verschlüsselungsmöglichkeiten nennt man *Betriebsmodi* und werden in diesem Kapitel behandelt. Zum anderen können Blockchiffren auch für die Konstruktion von Hash-Funktionen, für kryptografische Checksummen (auch als Message-Authentication-Codes oder MAC bekannt) und in Schlüsselaustauschprotokollen genutzt werden, was in nachfolgenden Kapiteln beschrieben wird. Darüber hinaus finden Blockchiffren auch als Pseudozufallszahlengeneratoren (PRNG) Verwendung. Neben Betriebsmodi werden wir in diesem Kapitel zwei nützliche Techniken zur Erhöhung der Sicherheit von Blockchiffren besprechen: Key Whitening und Mehrfachverschlüsselung.

In diesem Kapitel erlernen Sie

- die wichtigsten praxisrelevanten Betriebsmodi für Blockchiffren,
- Sicherheitsfallen bei der Verwendung von Betriebsmodi,
- das Prinzip des Key Whitening,
- warum die Doppelverschlüsselung mit Blockchiffren kaum einen Sicherheitsgewinn darstellt sowie den Meet-in-the-Middle-Angriff,
- das Prinzip der Dreifachverschlüsselung.

5.1 Verschlüsselung mit Blockchiffren: Betriebsmodi

In den vorangegangenen Kapiteln wurde gezeigt, wie man mit AES, DES, 3DES und PRESENT einen Klartextblock verschlüsselt. In der Praxis möchte man jedoch fast immer mehr als einen 8 Byte oder 16 Byte großen Datenblock verschlüsseln, beispielsweise

C. Paar, J. Pelzl, *Kryptografie verständlich*, eXamen.press, DOI 10.1007/978-3-662-49297-0_5

bei der Verschlüsselung einer E-Mail oder einer Datei. Es gibt eine ganze Reihe von Verfahren, um lange Klartexte mit einer Blockchiffre zu verschlüsseln. Wir führen in diesem Kapitel die bekanntesten sogenannten Betriebsmodi ein:

- Electronic-Codebook-Modus (ECB),
- Cipher-Block-Chaining-Modus (CBC),
- Cipher-Feedback-Modus (CFB),
- Output-Feedback-Modus (OFB),
- Counter-Modus (CTR),
- Galois-Counter-Modus (GCM).

Die letzten vier Modi verwenden die Blockchiffre als Baustein, um eine Stromchiffre zu realisieren. Jeder der sechs Modi hat ein Ziel: Verschlüsselung von Daten, um damit die Vertraulichkeit des Nachrichtenaustauschs zwischen Alice und Bob zu ermöglichen. In der Praxis wird oft nicht nur Vertraulichkeit benötigt, sondern Bob möchte auch wissen, ob die Nachricht wirklich von Alice stammt, was man Authentisierung nennt. Der Galois-Counter-Modus (GCM) ist ein Betriebsmodus, der den Empfänger (Bob) überprüfen lässt, ob die Nachricht wirklich von der Person, mit der er den Schlüssel teilt, gesendet wurde (Alice). Darüber hinaus erlaubt die Authentisierung Bob, zu erkennen, ob das Chiffrat während der Übertragung verändert wurde, d. h. ob die Nachrichtenintegrität gewahrt ist. Die Themen Authentisierung und Nachrichtenintegrität werden in Kap. 10 näher diskutiert.

Für den ECB- und den CFB-Modus muss die Länge des Klartexts ein genaues Vielfaches der Blockgröße der verwendeten Chiffre sein, also z. B. im Fall von AES ein Vielfaches von 16 Byte. Hat der Klartext nicht diese Länge, muss er mit dem sogenannten Padding erweitert werden. Es gibt eine Reihe von Möglichkeiten, ein solches Padding praktisch umzusetzen. Eine Padding-Methode besteht aus dem Anhängen eines einzelnen 1-Bit gefolgt von so vielen 0-Bits, wie zum Erreichen der Blockgröße notwendig sind. Wenn der Klartext schon ein exaktes Vielfaches der Blockgröße sein sollte, wird ein Extrablock, der nur aus Paddingbits besteht, angehängt.

5.1.1 Electronic-Codebook-Modus

Der *ECB* ist der einfachste und nächstliegende Weg, Nachrichten zu verschlüsseln. Im Folgenden bezeichnet $e_k(x_i)$ die Verschlüsselung eines Klartextblocks x_i mit dem Schlüssel k, wobei $e(\cdot)$ eine beliebige Blockchiffre ist. $e_k^{-1}(y_i)$ bezeichnet die Entschlüsselung des Chiffratblocks y_i mit dem Schlüssel k. Wir nehmen an, die Blockchiffre verschlüsselt (bzw. entschlüsselt) Blöcke mit einer Länge von b Bit. Nachrichten, die länger sind, werden in b Bit große Blöcke unterteilt. Ist die Nachricht kein Vielfaches von b Bit, so muss sie vor der Verschlüsselung durch geeignetes Padding auf ein Vielfaches von b Bit aufgefüllt werden. Wie in Abb. 5.1 gezeigt, wird beim ECB-Modus jeder Block separat

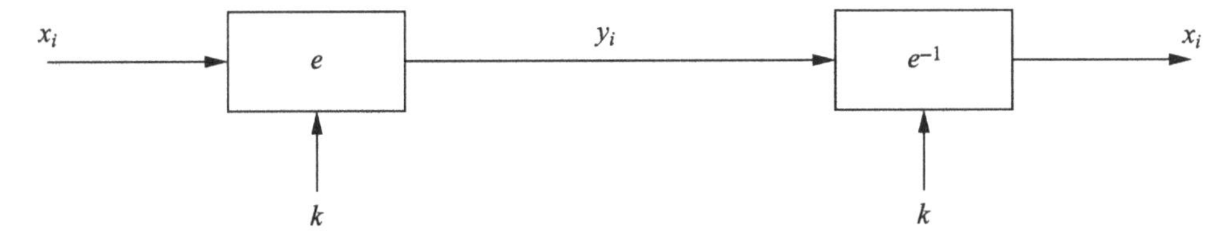

Abb. 5.1 Ver- und Entschlüsselung im Electronic-Codebook-Modus

verschlüsselt. Bei der Blockchiffre kann es sich beispielsweise um AES oder 3DES handeln.

Ver- und Entschlüsselung im ECB-Modus können formal wie folgt beschrieben werden:

Definition 5.1 (Electronic-Codebook-Modus (ECB))
Sei $e(\cdot)$ eine Blockchiffre mit Blockgröße b und seien x_i und y_i Bitblöcke der Länge b.

Verschlüsselung: $y_i = e_k(x_i), i \geq 1$
Entschlüsselung: $x_i = e_k^{-1}(y_i), i \geq 1$

Die Korrektheit des ECB-Modus lässt sich einfach zeigen, da gilt:

$$e_k^{-1}(y_i) = e_k^{-1}(e_k(x_i)) = x_i$$

Der ECB-Modus hat einige Vorteile. Es ist keine Synchronisation der Blöcke zwischen Sender und Empfänger (Alice und Bob) notwendig, d. h. wenn der Empfänger aufgrund von Übertragungsproblemen nicht alle verschlüsselten Blöcke erhält, ist es trotzdem möglich, alle empfangenen Blöcke zu dechiffrieren. Ebenso wirken sich Bitfehler, die möglicherweise auf dem Übertragungskanal in das Chiffrat eingebracht werden, nur auf den betroffenen Block, nicht aber auf die darauffolgenden Blöcke aus. Darüber hinaus können Blockchiffren im ECB-Modus parallelisiert werden. Hierbei chiffriert eine Verschlüsselungseinheit den ersten Block, eine weitere den nächsten Block etc. Die Parallelisierung, die in manchen anderen Betriebsmodi wie dem CFB-Modus nicht möglich ist, ermöglicht eine hohe Verschlüsselungsgeschwindigkeit.

Wie so oft in der Kryptografie hat der ECB-Modus allerdings auch Schwächen, die auf den ersten Blick nicht auffallen. Das Hauptproblem des ECB-Modus ist, dass er vollkommen deterministisch verschlüsselt. Das bedeutet, dass identische Klartextblöcke in identischen Chiffratblöcken resultieren, solange sich der Schlüssel nicht ändert. Der ECB-Modus kann als ein sehr großes Codebuch betrachtet werden – daher auch der Name des Modus –, das jeden Eingangsblock auf einen festen, bestimmten Ausgangswert abbildet. Das gesamte Codebuch ändert sich zwar, wenn der Schlüssel gewechselt

Block	1	2	3	4	5
	Sender Bank A	Sender Kontonr.	Empfänger Bank B	Empfänger Kontonr.	Betrag €

Abb. 5.2 Beispiel für einen Substitutionsangriff gegen eine Electronic-Codebook-Verschlüsselung

wird, aber solange der Schlüssel fest ist, ist das Codebuch statisch. Dies hat zahlreiche unerwünschte Konsequenzen. Erstens kann ein Angreifer nur durch Beobachtung des Geheimtexts erkennen, ob ein und dieselbe Nachricht zweimal gesendet wurde. Das Ableiten von Informationen aus dem Chiffrat nennt man *Verkehrsanalyse* („traffic analysis"). Steht beispielsweise eine feste Kopfzeile am Anfang einer Nachricht (beispielsweise der Header einer PDF-Datei), ist auch die Kopfzeile des Chiffrats immer gleich. Daraus kann ein Angreifer beispielsweise lernen, wann und wie viele Dateien gesendet werden. Zweitens werden Klartextblöcke unabhängig von den vorherigen Blöcken verschlüsselt. Wenn ein Angreifer die Geheimtextblöcke während der Übertragung umordnet, kann dies unter Umständen zu einem gültigen Klartext führen und bleibt unentdeckt. Wir zeigen im Folgenden zwei einfache Angriffe, die diese Schwachstellen des ECB-Modus ausnutzen.

Der ECB-Modus ist anfällig gegenüber *Substitutionsangriffen*. Wenn der Angreifer einige Klartext-Geheimtext-Paare kennt, d. h. einige Abbildungen $x_i \rightarrow y_i$, kann eine Sequenz von Geheimtextblöcken einfach manipuliert werden. Nachfolgend ein Beispiel, wie ein Substitutionsangriff in der Realität funktionieren könnte. Wir betrachten ein Protokoll zur Verarbeitung elektronischer Überweisungen zwischen zwei Banken.

Beispiel 5.1 (Substitutionsangriff auf eine elektronische Banküberweisung) Gegeben sei das hypothetische Protokoll aus Abb. 5.2 für Überweisungen zwischen Banken. Es gibt fünf Felder, die die Überweisung beschreiben: Eine Identifikationsnummer der zahlenden Bank (z. B. die BIC oder Bankleitzahl), die Kontonummer bei dieser Bank, die Identifikationsnummer der empfangenden Bank, die Nummer des Empfängerkontos und den Betrag. Nun nehmen wir an (und dies stellt eine wesentliche Vereinfachung dar), dass jedes der Felder gleich der Blockgröße der Blockchiffre ist, z. B. 16 Byte im Fall von AES. Ferner nehmen wir an, dass der Schlüssel zwischen den beiden Banken nicht allzu oft gewechselt wird. Aufgrund der deterministischen Natur des ECB kann ein Angreifer diesen Betriebsmodus durch einfache Substitution der Blöcke ausnutzen. Die Details des Angriffs sind wie folgt:

1. Oskar, der Angreifer, eröffnet ein Konto bei Bank A und eines bei Bank B.
2. Oskar hört die verschlüsselte Kommunikation zwischen den Banken ab.
3. Er sendet wiederholt Überweisungen von 1,00 € von seinem Konto bei Bank A zu seinem Konto bei Bank B. Dabei beobachtet er die Geheimtextblöcke während der Übertragung. Auch wenn er die zufällig aussehenden Geheimtextblöcke nicht entschlüsseln kann, kann er prüfen, ob sich Geheimtextblöcke wiederholen. Nach einer Weile erkennt er die fünf Blöcke seiner eigenen Überweisung. Nun speichert er die

Blöcke 1, 3 und 4 dieser Überweisung. Diese Blöcke sind verschlüsselte Versionen der Identifikationsnummern beider Banken sowie die verschlüsselte Version seines Bankkontos bei Bank B.
4. Die Annahme ist, dass die beiden Banken ihren kryptografischen Schlüssel nicht sehr häufig wechseln, sodass derselbe Schlüssel für viele Überweisungen zwischen Bank A und Bank B verwendet wird. Durch Vergleich von Block 1 und 3 *aller* Nachrichten auf dem Übertragungskanal (der beispielsweise ein Banknetzwerk ist) mit denen, die er gespeichert hat, kann Oskar alle Überweisungen erkennen, die von einem Konto bei Bank A zu einem Konto bei Bank B getätigt werden. Nun tauscht er einfach Block 4 – der die Kontonummer des Empfängers enthält – mit seinem zuvor gespeicherten Block 4 aus. Dieser Block enthält Oskars Kontonummer in verschlüsselter Form. Als Konsequenz werden nun *alle Überweisungen* von Bank A nach Bank B auf Oskars Bankkonto umgeleitet! Man beachte, dass Bank B keine Möglichkeit hat zu erkennen, ob Block 4 in einigen empfangenen Überweisungen ausgetauscht wurde oder nicht.
5. Oskar hebt das illegal erworbene Geld von Bank B schnell ab und flieht in ein Land, das eine sehr entspannte Einstellung zur Auslieferung von Wirtschaftskriminellen hat.

Das Interessante an diesem Angriff ist, dass er funktioniert, ohne die Blockchiffre selbst zu brechen. Selbst bei der Verwendung eines AES mit 256-Bit-Schlüsseln und unter der Annahme, dass wir jeden Block 1000-mal verschlüsseln, kann der Angriff nicht verhindert werden. Man muss bei dem Angriff beachten, dass er nicht die Verschlüsselungsfunktion der Blockchiffre bricht. Nachrichten, die Oskar unbekannt sind, bleiben immer noch vertraulich. Oskar kann jedoch einfach Teile des Chiffrats mit anderen vorherigen Geheimtextblöcken vertauschen und damit die *Integrität* der Nachricht verletzen. Es gibt kryptografische Techniken zum Integritätsschutz von Nachrichten, insbesondere MAC und digitale Signaturen. Beide sind in der Praxis weit verbreitet, um solche und ähnliche Angriffe zu verhindern, und werden in den Kap. 10 und 12 eingeführt. Ebenso ist der Galois-Counter-Modus, der später in diesem Kapitel vorgestellt wird, ein Verschlüsselungsmodus mit eingebauter Integritätsprüfung. Man beachte, dass dieser Angriff nur funktioniert, wenn der Schlüssel zwischen Bank A und Bank B nicht allzu oft ausgetauscht wird. Dies ist ein weiterer Grund für regelmäßigen Schlüsselaustausch.

Nun widmen wir uns einem weiteren Problem des ECB-Modus.

Beispiel 5.2 (Verschlüsselung von Bitmaps im ECB-Modus) Abb. 5.3 zeigt eine andere Schwachstelle des ECB-Modus: Identische Klartexte werden auf identische Geheimtexte abgebildet. Die Information in dem Bitmap-Bild (nämlich der Text) ist auch noch in der verschlüsselten Version sichtbar, obwohl AES mit einem 256-Bit-Schlüssel für die Chiffrierung verwendet wurde. Der Grund hierfür ist, dass der Hintergrund aus vielen identischen Klartextblöcken mit weißen Bildpunkten besteht, was zu einem ebenso uniformen Hintergrund im Chiffrat führt. Andererseits bestehen die Buchstaben im Bild aus unterschiedlichen Klartextblöcken, die in zufällig aussehenden Chiffratblöcken resultieren, die sich optisch deutlich von dem gleichförmigen Hintergrund absetzen.

Abb. 5.3 Originalbild (*oben*) und mit AES-256 im Electronic-Codebook-Modus verschlüsseltes Bild (*unten*)

CRYPTOGRAPHY
AND
DATA SECURITY

Diese Schwachstelle hat ähnliche Ursachen wie der Angriff auf die Substitutionschiffre, der in Abschn. 1.2.2 beschrieben wurde. In beiden Fällen bleiben die statistischen Eigenschaften im Chiffrat erhalten. Im Gegensatz zu den Angriffen auf die Substitutionschiffre und dem Angriff auf die Banküberweisung muss in diesem Fall der Angreifer nichts machen. Das menschliche Auge wertet die statistische Information automatisch aus.

Die beiden Angriffe in diesem Abschnitt sind Beispiele für Schwächen eines deterministischen Verschlüsselungsschemas. Daher ist es oft wünschenswert, dass die Verschlüsselung von identischen Klartexten zu unterschiedlichen Geheimtexten führt. Dieses Verhalten bezeichnet man als *probabilistische Verschlüsselung*. Um probabilistisch zu verschlüsseln, müssen zufällige Werte in die Verschlüsselung eingehen, was oft in Form eines Initialisierungsvektors (IV) geschieht. Die nachfolgenden Betriebsmodi verschlüsseln alle probabilistisch durch die Verwendung eines IV.

5.1.2 Cipher-Block-Chaining-Modus

Es gibt zwei wesentliche Ideen, die hinter dem *CBC-Modus* stehen. Erstens werden die Blöcke bei der Verschlüsselung verkettet (von daher auch der Name *Chaining*-Modus), sodass Chiffratblock y_i nicht nur von dem Klartextblock x_i sondern auch von allen vorherigen Klartextblöcken abhängt. Zweitens wird die Verschlüsselung durch die Verwendung eines Initialisierungsvektors (IV) randomisiert. Es folgen nun die Details des CBC-Modus.

Das Chiffrat y_i, das das Ergebnis der Verschlüsselung des Klartextblocks x_i ist, wird an den Eingang der Chiffre zurückgekoppelt und per XOR mit dem nachfolgenden Klartextblock x_{i+1} verknüpft. Diese XOR-Summe wird dann zum Chiffrat y_{i+1} verschlüsselt, das wiederum als XOR-Eingang für die Verschlüsselung von x_{i+2} benötigt wird usw. Die-

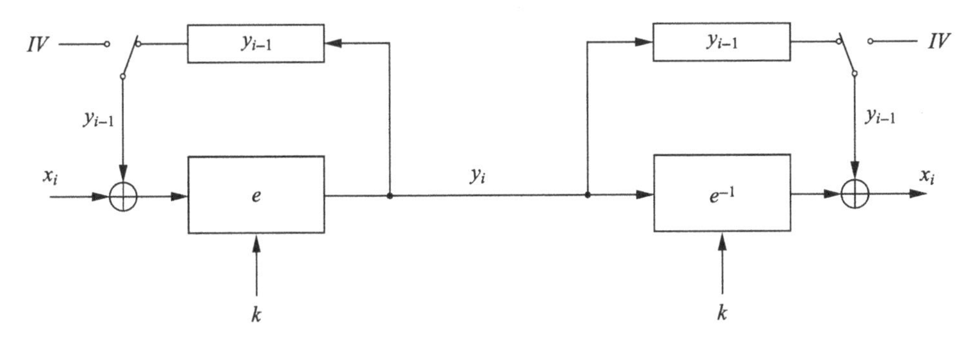

Abb. 5.4 Ver- und Entschlüsselung im Cipher-Block-Chaining-Modus

ser Prozess ist links in Abb. 5.4 dargestellt. Für den ersten Klartextblock x_1 gibt es keinen vorausgegehenden Chiffratblock. In diesem Fall wird ein IV auf den ersten Klartextblock addiert. Der IV erfüllt zudem den wichtigen Zweck, dass er die CBC-Verschlüsselung nichtdeterministisch macht. Beim CBC-Modus hängt das erste Chiffrat y_1 von dem Klartext x_1 und dem IV ab, das zweite Chiffrat hängt von dem IV, x_1 und x_2 ab, das dritte Chiffrat y_3 hängt von dem IV und x_1, x_2, x_3 ab etc. Das letzte Chiffrat ist eine Funktion von allen Klartextblöcken und dem IV.

Bei der Entschlüsselung eines Geheimtextblocks y_i im CBC-Modus müssen die Operationen der Verschlüsselung umgekehrt werden. Als erstes müssen wir die Verschlüsselung mit der Blockchiffre durch Anwendung der Dechiffrierfunktion $e^{-1}(\cdot)$ rückgängig machen. Danach muss die XOR-Operation rückgängig gemacht werden, indem der entsprechende Chiffratblock noch einmal per XOR auf die Ausgabe der Entschlüsselung aufaddiert wird. Für einen beliebigen Chiffratblock y_i wird dieser Vorgang durch den Ausdruck $e_k^{-1}(y_i) = x_i \oplus y_{i-1}$ beschrieben. Die rechte Seite von Abb. 5.4 zeigt diesen Prozess. Auch hier müssen wir bei der Entschlüsselung des ersten Geheimtextblocks y_1 das Ergebnis mit dem Initialisierungsvektor per XOR verknüpfen, um den Klartextblock x_1 zu erhalten, d. h. $x_1 = IV \oplus e_k^{-1}(y_1)$. Die gesamte Ver- und Entschlüsselung kann wie folgt beschrieben werden:

Definition 5.2 (Cipher-Block-Chaining-Modus (CBC))
Sei $e(\cdot)$ eine Blockchiffre mit Blockgröße b; seien x_i und y_i Bitblöcke der Länge b und IV eine Nonce der Länge b.

Verschlüsselung (erster Block): $y_1 = e_k(x_1 \oplus IV)$
Verschlüsselung (alle weiteren Blöcke): $y_i = e_k(x_i \oplus y_{i-1}), i \geq 2$
Entschlüsselung (erster Block): $x_1 = e_k^{-1}(y_1) \oplus IV$
Entschlüsselung (alle weiteren Blöcke): $x_i = e_k^{-1}(y_i) \oplus y_{i-1}, i \geq 2$

Nun zeigen wir die Korrektheit des Modus, d. h. wir zeigen, dass die Entschlüsselung tatsächlich die Verschlüsselung rückgängig macht. Für die Entschlüsselung des ersten Blocks y_1 erhalten wir:

$$d(y_1) = e_k^{-1}(y_1) \oplus IV = e_k^{-1}(e_k(x_1 \oplus IV)) \oplus IV = (x_1 \oplus IV) \oplus IV = x_1$$

Für die Entschlüsselung aller weiteren Blöcke y_i, mit $i \geq 2$, erhalten wir:

$$d(y_i) = e_k^{-1}(y_i) \oplus y_{i-1} = e_k^{-1}(e_k(x_i \oplus y_{i-1})) \oplus y_{i-1} = (x_i \oplus y_{i-1}) \oplus y_{i-1} = x_i$$

Wenn für jede neue Verschlüsselung ein neuer zufälliger IV gewählt wird, ist der CBC-Modus ein probabilistisches Verschlüsselungsschema. Wenn wir ein Folge von Blöcken $x_1, \ldots, x_t$ zunächst mit einem bestimmten IV und ein zweites mal mit einem anderen IV verschlüsseln, erscheinen die beiden resultierenden Geheimtexte in den Augen eines Angreifers wie zwei vollkommen unabhängige und zufällige Bitsequenzen. Man beachte, dass wir den IV *nicht* geheim halten müssen. Dennoch sollte der IV in den meisten Fällen eine *Nonce* („number used only once") sein. Es gibt viele verschiedene Wege für die Erzeugung eines IV-Werts. Im einfachsten Fall wird vor der Verschlüsselungssitzung eine zufällig gewählte Zahl unverschlüsselt zwischen den beiden Kommunikationspartnern übertragen. Alternativ kann auch ein Zähler gewählt werden, der sowohl von Alice als auch von Bob vorgehalten wird und der bei jeder neuen Verschlüsselungssitzung hochzählt. (Hierbei ist eine Speicherung des Zählerwerts durch beide Teilnehmer notwendig.) Eine weitere Möglichkeit zur Nonce-Erzeugung ist es, diese von Werten wie Alice' und Bobs ID, z. B. deren IP-Adresse, zusammen mit der aktuellen Zeit abzuleiten. Um die genannten Methoden sicherer zu machen, kann der gewählte Wert zunächst im ECB-Modus mit einem nur Alice und Bob bekannten Schlüssel chiffriert werden und der resultierende Geheimtext dient als IV. Man beachte, dass es einige komplexe Angriffe gibt, die darauf basieren, dass einem Angreifer der IV im Vorhinein bekannt ist. Um diesen Angriffen vorzubeugen, muss die IV-Bildung unvorhersagbar sein.

Es ist aufschlussreich, sich anzuschauen, ob der Substitutionsangriff gegen die Banküberweisung im ECB-Modus auch für den CBC-Modus anwendbar ist. Wenn für jede Überweisung ein frischer IV gewählt wurde, wird der Angriff nicht zum Erfolg führen, da Oskar keine Muster in dem Chiffrat erkennen kann. Wenn der IV für eine Reihe von Überweisungen gleich ist, kann Oskar Überweisungen von seinem Konto bei der Bank A zu seinem Konto bei der Bank B erkennen. Wenn er den Geheimtextblock 4, der seine verschlüsselte Kontonummer enthält, in anderen Überweisungen von Bank A zu Bank B substituieren würde, würde Bank B die Blöcke 4 und 5 zu Zufallszahlen entschlüsseln. Auch wenn kein Geld auf Oskars Konto umgeleitet würde, könnte es dennoch auf ein zufälliges anderes Konto umgeleitet werden. Der Betrag wäre ebenfalls zufällig. Offensichtlich ist dies aus Sicht der Bank auch nicht wünschenswert. Obwohl Oskar keine gezielten Manipulationen durchführen kann, zeigt dieses Beispiel, dass er durch Vertauschung von Geheimtexten zufällige Änderungen hervorrufen kann, die möglicherweise

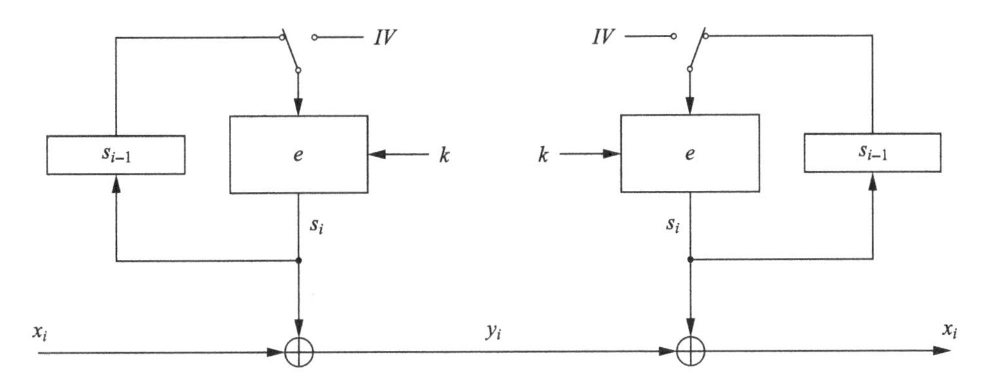

Abb. 5.5 Ver- und Entschlüsselung im Output-Feedback-Modus

auch großen Schaden anrichten können. Daher ist in sehr vielen Anwendungen in der Praxis die Verschlüsselung allein nicht ausreichend, sondern es muss sehr oft auch die Integrität der Nachricht geschützt werden. Dies kann mit MAC oder digitalen Signaturen erreicht werden, die in den Kap. 10 bzw. 12 eingeführt werden. Der weiter unten beschriebene Galois-Counter-Modus bietet sowohl Verschlüsselung als auch Integritätsprüfung.

5.1.3 Output-Feedback-Modus

Im *OFB-Modus* wird eine Blockchiffre zur Konstruktion einer Stromchiffre verwendet. Die entsprechende Konstruktion ist in Abb. 5.5 gezeigt. Dabei ist hervorzuheben, dass der Schlüsselstrom blockweise und nicht wie bei den Stromchiffren aus Kap. 2 bitweise generiert wird. Eine Blockchiffre mit einer Blockgröße b liefert b Bits des Schlüsselstroms, mit dem per XOR-Verknüpfung b Klartextbits verschlüsselt werden können.

Dem OFB-Modus liegt eine einfache Idee zugrunde. Anfangs wird ein IV mit der Blockchiffre verschlüsselt. Selbst wenn dem Angreifer der IV bekannt sein sollte, kennt er den Schlüssel und damit die Ausgabe der Chiffre nicht. Die Ausgabe der Blockchiffre formt die ersten b Bits des Schlüsselstroms. Der nächste Block von Schlüsselstrombits wird berechnet, indem die ersten b Bits auf den Eingang der Blockchiffre rückgekoppelt werden. Diese werden wiederum verschlüsselt und bilden den nächsten Block des Schlüsselstroms usw. (vgl. Abb. 5.5).

Der OFB-Modus stellt eine synchrone Stromchiffre dar (vgl. Abb. 2.3), da der Schlüsselstrom weder vom Klar- noch vom Geheimtext abhängt. Der OFB-Modus ist in der Anwendung daher ähnlich einer Standardstromchiffre wie beispielsweise Trivium. Da der OFB-Modus eine Stromchiffre ist, sind Ver- und Entschlüsselung exakt die gleiche Operation. Als Konsequenz hieraus sieht man im rechten Teil von Abb. 5.5, dass der Empfänger die Blockchiffre nicht im Entschlüsselungsmodus $e^{-1}(\cdot)$ benutzt, um das Chiffrat zu entschlüsseln. Der Grund hierfür ist, dass die eigentliche Verschlüsselung durch eine XOR-Funktion durchgeführt wird. Um diese umzukehren, d. h. zu entschlüsseln, müssen wir lediglich erneut die XOR-Operation mit identischem Schlüsselstrom auf der Empfängerseite anwenden. Dies steht im Gegensatz zu ECB- und CBC-Modus, bei denen die Daten auf der Empfängerseite tatsächlich mit der eigentlichen Blockchiffre entschlüsselt werden.

Formal kann die Ver- und Entschlüsselung mit dem OFB-Verfahren wie folgt beschrieben werden:

Definition 5.3 (Output-Feedback-Modus (OFB))
Sei $e(\cdot)$ eine Blockchiffre mit Blockgröße b; seien x_i, y_i und s_i Bitstrings der Länge b; der IV sei eine Nonce der Länge b.

Verschlüsselung (erster Block): $s_1 = e_k(IV)$ und $y_1 = s_1 \oplus x_1$
Verschlüsselung (alle weiteren Blöcke): $s_i = e_k(s_{i-1})$ und $y_i = s_i \oplus x_i, i \geq 2$
Entschlüsselung (erster Block): $s_1 = e_k(IV)$ und $x_1 = s_1 \oplus y_1$
Entschlüsselung (alle weiteren Blöcke): $s_i = e_k(s_{i-1})$ und $x_i = s_i \oplus y_i, i \geq 2$

Durch die Verwendung eines IV ist auch die OFB-Verschlüsselung nichtdeterministisch, d. h. das wiederholte Verschlüsseln ein und desselben Klartexts resultiert in unterschiedlichen Chiffraten. Wie im Fall des CBC-Modus sollte der IV eine Nonce sein. Ein Vorteil des OFB-Modus ist, dass die Berechnungen der Blockchiffre unabhängig vom Klartext sind. Es können daher zahlreiche Blöcke s_i des Schlüsselstroms vorausberechnet werden.

5.1.4 Cipher-Feedback-Modus

Der *CFB-Modus)* verwendet ebenfalls eine Blockchiffre, um eine Stromchiffre zu realisieren. Er ist dem OFB-Modus ähnlich, allerdings wird statt der Ausgabe der Blockchiffre das Chiffrat auf den Eingang der Blockchiffre rückgekoppelt. (Daher wäre für diesen Modus eigentlich Ciphertext-Feedback-Modus die passendere Bezeichnung.) Wie beim OFB-Modus wird der Schlüsselstrom nicht bitweise, sondern blockweise generiert. Dem CFB-Modus liegt folgende Idee zugrunde: Wir verschlüsseln einen IV, um den ersten Schlüsselstromblock s_1 zu erhalten. Für alle weiteren Schlüsselstromblöcke $s_2, s_3, \ldots$ verschlüsseln wir das vorhergehende Chiffrat. Dieses Schema ist in Abb. 5.6 dargestellt.

Da der CFB-Modus eine Stromchiffre bildet, sind Ver- und Entschlüsselung exakt dieselbe Operation. Der CFB-Modus ist ein Beispiel für eine asynchrone Stromchiffre (vergl. Abb. 2.3), da der Schlüsselstrom eine Funktion des Chiffrats ist.

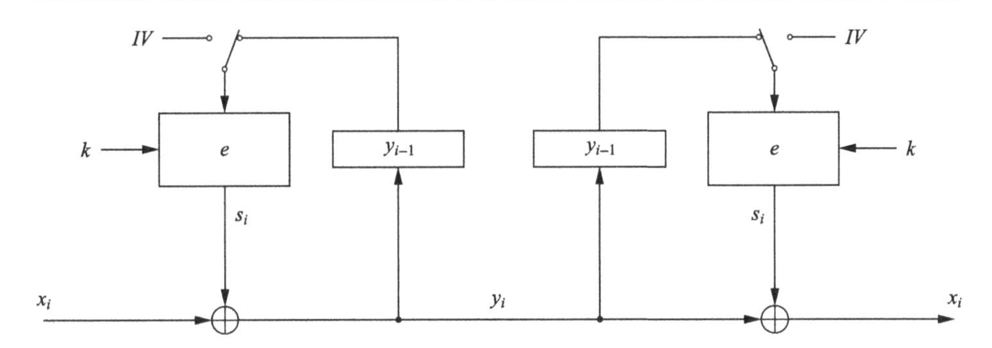

Abb. 5.6 Ver- und Entschlüsselung im Cipher-Feedback-Modus

Die formale Beschreibung des CFB-Modus lautet wie folgt:

Definition 5.4 (Cipher-Feedback-Modus (CFB))
Sei $e(\cdot)$ eine Blockchiffre mit der Blockgröße b; seien x_i und y_i Bitstrings der Länge b und sei IV eine Nonce der Länge b.

Verschlüsselung (erster Block): $y_1 = e_k(IV) \oplus x_1$
Verschlüsselung (alle weiteren Blöcke): $y_i = e_k(y_{i-1}) \oplus x_i,\ i \geq 2$
Entschlüsselung (erster Block): $x_1 = e_k(IV) \oplus y_1$
Entschlüsselung (alle weiteren Blöcke): $x_i = e_k(y_{i-1}) \oplus y_i,\ i \geq 2$

Durch die Verwendung eines IV ist auch die CFB-Verschlüsselung nichtdeterministisch. Verschlüsselt man denselben Klartext zweimal, erhält man unterschiedliche Geheimtexte. Wie im Fall des CBC- und des OFB-Modus sollte der IV eine Nonce sein.

In Anwendungen, bei denen sehr kurze Klartextblöcke verschlüsselt werden müssen, kann eine Variante des CFB-Modus verwendet werden. Als Beispiel betrachten wir die Verschlüsselung der Verbindung einer drahtlosen Tastatur mit einem Computer. Die durch die Tastatur generierten Klartexte sind typischerweise ein Byte lange ASCII-Zeichen. In diesem Fall werden nur 8 Bit des Schlüsselstroms für die Verschlüsselung verwendet (es spielt dabei keine Rolle, welche wir wählen, da alle Schlüsselstrombits sicher sind). In diesem Fall besteht das Chiffrat ebenfalls aus einem Byte. Bei der Rückkopplung des Chiffrats in die Blockchiffre muss man allerdings aufpassen. Die vorherige Eingabe in die Blockchiffre wird um 8 Bitpositionen nach links verschoben und die 8 niedrigstwertigen Positionen mit dem neuen Chiffratbyte gefüllt. Dieses Vorgehen wird für alle nachfolgenden Verschlüsselungen wiederholt. Natürlich funktioniert dieser Ansatz nicht nur für Klartexte, die acht Bit lang sind, sondern für alle Längen, die kürzer als die b Bit der Chiffre sind.

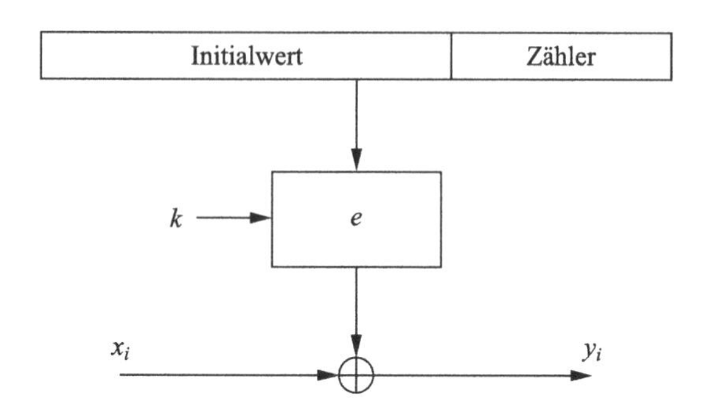

Abb. 5.7 Ver- und Entschlüsselung im Counter-Modus

5.1.5 Counter-Modus

Ein weiterer Modus, der eine Blockchiffre als Stromchiffre verwendet, ist der *CTR-Modus*. Wie bei den OFB- und CFB-Modi wird der Schlüsselstrom blockweise berechnet. Den Eingang der Blockchiffre bildet ein Zähler („counter"), der für die Berechnung eines neuen Schlüsselstromblocks hochgezählt wird. Abb. 5.7 stellt das Prinzip dar.

Man muss bei der Initialisierung des Eingangswerts für die Blockchiffre achtgeben und verhindern, dass derselbe Eingabewert zweimal verwendet wird. Ansonsten kann ein Angreifer den Schlüsselstromblock berechnen, wenn er einen der beiden Klartexte kennt, und damit die anderen Chiffrate entschlüsseln. Um Einmaligkeit zu erreichen, wird in der Praxis häufig folgender Ansatz gewählt: Nehmen wir eine Blockchiffre mit einer Eingangsgröße von 128 Bit an, beispielsweise AES. Als erstes wählen wir einen IV, der eine Nonce ist und der eine Länge hat, die kleiner als die Blockgröße ist, z. B. 96 Bit. Die verbleibenden 32 Bit werden dann durch einen Zähler mit dem Wert CTR gebildet, der mit null initialisiert wird. Für die Verschlüsselung eines jeden Blocks während einer Sitzung wird der Zähler inkrementiert, der IV bleibt jedoch gleich. In diesem Beispiel ist die maximale Anzahl von Blöcken, die wir mit demselben IV verschlüsseln können, 2^{32}. Da jeder Block aus 16 Byte besteht, können wir maximal $16 \cdot 2^{32} = 2^{36}$ Byte oder rund 64 GByte verschlüsseln, bevor ein neuer IV erzeugt werden muss. Die formale Darstellung des CRT-Modus lautet wie folgt:

Definition 5.5 (Counter-Modus (CRT))
Sei $e(\cdot)$ eine Blockchiffre mit der Blockgröße b und seien x_i und y_i Bitblöcke der Länge b. Die Verknüpfung des Initialisierungsvektors IV und des Zählers CTR_i wird mit $(IV \| CTR_i)$ bezeichnet und ist ebenfalls eine Bitfolge der Länge b.

Verschlüsselung: $y_i = e_k(IV \| CTR_i) \oplus x_i,\ i \geq 1$
Entschlüsselung: $x_i = e_k(IV \| CTR_i) \oplus y_i,\ i \geq 1$

Man beachte, dass der String $(IV \| CTR_1)$ nicht geheim gehalten werden muss. Dieser kann beispielsweise von Alice erzeugt und zusammen mit dem ersten Geheimtextblock an Bob gesendet werden. Der Zähler *CTR* kann entweder ein einfacher Zähler mit natürlichen Zahlen sein oder eine etwas komplexere Funktion wie ein LFSR mit maximaler Länge.

Man kann sich fragen, warum so viele Modi notwendig sind. Eine attraktive Eigenschaft des CRT-Modus ist die Parallelisierbarkeit, da dieser im Gegensatz zu OFB- und CFB-Modi keinerlei Rückkopplung benötigt. So können zwei Module mit der Blockchiffre parallel betrieben werden, wobei die erste den Zählerstand CTR_1 und die andere den Zählerstand CTR_2 verschlüsselt. Wenn beide Einheiten die Berechnungen ausgeführt haben, kann die erste Einheit den Wert CTR_3 und die andere den Wert CTR_4 verschlüsseln usw. Dieses Verfahren erlaubt, verglichen mit einer Implementierung mit nur einer Blockchiffre, auch eine doppelt so hohe Datenrate bei der Verschlüsselung. Natürlich können auch mehr als zwei Einheiten der Blockchiffre parallel betreiben werden, um die Geschwindigkeit weiter proportional zu erhöhen. Für Anwendungen mit hohen Anforderungen an die Verschlüsselungsgeschwindigkeit, z. B. in Netzwerken mit Datenraten im GBit-Bereich, sind parallelisierbare Verschlüsselungsmodi sinnvoll.

5.1.6 Galois-Counter-Modus

Der *GCM* ist ein Modus, der neben der Verschlüsselung auch einen MAC berechnet [9]. Man spricht hier auch von einer authentifizierten Verschlüsselung („authenticated encryption"). Ein MAC ist eine kryptografische Checksumme, die vom Sender, Alice, mithilfe symmetrischen Schlüssels berechnet und an die Nachricht angehängt wird. Bob berechnet ebenfalls einen MAC aus der Nachricht und dem Schlüssel und er prüft, ob dieser MAC mit dem von Alice berechneten Wert identisch ist. Hierdurch kann Bob sicherstellen, dass (1) die Nachricht wirklich von Alice erstellt wurde und (2) dass niemand das Chiffrat während der Übertragung verändert hat. Diese beiden Eigenschaften nennt man Nachrichtenauthentizität und Nachrichtenintegrität. Mehr über MAC ist in Kap. 12 zu finden. Wir stellen im Folgenden eine leicht vereinfachte Version des GCM vor.

Der GCM schützt die Vertraulichkeit des Klartexts x durch die Verwendung einer Verschlüsselung im CRT-Modus. Zusätzlich zu der Authentizität des Klartexts x garantiert der GCM auch die Authentizität eines Strings AAD („additional authenticated data"). Im Gegensatz zum Klartext werden diese authentisierten Daten nicht verschlüsselt. In der Praxis kann der String AAD z. B. Adressen und Parameter eines Netzwerkprotokolls enthalten.

Der GCM besteht aus einer Blockchiffre und einem Multiplizierer in einem endlichen Körper, mit denen die beiden GCM-Funktionen *authentisierte Verschlüsselung* and *authentisierte Entschlüsselung* realisiert werden. Die Chiffre muss eine Blockgröße von

128 Bit aufweisen, kann also beispielsweise AES sein. Auf Seite des Senders verschlüsselt der GCM die Daten im CRT-Modus (CTR), gefolgt von der Berechnung eines MAC-Werts. Für die Verschlüsselung wird zuerst ein initialer Zähler aus einem IV und einer Seriennummer abgeleitet. Dann wird der Wert des initialen Zählers erhöht, verschlüsselt und mit dem ersten Klartextblock per XOR verknüpft. Für alle nachfolgenden Klartextblöcke wird der Zähler inkrementiert und verschlüsselt. Man beachte, dass die zugrunde liegende Blockchiffre lediglich im Verschlüsselungsmodus verwendet wird. Der GCM erlaubt Vorausberechnungen der Blockchiffrenfunktion, wenn der Initialisierungsvektor im Vorhinein bekannt ist.

Für die Authentisierung führt der GCM eine verkettete Multiplikation in einem endlichen Körper durch. Für jeden Klartext x_i wird ein temporärer Authentisierungsparameter g_i abgeleitet. g_i wird aus der XOR-Summe des aktuellen Chiffrats y_i und dem vorhergehenden Parameter g_{i-1} berechnet und dann mit der Konstanten H multipliziert. Der Wert H ist ein Unterschlüssel, der durch Verschlüsselung des Werts 0 mit der Blockchiffre berechnet wird. Alle Multiplikationen werden in dem endlichen Körper $GF(2^{128})$ mit dem irreduziblem Polynom $P(x) = x^{128} + x^7 + x^2 + x + 1$ durchgeführt. Da nur eine Multiplikation pro Verschlüsselungsblock benötigt wird, ist der zusätzliche Berechnungsaufwand für die Authentisierung sehr gering.

Definition 5.6 (Einfacher Galois-Counter-Modus (GCM))
Sei $e(\cdot)$ eine Blockchiffre mit einer Blockgröße von 128 Bit. Sei x ein Klartext bestehend aus den Blöcken $x_1, \ldots, x_n$ und sei AAD ein zusätzliches authentisiertes Datum.

Verschlüsselung:
1. Leite einen Zählerwert CTR_0 aus IV ab und berechne $CTR_1 = CTR_0 + 1$.
2. Berechne das Chiffrat $y_i = e_k(CTR_i) \oplus x_i, \quad i \geq 1$.

Authentisierung:
1. Berechne den Unterschlüssel zur Authentisierung $H = e_k(0)$.
2. Berechne $g_0 = AAD \cdot H$ (Multiplikation im endlichen Körper).
3. Berechne $g_i = (g_{i-1} \oplus y_i) \cdot H, 1 \leq i \leq n$ (Multiplikation im endlichen Körper).
4. Authentisierungs-Tag: $T = (g_n \cdot H) \oplus e_k(CTR_0)$

Abb. 5.8 zeigt den Ablauf des GCM. Der Empfänger des Pakets $[(y_1, \ldots, y_n), T, ADD]$ entschlüsselt durch Anwendung des CRT-Modus das Chiffrat. Um die Authentizität der Daten zu prüfen, berechnet der Empfänger ebenfalls ein Authentisierungs-Tag T' aus dem empfangenen Chiffrat und ADD. Der Empfänger führt hierfür exakt dieselben Schritte aus wie der Sender. Wenn T und T' übereinstimmen, ist der Empfänger sicher, dass das Chiffrat (und ADD) während der Übertragung nicht manipuliert wurden und dass nur der Sender die Nachricht erzeugt haben kann.

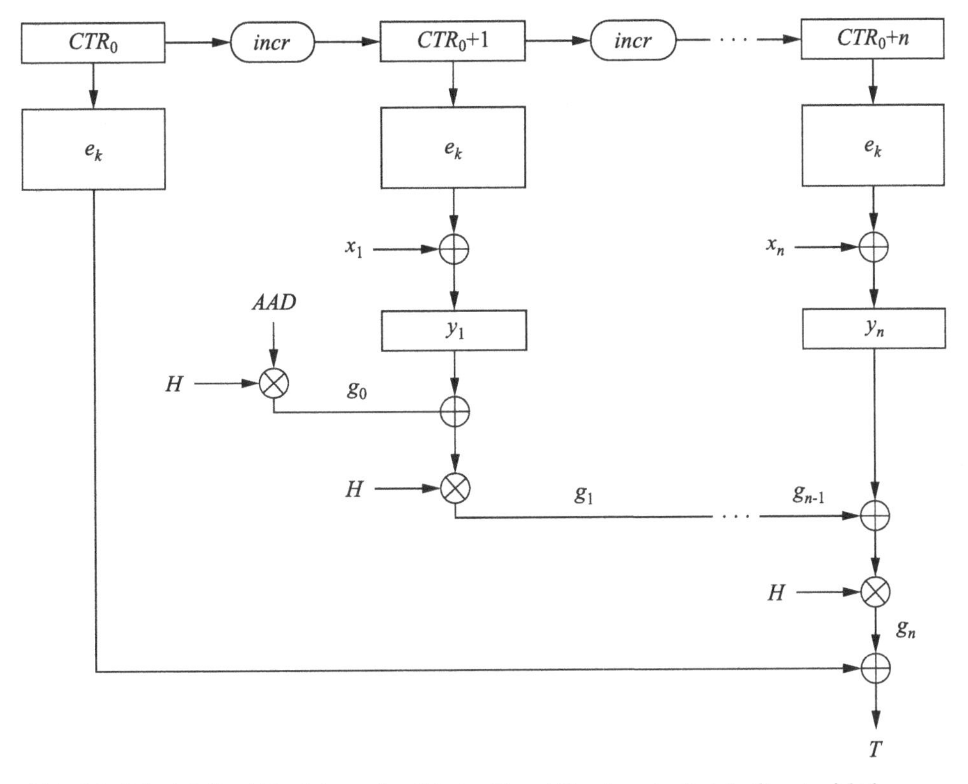

Abb. 5.8 Prinzipieller Ablauf der authentisierten Verschlüsselung im Galois-Counter-Modus

5.2 Mehr zur vollständigen Schlüsselsuche

In Abschn. 3.5.1 haben wir gesehen, dass man bei einem gegebenem Klartext-Chiffrat-Paar (x_1, y_1) einen DES-Schlüssel wie folgt mithilfe vollständiger Schlüsselsuche finden kann:

$$DES_{k_i}(x_1) \stackrel{?}{=} y_1, \quad i = 0, 1, \ldots, 2^{56} - 1 \tag{5.1}$$

Für die meisten anderen Blockchiffren ist jedoch eine Schlüsselsuche etwas komplizierter. Ein Brute-Force-Angriff kann auch ein *falsch-positives* Ergebnis produzieren, d. h. Schlüssel k_i werden gefunden, die nicht für die Verschlüsselung verwendet wurden, aber dennoch eine korrekte Verschlüsselung in (5.1) produzieren. Die Wahrscheinlichkeit dieses Auftretens hängt mit der Größe des Schlüsselraums relativ zu dem Klartextraum zusammen.

Um dennoch eine vollständige Schlüsselsuche durchzuführen, sind mehrere Klartext-Chiffrat-Paare notwendig. Die Länge des Geheimtexts, die benötigt wird, um die Chiffre mit einem Brute-Force-Angriff eindeutig zu brechen, bezeichnet man als *Unizitätslänge* („unicity distance"). Die Unizitätslänge ist die Mindestlänge des Geheimtexts, mit dem sich nach dem Ausprobieren sämtlicher möglicher Schlüssel nur noch ein korrekter Klartext ergibt. Wir schauen uns als erstes an, warum ein Paar (x_1, y_1) oft nicht ausreicht,

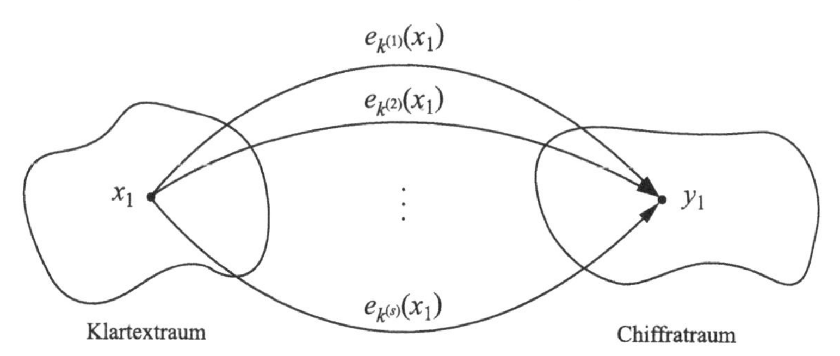

Abb. 5.9 Mehrere Schlüssel bilden einen Klartext auf einen Geheimtext ab

um den korrekten Schlüssel zu identifizieren. Zu Anschauungszwecken nehmen wir eine Chiffre mit einer Blockgröße von 64 Bit und einer Schlüssellänge von 80 Bit an. Wenn wir x_1 mit allen 2^{80} möglichen Schlüsseln verschlüsseln, erhalten wir 2^{80} Chiffrate. Da aber nur 2^{64} verschiedene Chiffratblöcke existieren, müssen daher einige Schlüssel x_1 auf denselben Geheimtext abbilden. Wenn wir für ein gegebenes Klartext-Chiffrat-Paar alle Schlüssel durchlaufen, finden wir im Durchschnitt $2^{80}/2^{64} = 2^{16}$ Schlüssel, die die Abbildung $e_k(x_1) = y_1$ durchführen. Diese Abschätzung ist gültig, da die Verschlüsselung eines Klartexts mit einem gegebenen Schlüssel (bei einer kryptografisch starken Chiffre) als eine zufällige Auswahl eines Chiffratblocks mit 64 Bit gesehen werden kann. Das Phänomen mehrerer Pfade zwischen einem gegebenen Klartext und einem Geheimtext ist in Abb. 5.9 dargestellt. $k^{(i)}$ bezeichnen hier diejenigen Schlüssel, die x_1 auf y_1 abbilden. Diese Schlüssel können als Schlüsselkandidaten betrachtet werden.

Unter den etwa 2^{16} Schlüsselkandidaten $k^{(i)}$ befindet sich auch der korrekte Schlüssel, mit dem die Verschlüsselung tatsächlich durchgeführt wurde. Diesen nennen wir den Zielschlüssel. Um den Zielschlüssel zu identifizieren, benötigen wir ein zweites Klartext-Chiffrat-Paar (x_2, y_2). Für dieses gibt es wiederum etwa 2^{16} Schlüsselkandidaten, die x_2 auf y_2 abbilden. Auch unter diesen Kandidaten ist der Zielschlüssel. Die anderen Schlüssel können als aus der Menge der 2^{80} möglichen Schlüssel zufällig gezogene Schlüssel gesehen werden. Eine wesentliche Eigenschaft des Zielschlüssels ist, dass er in *beiden* Mengen der Schlüsselkandidaten vorhanden sein muss. Um die Wirksamkeit eines Brute-Force-Angriffs zu bestimmen, ist nun die entscheidende Frage: Wie hoch ist die Wahrscheinlichkeit, dass ein weiterer (falscher!) Schlüssel in beiden Mengen vorhanden ist? Die Antwort ist durch folgenden Satz gegeben:

Satz 5.1
Gegeben seien eine Blockchiffre mit einer Schlüssellänge von κ Bit und einer Blockgröße von n Bit sowie t Klartext-Chiffrat-Paare $(x_1, y_1), \ldots, (x_t, y_t)$. Die erwartete Anzahl an falschen Schlüsseln, die alle Klartexte zu den zugehörigen Geheimtexten verschlüsseln, ist:

$$2^{\kappa - tn}$$

Wenn wir bei dem obigen Beispiel zwei Klartext-Chiffrat-Paare annehmen, ist die Wahrscheinlichkeit eines falschen Schlüssels k_f, der beide Verschlüsselungen $e_{k_f}(x_1) = y_1$ und $e_{k_f}(x_2) = y_2$ korrekt durchführt:

$$2^{80-2\cdot 64} = 2^{-48}$$

Dieser Wert ist so klein, dass es für fast alle praktischen Anwendungen ausreichend ist, zwei Klartext-Chiffrat-Paare zu testen. Wenn der Angreifer drei Paare für den Test wählt, sinkt die Wahrscheinlichkeit eines falschen Schlüssels auf $2^{80-3\cdot 64} = 2^{-112}$. Wie wir anhand dieses Beispiels sehen, sinkt die Wahrscheinlichkeit eines Fehlalarms rapide mit der Anzahl t der Klartext-Chiffrat-Paare. In Praxis benötigen wir üblicherweise nur einige wenige.

Der oben genannte Satz ist nicht nur wichtig, wenn wir eine individuelle Blockchiffre betrachten, sondern auch, wenn wir Mehrfachverschlüsselung mit einer Chiffre durchführen. Diesem Sachverhalt widmen wir uns in dem folgenden Abschnitt.

5.3 Erhöhung der Sicherheit von Blockchiffren

In manchen Situationen ist es wünschenswert, die Sicherheit einer gegebenen Blockchiffre zu erhöhen, beispielsweise dann, wenn in einem vorhandenen Gerät nur ein Algorithmus wie der DES verfügbar ist. Wir besprechen hier zwei allgemeine Ansätze, Chiffren sicherer zu machen: Mehrfachverschlüsselung und Key Whitening. Mehrfachverschlüsselung, d. h. einen Klartext mehr als einmal zu verschlüsseln, ist auch ein grundlegendes Entwurfsprinzip von Blockchiffren, da die Rundenfunktion mehrfach hintereinander angewendet wird. Unsere Intuition sagt uns, dass die Sicherheit einer Blockchiffre durch mehrfache Verschlüsselung ansteigt. Ein überraschendes Resultat ist allerdings, dass eine doppelte Verschlüsselung die Sicherheit vor Brute-Force-Angriffen kaum gegenüber einer Einfachverschlüsselung erhöht. Wir untersuchen diese Tatsache im nächsten Abschnitt. Ein anderer, sehr simpler aber effektiver Ansatz für die Erhöhung der Resistenz einer Blockchiffre gegen Brute-Force-Angriffe ist das Key Whitening, das im unten stehenden Abschn. 5.3.3 behandelt wird.

Es ist anzumerken, dass im Fall von AES bereits drei verschiedene Sicherheitsstufen durch die Schlüssellängen 128, 192 und 256 Bit gegeben sind. Da für diese Schlüssellängen sowohl Brute-Force-Angriffe unmöglich als auch keine analytischen Angriffe bekannt sind, gibt es in der Praxis auch keinen Grund für eine Mehrfachverschlüsselung mit AES. Dennoch ist Mehrfachverschlüsselung für einige ältere Chiffren, insbesondere für DES, ein sinnvolles Werkzeug.

5.3.1 Zweifachverschlüsselung und Meet-in-the-Middle-Angriff

Wir nehmen an, gegeben sei eine Blockchiffre mit einer Schlüssellänge von κ Bit. Für eine *Zweifachverschlüsselung* wird ein Klartext x zuerst mit einem Schlüssel k_L verschlüsselt

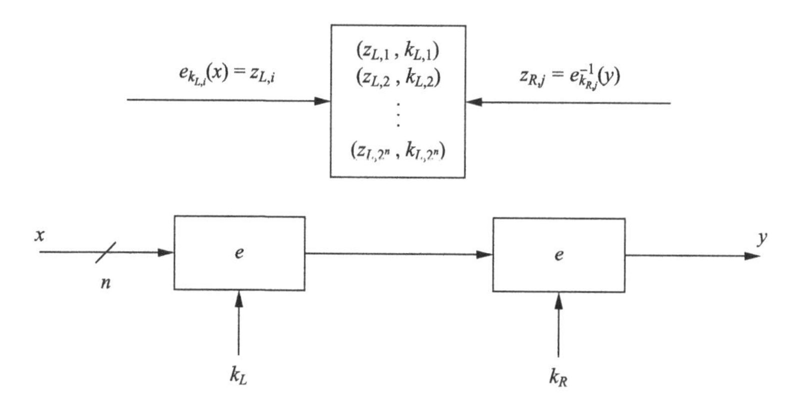

Abb. 5.10 Zweifachverschlüsselung und Meet-in-the-Middle-Angriff

und der resultierende Geheimtext dann nochmals mit einem zweiten Schlüssel k_R. Dieses Schema ist in Abb. 5.10 dargestellt.

Bei einem naiven Brute-Force-Angriff müssten wir alle Kombinationen beider Schlüssel ausprobieren, d. h. die effektive Schlüssellänge wäre 2κ und eine vollständige Schlüsselsuche würde $2^\kappa \cdot 2^\kappa = 2^{2\kappa}$ Verschlüsselungen (oder Entschlüsselungen) benötigen. Allerdings kann der Suchraum unter Verwendung des *Meet-in-the-Middle*-Angriffs drastisch reduziert werden. Es handelt sich hierbei um einen Divide-and-Conquer-Angriff, in dem Oskar zunächst die linke Verschlüsselung per Brute-Force angreift, was 2^κ Verschlüsselungsoperationen benötigt, und dann die rechte Verschlüsselung, was wiederum 2^κ Operationen benötigt. Wenn Oskar mit diesem Angriff Erfolg hat, beträgt die gesamte Angriffskomplexität $2^\kappa + 2^\kappa = 2 \cdot 2^\kappa = 2^{\kappa+1}$. Dies ist kaum mehr, als für eine Schlüsselsuche bei Einfachverschlüsselung benötigt wird, und natürlich wesentlich weniger komplex, als $2^{2\kappa}$ Operationen durchzuführen.

Der Angriff hat zwei Phasen. In der ersten wird die linke Verschlüsselung per Brute-Force angegriffen und damit eine Tabelle aufgebaut. In der zweiten Phase durchsucht der Angreifer den Schlüsselraum der rechten Verschlüsselung und versucht, eine Übereinstimmung in der Tabelle zu finden und damit beide Schlüssel zu erhalten. Hier sind die Details der Methode:

Phase I: Berechnung der Tabelle Wir berechnen eine Tabelle mit allen Paaren $(k_{L,i}, z_{L,i})$ zu einem gegebenen Klartext x_1, wobei $e_{k_{L,i}}(x_1) = z_{L,i}$ und $i = 1, 2, \ldots, 2^\kappa$. Diese Berechnungen werden in Abb. 5.10 durch die Pfeile auf der linken Seite symbolisiert. Die Einträge $z_{L,i}$ sind die Zwischenergebnisse, die zwischen den beiden Verschlüsselungen vorliegen. Diese Liste muss nach den Werten $z_{L,i}$ sortiert werden. Die Anzahl der Einträge in der Tabelle ist 2^κ, wobei jeder Eintrag aus $n + \kappa$ Bits besteht. Wir wissen, dass einer dieser Schlüssel der korrekte Zielschlüssel ist, man weiß allerdings noch nicht, welcher es ist.

Phase II: Schlüsselübereinstimmung Um den korrekten Schlüssel zu finden, dechiffrieren wir y_1, d. h. wir führen die Berechnungen auf der rechten Seite von Abb. 5.10 durch. Wir wählen den „ersten" möglichen Schlüssel $k_{R,1}$, z. B. den nur aus Nullen bestehenden Schlüssel, und berechnen:

$$e_{k_{R,1}}^{-1}(y_1) = z_{R,1}$$

Nun prüfen wir, ob $z_{R,1}$ gleich einem der $z_{L,i}$-Werte in der Tabelle ist, die wir in der ersten Phase berechnet haben. Wenn dieser *nicht* in der Tabelle ist, inkrementieren wir den Schlüssel $k_{R,1}$, entschlüsseln y_1 nochmals und prüfen, ob dieser Wert in der Tabelle ist. Wir fahren mit diesem Schema fort, bis wir eine Übereinstimmung gefunden haben.

Ein solche Übereinstimmung von zwei Werten $z_{L,i} = z_{R,j}$ wird auch *Kollision* genannt. An dieser Kollision sind zwei Schlüsselwerte beteiligt: Der Wert $z_{L,i}$ gehört dem Schlüssel $k_{L,i}$ von der linken Verschlüsselung, und $k_{R,j}$ ist der Schlüssel, den wir soeben bei der rechten Verschlüsselung getestet haben. Dies bedeutet, dass ein Paar $(k_{L,i}, k_{R,j})$ existiert, das die Zweifachverschlüsselung

$$e_{k_{R,j}}(e_{k_{L,i}}(x_1)) = y_1 \tag{5.2}$$

korrekt durchführt. Wie in Abschn. 5.2 diskutiert wurde, gibt es eine gewisse Wahrscheinlichkeit, dass dies nicht das gesuchte Zielschlüsselpaar ist, da es sehr wahrscheinlich mehrere Schlüsselpaare gibt, die die Abbildung $x_1 \rightarrow y_1$ durchführen. Daher müssen wir die Schlüsselkandidaten durch Verschlüsselung von weiteren Klartext-Chiffrat-Paaren nach (5.2) überprüfen. Wenn die Verifikation für mindestens eines der Paare $(x_1, y_1), (x_2, y_2), \ldots$ fehlschlägt, gehen wir zurück an den Anfang von Phase 2, inkrementieren wiederum den Schlüssel k_R und fahren mit der Suche fort.

In der Praxis ist es natürlich wichtig zu wissen, wie viele Klartext-Chiffrat-Paare benötigt werden, um falsche Schlüsselpaare mit hoher Wahrscheinlichkeit auszuschließen. In Bezug auf mehrfache Abbildungen zwischen einem Klartext und einem Geheimtext, wie in Abb. 5.9 gezeigt, kann eine Zweifachverschlüsselung als eine Chiffre mit 2κ Schlüsselbit und einer Blockbreite von n Bit modelliert werden. In der Praxis wird häufig $2\kappa > n$ sein, sodass mehrere Klartext-Chiffrat-Paare benötigt werden. Der Satz in Abschn. 5.2 kann leicht auf den Fall einer Mehrfachverschlüsselung erweitert werden, was uns einen hilfreichen Leitfaden für die Anzahl der benötigten (x, y)-Paare gibt:

Satz 5.2
Gegeben seien l Verschlüsselungen mit einer Blockchiffre mit einer Schlüssellänge von κ Bit und einer Blockgröße von n Bit, sowie t Klartext-Chiffrat-Paare $(x_1, y_1), \ldots, (x_t, y_t)$. Die erwartete Anzahl von falschen Schlüsseln, die alle Klartexte zu den zugehörigen Geheimtexten verschlüsseln, ist gegeben durch:

$$2^{l\kappa - tn}$$

Es folgt ein Beispiel, das diesen Satz veranschaulicht.

Beispiel 5.3 Wenn man Doppelverschlüsselung mit DES betrachtet und drei Klartext-Chiffrat-Paare testet, ist die Wahrscheinlichkeit, dass ein falsches Schlüsselpaar alle drei Schlüsseltests besteht,

$$2^{2\cdot 56 - 3\cdot 64} = 2^{-80}.$$

Wir bestimmen jetzt die Komplexität des Meet-in-the-Middle-Angriffs. In der ersten Phase des Angriffs (linker Teil von Abb. 5.10) führen wir 2^{κ} Verschlüsselungen durch und speichern diese in 2^{κ} Speicherzellen. In der zweiten Phase (rechter Teil von Abb. 5.10) führen wir maximal 2^{κ} Entschlüsselungen und Suchen in der Tabelle durch. Wir ignorieren an dieser Stelle mehrfache Schlüsseltests. Der gesamte Aufwand für den Meet-in-the-Middle-Angriff ergibt sich dann zu:

$$\text{Anzahl an Ver- und Entschlüsselungen} = 2^{\kappa} + 2^{\kappa} = 2^{\kappa+1}$$
$$\text{Anzahl an Speicherzellen} = 2^{\kappa}$$

Diesen Aufwand vergleichen wir mit den 2^{κ} Verschlüsselungen (oder Entschlüsselungen) und praktisch keinem Speicheraufwand im Fall eines Brute-Force-Angriffs gegen eine Einfachverschlüsselung. Obwohl der Speicherbedarf recht hoch ist, sind die Kosten der Berechnungen und des Speichers immer noch in der Größenordnung von 2^{κ}. Daher wird allgemein angenommen, dass die Zweifachverschlüsselung kaum einen Sicherheitsgewinn relativ zur Einfachverschlüsselung darstellt. Stattdessen kann allerdings Dreifachverschlüsselung genutzt werden, die im folgenden Abschnitt beschrieben wird.

Für eine genaue Analyse der Komplexität des Meet-in-the-Middle-Angriffs müssten auch die Kosten der Sortierung der Tabelleneinträge in Phase I sowie die Kosten für die Vergleiche mit der Tabelle in Phase II berücksichtigen werden. Für unsere Zwecke können wir diese zusätzlichen Kosten ignorieren.

5.3.2 Dreifachverschlüsselung

Verglichen mit der Zweifachverschlüsselung ist das dreimalige Verschlüsseln eines Datenblocks ein sehr viel sicherer Ansatz.

$$y = e_{k_3}(e_{k_2}(e_{k_1}(x)))$$

In der Praxis wird häufig eine Variante der obigen Verschlüsselung verwendet:

$$y = e_{k_1}(e_{k_2}^{-1}(e_{k_3}(x)))$$

Diese Art der Dreifachverschlüsselung bezeichnet man manchmal auch als EDE, was für „encryption-decryption-encryption“ steht. EDE ist genauso sicher wie das dreimalige Ver-

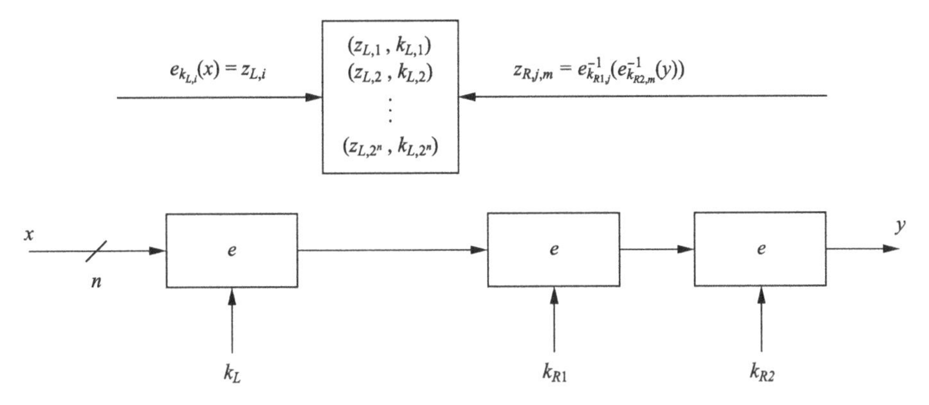

Abb. 5.11 Dreifachverschlüsselung und Skizze eines Meet-in-the-Middle-Angriffs

schlüsseln. Wenn man allerdings $k_1 = k_2$ wählt, führt EDE effektiv die Operation

$$y = e_{k_3}(x)$$

durch, was einer einfachen Verschlüsselung entspricht. Da es manchmal wünschenswert ist, dass eine Implementierung sowohl Dreifachverschlüsselung als auch Einfachverschlüsselung durchführen kann, z. B. um kompatibel mit Altsystemen zu bleiben, ist EDE eine beliebte Wahl für Dreifachverschlüsselung. Für eine 112-Bit-Sicherheit ist es darüber hinaus ausreichend, zwei verschiedene Schlüssel k_1 und k_2 zu wählen und $k_3 = k_1$ im Fall von 3DES zu wählen.

Auch gegen die Dreifachverschlüsselung kann der Meet-in-the-Middle-Angriff angewendet werden, wie in Abb. 5.11 gezeigt.

Wir nehmen wiederum κ Bit pro Schlüssel an. Ein Angreifer muss nun eine Tabelle nach der ersten oder nach der zweiten Verschlüsselung berechnen. In beiden Fällen muss ein Angreifer einmal beide Verschlüsselungen (oder Entschlüsselungen) durchlaufen, um die Tabelle zu erreichen. Hierin liegt die kryptografische Stärke der Dreifachverschlüsselung: Es gibt 2^{2k} Möglichkeiten, alle möglichen Schlüssel von zwei Ver- oder Entschlüsselungen zu durchlaufen. Im Fall von 3DES zwingt dies einen Angreifer dazu, 2^{112} Schlüsseltests durchzuführen, was mit heutiger Technologie vollkommen unmöglich ist. Zusammenfassend kann gesagt werden, dass der Meet-in-the-Middle-Angriff die *effektive Schlüssellänge* der Dreifachverschlüsselung von $3\,\kappa$ auf $2\,\kappa$ reduziert. Wegen dieser Tatsache sagt man, dass die *effektive Schlüssellänge* von 3DES 112 Bit im Gegensatz zu $3 \cdot 56 = 168$ Bit ist, das die Länge der Schlüsseleingabe in die Chiffre ist.

5.3.3 Key Whitening

Mit einer sehr einfachen Technik namens *Key Whitening* ist es möglich, Blockchiffren wie den DES wesentlich resistenter gegenüber Brute-Force-Angriffen zu machen. Das grundlegende Verfahren ist in Abb. 5.12 gezeigt.

Abb. 5.12 Key Whitening einer Blockchiffre

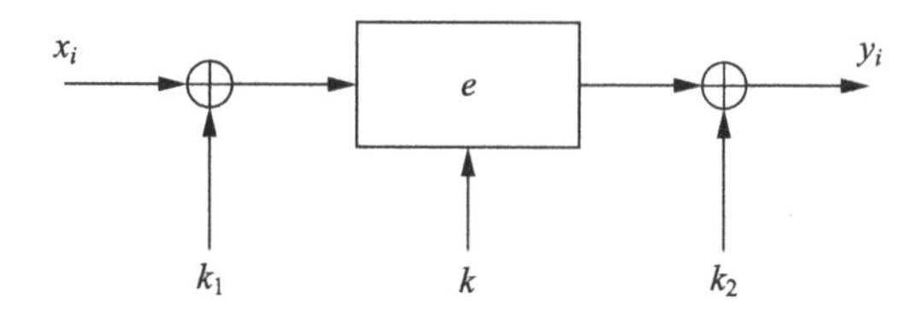

Zusätzlich zu dem regulären Schlüssel k der Chiffre werden zwei Whitening-Schlüssel k_1 und k_2 verwendet, um die Klar- und Geheimtexte zu maskieren. Dieses Vorgehen kann wie folgt dargestellt werden:

Definition 5.7 (Key Whitening für Blockchiffren)
Verschlüsselung: $y = e_{k,k_1,k_2}(x) = e_k(x \oplus k_1) \oplus k_2$
Entschlüsselung: $x = e^{-1}_{k,k_1,k_2}(y) = e_k^{-1}(y \oplus k_2) \oplus k_1$

Es ist wichtig zu betonen, dass Key Whitening keinen zusätzlichen Schutz gegen die meisten analytischen Angriffe wie lineare und differenzielle Kryptanalyse bietet. Dies steht im Gegensatz zur Mehrfachverschlüsselung, die oft auch die Resistenz gegen analytische Angriffe erhöht. Daher ist Key Whitening kein Heilmittel für inhärent schwache Chiffren. Die Hauptanwendung sind Chiffren, die relativ stark gegen analytische Angriffe sind, aber einen zu kleinen Schlüsselraum besitzen. In der Praxis wird Key Whitening v.a. für DES eingesetzt. Eine Variante von DES, die Key Whitening nutzt, ist *DESX*. Im Fall von DESX wird der Schlüssel k_2 von k und k_1 abgeleitet. An dieser Stelle sei angemerkt, dass die meisten modernen Blockchiffren wie AES bereits intern Key Whitening verwenden, indem ein Unterschlüssel vor der ersten und nach der letzten Runde addiert wird.

Nun betrachten wir die Sicherheit von Key Whitening. Eine naive Brute-Force-Attacke gegen das Schema benötigt $2^{\kappa+2n}$ Schritte, wobei κ die Schlüssellänge und n die Blockgröße ist. Unter Verwendung des Meet-in-the-Middle-Angriffs, den wir in Abschn. 5.3 eingeführt haben, kann der rechnerische Aufwand auf etwa $2^{\kappa+n}$ Rechenschritte zuzüglich Speicherung von 2^n Datensätzen reduziert werden. Wenn der Angreifer Oskar 2^m Klartext-Chiffrat-Paare sammelt, gibt es eine Attacke, die mit

$$2^{\kappa+n-m}$$

Verschlüsselungsoperationen durchgeführt werden kann. Obwohl wir die Attacke hier nicht weiter beschreiben, werden wir kurz ihre Auswirkung auf DES mit Key Whitening besprechen. Nehmen wir an, der Angreifer kennt 2^m Klartext-Chiffrat-Paare. In der Praxis kann der Entwickler eines Kryptosystems oftmals bestimmen, wieviele Klar-/Geheimtexte generiert werden, bevor ein neuer Schlüssel vereinbart wird. Daher kann der Parameter m

nicht beliebig durch den Angreifer erhöht werden. Da auch die Anzahl der benötigten Klartexte exponentiell mit m steigt, sind Werte über beispielsweise $m = 40$ in der Praxis eher unrealistisch. Als Beispiel nehmen wir an, wie verwenden DES mit Key Whitening und Oskar kann ein Maximum von 2^{32} Klartexten sammeln. Nun muss er

$$2^{56+64-32} = 2^{88}$$

DES-Berechnungen durchführen. Ein Spezialrechner benötigt heute etwa einen Tag für 2^{56} DES-Operationen, vgl. Abschn. 3.5.1. Selbst für einen finanzstarken Nachrichtendienst, der sich viele solcher Spezialrechner leisten kann, sind 2^{88} Verschlüsselungsoperationen zum jetzigen Zeitpunkt immer noch fast unmöglich, sodass DES mit Key Whitening für viele heutige Anwendungen ausreichend Sicherheit bietet. (Man beachte allerdings, dass 2^{88} Berechnungen aufgrund des Mooreschen Gesetzes in den nächsten ein bis zwei Jahrzehnten zunehmend realistischer werden.) Man beachte, dass der Angriff auch erfordert, dass Oskar 32 GByte an Klartexten benötigt.

Ein besonders attraktives Merkmal von Key Whitening ist, dass der zusätzliche Rechenaufwand vernachlässigbar ist. Eine typische Implementierung einer Blockchiffre in Software benötigt mehrere hundert Instruktionen, um einen Block zu verschlüsseln. Im Gegensatz hierzu benötigt eine 64-Bit-XOR-Operation gerade einmal 2 Instruktionen auf einer 32-Bit-CPU, sodass der Rechenaufwand in den meisten Fällen um weniger als 1 % ansteigt.

5.4 Diskussion und Literaturempfehlungen

Betriebsmodi Nach dem AES-Auswahlprozess hat das amerikanische National Institute of Standards and Technology (NIST) die Evaluierung neuer Betriebsmodi durch eine Reihe von Veröffentlichungen und Workshops unterstützt [5]. Aktuell gibt es zehn von der NIST empfohlene Modi für Blockchiffren: Fünf für Vertraulichkeit (ECB, CBC, CFB, OFB, CTR), einen für Authentisierung (CMAC), zwei kombinierte Modi für Vertraulichkeit und Authentisierung (CCM, GCM), einen Modus für Speicherverschlüsselung (XTS) sowie einen Modus für die Verschlüsselung von kryptografischen Schlüsseln („key wrapping") . Die Modi sind in der Praxis weit verbreitet und sind Teil zahlreicher Standards, z. B. für Internetkommunikation oder im Bankenwesen.

Weitere Anwendungen für Blockchiffren Neben der Datenverschlüsselung sind eine weitere wichtige Anwendung von Blockchiffren in der Praxis die MAC, auf die wir in Kap. 12 näher eingehen. Die Schemen CBC-MAC, OMAC und PMAC werden mit Blockchiffren konstruiert. Sog. *Authenticated-Encryption-(AE)*-Schemata verwenden zumeist Blockchiffren sowohl für die Verschlüsselung als auch für die Berechnung eines MAC, um Vertraulichkeit und Authentisierung zu gewährleisten. Zusätzlich zum GCM, den wir in diesem Kapitel eingeführt haben, gibt es weitere Modi zum Erreichen von AE: Den *EAX-Modus*, den *OCB-Modus* und den *GCM*.

Eine weitere Anwendung sind die aus Blockchiffren gebildeten *Cryptographically Secure Pseudo Random Number Generator (CSPRNG)*. Aus den in diesem Kapitel vorgestellten Stromchiffrenmodi OFB, CFB und CTR können CSPRNG konstruiert werden. Hierzu gibt es ebenfalls Standards wie den *ANSI X9.31* [1, Appendix A.2.4], der aus Blockchiffren gebildete Zufallszahlengeneratoren spezifiziert.

Blockchiffren können ebenfalls zur Konstruktion von *kryptografischen Hash-Funktionen* verwendet werden, wie wir in Kap. 11 sehen werden.

Erweiterung von Brute-Force-Angriffen Auch wenn es keine algorithmischen Abkürzungen für Brute-Force-Angriffe gibt, existieren effiziente Methoden, wenn mehrere vollständige Schlüsselsuchen durchgeführt werden sollen. Solche Methoden nennen sich Time-Memory-Tradeoff-Angriffe (TMTO-Angriffe). Die zugrunde liegende Idee ist die Verschlüsselung eines festen Klartexts für eine große Anzahl an Schlüsseln und die Speicherung bestimmter Zwischenergebnisse. Diese Vorausberechnungsphase ist typischerweise mindestens so aufwendig wie ein einfacher Brute-Force-Angriff und resultiert in sehr großen Tabellen. In der Online-Phase findet eine Suche durch die Tabelle statt, die wesentlich schneller als eine Standard-Brute-Force-Attacke ist. Daher können nach der erfolgten Vorausberechnung die individuellen Schlüssel viel schneller gefunden werden. Ursprünglich wurden TMTO-Angriffe von Hellman [4] eingeführt und wurden mit der Einführung von sog. „distinguished points" von Rivest verbessert [7]. Die später vorgeschlagenen Rainbow-Tabellen können zu weiteren Verbesserung der TMTO-Angriffe führen [6]. In der Praxis ist ein limitierender Faktor von TMTO-Angriffen die Anforderung, dass für die einzelnen Angriffe jedes mal derselbe Klartext verschlüsselt sein muss, z. B. ein Datei-Header.

Blockchiffren und Quantencomputer Mit dem potenziellen Aufkommen von Quantencomputern in der Zukunft muss die Sicherheit aktuell genutzter Kryptoalgorithmen neu bewertet werden. Momentan wird intensiv diskutiert, ob und wann Quantencomputer in der Zukunft realisiert werden können. Während alle in der Praxis eingesetzten asymmetrischen Algorithmen wie RSA, Diffie-Hellman-Schlüsselaustausch oder elliptische Kurven durch Quantencomputer angreifbar werden [8], sind symmetrische Algorithmen erheblich robuster gegen Quantencomputerangriffe. Wenn Quantencomputer einmal existieren, kann Grovers Algorithmus [3] genutzt werden, der nur $2^{(n/2)}$ Schritte für eine vollständige Schlüsselsuche für eine Chiffre mit einem Schlüsselraum von 2^n benötigt. Aufgrund von Grovers Algorithmus werden Schlüssellängen jenseits von 128 Bit benötigt, um Resistenz gegen Angriffe mit Quantencomputern zu gewährleisten. Diese Beobachtung war auch die Motivation für die NIST-Anforderung von Schlüssellängen von 192 und 256 Bit für den AES. Interessanterweise kann gezeigt werden, dass es keinen Algorithmus für Quantencomputer gibt, der eine Suchattacke effizienter als Grovers Algorithmus durchführen kann [2].

5.5 Lessons Learned

- Es gibt viele verschiedene Wege, Daten mit einer Blockchiffre zu verschlüsseln. Jeder Betriebsmodus hat bestimmte Vor- und Nachteile.
- Zahlreiche Modi benutzen eine Blockchiffre als Stromchiffre.
- Es gibt Modi, die eine Verschlüsselung zusammen mit einer Authentisierung durchführen, d. h. eine kryptografische Checksumme schützt vor Manipulation der Nachrichten.
- Der ECB-Modus hat Sicherheitsschwächen, unabhängig von der zugrunde liegenden Blockchiffre.
- Der CRT-Modus erlaubt die Parallelisierung der Verschlüsselung und ist daher gut für sehr schnelle Implementierungen geeignet.
- Zweifachverschlüsselung mit einer gegebenen Blockchiffre verbessert die Resistenz gegenüber Brute-Force-Angriffen nur marginal.
- Dreifachverschlüsselung mit einer gegebenen Blockchiffre *verdoppelt* die effektive Schlüssellänge. Triple-DES (3DES) hat eine effektive Schlüssellänge von 112 Bit.
- Key Whitening erhöht die Schlüssellänge von DES ohne nennenswerten zusätzlichen Rechenaufwand.

5.6 Aufgaben

5.1

Wir betrachten das Verschlüsseln von Datensätzen in einer Datenbank mit AES. Jeder Datensatz hat eine Länge von 16 Bytes. Die Datensätze sind alle unabhängig voneinander gespeichert. Welcher Betriebsmodus ist hier zu empfehlen?

5.2

Diese Aufgabe beschäftigt sich mit der vollständigen Schlüsselsuche bei Blockchiffren mit einer Schlüssellänge von k Bit im CBC-Modus. Die Blocklänge n ist größer als die Schlüssellänge, d. h. $n > k$.

1. Wie viele Klartext-Chiffrat-Paare benötigt man, wenn die Chiffre im ECB-Modus betrieben wird? Wie viele Suchschritte werden maximal benötigt?
2. Die Chiffre wird nun im CBC-Modus betrieben, wobei dem Angreifer der Initialisierungsvektor IV bekannt ist. Beschreiben Sie die vollständige Schlüsselsuche für diesen Fall. Wie viele (i) Klartextblöcke und (ii) Geheimtextblöcke werden benötigt? Wie viele Suchschritte werden maximal durchgeführt?
3. Wie viele Klartext-Chiffrat-Paare werden benötigt, wenn der IV nicht bekannt ist?
4. Ist es merkbar schwerer, eine vollständige Schlüsselsuche gegen eine Chiffre im CBC-Modus relativ zum ECE-Modus durchzuführen?

5.3

In einem Firmennetzwerk werden alle Daten während der Übertragung mit AES-128 im CBC-Modus verschlüsselt. Der Schlüssel ist immer fest und der IV änderst sich einmal pro

Tag. Bei der Übertragung werden jeweils Dateien verschlüsselt, wobei der IV am Anfang jeder Datei eingesetzt wird.

Durch einen Malware-Angriff kommen Sie in Besitz des AES-Schlüssels, Sie kennen aber nach wie vor nicht die IV. An einem Tag können Sie die verschlüsselte Version zweier Dateien mitschneiden. Von der einen Datei wissen Sie, dass diese nur den Wert `0xFF` enthält. Beschreiben Sie, wie Sie den unbekannten IV rekonstruieren und die zweite Datei dechiffrieren können.

5.4

Die Komplexität eines Brute-Force-Angriffs gegen den OFB-Modus steigt nicht an, wenn der IV geheim gehalten wird. Beschreiben Sie eine vollständige Schlüsselsuche, wenn der IV unbekannt ist. Welche Klar- und Geheimtexte müssen dem Angreifer bekannt sein?

5.5

Beschreiben Sie einen Angriff auf den OFB-Modus, wenn ein IV für alle Verschlüsselungen gleich bleibt.

5.6

Beschreiben Sie den OFB-Modus für den Fall, dass immer nur ein Byte an Klartext verschlüsselt wird, beispielsweise für die Verschlüsselung von Tastatureingaben. Als Chiffre wird AES verwendet. Für jede Verschlüsselung eines Bytes soll eine AES-Verschlüsselung ausgeführt werden. Zeichnen Sie ein Blockdiagramm des Schemas, in dem die Bitlängen (Busse) genau angegeben sind (vgl. Text am Ende von Abschn. 5.1.4).

5.7

Wie so oft in der Kryptografie ist es einfach, ein anscheinend sicheres Verfahren durch kleine Änderungen zu schwächen. Wir betrachten den OFB-Modus mit AES, bei dem wir nur die acht höchstwertigen Bits des Ausgangs der Chiffre auf den Eingang rückkoppeln. Die verbleibenden 120 Bits werden mit dem Wert 0 aufgefüllt.

1. Zeichnen Sie ein Blockdiagramm des Verfahrens.
2. Warum ist das Schema schwach, wenn wir größere Klartexte von z. B. 100 kByte verschlüsseln? Wie viele Klartexte benötigt der Angreifer maximal, um das System vollkommen zu brechen?
3. Das rückgekoppelte Byte habe nun den Wert FB. Wird das Schema schwerer angreifbar, wenn wir den 128-Bit-Wert $FB, FB, \ldots, FB$ als Eingang für die Chiffre wählen, d. h. wir kopieren den Ausgang 16-mal und nutzen diesen als AES-Eingabe?

5.8

In dem Abschnitt zum CFB-Modus wird eine Variante beschrieben, die einzelne Bytes verschlüsselt. Zeichnen Sie ein Blockdiagramm für diesen Modus und benutzen Sie AES als Chiffre. Geben Sie die Busweiten (d. h. Anzahl der Bits) jeder Verbindung in dem Diagramm an.

5.9
AES wird im CRT-Modus zur Verschlüsselung einer Datei der Größe 1 TB benutzt. Was ist die maximale Länge des IV?

5.10
In manchen Anwendungen können Fehler während der Datenübertragung auftreten, die sich je nach Betriebsmodus unterschiedlich auswirken. In dieser Aufgabe untersuchen wir das Zusammenspiel zwischen Übertragungsfehlern und den verschiedenen Betriebsmodi. Wir nehmen einfache Bitfehler an, d. h. bei der Übertragung wird ein Bit des Chiffrats von 0 auf 1 gekippt oder umgekehrt.

1. Es tritt im ECB-Modus ein Bitfehler in Chiffratblock y_i auf. Welche Klartextblöcke von Bob, dem Empfänger, sind davon betroffen?
2. Wir nehmen wiederum einen Übertragungsbitfehler in Block y_i an. Welche Klartextblöcke von Bob sind betroffen, wenn der CBC-Modus verwendet wird?
3. Diesmal betrachten wir einen Fehler in dem Klartextblock x_i, den Alice verschlüsselt. Welche Klartextblöcke von Bob sind betroffen, wenn der CBC-Modus eingesetzt wird?
4. Wir betrachten den CFB-Modus bei dem jeweils 8 Bit verschlüsselt werden. Es tritt ein Bitfehler während der Übertragung auf. Wie weit pflanzt sich dieser Fehler bei Bob fort? Beschreiben Sie genau, welche Veränderungen in den Klartexten auftreten.
5. Erstellen Sie eine Tabelle mit den Betriebsmodi, die beschreibt, wie ein Bitfehler in Block y_i die Klartexte in den fünf Betriebsmodi ECB, CBC, CFB, OFB und CTR beeinflusst. Unterscheiden Sie zwischen einzelnen Bitfehlern und ganzen Blöcken, die betroffen sind.

5.11
Neben einfachen Bitfehlern kann auf Übertragungskanälen auch der Fall auftreten, dass Bits gar nicht übertragen oder zusätzliche Bits eingefügt werden. Dies führt in den meisten Fällen dazu, dass Ver- und Entschlüsselung nicht mehr synchron verlaufen und alle nachfolgenden Chiffrate inkorrekt entschlüsselt werden. Ein Sonderfall ist der CFB-Modus, bei dem nur ein Bit rückgekoppelt wird. Zeigen Sie, dass Ver- und Entschlüsselung nach $\kappa + 1$ Schritten wieder synchronisiert sind, wobei $\kappa + 1$ die Blockgröße der Chiffre ist.

5.12
In dieser Aufgabe versuchen wir eine Kostenabschätzung für einen Angriff auf 2DES zu erstellen, d. h. DES mit Zweifachverschlüsselung:

$$2DES(x) = DES_{K_2}(DES_{K_1}(x))$$

1. Zunächst betrachten wir eine naive vollständige Schlüsselsuche ohne Abspeichern von Zwischenergebnissen. Es muss der gesamte Schlüsselraum, der von K_1 und K_2 gebildet wird, durchsucht werden. Wie teuer ist eine Spezialmaschine, die 2DES in einer Woche brechen kann (Worst-case-Betrachtung)?

Wir nehmen hierzu spezielle IC, sog. ASIC, an, die 10^7 Schlüssel pro Sekunde testen können und 5 $ das Stück kosten. Wir nehmen einen Overhead von 50 % für den Bau der Maschine an.

2. Wir betrachten nun den Meet-in-the-Middle-Angriff, der ein TMTO-Angriff ist.
   - Wie viele Einträge müssen in der Tabelle abgespeichert werden?
   - Wie viele Bytes müssen pro Eintrag gespeichert werden?
   - Wie teuer ist eine Suchmaschine, die den Schlüssel innerhalb einer Woche findet? Man beachte, dass für das Anlegen der Tabelle auch der gesamte Schlüsselraum einmal durchlaufen werden muss. Wir nehmen an, dass für das Anlegen der Tabelle (Phase 1) und die Suche in Phase 2 die gleiche Spezialmaschine verwendet wird.

   Für eine grobe Kostenabschätzung nehmen wir an, dass 10 GByte Festplattenspeicher 8 $ kosten, wobei 1 GByte = 10^9 Byte.
3. Wann fallen die Kosten unter 1 Mio. $, wenn wir das Mooresche Gesetz annehmen? (Da die Speicherkosten ständig fallen, kann man die Aufgabe an aktuelle Preise anpassen.)

5.13

Anstatt seltsame Experimente an Erdenbürgern vorzunehmen, hinterlassen Außerirdische nach ihrem letzten Besuch auf unserem Planeten eine Schlüsselsuchmaschine, die besonders gut für AES geeignet ist. Mit ihr kann man Schlüsselräume von 128, 192 und sogar 256 Bit innerhalb weniger Tage durchsuchen. Wie viele Klartext-Chiffrat-Paare benötigt man, damit inkorrekte Schlüssel mit einer hohen Wahrscheinlichkeit ausgeschlossen werden können?

Bemerkung: Da sowohl Außerirdische als auch Suchmaschinen für solche Schlüssellängen extrem unwahrscheinlich sind, ist diese Aufgabe reine Fiktion.

5.14

Gegeben seien einige Klartext-Chiffrat-Paare und das Ziel ist, ein System anzugreifen, das Mehrfachverschlüsselung verwendet.

1. Ein Verschlüsselungssystem E soll angegriffen werden, das Dreifachverschlüsselung mit AES-192 durchführt, d. h. die Blockgröße beträgt $n = 128$ Bit und die Schlüssellänge $k = 192$ Bit. Der korrekte Schlüssel sei K. Wie viele Tupel (x_i, y_i) mit $y_i = e_K(x_i)$ werden benötigt, damit ein *falsch-positiver* Schlüssel K' mit einer Wahrscheinlichkeit von $Pr(K' \neq K) = 2^{-20}$ auftritt?
2. Was ist die maximale Schlüssellänge einer Chiffre mit Blockgröße $n = 80$, die mit Zweifachverschlüsselung, d. h. $l = 2$, betrieben wird, damit die Fehlerwahrscheinlichkeit eines inkorrekten Schlüssels K' den Wert $Pr(K' \neq K) = 2^{-10} = 1/1024$ hat?
3. Was ist die Erfolgswahrscheinlichkeit für die Schlüsselsuche mit vier gegebenen Klartext-Chiffrat-Paaren für AES-256 ($n = 128$, $k = 256$), der mit Zweifachverschlüsselung eingesetzt wird?

Man beachte, dass dies rein theoretische Aufgaben sind, da es technisch vollkommen ausgeschlossen ist, Schlüsselräume mit 2^{128} oder mehr Elementen zu durchsuchen.

5.15
3DES kann mit etwa 2^{2k} DES-Verschlüsselungen und 2^k Speicherzellen gebrochen werden, wobei $k = 56$ ist. Beschreiben Sie den entsprechenden Angriff. Wie viele Paare (x, y) sollten zur Verfügung stehen, damit die Wahrscheinlichkeit eines inkorrekten Schlüsseltripels (k_1, k_2, k_3) für die Praxis ausreichend niedrig ist?

5.16
In dieser Aufgabe haben Sie die Möglichkeit, ein Kryptoverfahren zu brechen. Es ist bekannt, dass es in der Kryptografie viele Fallstricke gibt. Diese Aufgabe ist ein gutes Beispiel für ein starkes Verschlüsselungsverfahren, das durch eine geringfügige Modifikation sehr schwach wird.

In dem Abschnitt zu Key Whitening wurde gezeigt, dass diese Technik gut geeignet ist, um Blockchiffren robuster gegen Brute-Force-Angriffe zu machen. Im Folgenden betrachten wir eine Variante von DES mit Key Whitening, die wir DESA nennen:

$$DESA_{k,k_1}(x) = DES_k(x) \oplus k_1$$

Obwohl das Schema stark dem regulären Key Whitening ähnelt, ist es kaum stärker als DES. Ihre Aufgabe ist es zu zeigen, dass eine vollständige Schlüsselsuche kaum schwerer als im Fall des regulären DES ist. Wir können annehmen, dass dem Angreifer einige Klartext-Chiffrat-Paare zur Verfügung stehen.

Literatur

1. ANSI X9.31-1998, American National Standard X9.31, Appendix A.2.4: Public Key Cryptography Using Reversible Algorithms for the Financial Services Industry (rDSA). Technical report, Accredited Standards Committee X9 (2001), http://www.x9.org. Zugegriffen am 1. April 2016
2. C.H. Bennett, E. Bernstein, G. Brassard, U. Vazirani, The strengths and weaknesses of quantum computation. SIAM Journal on Computing **26**, 1510–1523 (1997)
3. L. Grover, A fast quantum-mechanical algorithm for database search, in *Proceedings of the Twenty-eighth Annual ACM Symposium on Theory of Computing* (ACM, 1996), S. 212–219
4. M. Hellman, A cryptanalytic time-memory tradeoff. IEEE Transactions on Information Theory **26**(4), 401–406 (1980)
5. Block Cipher Modes Workshops, http://csrc.nist.gov/groups/ST/toolkit/BCM/workshops.html. Zugegriffen am 1. April 2016
6. Philippe Oechslin, Making a faster cryptanalytic time-memory trade-off, in *CRYPTO '03: Proceedings of the 23rd Annual International Cryptology Conference, Advances in Cryptology*. LNCS, Bd. 2729 (Springer, 2003), S. 617–630

7. Dorothy Elizabeth Robling Denning, *Cryptography and Data Security* (Addison-Wesley Longman Publishing Co., Inc., 1982)
8. P. Shor, Polynomial-time algorithms for prime factorization and discrete logarithms. SIAM Journal on Computing, Communication Theory of Secrecy Systems **26**, 1484–1509 (1997)
9. NIST Special Publication SP800-38D: Recommendation for Block Cipher Modes of Operation: Galois/Counter Mode (GCM) and GMAC (2007), http://csrc.nist.gov/publications/nistpubs/800-38D/SP-800-38D.pdf. Zugegriffen am 1. April 2016

Einführung in die asymmetrische Kryptografie 6

Bevor wir mehr über die Grundlagen der asymmetrischen Kryptografie lernen, erinnern wir uns, dass neben dem Begriff *asymmetrische Kryptografie* auch häufig der englische Ausdruck *Public-Key-Kryptografie* verwendet wird. Beide bezeichnen ein und die selbe Gruppe von kryptografischen Techniken und werden synonym verwendet. Im Folgenden werden wir den Begriff der asymmetrischen Kryptografie verwenden.

Wie bereits in Kap. 1 beschrieben, wird symmetrische Kryptografie schon seit mindestens 4000 Jahren verwendet. Die asymmetrische Kryptografie ist dagegen recht neu und wurde öffentlich von Whitfield Diffie, Martin Hellman und Ralph Merkle im Jahr 1976 eingeführt. 1997 wurden jedoch britische Regierungsdokumente, die nicht mehr geheim gehalten werden mussten, veröffentlicht, aus denen hervorgeht, dass die Wissenschaftler James Ellis, Clifford Cocks und Graham Williamson vom UK Government Communications Headquarters (GCHQ) das Prinzip der asymmetrischen Kryptografie schon einige Jahre früher, nämlich 1972, entdeckt und umgesetzt hatten. Es ist allerdings nicht klar, ob sich die britischen Behörden über die weitreichenden Konsequenzen der asymmetrischen Kryptografie für kommerzielle Anwendungen bewusst waren.

In diesem Kapitel erlernen Sie

- eine kurze Zusammenfassung der Geschichte der asymmetrischen Kryptografie,
- die Vor- und Nachteile der asymmetrischen Kryptografie,
- Grundlagen der Zahlentheorie, die für das Verständnis von asymmetrischen Algorithmen notwendig sind. Insbesondere wird der erweiterte euklidische Algorithmus eingeführt.

6.1 Symmetrische versus asymmetrische Kryptografie

In diesem Kapitel werden wir sehen, dass asymmetrische Algorithmen sich völlig von symmetrischen Algorithmen wie DES oder AES unterscheiden. Die meisten asymmetrischen Verfahren basieren auf zahlentheoretischen Konstruktionen, was im Gegensatz zu

C. Paar, J. Pelzl, *Kryptografie verständlich*, eXamen.press, DOI 10.1007/978-3-662-49297-0_6

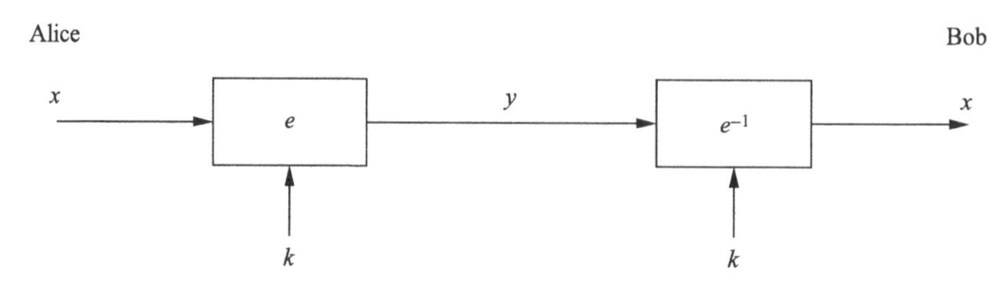

Abb. 6.1 Prinzip der symmetrischen Verschlüsselung

symmetrischen Chiffren steht, bei denen es normalerweise das Ziel ist, *keine* mathematisch einfache Beschreibung zwischen Ein- und Ausgang zu haben. Obwohl mathematische Strukturen oft für Komponenten *innerhalb* symmetrischer Chiffren genutzt werden, beispielsweise die MixColumn-Operation oder die S-Box von AES, bedeutet dies nicht, dass die gesamte Chiffre durch eine kompakte mathematische Beschreibung darstellbar ist.

6.1.1 Die Symmetrie bei der symmetrischen Kryptografie

Um das Prinzip der asymmetrischen Kryptografie besser verstehen zu können, schauen wir uns zunächst noch einmal das Prinzip der symmetrischen Verschlüsselung an (Abb. 6.1).

Solch ein System ist symmetrisch in Bezug auf folgende Eigenschaften:

1. *Derselbe geheime Schlüssel* wird für die Ver- und Entschlüsselung verwendet.
2. Die *Funktionen* zu Ver- und Entschlüsselung sind sich sehr ähnlich (im Fall von DES sind sie praktisch identisch).

Es gibt eine einfache Analogie für die symmetrische Kryptografie (Abb. 6.2) gezeigt ist. Wir nehmen einen Safe mit einem starken Schloss an. Nur Alice und Bob haben eine Kopie des Schlüssels für das Schloss. Das Verschlüsseln von Daten kann als Deponieren von Nachrichten in dem Safe interpretiert werden. Um die Nachricht wieder lesen, d. h. entschlüsseln, zu können, verwendet Bob seinen Schlüssel und öffnet den Safe.

Moderne symmetrische Algorithmen wie AES oder 3DES werden als sehr sicher angesehen, verschlüsseln sehr effizient und sind in unzähligen Anwendungen im Einsatz. Dennoch weisen alle symmetrischen Verfahren einige grundsätzliche Nachteile auf, die wir nachfolgend diskutieren.

Schlüsselaustauschproblem Der symmetrische Schlüssel muss zwischen Alice und Bob über einen sicheren Kanal ausgetauscht werden. Gleichzeitig ist der Kommunikationskanal selbst nicht sicher. Daher kann der Schlüssel nicht direkt über diese Verbindung geschickt werden, was zweifelsfrei der bequemste Weg wäre, und es wird eine andere Übertragungsform benötigt.

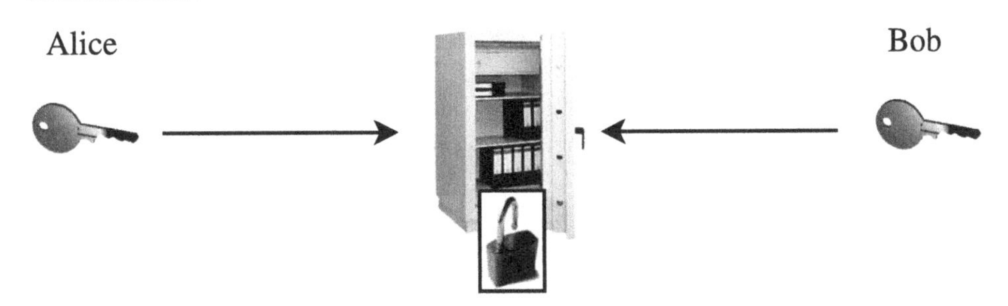

Abb. 6.2 Analogie für die symmetrische Verschlüsselung: Ein Safe mit einem Schlüssel, den Alice und Bob besitzen

Anzahl von Schlüsseln Selbst wenn wir das Schlüsselverteilungsproblem lösen, muss je nach Anwendung mit einer sehr großen Zahl an Schlüsseln gearbeitet werden. Wenn jedes Paar an Benutzern in einem Netzwerk mit n Parteien einen eigenen Schlüssel verwendet, gibt es insgesamt

$$\frac{n \cdot (n-1)}{2}$$

Schlüssel in dem Netzwerk, und jeder Nutzer muss $n-1$ Schlüssel sicher speichern. Selbst für mittlere Netze, beispielsweise eine Firma mit 2000 Mitarbeitern, benötigt man mehr als 4 Mio. Schlüssel, die generiert und über einen sicheren Kanal ausgetauscht werden müssen. Mehr über dieses Problem finden Sie in Abschn. 13.1.3. (Es gibt Methoden, um die Anzahl von Schlüsseln in symmetrisch verschlüsselten Netzwerken zu reduzieren, wie wir in Abschn. 13.2 sehen werden. Solche Ansätze haben jedoch auch Probleme, wie beispielsweise einen Single-point-of-Failure.)

Kein Schutz vor betrügerischem Verhalten von Alice oder Bob Alice und Bob haben beide dieselben kryptografischen Fähigkeiten, da sie beide den gleichen Schlüssel besitzen, d. h. alle Aktionen, die Alice durchführen (z. B. Ver- und Entschlüsseln) kann, können auch von Bob ausgeführt werden und umgekehrt. Als Konsequenz kann symmetrische Kryptografie nicht für Anwendungen verwendet werden, in denen wir uns vor Betrug durch Alice oder Bob schützen wollen (im Gegensatz zu Betrug durch einen Außenstehenden wie Oskar). In E-Commerce-Anwendungen ist es häufig wichtig, nachzuweisen, dass Alice wirklich eine bestimmte Nachricht gesendet hat, z. B. die Bestellung eines Flachbildfernsehers. Wenn wir nur symmetrische Kryptografie verwenden und Alice es sich mit dem Kauf später anders überlegt, kann sie immer behaupten, das Bob (der Verkäufer) fälschlicherweise die Bestellung erstellt hat. Dies zu verhindern, bezeichnet man als *Nichtzurückweisbarkeit* und diese kann mit asymmetrischer Kryptografie erreicht werden, wie wir in Abschn. 10.1.1 sehen werden. Der wichtigste Mechanismus, um Nichtzurückweisbarkeit zu erreichen, sind digitale Signaturen, die in Kap. 10 eingeführt werden.

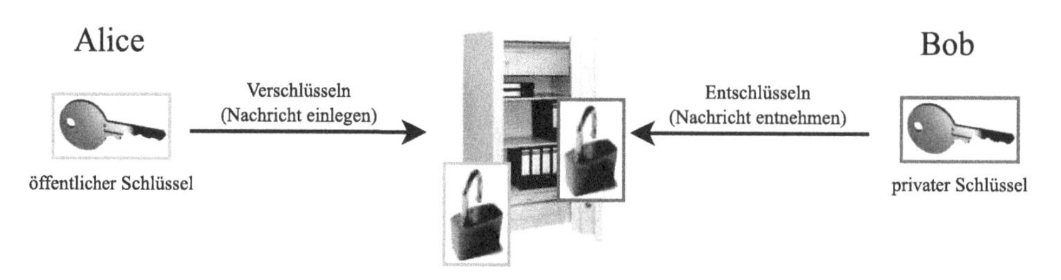

Abb. 6.3 Analogie für die asymmetrische Verschlüsselung: Ein Safe mit einem öffentlichen Schloss für das Deponieren von Nachrichten und einem geheimen Schloss für das Empfangen bzw. Lesen von Nachrichten

Alice		**Bob**
	$\xleftarrow{k_{pub}}$	$(k_{pub}, k_{pr}) = k$
$y = e_{k_{pub}}(x)$		
	$\xrightarrow{y}$	
		$x = d_{k_{pr}}(y)$

Abb. 6.4 Basisprotokoll für die sichere Datenübertragung mithilfe asymmetrischer Kryptografie

6.1.2 Das Prinzip der asymmetrischen Kryptografie

Diffie, Hellman und Merkle hatten eine revolutionäre Idee, um die oben beschriebenen Nachteile zu überwinden: Es ist nicht notwendig, den Schlüssel der Person, die die Nachricht *verschlüsselt* (Alice), geheim zu halten. Die ausschlaggebende Tatsache ist, dass der Empfänger, Bob, nur mithilfe eines geheimen Schlüssels *entschlüsseln* kann. Um ein solches System zu realisieren, veröffentlicht Bob einen Schlüssel zur Verschlüsselung, der jedem bekannt ist. Zusätzlich hat Bob noch einen passenden privaten, d. h. geheimen, Schlüssel, der für die Dechiffrierung verwendet wird. Bobs Schlüssel k besteht also aus zwei Teilen: einem öffentlichen Teil k_{pub} und einem privaten Teil k_{pr}. Um Konsistent mit der in der Literatur gängigen Notation für öffentliche Schlüssel und private Schlüssel zu sein, verwenden wir die englischen Bezeichnungen bzw. deren Abkürzungen („public" und „private").

Eine einfache Analogie für ein solches System ist in Abb. 6.3 gezeigt. Dieses System funktioniert ähnlich wie der gute alte Briefkasten an der Straßenecke: Jeder kann einen Brief in den Kasten einwerfen, d. h. verschlüsseln, aber nur die Person mit dem zugehörigen privaten (geheimen) Schlüssel kann die Briefe wieder herausholen und lesen, d. h. entschlüsseln. Wenn wir annehmen, ein Kryptosystem mit einer solchen Funktionalität existiert, ist ein einfaches Protokoll für die vertrauliche Datenübertragung mithilfe asymmetrischer Kryptografie in Abb. 6.4 dargestellt.

Das gezeigte Protokoll erlaubt es zum ersten Mal, Nachrichten zu verschlüsseln, ohne zuvor einen geheimen Schlüssel über einen sicheren Kanal ausgetauscht zu haben. Das Protokoll kann jedoch auch benutzt werden, um Schlüssel für symmetrische Chiffren

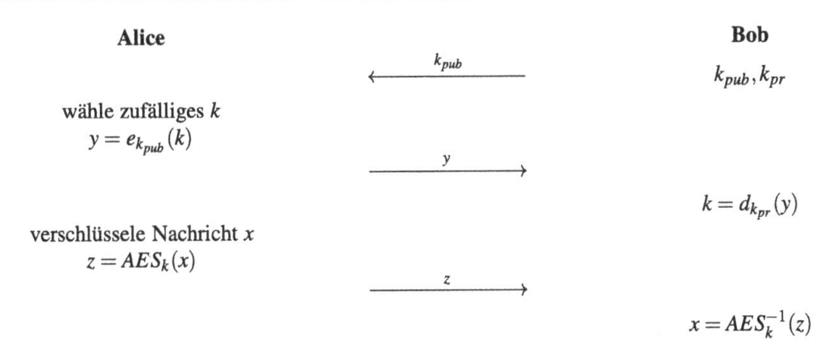

Abb. 6.5 Basisprotokoll zum Schlüsseltransport mit asymmetrischer Kryptografie (Advanced Encryption Standard dient als Beispiel für den symmetrischen Teil)

wie AES oder 3DES auszutauschen. Was wir hierfür lediglich machen müssen, ist unter Verwendung des asymmetrischen Algorithmus den *symmetrischen Schlüssel verschlüsseln*, z. B. einen AES-Schlüssel. Sobald der symmetrische Schlüssel von Bob entschlüsselt wurde, können ihn beide Parteien zur symmetrischen Ver- und Entschlüsselung von Nachrichten verwenden. Abb. 6.5 zeigt ein einfaches Protokoll zum Schlüsseltransport. Zu Illustrationszwecken wird AES als symmetrische Chiffre verwendet, aber es kann natürlich jede beliebige symmetrische Chiffre wie beispielsweise 3DES, PRESENT oder Trivium in einem solchen Protokoll verwendet werden. Der Hauptvorteil des Protokolls in Abb. 6.5 gegenüber dem Protokoll in Abb. 6.4 ist, dass die Daten mit einer symmetrischen Chiffre verschlüsselt werden, was wesentlich schneller als mit einer asymmetrischen Chiffre ist.

Aus der bisherigen Diskussion folgt, dass asymmetrische Kryptografie ein sehr wünschenswertes Werkzeug für viele Sicherheitsanwendungen ist. Es bleibt die Frage offen, wie man asymmetrische Algorithmen konstruiert. In den Kap. 7, 8 und 9 führen wir die praktisch bedeutsamsten asymmetrischen Verfahren ein. Alle basieren auf dem Prinzip der *Einwegfunktion*. Eine informelle Definition einer solchen Funktion lautet wie folgt:

Definition 6.1 (Einwegfunktion)
Eine Funktion $f(\cdot)$ ist eine Einwegfunktion, wenn:

1. $y = f(x)$ rechentechnisch einfach und
2. $x = f^{-1}(y)$ technisch unmöglich zu berechnen ist.

Offensichtlich sind die Adjektive *einfach* und *unmöglich* nicht sehr exakt. Aus mathematischer Sicht ist eine Funktion *einfach* berechenbar, wenn sie in polynomialer Zeit berechnet werden kann, d. h. die Laufzeit ist eine Polynomfunktion. Um für die Praxis relevant zu sein, muss die Berechnung von $y = f(x)$ so schnell sein, dass keine unverhältnismäßig langen Verzögerungen entstehen. Andererseits sollte die Berechnung der

Umkehrfunktion $x = f^{-1}(y)$ derart aufwendig sein, dass deren Auswertung selbst mit den besten Algorithmen und sehr vielen Rechenressourcen nicht in einer akzeptablen Zeit durchgeführt werden kann, z. B. 100.000 Jahre oder länger dauern würde.

Es gibt zwei weit verbreitete Einwegfunktionen, die in heutigen asymmetrischen Verfahren verwendet werden. Die erste basiert auf dem Faktorisierungsproblem ganzer Zahlen, das insbesondere von RSA genutzt wird. Aus zwei gegebenen großen Primzahlen ist es einfach, das Produkt zu berechnen. Es ist jedoch sehr schwierig, ein gegebenes Produkt aus zwei großen Primzahlen zu faktorisieren. Tatsächlich kann ein solches Produkt mit 300 oder mehr Dezimalstellen nicht mehr faktorisiert werden, selbst mit tausenden PC, die mehrere Jahre rechnen würden. Die zweite weit verbreitete Einwegfunktion ist das diskrete Logarithmusproblem. Es ist nicht ganz so intuitiv wie das Faktorisierungsproblem und wird in Kap. 8 eingeführt.

6.2 Praktische Aspekte der asymmetrischen Kryptografie

Die eigentlichen asymmetrische Verfahren werden in den drei folgenden Kapiteln beschrieben, da wir zunächst einige mathematische Grundlagen einführen müssen. Dennoch ist es sehr interessant, sich die grundlegenden Sicherheitsmechanismen asymmetrischer Verfahren anzuschauen, was wir in diesem Abschnitt machen.

6.2.1 Sicherheitsmechanismen

Wie im vorherigen Abschnitt gezeigt, können asymmetrische Verfahren für die Datenverschlüsselung eingesetzt werden. Es stellt sich heraus, dass wir eine Reihe weiterer, zuvor nicht erreichbarer Sicherheitsfunktionen mit der asymmetrischen Kryptografie realisieren können. Die wichtigsten Mechanismen sind nachfolgend aufgelistet:

Wesentliche Sicherheitsmechanismen von asymmetrischen Algorithmen

Schlüsselaustausch Es können Protokolle zum Austausch geheimer Schlüssel über einen unsicheren Kanal realisiert werden. Beispiele für solche Protokolle sind u. a. der Diffie-Hellman-Schlüsselaustausch (DHKE) oder Schlüsseltransportprotokolle mit RSA.

Nichtzurückweisbarkeit Nichtzurückweisbarkeit und Nachrichtenintegrität können mit digitalen Signaturen wie z. B. RSA, DSA oder ECDSA realisiert werden.

Identifikation bzw. Authentisierung Wir können Teilnehmer oder Geräte mit sog. Challenge-and-response-Protokollen zusammen mit Signaturen identifizieren. Beispiele sind Chipkarten für Bankanwendungen oder Handys.

Verschlüsselung Wir können mit asymmetrischen Algorithmen wie RSA oder Elgamal Daten verschlüsseln.

Man beachte, dass Identifikation und Verschlüsselung auch mit symmetrischen Chiffren realisiert werden können, die jedoch typischerweise ein aufwendigeres Schlüsselmanagement benötigen. Es sieht so aus, als ob asymmetrische Verfahren alle Funktionen bieten, die für moderne Sicherheitsanwendungen benötigt werden. Auch wenn dies prinzipiell so ist, haben asymmetrische Verfahren einen entscheidenden Nachteil: Die Verschlüsselung von Daten mit asymmetrischen Algorithmen ist extrem rechenintensiv oder, salopp gesagt, extrem langsam. Viele Block- und Stromchiffren können einige hundert- bis tausendmal schneller verschlüsseln als asymmetrische Algorithmen. Daher wird die asymmetrische Kryptografie selten für die eigentliche Datenverschlüsselung eingesetzt. Auf der anderen Seite sind symmetrische Algorithmen schlecht geeignet, um Nichtzurückweisbarkeit und Schlüsselaustauschfunktionalität zu realisieren. Um das Beste aus beiden Welten zu nutzen, werden in der Praxis sehr oft sog. *Hybridprotokolle* verwendet, die sowohl symmetrische als auch asymmetrische Algorithmen einsetzen. Beispiele sind u. a. das SSL/TLS-Protokoll, das in Webbrowsern eingesetzt wird, oder IPsec, der Sicherheitsstandard für das Internetkommunikationsprotokoll.

6.2.2 Das verbleibende Problem: Authentizität der öffentlichen Schlüssel

Aus der bisherigen Diskussion haben wir gesehen, dass Protokolle, die auf öffentlichen Schlüsseln basieren (vgl. Abb. 6.4 und 6.5), ein großer Vorteil der asymmetrischen Kryptografie sind. Dennoch ist die Sache in der Praxis etwas komplexer, da wir die Echtheit, auch *Authentizität* genannt, der öffentlichen Schlüssel sicherstellen müssen. Mit anderen Worten: Wir müssen sicherstellen, dass ein bestimmter öffentlicher Schlüssel auch wirklich zu der zugehörigen Person gehört. In der Praxis wird dieses Problem häufig mit *Zertifikaten* gelöst. Vereinfacht gesagt binden Zertifikate einen öffentlichen Schlüssel an eine bestimmte Identität. Dies ist ein wichtiger Aspekt in vielen Sicherheitsanwendungen, z. B. bei Bezahlvorgängen im Internet. Wir werden dieses Thema in Abschn. 13.3.2 im Detail diskutieren.

Ein weiteres, allerdings nicht so fundamentales Problem ist, dass asymmetrische Algorithmen sehr lange Schlüssel benötigen, was sich in langsamen Ausführungszeiten äußert. Das Zusammenspiel zwischen Sicherheit und Schlüssellängen wird in Abschn. 6.2.4 besprochen.

6.2.3 Wichtige asymmetrische Algorithmen

In den vorherigen Kapiteln wurden einige Blockchiffren vorgestellt, insbesondere DES und AES, es existieren jedoch noch viele andere symmetrische Algorithmen. Hunderte von Chiffren wurden im Lauf der letzten drei Jahrzehnte vorgeschlagen. Auch wenn sich viele davon als unsicher herausgestellt haben, gibt es immer noch eine Vielzahl an kryptografisch starken, vgl. auch Abschn. 3.7. Bei asymmetrischen Algorithmen sieht die Situation jedoch völlig anders aus. Es gibt aktuell nur drei Familien von asymmetrischen Algorithmen, die von praktischer Bedeutung sind. Diese können aufgrund ihres zugrunde liegenden mathematischen Problems wie folgt klassifiziert werden:

Praktisch relevante asymmetrische Algorithmenfamilien

Faktorisierung von ganzen Zahlen Viele asymmetrische Schemata basieren auf der Tatsache, dass es schwierig ist, große ganze Zahlen zu faktorisieren, die nur wenige Primfaktoren haben. Das prominenteste Beispiel ist RSA.

Diskretes Logarithmusproblem Andere asymmetrische Algorithmen beruhen auf dem sog. diskreten Logarithmusproblem in endlichen Körpern. Die bekanntesten Beispiele sind der Diffie-Hellman-Schlüsselaustausch, die Elgamal-Verschlüsselung oder der Digital-Signature-Algorithmus (DSA).

Elliptische Kurven (EC) Eine Verallgemeinerung des diskreten Logarithmusproblems führt zu Verfahren basierend auf elliptischen Kurven. Die beiden bekanntesten Beispiele sind der Diffie-Hellman-Schlüsselaustausch, basierend auf elliptischen Kurven (ECDH), und der Digital-Signature-Algorithmus, basierend auf elliptischen Kurven (ECDSA).

Die ersten beiden Familien wurden Mitte der 1970er-Jahre vorgeschlagen, elliptische Kurven Mitte der 1980er-Jahre. Alle drei Algorithmenfamilien gelten als sicher, wenn die Parameter, insbesondere die Operanden und die Schlüssellängen, sorgfältig gewählt werden. Algorithmen dieser Familien werden wir in den Kap. 7, 8 und 9 einführen. Es ist wichtig festzuhalten, dass alle drei asymmetrischen Familien verwendet werden können, um Mechanismen für Schlüsselaustausch, Nichtzurückweisbarkeit und Datenverschlüsselung zu realisieren.

Zusätzlich zu den oben genannten drei Familien wurden über die letzten Jahrzehnte weitere asymmetrische Verfahren vorgeschlagen. Obwohl sich viele von ihnen als unsicher herausgestellt haben, gibt es einige, die als sicher angesehen werden. Sie kamen bisher in der Praxis nicht zum Einsatz, da sie oft praktische Nachteile haben, z. B. sehr große Schlüssellängen im Bereich von Kilo- oder Megabit. Im Zuge der Diskussion über Quantencomputer erfahren diese leicht exotischen Kryptoverfahren jedoch seit einigen Jahren eine Renaissance, vgl. auch Abschn. 6.4.

6.2.4 Schlüssellängen und Sicherheitsniveau

Alle drei etablierten Klassen von asymmetrischen Algorithmen basieren auf zahlentheoretischen Funktionen. Eine Eigenschaft aller drei Algorithmenfamilien ist, dass die Berechnungen mit sehr langen Operanden und Schlüsseln erfolgen. Die Algorithmen werden

Tab. 6.1 Bitlängen von asymmetrischen Algorithmen für unterschiedliche Sicherheitsniveaus

Algorithmenfamilie	Kryptosysteme	Sicherheitsniveau (Bit)			
		80	128	192	256
Faktorisierung	RSA	1024	3072	7680	15.360
Diskreter Logarithmus	DH, DSA, Elgamal	1024	3072	7680	15.360
Elliptische Kurven	ECDH, ECDSA	160	256	384	512
Symmetrisch	AES, 3DES	80	128	192	256

umso sicherer, je länger die Operanden und Schlüssel werden. Um verschiedene Algorithmen vergleichen zu können, betrachtet man häufig das *Sicherheitsniveau*. Man sagt, ein Algorithmus hat ein „Sicherheitsniveau von n Bit", wenn der beste Angriff 2^n Schritte benötigt. Dies ist eine naheliegende Definition, da symmetrische Algorithmen mit einem Sicherheitsniveau von n einen Schlüssel der Länge n Bit haben. Die Annahme ist dabei, dass die vollständige Schlüsselsuche der beste Angriff gegen eine symmetrische Chiffre ist. Der Zusammenhang zwischen kryptografischer Stärke und Sicherheit ist im asymmetrischen Fall allerdings wesentlich komplexer. Tab. 6.1 zeigt die empfohlenen Bitlängen für asymmetrische Algorithmen für die vier Sicherheitsniveaus von 80, 128, 192 und 256 Bit. Aus der Tabelle entnehmen wir, dass RSA-ähnliche Schemata und solche basierend auf dem diskreten Logarithmus sehr lange Operanden und Schlüssel benötigen. Die Schlüssellänge von elliptischen Kurven ist deutlich kleiner, aber immer noch doppelt so groß wie bei symmetrischen Chiffren mit derselben kryptografischen Stärke. Es ist hilfreich, diese Tabelle mit der aus Abschn. 1.3.2 zu vergleichen, die Informationen über die Sicherheitsannahmen für symmetrische Algorithmen darstellt. Um Langzeitsicherheit, d. h. Sicherheit für eine Zeitspanne von mehr als 10 Jahren, zu gewähren, sollte ein Sicherheitsniveau von 128 Bit gewählt werden, was bei allen drei Algorithmenfamilien große Bitlängen erforderlich macht. Man beachte, dass ein 80-Bit-Sicherheitsniveau, d. h. Parameter von 1024 Bit für RSA und den diskreten Logarithmus bzw. 160 Bit für elliptische Kurven, keine Langzeitsicherheit mehr bieten und es wird z.T. spekuliert, dass große Nachrichtendienste Algorithmen mit 80-Bit-Sicherheit schon heutzutage brechen können.

Eine unerwünschte Konsequenz langer Operanden ist, dass asymmetrische Verfahren extrem rechenintensiv sind. Wie bereits oben erwähnt, ist es nicht unüblich, dass eine asymmetrische Operation, z. B. eine digitale Signatur, um 2–3 Größenordnungen langsamer ist als die Verschlüsselung eines Klartextblocks mit AES oder 3DES. Darüber hinaus wächst die Rechenkomplexität der drei Algorithmenfamilien in etwa kubisch mit der Bitlänge. Eine Verdreifachung der Bitlänge von beispielsweise 1024 auf 3072 Bit für eine gegebene RSA-Signaturerstellung in Software resultiert in einer $3^3 = 27$-mal langsameren Ausführung! Auf modernen Laptops und PC sind Ausführungszeiten von etwa 10 ms bis zu einigen 100 ms für asymmetrische Verfahren üblich, was kein Problem für viele Anwendungen ist. Dennoch kann der Durchsatz von asymmetrischen Verfahren einen ernsthaften Flaschenhals bei Geräten mit kleinen CPU darstellen, wie z. B. Smartcards und Mobiltelefonen, oder auf Servern, die viele 100 oder 1000 asymmetrische Operationen pro Sekunde berechnen müssen. In den Kap. 7, 8 und 9 führen wir u.a. Techniken zur effizienten Implementierung asymmetrischer Algorithmen ein.

6.3 Grundlagen der Zahlentheorie für asymmetrische Algorithmen

Nachfolgend werden wir einige zahlentheoretische Grundlagen einführen, die für die asymmetrische Kryptografie notwendig sind. Es werden der euklidische Algorithmus vorgestellt sowie die eulersche Phi-Funktion, der kleine fermatsche Satz und der Satz von Euler. Alle sind wichtig für asymmetrische Algorithmen, insbesondere für das Verständnis des RSA-Kryptosystems.

6.3.1 Der euklidische Algorithmus

Wir starten mit dem Problem der Berechnung des *größten gemeinsamen Teilers (ggT)*. Der ggT zweier positiver ganzer Zahlen r_0 und r_1 wird als

$$\text{ggT}(r_0, r_1)$$

bezeichnet und ist die größte positive ganze Zahl, die sowohl r_0 als auch r_1 teilt. Beispielsweise ist $\text{ggT}(21, 9) = 3$. Für kleine Zahlen ist der ggT einfach durch Faktorisierung der beiden Zahlen und Finden des größten gemeinsamen Faktors zu berechnen.

Beispiel 6.1 Seien $r_0 = 84$ und $r_1 = 30$. Die Faktorisierung liefert

$$r_0 = 84 = 2 \cdot 2 \cdot 3 \cdot 7$$
$$r_1 = 30 = 2 \cdot 3 \cdot 5$$

Der ggT ist das Produkt aller gemeinsamen Primfaktoren:

$$2 \cdot 3 = 6 = \text{ggT}(30, 84)$$

Für derart große Zahlen, wie sie bei asymmetrischen Verfahren verwendet werden, ist eine Faktorisierung jedoch nicht möglich, sodass ein effizienteres Verfahren, der euklidische Algorithmus, für die ggT-Berechnungen verwendet wird. Der Algorithmus basiert auf der Beobachtung, dass

$$\text{ggT}(r_0, r_1) = \text{ggT}(r_0 - r_1, r_1),$$

wobei wir annehmen, dass $r_0 > r_1$ und beide Zahlen positiv sind. Diese Eigenschaft kann leicht bewiesen werden: Sei $\text{ggT}(r_0, r_1) = g$. Da g sowohl r_0 als auch r_1 teilt, können wir

$r_0 = g \cdot x$ und $r_1 = g \cdot y$ schreiben, mit $x > y$ sowie x und y teilerfremd, d. h. sie besitzen keinen gemeinsamen Faktor. Damit ist einfach zu zeigen, dass $(x - y)$ und y ebenfalls teilerfremd sind. Daraus folgt:

$$\mathrm{ggT}(r_0 - r_1, r_1) = \mathrm{ggT}(g \cdot (x - y), g \cdot y) = g.$$

Wir verfizieren diese Eigenschaft mit den Zahlen des vorherigen Beispiels:

Beispiel 6.2 Seien wieder $r_0 = 84$ und $r_1 = 30$ gegeben. Wir schauen nun auf den ggT von $(r_0 - r_1)$ und r_1:

$$\begin{aligned} r_0 - r_1 &= 54 = 2 \cdot 3 \cdot 3 \cdot 3 \\ r_1 &= 30 = 2 \cdot 3 \cdot 5 \end{aligned}$$

Der größte gemeinsame Faktor ist $2 \cdot 3 = 6 = \mathrm{ggT}(30, 54) = \mathrm{ggT}(30, 84)$.

Dieser Prozess kann auch iterativ angewendet werden:

$$\mathrm{ggT}(r_0, r_1) = \mathrm{ggT}(r_0 - r_1, r_1) = \mathrm{ggT}(r_0 - 2r_1, r_1) = \cdots = \mathrm{ggT}(r_0 - m\, r_1, r_1),$$

solange $(r_0 - m\, r_1) > 0$ gilt. Der Algorithmus verwendet die geringste Anzahl an Schritten, wenn wir den größtmöglichen Wert für m wählen. Dies ist der Fall für:

$$\mathrm{ggT}(r_0, r_1) = \mathrm{ggT}(r_0 \bmod r_1, r_1)$$

Da der erste Term ($r_0 \bmod r_1$) kleiner als der zweite Term r_1 ist, vertauschen wir üblicherweise die beiden Terme:

$$\mathrm{ggT}(r_0, r_1) = \mathrm{ggT}(r_1, r_0 \bmod r_1)$$

Eine wesentliche Beobachtung bei diesem Vorgehen ist, dass wir die Aufgabenstellung, den ggT zu finden, auf das Problem **reduzieren** können, den ggT zweier kleinerer Zahlen zu finden. Dieser Prozess kann nun rekursiv so lange wiederholt werden, bis wir schließlich $\mathrm{ggT}(r_l, 0) = r_l$ erhalten. Da jeder Schritt der Rekursion den ggT des vorherigen Schritts erhält, ist der endgültige ggT auch der ggT des ursprünglichen Problems, d. h.:

$$\mathrm{ggT}(r_0, r_1) = \cdots = \mathrm{ggT}(r_l, 0) = r_l$$

Bevor wir den euklidischen Algorithmus weiter diskutieren, schauen wir uns einige Beispiele für die ggT-Berechnung an.

Beispiel 6.3 Seien $r_0 = 27$ und $r_1 = 21$. Abb. 6.6 gibt uns ein Gefühl für den Algorithmus, indem gezeigt wird, wie die Längen der Parameter bei jeder Iteration kleiner

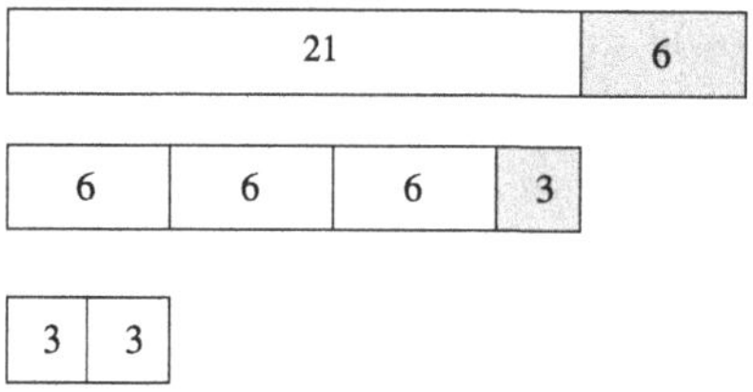

21 | 6 — ggT (27, 21) = ggT (1 · 21+6, 21) = ggT (21, 6)

6 | 6 | 6 | 3 — ggT (21, 6) = ggT (3 · 6+3, 6) = ggT (6, 3)

3 | 3 — ggT (6, 3) = ggT (2 · 3+0, 3) = ggT (3, 0) = 3

ggT (27, 21) = ggT (21, 6) = ggT (6, 3) = ggT (3, 0) = 3

Abb. 6.6 Beispiel für den euklidischen Algorithmus für die Eingabewerte $r_0 = 27$ und $r_1 = 21$

werden. Die grauen Bereiche in der Iteration sind die neuen Reste $r_2 = 6$ (erste Iteration) und $r_3 = 3$ (zweite Iteration), die jeweils die Eingabe für die nächste Iteration bilden. Man beachte, dass sich in der letzten Iteration der Rest $r_4 = 0$ ergibt, was gleichzeitig das Ende des Algorithmus anzeigt.

Es ist ebenfalls hilfreich, sich den euklidischen Algorithmus mit etwas größeren Zahlen anzuschauen, wie in Beispiel 6.4 zu sehen.

Beispiel 6.4 Seien $r_0 = 973$ und $r_1 = 301$. Der ggT wird wie folgt berechnet:

$$\begin{aligned}
973 &= 3 \cdot 301 + 70 & \text{ggT}(973, 301) &= \text{ggT}(301, 70)\\
301 &= 4 \cdot 70 + 21 & \text{ggT}(301, 70) &= \text{ggT}(70, 21)\\
70 &= 3 \cdot 21 + 7 & \text{ggT}(70, 21) &= \text{ggT}(21, 7)\\
21 &= 3 \cdot 7 + 0 & \text{ggT}(21, 7) &= \text{ggT}(7, 0) = 7
\end{aligned}$$

Nun sollten wir eine Vorstellung von der Idee hinter dem euklidischen Algorithmus haben und widmen uns einer formaleren Beschreibung des Algorithmus.

Euklidischer Algorithmus
Eingang: Positive ganze Zahlen r_0 und r_1 mit $r_0 > r_1$
Ausgang: $\text{ggT}(r_0, r_1)$
Initialisierung: $i = 1$
Algorithmus:
1. DO
   1.1 $i = i + 1$
   1.2 $r_i = r_{i-2} \bmod r_{i-1}$
   WHILE $r_i \neq 0$
2. RETURN
   $\text{ggT}(r_0, r_1) = r_{i-1}$

Man beachte, dass der Algorithmus dann terminiert, wenn der neu berechnete Rest den Wert $r_l = 0$ hat. Der Rest aus der vorangegangenen Iteration, d. h. r_{l-1}, ist der ggT des ursprünglichen Problems.

Der euklidische Algorithmus ist sehr effizient, selbst mit sehr großen Zahlen, wie sie üblicherweise in der asymmetrischen Kryptografie verwendet werden. Die Anzahl der Iterationen entspricht in etwa der Anzahl der Ziffern der Eingangswerte. Dies bedeutet beispielsweise, dass die Anzahl an Iterationen eines ggT von 1024 Bit großen Zahlen 1024 mal einer Konstante ist. Algorithmen mit einigen tausend Iterationen können auf modernen PC sehr schnell berechnet werden, was den euklidischen Algorithmus sehr effizient in der Praxis macht.

6.3.2 Der erweiterte euklidische Algorithmus

Bisher haben wir gesehen, dass das Finden des ggT zweier natürlicher Zahlen r_0 und r_1 rekursiv durch Reduktion der Operanden durchgeführt werden kann. Die Hauptanwendung des euklidischen Algorithmus ist jedoch nicht die Berechnung des ggT. Eine Erweiterung des Algorithmus erlaubt es uns, die Inverse modulo einer natürlichen Zahl zu berechnen, was von großer Bedeutung in der asymmetrischen Kryptografie ist. Neben dem ggT berechnet der *erweiterte euklidische Algorithmus* (EEA) eine Linearkombination der Form:

$$\text{ggT}(r_0, r_1) = s \cdot r_0 + t \cdot r_1,$$

wobei s und t ganzzahlige Koeffizienten sind. Diese Gleichung wird häufig als *diophantische Gleichung* bezeichnet.

Die Frage lautet nun: Wie berechnen wir die beiden Koeffizienten s und t? Die Idee hinter dem EEA ist, dass wir den normalen euklidischen Algorithmus ausführen, aber zusätzlich den aktuellen Rest r_i in jeder Iteration als Linearkombination der Form

$$r_i = s_i r_0 + t_i r_1 \tag{6.1}$$

darstellen.

Wenn uns dies gelingt, enden wir in der letzten Iteration mit der Gleichung:

$$r_l = \text{ggT}(r_0, r_1) = s_l r_0 + t_l r_1 = s r_0 + t r_1$$

Dies bedeutet, dass der letzte Koeffizient s_l der gesuchte Koeffizient s aus (6.1) ist und ebenso $t_l = t$. Schauen wir uns ein Beispiel an.

Beispiel 6.5 Wir betrachten den erweiterten euklidischen Algorithmus mit den gleichen Werten wie im vorherigen Beispiel, $r_0 = 973$ und $r_1 = 301$. Auf der linken Seite führen wir den normalen euklidischen Algorithmus aus, d. h. wir berechnen die neuen Reste $r_2, r_3, \ldots$ Zusätzlich berechnen wir in jeder Iteration den ganzzahligen Quotienten q_{i-1}. Auf der rechten Seite berechnen wir die Koeffizienten s_i und t_i, sodass $r_i = s_i r_0 + t_i r_1$.

Die Koeffizienten der Linearkombination, die sich in jeder Iteration ergibt, sind jeweils in eckigen Klammern dargestellt.

i	$r_{i-2} = q_{i-1} \cdot r_{i-1} + r_i$	$r_i = [s_i]r_0 + [t_i]r_1$
2	$973 = 3 \cdot 301 + 70$	$70 = [1]r_0 + [-3]r_1$
3	$301 = 4 \cdot 70 + 21$	$21 = 301 - 4 \cdot 70$ $= r_1 - 4(1r_0 - 3\,r_1)$ $= [-4]r_0 + [13]r_1$
4	$70 = 3 \cdot 21 + 7$	$7 = 70 - 3 \cdot 21$ $= (1r_0 - 3r_1) - 3(-4r_0 + 13r_1)$ $= [13]r_0 + [-42]r_1$
	$21 = 3 \cdot 7 + 0$	

Der Algorithmus berechnet die drei Parameter $\mathrm{ggT}(973, 301) = 7$, $s = 13$ und $t = -42$. Die Korrektheit des Ergebnisses kann wie folgt verifiziert werden:

$$\mathrm{ggT}(973, 301) = 7 = [13]\,973 + [-42]\,301 = 12.649 - 12.642$$

Es ist hilfreich, sich die Umformungen in der rechten Spalte des obigen Beispiels anzuschauen. Man achte besonders darauf, dass die Linearkombination auf der rechten Seite immer mithilfe der *vorherigen* Linearkombinationen konstruiert wird. Wir leiten nun eine rekursive Formel für die Berechnung der Werte s_i und r_i in jeder Iteration her. Wir nehmen an, wir befinden uns in der Iteration mit dem Index i. In den beiden vorherigen Iterationen wurden die folgenden Werte berechnet:

$$r_{i-2} = [s_{i-2}]r_0 + [t_{i-2}]r_1 \tag{6.2}$$

$$r_{i-1} = [s_{i-1}]r_0 + [t_{i-1}]r_1 \tag{6.3}$$

In der aktuellen Iteration i berechnen wir zuerst den Quotienten q_{i-1} und den neuen Rest r_i aus r_{i-1} und r_{i-2}:

$$r_{i-2} = q_{i-1} \cdot r_{i-1} + r_i$$

Diese Gleichung kann umgeformt werden zu:

$$r_i = r_{i-2} - q_{i-1} \cdot r_{i-1} \tag{6.4}$$

Erinnern wir uns an unser Ziel, den aktuellen Rest r_i als Linearkombination aus r_0 und r_1 darzustellen, wie in (6.1) zu sehen. Um dies zu erreichen, ist der wesentliche Schritt wie folgt: In (6.4) ersetzen wir einfach r_{i-2} durch (6.2) und r_{i-1} durch (6.3):

$$r_i = (s_{i-2}r_0 + t_{i-2}r_1) - q_{i-1}(s_{i-1}r_0 + t_{i-1}r_1)$$

Wenn wir nun die Terme umordnen, bekommen wir das gewünschte Resultat:

$$r_i = [s_{i-2} - q_{i-1}s_{i-1}]r_0 + [t_{i-2} - q_{i-1}t_{i-1}]r_1 \tag{6.5}$$

$$r_i = [s_i]r_0 + [t_i]r_1$$

Gleichung (6.5) gibt uns direkt die rekursive Formel für die Berechnung von s_i und t_i: $s_i = s_{i-2} - q_{i-1}s_{i-1}$ und $t_i = t_{i-2} - q_{i-1}t_{i-1}$. Diese Rekursionen gelten für alle Indizes $i \geq 2$. Wie bei jeder rekursiven Formel benötigen wir Startwerte für s_0, s_1, t_0, t_1. Wie wir in Aufgabe (6.13) herleiten werden, sind die Startwerte gegeben durch $s_0 = 1$, $s_1 = 0$, $t_0 = 0$, $t_1 = 1$.

Erweiterter euklidischer Algorithmus (EEA)

Eingang: Positive ganze Zahl r_0 und r_1 mit $r_0 > r_1$

Ausgang: $\mathrm{ggT}(r_0, r_1)$ sowie s und t mit $\mathrm{ggT}(r_0, r_1) = s \cdot r_0 + t \cdot r_1$

Initialisierung: $s_0 = 1 \quad t_0 = 0$

$s_1 = 0 \quad t_1 = 1$

$i = 1$

Algorithmus:

1. DO
   1.1 $i = i + 1$
   1.2 $r_i = r_{i-2} \bmod r_{i-1}$
   1.3 $q_{i-1} = (r_{i-2} - r_i)/r_{i-1}$
   1.4 $s_i = s_{i-2} - q_{i-1} \cdot s_{i-1}$
   1.5 $t_i = t_{i-2} - q_{i-1} \cdot t_{i-1}$
   WHILE $r_i \neq 0$
2. RETURN
   $\mathrm{ggT}(r_0, r_1) = r_{i-1}$
   $s = s_{i-1}$
   $t = t_{i-1}$

Die Hauptanwendung des EEA in der asymmetrischen Kryptografie ist, wie bereits oben erwähnt, die Berechnung der modularen Inversen. Wir haben dieses Problem bereits im Zusammenhang mit der affinen Chiffre in Kap. 1 kennengelernt. Für die affine Chiffre mussten wir die Inverse des Schlüsselwerts a modulo 26 berechnen. Mit dem euklidischen Algorithmus können wir genau diese Berechnung ausführen, auch für sehr große Zahlen. Nehmen wir an, wir suchen die Inverse von $r_1 \bmod r_0$, wobei $r_1 < r_0$. Die Inverse existiert nur dann, wenn $\mathrm{ggT}(r_0, r_1) = 1$ (vgl. Abschn. 1.4.2). Durch Anwendung des EEA erhalten wir $s \cdot r_0 + t \cdot r_1 = 1 = \mathrm{ggT}(r_0, r_1)$. Wenn wir die Gleichung nun modulo r_0 nehmen, ergibt sich:

$$\begin{aligned} s \cdot r_0 + t \cdot r_1 &= 1 \\ s \cdot 0 + t \cdot r_1 &\equiv 1 \bmod r_0 \\ r_1 \cdot t &\equiv 1 \bmod r_0 \end{aligned} \tag{6.6}$$

Gleichung (6.6) enthält genau die Definition der Inversen von r_1, d. h. t selbst ist die Inverse von r_1:

$$t = r_1^{-1} \bmod r_0$$

Wenn wir eine Inverse $a^{-1} \bmod m$ berechnen wollen, wenden wir daher den EEA mit den Eingaben m und a an. Der Parameter t, der von dem Algorithmus berechnet wird, ist die Inverse. Es folgt ein Beispiel hierzu.

Beispiel 6.6 Unser Ziel ist die Berechnung von $12^{-1} \bmod 67$. Die Werte 12 und 67 sind teilerfremd, d. h. $\mathrm{ggT}(67, 12) = 1$. Der EEA berechnet die Koeffizienten s und t in der Gleichung $\mathrm{ggT}(67, 12) = 1 = s \cdot 67 + t \cdot 12$. Mit den Startwerten $r_0 = 67$ und $r_1 = 12$ führt der Algorithmus die folgenden Iterationen aus:

i	q_{i-1}	r_i	s_i	t_i
2	5	7	1	−5
3	1	5	−1	6
4	1	2	2	−11
5	2	1	−5	**28**

Dies gibt uns die Linearkombination

$$-5 \cdot 67 + 28 \cdot 12 = 1$$

Wie oben gezeigt folgt hieraus unmittelbar die Inverse von 12 als

$$12^{-1} \equiv 28 \mod 67$$

Dieses Ergebnis kann einfach verifiziert werden als

$$28 \cdot 12 = 336 \equiv 1 \mod 67$$

Der Koeffizient s wird für die Inverse nicht benötigt und wird daher häufig gar nicht erst berechnet. Man beachte auch, dass das Resultat des Algorithmus für t einen negativen Wert annehmen kann. Dennoch ist das Ergebnis korrekt. Um eine positive Inverse zu bekommen, müssen wir nur $t = t + r_0$ berechnen, was eine gültige Operation ist, da $t \equiv t + r_0 \bmod r_0$.

Der Vollständigkeit halber skizzieren wir, wie der EEA auch für die Berechnungen von multiplikativen Inversen in endlichen Körpern $GF(2^m)$ verwendet werden kann. In der modernen Kryptografie ist dies beispielsweise relevant für die Herleitung der AES-S-Boxen und für Kryptoverfahren basierend auf elliptische Kurven. Der EEA kann vollständig analog für Polynome anstelle für ganze Zahlen verwendet werden. Wenn wir eine Inverse für das Element $A(x)$ in einem endlichen Körper $GF(2^m)$ berechnen wollen, sind die Eingaben des Algorithmus das Element $A(x)$ und das irreduzible Polynom $P(x)$. Der EEA berechnet sowohl die Hilfspolynome $s(x)$ und $t(x)$ als auch den größten gemeinsamen Teiler $\mathrm{ggT}(P(x), A(x))$:

$$s(x)P(x) + t(x)A(x) = \mathrm{ggT}(P(x), A(x)) = 1$$

Man beachte, dass der ggT immer gleich 1 ist, da $P(x)$ irreduzibel ist. Wenn wir in der obigen Gleichung beide Seiten modulo $P(x)$ reduzieren, sieht man direkt, dass das Hilfspolynom $t(x)$ die Inverse von $A(x)$ ist:

$$s(x)\,0 + t(x)\,A(x) \equiv 1 \bmod P(x)$$
$$t(x) \equiv A^{-1}(x) \bmod P(x)$$

An dieser Stelle zeigen wir den Algorithmus anhand eines Beispiels in dem kleinen Körper $GF(2^3)$.

Beispiel 6.7 Gesucht ist die Inverse von $A(x) = x^2$ im endlichen Körper $GF(2^3)$ mit $P(x) = x^3 + x + 1$. Die Startwerte für das Polynom $t(x)$ sind: $t_0(x) = 0$, $t_1(x) = 1$.

Iteration	$r_{i-2}(x) = [q_{i-1}(x)]\, r_{i-1}(x) + [r_i(x)]$	$t_i(x)$
2	$x^3 + x + 1 = [x]\,x^2 + [x+1]$	$t_2 = t_0 - q_1 t_1 = 0 - x\,1 \equiv x$
3	$x^2 = [x]\,(x+1) + [x]$	$t_3 = t_1 - q_2 t_2 = 1 - x\,(x) \equiv 1 + x^2$
4	$x + 1 = [1]\,x + [1]$	$t_4 = t_2 - q_3 t_3 = x - 1\,(1 + x^2) \equiv 1 + x + x^2$
5	$x = [x]\,1 + [0]$	Abbruch, da $r_5 = 0$

Man beachte, dass die Koeffizienten des Polynoms in $GF(2)$ berechnet werden. Da Addition und Subtraktion dieselbe Operation sind, können wir immer einen negativen Koeffizienten (wie z. B. $-x$) durch einen positiven Koeffizienten austauschen. Der neue Quotient und der neue Rest, die in jeder Iteration berechnet werden, sind in eckigen Klammern dargestellt. Die Polynome $t_i(x)$ werden nach der gleichen rekursiven Formel berechnet, die wir auch für den EEA mit ganzen Zahlen früher in diesem Abschnitt benutzt haben.

Der EEA bricht ab, wenn der Rest den Wert 0 hat, was in der fünften Iteration der Fall ist. Nun ist die Inverse gegeben durch den letzten Wert $t_i(x)$, der berechnet wurde, d. h. $t_4(x)$:

$$A^{-1}(x) = t(x) = t_4(x) = x^2 + x + 1$$

Wir verfizieren nun, ob $t(x)$ tatsächlich die Inverse von x^2 ist, wobei wir die Eigenschaften $x^3 \equiv x + 1 \bmod P(x)$ und $x^4 \equiv x^2 + x \bmod P(x)$ nutzen:

$$t_4(x) \cdot x^2 = x^4 + x^3 + x^2$$
$$\equiv (x^2 + x) + (x + 1) + x^2 \bmod P(x)$$
$$\equiv 1 \bmod P(x)$$

In jeder Iteration des EEA wird Polynomdivision verwendet (im Beispiel oben nicht gezeigt), um den neuen Quotienten $q_{i-1}(x)$ und den neuen Rest $r_i(x)$ zu berechnen. Die Inversen in Tab. 4.2 aus Kap. 4 wurden mit dem erweiterten euklidischen Algorithmus berechnet.

6.3.3 Die eulersche Phi-Funktion

Wir führen nun ein weiteres hilfreiches Werkzeug für asymmetrische Kryptosysteme, insbesondere RSA, ein. Wir betrachten den Ring $\mathbb{Z}_m$, d. h. die Menge der ganzen Zahlen $\{0, 1, \ldots, m-1\}$. Uns interessiert die (momentan noch etwas merkwürdig anmutende) Fragestellung, *wie viele* Zahlen in dieser Menge teilerfremd zu m sind. Diese Anzahl ist durch die *eulersche Phi-Funktion* gegeben, die wie folgt definiert ist:

Definition 6.2 (Eulersche Phi-Funktion)
Die Anzahl der ganzen Zahlen in $\mathbb{Z}_m$, die teilerfremd zu m sind, wird mit $\Phi(m)$ bezeichnet.

Es folgen zwei Beispiele, in denen die eulersche Phi-Funktion durch einfaches Abzählen aller ganzen Zahlen in $\mathbb{Z}_m$, die teilerfremd zu m sind, berechnet wird.

Beispiel 6.8 Sei $m = 6$. Der dazugehörige Ring ist $\mathbb{Z}_6 = \{0, 1, 2, 3, 4, 5\}$.

$$\begin{aligned}
\text{ggT}(0, 6) &= 6 \\
\text{ggT}(1, 6) &= 1 \quad \star \\
\text{ggT}(2, 6) &= 2 \\
\text{ggT}(3, 6) &= 3 \\
\text{ggT}(4, 6) &= 2 \\
\text{ggT}(5, 6) &= 1 \quad \star
\end{aligned}$$

Da es zwei Zahlen in der Menge gibt, die teilerfremd zu 6 sind, nämlich 1 und 5, nimmt die Phi-Funktion den Wert 2 an, d. h. $\Phi(6) = 2$.

Hier ist ein weiteres Beispiel:

Beispiel 6.9 Sei $m = 5$. Der dazugehörige Ring ist $\mathbb{Z}_5 = \{0, 1, 2, 3, 4\}$.

$$\begin{aligned}
\text{ggT}(0, 5) &= 5 \\
\text{ggT}(1, 5) &= 1 \quad \star \\
\text{ggT}(2, 5) &= 1 \quad \star \\
\text{ggT}(3, 5) &= 1 \quad \star \\
\text{ggT}(4, 5) &= 1 \quad \star
\end{aligned}$$

Dieses Mal haben wir vier Zahlen, die zu 5 teilerfremd sind, und daher $\Phi(5) = 4$.

Aus den oben stehenden Beispielen kann man ahnen, dass die Berechnung der eulerschen Phi-Funktion für große Zahlen m sehr langsam ist, wenn man für jedes Element eine ggT-Berechnung ausführen muss. Tatsächlich ist die Berechnung der eulerschen Phi-Funktion über diesen naheliegenden Ansatz unmöglich für die großen Zahlen, die in der asymmetrischen Kryptografie benötigt werden. Die Funktion kann allerdings sehr einfach berechnet werden, wenn die Faktorisierung von m bekannt ist, wie der folgende Satz zeigt.

Satz 6.1
m habe folgende kanonische Faktorisierung

$$m = p_1^{e_1} \cdot p_2^{e_2} \cdot \ldots \cdot p_n^{e_n},$$

wobei p_i unterschiedliche Primzahlen und e_i natürliche Zahlen sind. Dann gilt

$$\Phi(m) = \prod_{i=1}^{n} (p_i^{e_i} - p_i^{e_i - 1})$$

Da der Wert von n, d. h. die Anzahl der unterschiedlichen Primfaktoren, auch für große Zahlen m recht klein ist, ist das Produkt $\prod$ einfach zu berechnen. Schauen wir uns ein Beispiel an, in dem wir die eulersche Phi-Funktion berechnen:

Beispiel 6.10 Sei $m = 240$. Die Faktorisierung von 240 in der kanonischen Form ist

$$m = 240 = 16 \cdot 15 = 2^4 \cdot 3 \cdot 5 = p_1^{e_1} \cdot p_2^{e_2} \cdot p_3^{e_3}$$

Es gibt drei unterschiedliche Primfaktoren, d. h. $n = 3$. Der Wert der eulerschen Phi-Funktion ergibt sich damit als:

$$\Phi(m) = (2^4 - 2^3)(3^1 - 3^0)(5^1 - 5^0) = 8 \cdot 2 \cdot 4 = 64.$$

Das Ergebnis bedeutet, dass 64 ganze Zahlen in dem Bereich $\{0, 1, \ldots, 239\}$ teilerfremd zu $m = 240$ sind. Die alternative Methode, alle 240 Elemente mithilfe von ggT-Berechnungen zu überprüfen, wäre schon für die vergleichsweise kleine Zahl von 240 wesentlich langsamer gewesen.

Es ist wichtig zu betonen, dass wir die Faktorisierung von m kennen müssen, um die eulersche Phi-Funktion auf diese schnelle Art und Weise berechnen zu können. Wie wir im nächsten Kapitel sehen werden, ist diese Eigenschaft der Kern des asymmetrischen RSA-Verfahrens: Wenn wir die Faktorisierung einer bestimmten Zahl kennen, kann die eulersche Phi-Funktion effizient berechnet und das Chiffrat entschlüsselt werden. Ist die Faktorisierung hingegen nicht bekannt, kann die Phi-Funktion nicht berechnet werden und eine Dechiffrierung ist nicht möglich.

6.3.4 Der kleine fermatsche Satz und der Satz von Euler

Nachfolgend werden zwei weitere für die asymmetrische Kryptografie nützliche Sätze eingeführt. Wir beginnen mit dem *kleinen fermatschen Satz*[1]. Der Satz ist hilfreich für Primzahltests und für viele andere Aspekte der asymmetrischen Kryptografie. Der Satz gibt uns ein überraschend erscheinendes Ergebnis, wenn wir modulo einer ganzen Zahl exponentieren.

Satz 6.2 (Kleiner fermatscher Satz)
Seien a eine ganze Zahl und p eine Primzahl, dann gilt:

$$a^p \equiv a \pmod p$$

Da in endlichen Körpern $GF(p)$ modulo p gerechnet wird, gilt der Satz für alle ganzen Zahlen a, die Elemente eines endlichen Körpers $GF(p)$ sind. Der Satz kann auch in folgender Form geschrieben werden:

$$a^{p-1} \equiv 1 \pmod p,$$

was oft nützlich in der Kryptografie ist. Eine Anwendung ist die Berechnung der Inversen in einem endlichen Körper. Wir können die Gleichung umschreiben als $a \cdot a^{p-2} \equiv 1 \pmod p$. Dies ist genau die Definition der multiplikativen Inversen und es folgt ein Weg für die Berechnung der Inversen einer ganzen Zahl a modulo einer Primzahl:

$$a^{-1} \equiv a^{p-2} \pmod p \tag{6.7}$$

Man beachte, dass diese Inversenberechnung nur möglich ist, wenn p eine Primzahl ist. Schauen wir uns ein Beispiel an:

Beispiel 6.11 Seien $p = 7$ und $a = 2$. Wir können die Inverse von a wie folgt berechnen:

$$a^{p-2} = 2^5 = 32 \equiv 4 \bmod 7$$

Das Ergebnis ist einfach zu überprüfen: $2 \cdot 4 \equiv 1 \bmod 7$.

Die Exponentiation in (6.7) durchzuführen ist üblicherweise langsamer, als den erweiterten euklidischen Algorithmus für die Bestimmung der Inversen zu nutzen. Dennoch

[1] Dieser sollte nicht mit dem großen fermatschen Satz (auch nur fermatscher Satz genannt) verwechselt werden, einem der berühmtesten zahlentheoretischen Probleme, der in den 1990er-Jahren nach 350 Jahren bewiesen wurde.

gibt es Situationen, in denen die Verwendung von Fermats kleinem Satz vorteilhaft ist, wie z. B. auf Smartcards oder anderen Geräten, die ohnehin einen Hardwarebeschleuniger für eine schnelle Exponentiation haben. Dies ist nicht unüblich, da die meisten asymmetrischen Algorithmen Exponentiation benötigen, wie wir in den folgenden Kapiteln sehen werden.

Eine Verallgemeinerung des kleinen fermatschen Satzes auf beliebige ganzzahlige Moduln, d. h. Moduln, die nicht prim sind, ist *der Satz von Euler*.

Satz 6.3 (Satz von Euler)
Seien a und m ganze Zahlen mit $\text{ggT}(a, m) = 1$. Dann gilt:

$$a^{\Phi(m)} \equiv 1 \pmod m$$

Da man hier modulo m rechnet, ist der Satz anwendbar auf Ringe ganzer Zahlen $\mathbb{Z}_m$. Wir zeigen nun ein Beispiel für Eulers Satz mit kleinen Werten.

Beispiel 6.12 Seien $m = 12$ und $a = 5$. Zuerst berechnen wir die eulersche Phi-Funktion von m:

$$\Phi(12) = \Phi(2^2 \cdot 3) = (2^2 - 2^1)(3^1 - 3^0) = (4 - 2)(3 - 1) = 4.$$

Nun können wir den Satz von Euler verifizieren:

$$5^{\Phi(12)} = 5^4 = 25^2 = 625 \equiv 1 \bmod 12.$$

Es ist einfach zu zeigen, dass der kleine fermatsche Satz ein Spezialfall des Satzes von Euler ist. Wenn p eine Primzahl ist, gilt $\Phi(p) = (p^1 - p^0) = p - 1$. Wenn wir diesen Wert in den Satz von Euler einsetzen, erhalten wir $a^{\Phi(p)} = a^{p-1} \equiv 1 \pmod p$, was genau den kleinen fermatschen Satz ergibt.

6.4 Diskussion und Literaturempfehlungen

Asymmetrische Kryptografie im Allgemeinen Asymmetrische Kryptografie wurde in der richtungsweisenden Veröffentlichung von Whitfield Diffie und Martin Hellman [3] eingeführt. Unabhängig davon hat Ralph Merkle das Konzept der asymmetrischen Kryptografie erfunden, dafür allerdings einen völlig anderen asymmetrischen Algorithmus vorgeschlagen [5]. Es gibt eine Anzahl von guten Quellen zur Geschichte der asymmetrischen Kryptografie. Die Abhandlung in [2] von Diffie ist sehr zu empfehlen. Ein weiterer guter Überblick ist [6]. Eine sehr detaillierte Schilderung der Geschichte der Kryptografie mit elliptischen Kurven inklusive dem intensiven Wettstreit zwischen RSA und ECC in den 1990er-Jahren ist in [4] zu finden. Aktuellere Entwicklungen der asymmetrischen Kryptografie werden u. a. in der Workshop-Reihe *Public-Key Cryptography (PKC)* behandelt.

Modulare Arithmetik In diesem Kapitel wurden auch einige grundlegende Begriffe aus der Zahlentheorie eingeführt. Die in Abschn. 1.5 beschriebenen Bücher sind gute Quelle für das weitere Studium der Zahlentheorie. Aus praktischer Sicht ist der erweiterte euklidische Algorithmus (EEA) wesentlich, da ihn so gut wie alle Implementierungen von asymmetrischen Verfahren verwenden, insbesondere für die modulare Inversion. Eine wichtige Technik zur Beschleunigung des Verfahrens ist der binäre EEA. Sein Vorteil gegenüber dem einfachen EEA ist, dass Divisionen durch einfache Bit-Verschiebungen ersetzt werden. Gerade bei den sehr großen Zahlen von einigen 1000 Bit, die bei asymmetrischen Verfahren auftreten, kann der binäre EEA zu einem Geschwindigkeitsvorteil führen.

Alternative asymmetrische Algorithmen und Post-Quanten-Kryptografie Zusätzlich zu den drei etablierten asymmetrischen Algorithmenfamilien wurde seit den späten 1970er-Jahren eine Reihe weiterer Verfahren vorgeschlagen. Man kann diese wie folgt einteilen: Erstens gibt es Algorithmen, die bereits gebrochen sind oder von denen man glaubt, dass sie unsicher sind, wie z. B. das Knapsack-Verfahren. Zweitens gibt es Verallgemeinerungen der etablierten Algorithmen, wie z. B. hyperelliptische Kurven oder algebraische Varietäten (beide sind mit ECC verwandt) oder Nicht-RSA-Verfahren, die auch auf dem Faktorisierungsproblem basieren. Diese Verfahren nutzen dieselbe Einwegfunktion wie die drei etablierten Algorithmenfamilien, d. h. die Faktorisierung ganzer Zahlen oder das diskrete Logarithmusproblem in bestimmten Gruppen. Drittens gibt es asymmetrische Algorithmen, die auf anderen Einwegfunktionen basieren. Vier Familien von Einwegfunktionen sind von besonderem Interesse: Hash-basierte, codebasierte, gitterbasierte und multivariate quadratische (MQ) asymmetrische Algorithmen. Es gibt natürlich Gründe, warum diese Algorithmenfamilien heutzutage nicht so weit verbreitet sind. In den meisten Fällen haben sie entweder praktische Nachteile, wie z. B. sehr große Schlüssellängen (manchmal im Bereich von mehreren Megabytes), oder es ist nicht klar, ob sie kryptografisch sicher sind. Seit etwa 2005 gibt es in der „scientific community“ steigendes Interesse an solchen asymmetrischen Verfahren. Eine wesentliche Motivation für das Interesse an diesen Verfahren ist, dass bisher keine auf Quantencomputern basierenden Angriffe gegen diese vier Familien von alternativen asymmetrischen Algorithmen bekannt sind. Dies steht im Gegensatz zu RSA, dem diskreten Logarithmusproblem und Elliptische-Kurven-Schemata, die alle mit Quantencomputern angreifbar sind [7]. Aus diesem Grund werden diese vier Algorithmenfamilien auch als Post-Quanten-Kryptografie bezeichnet. Die Entwicklung von Quantencomputern ist aktuell ein wichtiges Forschungsthema innerhalb der Experimentalphysik. Eine zentrale Frage für die Kryptografie ist, ob und wann Quantencomputer in ausreichender Größe zur Verfügung stehen werden. Es erscheint zum momentanen Zeitpunkt (Anfang 2016) fast unmöglich, verlässliche Aussagen zu erhalten.

Viele Prognosen schwanken zwischen 15 und 50 Jahren, d. h. etwa um das Jahr 2030 herum oder erst nach 2060. Es erscheint allerdings sicher, dass schon in den kommenden Jahren die ersten Standards geschaffen werden, in denen Post-Quanten-Algorithmen spezifiziert werden. Von den vier genannten Algorithmenfamilien erscheinen codebasierte Kryptoverfahren aus einigen Gründen am vielversprechendsten. Viele Informationen zu Post-Quanten-Verfahren finden sich in der aktuellen Forschungsliteratur, u. a. in der seit 2006 stattfindenden Workshop-Reihe *PQCrypto*. Einen Einstieg in das Thema gibt das Buch [1].

6.5 Lessons Learned

- Asymmetrische Algorithmen bieten Möglichkeiten, die symmetrische Algorithmen nicht haben, insbesondere erlauben sie einen Schlüsselaustausch über unsichere Kanäle und digitale Signaturen.
- Asymmetrische Algorithmen sind rechenintensiv (was ein diplomatischer Ausdruck für *langsam* ist) und sind nicht gut für die Verschlüsselung großer Datenmengen geeignet.
- In der Praxis werden nur drei Familien von asymmetrischen Algorithmen eingesetzt: RSA, Verfahren basierend auf dem diskreten Logarithmusproblem und elliptischen Kurven. Im Gegensatz hierzu gibt es unzählige symmetrische Kryptoverfahren.
- Alle drei asymmetrischen Algorithmenfamilien werden angreifbar werden, sollten in einigen Jahrzehnten Quantencomputer zur Verfügung stehen.
- Der erweiterte euklidische Algorithmus erlaubt die schnelle Berechnung modularer Inverser, was sehr wichtig für fast alle asymmetrischen Algorithmen ist.
- Die eulersche Phi-Funktion gibt die Anzahl der Elemente kleiner einer ganzen Zahl n, die teilerfremd zu n sind. Dies ist eine wichtige Hilfsfunktion für das RSA-Kryptosystem.

6.6 Aufgaben

6.1

In diesem Kapitel wurde gezeigt, dass asymmetrische Algorithmen für den Schlüsselaustausch und digitale Signaturen eingesetzt werden können, was beides nicht mit symmetrischer Kryptografie möglich ist. Darüber hinaus kann man mit asymmetrischen Verfahren auch klassische Datenverschlüsselung durchführen.

Die Frage ist nun, warum für die Praxis nach wie vor symmetrische Kryptoverfahren benötigt werden?

6.2

In dieser Aufgabe wird der Rechenaufwand für symmetrische und asymmetrische Algorithmen verglichen. Wir nehmen an, eine Bibliothek wie z. B. OpenSSL kann Daten mit einer Geschwindigkeit von 100 Kbit/s mithilfe des RSA-Verfahrens auf einem PC dechiffrieren. Auf dem gleichen Rechner entschlüsselt AES mit einer Datenrate von 17 Mbit/s. Wir möchten nun einen 1 GByte großen Film, der auf einer DVD gespeichert ist, dechiffrieren. Wie lange dauert dies mit den beiden Kryptoverfahren?

6.3

Gegeben sei ein kleineres Unternehmen mit 120 Mitarbeitern. Es wird eine neue Sicherheitsrichtlinie eingeführt, nach der sämtliche E-Mail-Kommunikation mit symmetrischer Kryptografie verschlüsselt werden muss. Wie viele Schlüssel werden in dem Unternehmen benötigt, wenn jeder Mitarbeiter mit jedem anderen sicher E-Mail austauschen sollen kann?

6.4

Das Sicherheitsniveau asymmetrischer Algorithmen kann erhöht werden, indem größere Bitlängen gewählt werden. Allerdings wirken sich die längeren Parameter direkt auf die Laufzeit der Algorithmen aus. Den Zusammenhang zwischen Ausführungszeit und Sicherheitsniveau wird in dieser Aufgabe untersucht.

Ein Web-Server für einen Online-Shop kann entweder RSA oder ECC für das Erstellen von digitalen Signaturen verwenden. Die Signaturzeit für RSA-1024 beträgt 15,7 ms und für ECC 1,3 ms.

1. Wie hoch ist die Laufzeit für eine RSA-Signatur, wenn die Bitlänge aus Sicherheitsgründen von 1024 Bit auf 3072 Bit erhöht wird?
2. Wie erhöht sich die Laufzeit für RSA bei einer Erhöhung von 1024 Bit auf 15.360 Bit?
3. Berechnen Sie die Laufzeiten für ECC, wenn ECC das gleiche Sicherheitsniveau wie RSA-3072 und RSA-15.360 bieten soll.
4. Beschreiben Sie das unterschiedliche Verhalten von RSA und ECC, wenn das Sicherheitsniveau erhöht wird.

Hinweis: Die Rechenlaufzeit von RSA und ECC wächst kubisch mit der Bitlänge. Tab. 6.1 gibt die Sicherheitsniveaus von ECC und RSA an.

6.5

Verwenden Sie die den euklidischen Algorithmus (aber nicht den erweiterten euklidischen Algorithmus), um den größten gemeinsamen Teiler der folgenden Zahlenpaare zu bestimmen.

1. 7469 und 2464
2. 2689 und 4001

Verwenden Sie lediglich einen Taschenrechner. Zeigen Sie jede Iteration des Algorithmus. Zeigen Sie ebenfalls die Kette der ggT, die berechnet werden, in der folgenden Form:

$$\mathrm{ggT}(r_0, r_1) = \mathrm{ggT}(r_1, r_2) = \cdots$$

6.6
Verwenden Sie den erweiterten euklidischen Algorithmus, um den ggT sowie die Koeffizienten s, t der folgenden Zahlenpaare zu berechnen.

1. 198 und 243
2. 1819 und 3587

Verifizieren Sie jeweils, ob die Gleichung $s\, r_0 + t\, r_1 = \text{ggT}(r_0, r_1)$ erfüllt ist. Zeigen Sie alle Zwischenergebnisse in jeder Iteration des Algorithmus.

6.7
Mit dem EEA steht uns (endlich) ein Verfahren zur Berechnung der multiplikativen Inversen in Z_m zur Verfügung, das effizient ist. Bestimmen Sie die Inversen a^{-1} modulo m:

1. $a = 7, m = 26$
   (Diese Inverse wurde für in Aufgabe 1.11 in Kap. 1 für die affine Chiffre benötigt.)
2. $a = 19, m = 999$

Man beachte, dass die Inversen auch wieder in Z_m liegen müssen und dass man die Korrektheit der gefundenen Lösung durch einfaches Multiplizieren überprüfen kann.

6.8
Bestimmen Sie $\phi(m)$ für $m = 12, 15, 26$ unter Verwendung der Definition der eulersche Phi-Funktion: Überprüfen Sie für jede positiven ganze Zahl n, die kleiner m ist, ob $\text{ggT}(n, m) = 1$ gilt. (Für die kleinen Zahlen, die hier auftreten, muss der euklidische Algorithmus nicht verwendet werden.)

6.9
Entwickeln Sie eine Formel für $\phi(m)$ für die beiden Spezialfälle:

1. m ist eine Primzahl
2. $m = p \cdot q$, wobei p und q Primzahlen sind. Dieser Fall ist für das RSA-Kryptoverfahren sehr wichtig. Verifizieren Sie die gefundene Formel für $m = 15$ und $m = 26$ mit den Lösungen von der vorherigen Aufgabe.

6.10
Berechnen Sie die Inverse $a^{-1} \bmod n$ mithilfe des kleinen fermatschen Satzes bzw. mit dem Satz von Euler:

- $a = 4, n = 7$
- $a = 5, n = 12$
- $a = 6, n = 13$

6.11
Verifizieren Sie den Satz von Euler in Z_m für $m = 6, 9$ für alle Elemente a, für die $\text{ggT}(a, m) = 1$ gilt. Zeigen Sie auch, dass der Satz nicht für Elemente a mit $\text{ggT}(a, m) \neq 1$ gilt.

6.12
Die multiplikative Inverse für die affine Chiffre in Abschn. 1.4.4 kann berechnet werden als

$$a^{-1} \equiv a^{11} \bmod 26.$$

Zeigen Sie die Herleitung dieses Ausdrucks unter Verwendung des eulerschen Satzes.

6.13
Der erweiterte euklidische Algorithmus hat die Anfangswerte $s_0 = 1$, $s_1 = 0$, $t_0 = 0$, $t_1 = 1$. Leiten Sie diese Initialwerte her. Es ist hilfreich, wenn man sich hierfür anschaut, wie die allgemeine Iterationsformel für den EEA hergeleitet wurde.

Literatur

1. Daniel J. Bernstein, Johannes Buchmann, Erik Dahmen, *Post-Quantum Cryptography* (Springer, 2009)
2. W. Diffie, The first ten years of public-key cryptography, in *Innovations in Internetworking* (1988), S. 510–527
3. W. Diffie, M. E. Hellman, New directions in cryptography. IEEE Transactions on Information Theory **22**, 644–654 (1976)
4. Ann Hibner Koblitz, Neal Koblitz, Alfred Menezes, Elliptic curve cryptography: The serpentine course of a paradigm shift. Cryptology ePrint Archive, Report 2008/390 (2008), http://eprint.iacr.org/cgi-bin/cite.pl?entry=2008/390. Zugegriffen am 1. April 2016
5. Ralph C. Merkle, Secure communications over insecure channels. Commun. ACM **21**(4), 294–299 (1978)
6. J. Nechvatal, Public key cryptography, in *Contemporary Cryptology: The Science of Information Integrity*, hrsg. von Gustavus J. Simmons (IEEE Press, Piscataway, NJ, USA, 1994), S. 177–288
7. P. Shor, Polynomial-time algorithms for prime factorization and discrete logarithms. SIAM Journal on Computing, Communication Theory of Secrecy Systems **26**, 1484–1509 (1997)

Das RSA-Kryptosystem

7

Nachdem Whitfield Diffie und Martin Hellman 1976 die asymmetrische Kryptografie eingeführt hatten, tat sich ein neuer Zweig der Kryptologie auf. Diffie und Hellman hatten zwar ein asymmetrisches Schlüsselaustauschverfahren sowie das Konzept der asymmetrischen Verschlüsselung vorgeschlagen, allerdings noch keinen Verschlüsselungsalgorithmus. Daraufhin versuchten Ronald Rivest, Adi Shamir und Leonard Adleman (Abb. 7.1), eine asymmetrische Verschlüsselung zu realisieren, und schlugen 1977 das RSA-Verfahren vor, das das populärste asymmetrische Kryptoverfahren wurde.

In diesem Kapitel erlernen Sie

- die Funktionsweise des RSA-Verfahrens,
- praktische Aspekte von RSA wie z. B. die Berechnung der Parameter und schnelle Ver- und Entschlüsselung,
- Sicherheitsabschätzung von RSA,
- Implementierungsaspekte.

7.1 Einführung

Das RSA-Kryptoverfahren, manchmal auch als das Rivest-Shamir-Adleman-Verfahren bezeichnet, ist das derzeit meistgebrauchte asymmetrische kryptografische Verfahren. Insbesondere für neuere Anwendungen werden allerdings zunehmend elliptische Kurven oder Verfahren basierend auf dem diskreten Logarithmus eingesetzt. RSA war in den USA (nicht aber im Rest der Welt) bis zum Jahr 2000 patentiert.

In der Praxis wird RSA hauptsächlich für die folgenden Aufgaben eingesetzt:

- Verschlüsselung von kleinen Datenmengen, insbesondere für den Schlüsseltransport;
- digitale Signaturen, die in Kap. 10 betrachtet werden, z. B. für Zertifikate im Internet.

C. Paar, J. Pelzl, *Kryptografie verständlich*, eXamen.press, DOI 10.1007/978-3-662-49297-0_7

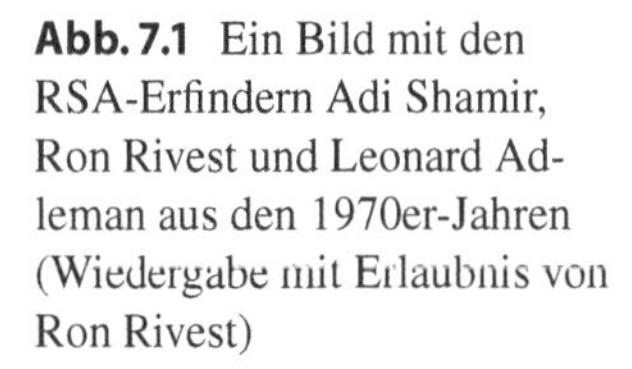

Abb. 7.1 Ein Bild mit den RSA-Erfindern Adi Shamir, Ron Rivest und Leonard Adleman aus den 1970er-Jahren (Wiedergabe mit Erlaubnis von Ron Rivest)

Obwohl man mit dem Algorithmus verschlüsseln kann, löst RSA symmetrische Chiffren nicht ab, da es um ein Vielfaches langsamer als Algorithmen wie AES oder 3DES ist. Dies liegt an dem sehr hohen Rechenaufwand, den RSA (und alle anderen asymmetrischen Algorithmen) erfordern, wie wir später in diesem Kapitel sehen werden. Daher liegt die Hauptanwendung der RSA-Verschlüsselung in dem sicheren Austausch eines Schlüssels – man spricht hier vom Schlüsseltransport – für eine symmetrische Chiffre. In der Praxis wird RSA häufig zusammen mit einem symmetrischen Algorithmus wie AES verwendet, wobei dieser die eigentliche Verschlüsselung der Nutzdaten übernimmt.

Die Einwegfunktion, die RSA zugrunde liegt, ist das Faktorisierungsproblem ganzer Zahlen: Die Multiplikation zweier großer Primzahlen ist rechnerisch einfach (man kann dies selbst für relativ große Zahlen mit Papier und Bleistift durchführen), aber die Faktorisierung des resultierenden Produkts ist sehr schwierig. Der Satz von Euler und die eulersche Phi-Funktion, die in Kap. 6 eingeführt wurden, spielen eine wichtige Rolle im Rahmen des RSA-Verfahrens. Im Folgenden werden wir zunächst beschreiben, wie die Ver- und Entschlüsselung sowie die Schlüsselgenerierung funktionieren, danach werden die praktischen Aspekte von RSA besprochen.

7.2 Ver- und Entschlüsselung

Ver- und Entschlüsselung werden im Restklassenring $\mathbb{Z}_n$ durchgeführt, in dem alle Berechnungen modulo der Zahl n erfolgen. Wir erinnern uns, dass Restklassenringe und die modulare Arithmetik in Abschn. 1.4.2 eingeführt wurden. RSA verschlüsselt Klartexte x, wobei wir die Bits, die x bilden, als Element von $\mathbb{Z}_n = \{0, 1, \ldots, n-1\}$ betrachten. Folglich muss der binäre Wert des Klartexts x kleiner als n sein. Das Gleiche gilt für das Chiffrat. Verschlüsselung mit dem öffentlichen Schlüssel und Dechiffrierung mit dem privaten Schlüssel erfolgen wie folgt:

RSA-Verschlüsselung
Gegeben seien der öffentliche Schlüssel $(n, e) = k_{pub}$ und der Klartext x. Die Verschlüsselungsfunktion ist:

$$y = e_{k_{pub}}(x) \equiv x^e \bmod n \tag{7.1}$$

mit $x, y \in \mathbb{Z}_n$.

RSA-Entschlüsselung
Gegeben seien der private Schlüssel $(d) = k_{pr}$ und das Chiffrat y. Die Entschlüsselungsfunktion ist:

$$x = d_{k_{pr}}(y) \equiv y^d \bmod n \tag{7.2}$$

mit $x, y \in \mathbb{Z}_n$.

In der Praxis sind x, y, n und d sehr große Zahlen, üblicherweise mindestens 1024 Bit lang[1]. Der Wert von e wird manchmal auch als *Verschlüsselungsexponent* oder *öffentlicher Exponent* und der private Schlüssel d als *Entschlüsselungsexponent* oder *privater Exponent* bezeichnet. Wenn Alice eine verschlüsselte Nachricht an Bob schicken möchte, benötigt Alice seinen öffentlichen Schlüssel (n, e), und Bob entschlüsselt mit seinem privaten Schlüssel d. In Abschn. 7.3 besprechen wir, wie diese wichtigen Parameter d, e und n erzeugt werden.

Auch ohne alle Details zu kennen, können wir bereits einige Anforderungen an das RSA-Kryptosystem ableiten:

1. Da ein Angreifer Zugriff auf den öffentlichen Schlüssel hat, muss es rechnerisch unmöglich sein, den privaten Schlüssel d bei gegebenen öffentlichen Werten e und n zu berechnen.
2. Da x nur bis zur Größe des Moduls n eindeutig ist, können wir nicht mehr als l Bit mit einer RSA-Verschlüsselung chiffrieren, wobei l die Bitlänge von n ist.
3. Es muss relativ einfach sein, $x^e \bmod n$ und $y^d \bmod n$ zu berechnen, d. h. zu ver- bzw. zu entschlüsseln. Dies bedeutet, dass wir eine effiziente Methode für die schnelle Exponentiation mit sehr großen Zahlen benötigen.
4. Für ein gegebenes n sollten sehr viele Schlüsselpaare existieren, da ansonsten ein Angreifer einen Brute-Force-Angriff durchführen kann. (Es stellt sich heraus, dass diese Anforderung leicht zu erfüllen ist.)

[1] Heutzutage werden Parameter von mindestens 2048 Bit empfohlen, vgl. Tab. 6.1 und die dazugehörige Diskussion.

7.3 Schlüsselerzeugung und Korrektheitsbeweis

Alle asymmetrischen Verfahren haben eine Initialisierungsphase (oder Set-up-Phase), in der der öffentliche und der private Schlüssel berechnet werden. Abhängig von dem asymmetrischen Verfahren kann die Schlüsselerzeugung recht komplex sein. Man beachte, dass die Schlüsselerzeugung für Block- oder Stromchiffren üblicherweise kein Problem ist. Nachfolgend werden die Schritte für die Berechnung des öffentlichen und privaten Schlüssels für das RSA-Kryptosystem gezeigt:

RSA-Schlüsselerzeugung
Ausgabe: Öffentlicher Schlüssel $k_{pub} = (n, e)$ und privater Schlüssel $k_{pr} = (d)$

1. Wähle zwei große Primzahlen p und q
2. Berechne $n = p \cdot q$
3. Berechne $\Phi(n) = (p-1)(q-1)$
4. Wähle den öffentlichen Exponenten $e \in \{1, 2, \ldots, \Phi(n) - 1\}$, sodass

$$\text{ggT}(e, \Phi(n)) = 1$$

5. Berechne den privaten Schlüssel d, sodass

$$d \cdot e \equiv 1 \bmod \Phi(n)$$

Die Bedingung $\text{ggT}(e, \Phi(n)) = 1$ stellt sicher, dass die Inverse von e modulo $\Phi(n)$ existiert und es damit auch den privaten Schlüssel d gibt.

Zwei Teile der Schlüsselerzeugung sind nicht trivial: Schritt 1, in dem zwei große Primzahlen gewählt werden, und Schritte 4 und 5, die den öffentlichen und den privaten Schlüssel berechnen. Die Erzeugung der Primzahlen in Schritt 1 ist komplex und wird in Abschn. 7.6 diskutiert. Die Berechnung der Schlüssel d und e kann in einem Schritt mit dem erweiterten euklidischen Algorithmus (EEA) erfolgen. In der Praxis wird häufig zuerst der öffentliche Schlüssel e im Bereich $0 < e < \Phi(n)$ gewählt. Der Wert von e muss die Bedingung $\text{ggT}(e, \Phi(n)) = 1$ erfüllen. Wir wenden dann den EEA mit den Eingabeparametern $\Phi(n)$ und e an und erhalten den Ausdruck:

$$\text{ggT}(\Phi(n), e) = s \cdot \Phi(n) + t \cdot e$$

Wenn $\text{ggT}(e, \Phi(n)) = 1$ ist, folgt, dass e ein gültiger öffentlicher Schlüssel ist. Darüber hinaus wissen wir auch, dass der mit dem EEA berechnete Parameter t die Inverse von e modul $\Phi(n)$ ist und somit:

$$d \equiv t \bmod \Phi(n)$$

Falls e und $\Phi(n)$ nicht teilerfremd sind, wählt man einfach einen neuen Wert für e und wiederholt den Vorgang. Man beachte, dass der Koeffizient s des EEA nicht für RSA benötigt wird und daher nicht berechnet werden muss.

Wir schauen uns nun anhand eines einfachen Beispiels an, wie eine RSA-Verschlüsselung abläuft.

Beispiel 7.1 Alice möchte eine verschlüsselte Nachricht an Bob senden. Bob berechnet zuerst seine RSA-Parameter in den Schritten 1–5. Dann sendet er Alice seinen öffentlichen Schlüssel. Alice verschlüsselt die Nachricht ($x = 4$) und sendet das Chiffrat y an Bob. Bob entschlüsselt daraufhin y unter Verwendung seines privaten Schlüssels.

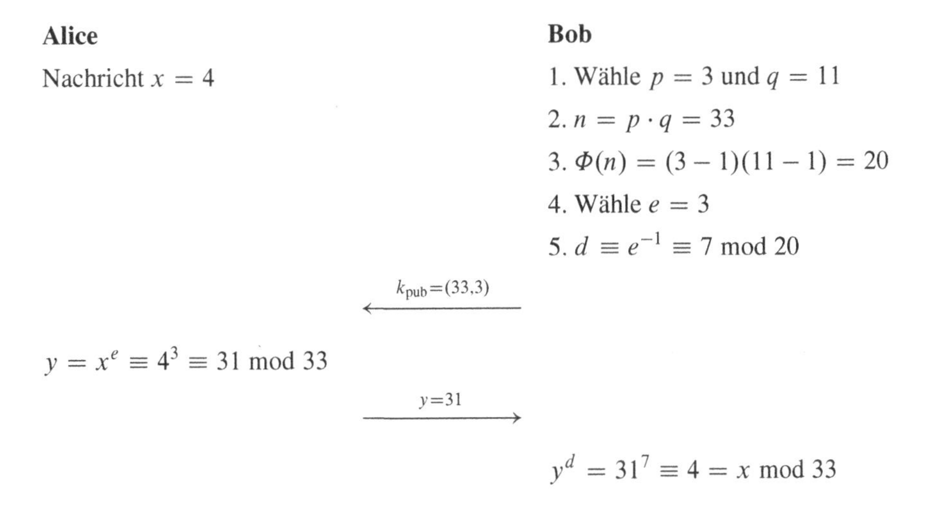

Man beachte, dass der private und der öffentliche Exponent die folgende Bedingung erfüllen: $e \cdot d = 3 \cdot 7 \equiv 1 \bmod \Phi(n)$.

In der Praxis sind RSA-Parameter sehr viel größer als im obigen Beispiel. Wie in Tab. 6.1 gezeigt, sollte der RSA-Modul n mindestens 1024 Bit lang sein (was eine Länge von 512 Bit für p und q bedeutet), wobei heute zumeist 2048 Bit empfohlen werden. Hier ist ein Beispiel für RSA mit einem n, das 1024 Bit lang ist:

$$
\begin{aligned}
p = {} & \mathrm{E0DFD2C2A288ACEBC705EFAB30E4447541A8C5A47A37185C5A9} \\
& \mathrm{CB98389CE4DE19199AA3069B404FD98C801568CB9170EB712BF} \\
& \mathrm{10B4955CE9C9DC8CE6855C6123}_h
\end{aligned}
$$

$$
\begin{aligned}
q = {} & \mathrm{EBE0FCF21866FD9A9F0D72F7994875A8D92E67AEE4B515136B2} \\
& \mathrm{A778A8048B149828AEA30BD0BA34B977982A3D42168F594CA99} \\
& \mathrm{F3981DDABFAB2369F229640115}_h
\end{aligned}
$$

$$
\begin{aligned}
n = {} & \mathrm{CF33188211FDF6052BDBB1A37235E0ABB5978A45C71FD381A91} \\
& \mathrm{AD12FC76DA0544C47568AC83D855D47CA8D8A779579AB72E635} \\
& \mathrm{D0B0AAAC22D28341E998E90F82122A2C06090F43A37E0203C2B} \\
& \mathrm{72E401FD06890EC8EAD4F07E686E906F01B2468AE7B30CBD670} \\
& \mathrm{255C1FEDE1A2762CF4392C0759499CC0ABECFF008728D9A11ADF}_h \\
e = {} & \mathrm{40B028E1E4CCF07537643101FF72444A0BE1D7682F1EDB553E3} \\
& \mathrm{AB4F6DD8293CA1945DB12D796AE9244D60565C2EB692A89B888} \\
& \mathrm{1D58D278562ED60066DD8211E67315CF89857167206120405B0} \\
& \mathrm{8B54D10D4EC4ED4253C75FA74098FE3F7FB751FF5121353C554} \\
& \mathrm{391E114C85B56A9725E9BD5685D6C9C7EED8EE442366353DC39}_h \\
d = {} & \mathrm{C21A93EE751A8D4FBFD77285D79D6768C58EBF283743D2889A3} \\
& \mathrm{95F266C78F4A28E86F545960C2CE01EB8AD5246905163B28D0B} \\
& \mathrm{8BAABB959CC03F4EC499186168AE9ED6D88058898907E61C7CC} \\
& \mathrm{CC584D65D801CFE32DFC983707F87F5AA6AE4B9E77B9CE630E2} \\
& \mathrm{C0DF05841B5E4984D059A35D7270D500514891F7B77B804BED81}_h
\end{aligned}
$$

Auf den ersten Blick überrascht beim RSA-Verfahren, dass zunächst bei der Verschlüsselung die e-te Potenz der Nachricht und dann mit dem Ergebnis y bei der Entschlüsselung die d-te Potenz berechnet wird. Das Ergebnis dieses zweimaligen Potenzierens ist wiederum die Nachricht x. Als Gleichung dargestellt sieht dieser Prozess wie folgt aus:

$$d_{k_{pr}}(y) = d_{k_{pr}}(e_{k_{pub}}(x)) \equiv (x^e)^d \equiv x^{ed} \equiv x \bmod n \tag{7.3}$$

Dies ist der Kern von RSA. Wir werden nun beweisen, warum das RSA-Schema korrekte Ergebnisse liefert.

Beweis Wir müssen zeigen, dass die Entschlüsselung die Umkehrfunktion der Verschlüsselung ist, d. h. $d_{k_{pr}}(e_{k_{pub}}(x)) = x$. Wir beginnen mit der Regel zur Konstruktion des öffentlichen und des privaten Schlüssels: $d \cdot e \equiv 1 \bmod \Phi(n)$. Nach der Definition des Modulooperators ist dies äquivalent zu:

$$d \cdot e = 1 + t \cdot \Phi(n),$$

wobei t eine ganze Zahl ist. Wir setzen nun diesen Ausdruck in (7.3) ein:

$$d_{k_{pr}}(y) \equiv x^{de} \equiv x^{1+t\cdot\Phi(n)} \equiv x^{t\cdot\Phi(n)} \cdot x^1 \equiv (x^{\Phi(n)})^t \cdot x \mod n \tag{7.4}$$

Wir müssen nun zeigen, dass $x \equiv (x^{\Phi(n)})^t \cdot x \mod n$. Wir nutzen dafür den Satz von Euler aus Abschn. 6.3.3, der besagt, dass $1 \equiv x^{\Phi(n)} \bmod n$, wenn $\mathrm{ggT}(x,n) = 1$. Eine Verallgemeinerung folgt unmittelbar:

$$1 \equiv 1^t \equiv (x^{\Phi(n)})^t \bmod n, \tag{7.5}$$

wobei t eine ganze Zahl ist. Für den Beweis unterscheiden wir zwei Fälle:

Erster Fall: $\mathrm{ggT}(x,n) = 1$

Der Satz von Euler gilt hier und wir können (7.5) in (7.4) einsetzen:

$$d_{k_{pr}}(y) \equiv (x^{\Phi(n)})^t \cdot x \equiv 1 \cdot x \equiv x \bmod n. \qquad q.e.d.$$

Dieser Teil des Beweises zeigt, dass für Klartexte x, die teilerfremd zum RSA-Modul n sind, die Entschlüsselung tatsächlich die Umkehrfunktion der Verschlüsselung ist. Nun zeigen wir den Beweis für den anderen Fall.

Zweiter Fall: $\mathrm{ggT}(x,n) = \mathrm{ggT}(x, p \cdot q) \neq 1$

Da p und q Primzahlen sind, muss x eine von ihnen als Faktor haben:

$$x = r \cdot p \quad \text{oder} \quad x = s \cdot q,$$

wobei r, s ganze Zahlen mit $r < q$ und $s < p$ sind. Ohne Beschränkung der Allgemeinheit nehmen wir an, dass $x = r \cdot p$, woraus folgt, dass $\mathrm{ggT}(x,q) = 1$. Der Satz von Euler gilt in der folgenden Form:

$$1 \equiv 1^t \equiv (x^{\Phi(q)})^t \bmod q,$$

wobei t eine positive ganze Zahl ist. Schauen wir nun nochmals auf den Term $(x^{\Phi(n)})^t$:

$$(x^{\Phi(n)})^t \equiv (x^{(q-1)(p-1)})^t \equiv ((x^{\Phi(q)})^t)^{p-1} \equiv 1^{(p-1)} = 1 \bmod q.$$

Unter Verwendung der Definition des Modulooperators ist dies äquivalent zu:

$$(x^{\Phi(n)})^t = 1 + u \cdot q,$$

wobei u eine ganze Zahl ist. Wir multiplizieren diese Gleichung mit x:

$$\begin{aligned} x \cdot (x^{\Phi(n)})^t &= x + x \cdot u \cdot q \\ &= x + (r \cdot p) \cdot u \cdot q \\ &= x + r \cdot u \cdot (p \cdot q) \\ &= x + r \cdot u \cdot n \\ x \cdot (x^{\Phi(n)})^t &\equiv x \bmod n \end{aligned} \tag{7.6}$$

Gleichung (7.6) in (7.4) eingesetzt gibt das gewünschte Resultat:

$$d_{k_{pr}} = (x^{\Phi(n)})^t \cdot x \equiv x \bmod n \qquad \square$$

Mit dem Beweis wurde gezeigt, dass durch Schritt 5 der RSA-Schlüsselerzeugung sichergestellt ist, dass die RSA-Dechiffrierung immer den Klartext erzeugt. Der Beweis wird einfacher, wenn der chinesische Restsatz benutzt wird, den wir allerdings noch nicht eingeführt haben.

7.4 Schnelle Exponentiation

Anders als bei symmetrischen Algorithmen wie AES, 3DES oder Stromchiffren benötigen asymmetrische Algorithmen Arithmetik mit sehr großen Zahlen. Wenn keine Methoden zur schnellen Berechnung der Ver- und Entschlüsselungsfunktionen zur Verfügung stünden, würde man mit Verfahren enden, die zu langsam für praktische Anwendungen wären. Wenn wir uns die Ver- und Entschlüsselung von RSA in den Gleichungen (7.1) und (7.2) anschauen, sehen wir, dass beide auf modularer Exponentiation basieren. Der Übersicht halber zeigen wir beide Operationen noch einmal:

$$y = e_{k_{pub}}(x) \equiv x^e \bmod n \quad \text{(Verschlüsselung)}$$
$$x = d_{k_{pr}}(y) \equiv y^d \bmod n \quad \text{(Entschlüsselung)}$$

Der naheliegende Ansatz, die Exponentationen zu berechnen, ist wie folgt:

$$x \xrightarrow{SQ} x^2 \xrightarrow{MUL} x^3 \xrightarrow{MUL} x^4 \xrightarrow{MUL} x^5 \cdots$$

wobei SQ für eine Quadrierung („squaring“) und MUL für eine Multiplikation steht. Leider sind die Exponenten e und d im Allgemeinen sehr große Zahlen. Die Exponenten werden üblicherweise mit einer Länge zwischen 1024 und 3072 Bit oder sogar noch größer gewählt. (Der öffentliche Exponent e wird manchmal klein gewählt, d ist allerdings immer sehr groß.) Eine naive Exponentiation wie oben gezeigt würde daher für 1024-Bit-RSA 2^{1024} Operationen benötigen. Da die Anzahl an Atomen im sichtbaren Universum in etwa 2^{300} beträgt, ist die Durchführung von 2^{1024} Multiplikationen zum Etablieren einer sicheren Sitzung für unseren Webbrowser nicht sehr verlockend. Die zentrale Frage ist, ob es deutlich schnellere Methoden für die Exponentiation gibt. Glücklicherweise lautet die Antwort ja. Anderenfalls wäre es unmöglich, RSA und alle anderen heute verwendeten asymmetrischen Kryptosysteme in der Praxis einzusetzen, da sie alle auf Exponentiation mit langen Exponenten beruhen. Eine solche Methode ist der *Square-and-Multiply-Algorithmus*. Wir zeigen zunächst einige Beispiele mit kleinen Zahlen zur Verdeutlichung, bevor wir den eigentlichen Algorithmus vorstellen.

Beispiel 7.2 Schauen wir uns an, wie viele Multiplikationen für die Berechnung von x^8 notwendig sind. Mit der naheliegenden Methode:

$$x \xrightarrow{SQ} x^2 \xrightarrow{MUL} x^3 \xrightarrow{MUL} x^4 \xrightarrow{MUL} x^5 \xrightarrow{MUL} x^6 \xrightarrow{MUL} x^7 \xrightarrow{MUL} x^8$$

benötigen wir sieben Multiplikationen und Quadrierungen. Alternativ können wir das Ergebnis etwas schneller berechnen:

$$x \xrightarrow{SQ} x^2 \xrightarrow{SQ} x^4 \xrightarrow{SQ} x^8,$$

wobei nur drei Quadrierungen benötigt werden. Wir nehmen dabei an, dass Quadrierungen und Multiplikationen in etwa gleich schnell sind.

Diese schnelle Methode funktioniert gut, ist aber auf Exponenten beschränkt, die Potenzen von 2 sind, d. h. die Werte von e und d haben die Form 2^i. Nun stellt sich die Frage, ob wir die Methode auf beliebige Exponenten erweitern können? Betrachten wir ein weiteres Beispiel:

Beispiel 7.3 Dieses Mal haben wir den etwas allgemeineren Exponenten 26, d. h. wir möchten x^{26} berechnen. Die naive Methode würde 25 Multiplikationen benötigen. Ein schnellerer Weg ist der folgende:

$$x \xrightarrow{SQ} x^2 \xrightarrow{MUL} x^3 \xrightarrow{SQ} x^6 \xrightarrow{SQ} x^{12} \xrightarrow{MUL} x^{13} \xrightarrow{SQ} x^{26}.$$

Dieser Ansatz benötigt insgesamt sechs Operationen: Zwei Multiplikationen und vier Quadrierungen.

Bei Betrachtung des letzten Beispiels sehen wir, dass wir das gewünschte Ergebnis durch die Ausführung zweier grundlegender Operationen bekommen:

1. *Quadrierung* des aktuellen Zwischenergebnisses,
2. *Multiplikation* des aktuellen Zwischenergebnisses mit dem Basiselement x.

In obigem Beispiel konnten wir das Ergebnis durch die Abfolge *SQ*, *MUL*, *SQ*, *SQ*, *MUL*, *SQ* berechnen. Die entscheidende Frage ist, wie man die Sequenz von Quadrierungen und Multiplikationen für andere, beliebige Exponenten bestimmt. Eine Antwort hierauf bietet der *Square-and-Multiply-Algorithmus*. Dieser Algorithmus liefert uns einen systematischen Weg zur Bestimmung der Abfolge, in der wir die Quadrierungen und Multiplikationen mit x durchführen müssen, um die Potenz x^H zu berechnen. In Worten ausgedrückt funktioniert der Algorithmus wie folgt:

Beim Square-and-Multiply-Algorithmus werden die einzelnen Bits des Exponenten von links (das höchstwertige Bit) nach rechts (das niedrigstwertige Bit) abgearbeitet. In jeder Iteration, d. h. für jedes Bit des Exponenten, wird das aktuelle Zwischenergebnis quadriert. Genau dann, wenn das aktuell betrachtete Bit des Exponenten den Wert 1 hat, wird im Anschluss noch das aktuelle Zwischenergebnis mit x multipliziert.

Dies sieht nach einer ziemlich einfachen, wenn auch etwas seltsam anmutenden Regel aus. Für ein besseres Verständnis betrachten wir nochmals das Beispiel von oben. Diesmal schauen wir uns die Bits des Exponenten genauer an.

Beispiel 7.4 Wir betrachten wieder die Exponentiation x^{26}. Für den Square-and-Multiply-Algorithmus ist die binäre Darstellung des Exponenten entscheidend:

$$x^{26} = x^{11010_2} = x^{(h_4 h_3 h_2 h_1 h_0)_2}$$

Der Algorithmus geht die Bits des Exponenten beginnend mit dem linken Bit h_4 durch und endet mit dem Bit h_0 ganz rechts.

Step		
#0	$x = x^{\mathbf{1}_2}$	Anfangszustand, bearbeitetes Bit: $h_4 = 1$
#1*a*	$(x^1)^2 = x^2 = x^{\mathbf{10}_2}$	SQ, bearbeitetes Bit: h_3
#1*b*	$x^2 \cdot x = x^3 = x^{10_2} x^{1_2} = x^{\mathbf{11}_2}$	MUL, da $h_3 = 1$
#2*a*	$(x^3)^2 = x^6 = (x^{11_2})^2 = x^{\mathbf{110}_2}$	SQ, bearbeitetes Bit: h_2
#2*b*		keine MUL, da $h_2 = 0$
#3*a*	$(x^6)^2 = x^{12} = (x^{110_2})^2 = x^{\mathbf{1100}_2}$	SQ, bearbeitetes Bit: h_1
#3*b*	$x^{12} \cdot x = x^{13} = x^{1100_2} x^{1_2} = x^{\mathbf{1101}_2}$	MUL, da $h_1 = 1$
#4*a*	$(x^{13})^2 = x^{26} = (x^{1101_2})^2 = x^{\mathbf{11010}_2}$	SQ, bearbeitetes Bit: h_0
#4*b*		keine MUL, da $h_0 = 0$

Zum Verständnis des Algorithmus ist es hilfreich, sich näher anzuschauen, wie sich die binäre Darstellung des Exponenten entwickelt (vgl. Exponenten in Fettdruck). Wir sehen, dass die erste der beiden Operationen, die Quadrierung, eine Linksverschiebung des Exponenten bewirkt, wobei eine 0 an die Position ganz rechts im Exponenten eingefügt wird. Die andere grundlegende Operation, die Multiplikation mit x, bewirkt, dass wir an die Position ganz rechts im Exponenten eine 1 schreiben. Vergleichen Sie, wie sich der Exponent von Iteration zu Iteration ändert.

Nachfolgend ist der Pseudocode für den Square-and-Multiply-Algorithmus gegeben:

Square-and-Multiply für die modulare Exponentiation

Eingang: Basis x
Exponent $H = \sum_{i=0}^{t} h_i 2^i$ mit $h_i \in 0, 1$ und $h_t = 1$
Modul n

Ausgang: $x^H \bmod n$

Initialisierung: $r = x$

Algorithmus:
1. FOR $i = t - 1$ DOWNTO 0
1.1 $r = r^2 \bmod n$
IF $h_i = 1$
1.2 $r = r \cdot x \bmod n$
2. RETURN (r)

Die Moduloreduktion wird nach jeder Multiplikation und Quadrierung ausgeführt, um die Zwischenergebnisse klein zu halten. Es ist hilfreich, diesen Pseudocode mit der verbalen Beschreibung des Algorithmus weiter oben zu vergleichen.

Nun bestimmen wir die Komplexität des Square-and-Multiply-Algorithmus für einen Exponenten H mit einer Bitlänge von $t + 1$, d. h. $\lceil \log_2 H \rceil = t + 1$. Die Anzahl der Quadrierungen ist unabhängig von dem tatsächlichen Wert von H, die Anzahl der Multiplikationen ist jedoch gleich dem Hamming-Gewicht, d. h. der Anzahl der Einsen der binären Darstellung. Daher geben wir hier die durchschnittliche Anzahl an Multiplikationen $\overline{MUL}$ an:

$$\#SQ = t$$
$$\#\overline{MUL} = 0,5\ t$$

Da die in der Kryptografie verwendeten Exponenten häufig gute Zufallseigenschaften haben, ist die Annahme, dass die Hälfte der Bits den Wert 1 haben, oft richtig.

Beispiel 7.5 Wie viele Operationen werden im Durchschnitt für eine Exponentiation mit einem 1024-Bit-Exponenten benötigt?

Die naive Exponentiation benötigt $2^{1024} \approx 10^{300}$ Multiplikationen. Es ist vollkommen unmöglich, diese Berechnungen jemals durchzuführen, egal, welche Rechenleistung zur Verfügung steht. Demgegenüber benötigt der Square-and-Multiply-Algorithmus jedoch durchschnittlich nur

$$1{,}5 \cdot 1024 = 1536$$

Quadrierungen und Multiplikationen. Dies ist ein eindrucksvolles Beispiel für den Unterschied zwischen einem Algorithmus mit linearer Komplexität (naive Exponentiation) und einem mit logarithmischer Komplexität (Square-and-Multiply-Algorithmus). Man muss allerdings beachten, dass jede einzelne der 1536 Quadrierungen und Multiplikationen mit 1024-Bit-Zahlen durchgeführt wird. Dies bedeutet, dass die Anzahl von Integer-Multiplikation, z. B. 32-Bit-Multiplikationen, die wir in einer Softwareimplementierung ausführen müssen, deutlich größer als 1536 ist. Trotzdem können 1024-Bit-Exponentiationen auf modernen Computern problemlos durchgeführt werden (vgl. auch Abschn. 7.9).

7.5 RSA-Beschleunigung

Wie wir in Abschn. 7.4 gesehen haben, benötigt RSA-Exponentiationen mit sehr großen Zahlen. Selbst wenn die der modularen Quadrierung und Multiplikation zugrunde liegende Arithmetik sorgfältig programmiert wird, ist eine volle RSA-Exponentiation mit Operanden der Länge 1024 Bit oder mehr sehr rechenintensiv. Aus diesem Grund hat man seit der Erfindung von RSA Techniken zur Beschleunigung untersucht. Wir werden im Folgenden zwei weit verbreitete Techniken zur schnellen Implementierung vorstellen.

7.5.1 Schnelle Verschlüsselung mit kurzen öffentlichen Exponenten

Eine überraschend einfache aber sehr wirksame Methode kann bei RSA-Operationen mit dem öffentlichen Schlüssel e angewendet werden. Dies ist in der Praxis bei der Verschlüsselung und, wie wir später sehen werden, bei der Verifikation einer RSA-Signatur der Fall. In diesen Fällen kann der Wert des öffentlichen Schlüssels e sehr klein gewählt werden. In der Praxis wählt man oft die Werte $e = 3$, $e = 17$ oder $e = 2^{16} + 1$. Benutzt man einen dieser Exponenten, ergibt sich die in Tab. 7.1 dargestellte Komplexität.

Diese Komplexität sollte mit den $1,5\,t$ Multiplikationen und Quadrierungen bei Exponenten voller Länge verglichen werden. Hierbei ist $t + 1$ die Bitlänge des RSA-Moduls n, d. h. $\lceil \log_2 n \rceil = t + 1$. Wir stellen fest, dass alle drei oben dargestellten Exponenten ein kleines Hamming-Gewicht, d. h. eine geringe Anzahl an Einsen in der binären Darstellung haben. Dies führt zu einer geringen Anzahl von Multiplikationen bei der Berechnung der Exponentiation. Interessanterweise ist RSA bei der Verwendung solch kurzer Exponenten immer noch sicher. Man beachte, dass der private Schlüssel d im Allgemeinen immer noch die volle Länge $t + 1$ hat, auch wenn der öffentliche Schlüssel e kurz ist.

Eine wichtige praktische Konsequenz bei der Verwendung kurzer öffentlicher Schlüssel liegt in der kurzen Ausführungszeit für die Verschlüsselung bzw. Signaturverifikation. RSA ist für diese beiden kryptografischen Operationen das schnellste verfügbare asym-

Tab. 7.1 Komplexität einer RSA-Exponentiation mit kurzem Exponenten

Öffentlicher Schlüssel e	e in binärer Darstellung	$\#MUL + \#SQ$
3	11_2	2
17	10001_2	5
$2^{16} + 1$	$1\,0000\,0000\,0000\,0001_2$	17

metrische Verfahren. Leider gibt es für die Beschleunigung der Entschlüsselung bzw. die Erzeugung einer digitalen Signatur mit dem privaten Schlüssel d keine derartig einfache Methode. Diese beiden Operationen sind daher deutlich langsamer. Bei anderen asymmetrischen Algorithmen, insbesondere elliptischen Kurven, sind diese beiden Operationen oft wesentlich schneller. Der folgende Abschnitt zeigt, wie wir eine vergleichsweise moderate Beschleunigung bei der Verwendung des privaten Exponenten d erreichen können.

7.5.2 Schnelle Entschlüsselung mit dem chinesischen Restsatz

Es nicht möglich, kurze private Exponenten d zu wählen, ohne die Sicherheit von RSA zu gefährden. Wenn wir den Schlüssel d so kurz wie im Fall der Verschlüsselung wählen würden, könnte ein Angreifer einfach alle möglichen Werte bis zu einer gegebenen Bitlänge, z. B. 50 Bit, ausprobieren. Aber selbst wenn größere Werte für den privaten Schlüssel d gewählt würden, beispielsweise 128 Bit, gibt es Angriffe, mit denen der Schlüssel berechnet werden kann. Man kann zeigen, dass der private Schlüssel eine Länge von mindestens $0,3\ t$ Bit haben muss, wobei t die Bitlänge des Moduls n ist. In der Praxis wählt man e oft kurz und d mit der vollen Bitlänge des Modul. Um die Entschlüsselung mit d zu beschleunigen, kann man eine Methode basierend auf dem chinesischen Restsatz („chinese remainder theorem", CRT) anwenden. An dieser Stelle führen wir den CRT selbst nicht ein, aber zeigen, wie dieser sich zur Beschleunigung der RSA-Entschlüsselung und der RSA-Signaturerzeugung anwenden lässt.

Unser Ziel ist die effiziente Berechnung der Exponentiation $y^d \bmod n$. Zunächst stellen wir fest, dass diejenige Partei, die den privaten Schlüssel d besitzt, auch die Primzahlen p und q kennt. Die grundlegende Idee des CRT ist es, die Exponentiation mit einem langen Modul n auf zwei einzelne Exponentiationen mit den beiden kurzen Moduln p und q zurückzuführen. Dieser CRT-basierte Ansatz kann als eine Art Transformation betrachtet werden. Wie bei jeder Transformation gibt es drei Schritte: Transformation in den CRT-Bereich, Durchführung der Berechnung im CRT-Bereich und Rücktransformation des Ergebnisses. Alle drei Schritte werden im Folgenden erklärt.

Transformation der Eingabe in den CRT-Bereich

Wir reduzieren das Chiffrat y einfach modulo der beiden Faktoren p und q des Moduls n und erhalten die sog. modulare Repräsentation von y.

$$y_p \equiv y \bmod p$$
$$y_q \equiv y \bmod q$$

Exponentiation im CRT-Bereich

Mit der modularen Repräsentation von y führen wir die folgenden beiden Exponentiationen durch:

$$x_p \equiv y_p^{d_p} \bmod p$$
$$x_q \equiv y_q^{d_q} \bmod q,$$

wobei die beiden neuen Exponenten gegeben sind durch

$$d_p \equiv d \bmod (p-1)$$
$$d_q \equiv d \bmod (q-1).$$

Man beachte, dass beide Exponenten im CRT-Bereich, d_p und d_q, nicht größer als p bzw. q sein können. Das Gleiche gilt für die transformierten Ergebnisse x_p und x_q. Da die beiden Primzahlen in der Praxis so gewählt werden, dass sie in etwa dieselbe Bitlänge haben, haben die beiden Exponenten sowie x_p und x_q in etwa die halbe Bitlänge von n.

Inverse Transformation in den Ursprungsbereich

Der letzte Schritt ist nun die Rekonstruktion des Endresultats x aus dessen modularer Repräsentation (x_p, x_q). Die Vorschrift hierfür ergibt sich aus dem CRT wie folgt:

$$x \equiv [q\,c_p]\,x_p + [p\,c_q]\,x_q \bmod n, \tag{7.7}$$

wobei die Koeffizienten c_p und c_q berechnet werden als:

$$c_p \equiv q^{-1} \bmod p \quad \text{und} \quad c_q \equiv p^{-1} \bmod q$$

Da die Primzahlen in einer gegebenen RSA-Anwendung sehr selten geändert werden, können die beiden Ausdrücke in eckigen Klammern in (7.7) vorausberechnet werden. Nach der Vorausberechnung benötigt die gesamte Rücktransformation nur zwei modulare Multiplikationen und eine modulare Addition.

Bevor wir die Komplexität von RSA mit CRT bestimmen, schauen wir uns ein Beispiel an.

Beispiel 7.6 Die RSA-Parameter seien gegeben durch:

$$p = 11 \qquad q = 13$$
$$n = p \cdot q = 143$$
$$e = 7 \qquad d \equiv e^{-1} \equiv 103 \bmod 120$$

Wir berechnen nun die RSA-Entschlüsselung für das Chiffrat $y = 15$ unter Verwendung des CRT, d. h. den Wert $y^d = 15^{103} \bmod 143$. Im ersten Schritt berechnen wir die modulare Repräsentation von y:

$$y_p = 15 \equiv 4 \bmod 11$$
$$y_q = 15 \equiv 2 \bmod 13$$

Im zweiten Schritt führen wir die Exponentiationen mit den kurzen Exponenten im transformierten Bereich durch. Diese sind:

$$d_p = 103 \equiv 3 \bmod 10$$
$$d_q = 103 \equiv 7 \bmod 12$$

Die Exponentiationen lauten:

$$x_p \equiv y_p^{d_p} = 4^3 = 64 \equiv 9 \bmod 11$$
$$x_q \equiv y_q^{d_q} = 2^7 = 128 \equiv 11 \bmod 13$$

Im letzten Schritt müssen wir x aus der modularen Repräsentation (x_p, x_q) berechnen. Hierzu benötigen wir die Koeffizienten:

$$c_p = 13^{-1} \equiv 2^{-1} \equiv 6 \bmod 11 \quad c_q = 11^{-1} \equiv 6 \bmod 13$$

Der Klartext x folgt nun als:

$$\begin{aligned} x &\equiv [q\ c_p]x_p + [p\ c_q]x_q \bmod n \\ &\equiv [13 \cdot 6]\ 9 + [11 \cdot 6]\ 11 \bmod 143 \\ &\equiv 702 + 726 = 1428 \equiv 141 \bmod 143 \end{aligned}$$

Es lohnt sich, das Ergebnis zu verifizieren, indem man $y^d \equiv 15^{103} \bmod 143$ mit dem Square-and-Multiply-Algorithmus berechnet.

Wir werden nun die Rechenkomplexität des CRT bestimmen. Wenn wir die drei Schritte der CRT-basierten Exponentiation betrachten, können wir für eine Abschätzung der Komplexität die Transformation und die Rücktransformation ignorieren, da der Aufwand für die darin verwendeten Operationen vernachlässigbar gegenüber den eigentlichen Exponentiationen im transformierten Bereich ist. Der Übersicht halber sind die CRT-Exponentiationen hier noch einmal angegeben:

$$y_p \equiv x_p^{d_p} \bmod p$$
$$y_q \equiv x_q^{d_q} \bmod q$$

Wenn wir annehmen, dass n eine Länge von $t + 1$ Bit hat, sind sowohl p als auch q in etwa $t/2$ Bit lang. Alle in der CRT-Exponentation verwendeten Zahlen, d. h. x_p, x_q, d_p und d_q, sind in ihrer Größe durch p bzw. q begrenzt und haben daher eine ungefähre Länge von $t/2$ Bit. Wenn wir den Square-and-Multiply-Algorithmus für die beiden Exponentiationen verwenden, benötigt jede Exponentiation durchschnittlich $1,5\,t/2$ modulare Multiplikationen und Quadrierungen. Daher beträgt die Gesamtzahl an Multiplikationen und Quadrierungen

$$\#SQ + \#MUL = 2\,(1,5\,t/2) = 1,5\,t$$

Dies erscheint exakt die gleiche Rechenkomplexität wie die der regulären Exponentiation ohne CRT zu sein. Allerdings verwendet hier jede Multiplikation und Quadrierung Zahlen mit einer Länge von nur $t/2$ Bit. Im Gegensatz benötigt jede Multiplikation ohne

CRT t Bit große Variablen. Da die Komplexität einer Multiplikation quadratisch mit der Bitlänge zunimmt, ist jede der $t/2$-Bit-Multiplikationen viermal schneller als eine t-Bit-Multiplikation.[2] Daher entspricht die *Beschleunigung durch den CRT einem Faktor von vier*, was in der Praxis sehr bedeutsam sein kann. Da es kaum Nachteile bei der Verwendung gibt, wird die CRT-basierte Exponentiation in vielen kryptografischen Anwendungen eingesetzt, z. B. bei der Entschlüsselung in Webbrowsern. Die Methode ist besonders gut geeignet für den Einsatz auf Chipkarten mit kleinen Prozessoren, die z. B. für Bankanwendungen eingesetzt werden. Hier wird häufig digitales Signieren auf den Chipkarten unter Verwendung des geheimen Schlüssels d benötigt. Durch die Anwendung des CRT für die Berechnung digitaler Signaturen ist die Chipkarte viermal so schnell. Wenn beispielsweise eine reguläre 1024-Bit-RSA-Exponentiation 3 s benötigt, reduziert sich diese Zeit durch den CRT auf 0,75 s. Diese Beschleunigung mag den Unterschied zwischen einem Produkt mit hoher Nutzerakzeptanz (0,75 s) und einem Produkt mit einer nicht mehr akzeptablen Verzögerung ausmachen. Der CRT ist ein gutes Beispiel dafür, wie grundlegende Zahlentheorie in der Praxis nützlich sein kann.

7.6 Finden großer Primzahlen

Es gibt einen weiteren wichtigen praktischen Aspekt von RSA, der diskutiert werden muss: die Bestimmung der Primzahlen p und q im ersten Schritt der Schlüsselerzeugung. Da ihr Produkt der RSA-Modul $n = p \cdot q$ ist, sollten die beiden Primzahlen in etwa die halbe Bitlänge von n haben. Wenn wir beispielsweise einen RSA-Modul der Länge $\lceil \log_2 n \rceil = 2048$ erstellen wollen, sollten p und q eine Bitlänge von etwa 1024 Bit haben. Der allgemeine Ansatz zur Bestimmung von Primzahlen ist die Erzeugung von zufälligen ganzen Zahlen, die dann auf Teilbarkeit geprüft werden, wie in Abb. 7.2 dargestellt, wobei RNG für Random-Number-Generator (Zufallszahlengenerator) steht. Der RNG sollte nicht vorhersagbar sein, da ein Angreifer RSA einfach brechen kann, wenn er eine der beiden Primzahlen berechnen oder raten kann, wie wir später in diesem Kapitel sehen werden.

Um diesen Ansatz umzusetzen, müssen wir zwei Fragen beantworten:

1. Wie viele zufällige natürliche Zahlen müssen wir testen, bevor wir eine Primzahl erhalten? (Wenn die Wahrscheinlichkeit, eine Primzahl zu finden, zu gering ist, würde das Verfahren zu lange dauern.)
2. Wie schnell können wir überprüfen, ob eine Zufallszahl prim ist? (Auch hier gilt: Ist der Test zu langsam, wäre der Ansatz nicht praktikabel.)

[2] Der Grund für die quadratische Komplexität ist anhand des folgenden Beispiels einfach ersichtlich: Wenn wir eine vierstellige Zahl $abcd$ mit einer anderen Zahl $wxyz$ multiplizieren, multiplizieren wir jede Ziffer des ersten Operanden mit jeder Ziffer des zweiten Operanden, d. h. insgesamt werden $4^2 = 16$ Multiplikationen von Ziffern durchgeführt. Wenn wir andererseits zwei Zahlen mit jeweils zwei Ziffern, d. h. ab mal wx, berechnen, sind nur $2^2 = 4$ elementare Multiplikationen notwendig.

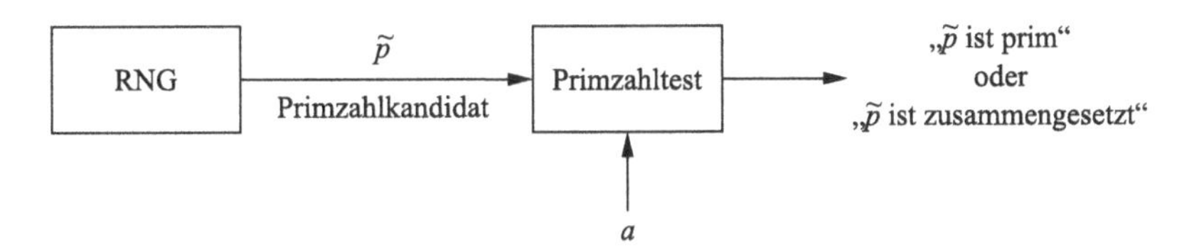

Abb. 7.2 Prinzip der Primzahlerzeugung für RSA

Wie wir im Folgenden besprechen werden, stellt sich heraus, dass beide Schritte annehmbar schnell sind.

7.6.1 Wie häufig sind Primzahlen?

Nun werden wir die Frage beantworten, ob die Wahrscheinlichkeit, dass eine zufällig gewählte natürliche Zahl p prim ist, ausreichend hoch ist. Wenn wir die ersten positiven ganzen Zahlen betrachten, sehen wir, dass Primzahlen weniger häufig vorkommen, je größer die Werte werden:

$$2, 3, 5, 7, 11, 13, 17, 19, 23, 29, 31, 37, \ldots$$

Es stellt sich daher die Frage, ob die Wahrscheinlichkeit ausreichend hoch ist, dass beispielsweise eine zufällig gewählte Zahl mit einer Länge von 1024 Bit eine Primzahl ist. Glücklicherweise ist genau dies der Fall. Die Wahrscheinlichkeit, dass eine zufällig gewählte natürliche Zahl $\tilde{p}$ eine Primzahl ist, folgt aus dem bekannten Primzahlsatz und beträgt in etwa $1/\ln(\tilde{p})$. In der Praxis testen wir nur ungerade Zahlen, womit sich die Wahrscheinlichkeit verdoppelt. Daher ist die Wahrscheinlichkeit, dass eine ungerade natürliche Zahl $\tilde{p}$ prim ist:

$$P(\tilde{p} \text{ ist prim}) \approx \frac{2}{\ln(\tilde{p})}$$

Um ein besseres Gefühl für diese Wahrscheinlichkeit im Kontext von RSA zu bekommen, betrachten wir das folgende Beispiel:

Beispiel 7.7 Für RSA mit einem 2048-Bit-Modul n sollten die Primzahlen p und q jeweils eine Länge von etwa 1024 Bit haben, d. h. $p, q \approx 2^{1024}$. Die Wahrscheinlichkeit, dass eine zufällige ungerade Zahl $\tilde{p}$ eine Primzahl ist, beträgt

$$P(\tilde{p} \text{ ist prim}) \approx \frac{2}{\ln(2^{1024})} = \frac{2}{1024 \ln(2)} \approx \frac{1}{710}$$

Dies bedeutet, dass wir durchschnittlich 710 zufällige ungerade 1024-Bit-Zahlen testen müssen, bis wir eine Primzahl finden.

Die Wahrscheinlichkeit natürlicher Zahlen, prim zu sein, nimmt langsam ab, proportional zur Bitlänge der Zahl. Selbst für sehr lange RSA-Parameter mit beispielsweise 4096 Bit ist die Dichte von Primzahlen immer noch ausreichend hoch.

7.6.2 Primzahltests

Der nächste Schritt, der ausgeführt werden muss, ist die Entscheidung, ob die zufällig gewählte ganze Zahl $\tilde{p}$ eine Primzahl ist. Der naheliegende Ansatz ist, die Zahl zu faktorisieren. Für die Bitlängen, die für RSA benötigt werden, ist jedoch eine Faktorisierung nicht möglich, da p und q zu groß sind. (Aus Sicherheitsgründen müssen die Zahlen derart groß gewählt werden, dass diese nicht faktorisiert werden können. Wenn n faktorisiert werden kann, ist RSA unmittelbar gebrochen.) Die Situation ist dennoch nicht hoffnungslos. Erinnern wir uns, dass wir *nicht* an der Faktorisierung von $\tilde{p}$ interessiert sind, sondern lediglich eine Aussage benötigen, ob $\tilde{p}$ eine Primzahl ist oder nicht. Es stellt sich heraus, dass solche sog. Primzahltests viel einfacher zu berechnen sind als eine Faktorisierung. Beispiele für Primzahltests sind der fermatsche Primzahltest, der Miller-Rabin-Test oder deren Varianten.

Die in der Praxis verwendeten Primzahltests haben alle ein etwas ungewöhnliches Verhalten: Wenn die zu untersuchende natürliche Zahl $\tilde{p}$ in einen Primzahltest gegeben wird, lautet die Antwort entweder

1. „$\tilde{p}$ ist zusammengesetzt“ (d. h. nicht prim), was immer eine korrekte Aussage ist, oder
2. „$\tilde{p}$ ist prim“, was nur mit einer gewissen Wahrscheinlichkeit wahr ist.

Wenn die Ausgabe des Algorithmus „zusammengesetzt“ lautet, ist die Situation klar: Die Zahl ist nicht prim und kann verworfen werden. Wenn die Ausgabe des Algorithmus jedoch „prim“ lautet, ist $\tilde{p}$ nur wahrscheinlich prim. In seltenen Fällen können Zahlen eine „prim“-Ausgabe des Algorithmus hervorrufen, die aber *nicht* korrekt ist. Es gibt allerdings eine Möglichkeit, mit dieser unsicheren Aussage umzugehen. Praktische Primzahltests sind *probabilistische Algorithmen*. Das bedeutet, dass sie als Eingabe neben $\tilde{p}$ einen zweiten Parameter a haben, der zufällig gewählt werden kann. Wenn eine zusammengesetzte Zahl $\tilde{p}$ zusammen mit einem Parameter a die falsche Aussage „$\tilde{p}$ ist prim“ hervorruft, wiederholen wir den Test mit einem anderen Wert für a. Die generelle Strategie ist es nun, einen Primzahlkandidaten $\tilde{p}$ so oft mit verschiedenen Werten von a zu testen, bis die Wahrscheinlichkeit, dass das Paar $(\tilde{p}, a)$ eine falsche Aussage liefert, ausreichend klein ist, z. B. kleiner als 2^{-80}. Sollten wir während dieser Tests die Aussage „$\tilde{p}$ ist zusammengesetzt“ erhalten, wissen wir sicher, dass $\tilde{p}$ nicht prim ist und wir die Zahl verwerfen können.

Der fermatsche Primzahltest

Dieser Primzahltest basiert auf dem kleinen fermatschen Satz, vgl. Satz 6.2.

Fermatscher Primzahltest

Eingang: Primzahlkandidat $\tilde{p}$ und Sicherheitsparameter s
Ausgang: Aussage „$\tilde{p}$ ist zusammengesetzt" oder „$\tilde{p}$ ist wahrscheinlich prim"
Algorithmus:
1. FOR $i = 1$ TO s
   1.1 wähle zufällige Zahl $a \in \{2, 3, \ldots, \tilde{p} - 2\}$
   1.2 IF $a^{\tilde{p}-1} \not\equiv 1 \bmod \tilde{p}$
   1.3 RETURN („$\tilde{p}$ ist zusammengesetzt")
2. RETURN („$\tilde{p}$ ist wahrscheinlich prim")

Die Idee bei dem Test ist, dass der kleine fermatsche Satz natürlich für alle Primzahlen gültig ist. Wenn daher eine Zahl gefunden wird, für die im Schritt 1.2 $a^{\tilde{p}-1} \not\equiv 1$ gilt, ist diese mit Sicherheit keine Primzahl. Leider gilt nicht automatisch das Gegenteil. Es existieren zusammengesetzte Zahlen, die die Bedingung $a^{\tilde{p}-1} \equiv 1$ erfüllen. Um diese zu erkennen, wird der Algorithmus s-mal mit unterschiedlichen Werten von a ausgeführt.

Leider gibt es bestimmte zusammengesetzte Zahlen, die sich für viele Werte a in dem fermatschen Test wie Primzahlen verhalten. Diese Zahlen nennt man *Carmichael-Zahlen*. Bei gegebener Carmichael-Zahl C gilt die folgende Aussage für alle ganzen Zahlen a mit $\mathrm{ggT}(a, C) = 1$:

$$a^{C-1} \equiv 1 \bmod C$$

Solche speziellen zusammengesetzten Zahlen sind sehr selten. Beispielsweise existieren in etwa gerade einmal 100.000 Carmichael-Zahlen unterhalb von 10^{15}.

Beispiel 7.8 (Carmichael-Zahl) $n = 561 = 3 \cdot 11 \cdot 17$ ist eine Carmichael-Zahl, da

$$a^{560} \equiv 1 \bmod 561$$

für alle a mit $\mathrm{ggT}(a, 561) = 1$.

Wenn die Primfaktoren einer Carmichael-Zahl alle groß sind, gibt es nur wenige Basen a, für die der fermatsche Primzahltest entdeckt, dass eine zusammengesetzte Zahl vorliegt. Aus diesem Grund verwendet man in der Praxis häufig den mächtigeren Miller-Rabin-Test bei der Generierung von RSA-Primzahlen.

Miller-Rabin-Primzahltest

Im Gegensatz zu dem fermatschen Test beinhaltet der Miller-Rabin-Primzahltest keine zusammengesetzte Zahl, für die eine große Anzahl von Basiselementen a die Aussage „prim" liefert. Der Test basiert auf folgendem Satz:

Satz 7.1

Sei die Zerlegung eines ungeraden Primzahlkandidaten $\tilde{p}$ gegeben als

$$\tilde{p} - 1 = 2^u r,$$

wobei r ungerade ist. Wenn wir eine ganze Zahl a finden können, sodass

$$a^r \not\equiv 1 \bmod \tilde{p} \quad \text{und} \quad a^{r2^j} \not\equiv \tilde{p} - 1 \bmod \tilde{p}$$

für alle $j = \{0, 1, \ldots, u-1\}$ gilt, dann ist $\tilde{p}$ eine zusammengesetzte Zahl. Ansonsten ist $\tilde{p}$ wahrscheinlich eine Primzahl.

Aus diesem Satz folgt der unten stehende Primzahltest:

Miller-Rabin-Primzahltest

Eingang: Primzahlkandidat $\tilde{p}$ mit $\tilde{p} - 1 = 2^u r$ und Sicherheitsparameter s
Ausgang: Aussage „$\tilde{p}$ ist zusammengesetzt" oder „$\tilde{p}$ ist wahrscheinlich prim"
Algorithmus:

```
1.    FOR i = 1 TO s
        wähle zufälliges a ∈ {2, 3, ..., p̃ − 2}
1.2     z ≡ a^r mod p̃
1.3     IF z ≠ 1 AND z ≠ p̃ − 1
          j = 1
1.4       WHILE j ≤ u − 1 AND z ≠ p̃ − 1
            z ≡ z^2 mod p̃
            IF z = 1
              RETURN („p̃ ist zusammengesetzt")
            j = j + 1
1.5       IF z ≠ p̃ − 1
            RETURN („p̃ ist zusammengesetzt")
2.    RETURN („p̃ ist wahrscheinlich prim")
```

Der Algorithmus basiert auf der Darstellung in [12, Alg. 4.24]. Schritt 1.2 wird mit Hilfe des Square-and-Multiply-Algorithmus berechnet. Die IF-Anweisung in Schritt 1.3

Tab. 7.2 Anzahl der Durchläufe im Miller-Rabin-Primzahltest für eine Fehlerwahrscheinlichkeit von weniger als 2^{-80}

Bitlänge von $\tilde{p}$	Sicherheitsparameter s
250	11
300	9
400	6
500	5
600	3

nutzt den Satz für den Fall $j = 0$. Die FOR-Schleife in Schritt 1.4 und die IF-Anweisung in Schritt 1.5 testen die rechte Seite des Satzes für die Werte $j = 1, \ldots, u - 1$.

Es kann immer noch passieren, dass eine zusammengesetzte Zahl $\tilde{p}$ eine falsche Aussage „prim" erzeugt. Die Wahrscheinlichkeit hierfür nimmt jedoch rapide ab, wenn der Test mit verschiedenen unterschiedlichen zufälligen Basen a durchgeführt wird. Die Anzahl der Durchläufe des Miller-Rabin-Tests wird durch den Sicherheitsparameter s festgelegt. Tab. 7.2 zeigt, wie viele verschiedene Werte a gewählt werden müssen, damit wir eine Wahrscheinlichkeit von weniger als 2^{-80} erhalten, dass eine zusammengesetzte Zahl fälschlicherweise als Primzahl erkannt wird.

Beispiel 7.9 (Miller-Rabin-Test) Sei $\tilde{p} = 91$. Wir schreiben $\tilde{p}$ als $\tilde{p} - 1 = 2^1 \cdot 45$. Wir wählen einen Sicherheitsparameter von $s = 4$. Nun wird s-mal eine zufällige Basis a gewählt:

1. Sei $a = 12$: $z = 12^{45} \equiv 90 \bmod 91$, damit ist $\tilde{p}$ wahrscheinlich prim.
2. Sei $a = 17$: $z = 17^{45} \equiv 90 \bmod 91$, damit ist $\tilde{p}$ wahrscheinlich prim.
3. Sei $a = 38$: $z = 38^{45} \equiv 90 \bmod 91$, damit ist $\tilde{p}$ wahrscheinlich prim.
4. Sei $a = 39$: $z = 39^{45} \equiv 78 \bmod 91$, damit ist $\tilde{p}$ zusammengesetzt.

Da die Zahlen 12, 17 und 38 falsche Aussagen für den Primzahlkandidaten $\tilde{p} = 91$ liefern, werden diese auch „Lügner für 91" genannt.

7.7 RSA in der Praxis: Padding

RSA wurde bisher in seiner Grundform, die oft Schulbuchmethode genannt wird, eingeführt. Schulbuch-RSA hat eine Reihe von Schwachstellen, sodass in der Praxis ein sog. Padding angewandt wird. Wenn kein korrektes Padding verwendet wird, ist RSA in der Regel unsicher. Die folgenden Eigenschaften der Schulbuchmethode der RSA-Verschlüsselung sind problematisch:

- Die RSA-Verschlüsselung ist deterministisch, d. h. bei festem Schlüssel wird ein bestimmter Klartext immer auf ein bestimmtes Chiffrat abgebildet. Ein Angreifer kann statistische Eigenschaften des Klartexts aus dem Chiffrat ableiten. Ferner können Teilinformationen aus neuen Chiffraten abgeleitet werden, wenn einige Klar-/Geheimtextpaare bekannt sind.

- Die Klartexte $x = 0$, $x = 1$ und $x = -1$ ergeben die Chiffrate 0, 1 und -1.
- Kleine öffentliche Exponenten e und kurze Klartexte x könnten Angriffsziel sein, wenn kein Padding oder ein schwaches Padding verwendet wird. Es ist jedoch kein Angriff gegen kleine öffentliche Exponenten wie beispielsweise $e = 3$ bekannt, wenn ein Padding korrekt verwendet wird.

RSA hat eine weitere unerwünschte Eigenschaft, die man „malleable" (formbar) nennt. Ein Kryptoverfahren ist „malleable", wenn es dem Angreifer Oskar möglich ist, das Chiffrat so zu manipulieren, dass dies zu einer kontrollierten Veränderung des Klartexts führt. Man beachte, dass der Angreifer zwar nicht das Chiffrat entschlüsseln kann, aber dennoch in der Lage ist, den Klartext auf eine vorhersagbare Art zu manipulieren. Dies ist im Fall von RSA einfach zu erreichen, indem der Angreifer das Chiffrat y durch $s^e y$ ersetzt, wobei s eine ganze Zahl ist. Wenn der Empfänger das manipulierte Chiffrat entschlüsselt, berechnet er:

$$(s^e\, y)^d \equiv s^{ed}\, x^{ed} \equiv s\, x \bmod n$$

Auch wenn Oskar nicht dazu in der Lage ist, das Chiffrat zu entschlüsseln, können solche gezielten Manipulationen in der Praxis einen gefährlichen Angriff darstellen. Wenn x beispielsweise einen zu transferierenden Geldbetrag oder einen Kaufpreis darstellt, kann Oskar durch Wahl von $s = 2$ den Betrag einfach verdoppeln, ohne dass der Empfänger dies bemerkt.

Eine mögliche Lösung für all diese Probleme besteht in der Verwendung von Padding, das eine zufällige Struktur in den Klartext einfügt, bevor dieser verschlüsselt wird. Eine verbreitete Form des Padding ist das *Optimal Asymmetric Encryption Padding (OAEP)*, das im Public Key Cryptography Standard (PKCS #1) spezifiziert ist.

M sei die zu schützende Nachricht und k die Länge des Moduls n in Bytes. $|H|$ sei die Länge der Ausgabe der Hash-Funktion in Bytes und $|M|$ sei die Länge der Nachricht in Bytes. Eine Hash-Funktion berechnet von einer Nachricht einen Fingerabdruck einer festen Länge, beispielsweise 256 Bit. Mehr über Hash-Funktionen findet sich in Kap. 11. Darüber hinaus sei L eine optionale Bezeichnung, die mit der Nachricht assoziiert ist (ansonsten ist der Standardwert für L eine leere Zeichenkette). Laut Version PKCS#1 (v2.1) wird das Padding der Nachricht bei der RSA-Verschlüsselung wie folgt konstruiert:

1. Erzeuge eine Zeichenkette PS der Länge $k - |M| - 2|H| - 2$, wobei alle Bytes den Wert null besitzen. Die Länge von PS kann null sein.
2. Verbinde $Hash(L)$, PS, ein einzelnes Byte mit dem hexadezimalen Wert `0x01` und die Nachricht M zu einem Datenblock DB mit der Länge $k - |H| - 1$ Byte:

$$DB = Hash(L) \| PS \| \texttt{0x01} \| M.$$

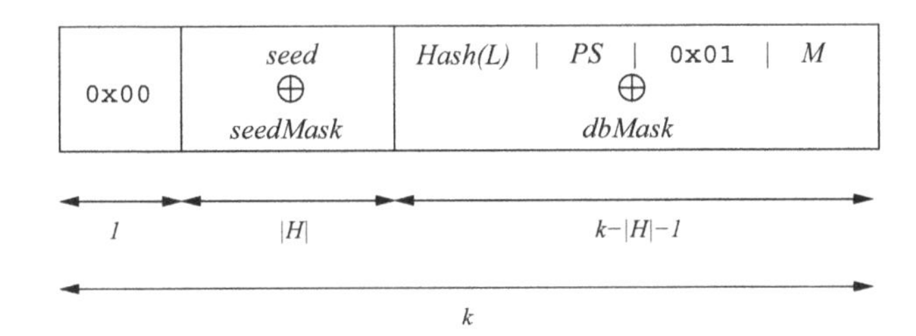

Abb. 7.3 RSA-Verschlüsselung einer Nachricht M mit Optimal Asymmetric Encryption Padding

3. Erzeuge eine zufällige Zeichenkette *seed* von der Länge $|H|$ Byte.
4. Sei $dbMask = MGF(seed, k - |H| - 1)$, wobei MGF für Mask-Generation-Funktion steht. In der Praxis verwendet man häufig eine Hash-Funktion wie z. B. SHA-1 als MGF.
5. Sei $maskedDB = DB \oplus dbMask$.
6. Sei $seedMask = MGF(maskedDB, |H|)$.
7. Sei $maskedSeed = seed \oplus seedMask$.
8. Verkette ein einzelnes Byte mit der hexadezimalen Darstellung `0x00`, *maskedSeed* und *maskedDB* zu der codierten Nachricht EM mit der Länge k Bytes:

$$EM = \texttt{0x00} \| maskedSeed \| maskedDB.$$

Abb. 7.3 zeigt den Aufbau einer Nachricht M mit Padding.

Auf der Empfängerseite muss überprüft werden, ob die Nachricht nach der RSA-Dechiffrierung die korrekte Struktur besitzt. Wenn es z. B. kein Byte mit der hexadezimalen Darstellung `0x01` zur Trennung von PS und M gibt, wird eine Fehlermeldung bei der Entschlüsselung ausgegeben. In jedem Fall sollte eine Fehlermeldung an den Nutzer (oder den potenziellen Angreifer!) bei der Entschlüsselung keine Informationen über den Klartext preisgeben.

7.8 Angriffe

Seit der Erfindung von RSA im Jahr 1977 wurden zahlreiche Angriffe auf das System vorgeschlagen. Keiner dieser Angriffe stellt jedoch eine schwerwiegende Lücke in dem eigentlichen RSA-Algorithmus dar. Vielmehr nutzen die Angriffe typischerweise Schwächen in der spezifischen Umsetzung von RSA aus. Es gibt drei Familien von Angriffen auf RSA:

1. Protokollangriffe
2. Mathematische Angriffe
3. Seitenkanalangriffe

Im Folgenden werden die drei Angriffsfamilien diskutiert.

7.8.1 Protokollangriffe

Protokollangriffe nutzen Schwachstellen bezüglich der Art und Weise aus, wie RSA eingesetzt wird. Es wurden eine Reihe solcher Angriffe vorgeschlagen. Unter den bekannteren Angriffen sind solche, die die „malleability" von RSA ausnutzen (vgl. Abschn. 7.7). Viele dieser Angriffe können durch Padding vermieden werden. Moderne Sicherheitsstandards beschreiben daher im Detail, wie RSA verwendet werden muss. Folgt man diesen Richtlinien, sollte ein Angriff auf das Protokoll nicht möglich sein.

7.8.2 Mathematische Angriffe

Der beste mathematische kryptanalytische Methode, die bekannt ist, ist die Faktorisierung des Moduls. Ein Angreifer, Oskar, kennt den Modul n, den öffentlichen Schlüssel e und das Chiffrat y. Sein Ziel ist die Berechnung des privaten Schlüssels d, der die Bedingung $e \cdot d \equiv 1 \bmod \Phi(n)$ erfüllt. Auf den ersten Blick erscheint es möglich, dass er einfach den EEA zur Berechnung von d benutzen kann. Oskar kennt jedoch nicht den Wert von $\Phi(n)$. An dieser Stelle kommt die Faktorisierung ins Spiel: Die beste Methode, diesen Wert zu erhalten, besteht in der Zerlegung von n in seine Primfaktoren p und q. Sollte es Oskar möglich sein, p und q zu berechnen, kann er mit den folgenden drei Schritten das Chiffrat entschlüsseln:

$$\begin{aligned} \Phi(n) &= (p-1)(q-1) \\ d^{-1} &\equiv e \bmod \Phi(n) \\ x &\equiv y^d \bmod n \end{aligned}$$

Um diesen Angriff zu verhindern, muss der Modul hinreichend groß sein. Dies ist genau der Grund, warum für RSA-Moduln eine Größe von 1024 Bit oder mehr benötigt wird. Nachdem RSA 1977 vorgeschlagen worden war, erweckte das alte Problem der Faktorisierung natürlicher Zahlen wieder das Interesse von Wissenschaftlern. Die großen Fortschritte in der Faktorisierung, die es seit den 1980er-Jahren gegeben hat, hätten ohne RSA wahrscheinlich nicht stattgefunden. Tab. 7.3 zeigt eine Zusammenfassung der Faktorisierungsrekorde von RSA-Moduln seit Beginn der 1990er-Jahre. Diese Fortschritte basieren hauptsächlich auf der Verbesserung von Faktorisierungsalgorithmen, aber zu einem kleineren Teil auch auf ständig schneller werdenden Computern. Auch wenn Faktorisierung heute leichter ist als von den RSA-Erfindern 1977 angenommen, ist die Faktorisierung von RSA-Moduln ab einer gewissen Größe auch heute noch unmöglich.

Von historischem Interesse ist der 129-stellige Modul, der in einer Kolumne von Martin Gardner im *Scientific American* im Jahr 1977 veröffentlicht wurde. Es wurde damals geschätzt, dass die besten seinerzeitigen Faktorisierungsalgorithmen 40 Billionen $(4 \cdot 10^{13})$ Jahre für die Faktorisierung benötigen würden. Die Faktorisierungsmethoden haben sich

Tab. 7.3 Zusammenfassung von RSA-Faktorisierungsrekorden seit 1991

Dezimalstellen	Bitlänge	Datum
100	330	April 1991
110	364	April 1992
120	397	Juni 1993
129	426	April 1994
140	463	Februar 1999
155	512	August 1999
200	664	Mai 2005
232	768	Dezember 2009

jedoch stark verbessert, insbesondere in den 1980er- und 1990er-Jahren, dass die Faktorisierung in weniger als 30 Jahren möglich wurde.

Welche genaue Länge ein RSA Modul haben sollte, ist das Thema vieler Diskussionen. Bis vor Kurzem haben viele RSA-Anwendungen noch 1024 Bit als Standardparameter verwendet. Heute geht man davon aus, dass 1024 Bit in einem Zeitraum von 10–15 Jahren faktorisierbar sind und Geheimdienste sogar noch früher in der Lage dazu sein könnten. Daher wird für Langzeitsicherheit empfohlen, die Parameter von RSA im Bereich von 2048–4096 Bit zu wählen.

7.8.3 Seitenkanalangriffe

Eine dritte und vollkommen unterschiedliche Familie von Angriffen sind die Seitenkanalangriffe. Sie basieren auf der Beobachtung von unbeabsichtigten Seitenkanälen von RSA-Implementierungen, beispielsweise dem Stromverbrauch oder dem zeitlichen Verhalten. Die zugrundeliegende Annahme hierbei ist, dass diese Kanäle in subtiler Weise von dem geheimen Exponenten d abhängen. Um solche Kanäle zu observieren, muss ein Angreifer üblicherweise direkten Zugriff auf die RSA-Implementierung haben, z. B. in einem Smartphone oder in einer Chipkarte. Die Seitenkanalanalyse ist ein großes und derzeit sehr aktives Feld in der kryptografischen Forschung. Im Folgenden skizzieren wir einen besonders eindrucksvollen Angriff auf RSA.

Abb. 7.4 zeigt das Stromprofil einer RSA-Implementierung auf einem Mikroprozessor. Die Abbildung zeigt den Stromverbrauch des Prozessors über der Zeit. Das Ziel ist es, den privaten Schlüssel d zu erhalten, der während der RSA-Entschlüsselung verwendet wird. Man kann deutlich Abschnitte mit hoher Aktivität zwischen kurzen Abschnitten mit geringer Aktivität erkennen. Da der größte Rechenaufwand bei RSA bei der Quadrierung und der Multiplikation während der Exponentiation entsteht, können wir darauf schließen, dass die Abschnitte mit hoher Aktivität mit diesen beiden Operationen korrespondieren. Während der kurzen Abschnitte mit geringer Aktivität verarbeitet der Square-and-Multiply-Algorithmus die Bits des Exponenten, bevor die nächste Quadrierung bzw. Qua-

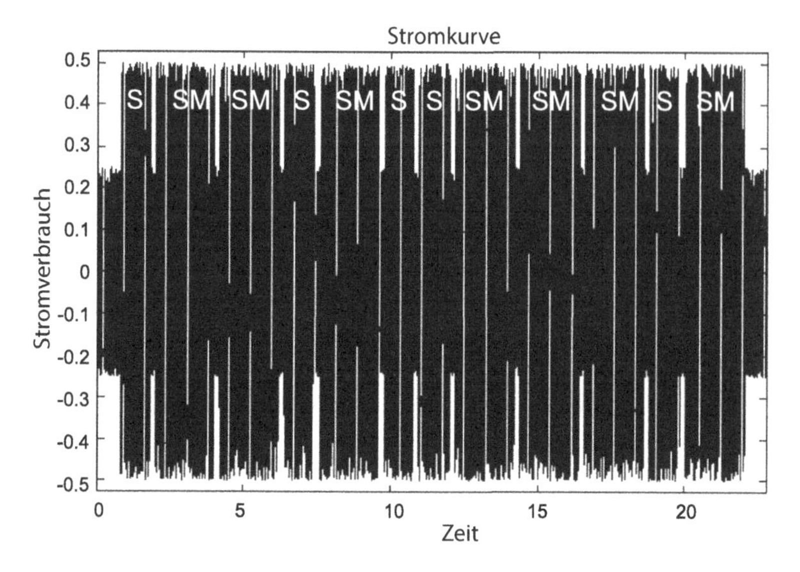

Abb. 7.4 Stromverbrauchskurve einer RSA-Implementierung

drierung und Multiplikation aufgerufen wird. Wenn wir uns den Stromverbrauch etwas genauer anschauen, sehen wir, dass es kurze und längere Abschnitte mit hoher Aktivität gibt. Die längeren Abschnitte erscheinen in etwa doppelt so lang. Dieses Verhalten kann mit dem Square-and-Multiply-Algorithmus erklärt werden. Hat ein Bit des Exponenten den Wert null, wird lediglich eine Quadrierung durchgeführt. Ist ein Bit des Exponenten eine Eins, wird eine Quadrierung zusammen mit einer Multiplikation berechnet. Aufgrund dieses Verhaltens kann man den Schlüssel unmittelbar aus der Stromverbrauchskurve ablesen: Ein langer aktiver Abschnitt indiziert ein Schlüsselbit mit dem Wert eins und ein kurzer Abschnitt gibt ein Bit mit dem Wert null an. Aus dem Bild können wir daher die ersten 12 Bits des privaten Schlüssels identifizieren:

Rechenoperation:	S	SM	SM	S	SM	S	S	SM	SM	SM	S	SM
Privater Schlüssel:	0	1	1	0	1	0	0	1	1	1	0	1

In der Praxis kann man auf diese Weise alle 1024 oder 2048 Bits eines privaten Schlüssels finden.

Diesen speziellen Angriff bezeichnet man als Simple Power Analysis (SPA). Es existieren eine Reihe von Gegenmaßnahmen, um den Angriff zu vermeiden. Eine einfache Maßnahme ist, auch bei einem Wert von null im Exponenten nach einer Quadrierung eine zusätzliche Dummy-Multiplikation auszuführen. Diese Maßnahme resultiert in einem Stromprofil (und einer Laufzeit), das unabhängig von dem Exponenten ist. Maßnahmen gegen fortgeschrittenere Seitenkanalangriffe wie die Differential Power Analysis (DPA) sind jedoch häufig wesentlich schwieriger.

7.9 Implementierung in Soft- und Hardware

RSA ist, wie die meisten asymmetrischen Kryptoverfahren, extrem rechenintensiv. Daher ist es viel wichtiger als bei den schnellen symmetrischen Chiffren wie AES oder 3DES, darauf zu achten, dass RSA effizient implementiert wird. Um ein Gefühl für die Rechenkomplexität zu bekommen, führen wir eine grobe Abschätzung für die Anzahl an Multiplikationen für eine RSA-Entschlüsselung durch.

Unter der Annahme eines 2048 Bit großen RSA-Moduls benötigt der Square-and-Multiply-Algorithmus im Durchschnitt 3072 Quadrierungen und Multiplikationen mit jeweils 2048 Bit großen Operanden. Nehmen wir an, gegeben sei eine 32-Bit-CPU, sodass jeder Operand mit $2048/32 = 64$ Registern dargestellt werden kann. Eine einzige Multiplikation einer solchen Langzahl benötigt nun $64^2 = 4096$ Elementarmultiplikationen (d. h. Integer-Multiplikationen von zwei 32-Bit-Zahlen), da wir jedes Register des ersten Operanden mit jedem Register des zweiten Operanden multiplizieren müssen. Die Standardalgorithmen benötigen hierfür $64^2 = 4096$ solcher 32-Bit-Integer-Multiplikationen. Nach der Multiplikation muss das Ergebnis noch modulo n reduziert werden. Die besten Algorithmen hierfür benötigen ebenfalls etwa $64^2 = 4096$ Elementarmultiplikationen. Insgesamt muss die CPU daher $4096 + 4096 = 8192$ Integer-Multiplikationen für *eine* einzige Langzahlmultiplikation durchführen. Da wir insgesamt 3072 solcher Langzahlmultiplikationen benötigen, beträgt die Anzahl an 32-Bit-Integer-Multiplikationen für eine Entschlüsselung:

$$\#(\text{32-Bit-MUL}) = 3072 \cdot 8192 = 25.165.824$$

Ein kleinerer Modul n mit beispielsweise 1024 Bit führt zu einer geringeren Anzahl an Operationen, aber selbst hier sind mehrere Millionen Integer-Multiplikationen erforderlich. Hinzu kommt, dass Integer-Multiplikationen mit die rechenintensivsten Instruktionen auf gängigen Prozessoren sind. Man beachte, dass die meisten anderen asymmetrischen Verfahren eine ähnliche hohe Komplexität haben.

Der sehr hohe rechentechnische Aufwand war tatsächlich ein Hinderungsgrund für die Einführung von RSA, nachdem der Algorithmus 1977 vorgeschlagen worden war. Das Ausführen von Tausenden oder gar Millionen von Multiplikationen auf Computern der 1970er-Jahre war nicht mit akzeptablen Laufzeiten möglich. Die einzige Option für Implementierungen von RSA mit annehmbaren Ausführungszeiten war bis Mitte/Ende der 1980er-Jahre die Realisierung auf speziellen Hardware-IC. Auch die RSA-Erfinder untersuchten in den Anfangsjahren des Algorithmus Hardwarearchitekturen. Seitdem hat viel Forschung zu Beschleunigungstechniken von modularer Arithmetik mit großen Zahlen stattgefunden. Duch die Möglichkeiten, die moderne Hardware-Chips bieten, kann eine komplette RSA-Berechnung in Hardware heutzutage in einigen 100 µs durchgeführt werden.

Aufgrund des Moore'schen Gesetzes sind RSA-Softwareimplementierungen mit akzeptablen Laufzeiten seit den späten 1980er-Jahren möglich geworden. Heute dauert eine typische Entschlüsselung auf einer 2-GHz-CPU in etwa 10 ms für RSA mit 2048 Bit. Auch wenn dies für viele PC-Anwendungen ausreichend ist, beträgt der Datendurchsatz nur bescheidene $100 \cdot 2048 = 204.800$ Bit/s, wenn man RSA für die Verschlüsselung von großen Datenmengen verwendet. Dies ist sehr langsam verglichen mit der Geschwindigkeit, auf den in heutigen Netzen Daten übertragen werden. Aus diesem Grund nutzt man RSA und andere asymmetrische Verfahren selten für die eigentliche Verschlüsselung der Nutzdaten. Stattdessen werden symmetrische Verfahren wie AES eingesetzt, die oft um einen Faktor von 100–1000 schneller sind.

7.10 Diskussion und Literaturempfehlungen

RSA und Varianten Das RSA-Kryptosystem ist in der Praxis weit verbreitet und vielfach standardisiert, z. B. in dem bekannten PKCS #1 [17]. Über die Jahre wurden zahlreiche Varianten von RSA vorgeschlagen. Eine Verallgemeinerung besteht darin, einen Modul zu verwenden, der aus mehr als zwei Primzahlen besteht. Es wurde beispielsweise vorgeschlagen, einen Modul bestehend aus Potenzen von Primzahlen, d. h. $n = p^2 q$, zu verwenden [20] oder einen Modul mit mehreren Faktoren $n = p \cdot q \cdot r$ [6]. In beiden Fällen ist eine Beschleunigung um einen Faktor von zwei bis drei möglich.

Darüber hinaus gibt es eine Reihe weitere Kryptosysteme, die ebenfalls auf dem Faktorisierungsproblem basieren. Ein bekanntes Beispiel ist das Rabin-Verfahren [16]. Im Gegensatz zu RSA kann bewiesen werden, dass das Rabin-Verfahren äquivalent zum Faktorisierungsproblem ist. Daher sagt man, dass das Kryptosystem *beweisbar sicher* ist. Andere Verfahren, die auf der Schwierigkeit beruhen, ganze Zahlen zu faktorisieren, sind das probabilistische Verschlüsselungsverfahren von Blum-Goldwasser [3] und der Blum-Blum-Shub-Pseudozufallszahlengenerator [2]. Eine gute Referenz ist das *Handbook of Applied Cryptography* [12].

Implementierung Die Geschwindigkeit einer RSA-Implementierung hängt stark von der verwendeten Arithmetik ab. Im allgemeinen sind Beschleunigungen auf zwei Ebenen möglich. Auf der höheren Ebene sind Verbesserungen des Square-and-Multiply-Algorithmus eine Möglichkeit. Eine der schnellsten Methoden ist die Sliding-Window-Exponentiation, die eine Beschleunigung von etwa 25 % gegenüber dem Square-and-Multiply-Algorithmus erlaubt. Eine gute Zusammenfassung von Exponentiationsalgorithmen ist in [12, Chap. 14] gegeben. Auf der unteren Ebene können die modulare Multiplikation und Quadrierung verbessert werden. Es gibt eine Reihe von Algorithmen für die effiziente modulare Reduktion. In der Praxis ist die sog. Montgomery-Reduktion eine beliebte Wahl. In [5] ist eine gute Zusammenfassung von Reduktionstechniken in Software zu finden und in [8] entsprechend für Hardwareimplementierungen. Über die Jahre wurden zahlreiche Alternativen zur Montgomery-Reduktion vorgeschlagen, s. [14] und [12, Chap. 14]. Um die Langzahlmultiplikation selbst zu beschleunigen, kommen prinzipiell auch allgemeine Methoden zur schnellen Multiplikation in Frage. Spektrale

Techniken wie die schnelle Fourier-Transformation (FFT) sind normalerweise jedoch nicht vorteilhaft, da die Operanden immer noch zu klein sind. Jedoch ist der Karatsuba-Algorithmus [10] in der Praxis sehr hilfreich. Referenz [1] gibt einen umfangreichen, jedoch mathematisch orientierten Überblick über das Feld der Multiplikationsalgorithmen und [21] beschreibt die Methode von Karatsuba aus praktischer Sicht.

Angriffe Seit 40 Jahren sind mathematische Angriffe auf RSA das Thema intensiver Untersuchungen. Insbesondere in den 1980er-Jahren wurden wesentliche Fortschritte bei den Faktorisierungsalgorithmen gemacht, eine Entwicklung, die stark durch RSA motiviert war. Es hat zahlreiche andere Versuche gegeben, RSA auf mathematische Art und Weise zu brechen. Eine gute Übersicht findet sich in [4]. Seit der Jahrtausendwende gab es auch mehrere Vorschläge zum Bau von Spezialrechnern, deren einziger Zweck das Brechen von RSA ist. Hierzu gehören ein Vorschlag für die optoelektronische Faktorisierungsmaschine TWINKLE [18] sowie andere, auf konventioneller Halbleitertechnologie basierende Architekturen[9, 19].

Seitenkanalangriffe werden in Wissenschaft und Industrie seit den späten 1990er-Jahren untersucht. RSA ist, wie die meisten anderen symmetrischen und asymmetrischen Verfahren, durch die DPA angreifbar. DPA ist mächtiger als die in Abschn. 7.8.3 beschriebene einfache Stromprofilanalyse durch SPA. Andererseits wurden auch zahlreiche Gegenmaßnahmen gegen die DPA vorgeschlagen. Für eine Einführung in das Thema sind das Lehrbuch [11] und die „lecture notes“ von einem der Buchautoren [15] zu empfehlen. Neuere Ergebnisse aus der Forschungsliteratur finden sich in der *Side Channel Cryptanalysis Lounge* [7] und der Habilitationsschrift [13]. Verwandt mit DPA sind die sog. *Fehlerinjektionsangriffe* und *Timing*-Angriffe. Es ist wichtig zu betonen, dass ein Kryptosystem mathematisch sehr stark sein kann, aber dennoch durch Seitenkanalanalyse angegriffen werden kann. Beispielsweise gilt AES als sehr sicher bezüglich Brute-Force- und mathematischen Angriffen, Standardimplementierungen in Software oder Hardware können jedoch i. d. R. einfach durch Seitenkanalangriffe gebrochen werden.

7.11 Lessons Learned

- RSA ist derzeit das am meisten verwendete asymmetrische Verfahren. Seit einigen Jahren werden aber gerade in neuen Anwendungen zunehmend Verfahren mit elliptischen Kurven eingesetzt.
- RSA wird hauptsächlich für Schlüsseltransport, d. h. für die Verschlüsselung von Schlüsseln, und digitale Signaturen verwendet.
- Der öffentliche Schlüssel e kann eine kleine Zahl sein, beispielsweise 3 oder 17. Der private Schlüssel d muss die volle Länge des Moduls haben. In solchen Fällen kann die Verschlüsselung (bzw. die Verifikation) wesentlich schneller als die Entschlüsselung (bzw. die Signaturerstellung) durchgeführt werden.

- Die Sicherheit von RSA basiert auf der Schwierigkeit der Primfaktorzerlegung des Moduls n. Die bis dato weit verbreitete Bitlänge von 1024 Bit bietet keine Langzeitsicherheit mehr und es sollte RSA mit 2048 Bit oder mehr verwendet werden.
- Gegen die Grundform von RSA, das Schulbuch-RSA, ist eine Reihe von Angriffen möglich, weswegen RSA in der Praxis mit Padding verwendet werden sollte.

7.12 Aufgaben

7.1

Gegeben sei RSA mit den beiden Primzahlen $p = 41$ und $q = 17$.

1. Welcher der beiden Parameter $e_1 = 32$ und $e_2 = 49$ ist ein gültiger RSA-Exponent? Begründen Sie die Antwort.
2. Berechnen Sie den privaten Schlüssel $k_{pr} = (p, q, d)$ unter Verwendung des EEA. Zeigen Sie alle Zwischenschritte der Berechnung.

7.2

Die effiziente Berechnung von Potenzen ist wichtig, um RSA in der Praxis einsetzen zu können. Berechnen Sie die folgenden Potenzen $x^e \bmod m$ mithilfe des Square-and-Multiply-Algorithmus:

1. $x = 2, e = 79, m = 101$
2. $x = 3, e = 197, m = 101$

Zeigen Sie nach jeder Iteration des Algorithmus den Exponenten in Binärdarstellung.

7.3

Führen Sie eine Ent- und Verschlüsselung mit RSA mit den folgenden Systemparametern durch:

1. $p = 3,\ q = 11,\ d = 7,\ x = 5$
2. $p = 5,\ q = 11,\ e = 3,\ x = 9$

Verwenden Sie nur einen Taschenrechner und zeigen Sie alle Zwischenschritte.

7.4

Ein Nachteil aller asymmetrischen Kryptoverfahren ist, dass sie vergleichsweise langsam sind. In Abschn. 7.5.1 wurde gezeigt, wie RSA durch die Verwendung kurzer öffentlicher Schlüssel e beschleunigt werden kann. Wir untersuchen diesen Ansatz in dieser Aufgabe.

1. In einer gegebenen RSA-Implementierung benötigt eine modulare Quadrierung 75 % der Zeit einer modularen Multiplikation. Wie viel schneller ist eine Verschlüsselung im Durchschnitt, wenn anstatt eines öffentlichen Schlüssels mit 2048 Bit der kurze Exponent $e = 2^{16} + 1$ benutzt wird? In beiden Fällen wird der Square-and-Multiply-Algorithmus eingesetzt.
2. Die meisten kurzen Exponenten haben die Form $e = 2^n + 1$. Wäre es vorteilhaft, Exponenten der Form $2^n - 1$ zu benutzen? Begründen Sie die Antwort.
3. Berechnen Sie x^e mod 29 für $x = 5$ mit den beiden Varianten für e von oben, d. h. für $e = 2^n + 1$ und $2^n - 1$. Verwenden Sie den Square-and-Multiply-Algorithmus und zeigen Sie alle Zwischenschritte.

7.5
In der Praxis werden oft die kurzen öffentlichen Exponenten $e = 3$, 17 und $2^{16} + 1$ verwendet.

1. Warum kann man diese drei Werte nicht für den Exponenten d benutzen, wenn man die Entschlüsselung beschleunigen möchte?
2. Schlagen Sie eine untere Grenze für die Bitlänge des Exponenten d vor und begründen Sie die Antwort.

7.6
Verifizieren Sie RSA mit dem CRT aus Beispiel 7.6, indem Sie $y^d = 15^{103}$ mod 143 mit dem Square-and-Multiply-Algorithmus berechnen.

7.7
Eine RSA-Dechiffrierung hat die Parameter $p = 31$ und $q = 37$. Der öffentliche Schlüssel ist $e = 17$.

1. Entschlüsseln Sie das Chiffrat $y = 2$ unter Verwendung des CRT.
2. Verifizieren Sie die Antwort durch Entschlüsselung des Klartexts ohne Verwendung des CRT.

7.8
In der Praxis werden sehr oft RSA-Moduln mit Längen von 1024, 2048, 3072 und 4092 Bit verwendet.

1. Wie viele zufällige ungerade natürliche Zahlen muss man durchschnittlich testen, bevor man eine Primzahl findet?
2. Leiten Sie hierfür einen einfachen Ausdruck für beliebige Bitlängen her.

7.9

Eine der Hauptanwendungen der asymmetrischen Kryptografie ist der Austausch eines geheimen Sitzungsschlüssels über einen unsicheren Kanal, der dann für symmetrische Chiffren wie AES verwendet werden kann.

Bob hat den öffentlichen und privaten Schlüssel eines RSA-Kryptosystems. Zeigen Sie ein einfaches Protokoll, mit dem Alice und Bob nun ein gemeinsames Geheimnis austauschen können. Wer bestimmt in diesem Protokoll den Wert des Geheimnisses: Alice, Bob oder beide gemeinsam?

7.10

In der Praxis ist es manchmal wünschenswert, dass beide Parteien den Wert des gemeinsamen Sitzungsschlüssels beeinflussen. Dies verhindert z. B., dass eine der Parteien absichtlich einen schwachen Schlüssel („weak key") für die symmetrische Chiffre wählt. Manche Blockchiffren wie DES oder IDEA haben schwache Schlüssel, vgl. Aufgabe 3.7. Nachrichten, die mit einem solchen Schlüssel chiffriert werden, können von einem Angreifer leicht gebrochen werden.

Entwickeln Sie ein Protokoll ähnlich zu dem in Aufgabe 7.9, in dem beide Teilnehmer den Wert des auszuhandelnden Schlüssels beeinflussen. Nehmen Sie an, dass sowohl Alice als auch Bob ein RSA-System mit gültigem öffentlichen und privaten Schlüssel aufgesetzt haben. Es gibt verschiedene Möglichkeiten, dieses Problem zu lösen, zeigen Sie eine davon.

7.11

Das Ziel ist es, eine mit RSA verschlüsselte Nachricht zu brechen. Der Angreifer sieht auf dem Kanal das Chiffrat $y = 1141$. Der öffentliche Schlüssel ist $k_{pub} = (n, e) = (2623, 2111)$.

1. Wir schauen uns zunächst die RSA-Verschlüsselungsgleichung an. Alle Variablen mit Ausnahme von x sind bekannt. Warum kann man die Gleichung nicht einfach für x lösen?
2. Um den privaten Schlüssel d zu erhalten, muss der Ausdruck $d \equiv e^{-1} \bmod \Phi(n)$ bestimmt werden. Es gibt einen effizienten Weg, $\Phi(n)$ zu bestimmen. Können wir diese Formel hier anwenden?
3. Bestimmen Sie den Klartext x, indem zunächst der private Schlüssel d durch Faktorisierung von $n = p \cdot q$ bestimmt wird. Ist dieser Ansatz auch machbar, wenn der Modul 1024 Bit oder länger ist?

7.12

In dieser Aufgabe wird gezeigt, wie RSA mithilfe eines Angriffs mit gewähltem Chiffrat („chosen ciphertext attack") gebrochen werden kann.

1. Zeigen Sie, dass RSA die *multiplikative Eigenschaft* besitzt, d. h. das Produkt zweier Chiffrate ist gleich der Verschlüsselung des Produkts der beiden entsprechenden Klartexte.

2. Unter bestimmten Voraussetzungen kann diese Eigenschaft für einen Angriff ausgenutzt werden. Zunächst empfängt Bob von Alice das Chiffrat y_1, das Oskar auf dem Kanal mitschneidet. Oskars Ziel ist es, x_1 zu erhalten. Wir nehmen an, dass Oskar zu einem späteren Zeitpunkt ein Chiffrat y_2 an Bob schicken kann und dass Oskar die Entschlüsselung von y_2 kennt, indem er sich kurzzeitig in Bobs Rechensystem hackt. Wie kann Oskar y_2 konstruieren, sodass er x_1 berechnen kann?

7.13

In dieser Aufgabe untersuchen wir die Probleme, die deterministische Kryptosysteme wie das Schulbuch-RSA-Verfahren besitzen. Im Gegensatz zu probabilistischen Kryptosystemen bilden deterministische Verfahren denselben Klartext immer auf dasselbe Chiffrat ab.

Ein Angreifer kann durch Beobachtung der Chiffrate Rückschlüsse auf den Klartext ziehen, beispielsweise kann er erkennen, wenn Klartexte wiederholt gesendet werden. Manchmal können deterministische Kryptoverfahren sogar vollständig gebrochen werden. Dies gilt insbesondere, wenn die Anzahl der möglichen Klartexte klein ist. Wir nehmen die folgende Situation an:

Alice sendet einen Text an Bob, der mit seinem öffentlichen Schlüssel (n,e) chiffriert ist. Sie verschlüsselt jeden Klartextbuchstaben einzeln, wobei jedes Klartextzeichen mit dem entsprechenden ASCII-Wert codiert wird (Leerzeichen $\rightarrow$ 32, ! $\rightarrow$ 33, ..., $A \rightarrow 65$, $B \rightarrow 66, \ldots, \sim \rightarrow 126$).

1. Oskar hat Zugriff auf den Übertragungskanal und kann die Chiffrate mitschneiden. Beschreiben Sie, wie er die Nachricht dechiffrieren kann.
2. Bobs öffentlicher RSA-Schlüssel ist $(n,e) = (3763, 11)$. Dechiffrieren Sie den Geheimtext

$$y = 2514, 1125, 333, 3696, 2514, 2929, 3368, 2514$$

   mit dem vorgeschlagenen Angriff. Wir nehmen an, dass Alice nur Großbuchstaben A–Z verschlüsselt.
3. Ist der Angriff auch möglich, wenn Alice OAEP verwendet? Begründen Sie die Antwort.

7.14

In den vier Jahrzehnten seit RSA vorschlagen wurde, wurde der Modul n immer länger gewählt, um neuen Faktorisierungsangriffen zu widerstehen. Wie zu erwarten, verlängert sich die Laufzeit von RSA (und den meisten anderen asymmetrischen Kryptoverfahren), wenn längere Parameter gewählt werden. In dieser Aufgabe untersuchen wir den Zusammenhang zwischen Laufzeit und Länge des Moduls. Die Laufzeit von RSA wird durch die Geschwindigkeit für eine modulare Exponentiation bestimmt.

1. Wir nehmen an, dass eine Modulo-n-Multiplikation oder eine Quadrierung $c \cdot k^2$ Taktzyklen benötigen, wobei k die Bitlänge des Moduls und c eine Konstante ist. Um welchen Faktor ist eine RSA-Ver- oder -Entschlüsselung mit 1024-Bit-Modul langsamer als mit einem 512-Bit-Modul, wenn der Square-and-Multiply-Algorithmus angewendet wird? Wir betrachten nur die reine Ver- bzw. Entschlüsselung und nicht die Schlüsselerzeugung oder das Padding. Des Weiteren nehmen wir Exponenten mit voller Länge an.
2. Ein verbreiteter Algorithmus, um die Multiplikation und Quadrierung mit großen Zahlen zu beschleunigen, ist der Karatsuba-Algorithmus, dessen Laufzeit proportional zu $k^{\log_2 3}$ ist. Wir nehmen an, dass der Karatsuba-Algorithmus $c' \cdot k^{\log_2 3} = c' \cdot k^{1{,}585}$ Taktzyklen für eine Multiplikation oder Quadrierung benötigt, wobei c' eine Konstante ist. Was ist das Verhältnis der Laufzeiten für RSA mit 1024 Bit und 512 Bit? Wir nehmen wiederum Exponenten mit voller Länge an.

7.15

(Anspruchsvolle Aufgabe!) Es gibt Möglichkeiten, den Square-and-Multiply-Algorithmus zu beschleunigen. Die Anzahl der Quadrierungen kann zwar nicht ohne weiteres reduziert werden, allerdings gibt es verbesserte Algorithmen, die weniger Multiplikationen benötigen. Das Ziel ist es nun, einen solchen Algorithmus zu entwerfen, der weniger Multiplikationen benötigt. Beschreiben Sie genau, wie der Algorithmus abläuft und wie viele Operationen (Multiplikationen bzw. Quadrierungen) er benötigt.

Hinweis: Versuchen Sie, den Square-and-Multiply-Algorithmus so zu verallgemeinern, dass er pro Iteration mehr als nur ein Bit des Exponenten verarbeitet. Die Grundidee ist, dass in jeder Iteration k Bits (z. B. $k = 3$) des Exponenten betrachtet werden.

7.16

In dieser Aufgabe betrachten wir Seitenkanalangriffe auf RSA. In einer RSA-Implementierung, die nicht gegen Seitenkanalangriffe geschützt ist, kann man aus der Beobachtung des Stromverbrauchs, der bei der RSA-Entschlüsselung auftritt, den privaten Schlüssel extrahieren. Abb. 7.5 zeigt die Stromverbrauchskurve eines Mikrocontrollers, der den Square-and-Multiply-Algorithmus ausführt. Die Bereiche mit hoher Aktivität sind die Zeiten, während der der Mikrocontroller eine Quadrierung oder Multiplikation berechnet. Wir erinnern uns daran, dass eine einzelne Quadrierung bzw. Multiplikation einer Langzahl aus Millionen von Instruktionen besteht, vgl. Abschn. 7.9. Durch die kurzen Intervalle mit wenig Aktivität erkennt der Angreifer das Ende bzw. den Anfang einer neuen Operation. Für den Angriff ist es wichtig, dass man zwischen Quadrierung (kürzere Operation) und Multiplikation (längere Operation) unterscheiden kann.

1. Identifizieren Sie die Iterationen des Square-and-Multiply-Algorithmus und markieren Sie Iterationen, die nur aus einer Quadrierung bestehen, mit S und solche, die aus einer Quadrierung gefolgt von einer Multiplikation bestehen, mit SM.

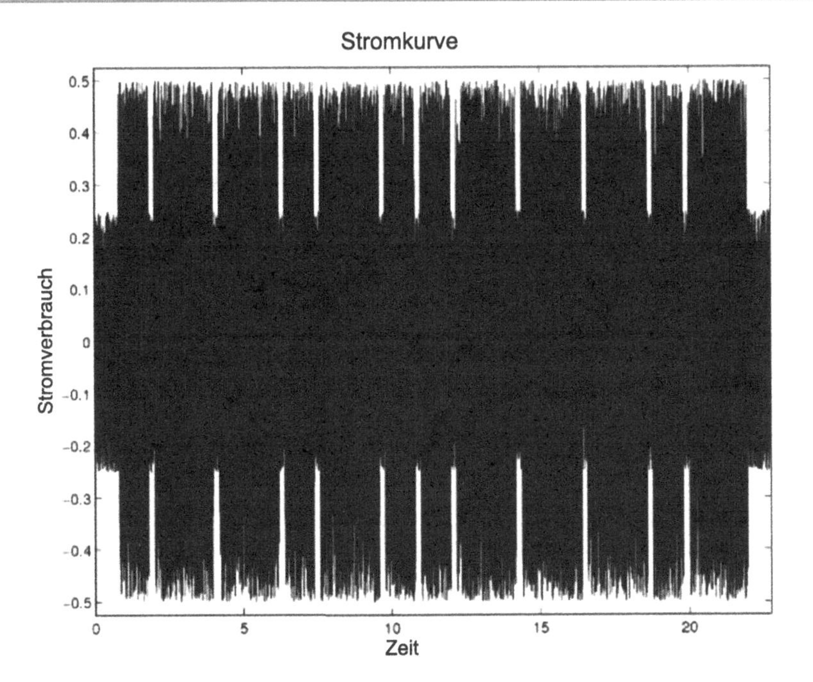

Abb. 7.5 Stromverbrauchskurve einer RSA-Entschlüsselung

2. Wie beim Square-and-Multiply-Algorithmus üblich wird der Exponent von links nach rechts verarbeitet. Was ist der Wert des privaten Schlüssels d?
3. Der Schlüssel gehört zu einem RSA-System mit den Parametern $p = 67$, $q = 103$ und $e = 257$. Verifizieren Sie die Antwort. (Man beachte, dass ein Angreifer in der Praxis die Werte von p und q natürlich nicht kennt.)

Literatur

1. Daniel J. Bernstein, Multidigit multiplication for mathematicians, http://cr.yp.to/papers.html. Zugegriffen am 1. April 2016
2. L. Blum, M. Blum, M. Shub, A simple unpredictable pseudorandom number generator. SIAM J. Comput. **15**(2), 364–383 (1986)
3. Manuel Blum, Shafi Goldwasser, An efficient probabilistic public-key encryption scheme which hides all partial information, in *CRYPTO '84: Proceedings of the 4th Annual International Cryptology Conference, Advances in Cryptology* (1984), S. 289–302
4. Dan Boneh, Ron Rivest, Adi Shamir, Len Adleman, Twenty Years of Attacks on the RSA Cryptosystem. Notices of the AMS **46**, 203–213 (1999)
5. Çetin Kaya Koç, Tolga Acar, Burton S. Kaliski, Analyzing and comparing Montgomery multiplication algorithms. IEEE Micro **16**(3), 26–33 (1996)

6. T. Collins, D. Hopkins, S. Langford, M. Sabin, Public key cryptographic apparatus and method. United States Patent US 5,848,159 (1997)
7. The Side Channel Cryptanalysis Lounge (2007), http://www.crypto.ruhr-uni-bochum.de/en_sclounge.html. Zugegriffen am 1. April 2016
8. S. E. Eldridge, C. D. Walter, Hardware implementation of Montgomery's modular multiplication algorithm. IEEE Transactions on Computers **42**(6), 693–699 (1993)
9. J. Franke, T. Kleinjung, C. Paar, J. Pelzl, C. Priplata, C. Stahlke, SHARK – A realizable special hardware sieving device for factoring 1024-bit integers, in *CHES '05: Proceedings of the 7th International Workshop on Cryptographic Hardware and Embedded Systems*, hrsg. von Josyula R. Rao, Berk Sunar. LNCS, Bd. 3659 (Springer, 2005), S. 119–130
10. A. Karatsuba, Y. Ofman, Multiplication of multidigit numbers on automata. Soviet Physics Doklady (English translation) **7**(7), 595–596 (1963)
11. Stefan Mangard, Elisabeth Oswald, Thomas Popp, *Power Analysis Attacks: Revealing the Secrets of Smart Cards (Advances in Information Security)* (Springer, 2007)
12. A. J. Menezes, P. C. van Oorschot, S. A. Vanstone, *Handbook of Applied Cryptography* (CRC Press, Boca Raton, FL, USA, 1997)
13. Amir Moradi, *Advances in Side-Channel Security*. Habilitation, Ruhr-Universität Bochum, 2015
14. David Naccache, David M'Raihi, Cryptographic smart cards. IEEE Micro **16**(3):14–24 (1996)
15. Christof Paar, Implementation of Cryptographic Schemes 1, https://www.emsec.rub.de/media/attachments/files/2015/09/IKV-1_2015-04-28.pdf. Zugegriffen am 1. April 2016
16. M. O. Rabin, Digitalized Signatures and Public-Key Functions as Intractable as Factorization. Technical report (Massachusetts Institute of Technology, 1979)
17. Public Key Cryptography Standard (PKCS) (1991), http://www.rsasecurity.com/rsalabs/node.asp?id=2124. Zugegriffen am 1. April 2016
18. A. Shamir, Factoring large numbers with the TWINKLE device, in *CHES '99: Proceedings of the 1st International Workshop on Cryptographic Hardware and Embedded Systems*. LNCS, Bd. 1717. (Springer, 1999), S. 2–12
19. A. Shamir, E. Tromer, Factoring Large Numbers with the TWIRL Device, in *CRYPTO '03: Proceedings of the 23rd Annual International Cryptology Conference, Advances in Cryptology*. LNCS, Bd. 2729 (Springer, 2003), S. 1–26
20. Tsuyoshi Takagi, Fast RSA-type cryptosystem modulo $p^k q$, in *CRYPTO '98: Proceedings of the 18th Annual International Cryptology Conference, Advances in Cryptology* (Springer, 1998), S. 318–326
21. Andre Weimerskirch, Christof Paar, Generalizations of the Karatsuba algorithm for efficient implementations. Cryptology ePrint Archive, Report 2006/224, http://eprint.iacr.org/2006/224. Zugegriffen am 1. April 2016

8 Asymmetrische Verfahren basierend auf dem diskreten Logarithmusproblem

Im vorherigen Kapitel wurde das RSA-Verfahren eingeführt und gezeigt, dass RSA auf der Schwierigkeit basiert, große Zahlen zu faktorisieren. Man sagt auch, dass das Faktorisierungsproblem die Einwegfunktion von RSA ist, vgl. auch Abschn. 6.1.2. Die Frage lautet nun: Können wir andere Einwegfunktionen finden, mit denen asymmetrische Verfahren konstruiert werden können? Es stellt sich heraus, dass neben RSA die meisten praktisch bedeutsamen asymmetrischen Algorithmen auf dem *diskreten Logarithmusproblem* (DLP) basieren.

In diesem Kapitel erlernen Sie

- den Diffie-Hellman-Schlüsselaustausch (DHKE, Diffy Hellmann Key Exchange),
- zyklische Gruppen, die für ein tieferes Verständnis des DHKE notwendig sind,
- das DLP, das von fundamentaler Bedeutung für viele praktische asymmetrische Verfahren ist,
- Verschlüsselung mit dem Elgamal-Verfahren.

Die Sicherheit vieler asymmetrischer Verfahren basiert darauf, dass es rechnerisch nicht möglich ist, Lösungen zum DLP zu finden. Bekannte Beispiele sind der DHKE und die Elgamal-Verschlüsselung, die wir beide in diesem Kapitel einführen werden. Auch die digitale Signatur nach Elgamal (vgl. Abschn. 8.5.1) und der digitale Signaturalgorithmus (vgl. Abschn. 10.2) basieren auf dem DLP, und Kryptoverfahren mit elliptischen Kurven (vgl. Abschn. 9.3) sind eine Verallgemeinerung des DLP.

Wir beginnen mit dem klassischen Diffie-Hellman-Protokoll, das erstaunlich einfach und mächtig ist. Das DLP ist in sog. *zyklischen Gruppen* definiert. Diese algebraischen Strukturen werden in Abschn. 8.2 eingeführt. Wir geben eine formale Definition des DLP zusammen mit einigen anschaulichen Beispielen und beschreiben Algorithmen für Angriffe auf das DLP. Mit diesem theoretischen Hintergrund schauen wir uns das Diffie-Hellman-Protokoll noch einmal genauer an und untersuchen dessen Sicherheit etwas formaler. Am Kapitelende wird eine DLP-Methode vorgestellt, mit der man auch Daten verschlüsseln kann, das Kryptosystem von Elgamal.

C. Paar, J. Pelzl, *Kryptografie verständlich*, eXamen.press, DOI 10.1007/978-3-662-49297-0_8

8.1 Diffie-Hellman-Schlüsselaustausch

Der DHKE wurde von Whitfield Diffie und Martin Hellman im Jahr 1976 [8] vorgestellt und war das erste veröffentlichte asymmetrische Verfahren überhaupt. Die beiden Erfinder wurden auch von den Arbeiten von Ralph Merkle beeinflusst. Der DHKE bietet eine praktische Lösung des Schlüsselverteilungsproblems, d. h. er ermöglicht zwei Parteien den Austausch eines gemeinsamen Geheimnisses über einen unsicheren Kanal[1]. Der DHKE ist eine sehr eindrucksvolle Anwendung des DLP, das wir in den nachfolgenden Abschnitten untersuchen werden. Der DHKE kommt in vielen weit verbreiteten Sicherheitsstandards wie dem Transport-Layer-Security- (TLS) bzw. SSL-Protokoll oder bei Internet Protocol Security (IPsec) zum Einsatz. Die wesentliche Idee hinter dem DHKE ist, dass das Potenzieren in $\mathbb{Z}_p^*$ mit p prim eine Einwegfunktion darstellt, und dass die Exponentiation kommutativ ist, d. h.

$$k = (\alpha^x)^y \equiv (\alpha^y)^x \bmod p.$$

Der Wert $k \equiv (\alpha^x)^y \equiv (\alpha^y)^x \bmod p$ ist das gemeinsame Geheimnis, das anschließend als Sitzungsschlüssel zwischen den beiden Parteien verwendet werden kann.

Schauen wir uns nun an, wie das DHKE-Protokoll über $\mathbb{Z}_p^*$ funktioniert. Ziel des Protokolls ist es, dass zwei Teilnehmer, Alice und Bob, einen gemeinsamen geheimen Schlüssel über einen unsicheren Kanal vereinbaren. Optional kann es eine weitere vertrauenswürdige Partei geben, die die öffentlichen Parameter für den Schlüsselaustausch wählt. Es ist aber auch möglich, dass Alice oder Bob die öffentlichen Parameter erzeugen. Streng genommen besteht der DHKE aus zwei Protokollen: dem Set-up-Protokoll und dem Hauptprotokoll, das den eigentlichen Schlüsselaustausch durchführt. Das Set-up-Protokoll besteht aus den folgenden Schritten:

Diffie-Hellman-Set-up

1. Wähle eine große Primzahl p
2. Wähle eine ganze Zahl $\alpha \in \{2, 3, \ldots, p-2\}$
3. Veröffentliche p und α

Diese beiden Werte werden manchmal als *Domain-Parameter* bezeichnet. Wenn Alice und Bob beide die öffentlichen Parameter p und α aus der Set-up-Phase erhalten haben, können sie einen gemeinsamen geheimen Schlüssel k mit dem folgenden Protokoll berechnen:

[1] Der Kanal muss noch authentisiert werden, was später in diesem Buch besprochen wird.

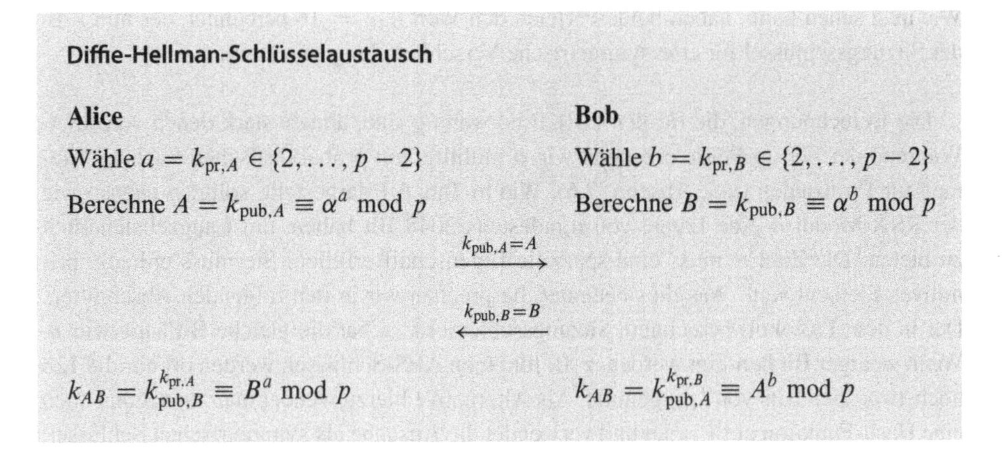

Es folgt nun der Beweis, dass dieses überraschend einfache Protokoll korrekt ist, d. h. dass Alice und Bob tatsächlich den gleichen Sitzungsschlüssel k_{AB} berechnen.

Beweis Alice berechnet:

$$B^a \equiv (\alpha^b)^a \equiv \alpha^{ab} \bmod p,$$

während Bob die folgende Berechnung durchführt:

$$A^b \equiv (\alpha^a)^b \equiv \alpha^{ab} \bmod p,$$

und daher besitzen Alice und Bob beide den gleichen Sitzungsschlüssel $k_{AB} \equiv \alpha^{ab} \bmod p$. Der Schlüssel kann nun für die sichere Kommunikation zwischen Alice und Bob verwendet werden, z. B. kann k_{AB} der Schlüssel für eine symmetrische Chiffre wie AES oder 3DES sein. □

Wir schauen uns nun ein einfaches Beispiel mit kleinen Zahlen an.

Beispiel 8.1 Die Diffie-Hellman-Domain-Parameter sind $p = 29$ und $\alpha = 2$. Das Protokoll läuft wie folgt ab:

Alice		**Bob**
Wähle $a = k_{pr,A} = 5$		Wähle $b = k_{pr,B} = 12$
$A = k_{pub,A} = 2^5 \equiv 3 \bmod 29$		$B = k_{pub,B} = 2^{12} \equiv 7 \bmod 29$
	$\xrightarrow{A=3}$	
	$\xleftarrow{B=7}$	
$k_{AB} = B^a \equiv 7^5 = 16 \bmod 29$		$k_{AB} = A^b = 3^{12} \equiv 16 \bmod 29$

Wie man sehen kann, haben beide Parteien den Wert $k_{AB} = 16$ berechnet, der nun z. B. der Sitzungsschlüssel für eine symmetrische Verschlüsselung sein kann.

Die Berechnungen, die für den DHKE notwendig sind, ähneln stark denen von RSA. Während der Set-up-Phase erzeugen wir p mithilfe von probabilistischen Suchalgorithmen für Primzahlen (vgl. Abschn. 7.6). Wie in Tab. 6.1 dargestellt, sollte p ebenso wie der RSA-Modul n eine Länge von mindestens 2048 Bit haben, um Langzeitsicherheit zu bieten. Die Zahl α muss eine spezielle Eigenschaft erfüllen: Sie muss ein sog. primitives Element sein. Was dies bedeutet, besprechen wir in den folgenden Abschnitten. Der in dem Protokoll berechnete Sitzungsschlüssel k_{AB} hat die gleiche Bitlänge wie p. Wenn weniger Bit benötigt werden, z. B. für einen AES-Schlüssel, werden oft nur die 128 höchstwertigen Bits von k_{AB} genutzt. Als Alternative hierzu wendet man manchmal auch eine Hash-Funktion auf k_{AB} an und verwendet die Ausgabe als symmetrischen Schlüssel.

Während des eigentlichen DHKE-Protokolls müssen zunächst die privaten Schlüssel a und b gewählt werden. Diese sollten aus einem echten Zufallszahlengenerator stammen, um zu verhindern, dass ein Angreifer diese erraten kann. Für die Berechnung der öffentlichen Schlüssel A und B sowie für die Berechnung des Sitzungsschlüssels können beide Parteien den Square-and-Multiply-Algorithmus verwenden. Die öffentlichen Schlüssel werden üblicherweise vorausberechnet. Während eines Schlüsselaustauschs besteht der Hauptrechenaufwand daher aus der Exponentiation für den Sitzungsschlüssel. Im Allgemeinen ist der Rechenaufwand für RSA und DHKE vergleichbar, da die Bitlängen ähnlich sind und beide Exponentationen benötigen. Die Beschleunigung von RSA durch Verwendung kurzer Exponenten, die in Abschn. 7.5 beschrieben ist, ist jedoch nicht auf den DHKE anwendbar.

Bisher haben wir das klassische DHKE-Protokoll in der Gruppe $\mathbb{Z}_p^*$ gezeigt, wobei p eine Primzahl ist. Das Protokoll kann verallgemeinert werden, insbesondere auf Gruppen von Punkten auf elliptischen Kurven. Man spricht hier von Elliptische-Kurven-Kryptografie („elliptic curve cryptography", ECC), die insbesondere in den letzten 10 Jahren in der Praxis immer beliebter geworden ist und in Kap. 9 eingeführt werden wird. Um DHKE und verwandte Verfahren wie ECC oder die Elgamal-Verschlüsselung besser zu verstehen, wird in den nachfolgenden Abschnitten das DLP eingeführt. Dieses Problem bildet die mathematische Grundlage für den DHKE. Nachdem wir das DLP besprochen haben, werden wir uns noch einmal dem DHKE widmen und dessen Sicherheit diskutieren.

8.2 Ein wenig abstrakte Algebra

In diesem Abschnitt führen wir einige Grundlagen der abstrakten Algebra ein, insbesondere Gruppen, Untergruppen, endliche Körper und zyklische Gruppen. Diese sind wesentlich für das Verständnis des DLP und von Kryptoverfahren, die auf ihm basieren.

8.2.1 Gruppen

Der Übersicht halber wiederholen wir an dieser Stelle die Definition einer Gruppe, die in Abschn. 4.3.1 eingeführt wurde:

Definition 8.1 (Gruppe)
Eine *Gruppe* ist eine Menge von Elementen G zusammen mit einer Operation $\circ$, die zwei Elemente von G verknüpft. Eine Gruppe hat die folgenden Eigenschaften:

1. Die Gruppenoperation $\circ$ ist *abgeschlossen*. D. h. für alle $a, b, \in G$ gilt $a \circ b = c \in G$.
2. Die Gruppenoperation ist *assoziativ*. D. h. es gilt $a \circ (b \circ c) = (a \circ b) \circ c$ für alle $a, b, c \in G$.
3. Es existiert ein Element $1 \in G$, genannt *neutrales Element* (oder *Identität*), sodass $a \circ 1 = 1 \circ a = a$ für alle $a \in G$.
4. Für jedes $a \in G$ existiert ein Element $a^{-1} \in G$, die *Inverse* von a, mit $a \circ a^{-1} = a^{-1} \circ a = 1$.
5. Eine Gruppe G ist *abelsch (oder kommutativ)* wenn zusätzlich für alle $a, b \in G$ gilt $a \circ b = b \circ a$.

Man beachte, dass in der Kryptografie sowohl multiplikative Gruppen, wobei $\circ$ die Multiplikation bezeichnet, als auch additive Gruppen, bei denen $\circ$ für die Addition steht, zum Einsatz kommen. Wie wir später sehen werden, wird die letztere Notation auch für elliptische Kurven verwendet.

Beispiel 8.2 Um Gruppen anschaulicher zu machen, betrachten wir folgende Beispiele:

- $(\mathbb{Z}, +)$ ist eine Gruppe, d. h. die Menge der ganzen Zahlen $\mathbb{Z} = \{\ldots, -1, 0, 1, \ldots\}$ zusammen mit der gewohnten Addition bildet eine abelsche Gruppe, wobei $e = 0$ die Identität und $-a$ die Inverse eines beliebigen Elements $a \in \mathbb{Z}$ ist.
- $(\mathbb{Z} \setminus \{0\}, \cdot)$ ist **keine** Gruppe, d. h. die Menge der ganzen Zahlen $\mathbb{Z}$ (ohne das Element 0) und die übliche Multiplikation bilden keine Gruppe, da es keine Inverse a^{-1} für die Elemente $a \in \mathbb{Z}$ gibt, mit Ausnahme der Elemente -1 und 1.
- $(\mathbb{C}^\star, \cdot)$ ist eine Gruppe, d. h. die Menge der komplexen Zahlen (ohne die Null) $u + iv$ mit $u, v \in \mathbb{R}$ und $i^2 = -1$ zusammen mit der komplexen Multiplikation definiert als

$$(u_1 + iv_1) \cdot (u_2 + iv_2) = (u_1u_2 - v_1v_2) + i(u_1v_2 + v_1u_2)$$

bildet eine abelsche Gruppe. Die Identität dieser Gruppe ist $e = 1$ und die Inverse a^{-1} eines Elements $a = u + iv \in \mathbb{C}$ ist gegeben durch $a^{-1} = (u - i)/(u^2 + v^2)$.

Tab. 8.1 Multiplikationstafel für $\mathbb{Z}_9^*$

$\cdot \bmod 9$	**1**	**2**	**4**	**5**	**7**	**8**
1	1	2	4	5	7	8
2	2	4	8	1	5	7
4	4	8	7	2	1	5
5	5	1	2	7	8	4
7	7	5	1	8	4	2
8	8	7	5	4	2	1

Alle diese Gruppen spielen jedoch keine Rolle in der Kryptografie, da Gruppen mit einer endlichen Anzahl an Elementen benötigt werden. Wir betrachten nun die Gruppe $\mathbb{Z}_n^*$, die von zentraler Bedeutung für viele asymmetrische Kryptoverfahren ist, wie den DHKE, die Elgamal-Verschlüsselung, den digitalen Signaturalgorithmus und viele weitere.

Satz 8.1
Die Menge $\mathbb{Z}_n^*$, die aus den ganzen Zahlen $i = 1, 2, \ldots, n-1$ mit $\text{ggT}(i, n) = 1$ besteht, bildet eine abelsche Gruppe mit der Gruppenoperation Multiplikation modulo n. Die Identität ist $e = 1$.

Wir verfizieren diesen Satz durch Betrachtung eines Beispiels:

Beispiel 8.3 Wenn wir $n = 9$ wählen, besteht $\mathbb{Z}_n^*$ aus den Elementen $\{1, 2, 4, 5, 7, 8\}$. Durch Berechnung der *Multiplikationstafel* für $\mathbb{Z}_9^*$, dargestellt in Tab. 8.1, können wir sehr einfach die meisten Bedingungen aus Definition 8.1 überprüfen. Bedingung 1 (Abgeschlossenheit) ist erfüllt, da die Tabelle nur aus ganzen Zahlen besteht, die Elemente von $\mathbb{Z}_9^*$ sind. Für diese Gruppe gelten auch Bedingungen 3 (Identität) und 4 (Inverse), da jede Reihe und jede Spalte der Tabelle eine Permutation der Elemente von $\mathbb{Z}_9^*$ ist. Aus der Symmetrie entlang der Hauptdiagonalen, d. h. dadurch, dass das Element in Zeile i und Spalte j gleich dem Element in Reihe j und Spalte i ist, können wir sehen, dass Bedingung 5 (Kommutativität) erfüllt ist. Bedingung 2 (Assoziativität) kann nicht direkt aus der Tabelle abgeleitet werden, folgt jedoch aus der Assoziativität der üblichen Multiplikation in $\mathbb{Z}_n$.

Man beachte, dass mithilfe des EEA aus Abschn. 6.3.1 die Inversen a^{-1} der Gruppenelemente $a \in \mathbb{Z}_n^*$ berechnet werden können.

8.2.2 Zyklische Gruppen

In der Kryptografie beschäftigen wir uns primär mit *endlichen* Strukturen. So benötigen wir beispielsweise einen endlichen Körper für den AES. Wir führen nun die Definition einer endlichen Gruppe ein:

Definition 8.2 (Endliche Gruppe)
Eine Gruppe $(G, \circ)$ ist *endlich*, wenn sie eine endliche Anzahl an Elementen hat. Wir bezeichnen die *Kardinalität* oder *Ordnung* der Gruppe G mit $|G|$.

Beispiel 8.4 Beispiele endlicher Gruppen sind:

- $(\mathbb{Z}_n, +)$: Die Kardinalität von $\mathbb{Z}_n$ ist $|\mathbb{Z}_n| = n$, da $\mathbb{Z}_n = \{0, 1, 2, \ldots, n-1\}$.
- $(\mathbb{Z}_n^*, \cdot)$: Die Menge $\mathbb{Z}_n^*$ besteht aus den positiven ganzen Zahlen kleiner n, die teilerfremd zu n sind. Daher ist die Kardinalität von $\mathbb{Z}_n^*$ gegeben durch die eulersche Phi-Funktion, d. h. $|\mathbb{Z}_n^*| = \Phi(n)$. So hat beispielsweise die Gruppe $\mathbb{Z}_9^*$ eine Kardinalität von $\Phi(9) = 3^2 - 3^1 = 6$. Dies kann anhand des vorherigen Beispiels verifiziert werden, in dem gezeigt wurde, dass die Gruppe aus den sechs Elementen $\{1, 2, 4, 5, 7, 8\}$ besteht.

Der verbleibende Teil dieses Abschnitts behandelt eine spezielle Art von Gruppen, die sog. zyklischen Gruppen, die die Grundlage für Kryptosysteme basierend auf dem DLP bilden. Wir beginnen mit der folgenden Definition:

Definition 8.3 (Ordnung eines Elements)
Die *Ordnung* $\mathrm{ord}(a)$ eines Elements a einer Gruppe $(G, \circ)$ ist die kleinste positive ganze Zahl k mit

$$a^k = \underbrace{a \circ a \circ \ldots \circ a}_{k\text{-mal}} = 1,$$

wobei 1 die Identität von G ist.

Wir betrachten nachfolgend ein Beispiel für diese Definition.

Beispiel 8.5 Ziel ist es, die Ordnung von $a = 3$ in der Gruppe $\mathbb{Z}_{11}^*$ zu bestimmen. Hierfür berechnen wir Potenzen von a, bis wir die Identität 1 erhalten.

$$\begin{aligned}
a^1 &= 3 \\
a^2 &= a \cdot a &&= 3 \cdot 3 = 9 \\
a^3 &= a^2 \cdot a &&= 9 \cdot 3 = 27 \equiv 5 \bmod 11 \\
a^4 &= a^3 \cdot a &&= 5 \cdot 3 = 15 \equiv 4 \bmod 11 \\
a^5 &= a^4 \cdot a &&= 4 \cdot 3 = 12 \equiv 1 \bmod 11
\end{aligned}$$

Aus der letzten Zeile folgt $\mathrm{ord}(3) = 5$.

Es ist sehr interessant zu sehen, was passiert, wenn wir das Ergebnis weiter mit a multiplizieren:

$$\begin{aligned}
a^6 &= a^5 \cdot a \equiv 1 \cdot a \equiv 3 \bmod 11\\
a^7 &= a^5 \cdot a^2 \equiv 1 \cdot a^2 \equiv 9 \bmod 11\\
a^8 &= a^5 \cdot a^3 \equiv 1 \cdot a^3 \equiv 5 \bmod 11\\
a^9 &= a^5 \cdot a^4 \equiv 1 \cdot a^4 \equiv 4 \bmod 11\\
a^{10} &= a^5 \cdot a^5 \equiv 1 \cdot 1 \equiv 1 \bmod 11\\
a^{11} &= a^{10} \cdot a \equiv 1 \cdot a \equiv 3 \bmod 11\\
&\vdots
\end{aligned}$$

Wir erkennen, dass die Potenzen von a von diesem Punkt an immer wieder die Sequenz $\{3, 9, 5, 4, 1\}$ durchlaufen. Dieses zyklische Verhalten motiviert die folgende Definition:

Definition 8.4 (Zyklische Gruppe)
Eine Gruppe G, die ein Element α mit der maximalen Ordnung $\text{ord}(\alpha) = |G|$ enthält, nennt man *zyklisch*. Elemente mit maximaler Ordnung nennt man *primitive Elemente* oder *Generatoren*.

Ein Element α mit maximaler Ordnung einer Gruppe G nennt man Generator, da jedes Element a der Gruppe als Potenz $\alpha^i = a$ für ein bestimmtes i dargestellt werden kann. Dies bedeutet, dass α^i die gesamte Gruppe *generiert*. Wir verifizieren diese Eigenschaft anhand des folgenden Beispiels.

Beispiel 8.6 Wir wollen herausfinden, ob $a = 2$ ein primitives Element von $\mathbb{Z}_{11}^* = \{1, 2, 3, 4, 5, 6, 7, 8, 9, 10\}$ ist. Man beachte, dass die Kardinalität der Gruppe $|\mathbb{Z}_{11}^*| = 10$ ist. Hier sind die Elemente, die durch Potenzen des Elements $a = 2$ erzeugt werden:

$$\begin{aligned}
a &= 2 & a^6 &\equiv 9 \bmod 11\\
a^2 &= 4 & a^7 &\equiv 7 \bmod 11\\
a^3 &= 8 & a^8 &\equiv 3 \bmod 11\\
a^4 &\equiv 5 \bmod 11 & a^9 &\equiv 6 \bmod 11\\
a^5 &\equiv 10 \bmod 11 & a^{10} &\equiv 1 \bmod 11
\end{aligned}$$

Aus dem letzten Ergebnis folgt, dass

$$\text{ord}(a) = 10 = |\mathbb{Z}_{11}^*|.$$

Dies impliziert, (i) dass $a = 2$ ein primitives Element ist und (ii) dass $|\mathbb{Z}_{11}^*|$ zyklisch ist.

Nun wollen wir verifizieren, ob die Potenzen von $a = 2$ tatsächlich alle Elemente der Gruppe $\mathbb{Z}_{11}^*$ erzeugen. Wir betrachten noch einmal die Potenzen von a:

i	1	2	3	4	5	6	7	8	9	10
a^i	2	4	8	5	10	9	7	3	6	1

Anhand der letzten Zeile sieht man, dass die Potenzen 2^i tatsächlich alle Elemente der Gruppe $\mathbb{Z}_{11}^*$ erzeugen. Man beachte, dass die Reihenfolge, in der die Gruppenelemente erzeugt werden, recht willkürlich wirkt. Dieser scheinbar zufällige Zusammenhang zwischen dem Exponenten i und dem Element der Gruppe ist die Basis für Kryptosysteme wie dem DHKE.

Anhand dieses Beispiels sehen wir, dass die Gruppe $\mathbb{Z}_{11}^*$ das Element 2 als Generator hat. An dieser Stelle ist es wichtig zu betonen, dass 2 nicht zwingenderweise ein Generator in anderen zyklischen Gruppen $\mathbb{Z}_n^*$ ist. So ist z. B. in $\mathbb{Z}_7^*$ die Ordnung von 2 gegeben durch $\text{ord}(2) = 3$ und somit ist das Element 2 kein Generator dieser Gruppe.

Zyklische Gruppen haben interessante Eigenschaften. Diejenigen, die für kryptografische Anwendungen am wichtigsten sind, ergeben sich aus den nachfolgenden Sätzen.

Satz 8.2
Für jede Primzahl p ist $(\mathbb{Z}_p^*, \cdot)$ eine endliche abelsche zyklische Gruppe.

Dieser Satz besagt, dass die multiplikative Gruppe eines Primzahlkörpers zyklisch ist. Dies hat weitreichende Konsequenzen in der Kryptografie, wo diese Gruppen sehr weit verbreitet sind, um Kryptosysteme basierend auf dem diskreten Logarithmus zu konstruieren. Um die praktische Relevanz dieses etwas abstrakt wirkenden Satzes zu unterstreichen, stellen wir fest, dass in nahezu jedem Webbrowser ein Kryptosystem über $\mathbb{Z}_p^*$ läuft.

Satz 8.3
Sei G eine endliche Gruppe. Dann gilt für jedes $a \in G$:

1. $a^{|G|} = 1$
2. $\text{ord}(a)$ teilt $|G|$

Die erste Eigenschaft ist eine Verallgemeinerung des kleinen fermatschen Satzes (vgl. Abschn. 6.3.4) auf alle zyklischen Gruppen. Die zweite Eigenschaft ist sehr hilfreich für den Einsatz in der Praxis, da sie besagt, dass in zyklischen Gruppen nur Ordnungen von Elementen existieren, die die Kardinalität der Gruppe teilen.

Beispiel 8.7 Wir betrachten nun erneut die Gruppe $\mathbb{Z}_{11}^*$, die eine Kardinalität von $|\mathbb{Z}_{11}^*| = 10$ hat. Die einzig möglichen Ordnungen der Elemente in dieser Gruppe sind 1, 2, 5 und 10, da diese die einzigen natürlichen Zahlen sind, die 10 teilen. Wir verifizieren diese Eigenschaft, indem wir uns die Ordnungen aller Elemente der Gruppe anschauen:

$$\begin{aligned} \text{ord}(1) &= 1 & \text{ord}(6) &= 10 \\ \text{ord}(2) &= 10 & \text{ord}(7) &= 10 \\ \text{ord}(3) &= 5 & \text{ord}(8) &= 10 \\ \text{ord}(4) &= 5 & \text{ord}(9) &= 5 \\ \text{ord}(5) &= 5 & \text{ord}(10) &= 2 \end{aligned}$$

Tatsächlich kommen nur diejenigen Ordnungen vor, die die Kardinalität 10 der Gruppe teilen.

Satz 8.4
Ist G eine endliche zyklische Gruppe, dann gilt:

1. Die Anzahl der primitiven Elemente in G ist $\Phi(|G|)$.
2. Ist $|G|$ prim, dann sind alle Elemente $a \neq 1 \in G$ primitiv.

Die erste Eigenschaft kann durch das obige Beispiel verifiziert werden. Da $\Phi(10) = (5-1)(2-1) = 4$, ist die Anzahl der primitiven Elemente vier, dies sind nämlich die Elemente 2, 6, 7 und 8. Die zweite Eigenschaft folgt aus dem vorherigen Satz. Wenn die Kardinalität der Gruppe prim ist, kann die Ordnung eines Elements nur 1 bzw. die Gruppenkardinalität sein. Da nur das Element 1 die Ordnung eins haben kann, haben alle anderen Elemente die Ordnung p.

8.2.3 Untergruppen

In diesem Abschnitt betrachten wir Untermengen (zyklischer) Gruppen, die wiederum selbst Gruppen sind. Solche Mengen bezeichnet man als *Untergruppen*. Um zu prüfen, ob eine Untermenge H einer Gruppe G eine Untergruppe ist, muss überprüft werden, ob alle Eigenschaften der Gruppendefinition aus Abschn. 8.2.1 auch für H gelten. Im Fall von zyklischen Gruppen können mit dem folgendem Satz Untergruppen einfach erzeugt werden:

Satz 8.5 (Satz zyklischer Untergruppen)
Sei $(G, \circ)$ eine zyklische Gruppe. Dann ist jedes Element $a \in G$ mit $\text{ord}(a) = s$ ein primitives Element einer zyklischen Untergruppe mit s Elementen.

Tab. 8.2 Multiplikationstafel für die Untergruppe $H = \{1, 3, 4, 5, 9\}$

· mod 11	**1**	**3**	**4**	**5**	**9**
1	1	3	4	5	9
3	3	9	1	4	5
4	4	1	5	9	3
5	5	4	9	3	1
9	9	5	3	1	4

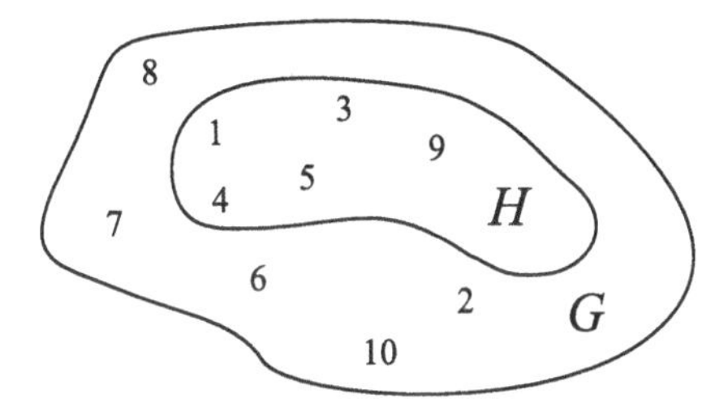

Abb. 8.1 Untergruppe H der zyklischen Gruppe $G = \mathbb{Z}_{11}^*$

Dieser Satz besagt, dass ein jedes Element einer zyklischen Gruppe ein Generator einer Untergruppe ist, die wiederum zyklisch ist.

Beispiel 8.8 Wir untersuchen nun den obigen Satz, indem wir uns eine Untergruppe von $G = \mathbb{Z}_{11}^*$ anschauen. In einem der vorherigen Beispiele haben wir gesehen, dass $\mathrm{ord}(3) = 5$ und die Potenzen von 3 die Untermenge $H = \{1, 3, 4, 5, 9\}$ nach Satz 8.5 erzeugen. Wir verifizieren nun, ob diese Menge tatsächlich eine Gruppe ist, indem wir uns die zugehörige Multiplikationstafel in Tab. 8.2 anschauen.

H ist abgeschlossen unter Multiplikation modulo 11 (Bedingung 1), da die Tafel nur aus den Zahlen besteht, die Elemente von H sind. Die Gruppenoperation ist offensichtlich assoziativ und kommutativ, da sie den regulären Regeln der Multiplikation folgt (Bedingungen 2 bzw. 5). Das neutrale Element ist 1 (Bedingung 3) und für jedes Element $a \in H$ existiert ein inverses Element $a^{-1} \in H$, das ebenfalls Element von H ist (Bedingung 4). Dies kann man daran erkennen, dass jede Zeile und jede Spalte der Tabelle die Identität enthalten. Daher ist H eine Untergruppe von $\mathbb{Z}_{11}^*$, wie in Abb. 8.1 grafisch dargestellt. Die Untergruppe hat die Ordnung 5, was eine Primzahl ist. Man beachte, dass 3 nicht der einzige Generator von H ist, sondern auch die Elemente 4, 5 und 9, was aus Satz 8.4 folgt.

Ein wichtiger Spezialfall sind Untergruppen, deren Ordnung prim ist. Wenn diese Gruppenordnung mit q bezeichnet wird, haben nach Satz 8.4 alle Elemente ungleich 1 die Ordnung q.

Aus dem Satz der zyklischen Untergruppen wissen wir, dass jedes Element $a \in G$ einer Gruppe G eine Untergruppe H erzeugt. Durch Anwendung von Satz 8.3 folgt der folgende Satz von Lagrange:

Satz 8.6 (Satz von Lagrange)
Sei H eine Untergruppe von G. Dann teilt $|H|$ die Gruppenkardinalität $|G|$.

Nachfolgend schauen wir uns nun eine Anwendung des Satzes von Lagrange an:

Beispiel 8.9 Die zyklische Gruppe $\mathbb{Z}_{11}^*$ hat die Kardinalität $|\mathbb{Z}_{11}^*| = 10 = 1 \cdot 2 \cdot 5$. Daher folgt, dass die Untergruppen von $\mathbb{Z}_{11}^*$ die Kardinalitäten 1, 2, 5 und 10 haben, da dies alle möglichen Teiler von 10 sind. Alle Untergruppen H von $\mathbb{Z}_{11}^*$ und deren Generatoren α sind unten dargestellt:

Untergruppe	Elemente	Primitive Elemente
H_1	$\{1\}$	$\alpha = 1$
H_2	$\{1, 10\}$	$\alpha = 10$
H_3	$\{1, 3, 4, 5, 9\}$	$\alpha = 3, 4, 5, 9$

Der folgende (und letzte Satz) dieses Abschnitts charakterisiert die Untergruppen einer endlichen zyklischen Gruppe vollständig:

Satz 8.7
Sei G eine endliche zyklische Gruppe der Ordnung n und sei α ein Generator von G. Dann existiert für jede ganze Zahl k, die n teilt, genau eine zyklische Untergruppe H von G mit der Ordnung k. Diese Untergruppe wird erzeugt von $\alpha^{n/k}$. H besteht genau aus den Elementen $a \in G$, die die Bedingung $a^k = 1$ erfüllen. Es gibt keine weiteren Untergruppen.

Dieser Satz gibt uns unmittelbar eine Methode zur Konstruktion einer Untergruppe für eine gegebene zyklische Gruppe. Wir benötigen lediglich ein primitives Element und die Kardinalität n der Gruppe. Nun erhält man einfach durch Berechnung von $\alpha^{n/k}$ einen Generator der Untergruppe mit k Elementen.

Beispiel 8.10 Betrachten wir erneut die zyklische Gruppe $\mathbb{Z}_{11}^*$. Wir haben oben gesehen, dass $\alpha = 8$ ein primitives Element der Gruppe ist. Wenn wir einen Generator β der Untergruppe mit der Ordnung 2 erhalten möchten, berechnen wir:

$$\beta = \alpha^{n/k} = 8^{10/2} = 8^5 = 32768 \equiv 10 \bmod 11$$

Nun können wir überprüfen, dass das Element 10 tatsächlich die Untergruppe mit zwei Elementen erzeugt: $\beta^1 = 10$, $\beta^2 = 100 \equiv 1 \bmod 11$, $\beta^3 \equiv 10 \bmod 11$ etc.

Anmerkung: Natürlich gibt es geschicktere Wege, um $8^5 \bmod 11$ zu berechnen. Zum Beispiel durch $8^5 = 8^2\, 8^2\, 8 \equiv (-2)(-2)8 \equiv 32 \equiv 10 \bmod 11$.

8.3 Das diskrete Logarithmusproblem

Nach der etwas längeren Einführung in zyklische Gruppen mag man sich fragen, wo diese mit dem DHKE-Protokoll im Zusammenhang stehen. Es stellt sich heraus, dass die zugrunde liegende Einwegfunktion des DHKE, das DLP, direkt mithilfe von zyklischen Gruppen erklärt werden kann.

8.3.1 Das diskrete Logarithmusproblem in Primzahlkörpern

Wir beginnen mit dem DLP über $\mathbb{Z}_p^*$, wobei p eine Primzahl ist.

Definition 8.5 (Diskretes Logarithmusproblem (DLP) in $\mathbb{Z}_p^*$)
Gegeben sind die endliche zyklische Gruppe $\mathbb{Z}_p^*$ der Ordnung $p-1$, ein primitives Element $\alpha \in \mathbb{Z}_p^*$ und ein weiteres Element $\beta \in \mathbb{Z}_p^*$. Das DLP ist das Problem, eine ganze Zahl x im Bereich $1 \leq x \leq p-1$ zu finden, sodass:

$$\alpha^x \equiv \beta \mod p$$

In Abschn. 8.2.2 wurde gezeigt, dass eine solche Zahl x existieren muss, da α ein primitives Element ist und jedes Element der Gruppe durch Potenzen eines primitiven Elements ausgedrückt werden kann. Die Zahl x nennt man den *diskreten Logarithmus* von β zur Basis α. Formal kann man schreiben:

$$x = \log_\alpha \beta \bmod p$$

Diskrete Logarithmen modulo einer Primzahl zu berechnen ist ein rechentechnisch sehr schweres Problem, wenn die Parameter ausreichend groß sind. Da die Exponentiation $\alpha^x \equiv \beta \mod p$ mit dem Square-and-Multiply-Algorithmus rechnerisch einfach ist, ist das DLP eine Einwegfunktion.

Beispiel 8.11 Wir betrachten einen diskreten Logarithmus in der Gruppe $\mathbb{Z}_{47}^*$, in der $\alpha = 5$ ein primitives Element ist. Für $\beta = 41$ lautet das DLP: Finde diejenige positive ganze Zahl x mit

$$5^x \equiv 41 \bmod 47.$$

Selbst für kleine Zahlen ist die Berechnung von x nicht ganz einfach. Durch einen Brute-Force-Angriff, d. h. durch systematisches Ausprobieren aller möglichen Werte für x, erhalten wir die Lösung $x = 15$.

In der Praxis ist es häufig wünschenswert, ein DLP in Gruppen mit primer Ordnung zu haben, um dem sog. Pohlig-Hellman-Angriff vorzubeugen (vgl. Abschn. 8.3.3). Da Gruppen $\mathbb{Z}_p^*$ die Kardinalität $p-1$ haben, die offensichtlich nicht prim ist, verwendet man häufig das DLP in Untergruppen von $\mathbb{Z}_p^*$ mit primer Ordnung anstelle der Gruppe $\mathbb{Z}_p^*$ selbst. Wir zeigen dies an einem Beispiel.

Beispiel 8.12 Wir betrachten die Gruppe $\mathbb{Z}_{47}^*$ mit der Ordnung 46. Die Untergruppen in $\mathbb{Z}_{47}^*$ haben die Kardinalitäten 23, 2 und 1. $\alpha = 2$ ist ein Element in der Untergruppe mit 23 Elementen und da 23 eine Primzahl ist, ist α ein primitives Element der Untergruppe. Ein mögliches DLP ist durch $\beta = 36$ (das ebenfalls in der Untergruppe liegt) gegeben: Finde die positive ganze Zahl x, $1 \leq x \leq 23$ mit

$$2^x \equiv 36 \bmod 47$$

Durch einen Brute-Force-Angriff erhalten wir die Lösung $x = 17$.

8.3.2 Das verallgemeinerte diskrete Logarithmusproblem

Das DLP ist aus dem Grund besonders wichtig in der Kryptografie, da es nicht auf multiplikative Gruppen $\mathbb{Z}_p^*$ mit p prim beschränkt ist, sondern über jegliche zyklische Gruppen definiert werden kann. Man spricht von dem *verallgemeinerten diskreten Logarithmusproblem* (GDLP, „generalized discrete logarithm problem") und kann wie folgt beschrieben werden:

Definition 8.6 (Verallgemeinertes diskretes Logarithmusproblem)
Gegeben sei eine endliche zyklische Gruppe G mit der Gruppenoperation $\circ$ und der Kardinalität n. Wir betrachten ein primitives Element $\alpha \in G$ und ein weiteres Element $\beta \in G$. Das *diskrete Logarithmusproblem* liegt darin, ein ganze Zahl x im Bereich $1 \leq x \leq n$ zu finden, sodass:

$$\beta = \underbrace{\alpha \circ \alpha \circ \ldots \circ \alpha}_{x\text{-mal}} = \alpha^x$$

Wie im Fall des DLP in $\mathbb{Z}_p^*$ muss eine solche ganze Zahl x existieren, da α ein primitives Element ist und daher jedes Gruppenelement in G durch wiederholte Anwendung der Gruppenoperation auf α erzeugt werden kann.

Es ist wichtig festzuhalten, dass es zyklische Gruppen gibt, in denen das DLP *nicht* schwierig ist. Solche Gruppen können nicht für asymmetrische Kryptosysteme verwendet werden, da das DLP keine Einwegfunktion darstellt. Betrachten wir das folgende Beispiel.

Beispiel 8.13 Dieses Mal betrachten wir die additive Gruppe von ganzen Zahlen modulo einer Primzahl. Wählen wir z. B. die Primzahl $p = 11$, so ist $G = (\mathbb{Z}_{11}, +)$ eine endliche zyklische Gruppe mit dem primitiven Element $\alpha = 2$. α generiert die Gruppe wie folgt:

i	1	2	3	4	5	6	7	8	9	10	11
$i\,\alpha$	2	4	6	8	10	1	3	5	7	9	0

Wir versuchen nun das DLP für das Element $\beta = 3$ zu lösen, d. h. wir müssen eine ganze Zahl $1 \leq x \leq 11$ bestimmen, sodass

$$x \cdot 2 = \underbrace{2 + 2 + \ldots + 2}_{x\text{-mal}} \equiv 3 \bmod 11.$$

Ein Angriff gegen dieses DLP funktioniert wie folgt: Obwohl die Gruppenoperation die Addition ist, können wir den Zusammenhang zwischen α, β und dem diskreten Logarithmus x durch eine *Multiplikation* darstellen:

$$x \cdot 2 \equiv 3 \bmod 11$$

Um nach x aufzulösen, müssen wir lediglich das primitive Element α invertierten:

$$x \equiv 2^{-1}\, 3 \bmod 11$$

Unter Verwendung des EEA können wir $2^{-1} \equiv 6 \bmod 11$ berechnen, woraus der gesuchte diskrete Logarithmus folgt als:

$$x \equiv 2^{-1}\, 3 \equiv 7 \bmod 11$$

Der gefundene diskrete Logarithmus kann durch einen Blick auf die oben gegebene Tabelle überprüft werden.

Da wir diese Methode auf jede Gruppe $(\mathbb{Z}_n, +)$ für beliebige n und Elemente $\alpha, \beta \in \mathbb{Z}_n$ anwenden können, stellen wir fest, dass das verallgemeinerte DLP rechnerisch einfach über $\mathbb{Z}_n$ ist. Der Grund dafür ist, dass wir die mathematischen Operationen der Multiplikation und Inversion nutzen können, die nicht Bestandteile der additiven Gruppe sind.

Nach diesem Gegenbeispiel zählen wir nun diejenigen DLP auf, die für die Verwendung in der Kryptografie infrage kommen:

1. Die multiplikative Gruppe des Primzahlkörpers $\mathbb{Z}_p$ oder eine Untergruppe davon. Der klassische DHKE nutzt beispielsweise diese Gruppe, aber auch die Elgamal-Verschlüsselung oder der digitale Signaturalgorithmus (DSA). Diese sind die ältesten und am weitesten verbreiteten Kryptosysteme basierend auf dem diskreten Logarithmus.

2. Die zyklische Gruppe, die durch eine elliptische Kurve gebildet wird. Elliptische-Kurven-Kryptosysteme sind in den letzten Jahren zunehmend wichtiger geworden und werden in Kap. 9 eingeführt.
3. Die multiplikative Gruppe von endlichen Körpern $GF(2^m)$ oder Untergruppen davon. Diese Gruppen können vollständig analog zu multiplikativen Gruppen von Primzahlkörpern genutzt werden, um Verfahren wie DHKE zu nutzen. Sie sind in der Praxis weniger verbreitet, und es ist momentan nicht klar, ob Angriffe gegen das DLP in $GF(2^m)$ nicht effizienter sind als gegen das DLP in Primkörpern.
4. Hyperelliptische Kurven oder algebraische Varietäten, die auch Verallgemeinerungen von elliptischen Kurven sind. Diese werden selten in der Praxis eingesetzt, auch wenn gerade hyperelliptische Kurven einige Vorteile aufweisen, insbesondere z. B. kürzere Operanden als elliptische Kurven.

Über die Jahre hat es hat noch eine Reihe weiterer Vorschläge für DLP-basierte Kryptosysteme gegeben, in der Praxis sind diese jedoch alle nicht zum Einsatz gekommen. Oftmals stellte sich auch heraus, dass das zugrunde liegende DLP nicht schwierig genug war.

8.3.3 Angriffe gegen das diskrete Logarithmusproblem

Dieser Abschnitt führt Methoden zum Lösen des DLP ein. Alle Leser, die nur an dem konstruktiven Einsatz von Diskreten-Logarithmus-Verfahren interessiert sind, können diesen Abschnitt überspringen.

Wie wir gesehen haben, basiert die Sicherheit vieler asymmetrischen Primitive auf der Schwierigkeit, das DLP in zyklischen Gruppen zu berechnen, d. h. x für ein gegebenes α und β in G so zu berechnen, dass gilt

$$\beta = \underbrace{\alpha \circ \alpha \circ \ldots \circ \alpha}_{x\text{-mal}} = \alpha^x$$

Allerdings ist bis heute nicht bekannt, was die beste Methode ist, um einen diskreten Logarithmus x in einer gegebenen Gruppe zu berechnen. Damit ist gemeint, dass wir, obwohl einige Angriffe bekannt sind, es nicht ausschließen können, dass ein noch besserer Algorithmus zum Lösen des DLP existiert. Diese Situation ist sehr ähnlich zur Schwierigkeit der Faktorisierung, die die dem RSA-Verfahren zugrunde liegende Einwegfunktion ist. Zurzeit kann niemand wirklich sagen, welches die *bestmögliche* Methode zur Faktorisierung ist. Für das DLP existieren einige interessante Ergebnisse bezüglich seiner allgemeinen Komplexität. Dieser Abschnitt gibt eine erste Einführung in Algorithmen zur Berechnung von diskreten Logarithmen, die sich in *generische Algorithmen* und in *spezifische Algorithmen* einteilen lassen, wie wir unten sehen werden.

Generische Algorithmen

Generische Diskrete-Logarithmus-Algorithmen sind Methoden, die nur die Gruppenoperation nutzen, aber keine weiteren mathematischen Eigenschaften der betrachteten Gruppe. Da diese keine speziellen Eigenschaften der Gruppe ausnutzen, können sie auf jede zyklische Gruppe angewendet werden. Generische Algorithmen für das DLP können in zwei Klassen unterteilt werden. Die erste Klasse beinhaltet Algorithmen, deren Laufzeit von der Größe der zyklischen Gruppe abhängt, wie die *Brute-Force-Suche*, den *Baby-Step-Giant-Step*-Algorithmus und die *Pollard-Rho-Methode*. Die zweite Klasse beinhaltet Algorithmen, deren Laufzeit von der Größe der Primfaktoren der Gruppenordnung abhängt, wie beispielsweise den *Pohlig-Hellman-Algorithmus*.

Brute-Force-Suche

Eine Brute-Force-Suche ist die konzeptionell einfachste, aber rechnerisch aufwendigste Weise, den diskreten Logarithmus $\log_\alpha \beta$ zu bestimmen. Hierbei berechnen wir einfach nacheinander alle Potenzen von α, bis das Ergebnis β ist:

$$\begin{aligned} \alpha^1 &\stackrel{?}{=} \beta \\ \alpha^2 &\stackrel{?}{=} \beta \\ &\vdots \\ \alpha^x &\stackrel{?}{=} \beta \end{aligned}$$

Für einen zufälligen Logarithmus x erwarten wir die korrekte Lösung nach dem Ausprobieren der Hälfte aller möglichen x, was einer Komplexität von $\mathcal{O}(|G|)$ Schritten entspricht[2]. Eine mathematische Funktion $f(x)$ hat eine Komplexität von $\mathcal{O}(g(x))$, wenn $f(x) \leq c \cdot g(x)$ für eine Konstante c und für Eingangswerte x größer als ein Wert x_0, wobei $|G|$ die Kardinalität der Gruppe ist.

Um in der Praxis Brute-Force-Angriffe auf distretem Logarithmus basierende Kryptosysteme zu verhindern, muss die Kardinalität $|G|$ der zugrunde liegenden Gruppe ausreichend groß sein. Im Fall von Gruppen $\mathbb{Z}_p^*$ mit p prim, die die Basis des klassischen DHKE sind, sind durchschnittlich $(p-1)/2$ Tests zur Berechnung des diskreten Logarithmus notwendig. Daher sollte $|G| = p - 1$ mindestens von der Größenordnung 2^{80} sein, um eine Brute-Force-Suche mit heutiger Computertechnik unmöglich zu gestalten. Natürlich gilt diese Betrachtung nur für den Fall, dass eine Brute-Force-Suche der einzig mögliche Angriff ist, was nicht der Fall ist. Wie wir weiter unten sehen werden, existieren sehr viel leistungsfähigere Algorithmen zur Lösung des diskreten Logarithmus, die immer anwendbar sind.

[2] Wir verwenden hierbei die weitverbreitete O-Notation, auch Landau-Symbol oder Big-O-Notation genannt.

Die Baby-Step-Giant-Step-Methode von Shanks

Die Baby-Step-Giant-Step-Methode, auch Algorithmus von Shanks genannt, ist eine Methode, die auf einem sog. Speicher-Zeit-Kompromiss (auch Time-Memory-Tradeoff genannt) beruht, der die Zeit für eine Brute-Force-Suche auf Kosten von mehr Speicher reduziert. Die Idee basiert darauf, den diskreten Logarithmus $x = \log_\alpha \beta$ in einer zweistelligen Repräsentation darzustellen:

$$x = x_g m + x_b \quad \text{für } 0 \leq x_g, x_b < m \tag{8.1}$$

Der Wert von m wird dabei etwa so groß wie die Quadratwurzel der Gruppenordnung gewählt, d. h. $m = \lceil \sqrt{|G|} \rceil$. Der diskrete Logarithmus kann nun geschrieben werden als $\beta = \alpha^x = \alpha^{x_g m + x_b}$, was uns zu

$$\beta \cdot (\alpha^{-m})^{x_g} = \alpha^{x_b} \tag{8.2}$$

führt. Die Idee des Algorithmus ist es, Lösungen (x_g, x_b) für (8.2) zu finden, für die der diskrete Logarithmus direkt nach (8.1) berechnet werden kann. Im Kern ist die Idee, dass (8.2) durch zwei *getrennte* Suchen von x_g und x_b gelöst werden kann, d. h. mit einem Divide-and-Conquer-Ansatz. In der ersten Phase des Algorithmus berechnet und speichert man alle Werte α^{x_b} mit $0 \leq x_b < m$. Dies ist die *Baby-Step-Phase*, die $m \approx \sqrt{|G|}$ Schritte (d. h. Gruppenoperationen) benötigt und bei der $m \approx \sqrt{|G|}$ Gruppenelemente gespeichert werden.

In der *Giant-Step-Phase* prüft der Algorithmus für alle x_g in dem Bereich $0 \leq x_g < m$, ob die folgende Bedingung gilt:

$$\beta \cdot (\alpha^{-m})^{x_g} \stackrel{?}{=} \alpha^{x_b},$$

wobei α^{x_b} ein gespeicherter Eintrag ist, der während der Baby-Step-Phase berechnet wurde. Im Fall eines Treffers, d. h. $\beta \cdot (\alpha^{-m})^{x_{g,0}} = \alpha^{x_{b,0}}$ für ein Paar $(x_{g,0}, x_{b,0})$, ist der diskrete Logarithmus gegeben durch

$$x = x_{g,0} m + x_{b,0}$$

Die Baby-Step-Giant-Step-Methode benötigt $\mathcal{O}(\sqrt{|G|})$ Rechenschritte und eine gleiche Anzahl von Speicherelementen. In einer Gruppe der Ordnung 2^{80} würde ein Angreifer nur in etwa $2^{40} = \sqrt{2^{80}}$ Berechnungen und Speicherstellen benötigen, was mit heutiger Rechner- und Speichertechnologie überhaupt kein Problem darstellt. Um daher eine Angriffskomplexität von 2^{80} zu erhalten, muss die Gruppe eine Kardinalität von mindestens $|G| \geq 2^{160}$ haben. Im Fall von Gruppen $G = \mathbb{Z}_p^*$ sollte die Primzahl p daher mindestens eine Länge von 160 Bit haben. Wie wir weiter unten sehen werden, gibt es jedoch leistungsfähigere Angriffe auf das DLP in $\mathbb{Z}_p^*$, die uns zu noch größeren Bitlängen für p zwingen.

Die Pollard-Rho-Methode

Die Pollard-Rho-Methode hat die gleiche Laufzeit $\mathcal{O}(\sqrt{|G|})$ wie der Baby-Step-Giant-Step-Algorithmus, aber einen vernachlässigbar kleinen Speicherbedarf. Die Methode ist ein probabilistischer Algorithmus basierend auf dem Geburtstagsparadoxon (vgl. Abschn. 11.2.3). Wir werden den Algorithmus hier lediglich skizzieren. Die grundlegende Idee ist es, pseudozufällige Gruppenelemente der Form $\alpha^i \cdot \beta^j$ zu erzeugen. Für jedes Element halten wir die Werte i und j vor. Der Algorithmus läuft so lange, bis eine Kollision von zwei Elementen gefunden wurde, d. h. bis man

$$\alpha^{i_1} \cdot \beta^{j_1} = \alpha^{i_2} \cdot \beta^{j_2} \tag{8.3}$$

erhält. Wenn wir β durch $\beta = \alpha^x$ ersetzen und die Exponenten auf beiden Seiten der Gleichung vergleichen, führt die Kollision zu der Beziehung $i_1 + xj_1 \equiv i_2 + xj_2 \bmod |G|$. (Man beachte, dass wir uns in einer zyklischen Gruppe mit $|G|$ Elementen befinden und wir den Exponenten modulo $|G|$ nehmen müssen.) Von hier aus kann der diskrete Logarithmus einfach berechnet werden als

$$x \equiv \frac{i_2 - i_1}{j_1 - j_2} \bmod |G|$$

Ein wichtiges Detail, das wir hier auslassen, ist der genaue Weg, die Kollisionen in Gleichung (8.3) zu finden. An dieser Stelle sei nur gesagt, dass durch die pseudozufällige Erzeugung von Elementen ein zufälliger Pfad durch die Gruppe gewählt wird. Dies kann durch den griechischen Buchstaben Rho illustriert werden, daher der Name dieses Angriffs.

Die Pollard-Rho-Methode ist von großer praktischer Bedeutung, da sie aktuell der beste Weg ist, diskrete Logarithmen in Gruppen von Punkten auf elliptischen Kurven zu berechnen. Da die Methode eine Angriffskomplexität von $\mathcal{O}(\sqrt{|G|})$ Rechenschritten hat, sollten Gruppen basierend auf elliptischen Kurven eine Größe von mindestens 2^{160} haben. In der Praxis werden für Kryptosysteme auf elliptischen Kurven meistens Operanden mit mindestens 200 Bit gewählt, um Langzeitsicherheit zu gewähren.

Für das DLP in $\mathbb{Z}_p^*$ gibt es noch wesentlich leistungsfähigere Angriffe, wie wir weiter unten sehen werden.

Der Pohlig-Hellman-Algorithmus

Die Pohlig-Hellman-Algorithmus, auch als Silver-Pohlig-Hellman-Algorithmus bekannt, ist eine Methode, die auf dem CRT basiert. (Der CRT ist in diesem Buch nicht im Detail beschrieben, ein Anwendung von ihm ist allerdings in Abschn. 7.5.2 zu finden.) Der Pohlig-Hellman-Algorithmus ist anwendbar, wenn die Gruppenordnung faktorisiert werden kann. Üblicherweise wird dieser Algorithmus nicht allein verwendet, sondern im Zusammenspiel mit einem der anderen DLP-Algorithmen dieses Abschnitts. Es sei

$$|G| = p_1^{e_1} \cdot p_2^{e_2} \cdot \ldots \cdot p_l^{e_l}$$

die Faktorisierung der Gruppenordnung $|G|$. Zur Erinnerung: Wir versuchen einen diskreten Logarithmus $x = \log_\alpha \beta$ in G zu berechnen. Die Pohlig-Hellman-Methode ist ebenfalls ein Divide-and-Conquer-Algorithmus. Die grundlegende Idee ist, statt mit der großen Gruppe G zu arbeiten, kleinere diskretere Logarithmen $x_i \equiv x \bmod p_i^{e_i}$ in den Untergruppen der Ordnung $p_i^{e_i}$ zu berechnen. Der diskrete Logarithmus x kann dann aus allen $x_i, i = 1, \ldots, l$ durch Anwendung des CRT berechnet werden. Jedes einzelne kleine DLP x_i kann durch Anwendung der Pollard-Rho-Methode oder des Baby-Step-Giant-Step-Algorithmus berechnet werden.

Die Laufzeit des Algorithmus hängt direkt von den Primfaktoren der Gruppenordnung ab. Um den Angriff zu verhindern, muss die Gruppenordnung ihren größten Primfaktor in der Größenordnung von 2^{160} haben. Eine wichtige praktische Konsequenz des Pohlig-Hellman-Algorithmus ist, dass man die Faktorisierung der Gruppenordnung kennen muss. Insbesondere für Elliptische-Kurven-Kryptosysteme ist jedoch die Berechnung der Ordnung der zyklischen Gruppe nicht immer einfach.

Spezifische Algorithmen: Die Index-Calculus-Methode

Alle bisher eingeführten Algorithmen sind vollkommen unabhängig von der angegriffenen Gruppe, d. h. sie funktionieren für diskrete Logarithmen in *allen* zyklischen Gruppen. Spezifische Algorithmen nutzen spezielle mathematische Eigenschaften der angegriffenen Gruppe aus. Dies führt zu wesentlich mächtigeren Diskrete-Logarithmus-Algorithmen. Der wichtigste Algorithmus dieser Art ist die Index-Calculus-Methode.

Sowohl der Baby-Step-Giant-Step-Algorithmus als auch die Pollard-Rho-Methode haben eine Laufzeit, die exponentiell in der Bitlänge der Gruppenordnung ist, nämlich etwa $2^{n/2}$ Schritte benötigt, wobei n die Bitlänge von $|G|$ ist. Dieses Verhalten ist günstig aus Sicht des Kryptografen, der ein sicheres Diskreter-Logarithmus-System entwerfen möchte. Eine Erhöhung der Gruppenordnung um beispielsweise 20 Bit erhöht die Angriffskomplexität um einen Faktor von $1024 = 2^{10}$. Dies ist ein wesentlicher Grund, warum elliptische Kurven eine bessere Langzeitsicherheit bieten als auf dem DLP in $\mathbb{Z}_p^*$ basierende Verfahren oder RSA. Die Frage ist, ob es leistungsfähigere Algorithmen für DLP in bestimmten Gruppen gibt. Die Antwort lautet ja.

Die Index-Calculus-Methode ist ein sehr effizienter Algorithmus zur Berechnung des diskreten Logarithmus in zyklischen Gruppen $\mathbb{Z}_p^*$ und $GF(2^m)^*$. Er hat eine subexponentielle Laufzeit. Wir werden an dieser Stelle nicht die Details der Methode einführen, jedoch eine kurze Übersicht geben. Die Index-Calculus-Methode hängt von der Eigenschaft ab, dass viele Elemente von G effizient als Produkte von Elementen einer kleineren Untermenge von G dargestellt werden können. Für die Gruppe $\mathbb{Z}_p^*$ bedeutet das, dass sich viele Elemente als Produkte kleiner Primzahlen darstellen lassen. Diese Eigenschaft ist erfüllt für die Gruppen $\mathbb{Z}_p^*$ und $GF(2^m)^*$. Für Gruppen über elliptischen Kurven hat man jedoch noch keinen ähnlichen Weg gefunden. Die Index-Calculus-Methode ist so mächtig, dass man für eine Sicherheit von 80 Bit, d. h. für eine Angriffskomplexität von 2^{80} Schritten, eine Primzahl p mit etwa 1024 Bit für DLP in $\mathbb{Z}_p^*$ benötigt. Tab. 8.3 gibt einen Überblick über DLP-Rekorde, die seit den frühen 1990er-Jahren erreicht wurden.

Tab. 8.3 Übersicht von Rekorden in der Berechnung von diskreten Logarithmen in $\mathbb{Z}_p^*$

Dezimalstellen	Bitlänge	Jahr
58	193	1991
65	216	1996
85	282	1998
100	332	1999
120	399	2001
135	448	2006
160	532	2007
180	596	2014

8.4 Sicherheit des Diffie-Hellman-Schlüsselaustauschs

Nach der Einführung des DLP können wir uns nun die Sicherheit des DHKE aus Abschn. 8.1 anschauen. Zuerst ist es wichtig festzustellen, dass die Grundversion des DHKE nicht sicher gegen aktive Angriffe ist. Dies bedeutet, dass das Protokoll erfolgreich angegriffen werden kann, wenn Oskar Nachrichten verändern oder falsche Nachrichten erzeugen kann. Der bekannteste Angriff dieser Art ist der *Mann-in-der-Mitte-Angriff*, der in Abschn. 13.3 beschrieben ist.

Betrachten wir nun die Möglichkeiten eines passiven Angreifers, d. h. Oskar kann nur abhören, aber Nachrichten nicht ändern. Sein Ziel ist es, den zwischen Alice und Bob ausgetauschten Sitzungsschlüssel k_{AB} zu erhalten. Welche Information erhält Oskar durch das Abhören des Protokolls? Mit Sicherheit kennt Oskar α und p, da diese Parameter im Rahmen der Set-up-Phase öffentlich gemacht wurden. Darüber hinaus kann Oskar die Werte $A = k_{\text{pub},A}$ und $B = k_{\text{pub},B}$ durch Abhören des Kanals während des laufenden Schlüsselaustauschprotokolls erhalten. Daher ist die Frage, ob Oskar in der Lage ist, $k = \alpha^{ab}$ aus $\alpha, p, A \equiv \alpha^a \bmod p$ und $B \equiv \alpha^b \bmod p$ zu berechnen. Diese Fragestellung nennt man das *Diffie-Hellman-Problem* (DHP). Wie das DLP kann es auf beliebige endliche zyklische Gruppen verallgemeinert werden. Hier ist die Definition des DHP:

Definition 8.7 (Das verallgemeinerte Diffie-Hellman-Problem (DHP))
Gegeben seien eine endliche zyklische Gruppe G der Ordnung n, ein primitives Element $\alpha \in G$ und zwei Elemente $A = \alpha^a$ und $B = \alpha^b$ in G. Das DHP besteht darin, das Gruppenelement α^{ab} zu bestimmen.

Ein allgemeiner, rein theoretischer Ansatz, um das DHP zu lösen, ist wie folgt. Zur Veranschaulichung betrachten wir den DHP in der multiplikativen Gruppe $\mathbb{Z}_p^*$. Wir nehmen an (und diese Annahme ist in der Praxis gerade nicht gegeben), dass Oskar eine effiziente Methode zur Berechnung diskreter Logarithmen in $\mathbb{Z}_p^*$ hat. Dann könnte er ebenfalls das DHP lösen und den Schlüssel k_{AB} mit den folgenden beiden Schritten erhalten:

1. Berechne Alice' privaten Schlüssel $a = k_{pr,A}$ durch Lösen des DLP: $a \equiv \log_\alpha A \bmod p$.
2. Berechne den Sitzungsschlüssel $k_{AB} \equiv B^a \bmod p$.

Wie wir aus Abschn. 8.3.3 wissen, ist die Berechnung des diskreten Logarithmus unmöglich, wenn p hinreichend groß ist.

An dieser Stelle ist es wichtig darauf hinzuweisen, dass es nicht klar ist, ob das Lösen des DLP der einzige Weg zur Lösung des DHP ist. Theoretisch ist es denkbar, dass es andere Methoden zum Lösen des DHP gibt, die *ohne* die Berechnung des DLP auskommen. Man sieht, dass die Situation analog zu der von RSA ist, wo es ebenfalls nicht klar ist, ob die Faktorisierung der beste Weg zum Brechen von RSA ist. Auch wenn es noch keinen mathematischen Beweis gibt, wird manchmal dennoch angenommen, dass die Berechnung des DLP der einzige Weg zur Lösung des DHP ist.

Um die Sicherheit des DHKE in der Praxis zu gewährleisten, muss man sicherstellen, dass das zugehörige DLP nicht gelöst werden kann. Dies wird insbesondere durch eine ausreichend große Wahl von p erreicht, damit die Index-Calculus-Methode nicht das DLP bricht. Anhand von Tab. 6.1 sehen wir, dass ein Sicherheitsniveau von 80 Bit mit Primzahlen der Länge 1024 Bit erreicht werden kann. Eine Sicherheit von 128 Bit erreicht man Primzahlen der Länge von 3072 Bit. Als zusätzliche Anforderung zur Verhinderung des Pohlig-Hellman-Angriffs darf sich die Ordnung $p - 1$ der zyklischen Gruppe nicht ausschließlich in kleine Primfaktoren zerlegen lassen. Jeder der Faktoren von $p-1$ bildet eine Untergruppe, die jeweils mithilfe der Baby-Step-Giant-Step-Methode oder der Pollard-Rho-Methode angegriffen werden kann, jedoch nicht mit der Index-Calculus-Methode. Daher muss der kleinste Primfaktor von $p - 1$ für ein 80-Bit-Sicherheitsniveau mindestens 160 Bit groß und für ein 128-Bit-Sicherheitsniveau mindestens 256 Bit groß sein.

8.5 Das Verschlüsselungsverfahren nach Elgamal

Das *Elgamal-Verschlüsselungsverfahren* wurde 1985 von Taher Elgamal vorgeschlagen [9]. Das Verfahren wird oftmals auch als Elgamal-Verschlüsselung bezeichnet und kann als Erweiterung des DHKE-Protokolls gesehen werden. Es überrascht daher nicht, dass dessen Sicherheit ebenfalls auf der Schwierigkeit des DLP und des DHP beruht. Wir betrachten die Elgamal-Verschlüsselung über der Gruppe $\mathbb{Z}_p^*$, wobei p eine Primzahl ist. Das Verfahren kann jedoch auch auf andere zyklische Gruppen übertragen werden, in denen das DLP und DHP schwierig sind, z. B. in die multiplikative Gruppe von endlichen Körpern $GF(2^m)$.

8.5.1 Vom Diffie-Hellman-Schlüsselaustausch zur Elgamal-Verschlüsselung

Um das Elgamal-Verfahren zu verstehen, ist es hilfreich zu sehen, wie dieses unmittelbar aus dem DHKE folgt. Betrachten wir zwei Parteien, Alice und Bob. Wenn Alice eine verschlüsselte Nachricht x an Bob schicken möchte, müssen beide Parteien zunächst einen DHKE durchführen, um ein gemeinsames Geheimnis k_M zu berechnen. Hierzu nehmen wir an, dass eine große Primzahl p und ein primitives Element α generiert wurden. Die Grundidee des Elgamal-Verfahrens ist, dass Alice diesen Schlüssel als multiplikative Maske nutzt, um den Klartext x zu verschlüsseln als $y \equiv x \cdot k_M \bmod p$. Dieser Vorgang ist unten dargestellt.

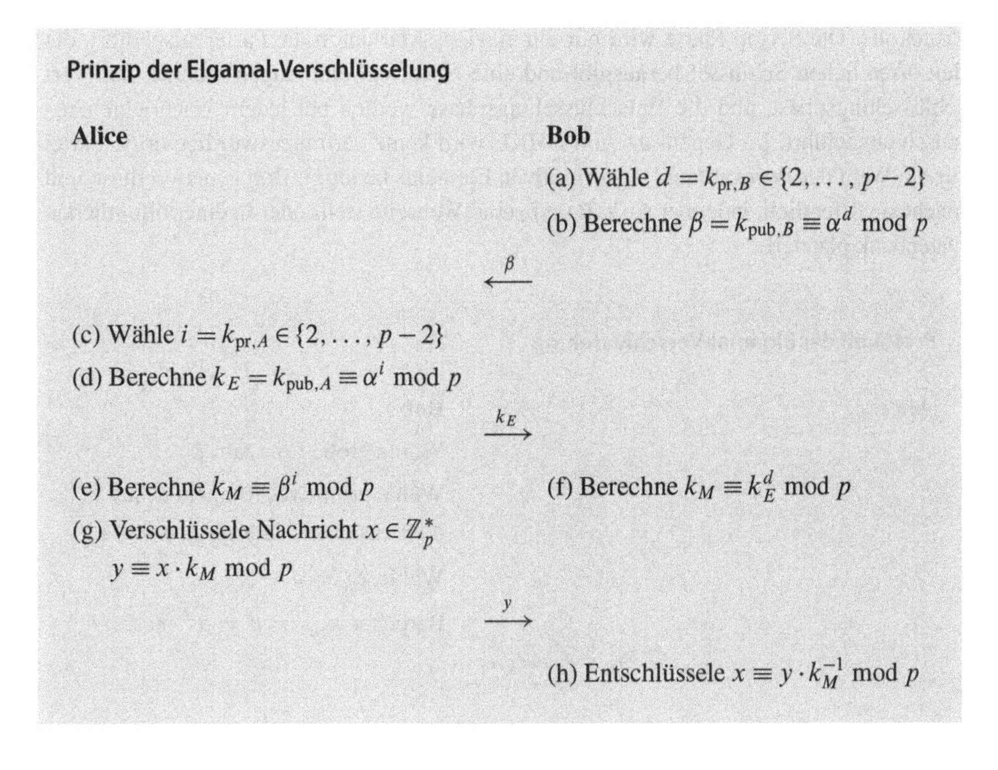

Das Protokoll besteht aus zwei Phasen: Dem klassischen DHKE (Schritte a–f), gefolgt von jeweils einer Nachrichtenver- und entschlüsselung (Schritt g bzw. h). Bob berechnet seinen privaten Schlüssel d und öffentlichen Schlüssel β. Dieses Schlüsselpaar ändert sich nicht, d. h. es kann für die Verschlüsselung von vielen Nachrichten verwendet werden. Alice muss jedoch ein neues Schlüsselpaar für die Verschlüsselung jeder Nachricht erzeugen. Ihr privater Schlüssel wird mit i und ihr öffentlicher Schlüssel mit k_E bezeichnet. Letzterer ist flüchtig („ephemeral") und wird nur temporär verwendet, daher der Index E. Der gemeinsame Schlüssel wird mit k_M bezeichnet, da er zum Maskieren des Klartexts verwendet wird.

Für die eigentliche Verschlüsselung multipliziert Alice den Klartext x mit dem Maskierungsschlüssel k_M in $\mathbb{Z}_p^*$. Auf der Empfängerseite kehrt Bob die Verschlüsselung durch Multiplikation mit der inversen Maske um. Man beachte, dass eine Eigenschaft zyklischer Gruppen ist, dass für einen gegebenen Schlüssel $k_M \in \mathbb{Z}_p^*$ jede Nachricht x auf genau ein anderes Chiffrat abgebildet wird, wenn die beiden Werte miteinander multipliziert werden. Wenn der Schlüssel k_M zufällig aus $\mathbb{Z}_p^*$ gewählt wird, ist jedes Chiffrat $y \in \{1, 2, \ldots, p-1\}$ gleich wahrscheinlich.

8.5.2 Das Elgamal-Protokoll

Nun beschreiben wir das Verfahren etwas formaler. Wir unterscheiden drei Phasen des Protokolls. Die Set-up-Phase wird nur ein einziges Mal durch die Partei ausgeführt, die den öffentlichen Schlüssel herausgibt und eine Nachricht empfangen möchte. Die Verschlüsselungsphase und die Entschlüsselungsphase werden bei jedem Nachrichtenaustausch ausgeführt. Im Gegensatz zum DHKE wird keine vertrauenswürdige dritte Partei für die Wahl der Primzahl und des primitiven Elements benötigt. Bob generiert diese und macht sie öffentlich, indem er sie z. B. auf seine Webseite stellt oder in einer öffentlichen Datenbank platziert.

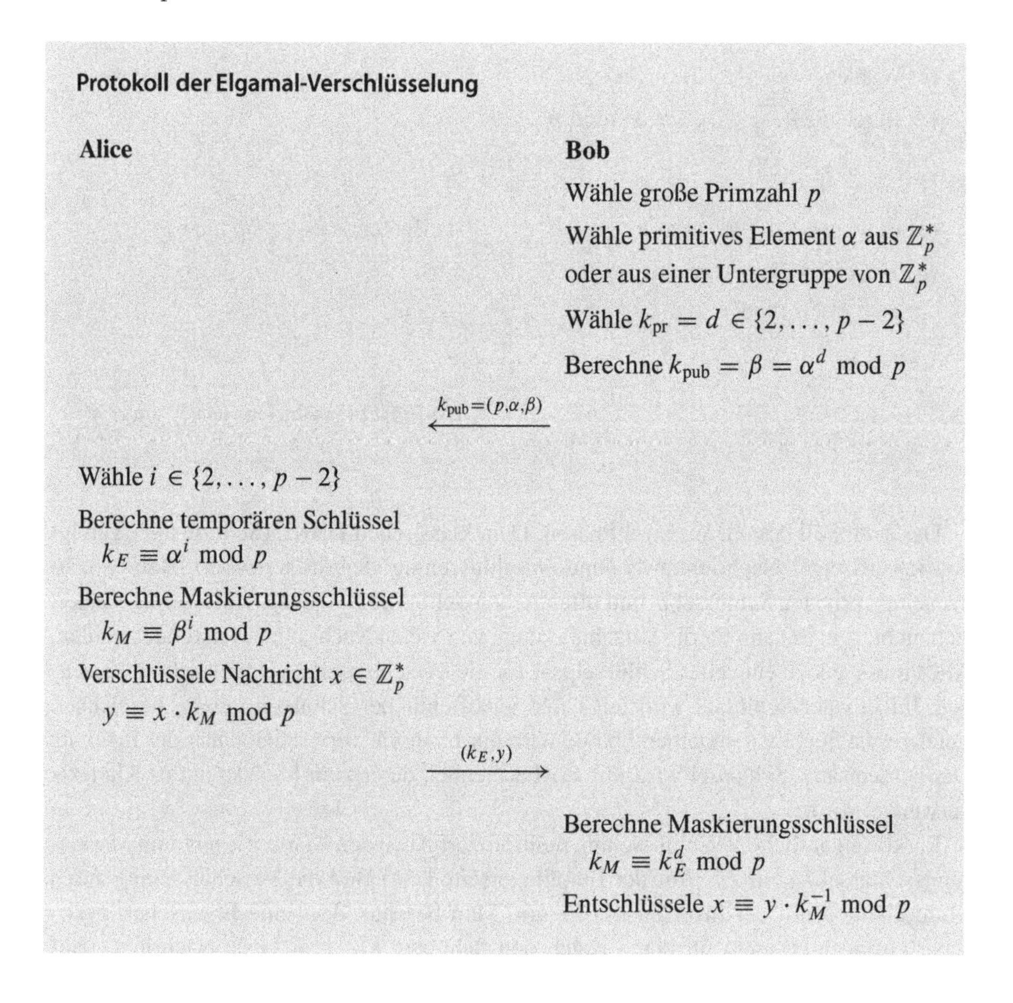

Protokoll der Elgamal-Verschlüsselung

Alice | **Bob**

Bob:
Wähle große Primzahl p
Wähle primitives Element α aus $\mathbb{Z}_p^*$ oder aus einer Untergruppe von $\mathbb{Z}_p^*$
Wähle $k_{pr} = d \in \{2, \ldots, p-2\}$
Berechne $k_{pub} = \beta = \alpha^d \bmod p$

$\xleftarrow{k_{pub}=(p,\alpha,\beta)}$

Alice:
Wähle $i \in \{2, \ldots, p-2\}$
Berechne temporären Schlüssel
$k_E \equiv \alpha^i \bmod p$
Berechne Maskierungsschlüssel
$k_M \equiv \beta^i \bmod p$
Verschlüssele Nachricht $x \in \mathbb{Z}_p^*$
$y \equiv x \cdot k_M \bmod p$

$\xrightarrow{(k_E, y)}$

Bob:
Berechne Maskierungsschlüssel
$k_M \equiv k_E^d \bmod p$
Entschlüssele $x \equiv y \cdot k_M^{-1} \bmod p$

Das Elgamal-Protokoll verändert die Reihenfolge der Operationen, wenn man sie mit dem zuvor besprochenen Diffie-Hellman-basierten Protokoll vergleicht. Der Grund hierfür ist, dass Alice nur eine Nachricht senden muss, während in dem Diffie-Hellman-basierten Protokoll zwei Nachrichten gesendet werden mussten.

Das Chiffrat besteht aus zwei Teilen: dem flüchtigen Schlüssel k_E und dem maskierten Klartext y. Da im Allgemeinen alle Paramter eine Bitlänge von $\lceil \log_2 p \rceil$ haben, ist das Chiffrat (k_E, y) doppelt so groß wie die Nachricht. Daher *vergrößert* die Elgamal-Verschlüsselung die Nachricht um den Faktor zwei.

Nun zeigen wir, dass das Elgamal-Protokoll korrekt ist.

Beweis Wir müssen zeigen, dass $d_{k_{pr}}(k_E, y)$ wieder die Originalnachricht x ergibt. Dies folgt aus:

$$\begin{aligned} d_{k_{pr}}(k_E, y) &\equiv y \cdot (k_M)^{-1} \bmod p \\ &\equiv [x \cdot k_M] \cdot (k_E^d)^{-1} \bmod p \\ &\equiv [x \cdot (\alpha^d)^i][(\alpha^i)^d]^{-1} \bmod p \\ &\equiv x \cdot \alpha^{d \cdot i - d \cdot i} \equiv x \bmod p \end{aligned}$$

□

Schauen wir uns ein Beispiel mit kleinen Zahlen an.

Beispiel 8.14 In diesem Beispiel erzeugt Bob die Elgamal-Schlüssel und Alice verschlüsselt die Nachricht $x = 26$.

Alice		**Bob**
Nachricht $x = 26$		Erzeuge $p = 29$ und $\alpha = 2$
		Wähle $k_{pr,B} = d = 12$
		Berechne $\beta = \alpha^d \equiv 7 \bmod 29$
	$\xleftarrow{k_{pub,B}=(p,\alpha,\beta)}$	
Wähle $i = 5$		
Berechne $k_E = \alpha^i \equiv 3 \bmod 29$		
Berechne $k_M = \beta^i \equiv 16 \bmod 29$		
Verschlüssele $y = x \cdot k_M \equiv 10 \bmod 29$		
	$\xrightarrow{y,\, k_E}$	
		Berechne $k_M = k_E^d \equiv 16 \bmod 29$
		Entschlüssele $x = y \cdot k_M^{-1} \equiv 10 \cdot 20 \equiv 26 \bmod 29$

Man beachte folgenden wichtigen Unterschied zur Schulbuchvariante des RSA-Verfahrens: Elgamal ist ein *probabilistisches Verschlüsselungsverfahren*, d. h. die Chiffrierung zweier identischer Nachrichten x_1 und x_2 mit $x_1, x_2 \in \mathbb{Z}_p^*$ unter Verwendung desselben öffentlichen Schlüssels ergibt mit sehr hoher Wahrscheinlichkeit zwei unterschiedliche Chiffrate $y_1 \neq y_2$. Dies liegt daran, dass i für jede Verschlüsselung erneut zufällig aus $\{2, 3, \cdots, p-2\}$ gewählt wird und daher auch der Maskierungsschlüssel $k_M = \beta^i$, der für die Verschlüsselung verwendet wird, für jeden neuen Klartext anders ist. Hierdurch können viele Angriffe, die darauf basieren, dass ein gegebener Klartext x immer auf ein bestimmtes Chiffrat abgebildet wird, verhindert werden (vgl. auch Aufgabe 7.13).

8.5.3 Rechenkomplexität

Wir betrachten nachfolgend die Rechenschritte, die für die verschiedenen Phasen des Elgamal-Protokolls durchgeführt werden müssen.

Schlüsselerzeugung Während der Schlüsselerzeugung durch den Empfänger (in dem oben stehenden Beispiel ist das Bob), müssen eine Primzahl p erzeugt und der öffentliche und private Schlüssel berechnet werden. Da die Sicherheit von Elgamal auch auf dem DLP basiert, muss p die in Abschn. 8.3.3 besprochenen Eigenschaften erfüllen. Insbesondere sollte p eine Länge von 2048 Bit haben, um Langzeitsicherheit zu gewähren. Um eine derartige Primzahl zu erzeugen, können die in Abschn. 7.6 eingeführten Algorithmen zur Primzahlgenerierung verwendet werden. Die Berechnung des öffentlichen Schlüssels benötigt nur eine Exponentiation, für die der Square-and-Multiply-Algorithmus (siehe Abschn. 7.4) eingesetzt wird.

Verschlüsselung Für die Verschlüsselung werden zwei modulare Exponentiationen und eine modulare Multiplikation für die Berechnung des flüchtigen Schlüssels und des Maskierungsschlüssels bzw. für die eigentliche Nachrichtenverschlüsselung benötigt. Alle Operanden haben eine Länge von $\lceil \log_2 p \rceil$ Bit. Für eine effiziente Durchführung der Exponentiation wird wiederum der Square-and-Multiply-Algorithmus eingesetzt. Man beachte, dass die beiden Exponentiationen, die fast die gesamte Rechenkomplexität ausmachen, unabhängig vom Klartext sind. In manchen Anwendungen können daher diese Berechnungen vorab zu Zeiten geringer Auslastung durchgeführt und abgespeichert werden, um dann zu einem späteren Zeitpunkt für die eigentliche Verschlüsselung verwendet zu werden. In der Praxis kann das je nach Anwendung sehr vorteilhaft sein.

Entschlüsselung Die wesentlichen Schritte der Entschlüsselung sind zuerst eine Exponentiation $k_M = k^d \bmod p$ unter Verwendung des Square-and-Multiply-Algorithmus, gefolgt von einer Inversion von k_M, für den der EEA eingesetzt wird. Es gibt jedoch eine Beschleunigung dieser Rechenschritte basierend auf dem kleinen fermatschen Satz, bei dem die beiden Schritte zu einem einzigen zusammengefasst werden. Aus dem Satz aus Abschn. 6.3.4 folgt, dass

$$k_E^{p-1} \equiv 1 \bmod p$$

für alle $k_E \in \mathbb{Z}_p^*$. Wir können daher die Schritte 1 und 2 der Entschlüsselung wie folgt zusammenfassen:

$$\begin{aligned} k_M^{-1} &\equiv (k_E^d)^{-1} \bmod p \\ &\equiv (k_E^d)^{-1} k_E^{p-1} \bmod p \\ &\equiv k_E^{p-d-1} \bmod p \end{aligned} \tag{8.4}$$

Die Äquivalenz (8.4) erlaubt uns die Berechnung der Inversen des Maskierungsschlüssels in einer einzigen Potenzierung mit dem Exponenten $(p - d - 1)$. Danach wird eine modulare Multiplikation benötigt, um den Klartext $x \equiv y \cdot k_M^{-1} \bmod p$ zu berechnen. Zusammenfassend stellen wir fest, dass die Entschlüsselung im Wesentlichen aus einer Ausführung des Square-and-Multiply-Algorithmus gefolgt von einer einzelnen modularen Multiplikation besteht.

8.5.4 Sicherheit

Wenn wir uns der Sicherheit des Elgamal-Verfahrens widmen, ist es wichtig, zwischen passiven, d. h. nur lesenden, und aktiven Angriffen zu unterscheiden. Bei Letzteren kann Oskar auch eigenständig Nachrichten generieren und verändern.

Passive Angriffe

Die Sicherheit der Elgamal-Verschlüsselung gegen passive Angriffe, d. h. Gewinnung von x aus den Werten $p, \alpha, \beta = \alpha^d$, $k_E = \alpha^i$ und $y = x \cdot \beta^i$ durch Abhören, beruht auf der Schwierigkeit des DHP (Abschn. 8.4). Bisher ist zum Lösen des DHP keine andere Methode bekannt als die Berechnung diskreter Logarithmen. Wenn wir annehmen, Oskar hätte übernatürliche Fähigkeiten und könnte tatsächlich diskrete Logarithmen berechnen, hätte er zwei Möglichkeiten, das Elgamal-Verfahren anzugreifen:

- Bestimmung des Klartexts x durch Berechnung von Bobs privatem Schlüssel d:

  $$d = \log_\alpha \beta \bmod p$$

  Dieser Schritt löst das DLP, das rechnerisch unmöglich ist, wenn die Parameter korrekt gewählt wurden. Wenn es Oskar jedoch trotzdem gelingt, kann er den Klartext genauso entschlüsseln wie der Empfänger Bob:

  $$x \equiv y \cdot (k_E^d)^{-1} \bmod p$$

- Statt Bobs geheimen Schlüssel d zu berechnen, kann Oskar alternativ versuchen, Alices zufälligen Exponenten i zu finden:

  $$i = \log_\alpha k \bmod p$$

  Auch hier muss das diskrete Logarithmusproblem gelöst werden. Sollte dies Oskar gelingen, kann er den Klartext wie folgt berechnen:

  $$x \equiv y \cdot (\beta^i)^{-1} \bmod p$$

In beiden Fällen muss Oskar das DLP in der endlichen zyklischen Gruppe $\mathbb{Z}_p^*$ lösen. Im Gegensatz zu elliptischen Kurven kann hier die mächtigere Index-Calculus-Methode (Abschn. 8.3.3) angewendet werden. Daher muss p heutzutage mindestens eine Länge von 1024 Bit, besser 2048 Bit, haben, um die Sicherheit des Elgamal-Verfahrens zu gewährleisten.

Genau wie bei dem DHKE-Protokoll müssen wir aufpassen, dass wir nicht Opfer eines Angriffs auf *kleine Untergruppen* werden. Um diesem Angriff entgegenzuwirken, werden in der Praxis primitive Elemente α verwendet, die eine Untergruppe mit primer Ordnung erzeugen. In solchen Gruppen sind alle Elemente primitiv und es existieren somit keine kleinen Untergruppen. Aufgabe 8.18 zeigt beispielhaft die Fallstricke solcher Angriffe auf kleine Untergruppen.

Aktive Angriffe

Wie bei jedem anderen asymmetrischen Verfahren muss auch bei der Elgamal-Verschlüsselung sichergestellt werden, dass die öffentlichen Schlüssel authentisch sind. Dies bedeutet, dass der verschlüsselnde Teilnehmer (in unserem Beispiel Alice) auch wirklich den öffentlichen Schlüssel hat, der zu Bob gehört. Wenn Oskar es schafft, Alice davon zu überzeugen, dass sein Schlüssel der von Bob ist, kann er das Verfahren angreifen. Um einen derartigen Angriff zu verhindern, werden in der Praxis zumeist sog. Zertifikate verwendet, die wir in Kap. 13 besprechen.

Eine andere Schwachstelle der Elgamal-Verschlüsselung ist, dass der geheime Exponent i nicht mehrfach verwendet werden sollte. Angenommen, Alice verwendet den Wert i zur Verschlüsselung zweier aufeinanderfolgender Nachrichten x_1 und x_2. In diesem Fall sind die beiden Maskierungsschlüssel identisch, d. h. $k_M = \beta^i$. Damit wären auch die temporären Schlüssel identisch. Alice würde dann die beiden Chiffrate (y_1, k_E) und (y_2, k_E) über den Kanal schicken. Kennt Oskar die erste Nachricht oder kann er diese erraten, kann er den Maskierungsschlüssel berechnen: $k_M \equiv y_1 x_1^{-1} \bmod p$. Damit kann er wiederum die zweite Nachricht x_2 entschlüsseln:

$$x_2 \equiv y_2 k_M^{-1} \bmod p$$

Jede weitere Nachricht kann entsprechend entschlüsselt werden, wenn derselbe Wert i verwendet wurde. Konsequenterweise muss man zur Verhinderung dieses Angriffs sicherstellen, dass sich der geheime Exponent i nicht wiederholt. Würde man z. B. einen kryptografisch sicheren PRNG wie in Abschn. 2.2.1 beschrieben nutzen, der jedoch mit demselben Startwert am Anfang jeder Sitzung initialisiert wird, würde dieselbe Folge von Werten von i bei jeder Verschlüsselung verwendet, was von Oskar ausgenutzt werden könnte. Oskar könnte die Wiederverwendung der geheimen Exponenten an den daraus folgenden identischen flüchtigen Schlüsseln erkennen.

Ein weiterer aktiver Angriff gegen des Elgamal-Verfahren nutzt dessen „malleability" (Fälschbarkeit, vgl. Abschn. 7.7) aus. Wenn Oskar das Chiffrat (k_E, y) bekommt, kann er es durch

$$(k_E, s\,y),$$

ersetzen, wobei s eine ganze Zahl ist. Der Empfänger würde dann Folgendes berechnen:

$$\begin{aligned} d_{k_{pr}}(k_E, s\,y) &\equiv s\,y \cdot k_M^{-1} \bmod p \\ &\equiv s\,(x \cdot k_M) \cdot k_M^{-1} \bmod p \\ &\equiv s\,x \bmod p \end{aligned}$$

Damit ist der entschlüsselte Text auch ein Vielfaches von s. Diese Situation ist analog zur Fälschbarkeit von RSA, die in Abschn. 7.7 erläutert wurde. Oskar kann zwar nicht das Chiffrat entschlüsseln, es aber in einer bestimmten Weise verändern. So könnte er beispielsweise den Wert nach der Entschlüsselung verdoppeln oder verdreifachen, indem er s gleich 2 oder 3 wählt. Genau wie im Fall von RSA wird daher i. d. R. nicht die Schulbuchmethode von Elgamal in der Praxis verwendet. Stattdessen führt man auch bei Elgamal ein Padding ein, um Angriffe dieser Art zu vermeiden.

8.6 Diskussion und Literaturempfehlungen

Diffie-Hellman-Schlüsselaustausch und Elgamal-Verschlüsselung Der DHKE wurde in der richtungweisenden Veröffentlichung [8] beschrieben, in der ebenfalls das erste Mal das Konzept der asymmetrischen Kryptografie vorgestellt wurde. Da Ralph Merkle unabhängig von Whitfield Diffie und Martin Hellman die asymmetrische Kryptografie entedeckt hatte, schlug Hellman 2003 vor, den Algorithmus fortan als Diffie-Hellman-Merkle-Schlüsselaustausch zu bezeichnen. Dieser Name hat sich allerdings nicht durchgesetzt. In Kap. 13 dieses Buchs wird der DHKE weiter aus Protokollsicht behandelt. Der DHKE ist in ANSI X9.42 [2] standardisiert und wird in zahlreichen praktischen Protokollen wie TLS verwendet. Eine attraktive Eigenschaft des DHKE ist die Übertragbarkeit des Verfahrens von multiplikativen Gruppen von Primzahlkörpern auf beliebige zyklischen Gruppen. In der Praxis wird der DHKE neben $\mathbb{Z}_p^*$ über der Gruppe von Punkten auf elliptischen Kurven verwendet (s. Abschn. 9.3).

Der DHKE ist ein Zwei-Parteien-Protokoll, kann aber auf einen Gruppenschlüsselaustausch erweitert werden, in dem mehrere Parteien einen gemeinsamen Diffie-Hellman-Schlüssel aushandeln [5].

Die von Taher Elgamal im Jahre 1985 vorgeschlagene Elgamal-Verschlüsselung [9] kommt in vielen praktischen Systemen zum Einsatz. Sie ist beispielsweise Bestandteil der freien Software GNU Privacy Guard (GnuPG), OpenSSL oder Pretty Good Privacy (PGP). Aktive Angriffe gegen die Elgamal-Verschlüsselung wie die in Abschn. 8.5.4 besprochenen sind in der Praxis oft schwer durchführbar. Es gibt Verfahren, die auf Elgamal aufbauen, jedoch stärkere Sicherheitseigenschaften haben. Zu diesen zählen z. B. das *Cramer-Shoup-Verfahren* [7] und das *DHAES*-Verfahren [1], das von Abdalla, Bellare und Rogaway vorgeschlagen wurde. Diese Verfahren sind unter bestimmten Annahmen sicher gegen sog. Chosen-Ciphertext-Angriffe.

Diskretes Logarithmusproblem In diesem Kapitel haben wir die wichtigsten Angriffsalgorithmen zum Lösen des DLP beschrieben. Eine gute Übersicht über diese sowie weitere Referenzen sind in [13, p. 164 ff.] zu finden. In Abschn. 8.4 wurde der Zusammenhang zwischen dem DHP und dem DLP besprochen. Dieser Zusammenhang ist von großer Bedeutung für die theoretische Kryptografie. Wesentliche Beiträge zu diesem Thema sind die Veröffentlichungen [4, 12].

In multiplikativen Gruppen bestimmter Erweiterungskörper, d. h. endlichen Körpern $GF(p^m)$ mit $m > 1$, ist das DLP einfacher zu lösen als in $\mathbb{Z}_p^\star$, das die multiplikative Gruppe von $GF(p)$ ist. Insbesondere können diskrete Logarithmen in manchen Körpern $GF(2^m)$, bei denen m keine Primzahl ist, effizient berechnet werden. Es gibt ebenso effiziente Varianten der Index-Calculus-Methode zur Diskreter-Logarithmus-Berechnung für Erweiterungskörper $GF(p^m)$, bei denen $p > 2$ und $m > 1$ ist. Eine gute Zusammenfassung der Angriffe auf das DLP in solchen sog. Erweiterungskörpern mit kleiner Charakteristik findet sich in [10]. In der Praxis werden aus diesem Grund fast nur Primkörper $GF(p)$ für DLP-basierte Kryptoverfahren genutzt.

Die Idee, das DLP in anderen Gruppen als in $\mathbb{Z}_p^\star$ zu nutzen, wird in der Elliptische-Kurven-Kryptografie ausgenutzt. Elliptische Kurven werden in Kap. 9 eingeführt. Ein anderes Kryptosystem, das auf dem verallgemeinerten DLP basiert, sind hyperelliptische Kurven, die in [6] ausführlich besprochen werden. Anstelle von Primzahlkörpern $\mathbb{Z}_p^\star$ kann man auch bestimmte Erweiterungskörper verwenden, die rechentechnische Vorteile mit sich bringen. Beispiele für zwei besser untersuchte Diskreter-Logarithmus-Systeme über Erweiterungskörpern sind die Lucas-basierten Kryptosysteme [3] und das Efficient-and Compact-Subgroup-Trace-Representation-Verfahren (XTR) [11].

8.7 Lessons Learned

- Das Diffie-Hellman-Protokoll ist eine weit verbreitete Methode für den Schlüsselaustausch. Es basiert auf zyklischen Gruppen.
- Das DLP ist eine der wichtigsten Einwegfunktionen in der modernen asymmetrischen Kryptografie, auf der viele asymmetrische Verfahren basieren.

- In der Praxis werden die multiplikative Gruppe über dem Primzahlkörper $\mathbb{Z}_p^*$ oder die Gruppe von Punkten über elliptischen Kurven am häufigsten verwendet.
- Für das Diffie-Hellman-Protokoll in $\mathbb{Z}_p^*$ sollte die Primzahl p mindestens 2048 Bit groß sein, um Langzeitsicherheit zu gewährleisten.
- Das Elgamal-Verfahren ist eine Erweiterung des Diffie-Hellman-Protokolls, bei der der berechnete Sitzungsschlüssel als multiplikative Maske zur Nachrichtenverschlüsselung verwendet wird.
- Elgamal ist ein probabilistisches Verschlüsselungsverfahren, d. h. die Verschlüsselung zweier identischer Nachrichten ergibt unterschiedliche Chiffrate.
- Bei der Elgamal-Verschlüsselung über $\mathbb{Z}_p^*$ sollte die Primzahl p mindestens 2048 Bit groß sein, d. h. $p > 2^{2048}$.

8.8 Aufgaben

8.1

Ein Verständnis von Gruppen, zyklischen Gruppen und Untergruppen ist wichtig für die Verwendung von asymmetrischen Kryptosystemen basierend auf dem DLP. In dieser und den folgenden Aufgaben machen wir uns mit der Arithmetik in derartigen algebraischen Strukturen vertraut.

Bestimmen Sie die Ordnung aller Elemente der folgenden multiplikativen Gruppen:

1. $\mathbb{Z}_5^*$
2. $\mathbb{Z}_7^*$
3. $\mathbb{Z}_{13}^*$

Erzeugen Sie jeweils eine Liste mit zwei Spalten, wobei jede Zeile ein Element a und dessen Ordnung $\text{ord}(a)$ enthält.

(Hinweis: Um sich an zyklische Gruppen und deren Eigenschaften zu gewöhnen, ist es hilfreich, alle Ordnungen von Hand, d. h. nur mit einem Taschenrechner, auszurechnen. Wenn man sein Kopfrechnen auffrischen möchte, kann man versuchen, so weit wie möglich ohne Taschenrechner auszukommen.)

8.2

Wir betrachten die Gruppe $\mathbb{Z}_{53}^*$. Welche möglichen Ordnungen können Elemente haben? Wie viele Elemente existieren für jede Ordnung?

8.3

Wir schauen uns nun die Gruppen aus Aufgabe 8.1 an.

1. Wie viele Elemente hat jede der multiplikativen Gruppen?
2. Teilen alle der obigen Ordnungen die Anzahl der Elemente in der zugehörigen multiplikativen Gruppe?

3. Welche der Elemente aus Aufgabe 8.1 sind primitive Elemente?
4. Zeigen Sie für diese Gruppen, dass die Anzahl der primitiven Elemente durch $\phi(|\mathbb{Z}_p^*|)$ gegeben ist.

8.4

In dieser Aufgabe wollen wir primitive Elemente (Generatoren) einer multiplikativen Gruppe finden. Generatoren spielen eine große Rolle für den DHKE und viele weitere auf diskretem Logarithmus basierende asymmetrische Verfahren. Gegeben seien die Primzahl $p = 4969$ und die zugehörige multiplikative Gruppe $\mathbb{Z}_{4969}^*$.

1. Bestimmen Sie die Anzahl der Generatoren in $\mathbb{Z}_{4969}^*$.
2. Wie hoch ist die Wahrscheinlichkeit für ein zufälliges Element $a \in \mathbb{Z}_{4969}^*$, ein Generator zu sein?
3. Bestimmen Sie den kleinsten Generator $a \in \mathbb{Z}_{4969}^*$ mit $a > 1000$.
   Hinweis: Diese Aufgabe kann durch einfaches Testen *aller* möglichen Faktoren der Gruppenordnung $p-1$ gelösten werden. Eine alternative und viel effizientere Methode besteht darin, die Aussage $a^{(p-1)/q_i} \neq 1 \bmod p$ für alle Primfaktoren q_i mit $p - 1 = \prod q_i^{e_i}$ zu testen. Starten Sie mit $a = 1001$ und wiederholen Sie diese Schritte, bis Sie einen Generator von $\mathbb{Z}_{4969}^*$ erhalten.
4. Welche Maßnahme bezüglich der Wahl von p kann man zur Vereinfachung der Suche nach Generatoren in $\mathbb{Z}_p^*$ durchführen?

8.5

Berechnen Sie die beiden öffentlichen Schlüssel und den gemeinsamen Sitzungsschlüssel für das Diffie-Hellmann-Protokoll mit den Parametern $p = 467$, $\alpha = 2$ und

1. $a = 3, b = 5$
2. $a = 400, b = 134$
3. $a = 228, b = 57$

Führen Sie in allen Fällen die Berechnungen für Alice *und* Bob aus. Dies ist auch eine gute Überprüfung der Ergebnisse.

8.6

Wir betrachten nun einen weiteren DHKE mit derselben Primzahl $p = 467$ wie in Aufgabe 8.5. Dieses Mal nutzen wir jedoch das Element $\alpha = 4$. Das Element 4 hat die Ordnung 233 und generiert eine Untergruppe mit 233 Elementen. Berechnen Sie k_{AB} für

1. $a = 400, b = 134$
2. $a = 167, b = 134$

Warum sind die Sitzungsschlüssel identisch?

8.7
Für das DHKE-Protokoll werden die privaten Schlüssel aus der Menge

$$\{2, \ldots, p-2\}$$

gewählt. Warum sind hier die Werte 1 und $p-1$ ausgenommen? Beschreiben Sie, warum diese beiden Werte Sicherheitsprobleme darstellen.

8.8
Gegeben sei ein DHKE-System. Der Modul p hat 1024 Bit und α ist ein Generator einer Untergruppe mit $\text{ord}(\alpha) \approx 2^{160}$.

1. Was ist die maximale Größe, die die privaten Schlüssel haben sollten?
2. Wie lange dauert im Durchschnitt die Berechnung der Sitzungsschlüssel, wenn eine modulare Multiplikation 700 μs und eine modulare Quadrierung 400 μs benötigt? Nehmen Sie dabei an, dass die öffentlichen Schlüssel bereits berechnet wurden.
3. Eine bekannte Technik zur Beschleunigung von Diskreter-Logarithmus-Systemen verwendet kleine primitive Elemente. Wir nehmen nun an, dass α ein solches kleines Element ist (z. B. eine natürliche Zahl mit einer Länge von 16 Bit). Nehmen wir weiterhin an, dass eine modulare Multiplikation mit α nun nur noch 30 μs benötigt. Wie lange benötigt die Berechnung des öffentlichen Schlüssels? Warum ist die Ausführungsdauer für eine modulare Quadrierung bei Anwendung des Square-and-Multiply-Algorithmus immer noch die gleiche wie oben?

8.9
Nun wollen wir die Bedeutung der richtigen Wahl von Generatoren in multiplikativen Gruppen betrachten.

1. Zeigen Sie, dass die Ordnung eines Elements $a \in \mathbb{Z}_p$ mit $a = p - 1$ immer 2 ist.
2. Welche Untergruppe wird durch a erzeugt?
3. Beschreiben Sie kurz einen einfachen Angriff auf den DHKE, der diese Eigenschaft ausnutzt.

8.10
Wir betrachten ein DHKE-Protokoll über einen endlichen Körper $GF(2^m)$. Sämtliche Berechnungen werden in $GF(2^5)$ mit dem irreduziblen Polynom $P(x) = x^5 + x^2 + 1$ durchgeführt. Das primitive Element für das Diffie-Hellman-Verfahren ist $\alpha = x^2$. Die privaten Schlüssel sind durch $a = 3$ und $b = 12$ gegeben. Wie lautet der Sitzungsschlüssel k_{AB}?

8.11
In Abschn. 8.4 wurde gezeigt, dass das Diffie-Hellman-Protokoll so sicher wie das DHP ist, d. h. der DHKE ist so sicher wie das DLP in der Gruppe $\mathbb{Z}_p^*$. Diese Aussage gilt jedoch

nur für passive Angreifer, d. h. Oskar kann den Kanal lediglich abhören. Ist Oskar auch in der Lage, Nachrichten zwischen Alice und Bob abzufangen und zu manipulieren, kann das Schlüsselaustauschprotokoll einfach gebrochen werden. Entwickeln Sie einen aktiven Angriff gegen den DHKE, in dem Oskar der sog. Mann in der Mitte ist.

8.12
Schreiben Sie ein Programm, das den diskreten Logarithmus $\mathbb{Z}_p^*$ durch eine vollständige Suche ermittelt. Die Eingabeparameter für Ihr Programm sind p, α, β. Das Programm soll x berechnen, wobei $\beta = \alpha^x \bmod p$.

Berechnen Sie eine Lösung für $\log_{106} 12.375$ in $\mathbb{Z}_{24691}$.

8.13
Verschlüsseln Sie die folgenden Nachrichten mit dem Elgamal-Verfahren, wobei $p = 467$ und $\alpha = 2$:

1. $k_{\text{pr}} = d = 105, i = 213, x = 33$
2. $k_{\text{pr}} = d = 105, i = 123, x = 33$
3. $k_{\text{pr}} = d = 300, i = 45, x = 248$
4. $k_{\text{pr}} = d = 300, i = 47, x = 248$

Entschlüsseln Sie nun jedes Chiffrat und zeigen Sie alle Zwischenschritte.

8.14
Nehmen wir an, Bob schickt eine mit dem Elgamal-Verfahren verschlüsselte Nachricht an Alice. Fälschlicherweise verwendet Bob denselben Parameter i für alle Nachrichten. Darüber hinaus wissen wir, dass jeder Klartext von Bob mit der Zahl $x_1 = 21$ (Bobs ID) beginnt. Wir erhalten nun folgende Chiffrate:

$$(k_{E,1} = 6, y_1 = 17),$$
$$(k_{E,2} = 6, y_2 = 25).$$

Die Parameter von Elgamal sind $p = 31, \alpha = 3, \beta = 18$. Bestimmen Sie den zweiten Klartext x_2.

8.15
Sei ein Elgamal-Kryptosystem gegeben. Bob versucht besonders schlau zu sein und wählt folgenden PRNG zur Berechnung neuer Werte i:

$$i_j = i_{j-1} + f(j), \quad 1 \leq j \tag{8.5}$$

wobei $f(j)$ eine komplizierte, aber bekannte Pseudozufallsfunktion ist (z. B. könnte $f(j)$ eine kryptografische Hash-Funktion wie SHA-1 sein). i_0 ist eine echte Zufallszahl, die Oskar nicht bekannt ist.

Bob verschlüsselt n Nachrichten x_j wie folgt:

$$k_{E_j} \equiv \alpha^{i_j} \bmod p$$
$$y_j \equiv x_j \cdot \beta^{i_j} \bmod p,$$

wobei $1 \leq j \leq n$. Nehmen Sie an, dass Oskar neben allen Geheimtexten auch den letzten Klartext x_n kennt.

Geben Sie eine Formel an, mit der Oskar jede der Nachrichten x_j, $1 \leq j \leq n-1$ berechnen kann. Natürlich kennt Oskar nach dem Kerckhoffsschen Prinzip auch das obige Verfahren sowie die Funktion $f(\cdot)$.

8.16

Sei ein Elgamal-Verschlüsselungsverfahren mit den öffentlichen Parametern $k_{pub} = (p, \alpha, \beta)$ und einem unbekannten privaten Schlüssel $k_{pr} = d$ gegeben. Durch eine fehlerhafte Implementierung des Zufallszahlengenerators der verschlüsselnden Partei gilt der folgende Zusammenhang zwischen zwei temporären Schlüsseln:

$$k_{M,j+1} = k_{M,j}^2 \bmod p.$$

Seien n aufeinanderfolgende Chiffrate

$$(k_{E_1}, y_1), (k_{E_2}, y_2), \ldots, (k_{E_n}, y_n)$$

gegeben, die zu Klartexten

$$x_1, x_2, \ldots, x_n$$

gehören. Sei darüber hinaus der erste Klartext x_1 bekannt (z. B. der Header einer Datei).

1. Beschreiben Sie, wie ein Angreifer die Klartexte $x_1, x_2, ..., x_n$ aus den gegebenen Informationen berechnen kann.
2. Kann ein Angreifer hieraus auch den privaten Schlüssel d berechnen? Begründen Sie Ihre Antwort.

8.17

Das Elgamal-Verfahren ist nichtdeterministisch, d. h. ein gegebener Klartext x hat viele gültige Chiffrate.

1. Warum ist die Elgamal-Verschlüsselung probabilistisch?
2. Wie viele gültige Chiffrate existieren für jede Nachricht x (allgemeiner Ausdruck)? Wie viele gibt es in Aufgabe 8.13 (numerische Antwort)?
3. Ist das RSA-Kryptosystem deterministisch, nachdem der öffentliche Schlüssel gewählt wurde?

8.18

Wir schauen uns nun die Schwächen der Elgamal-Verschlüsselung an, wenn ein öffentlicher Schlüssel mit einer kleinen Ordnung verwendet wird. Betrachten wir das folgende Beispiel: Angenommen, Bob verwendet die Gruppe $\mathbb{Z}_{29}^*$ mit dem primitiven Element $\alpha = 2$. Sein öffentlicher Schlüssel ist $\beta = 28$.

1. Was ist die Ordnung des öffentlichen Schlüssels?
2. Welche möglichen Maskierungsschlüssel k_M gibt es?
3. Alice verschlüsselt eine Nachricht, wobei jeder Buchstabe nach der einfachen Regel a $\rightarrow$ 0, ..., z $\rightarrow$ 25 codiert wird. Es gibt drei zusätzliche Symbole im Chiffrat, ä $\rightarrow$ 26 , ö $\rightarrow$ 27, ü $\rightarrow$ 28. Alice überträgt die folgenden 11 Chiffrate (k_E, y):

$$(3,15), (19,14), (6,15), (1,24), (22,13), (4,7),$$
$$(13,4), (3,21), (18,17), (26,25), (7,17)$$

Entschlüsseln Sie die Nachricht, ohne Bobs privaten Schlüssel zu berechnen. Schauen Sie sich hierzu die Chiffrate genau an und raten Sie! Berücksichtigen Sie die Tatsache, dass es lediglich einige wenige Maskierungsschlüssel gibt.

Literatur

1. Michel Abdalla, Mihir Bellare, Phillip Rogaway, DHAES: An encryption scheme based on the Diffie–Hellman problem (1999), citeseer.ist.psu.edu/abdalla99dhaes.html. Zugegriffen am 1. April 2016
2. ANSI X9.42-2003, Public key cryptography for the financial services industry: Agreement of symmetric keys using discrete logarithm cryptography. Technical report (American Bankers Association, 2003)
3. Daniel Bleichenbacher, Wieb Bosma, Arjen K. Lenstra, Some remarks on Lucas-based cryptosystems, in *CRYPTO '95: Proceedings of the 15th Annual International Cryptology Conference, Advances in Cryptology* (Springer, 1995), S. 386–396
4. Dan Boneh, Richard J. Lipton, Algorithms for black-box fields and their application to cryptography (extended abstract), in *CRYPTO '96: Proceedings of the 16th Annual International Cryptology Conference, Advances in Cryptology* (Springer, 1996), S. 283–297
5. Mike Burmester, Yvo Desmedt, A secure and efficient conference key distribution system (extended abstract), in *Advances in Cryptology – EUROCRYPT'94* (1994), S. 275–286
6. H. Cohen, G. Frey, R. Avanzi, *Handbook of Elliptic and Hyperelliptic Curve Cryptography*. Discrete Mathematics and Its Applications (Chapman and Hall/CRC, 2005)
7. Ronald Cramer, Victor Shoup, A practical public key cryptosystem provably secure against adaptive chosen ciphertext attack, in *CRYPTO '98: Proceedings of the 18th Annual International Cryptology Conference, Advances in Cryptology*. LNCS, Bd. 1462 (Springer, 1998), S. 13–25
8. W. Diffie, M. E. Hellman, New directions in cryptography. IEEE Transactions on Information Theory **22**, 644–654 (1976)

9. T. ElGamal, A public-key cryptosystem and a signature scheme based on discrete logarithms. IEEE Transactions on Information Theory **31**(4), 469–472 (1985)
10. Antoine Joux, Cécile Pierrot, Technical history of discrete logarithms in small characteristic finite fields. Des. Codes Cryptography **78**(1), 73–85 (2016)
11. Arjen K. Lenstra, Eric R. Verheul, The XTR public key system, in *CRYPTO '00: Proceedings of the 20th Annual International Cryptology Conference, Advances in Cryptology* (Springer, 2000), S. 1–19
12. Ueli M. Maurer, Stefan Wolf, The relationship between breaking the Diffie–Hellman protocol and computing discrete logarithms. SIAM Journal on Computing **28**(5), 1689–1721 (1999)
13. Henk C. A. van Tilborg (Hrsg.), *Encyclopedia of Cryptography and Security* (Springer, 2005)

9 Kryptosysteme mit elliptischen Kurven

Kryptosysteme basierend auf elliptischen Kurven, auch Elliptic Curve Cryptography (ECC) genannt, sind neben RSA und Verfahren basierend auf dem diskreten Logarithmus die dritte asymmetrische Algorithmenfamilie, die zum jetzigen Zeitpunkt in der Praxis eingesetzt wird, vgl. Abschn. 6.2.3. Während RSA und Diskreter-Logarithmus-Verfahren in den 1970er-Jahren vorgeschlagen worden sind, stammen ECC-Verfahren aus den 1980er-Jahren.

ECC bietet die gleiche Sicherheit wie RSA oder Diskreter-Logarithmus-Verfahren, erreichen diese aber mit wesenlich kürzeren Schlüsseln und Operanden. RSA und Diskreter-Logarithmus-Verfahren mit 1024–3072 Bit bieten die gleiche Sicherheit wie ECC mit 160–256 Bit. ECC ist eine Verallgemeinerung von Diskreter-Logarithmus-Verfahren über endlichen Körpern. Von daher können Diskreter-Logarithmus-Protokolle wie der DHKE auch mit elliptischen Kurven realisiert werden. In vielen Anwendungen sind ECC-Verfahren schneller und benötigen eine geringere Bandbreite als RSA und Diskreter-Logarithmus-Algorithmen, da die Schlüssel und Signaturen kürzer sind. Allerdings ist die Verifikation von RSA-Signaturen mit kurzen Exponenten, die in Abschn. 7.5.1 vorgestellt wurde, immer noch deutlich schneller als ECC.

Die Mathematik, die für ein tiefes Verständnis von ECC benötigt wird, ist deutlich anspruchsvoller als die für RSA und Diskreter-Logarithmus-Systeme. Aus diesem Grund beschränkt sich dieses Kapitel darauf, die mathematischen Grundmechanismen einzuführen, die für den praktischen Einsatz von elliptischen Kurven benötigt werden.

In diesem Kapitel erlernen Sie

- die Vor- und Nachteile von ECC im Vergleich zu RSA und Diskreter-Logarithmus-Verfahren,
- was eine elliptische Kurve ist und wie man auf ihr Berechnungen ausführt,
- wie DLP über elliptischen Kurven konstruiert werden können,
- Beispiele für Protokolle mit elliptischen Kurven,
- Einschätzungen zum Sicherheitsniveau von ECC.

C. Paar, J. Pelzl, *Kryptografie verständlich*, eXamen.press, DOI 10.1007/978-3-662-49297-0_9

9.1 Rechnen auf elliptischen Kurven

Wir beginnen mit einer kurzen Einführung in elliptische Kurven als mathematisches Konstrukt, d. h. zunächst unabhängig von deren Anwendung in der Kryptografie. Das Endziel ist es, mit elliptischen Kurven ein DLP zu konstruieren. Von daher wird eine zyklische Gruppe benötigt, mit der das DLP und damit Kryptoverfahren möglich werden. Die reine Existenz einer zyklischen Gruppe reicht jedoch nicht aus. Das daraus konstruierte DLP muss auch rechentechnisch schwer sein, d. h. dass es eine gute Einwegfunktion sein muss.

Zunächst betrachten wir bestimmte Polynome, d. h. Funktionen mit Potenzen von x und y, über den reellen Zahlen.

Beispiel 9.1 In Abb. 9.1 ist das Polynom $x^2 + y^2 = r^2$ über $\mathbb{R}$ dargestellt. Wenn die Punkte mit den Koordinaten (x, y), die die Gleichung erfüllen, in einem kartesischen Koordinatensystem dargestellt werden, ergibt sich der oben stehende Kreis.

Nachfolgend wird ein weiteres Beispiel für Polynome über den reellen Zahlen angegeben.

Beispiel 9.2 Die Kreisgleichung kann verallgemeinert werden, wenn man Koeffizienten vor den Termen x^2 and y^2 einführt: $a \cdot x^2 + b \cdot y^2 = c$. In Abb. 9.2 werden alle Lösungen dieser Gleichung über den rellen Zahlen gezeigt. Wie man sieht, bilden die Punkte eine Ellipse.

9.1.1 Definition von elliptischen Kurven

Wie man anhand der beiden obigen Beispiele sieht, können mit Polynomen bestimmte Kurven erzeugt werden, wobei eine Kurve die Menge der Punkte (x, y) ist, die die je-

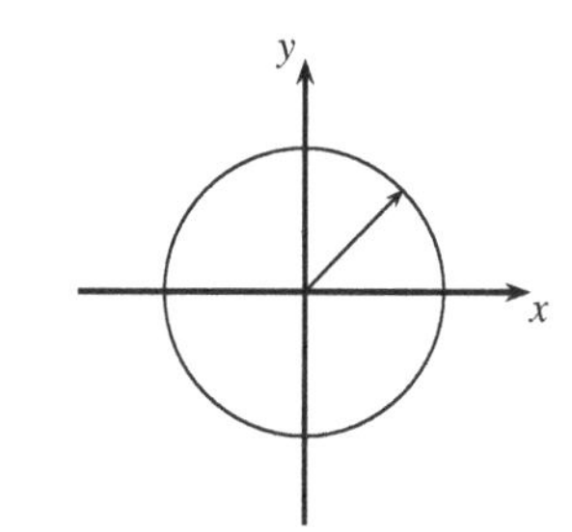

Abb. 9.1 Darstellung aller Punkte (x, y), die die Gleichung $x^2 + y^2 = r^2$ über $\mathbb{R}$ erfüllen

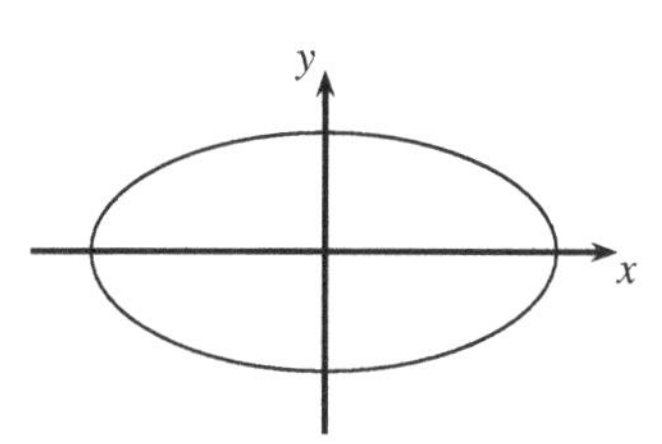

Abb. 9.2 Darstellung aller Punkte (x, y), die die Gleichung $a \cdot x^2 + b \cdot y^2 = c$ über $\mathbb{R}$ erfüllen

weilige Polynomgleichung erfüllen. Beispielsweise erfüllt der Punkt $(x = r, y = 0)$ die Kreisgleichung aus dem ersten Beispiel und daher gehört dieser Punkt zu der Menge, die die Kurve bildet. Ein Gegenbeispiel ist der Punkt $(x = r/2, y = r/2)$, der die Gleichung $x^2 + y^2 = r^2$ nicht erfüllt und von daher nicht zu der Menge gehört. Eine *elliptische Kurve* ist eine spezielle Polynomgleichung. Um sie in der Kryptografie anwenden zu können, muss das Polynom nicht über den reellen Zahlen, sondern über einem endlichen Körper betrachtet werden. In der Praxis werden am häufigsten elliptische Kurven über Primkörpern (vgl. Abschn. 4.3) benutzt, d. h. alle Berechnungen werden modulo p durchgeführt.

Definition 9.1 (Elliptische Kurven)
Die *elliptische Kurve* über $\mathbb{Z}_p$, $p > 3$, ist die Menge der Punkte (x, y) mit $x, y \in \mathbb{Z}_p$, die die folgende Gleichung erfüllen:

$$y^2 \equiv x^3 + a \cdot x + b \bmod p, \tag{9.1}$$

wobei

$$a, b \in \mathbb{Z}_p$$

und die Bedingung $4 \cdot a^3 + 27 \cdot b^2 \not\equiv 0 \bmod p$ gelten müssen. Zu der elliptischen Kurve gehört des Weiteren auch der imaginäre *Punkt im Unendlichen* $\mathcal{O}$.

Da die Diskriminante $4 \cdot a^3 + 27 \cdot b^2$ ungleich null ist, werden sog. Singularitäten ausgeschlossen. Andernfalls gäbe es Punkte, deren Tangente nicht wohldefiniert ist; letzteres ist aber für das Rechnen auf elliptischen Kurven erforderlich.

Wie gesagt, werden in der Kryptografie elliptische Kurven über endlichen Körpern benötigt, was auch in der oben stehenden Definition der Fall ist. Leider können Kurven über endlichen Körpern jedoch geometrisch nicht gut dargestellt werden, d. h. in einem kartesischen Koordinatensystem ergeben sie keine sehr sinnvollen Figuren. Man kann allerdings die oben stehende Polynomgleichung nehmen und sie über den reellen Zahlen betrachten.

Beispiel 9.3 In Abb. 9.3 ist die elliptische Kurve $y^2 = x^3 - 3x + 3$ über den reellen Zahlen dargestellt.

Anhand dieser Kurve werden einige Eigenschaften elliptischer Kurven[1] deutlich. Erstens sieht man, dass elliptische Kurven symmetrisch zur x-Achse sind. Dies gilt, da für alle Werte x_i, die auf der Kurve liegen, sowohl $y_i = \sqrt{x_i^3 + a \cdot x_i + b}$ als auch $y_i' =$

[1] Man beachte, dass elliptische Kurven nicht Ellipsen sind. Der Name stammt daher, dass elliptische Kurven bei der Bestimmung der Bogenlänge von Ellipsen eine Rolle spielen.

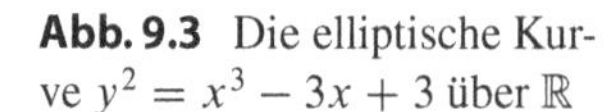

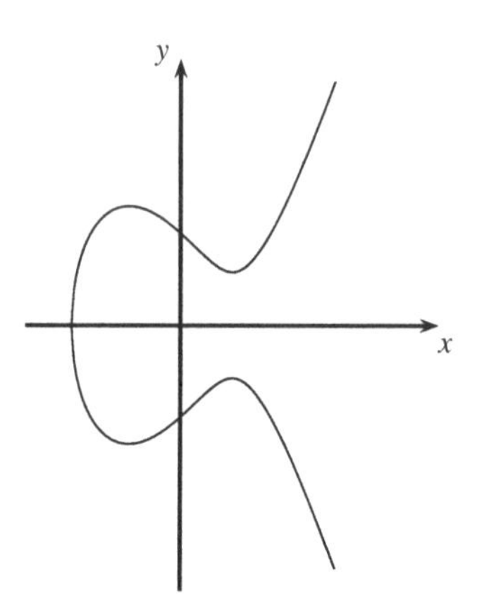

Abb. 9.3 Die elliptische Kurve $y^2 = x^3 - 3x + 3$ über $\mathbb{R}$

$-\sqrt{x_i^3 + a \cdot x_i + b}$ Lösungen sind. Zweitens sieht man, dass es einen Schnittpunkt mit der x-Achse gibt. Wenn man die Kurvengleichung für $y = 0$ löst, ergibt sich eine reelle Lösung, nämlich der eine Schnittpunkt der Kurve mit der x-Achse, und zwei komplexe Lösungen, die natürlich nicht in dem Graphen zu sehen sind. Wenn die Parameter a und b anders gewählt werden, können elliptische Kurven auch drei Schnittpunkte mit der x-Achse haben.

Unsere Ziel ist immer noch, eine große zyklische Gruppe zu finden, mit der ein DLP konstruiert werden kann. Der erste wichtige Schritt hierbei ist, die Menge der Elemente zu identifizieren, die die Gruppe bilden. Bei elliptischen Kurven sind die Gruppenelemente die Punkte der Kurven, die die (9.1) erfüllen. Die zweite große Frage lautet nun: Was ist die Gruppenoperation, die mit den Punkten rechnet? Die gesuchte Rechenoperation muss natürlich die Gruppengesetze aus Definition 8.1 im Abschn. 4.3 erfüllen.

9.1.2 Das Gruppengesetz elliptischer Kurven

Für die Gruppenoperation wird das Additionszeichen + als Symbol benutzt[2]. Für die Gruppenoperation müssen aus zwei gegebenen Punkten $P = (x_1, y_1)$ und $Q = (x_2, y_2)$ die Koordinaten eines dritten Punkts R berechnet werden:

$$P + Q = R$$
$$(x_1, y_1) + (x_2, y_2) = (x_3, y_3)$$

Die Formeln, die den Punkt $R = (x_3, y_3)$ berechnen, werden unten eingeführt und erscheinen recht willkürlich. Glücklicherweise gibt es aber eine sehr anschauliche geometrische Interpretation für die Punktaddition, wenn die elliptische Kurve nicht über einem

[2] Man beachte, dass die Bezeichnung der Gruppenoperation als Addition rein willkürlich ist. Man hätte sie ebenso gut Multiplikation nennen können.

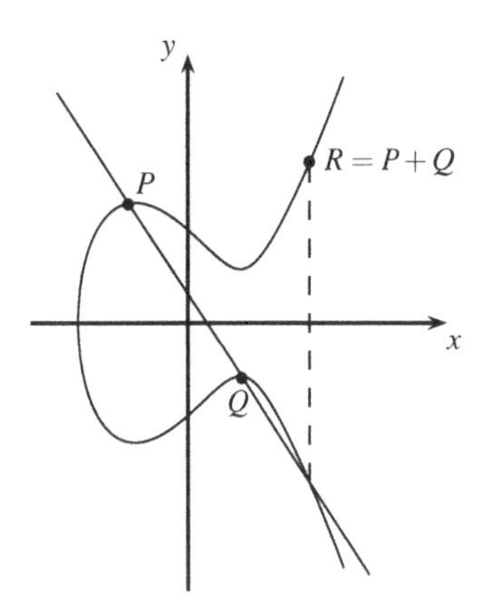

Abb. 9.4 Punktaddition auf einer elliptischen Kurve über den reellen Zahlen

endlichen Körper, sondern über den reellen Zahlen betrachtet wird. Hierfür müssen zwei Fälle unterschieden werden: die Addition zweier unterschiedlicher Punkte, die sog. Punktaddition, und die Addition eines Punktes mit sich selbst, die sog. Punktverdopplung.

Punktaddition $P + Q$ Dieser Fall liegt bei der Berechnung von $R = P + Q$ vor, wenn gilt $P \neq Q$. Die geometrische Konstruktion geht wie folgt vonstatten: Es wird eine Gerade durch P und Q gelegt. Diese Gerade hat einen dritten Schnittpunkt mit der elliptischen Kurve, der an der x-Achse gespiegelt wird. Per Definition ist dieser gespiegelte Punkt der gesuchte Punkt R. Abb. 9.4 zeigt die Konstruktion für eine elliptische Kurve über den reellen Zahlen.

Punktverdopplung $P + P$ Dies ist der Fall, wenn bei der Gruppenoperation $P + Q$ die beiden Punkte identisch sind, d. h. $P = Q$. Man spricht hier von einer Verdopplung und kann auch schreiben: $R = P + P = 2P$. Die geometrische Konstruktion für die Gruppenoperation ist in diesem Fall etwas anders. Man zeichnet die Tangente in dem Punkt P, die einen weiteren Schnittpunkt mit der elliptischen Kurve hat. Wenn dieser Punkt an der x-Achse gespiegelt wird, ergibt sich der gesuchte Punkt $R = P + P$. Abb. 9.5 zeigt die Konstruktion, die für eine Punktverdopplung notwendig ist.

An dieser Stelle fragt man sich vielleicht, warum die Gruppenoperation so willkürlich gewählt wirkt. Die oben gezeigte Sekanten-Tangenten-Methode wurde schon vor über 100 Jahren verwendet, um aus zwei gegebenen Punkten auf einer elliptischen Kurve einen dritten, sog. rationalen Punkt zu konstruieren. Dies bedeutet, es dürfen nur die Grundoperationen Addition, Subtraktion, Multiplikation und Division für die Konstruktion benutzt werden. Ein wichtiger Fakt ist, dass die Menge der Punkte, die auf diese Art addiert werden, fast alle Gruppeneigenschaften erfüllt. Wir erinnern uns an die Gruppengesetze von Definition 8.1: Es werden die Eigenschaften Abgeschlossenheit, Assoziativität, ein neutrales Element und inverse Elemente benötigt.

In einem Kryptosystem kann man selbstverständlich die oben gezeigten Konstruktionen nicht geometrisch durchführen, um die Gruppenoperation zu berechnen. Stattdessen

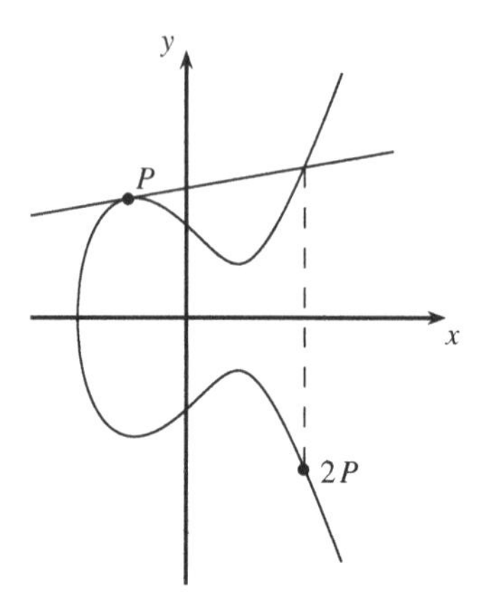

Abb. 9.5 Punktverdopplung auf einer elliptischen Kurve über den reellen Zahlen

werden analytische Ausdrücke, d. h. Formeln, benötigt, mit denen aus zwei gegebenen Punkten der dritte berechnet werden kann. Dies ist mit einfacher analytischer Geometrie möglich, wobei nur die vier Grundoperationen $+$, $-$, $\cdot$ und Division benötigt werden. Diese Grundoperationen existieren aber in jedem Körper (vgl. Abschn. 4.3), sodass man nicht notwendigerweise auf die reellen Zahlen beschränkt ist. Insbesondere kann man die Kurvengleichung auch über Primkörpern $GF(p)$ betrachten. Es ergeben sich dann die folgenden Formeln für die Gruppenoperation:

Punktaddition und -verdopplung auf elliptischen Kurven

$$x_3 \equiv s^2 - x_1 - x_2 \bmod p$$
$$y_3 \equiv s(x_1 - x_3) - y_1 \bmod p,$$

wobei

$$s \equiv \begin{cases} \dfrac{y_2 - y_1}{x_2 - x_1} \bmod p, & \text{falls } P \neq Q \text{ (Punktaddition)} \\ \dfrac{3x_1^2 + a}{2y_1} \bmod p, & \text{falls } P = Q \text{ (Punktverdopplung)} \end{cases}$$

Der Parameter s ist die Steigung der Geraden, die durch die Punkte P und Q verläuft (Punktaddition), bzw. die Steigung der Tangente durch P im Fall der Punktverdopplung.

Um alle Gruppengesetze zu erfüllen, fehlt noch ein wichtiger Aspekt, nämlich das neutrale Element $\mathcal{O}$. Es muss für alle Punkte P auf der elliptischen Kurve die folgende Eigenschaft haben:

$$P + \mathcal{O} = P$$

Abb. 9.6 Die Inverse eines Punkts P einer elliptischen Kurve

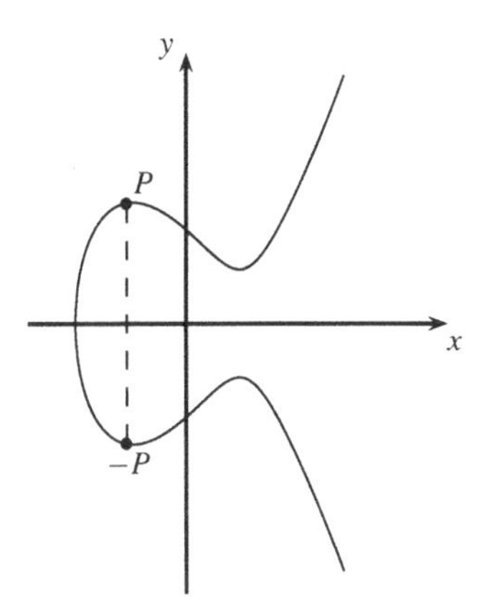

Es gibt jedoch keinen Punkt (x, y), der diese Anforderung erfüllt. Von daher *definiert* man den imaginären *Punkt im Unendlichen* als das neutrale Element $\mathcal{O}$. Man kann sich diesen Punkt im Unendlichen entlang der positiven oder negativen y-Achse vorstellen.

Anhand der Gruppengesetze kann nun auch die Inverse $-P$ für jedes Gruppenelement P definiert werden:

$$P + (-P) = \mathcal{O}$$

Die Frage ist, wie $-P$ berechnet werden kann. Wenn man die Sekanten-Tangenten-Methode anwendet, ergibt sich die Inverse zu einem Punkt $P = (x_p, y_p)$ als der Punkt $-P = (x_p, -y_p)$. Die Inverse ist also P gespiegelt an der x-Achse. In Abb. 9.6 sind ein Punkt P und der zugehörige inverse Punkt $-P$ dargestellt.

Das Berechnen der Inversen für einen gegebenen Punkt $P = (x_p, y_p)$ ist jetzt trivial, da man lediglich das Negative der y-Koordinate bestimmen muss. Wenn die elliptische Kurve über $GF(p)$ definiert ist – die die wichtigsten Kurven für die Praxis sind –, ergibt sich die negative y-Koordinate als $-y_p \equiv p - y_p \bmod p$, d. h.

$$-P = (x_p, p - y_p)$$

Es wurden jetzt alle Eigenschaften, die für eine Gruppe notwendig sind, eingeführt. Nachfolgend betrachten wir ein Beispiel für das Ausführen einer Gruppenoperation einer elliptischen Kurve.

Beispiel 9.4 Wir betrachten eine elliptische Kurve über dem kleinen endlichen Körper $GF(17)$:

$$E : y^2 \equiv x^3 + 2x + 2 \bmod 17$$

Das Ziel ist es, den Punkt $P = (5, 1)$ zu verdoppeln.

$$2P = P + P = (5, 1) + (5, 1) = (x_3, y_3)$$

$$s = \frac{3x_1^2 + a}{2y_1} = (2 \cdot 1)^{-1}(3 \cdot 5^2 + 2) = 2^{-1} \cdot 9 \equiv 9 \cdot 9 \equiv 13 \bmod 17$$

$$x_3 = s^2 - x_1 - x_2 = 13^2 - 5 - 5 = 159 \equiv 6 \bmod 17$$
$$y_3 = s(x_1 - x_3) - y_1 = 13(5 - 6) - 1 = -14 \equiv 3 \bmod 17$$
$$2P = (5,1) + (5,1) = (6,3)$$

Um zu verifizieren, ob der berechnete Punkt $2P = (6,3)$ wirklich auf der Kurve liegt, kann man die Koordinaten in die Gleichung der elliptischen Kurve einsetzen (diese Verifikation ist in der Praxis natürlich nicht notwendig, da die Gruppenoperationen immer ein korrektes Ergebnis liefern):

$$y^2 \equiv x^3 + 2 \cdot x + 2 \bmod 17$$
$$3^2 \equiv 6^3 + 2 \cdot 6 + 2 \bmod 17$$
$$9 = 230 \equiv 9 \bmod 17$$

9.2 Das diskrete Logarithmusproblem über elliptischen Kurven

In den oben stehenden Abschnitten wurden die Gruppenoperation (Punktaddition bzw. -verdopplung) und das neutrale Element eingeführt und es wurde gezeigt, dass jedes Gruppenelement eine Inverse hat. Wie man nun vermuten kann, gilt der folgende Satz:

Satz 9.1
Die Punkte einer elliptischen Kurve zusammen mit $\mathcal{O}$ haben zyklische Untergruppen. Unter bestimmten Bedingungen bilden *alle* Punkte einer elliptischen Kurve eine zyklische Gruppe.

Dieser Satz wird hier ohne Beweis angegeben. Die Aussage des Satzes ist extrem hilfreich, da wir wissen, wie man mit zyklischen Gruppen Kryptoverfahren konstruiert. Der Satz stellt auch sicher, dass ein primitives Element existiert, dessen Vielfache alle Gruppenelemente erzeugen.

Es folgt ein Beispiel für die zyklische Gruppe einer elliptischen Kurve.

Beispiel 9.5 Ziel ist es, alle Gruppenelement der elliptischen Kurve

$$E : y^2 \equiv x^3 + 2 \cdot x + 2 \bmod 17$$

zu bestimmen. Für diese spezielle Kurve wird die zyklische Gruppe von allen Kurvenpunkten gebildet. Die Kardinalität der Gruppe, d. h. die Anzahl der Gruppenelemente, ist $\#E = 19$. Da die Kardinalität in diesem Beispiel eine Primzahl ist, sind nach Theorem 8.4 alle Elemente primitiv.

Wir beginnen mit dem primitiven Element $P = (5, 1)$. Wir berechnen alle Vielfache von P. Da die Gruppenoperation Addition ist, berechnen wir $P, 2P, \ldots, (\#E)\,P$. Hierbei ergeben sich die nachfolgenden Punkte, die die Gruppe bilden:

$$
\begin{aligned}
2P &= (5,1) + (5,1) = (6,3) & 11P &= (13,10) \\
3P &= 2P + P = (10,6) & 12P &= (0,11) \\
4P &= (3,1) & 13P &= (16,4) \\
5P &= (9,16) & 14P &= (9,1) \\
6P &= (16,13) & 15P &= (3,16) \\
7P &= (0,6) & 16P &= (10,11) \\
8P &= (13,7) & 17P &= (6,14) \\
9P &= (7,6) & 18P &= (5,16) \\
10P &= (7,11) & 19P &= \mathcal{O}
\end{aligned}
$$

Wenn das Addieren von P fortgesetzt wird, erkennt man die zyklische Struktur der Gruppe:

$$
\begin{aligned}
20P &= 19P + P = \mathcal{O} + P = P \\
21P &= 2P \\
&\;\vdots
\end{aligned}
$$

Die letzte Gruppenoperation in der obigen Reihe von Berechnungen stellt einen Sonderfall dar:

$$18P + P = \mathcal{O}$$

Da das Ergebnis das neutrale Gruppenelement ist, muss $P = (5, 1)$ die Inverse von $18P = (5, 16)$ sein. Das Umgekehrte gilt natürlich auch, d. h. $18P = (5, 16)$ ist die Inverse von $P = (5, 1)$. Dies kann einfach verifiziert werden, indem man zeigt, dass die beiden x-Koordinaten identisch sind und dass die beiden y-Koordinaten die Inversen modulo 17 voneinander sind. Die erste Bedingung ist offensichtlich erfüllt, die zweite auch, da gilt:

$$-1 \equiv 16 \bmod 17$$

Um ein Diskreter-Logarithmus-Kryptosystem einzusetzen, ist es wichtig, die Gruppenkardinalität zu kennen. Die Bestimmung der exakten Anzahl der Gruppenelemente ist bei elliptischen Kurven aufwendig, es gibt jedoch eine einfache Abschätzung für die ungefähre Anzahl von Elementen durch den folgenden Satz:

Satz 9.2 (Satz von Hasse)
Die Anzahl der Punkte einer elliptischen Kurve E über $GF(p)$ liegt zwischen

$$p + 1 - 2\sqrt{p} \leq \#E \leq p + 1 + 2\sqrt{p}$$

Der Satz, der auch als *Hasse-Schranke* bekannt ist, besagt, dass die Anzahl der Punkte in etwa im Bereich der Primzahl p liegt, da $\sqrt{p}$ deutlich kleiner als p selbst ist. Dies ist in der Praxis sehr hilfreich. Wenn beispielsweise aus Sicherheitsüberlegungen eine elliptische Kurve mit 2^{256} Elementen benötigt wird, muss der Primkörper $GF(p)$ durch eine Primzahl mit einer Länge von 256 Bit gebildet werden.

Wir können nun DLP über elliptischen Kurven konstruieren. Hierbei gehen wir vollkommen analog zu der Beschreibung in Kap. 8 vor.

Definition 9.2 (Das diskrete Logarithmusproblem über elliptischen Kurven (ECDLP))
Gegeben sei eine elliptische Kurve E. Wir betrachten ein primitives Element P und ein beliebiges weiteres Element T. Das DLP ist die Bestimmung der natürlichen Zahl d zwischen $1 \leq d \leq \#E$, sodass gilt:

$$\underbrace{P + P + \cdots + P}_{d\text{-mal}} = d\,P = T \tag{9.2}$$

In einem Kryptosystem ist der private Schlüssel die natürliche Zahl d, während der öffentliche Schlüssel T ein Punkt auf der elliptische Kurven ist, d. h. $T = (x_T, y_T)$. Dies steht im Gegensatz zum DLP über Primkörpern $\mathbb{Z}_p^*$, bei dem beide Schlüssel natürliche Zahlen waren. Die Operation in (9.2) wird *Punktmultiplikation* oder Skalarmultiplikation genannt, da man formal schreiben kann $T = d\,P$. Diese Bezeichnung kann irreführend sein, da es keine Rechenvorschrift dafür gibt, die Zahl d unmittelbar mit dem Punkt P zu multiplizieren. Der Ausdruck $d\,P$ ist lediglich eine Notation dafür, dass die Gruppenoperation, wie in (9.2) zu sehen ist, wiederholt angewendet werden soll.[3] Wir betrachten nun ein Beispiel für ein DLP über elliptischen Kurven (ECDLP).

Beispiel 9.6 Wir betrachten eine Punktmultiplikation über der Kurve $y^2 \equiv x^3 + 2x + 2 \bmod 17$, die auch im letzten Beispiel verwendet wurde. Das Ziel ist es,

$$13P = P + P + \ldots + P$$

[3] Man beachte, dass das Zeichen $+$ für die Gruppenoperation willkürlich gewählt wurde. Bei Wahl einer multiplikativen Notation hätte das ECDLP die Form $P^d = T$, was konsistent mit der Darstellung des DLP über endlichen Körpern $\mathbb{Z}_p^*$ wäre.

zu berechnen, wobei $P = (5, 1)$. Wir können in diesem Fall die Tabelle aus dem obigen Beispiel verwenden und erhalten

$$13P = (16, 4)$$

Die Durchführung einer Punktmultiplikation erfolgt analog zum Potenzieren in multiplikativen Gruppen, wie sie auch für das DLP über endlichen Körpern verwendet wird. Um die Punktmultiplikation effizient durchführen zu können, kann ein nur minimal geänderter Square-and-Multiply-Algorithmus verwendet werden. Die einzige notwendige Anpassung ist das Ersetzen von Quadrierung durch Verdopplung und Multiplikation durch Addition. Nachfolgend ist der daraus folgende, neue Double-and-Add-Algorithmus dargestellt:

Double-and-Add-Algorithmus zur Punktmultiplikation

Eingang: Elliptische Kurve E sowie ein Punkt P der Kurve, natürliche Zahl $d = \sum_{i=0}^{t} d_i 2^i$ mit $d_i \in 0, 1$ und $d_t = 1$
Ausgang: $T = d\ P$
Initialisierung: $T = P$
Algorithmus:
1. FOR $i = t - 1$ DOWNTO 0
1.1 $T = T + T \bmod n$
IF $d_i = 1$
1.2 $T = T + P \bmod n$
2. RETURN (T)

Wenn d eine zufällig gewählte Zahl mit einer Länge von $t + 1$ Bit ist, führt der Algorithmus im Durchschnitt $1{,}5\,t$ Punktverdopplungen und -additionen aus. Der Algorithmus verarbeitet die Bits von d von links nach rechts. In jeder Iteration wird eine Verdopplung ausgeführt, aber nur, wenn das aktuelle Bit d_i den Wert 1 hat, wird eine Addition mit P berechnet. Nachfolgend geben wir ein Beispiel für den Double-and-Add-Algorithmus.

Beispiel 9.7 Das Ziel ist es, $26\,P$ zu berechnen, was binär wie folgt ausgedrückt werden kann:

$$26\,P = (11010_2)\,P = (d_4 d_3 d_2 d_1 d_0)_2\,P$$

Der Algorithmus verarbeitet die Bits von 26 von links kommend, d. h. von d_4 bis d_0.

Iteration		
#0	$P = \mathbf{1}_2 P$	Startwert, betrachtetes Bit: $d_4 = 1$
#1.1	$P + P = 2P = \mathbf{10}_2 P$	DOUBLE, betrachtetes Bit: d_3
#1.2	$2P + P = 3P = 10_2 P + 1_2 P = \mathbf{11}_2 P$	ADD, da $d_3 = 1$

#2.1	$3P + 3P = 6P = 2(11_2 P) = \mathbf{110_2} P$	DOUBLE, betrachtetes Bit: d_2
#2.2		kein ADD, da $d_2 = 0$
#3.1	$6P + 6P = 12P = 2(110_2 P) = \mathbf{1100_2} P$	DOUBLE, betrachtetes Bit: d_1
#3.2	$12P + P = 13P = 1100_2 P + 1_2 P = \mathbf{1101}_2 P$	ADD, da $d_1 = 1$
#4.1	$13P + 13P = 26P = 2(1101_2 P) = \mathbf{11010_2} P$	DOUBLE, betrachtetes Bit: d_0
#4.2		kein ADD, da $d_0 = 0$

Es ist hilfreich, darauf zu achten, wie sich die Binärdarstellung des Skalars 26 von Iteration zu Iteration entwickelt. Man sieht, dass jede Verdoppelung einer Linksverschiebung der Bits entspricht, wobei an der rechten Position eine 0 eingefügt wird. Wenn der Punkt P aufaddiert wird, wird an der rechten Position eine 1 eingefügt.

Das ECDLP hat auch eine anschauliche geometrische Interpretation, wenn man die elliptische Kurve über den reellen Zahlen betrachtet. Ausgehend von dem Startpunkt P berechnet man $2P, 3P, \ldots, d\ P = T$. Geometrisch springt man dabei auf der Kurve hin und her. Das Kryptosystem besteht dann aus dem Startpunkt P, der ein öffentlich bekannter Parameter ist, und dem Endpunkt T, der den öffentlichen Schlüssel bildet. Um das Kryptosystem zu brechen, d. h. das EDCLP zu lösen, muss ein Angreifer bestimmen, wie oft auf der Kurve gesprungen wurde. Die Anzahl der Sprünge ist der private Schlüssel d.

9.3 Diffie-Hellman-Schlüsselaustausch mit elliptischen Kurven

Der DHKE kann jetzt vollkommen analog zu Abschn. 8.1 konstruiert werden. Man spricht hierbei vom Diffie-Hellman-Schlüsselaustausch mit elliptischen Kurven (ECDH). Zunächst müssen die Parameter des Systems bestimmt werden, die oft Domain-Parameter genannt werden:

ECDH-Domain-Parameter

1. Wähle eine Primzahl p und eine elliptische Kurve

$$E : y^2 \equiv x^3 + a \cdot x + b \bmod p$$

2. Wähle ein primitives Element $P = (x_P, y_P)$

Die Primzahl p, die Kurvenkoeffizienten a, b und der Punkt P bilden die sog. Domain-Parameter.

Das Bestimmen einer geeigneten Kurve ist relativ rechenaufwendig. Die Kurve muss gewisse mathematische Eigenschaften besitzen, damit das DLP sicher ist. Mehr Informationen hierzu folgen weiter unten. Das eigentliche Schlüsselaustauschprotokoll ist nun vollkommen analog zum Diffie-Hellmann-Protokoll über endlichen Körpern:

Diffie-Hellman-Schlüsselaustausch mit elliptischen Kurven (ECDH)

Alice		**Bob**
Wähle $k_{prA} = a \in \{2, 3, \ldots, \#E - 1\}$		Wähle $k_{prB} = b \in \{2, 3, \ldots, \#E - 1\}$
Berechne $k_{pubA} = a\, P = A = (x_A, y_A)$		Berechne $k_{pubB} = b\, P = B = (x_B, y_B)$
	$\xrightarrow{A}$	
	$\xleftarrow{B}$	
Berechne $a\, B = T_{AB}$		Berechne $b\, A = T_{AB}$

Gemeinsames Geheimnis zwischen Alice und Bob: $T_{AB} = (x_{AB}, y_{AB})$

Die Korrektheit des Protokolls kann einfach gezeigt werden.

Beweis Alice berechnet

$$a\, B = a\,(b\, P)$$

und Bob berechnet

$$b\, A = b\,(a\, P)$$

Da Punktaddition assoziativ ist (wir erinnern uns, dass Assoziativiät eine notwendige Gruppeneigenschaft ist, vgl. Definition 8.1), berechnen Alice und Bob den gleichen Punkt $T_{AB} = a\, b\, P$. □

Am Anfang des Protokolls wählen Alice und Bob jeweils zwei zufällige große ganze Zahlen a und b, die als private Schlüssel dienen. Mithilfe der privaten Schlüssel werden die öffentlichen Schlüssel A und B berechnet, die Kurvenpunkte sind. Die öffentlichen Schlüssel werden gegenseitig ausgetauscht. Beide Seiten können dann das gemeinsame Geheimnis T_{AB} berechnen, indem sie den eigenen geheimen Schlüssel (a bzw. b) mit dem öffentlichen Schlüssel des Kommunikationspartners (B bzw. A) multiplizieren. Aus dem gemeinsamen Geheimnis T_{AB} kann ein Sitzungsschlüssel abgeleitet werden, der beispielsweise für AES verwendet werden kann. Man beachte, dass die Koordinaten (x_{AB}, y_{AB}) von T_{AB} nicht unabhängig voneinander sind. Wenn x_{AB} gegeben ist, kann y_{AB} berechnet werden, indem man x_{AB} in die Gleichung der elliptischen Kurve einsetzt. Von daher sollte nur einer der beiden Koordinaten für die Ableitung des Sitzungsschlüssels benutzt werden. Es folgt ein Beispiel mit kleinen Zahlen.

Beispiel 9.8 Geben sei ein ECDH mit den folgenden Domain-Parametern: Die elliptische Kurve ist $y^2 \equiv x^3 + 2x + 2 \bmod 17$, die eine zyklische Gruppe der Ordnung $\#E = 19$ bildet. Der gewählte Basispunkt ist $P = (5, 1)$. Das Protokoll läuft nun wie folgt ab:

Alice		**Bob**
Wähle $a = k_{pr,A} = 3$		Wähle $b = k_{pr,B} = 10$
$A = k_{pub,A} = 3\,P = (10, 6)$		$B = k_{pub,B} = 10\,P = (7, 11)$
	$\xrightarrow{A}$	
	$\xleftarrow{B}$	
$T_{AB} = a\,B = 3\,(7, 11) = (13, 10)$		$T_{AB} = b\,A = 10\,(10, 6) = (13, 10)$

Für die beiden Punktmultiplikationen, die Alice und Bob durchführen, wird der Double-and-Add-Algorithmus verwendet.

Eine der beiden Koordinaten von T_{AB} kann nun als Sitzungsschlüssel benutzt werden. In der Praxis wird oft die x-Koordinate gewählt. Um den eigentlichen Schlüssel zu bilden, wird sie oft vorher noch einmal „gehasht", d. h. sie wird in eine Hash-Funktion gegeben und $h(x)$ berechnet, vgl. Kap. 11. Oft werden nicht alle berechneten Bits benötigt. Wenn zum Beispiel die x-Koordinate eines mithilfe von ECC bestimmten gemeinsamen Geheimnisses auf der Kurve mit 256 Bit in die Hash-Funktion SHA-1 gegeben wird, resultiert dies ein einem 160-Bit-Ausgangswert. Wenn AES nur 128 Bit benötigt, werden 32 Bit der Schlüsselableitung einfach verworfen.

Es ist wichtig zu betonen, dass mit elliptischen Kurven viele verschiedene Protokolle konstruiert werden können und man nicht auf den DHKE beschränkt ist. Nahezu alle Protokolle, die auf dem diskreten Logarithmus beruhen, können mit ECC realisiert werden, z. B. digitale Signaturen oder Verschlüsselungsverfahren, die zumeist Varianten des Elgamal-Verfahrens sind. Neben ECDH sind in der Praxis digitale Signaturen mit elliptischen Kurven am weitesten verbreitet. In Abschn. 10.5.1 wird der Elliptic-Curve-Digital-Signature-Algorithmus (ECDSA) eingeführt.

9.4 Sicherheit

Der Hauptvorteil von elliptischen Kurven ist, dass das ECDLP sehr schwer zu lösen ist. Anders ausgedrückt ist das ECDLP eine besonders gute Einwegfunktion. Im Fall von ECDH stehen Oskar, dem Angreifer, die folgenden Informationen zur Verfügung: die Kurve E sowie p, P, A und B. Sein Ziel ist es den, geheimen Wert $T_{AB} = a \cdot b \cdot P$ zu berechnen. Man spricht hier von dem *Diffie-Hellman-Problem über elliptischen Kurven* (ECDHP). Es ist nur ein Ansatz bekannt, wie das ECDHP gelöst werden kann, nämlich indem man zunächst einen der beiden diskreten Logarithmen berechnet:

$$a = \log_P A$$

oder

$$b = \log_P B$$

Wenn die elliptische Kurve sorgfältig gewählt wurde, sind die besten Angriffe gegen das ECDLP erheblich schwächer als die besten Algorithmen zur Berechnung des diskreten Logarithmus modulo p, was für eine Attacke auf den klassischen DHKE notwendig ist, und die besten Faktorisierungsalgorithmen für RSA-Angriffe. Insbesondere greift der Index-Calculus-Algorithmus, der den besten Angriff gegen das DLP modulo p darstellt, nicht bei elliptischen Kurven. Wenn die elliptische Kurve korrekt gewählt wurde, sind die besten Angriffe die sog. generischen DLP-Algorithmen, d. h. die Pollard-Rho-Methode oder die Baby-Step-Giant-Step-Methode von Shank, vgl. Abschn. 8.3.3. Die Anzahl der Iterationen, die beide Angriffe benötigen, ist in etwa gleich der Quadratwurzel der Kardinalität der verwendeten zyklischen Gruppe. Die untere Schranke für das Sicherheitsniveau eines Kryptosystems ist 2^{80}, sodass die Gruppenordnung mindestens 2^{160} betragen muss. Nach dem Theorem von Hasse muss die Primzahl p, die für die elliptische Kurve benutzt wird, ebenfalls mindestens 160 Bit lang sein. Wenn ein solches ECC mit einem der beiden oben stehenden generischen DLP-Algorithmen angegriffen wird, benötigt der Angriff in etwa $\sqrt{2^{160}} = 2^{80}$ Schritte. Da heutzutage sehr oft ein Sicherheitsniveau von 2^{128} gewünscht wird, sind ECC mit 256-Bit-Primzahlen weit verbreitet.

Es sollte betont werden, dass diese Sicherheitsniveaus nur erreicht werden, wenn kryptografisch starke elliptische Kurven benutzt werden. Es gibt eine Reihe von Klassen an Kurven, die kryptografisch schwach sind. Ein Beispiel sind die sog. supersingulären Kurven. Allerdings ist es i. d. R. einfach, solche schwachen Kurven zu identifizieren. In der Praxis werden zum größten Teil standardisierte Kurven eingesetzt, vergleiche die Diskussion in Abschn. 9.6.

9.5 Implementierung in Software und Hardware

Um sichere ECC einzurichten, werden Kurven mit guten kryptografischen Eigenschaften benötigt. Eine erste wichtige Anforderung ist, dass die Kardinalität der zyklischen Gruppe bzw. der Untergruppe prim ist. Zweitens müssen Kurven ausgeschlossen werden, deren mathematische Eigenschaften zu einem Angriff führen. Da das Erzeugen elliptischer Kurven mit diesen Eigenschaften rechentechnisch aufwendig ist und Spezialkenntnisse erfordert, werden in der Praxis zum größten Teil standardisierte Kurven eingesetzt.

Für das Implementieren in Software oder Hardware ist es nützlich, sich ECC in einem Vierschichtenmodell vorzustellen. In der untersten Schicht, der Arithmetikschicht, werden die vier Grundrechenarten in dem endlichen Körper $GF(p)$ realisiert, d. h. Addition, Subtraktion, Multiplikation und Inversion. In der folgenden Schicht werden die beiden Gruppenoperationen Punktaddition und -verdopplung ausgeführt, wobei diese auf die Arithmetikfunktionen aus der unteren Schicht zurückgreifen. In der dritten Schicht wird die Punktmultiplikation ausgeführt, die wiederum auf die Gruppenoperation aus Schicht 2 zurückgreift. In der obersten Schicht werden die eigentlichen kryptografischen Protokolle wie ECDH oder ECDSA ausgeführt. Es ist wichtig zu betonen, dass in jedem ECC zwei grundsätzlich verschiedene algebraische Strukturen existieren. Es gibt den *endlichen Körper* $GF(p)$, über dem die elliptische Kurve definiert wird und in dem die Gruppenoperationen berechnet werden, und es gibt die *zyklische Gruppe*, die aus den Punkten der Kurve besteht.

Auf einer CPU, die mit 3 GHz getaktet ist, kann eine Punktmultiplikation mit einer 256-Bit-Kurve in unter 1 ms ausgeführt werden. Wenn kleinere Prozessoren oder geringere Taktraten verwendet werden, z. B. in Smartphones oder anderen eingebetteten Geräten, sind Ausführungszeiten von einigen 10 ms üblich. Für Anwendungen, die viele ECC-Operationen pro Sekunde durchführen müssen, wie beispielsweise Webserver, werden ECC-Hardwarebeschleuniger eingesetzt. Hier können Geschwindigkeiten von einigen 10 µs für eine Punktmultiplikation erreicht werden. Chipkarten oder elektronische Ausweise sind zumeist mit Prozessoren ausgestattet, die so klein sind, dass elliptische Kurven in Software auf ihnen zu langsam wären. Hier werden extrem kleine ECC-Koprozessoren eingesetzt, die Laufzeiten von einigen 100 ms haben. Die kleinsten solcher Implementierungen benötigen um die 10.000 Gatteräquivalente. Dies ist zwar groß verglichen mit kompakten Hardwarerealisierungen von Blockchiffren wie AES, 3DES oder PRESENT, aber deutlich kleiner als Hardwarearchitekturen für RSA. Oft wird in der Praxis von Software- und Hardwareimplementierungen gefordert, dass sie eine konstante Laufzeit haben, die unabhängig vom Wert des privaten Schlüssels ist, um Seitenkanalangriffe zu verhindern (vgl. Abb. 7.4 im RSA-Kapitel). Aus diesem Grund müssen Varianten des Double-and-Add-Algorithmus verwendet werden.

Der Rechenaufwand für die ECC-Punktmultiplikation steigt kubisch mit der Bitlänge der zugrunde liegenden Primzahl p. Die dominierende Arithmetikoperation ist die Multiplikation, die eine quadratische Komplexität hat, und die Skalarmultiplikation selbst basierend auf dem Double-and-Add Algorithmus wächst linear mit der Bitlänge von p. Insgesamt ergibt sich so eine kubische Komplexität für ECC. Hieraus folgt, dass eine Verdopplung der Bitlänge eines Kryptoverfahrens mit elliptischen Kurven zu einer Verlangsamung um einen Faktor von etwa $2^3 = 8$ führt. RSA und Diskreter-Logarithmus-Verfahren wie der klassische Diffie-Hellman-Schlüsselaustausch haben ebenfalls ein kubisches Laufzeitverhalten. Der Vorteil elliptischer Kurven liegt darin, dass die Bitlänge deutlich langsamer anwächst als bei RSA- und Diskreter-Logarithmus-Verfahren, wenn die Sicherheit erhöht werden soll. Beispielsweise muss die Bitlänge von ECC nur um zwei Bit erhöht werden, um den Aufwand für einen Angreifer zu verdoppeln, während RSA- und Diskreter-Logarithmus-Verfahren um 20–30 Bit verlängert werden müssen. Diese relativ moderate Erhöhung von ECC beruht auf der Tatsache, dass die besten ECC-Attacken die generischen Angriffe sind, die in Abschn. 8.3.3 vorgestellt wurden, während RSA- und Diskreter-Logarithmus-Systeme mit stärkeren Algorithmen angegriffen werden können.

9.6 Diskussion und Literaturempfehlungen

Historische Einordnung und allgemeine Bemerkungen Kryptosysteme auf elliptischen Kurven wurden von Neal Koblitz (1987) und von Victor Miller (1986) unabhängig voneinander vorgeschlagen. Während der 1990er-Jahre wurden die Sicherheit des ECDLP und die praktischen Aspekte von elliptischen Kurven intensiv untersucht. Die gängige Meinung heutzutage ist, dass elliptische Kurven genau wie RSA- und Diskreter-Logarithmus-Verfahren als sehr sicher angesehen werden können, wenn die Kurvenparameter korrekt gewählt wurden. Ein wichtiger Schritt für die Akzeptanz von ECC in der Praxis war die Aufnahme elliptischer Kurven in zwei US-Bankenstandards Ende der 1990er-Jahre [1, 2]. Elliptische Kurven sind auch momentan die einzigen asymmetrischen Algorithmen in der sog. Suite B [17]. Dies ist eine Sammlung von Kryptoalgorithmen, die für alle US-Regierungsanwendungen benutzt werden müssen. Elliptische Kurven sind ebenfalls in sehr vielen modernen Industriestandards für Schlüsselvereinbarung und digitale Signatur vorgegeben, z. B. in TLS (Transport Layer Security) oder IPsec. Aufgrund der kleineren Schlüssellängen und dem geringeren Rechenaufwand verglichen mit RSA und Diskreter-Logarithmus-Verfahren werden ECC insbesondere gern in eingebetteten Anwendungen wie Smartphones oder Geräten mit kleinen CPU eingesetzt. Referenz [10] beschreibt die Geschichte von ECC bezüglich technischer und wirtschaftlicher Aspekte und ist als Lektüre sehr zu empfehlen.

Für einen tieferen Einstieg in ECC gibt es eine Reihe empfehlenswerter Bücher [4, 5, 8, 9]. Referenz [12] enthält eine gute Beschreibung zum Stand der Technik bezüglich ECC im Jahr 2000. Viele neue Entwicklungen auf dem Gebiet werden auf dem *Workshop on Elliptic Curve Cryptography* diskutiert [21]. Auf dem Workshop werden sowohl theoretische als auch praktische Aspekte von elliptischen Kurven vorgestellt. Darüber hinaus gibt es auch eine Reihe guter Referenzen, die die Mathematik elliptischer Kurven unabhängig von dem Einsatz in der Kryptografie behandeln [11, 18, 19].

Implementierungen und Varianten In den ersten Jahren, nachdem ECC vorgeschlagen wurde, gab es die vorherrschende Meinung, dass elliptische Kurven rechentechnisch zu komplex seien, um praktisch einsetzbar zu sein. Diese Einschätzung hat sich im Lauf der 1990er-Jahre geändert, als man feststellte, dass elliptische Kurven mit effizienten Implementierungstechniken sogar schneller als RSA und Diskreter-Logarithmus-Verfahren sein können.

In diesem Kapitel wurden elliptische Kurven über Primkörpern $GF(p)$ behandelt. Diese werden in der Praxis am häufigsten verwendet, ECC über sog. Binärkörpern $GF(2^m)$ kommen aber ebenso zum Einsatz. Für die effiziente Implementierung müssen die entsprechenden Algorithmen auf den untersten drei Schichten, die in Abschn. 9.5 beschrieben wurden, optimiert werden, d. h. auf der Arithmetik-, Gruppenoperations- und Punktmultiplikationsschicht. Im Lauf der letzten zwei Jahrzehnte wurden hierzu viele effiziente Algorithmen entwickelt und die wichtigsten Techniken werden im Folgenden kurz beschrieben. Auf der Arithmetikebene können für ECC über $GF(p)$ Beschleunigungen durch die Verwendung spezieller Primzahlen erreicht werden, durch die die Moduloreduktion schneller wird. Beispiele sind verallgemeinerte Mersenne-Primzahlen oder Zahlen der Form $p = 2^n - c$, wobei c klein ist, z. B. $2^{255} - 19$. Wenn allgemeine Primzahlen als Modul verwendet werden, werden die schnellen Reduktionsalgorithmen verwendet, die auch im Rahmen von RSA in Abschn. 7.10 diskutiert wurden. Für elliptische Kurven über Binärkörpern $GF(2^m)$ findet man effiziente Arithmetikalgorithmen in [9]. Auf der nächsten Schicht, die die Gruppenoperation realisiert, gibt es eine Reihe von Optimierungsmöglichkeiten. Eine Option ist der Einsatz sog. projektiver Koordinaten. In diesem Kapitel wurden affine Koordinaten benutzt, bei denen ein Kurvenpunkt durch die Koordinaten (x, y) beschrieben wird. Bei affinen Koordinaten wird jeder Punkt durch ein Tripel (x, y, z) repräsentiert. Der Vorteil hierbei ist, dass für die Gruppenoperation keine Inversion notwendig ist, die sehr rechenaufwendig ist. Bei affinen Koordinaten erhöht sich allerdings die Anzahl der Multiplikationen für eine Gruppenoperation. Auf der nächsten Schicht wird die Punktmultiplikation durchgeführt. In der Praxis wird oft die sog. Montgomery-Leiter eingesetzt [13]. Es gibt auch eine Reihe von Varianten des Double-and-Add-Algorithmus. Ein Trick, der oft ausgenutzt wird, ist, dass neben Addition auch eine Punktsubtraktion im Double-and-Add-Algorithmus verwendet wird, da Punktaddition und -subtraktion gleich aufwendig sind. Des Weiteren muss in der Praxis oft beachtet werden, dass die Punktmultiplikation eine konstante Laufzeit unabhängig von dem geheimen Skalar hat, um die in Abb. 7.4 gezeigten Zeitseitenkanalangriffe zu verhindern. Hierfür existieren auch spezielle Skalarmultiplikationsalgorithmen. Eine gute Zusammenstellung von ECC-Algorithmen auf allen Schichten findet sich in [9].

Wie in Abschn. 9.5 erwähnt, werden in der Praxis sehr oft standardisierte Kurven eingesetzt. Bis zum Jahr 2015 waren die sog. NIST-Kurven, die in dem amerikanischen FIPS-Standard beschrieben sind, sehr verbreitet [16, Appendix D]. Seit den Enthüllungen von Edward Snowden gibt es jedoch ein gewisses Misstrauen, da befürchtet wird, dass die NSA unter Umständen Schwachstellen in die NIST-Kurven eingebracht haben könnte. Es gibt bisher keine Bestätigung, dass dies tatsächlich der Fall ist, trotzdem werden aktuell in einigen internationalen Standards die NIST-Kurven durch andere elliptische Kurven ersetzt. Neben den NIST-Kurven gibt es weitere Standards, die elliptische Kurven beschreiben. Hierzu gehören die Kurven des deutschen Brainpool-Konsortiums, die auch vom Bundesamt für Sicherheit in der Informationstechnik (BSI) empfohlen werden [7, 14]. Eine empfehlenswerte Übersicht zu bisher vorgeschlagenen Kurven findet man auf der SafeCurves-Webseite von Bernstein und Lange [3]. Hier wird auch auf die Sicherheitsrisiken eingegangen, die entstehen, wenn elliptische Kurven nicht korrekt implementiert werden. Aus diesem Grund werden von einigen Wissenschaftlern Kurven vorgeschlagen, bei denen einige Implementierungsfehler ausgeschlossen werden. Viele dieser Kurven erlauben auch schnelle Punktmultiplikation unter Verwendung der sog. Montgomery-Leiter [15] und/oder benutzen spezielle Primzahlen als Modul, die eine schnelle Moduloreduktion erlauben. Ein Beispiel ist die als Curve25519 bekannte elliptische Kurve von Bernstein. Es gibt darüber hinaus spezielle Arten von elliptischen Kurven, die besonders schnelle Punktmultiplikationen erlauben. Eine standardisierte Variante sind die sog. *Koblitzkurven*

[20]. Dies sind Kurven über Binärkörpern $GF(2^m)$, bei denen die Koeffizienten in der Kurvengleichung (9.1) den Wert 0 oder 1 haben.

Es gibt auch Varianten und Verallgemeinerungen von elliptischen Kurven, mit denen Kryptosysteme basierend auf dem DLP konstruiert werden können. Nach der Jahrtausendwende wurden insbesondere hyperelliptische Kurven, die eine Verallgemeinerung von ECC sind, untersucht [8, 22]. Diese konnten sich in der Praxis allerdings nicht durchsetzen, da sie kaum Vorteile gegenüber ECC bieten. Ein gänzlich unterschiedliche Familie von Kryptosystemen, die ebenfalls elliptische Kurven einsetzt, ist die sog. identitätsbasierte Kryptografie [6].

9.7 Lessons Learned

- ECC basieren auf dem DLP. In der Praxis werden Kurven über Primkörpern am häufigsten eingesetzt, ECC über Binarkörpern $GF(2^m)$ sind aber auch verbreitet.
- Mit ECC können Protokolle zum Schlüsselaustausch, für digitale Signaturen oder Verschlüsselung realisiert werden.
- ECC wird als genauso sicher eingeschätzt wie RSA- und Diskreter-Logarithmus-Verfahren über $\mathbb{Z}_p^*$, sie benötigen allerdings deutlich kürze Operanden: Sichere ECC kann mit 160–256 Bit realisiert werden, während RSA- und Diskreter-Logarithmus-Verfahren etwa 1024–3072 Bit erfordern. Durch kürzere Operanden werden die Signaturen und Chiffrate kürzer und oft sinkt auch der Rechenaufwand.
- In vielen Fällen ist ECC auch schneller als RSA- und Diskreter-Logarithmus-Verfahren. Im Fall der Signaturverifikation ist RSA mit kurzen öffentlichen Schlüsseln allerdings immer noch deutlich effizienter.
- Während RSA und Diskreter-Logarithmus-Verfahren historisch in der Praxis wesentlich häufiger eingesetzt wurden, wird heutzutage verstärkt ECC verwendet. Dies gilt in besonderem Maß für eingebettete Geräte wie Smartphones oder Chipkarten, aber zunehmend auch für klassische Internetanwendungen.

9.8 Aufgaben

9.1

Zeigen Sie, dass die Bedingung $4a^3 + 27b^2 \neq 0 \bmod p$ für die Kurve

$$y^2 \equiv x^3 + 2x + 2 \bmod 17 \tag{9.3}$$

erfüllt ist.

9.2

Berechnen Sie die Addition der Punkte

1. $(13, 7) + (6, 3)$
2. $(13, 7) + (13, 7)$

über der Kurve $y^2 \equiv x^3 + 2x + 2 \bmod 17$. Benutzen Sie nur einen Taschenrechner (und keine Software für ECC-Arithmetik) und zeigen Sie alle Zwischenschritte.

9.3

In diesem Kapitel wurde die Anzahl der Punkte auf der elliptischen Kurve $y^2 \equiv x^3 + 2x + 2 \bmod 17$ mit $\#E = 19$ angegeben. Verifizieren Sie den Satz von Hasse für diese Kurve.

9.4

Wir betrachten die Kurve $y^2 \equiv x^3 + 2x + 2 \bmod 17$. Warum sind *alle* Punkte, bis auf den Punkt im Unendlichen, primitive Elemente?

Bemerkung: Im Allgemeinen sind nicht alle Kurvenpunkte primitive Elemente.

9.5

Sei E eine elliptische Kurve über $\mathbb{Z}_7$:

$$E : y^2 = x^3 + 3x + 2$$

1. Berechnen Sie alle Punkte von E über $\mathbb{Z}_7$.
2. Was ist die Gruppenordnung? (Hinweis: Das neutrale Element $\mathcal{O}$ muss mitgezählt werden.)
3. Bestimmen Sie die Ordnung des Punkts $\alpha = (0, 3)$. Ist α ein primitives Element?

9.6

Wir betrachten Punktmultiplikationen der Form $T = a \cdot P$ mithilfe des Double-and-Add-Algorithmus, der in Abschn. 9.2 vorgestellt wurde. In der Praxis liegt der Skalar a zumeist in dem Bereich von $p \approx 2^{160} \cdots 2^{250}$.

1. Zeigen Sie den Ablauf des Algorithmus für $a = 19$ und $a = 160$. Man beachte, dass *keine* Berechnungen auf der elliptischen Kurve notwendig sind. Der Punkt P ist während des Algorithmus lediglich eine Variable.
2. Wie viele (i) Punktadditionen und (ii) Punktverdopplungen sind im Durchschnitt für eine Punktmultiplikation erforderlich, wenn der Skalar $n = \lceil \log_2 p \rceil$ Bit lang ist?
3. Wir nehmen an, dass p eine Primzahl mit 160 Bit ist, d. h. alle Körperelemente und der Skalar haben die gleiche Bitlänge. In einer Softwareimplementierungen dauert das Berechnen der Gruppenoperation (Punktaddition oder -verdopplung) 20 µs. Wie lange benötigt die Punktmultiplikation im Durchschnitt?

9.7

Gegeben seien die elliptische Kurve E über $\mathbb{Z}_{29}$ sowie der Basispunkt $P = (8, 10)$:

$$E : y^2 \equiv x^3 + 4x + 20 \bmod 29$$

Berechnen Sie die beiden folgenden Punktmultiplikationen $k \cdot P$ mit dem Double-and-Add-Algorithmus. Zeigen Sie das Zwischenergebnis nach jeder Iteration des Algorithmus.

1. $k = 9$
2. $k = 20$

9.8
Gegeben sei die Kurve aus Aufgabe 9.7. Die Gruppenordnung der Kurve ist $\#E = 37$. Gegeben sei weiterhin der Punkt $Q = 15 \cdot P = (14, 23)$. Berechnen Sie die folgenden Punktmultiplikationen. Versuchen Sie, die geringstmögliche Anzahl an Gruppenoperationen zu verwenden. Versuchen Sie, den bekannten Punkt Q geschickt zu nutzen. Zeigen Sie genau, wie die Berechnungen vereinfacht wurden. Man beachte, dass der Punkt $-P$ auch einfach berechnet werden kann, was ebenfalls zu Rechenerleichterungen führt.

1. $16 \cdot P$
2. $38 \cdot P$
3. $53 \cdot P$
4. $14 \cdot P + 4 \cdot Q$
5. $23 \cdot P + 11 \cdot Q$

Durch geschickten Einsatz von Q und $-P$ sollten die Punktmultiplikationen mit deutlich weniger Operationen möglich sein, als sie der normale Double-and-Add-Algorithmus erfordert.

9.9
Ziel ist es, den Sitzungsschlüssel eines ECDH zu berechnen. Der private Schlüssel ist $a = 6$ und der öffentliche Schlüssel des Kommunikationspartners Bob hat den Wert $B = (5, 9)$. Es wird dabei die elliptische Kurve

$$y^2 \equiv x^3 + x + 6 \bmod 11$$

verwendet.

9.10
In Abschn. 9.3 ist ein Beispiel für ein ECDH-Protokoll gegeben. Verifizieren Sie beide Skalarmultiplikationen, die Alice durchführt. Zeigen Sie alle Zwischenergebnisse, die innerhalb der Gruppenoperation auftreten.

9.11
Durch die Ausführung eines ECDH haben Alice und Bob den gemeinsamen geheimen Punkt $R = (x, y)$ berechnet. Der Modul der elliptischen Kurve ist eine Primzahl von 64 Bit Länge. Hieraus wird nun ein Sitzungsschlüssel für eine Blockchiffre mit einem

128-Bit-Schlüssel abgeleitet. Die Schlüsselableitung erfolgt dabei als:

$$K_{\mathrm{AB}} = h(x \| y)$$

Beschreiben Sie eine *effiziente* Art, einen Brute-Force-Angriff gegen die Blockchiffre durchzuführen. Wie viele Bit Entropie hat der Schlüssel? (Bemerkung: Es ist nicht notwendig, alle Details aufzuführen. Eine Liste, die die notwendigen Schritte beschreibt, ist ausreichend. Es kann angenommen werden, dass Quadratwurzeln modulo p einfach berechnet werden können.)

9.12
Leiten Sie die Formel für Punktaddition auf elliptischen Kurven ab. Gegeben sind die Koordinaten der Punkte P und Q und es werden Ausdrücke für die Koordinaten von $R = (x_3, y_3)$ gesucht.

Hinweis: Zuerst sollte man die Gleichung für eine Gerade durch die beiden Punkte aufstellen. Diese wird in die elliptische Kurvengleichung eingesetzt. Später müssen die Nullstellen des kubischen Polynoms $x^3 + a_2x^2 + a_1x + a_0$ bestimmt werden. Wenn die drei Nullstellen mit x_0, x_1, x_2 bezeichnet werden, kann man ausnutzen, dass gilt: $x_0 + x_1 + x_2 = -a_2$.

Literatur

1. ANSI X9.6g2-1999, The Elliptic Curve Digital Signature Algorithm (ECDSA). Technical report (American Bankers Association, 1999)
2. ANSI X9.62-2001, Elliptic Curve Key Agreement and Key Transport Protocols. Technical report (American Bankers Association, 2001)
3. Daniel J. Bernstein, Tanja Lange, SafeCurves: choosing safe curves for elliptic-curve cryptography, http://safecurves.cr.yp.to. Zugegriffen am 1. April 2016
4. I. Blake, G. Seroussi, N. Smart, J. W. S. Cassels, *Advances in Elliptic Curve Cryptography*. London Mathematical Society Lecture Note Series (Cambridge University Press, New York, NY, USA, 2005)
5. Ian F. Blake, G. Seroussi, N. P. Smart, *Elliptic Curves in Cryptography* (Cambridge University Press, New York, NY, USA, 1999)
6. Dan Boneh, Matthew Franklin, Identity-based encryption from the Weil pairing. SIAM J. Comput. **32**(3), 586–615 (2003)
7. Bundesamt für Sicherheit in der Informationstechnik (BSI), http://www.bsi.de/english/publications/bsi_standards/index.htm. Zugegriffen am 1. April 2016
8. H. Cohen, G. Frey, R. Avanzi, *Handbook of Elliptic and Hyperelliptic Curve Cryptography*. Discrete Mathematics and Its Applications (Chapman and Hall/CRC, 2005)
9. D. R. Hankerson, A. J. Menezes, S. A. Vanstone, *Guide to Elliptic Curve Cryptography* (Springer, 2004)

10. Ann Hibner Koblitz, Neal Koblitz, Alfred Menezes, Elliptic curve cryptography: The serpentine course of a paradigm shift. Cryptology ePrint Archive, Report 2008/390 (2008), http://eprint.iacr.org/cgi-bin/cite.pl?entry=2008/390. Zugegriffen am 1. April 2016
11. Neal Koblitz, *Introduction to Elliptic Curves and Modular Forms* (Springer, 1993)
12. Neal Koblitz, Alfred Menezes, Scott Vanstone, The state of elliptic curve cryptography. Des. Codes Cryptography **19**(2–3):173–193 (2000)
13. Julio López, Ricardo Dahab, Fast multiplication on elliptic curves over gf(2m) without precomputation, in *Proceedings of the First International Workshop on Cryptographic Hardware and Embedded Systems, CHES '99* (Springer, London, UK, 1999), S. 316–327
14. M. Lochter, J. Merkle, Elliptic Curve Cryptography (ECC) Brainpool Standard Curves and Curve Generation (RFC5639) (2010), http://www.ietf.org/rfc/rfc5639.txt. Zugegriffen am 1. April 2016
15. Peter L. Montgomery, Speeding the pollard and elliptic curve methods of factorization. Mathematics of Computation **48**(177), 243–264 (1987)
16. National Institute of Standards and Technology (NIST), Digital Signature Standards (DSS), FIPS186-3. Technical report, Federal Information Processing Standards Publication (FIPS) (2009), http://csrc.nist.gov/publications/fips/fips186-3/fips_186-3.pdf. Zugegriffen am 1. April 2016
17. NSA Suite B Cryptography, http://www.nsa.gov/ia/programs/suiteb_cryptography/index.shtml. Zugegriffen am 1. April 2016
18. J. H. Silverman, *The Arithmetic of Elliptic Curves* (Springer, 1986)
19. J. H. Silverman, *Advanced Topics in the Arithmetic of Elliptic Curves* (Springer, 1994)
20. Jerome A. Solinas, Efficient arithmetic on Koblitz curves. Designs, Codes and Cryptography **19**(2–3), 195–249 (2000)
21. Annual Workshop on Elliptic Curve Cryptography, ECC, http://cacr.math.uwaterloo.ca/conferences/. Zugegriffen am 1. April 2016
22. Thomas Wollinger, Jan Pelzl, Christof Paar, Cantor versus Harley: Optimization and analysis of explicit formulae for hyperelliptic curve cryptosystems. IEEE Transactions on Computers **54**(7), 861–872 (2005)

Digitale Signaturen 10

Digitale Signaturen sind eines der wichtigsten kryptografischen Werkzeuge, die heutzutage zum Einsatz kommen. Sie haben u. a. Anwendungen bei digitalen Zertifikaten, um Webbrowser abzusichern, beim rechtlich bindenden Signieren digitaler Verträge oder bei der sicheren Aktualisierung von Software. Neben dem Austausch von Schlüsseln über unsichere Kanäle bilden digitale Signaturen die wichtigste Anwendung von asymmetrischer Kryptografie.

Digitale Signaturen sind in Grenzen mit konventionellen Signaturen auf Papier vergleichbar. Mit ihnen kann sichergestellt werden, dass eine Nachricht tatsächlich von der Person stammt, die angibt, sie versendet zu haben. Darüber hinaus bieten sie aber noch weitere Möglichkeiten, die in diesem Kapitel eingeführt werden.

In diesem Kapitel erlernen Sie

- das Grundprinzip digitaler Signaturen,
- Sicherheitsdienste, d. h. Schutzziele, die mit einem Sicherheitssystem erreicht werden können,
- digitale Signaturen mit RSA,
- digitale Signaturen nach Elgamal sowie zwei wichtige Varianten, den Digital Signature Algorithm (DSA) und den Elliptic Curve Digital Signature Algorithm (ECDSA)

10.1 Einführung

In diesem Abschnitt erläutern wir zunächst, warum digitale Signaturen gebraucht werden und warum sie auf asymmetrischer Kryptografie basieren müssen. Dann zeigen wir das Prinzip der digitalen Signatur. Praktische Signaturalgorithmen werden in den nachfolgenden Abschnitten eingeführt.

C. Paar, J. Pelzl, *Kryptografie verständlich*, eXamen.press,
DOI 10.1007/978-3-662-49297-0_10

10.1.1 Autos in ungewöhnlichen Farben oder warum symmetrische Kryptografie allein nicht ausreicht

Die Kryptoverfahren, denen wir bisher begegnet sind, hatten zwei Zielsetzungen: entweder die eigentliche Verschlüsselung von Daten (z. B. mit AES, 3DES oder RSA) oder die Berechnung eines gemeinsamen Geheimnisses über einen unsicheren Kanal (z. B. DHKE oder ECDH). Nun könnte man versucht sein anzunehmen, mit diesen Techniken seien alle praktischen Sicherheitsprobleme zu lösen. Es gibt allerdings eine ganze Reihe weiterer Problemstellungen neben Verschlüsselung und Schlüsselaustausch, die auch Sicherheitsdienste genannt werden und in Abschn. 10.1.3 besprochen werden. Wir stellen nun ein Szenario vor, für das es mit symmetrischer Kryptografie keine zufriedenstellende Lösung gibt.

Betrachten wir wieder unsere beiden Teilnehmer Alice und Bob, die einen gemeinsamen geheimen Schlüssel besitzen. Mit diesem Schlüssel können Daten mithilfe einer Blockchiffre verschlüsselt werden. Wenn Alice eine Nachricht erhält, die semantisch korrekt ist (beispielsweise ist der entschlüsselte Text ein korrekter deutscher Satz), kann sie in vielen Fällen davon ausgehen, dass der Klartext von einer Person erzeugt wurde, mit der sie auch den geheimen Schlüssel teilt[1]. Wenn nur Alice und Bob im Besitz des Schlüssels sind, können sie einigermaßen sicher seien, dass kein Angreifer die Nachricht während der Übermittlung manipuliert hat. Bisher sind wir immer davon ausgegangen, dass der Angreifer eine dritte Partei darstellt (z. B. Oskar). In der Praxis tritt allerdings oft die Situation auf, dass Alice und Bob zwar sicher miteinander kommunizieren möchten, gleichzeitig aber auch ein Interesse daran haben könnten, sich unehrlich zu verhalten. Allgemein können wir sagen, dass Protokolle basierend auf symmetrischer Kryptografie keinen Schutz bieten, wenn die zwei Teilnehmer sich *gegenseitig* angreifen. Wir betrachten das folgende Szenario:

Alice hat ein Autohaus, in dem man neue Fahrzeuge über das Internet auswählen und konfigurieren kann. Der Kunde Bob und die Händlerin Alice haben einen gemeinsamen geheimen Schlüssel k_{AB} ausgehandelt, beispielsweise unter Verwendung des Diffie-Hellman-Protokolls. Bob konfiguriert nun ein Auto genau nach seinen Wünschen. Hierzu gehören leider auch die Farbe Rosa als Außenlackierung und Orange für die Innenausstattung – eine Farbkombination, die vermutlich nur wenige Kunden wählen würden. Bob verschlüsselt das Bestellformular mit AES und sendet es an Alice. Alice entschlüsselt das Chiffrat und freut sich, dass sie ein weiteres Fahrzeug für 25.000 € verkauft hat. Als das Fahrzeug drei Wochen später ausgeliefert wird, kommen Bob allerdings Zweifel an seiner Farbwahl, u. a. weil seine Gattin mit Scheidung droht, nachdem sie das Auto *gesehen* hat. Für Bob (und seine Familie) ist die Situation besonders unangenehm, doch eine Rücknahme von Online-Bestellungen ist ausgeschlossen. Da Alice eine erfahrene Autohändlerin ist, weiß sie, dass es extrem schwierig sein würde, ein rosa-oranges Auto zu

[1] Man sollte mit dieser Schlussfolgerung im allgemeinen Fall allerdings vorsichtig sein. Wenn Alice und Bob beispielsweise eine Stromchiffre benutzen, kann ein Angreifer den Wert individueller Bits auf dem Kanal ändern. Dies führt zu geänderten Bits im Klartext. In manchen Anwendungen kann ein Angreifer den Klartext nun so ändern, dass er semantisch immer noch korrekt ist.

verkaufen. Sie ist daher nicht geneigt, in diesem Fall eine Ausnahme zu machen. Da Bob nun behauptet, er hätte das Auto nie bestellt, bleibt ihr keine andere Wahl, als ihn zu verklagen. Vor Gericht legt Alice' Rechtsanwalt die Online-Bestellung von Bob zusammen mit der verschlüsselten Version der Bestellung vor. Der Rechtsanwalt argumentiert, dass Bob die Bestellung und die verschlüsselte Version erzeugt haben muss, da er in Besitz des Schlüssels k_{AB} war. Der erfahrene Anwalt von Bob hingegen wird dem Gericht gegenüber erklären, dass auch Alice in Besitz des Schlüssels war und dass sie als Autohändlerin einen hohen Anreiz hat, gefälschte Bestellungen zu generieren. Es stellt sich nun heraus, dass es für den Richter unmöglich ist zu entscheiden, wer das Klartext-Chiffrat-Paar erzeugt hat – Bob oder Alice? Nach der Gesetzgebung in den meisten Ländern würde Bob wahrscheinlich freigesprochen.

Obwohl sich die oben geschilderte Situation wie ein sehr spezifisches Beispiel anhört, handelt es sich dabei tatsächlich um ein allgemeines Problem in der Datensicherheit. Es tritt sehr häufig der Fall auf, dass gegenüber einer neutralen dritten Instanz (hier in der Rolle des Richters) bewiesen werden muss, dass eine von zwei Parteien eine bestimmte Nachricht generiert hat. Unter *beweisen* versteht man, dass der Richter zweifelsfrei feststellen kann, von wem die Nachricht stammt, auch wenn alle Teilnehmer sich potenziell unehrlich verhalten. Warum kann man dieses Ziel nicht mit (komplexen) Verfahren basierend auf symmetrischer Kryptografie erreichen? Der Grund hierfür ist recht einfach: Da symmetrische Kryptografie eingesetzt wird, haben Alice und Bob das gleiche Wissen (in Form der symmetrischen Schlüssel) und können daher die gleichen Aktionen ausführen. Alle Berechnungen, die Alice durchführen kann, können auch von Bob ausgeführt werden. Deshalb kann eine neutrale dritte Partei nicht unterscheiden, ob eine bestimmte kryptografische Berechnung von Alice oder von Bob durchgeführt wurde. Die allgemeine Lösung zu diesem Problem liegt in der asymmetrischen Kryptografie. Durch die inhärente Asymmetrie solcher Protokolle kann ein Richter zwischen Aktionen unterscheiden, die nur von einer Person durchgeführt werden können (nämlich von dem Teilnehmer, der den privaten Schlüssel besitzt) und solchen, die beiden Teilnehmern möglich sind (nämlich Berechnungen, die mit dem öffentlichen Schlüssel ausgeführt werden). Digitale Signaturen sind asymmetrische Verfahren, die die Eigenschaft haben, das Problem unehrlicher Teilnehmer zu lösen. In dem oben stehenden Beispiel des Autokaufs müsste Bob seine Bestellung mit seinem privaten Schlüssel signieren. Diese Aktion kann nur von ihm durchgeführt werden, da er der Einzige in Besitz seines privaten Schlüssels ist.

10.1.2 Das Prinzip digitaler Signaturen

Es ist natürlich nicht nur in der digitalen Welt notwendig, dass bewiesen werden muss, dass eine Nachricht oder ein Schriftstück von einer bestimmten Person stammt. Hierfür werden in der analogen Welt i.d.R. Unterschriften auf Papier verwendet. Wenn ein Vertrag oder eine Banküberweisung mit einer Unterschrift versehen ist, kann der Empfänger vor Gericht nachweisen, von wem das Schriftstück stammt. (Man kann natürlich versuchen, die Unterschrift zu fälschen, aber die juristischen und sozialen Barrieren sind so

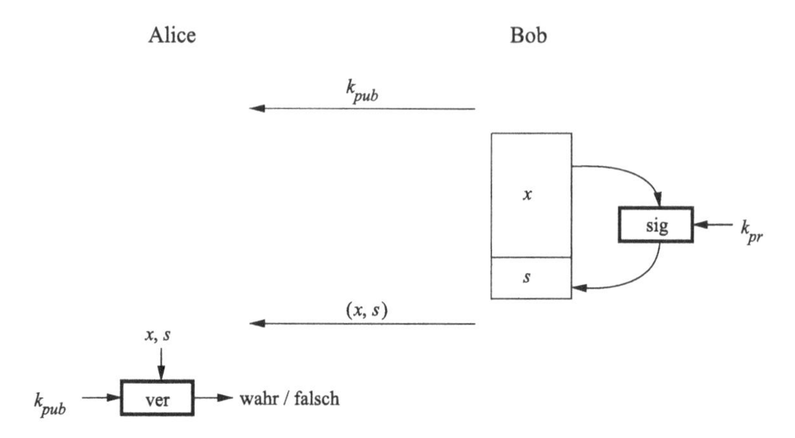

Abb. 10.1 Prinzip digitaler Signaturen, bestehend aus Signatur und Verifikation einer Nachricht

hoch, dass dies nur selten geschieht.) Wie bei konventionellen Unterschriften soll auch bei digitalen Dokumenten nur der Absender in der Lage sein, eine gültige Signatur zu erzeugen. Hierfür werden asymmetrische Verfahren benötigt. Die Grundidee ist hierbei, dass der Absender der Nachricht den privaten Schlüssel verwendet und der Empfänger den dazugehörenden öffentlichen Schlüssel. Das Prinzip digitaler Signaturen ist in Abb. 10.1 dargestellt.

Der Prozess startet, indem Bob die Nachricht x signiert. Der hierfür verwendete Signaturalgorithmus benötigt Bobs privaten Schlüssel k_{pr} als Eingabe. Solange gewährleistet ist, dass sein privater Schlüssel geheim gehalten wird, kann nur Bob Nachrichten mit seiner Unterschrift versehen. Um einen Zusammenhang zwischen Signatur und der Nachricht herzustellen, muss auch die Nachricht x als Eingabe für den Signaturalgorithmus dienen. Nachdem die Nachricht signiert wurde, wird die Signatur s an die Nachricht x angehängt, und das Paar (x, s) wird an Alice gesandt. Es sollte an dieser Stelle betont werden, dass die digitale Signatur selbst nutzlos ist, wenn sie ohne die dazugehörende Nachricht versandt wird. Eine digitale Signatur ohne Nachricht wäre das Gleiche wie eine konventionelle Signatur auf einem dünnen Papierstreifen ohne den dazugehörenden Vertrag oder die Überweisung, die damit unterschrieben werden soll.

Die digitale Signatur ist lediglich eine (große) natürliche Zahl, die z. B. 2048 Bit lang ist. Damit die Signatur für Alice von Wert ist, muss sie eine Möglichkeit haben, die Gültigkeit der Signatur zu *verifizieren*. Hierzu benötigt sie einen Verifikationsalgorithmus, der sowohl die Nachricht x als auch die Signatur s als Eingangswerte bekommt. Um den Zusammenhang zu Bob herzustellen, benötigt die Funktion auch dessen öffentlichen Schlüssel. Obwohl die Verifikationsfunktion sehr lange Eingangswerte hat, ist der Ausgang nur die binäre Aussage *wahr* oder *falsch*. Wenn x tatsächlich mit dem privaten Schlüssel signiert wurde, der zu dem öffentlichen Verifikationsschlüssel gehört, ist die Ausgabe wahr, anderenfalls falsch.

Aus diesen allgemeinen Beobachtungen kann man leicht das folgende generische Protokoll für digitale Signaturen entwickeln:

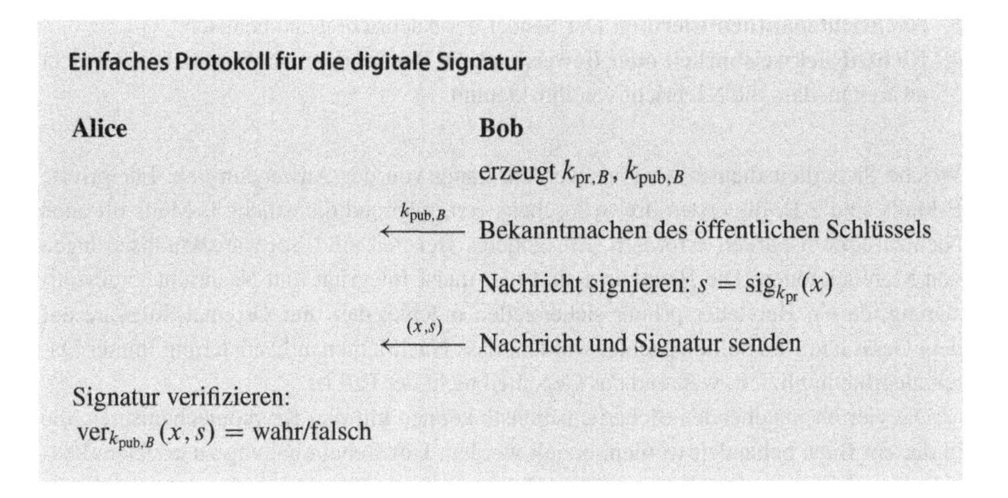

Aus diesem Protokoll folgt die wichtigste Eigenschaft digitaler Signaturen: Eine signierte Nachricht kann eindeutig dem Sender zugeordnet werden, da eine gültige Signatur nur von ihm mithilfe seines geheimen Schlüssels berechnet werden kann. Nur der Sender hat die Fähigkeit, Signaturen unter seinem Namen zu erzeugen. Von daher kann man *beweisen*, wer die Nachricht erzeugt hat. Eine solche Beweisführung kann sogar juristische Bedeutung haben. Beispiele hierfür sind das *Signaturgesetz* in Deutschland oder das *Electronic Signatures in Global and National Commerce Act (ESIGN)* in den USA. An dieser Stelle sollte erwähnt werden, dass das oben stehende Protokoll die Nachricht nicht geheim hält, da diese als Klartext versandt wird. Man kann die Nachricht natürlich zusätzlich noch verschlüsseln, z. B. mit AES oder 3DES.

Mit jeder der drei verbreiteten Familien von asymmetrischen Algorithmen, d. h. dem Faktorisierungsproblem ganzer Zahlen, dem diskreten Logarithmus und elliptischen Kurven, können digitale Signaturen konstruiert werden. In diesem Kapitel werden die meisten in der Praxis relevanten Signaturverfahren vorgestellt.

10.1.3 Sicherheitsdienste

Es ist äußerst interessant im Detail zu diskutieren, welche Art von Sicherheit durch digitale Signaturen zur Verfügung gestellt wird. Zu diesem Zeitpunkt ist es sinnvoll, sich die allgemeine Frage zu stellen: Was sind die möglichen *Sicherheitsziele*, die mit einem Sicherheitssystem erreicht werden können? Ein anderer Fachbegriff für Sicherheitsziel ist *Sicherheitsdienst*. Es gibt zahlreiche Sicherheitsdienste. Für die meisten Anwendungen sind die folgenden am relevantesten:

1. **Geheimhaltung oder Vertraulichkeit**: Nur autorisierte Benutzer bekommen Zugang zu der Information.
2. **Integrität**: Nachrichten wurden während der Übertragung nicht verändert.

3. **Nachrichtenauthentisierung**: Der Sender der Nachricht ist authentisch.
4. **Nichtzurückweisbarkeit oder Beweisbarkeit**: Der Sender einer Nachricht kann nicht abstreiten, dass die Nachricht von ihm stammt.

Welche Sicherheitsdienste benötigt werden, hängt von der Anwendung ab. Für private E-Mails sind z. B. die ersten drei wünschenswert, während dienstliche E-Mails oft auch Nichtzurückweisbarkeit erfordern. Ein anderes Beispiel sind Softwareaktualisierungen von Mobiltelefonen. Die Hauptziele sind hier meist Integrität und Nachrichtenauthentisierung, da ein Hersteller primär sicherstellen möchte, dass nur Original-Software auf dem Gerät läuft. Es sollte beachtet werden, dass Nachrichtenauthentisierung immer Datenintegrität impliziert, während das Gegenteil nicht der Fall ist.

Die vier oben stehenden Sicherheitsdienste können mit den Kryptomechanismen, die in diesem Buch behandelt werden, erzielt werden: Um Geheimhaltung zu erzielen, können symmetrische oder asymmetrische Chiffren verwendet werden. Letztere werden in der Praxis seltener eingesetzt. Integrität und Nachrichtenauthentisierung werden mithilfe digitaler Signaturen und kryptografischer Prüfcodes, die in Kap. 12 eingeführt werden, erreicht. Wie oben diskutiert, werden für Nichtzurückweisbarkeit digitale Signaturen benötigt.

Neben den oben eingeführten vier Sicherheitsdiensten gibt es noch eine Reihe weiterer:

5. **Identifikation**: Die Identität eines Akteurs, d. h. einer Person oder eines Geräts, wird eindeutig ermittelt.
6. **Zugriff zu Ressourcen**: Nur dafür vorgesehene Akteure bekommen Zugriff auf bestimmte Ressourcen, beispielsweise einen Drucker.
7. **Verfügbarkeit**: Es wird sichergestellt, dass ein elektronisches System verfügbar ist.
8. **Physikalische Sicherheit**: Schutz gegen physikalische Manipulation und/oder Aktionen, wenn physikalische Manipulationen festgestellt wurden.
9. **Anonymität**: Schutz gegen die Offenlegung und den Missbrauch von Identitäten.

Welche Sicherheitsziele in einem gegebenen System benötigt werden, hängt in hohem Maß von der Anwendung ab. Beispielsweise ist Anonymität in einem E-Mail-System oft nicht sinnvoll, da es zumeist wünschenswert ist, dass E-Mails einen klar erkennbaren Absender haben. Andererseits gibt es bei der sog. Car-to-Car-Kommunikation zur Unfallvermeidung (einer der vielen neuen Anwendungen für Kryptografie, die wir in den nächsten Jahren sehen werden) ein starkes Interesse, sowohl Auto als auch Fahrer anonym zu halten, um das Erstellen von Bewegungsprofilen zu verhindern. Ein weiteres Beispiel sind sichere Betriebssysteme, bei denen der sichere Zugriff auf Ressourcen eine zentrale Anforderung ist. Viele, aber nicht alle dieser Dienste können auch mit den Kryptoverfahren, die in diesem Buch behandelt werden, erreicht werden. In manchen Fällen kann die Kryptografie jedoch nicht weiterhelfen. Beispielsweise ist ein wichtiger Mechanismus zur Erreichung von Verfügbarkeit der Einsatz von Redundanz, z. B. in Form von redundanten

CPU oder Speichersystemen. Solche Lösungen haben bestenfalls einen indirekten Bezug zur Kryptografie.

10.2 RSA-Signaturen

RSA-Signaturen basieren auf der RSA-Verschlüsselung, die in Kap. 7 eingeführt wurde. Die zugrunde liegende Sicherheit beruht auf der Schwierigkeit, das Produkt zweier großer Primzahlen zu faktorisieren. Die RSA-Signatur wurden im Jahr 1978 vorgestellt [12] und stellt das am weitesten verbreitete Signaturverfahren in der Praxis dar.

10.2.1 RSA-Signaturen – Schulbuchmethode

Wir nehmen an, Bob möchte eine Nachricht x signiert an Alice senden. Zunächst erzeugt er die gleichen Schlüssel, die auch für eine RSA-Verschlüsselung notwendig sind (vgl. Kap. 7). Am Ende dieses Prozesses hat Bob die folgenden Schlüssel:

RSA-Schlüssel

- Bobs privater Schlüssel: $k_{pr} = (d)$
- Bobs öffentlicher Schlüssel: $k_{pub} = (n, e)$

Im Folgenden wird das Signaturprotokoll beschrieben. Die signierte Nachricht x ist eine natürliche Zahl aus der Menge $\{1, 2, \ldots, n-1\}$.

Das grundlegende Protokoll der RSA-Signatur

Alice		Bob
		$k_{pr} = (d), k_{pub} = (n, e)$
	$\xleftarrow{(n,e)}$	
		Signaturberechnung:
		$s = \text{sig}_{k_{pr}}(x) \equiv x^d \bmod n$
	$\xleftarrow{(x,s)}$	
Verifiziere: $\text{ver}_{k_{pub}}(x, s)$		
$x' \equiv s^e \bmod n$		
$x' \begin{cases} \equiv x \bmod n \Rightarrow \text{gültige Signatur} \\ \not\equiv x \bmod n \Rightarrow \text{ungültige Signatur} \end{cases}$		

Bob berechnet die Signatur s für die Nachricht x, indem er die RSA-Entschlüsselung auf x mithilfe seines privaten Schlüssels k_{pr} anwendet. Nur Bob kann k_{pr} verwenden. Daher wird durch den Besitz von k_{pr} seine Authentizität als Sender der signierten Nachricht sichergestellt. Bob sendet die Nachricht x zusammen mit der Signatur s an Alice. Nach dem Empfang führt Alice eine RSA-Exponentiation von s mit Bobs öffentlichem Schlüssel k_{pub} durch. Sie erhält dadurch x'. Falls x und x' identisch sind, hat Alice zwei wichtige Informationen: Zum einen muss der Sender der Nachricht im Besitz von Bobs geheimen Schlüssel gewesen seien und Bob muss die Person gewesen sein, die die Nachricht signiert hat, da nur Bob Zugang zu dem entsprechenden privaten Schlüssel k_{pr} hat. Dies bezeichnet man als Nachrichtenauthentizität. Zweitens weiß Alice, dass die Nachricht während der Übertragung nicht manipuliert worden ist. Dadurch ist Nachrichtenintegrität gegeben. Wie in dem vorherigen Abschnitt diskutiert wurde, sind dies zwei der grundsätzlichen Sicherheitsdienste, die in der Praxis häufig benötigt werden.

Beweis Wir führen jetzt einen Korrektheitsbeweis des Protokolls durch, d. h. es wird gezeigt, dass die Signatur dann als gültig angesehen wird, wenn die Nachricht und die Signatur nicht während der Übertragung verändert wurden. Wir beginnen mit der Verifikation $s^e \bmod n$:

$$s^e = (x^d)^e = x^{de} \equiv x \bmod n$$

Zwischen dem privaten und dem öffentlichen Schlüssel besteht die folgende mathematische Beziehung:

$$d\,e \equiv 1 \bmod \phi(n)$$

In Abschn. 7.3 wurde bewiesen, dass die Exponentiation einer natürlichen Zahl $x \in \mathbb{Z}_n$ hoch $(d\,e)$ wieder die Zahl x ergibt. □

Verglichen mit der RSA-Verschlüsselung sind die Rollen des öffentlichen und des privaten Schlüssels vertauscht. Bei der Verschlüsselung wird der öffentliche Schlüssel auf die Nachricht x angewendet, während beim Signieren der private Schlüssel k_{pr} zusammen mit der Nachricht verwendet wird. Auf der Empfängerseite wird bei der Dechiffrierung der private Schlüssel eingesetzt und bei der Signatur der öffentliche Schlüssel zur Verifikation. Wir betrachten nun ein Beispiel mit kleinen Zahlen.

Beispiel 10.1 Bob möchte die Nachricht $x = 4$ an Alice senden. Die ersten Schritte sind die gleichen wie bei der RSA-Verschlüsselung: Bob berechnet seine RSA-Parameter und sendet seinen öffentlichen Schlüssel an Alice. Im Gegensatz zur Verschlüsselung wird nun der private Schlüssel von Bob benutzt, um die Nachricht zu signieren. Für die Verifikation wird benötigt Alice den öffentlichen Schlüssel.

Alice		**Bob**
		1. Wähle $p = 3$ und $q = 11$
		2. $n = p \cdot q = 33$
		3. $\Phi(n) = (3-1)(11-1) = 20$
		4. Wähle $e = 3$
		5. $d \equiv e^{-1} \equiv 7 \bmod 20$
	$\xleftarrow{(n,e)=(33,3)}$	
		Signaturberechnung für $x = 4$:
		$s = x^d \equiv 4^7 \equiv 16 \bmod 33$
	$\xleftarrow{(x,s)=(4,16)}$	
Verifikation:		
$x' = s^e \equiv 16^3 \equiv 4 \bmod 33$		
$x' \equiv x \bmod 33 \Longrightarrow$ gültige Signatur		

Wenn die Signatur als gültig anerkannt wird, weiß Alice, dass Bob die Nachricht generiert hat und dass sie während der Übertragung nicht manipuliert wurde, d. h. Nachrichtenauthentizität und Nachrichtenintegrität sind gegeben. Des Weiteren kann Bob nicht abstreiten, dass die Nachricht von ihm stammt.

In dem oben stehenden Beispiel wurde nur eine digitale Signatur angewendet, die Nachricht jedoch nicht verschlüsselt. Von daher ist der Sicherheitsdienst Geheimhaltung nicht gegeben. Sollte dieser benötigt werden, kann die Nachricht zusammen mit der Signatur verschlüsselt werden, beispielsweise mit einem symmetrischen Verfahren wie AES.

10.2.2 Praktische Aspekte

Zuerst sollte beachtet werden, dass die Signatur so lang ist wie der Modul n, d. h. ungefähr $\lceil \log_2 n \rceil$ Bit; n ist typischerweise zwischen 2048 und 3072 Bit groß. Obwohl Signaturen solcher Länge in vielen PC-Anwendungen kein Problem darstellen, sind sie für manche Anwendungen, die in Bandbreite und/oder Energieverbrauch eingeschränkt sind, beispielsweise Chipkarten, nicht ideal.

Für die Schlüsselerzeugung werden die gleichen Schritte benötigt wie für die RSA-Verschlüsselung, die in Kap. 7 beschrieben wurde. Sowohl für die Erzeugung als auch für die Verifikation der Signatur kommt der Square-and-Multiply-Algorithmus aus Abschn. 7.4 zum Einsatz. In Abschn. 7.5 wurde eine Methode zur Beschleunigung von RSA vorgestellt, die auch auf digitale Signaturen angewendet werden kann. Insbesondere können kurze öffentliche Schlüssel e gewählt werden, wie z. B. $e = 2^{16} + 1$. Hierdurch wird die Verifikation sehr schnell. Dies ist besonders vorteilhaft, da in vielen Anwendungen eine Nachricht nur einmal signiert, jedoch oft verifiziert wird. Dies ist z. B. der Fall in sog. Public-Key- Infrastrukturen (PKI), bei denen Zertifikate eine zentrale Rolle spielen. Zertifikate werden nur einmal signiert, aber immer dann verifiziert, wenn ein Benutzer einen öffentlichen Schlüssel verwenden und dessen Echtheit prüfen möchte (vgl. Abschn. 13.3.3).

10.2.3 Sicherheit

Wie bei jedem asymmetrischen Verfahren muss auch hier sichergestellt werden, dass die öffentlichen Schlüssel authentisch sind. Das heißt, die Seite, die verifiziert, muss tatsächlich den öffentlichen Schlüssel verwenden, der zu dem privaten Signaturschlüssel gehört. Sollte es einem Angreifer gelingen, der verifizierenden Partei einen falschen öffentlichen Schlüssel zukommen zu lassen, kann der Angreifer Signaturen von Nachrichten fälschen. Um diese Angriffe zu unterbinden, können Zertifikate verwendet werden, die in Kap. 13 diskutiert werden.

Algorithmische Angriffe

Eine erste Angriffsmöglichkeit besteht darin, das zugrunde liegende RSA-Verfahren zu brechen, indem der private Schlüssel d berechnet wird. Hierfür muss der Modul n in seine Primfaktoren p und q zerlegt werden. Wenn dies dem Angreifer gelingt, kann er den privaten Schlüssel d aus e berechnen. Um Faktorisierungsangriffe zu verhindern, muss der Modul ausreichend lang gewählt werden, wie in Abschn. 7.8 diskutiert. In der Praxis sollten mindestens 2048 Bit benutzt werden.

Existenzielle Fälschung

Schulbuch-RSA hat die Schwachstelle, dass ein Angreifer eine gültige Signatur für eine *zufällige* Nachricht x wie folgt berechnen kann:

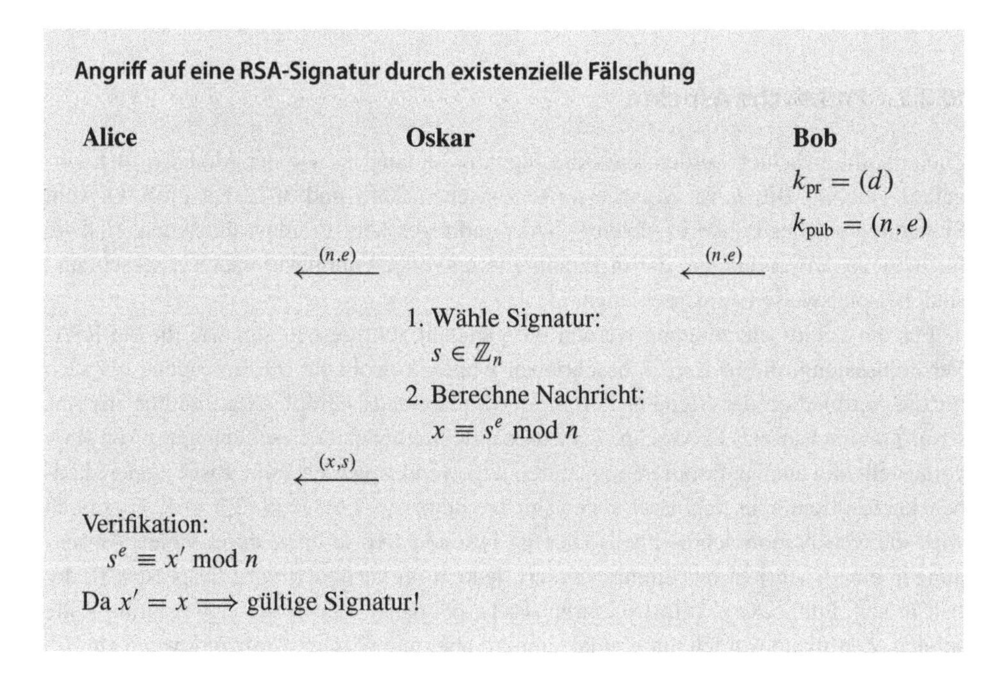

Der Angreifer Oskar gibt sich gegenüber Alice als Bob aus. Da Alice genau die gleichen Berechnungen wie Oskar durchführt, wird sie die Signatur als gültig verifizieren. Bei einer näheren Betrachtung der Schritte eins und zwei von Oskar stellt man fest, dass der Angriff eigenartig ist. Der Angreifer wählt zunächst die Signatur und *berechnet* dann die Nachricht. Von daher kann er den Inhalt der Nachricht x nicht beeinflussen. Beispielsweise kann Oskar nicht die Nachricht x „`überweise 1000$ auf Oskars Konto`" erzeugen. Nichtsdestotrotz ist es nicht wünschenswert, dass der Verifikationsprozess eine gefälschte Signatur nicht erkennt. Von daher wird das sog. Schulbuch-RSA in der Praxis nur sehr selten eingesetzt. Um den Angriff zu verhindern, können Padding-Verfahren verwendet werden.

10.2.4 RSA mit Padding: Der Probabilistische Signaturstandard (PSS)

Der oben beschriebene Angriff kann verhindert werden, wenn nur Nachrichten mit einer bestimmten Formatierung erlaubt sind. Formate können als Regeln aufgefasst werden, die es dem Verifizierer, d. h. in obigem Beispiel Alice, erlauben, zwischen gültigen und ungültigen Nachrichten zu unterscheiden. Solche Formate werden als *Padding* bezeichnet. Ein einfache Formatierungsregel kann beispielsweise sein, dass alle Nachrichten x am Ende 100 Bits mit dem Wert 0 (oder einem beliebigen anderen Bit-Muster) aufweisen müssen. Wenn Oskar nun eine Signatur s wählt und die „Nachricht" $x \equiv s^e \bmod n$ berechnet, ist es extrem unwahrscheinlich, dass x dieses spezielle Format aufweist. Wenn die letzten 100 Bits ein bestimmtes Muster aufweisen müssen, ist die Chance, dass x dieses Format hat, nur 2^{-100}, was wesentlich unwahrscheinlicher ist als ein Lottogewinn.

Nachfolgend wird ein Padding-Verfahren eingeführt, das in der Praxis oft zum Einsatz kommt. An dieser Stelle sei angemerkt, dass in Abschn. 7.7 schon ein Padding-Verfahren für RSA-Verschlüsselung beschrieben wurde. Das sog. *Probabilistische Signaturverfahren* (RSA-PSS) ist ein Signaturverfahren basierend auf RSA. Die Nachricht wird hierbei beim Signieren und Verifizieren codiert.

In der Praxis wird eine Nachricht selten direkt signiert. Zur Signatur verwendet man den Ausgang einer Hash-Funktion, die die Nachricht zum Eingang hat. Hash-Funktionen berechnen einen sog. Fingerabdruck der Nachricht. Dieser hat eine feste Länge, häufig 160 oder 256 Bit, wobei die Nachricht selbst eine beliebige Länge haben kann. Hash-Funktionen und ihre Bedeutung für Signaturen werden in Kap. 11 behandelt.

Um mit der Terminologie, die in Standards zumeist verwendet wird, konsistent zu sein, bezeichnen wir die Nachricht mit M und nicht mit x. Abb. 10.2 zeigt die Codierung der Nachricht. Das Verfahren ist als Encoding-Method-for-Signature-with-Appendix-PSS (EMSA) bekannt.

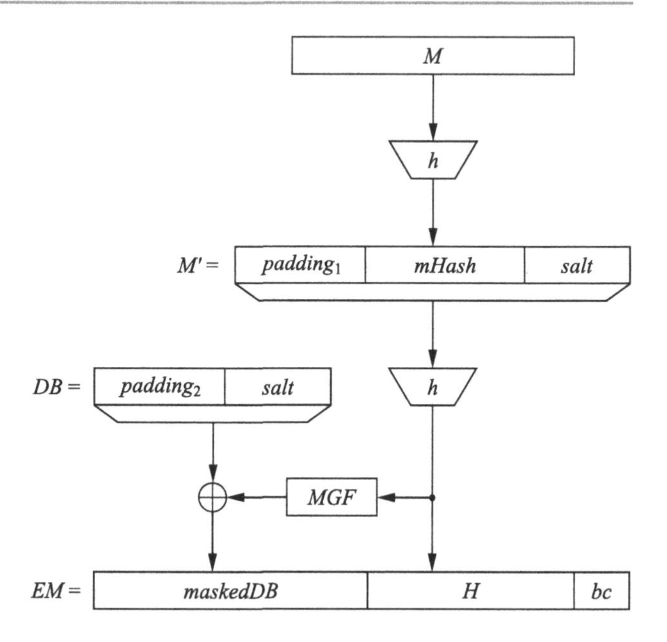

Abb. 10.2 Prinzip der EMSA-PSS-Codierung

Codierung für EMSA-PSS

Die Bitlänge des RSA-Moduls wird mit $|n|$ bezeichnet. Die Länge der codierten Nachricht EM betrage $\lceil(|n|-1)/8\rceil$ Byte, sodass die maximale Bitlänge von EM $|n|-1$ Bit beträgt.

1. Erzeuge einen Zufallswert *salt*.
2. Bilde eine Zeichenkette M' aus der Verkettung des festen Werts *padding*1, des Hash-Werts *mHash* $= h(M)$ und *salt*.
3. Berechne den Hash-Wert H aus der Zeichenkette M'.
4. Bilde den Datenblock *DB* durch die Verkettung des festen Werts *padding*2 und des Werts *salt*.
5. Wende die Maskengenerierungsfunktion *MGF* auf den Hash der Zeichenkette M' an und berechne so den Wert *dbMask*. In der Praxis ist die Maskengenerierungsfunktion oft eine Hash-Funktion, beispielsweise SHA-1.
6. Verknüpfe die Maske *dbMask* und den Datenblock *DB* mithilfe der XOR-Funktion, um den Wert *maskedDB* zu berechnen.
7. Die codierte Nachricht *EM* besteht aus der Verkettung von *maskedDB*, dem Hash-Wert H und dem festen Wert bc.

Das eigentliche Signieren von EM findet nach der Codierung statt:

$$s = \text{sig}_{k_{\text{pr}}}(x) \equiv EM^d \bmod n$$

Bei der Verifikation wird wie folgt vorgegangen: Zunächst wird der Wert $salt$ berechnet und überprüft, ob die EMSA-PSS-Codierung der Nachricht korrekt ist. Dem Empfänger sind die beiden Werte $padding_1$ und $padding_2$ bekannt, da sie Teil des Standards sind.

Der Wert H in EM ist im Wesentlichen eine gehashte Version der Nachricht. Durch das Einbringen des zufälligen Werts *salt* vor dem zweiten Hashen wird die Codierung probabilistisch. Daraus folgt, dass eine Nachricht, die zweimal codiert und gehasht wird, in zwei unterschiedlichen Signaturen resultiert. Genau dieses Verhalten ist gewünscht.

10.3 Digitale Signaturen nach Elgamal

Das 1985 vorgeschlagenen Elgamal-Signaturverfahren basiert auf dem diskreten Logarithmusproblem (vgl. Kap. 8). Im Gegensatz zu RSA, bei dem Verschlüsselung und digitale Signatur nahezu identisch sind, unterscheidet sich das Elgamal-Signaturverfahren wesentlich von der Elgamal-Verschlüsselung.

10.3.1 Schulbuchversion des Elgamal-Signaturverfahrens

Schlüsselerzeugung

Wie bei jedem asymmetrischen Verfahren gibt es auch hier eine Initialisierungsphase, bei der die Schlüssel erzeugt werden. Zunächst muss eine große Primzahl p gefunden und ein DLP wie folgt konstruiert werden:

Schlüsselerzeugung für das Elgamal-Signaturverfahren

1. Wähle eine große Primzahl p.
2. Wähle ein primitives Element α von $\mathbb{Z}_p^*$ oder von einer Untergruppe von $\mathbb{Z}_p^*$.
3. Wähle eine zufällige natürliche Zahl $d \in \{2, 3, \ldots, p-2\}$.
4. Berechne $\beta \equiv \alpha^d \bmod p$.

Der öffentliche Schlüssel ist nun durch $k_{\text{pub}} = (p, \alpha, \beta)$ und der private Schlüssel durch $k_{\text{pr}} = (d)$ gegeben.

Signatur und Verifikation

Beim Signieren wird mithilfe des privaten Schlüssels und der Parameter des öffentlichen Schlüssels die Signatur

$$\text{sig}_{k_{\text{pr}}}(x, k_E) = (r, s)$$

für eine Nachricht x berechnet. Die Signatur besteht hierbei aus den zwei Zahlen r und s. Der Signaturprozess besteht aus zwei Hauptschritten: Es muss ein Zufallswert k_E erzeugt werden, der als temporärer („ephemeral") privater Schlüssel angesehen werden kann, und die eigentliche Signatur der Nachricht x muss berechnet werden.

Signaturerzeugung nach Elgamal

1. Wähle einen zufälligen temporären Schlüssel $k_E \in \{2, 3, \ldots, p-2\}$ mit $\text{ggT}(k_E, p-1) = 1$.
2. Berechne die Parameter der Signatur:

$$r \equiv \alpha^{k_E} \bmod p,$$
$$s \equiv (x - d \cdot r)\, k_E^{-1} \bmod (p-1).$$

Der Empfänger verifiziert die Signatur mit der Operation $\text{ver}_{k_{pub}}(x, (r, s))$, in die der öffentliche Schlüssel, die Signatur und die Nachricht eingehen.

Verifikation der Elgamal-Signatur

1. Berechne den Wert

$$t \equiv \beta^r \cdot r^s \bmod p.$$

2. Die Verifikation folgt aus:

$$t \begin{cases} \equiv \alpha^x \bmod p & \Longrightarrow \text{gültige Signatur} \\ \not\equiv \alpha^x \bmod p & \Longrightarrow \text{ungültige Signatur} \end{cases}$$

Der Verifizierer akzeptiert die Signatur (r, s) nur dann als gültig, wenn die Bedingung $\beta^r \cdot r^s \equiv \alpha^x \bmod p$ erfüllt ist. Anderenfalls ist die Signatur ungültig. Um sowohl die Verifikation als auch die Berechnung der Signaturparameter r und s zu verstehen, ist es hilfreich, sich den nachfolgenden Beweis anzuschauen.

Beweis Wir beweisen nun die Korrektheit des Signaturverfahrens nach Elgamal. Es wird gezeigt, dass die Signatur als gültig erkannt wird, wenn der Verifizierer den korrekten öffentlichen Schlüssel und die korrekte Nachricht verwendet und wenn die Signaturparameter (r, s) wie folgt berechnet wurden. Wir beginnen mit der Äquivalenz, die beim Verifizieren verwendet wird:

$$\beta^r \cdot r^s \equiv (\alpha^d)^r (\alpha^{k_E})^s \bmod p$$
$$\equiv \alpha^{d\,r + k_E\,s} \bmod p$$

Die Signatur ist gültig, wenn dieser Ausdruck identisch zu α^x ist:

$$\alpha^x \equiv \alpha^{d\,r + k_E\,s} \bmod p. \tag{10.1}$$

Nach dem kleinen fermatschen Satz ist die Äquivalenz (10.1) wahr, wenn die Exponenten auf beiden Seiten identisch modulo $p - 1$ sind:

$$x \equiv d\,r + k_E\,s \bmod (p-1)$$

Hieraus folgt die Konstruktionsvorschrift des Signaturparameters s:

$$s \equiv (x - d \cdot r)k_E^{-1} \bmod (p-1)$$

Die Bedingung $\mathrm{ggT}(k_E, p - 1) = 1$ ist notwendig, da der temporäre Schlüssel modulo $p - 1$ invertiert werden muss. □

Schauen wir uns ein Beispiel mit kleinen Zahlen an:

Beispiel 10.2 Bob sendet eine Nachricht an Alice, die mit einer Elgamal-Signatur versehen ist. Signieren und Verifizieren erfolgen wie folgt:

Alice		**Bob**
		1. Wähle $p = 29$
		2. Wähle $\alpha = 2$
		3. Wähle $d = 12$
		4. $\beta = \alpha^d \equiv 7 \bmod 29$
	$\xleftarrow{(p,\alpha,\beta) = (29,2,7)}$	
		Berechne die Signatur für $x = 26$:
		Wähle $k_E = 5$ mit $\mathrm{ggT}(5, 28) = 1$
		$r = \alpha^{k_E} \equiv 2^5 \equiv 3 \bmod 29$
		$s = (x - d\,r)\,k_E^{-1} \equiv (-10) \cdot 17$
		$\equiv 26 \bmod 28$
	$\xleftarrow{(x,(r,s)) = (26,(3,26))}$	
Verifiziere:		
$t = \beta^r \cdot r^s \equiv 7^3 \cdot 3^{26} \equiv 22 \bmod 29$		
$\alpha^x \equiv 2^{26} \equiv 22 \bmod 29$		
$t \equiv \alpha^x \bmod 29$		
$\Longrightarrow$ gültige Signatur!		

10.3.2 Praktische Aspekte

Die Schlüsselerzeugung ist identisch zu derjenigen bei der Elgamal-Verschlüsselung, die in Abschn. 8.5.2 beschrieben wurde. Da die Sicherheit des Signaturverfahrens auf dem DLP beruht, muss p die in Abschn. 8.3.3 diskutierten Eigenschaften aufweisen. Insbesondere sollte die Primzahl eine Länge von mindestens 2048 Bit haben. Eine solche Zahl kann mit einem der Algorithmen zum Finden von Primzahlen, die wir in Abschn. 7.6 beschrieben haben, erzeugt werden. Der private Schlüssel muss mit einem echten Zufallszahlengenerator generiert werden. Für den öffentlichen Schlüssel muss eine Exponentiation, z. B. mit dem Square-and-Multiply-Algorithmus ausgeführt werden.

Die Signatur besteht aus dem Paar (r, s). Beide haben in etwa die gleiche Bitlänge wie p, sodass $(x, (r, s))$ insgesamt etwa dreimal so lang ist wie die Nachricht x. Um r zu berechnen, wird eine Exponentiation modulo p mithilfe des Square-and-Multiply-Algorithmus durchgeführt. Die aufwendigste Operation bei der Berechnung von s ist die Inversion von k_E. Dies kann über den EEA erreicht werden. Dieser kann wie folgt durch Vorausberechnungen beschleunigt werden: Der Signierer kann den temporären Schlüssel k_E und den Parameter r im Voraus berechnen und speichern. Wenn eine Nachricht signiert werden soll, können die gespeicherten Werte verwendet werden, um s zu berechnen. Seitens des Verifizierers müssen zwei Exponentiationen durchgeführt werden, wofür wiederum der Square-and-Multiply-Algorithmus sowie eine Multiplikation erforderlich sind.

10.3.3 Sicherheit

Zunächst muss sichergestellt werden, dass der Verifizierer den korrekten öffentlichen Schlüssel hat. Andernfalls ist der in Abschn. 10.2.3 beschriebene Angriff möglich. Im Folgenden werden weitere Angriffe beschrieben.

Berechnung des diskreten Logarithmus

Die Sicherheit des Signaturverfahrens beruht auf dem DLP. Sollte Oskar diskrete Logarithmen berechnen können, kann er den privaten Schlüssel d aus β extrahieren und den temporären Schlüssel k_E aus r. Mit diesen beiden Parametern kann er beliebige Nachrichten signieren. Von daher müssen die Parameter bei Elgamal so gewählt werden, dass eine Berechnung des DLP in der Praxis unmöglich ist. In Abschn. 8.3.3 werden Angriffe gegen das DLP diskutiert. Eine zentrale Anforderung ist, dass die Primzahl p mindestens 2048 Bit lang ist. Ebenso müssen Angriffe, die kleine Untergruppen ausnutzen, ausgeschlossen werden. Um dies zu erreichen, werden in der Praxis primitive Elemente α verwendet, die Untergruppen mit Primkardinalität erzeugen. In solchen Gruppen sind alle Elemente primitiv und von daher existieren keine kleinen Untergruppen.

Wiederholte Verwendung des temporären Schlüssels

Wenn der Signierer den temporären Schlüssel k_E mehr als einmal verwendet, kann ein Angreifer den privaten Schlüssel d leicht berechnen. Hierdurch ist das Verfahren komplett gebrochen. Der Angriff funktioniert wie folgt:

Oskar schneidet zwei digitale Signaturen und Nachrichten der Form $(x, (r, s))$ mit. Wenn für die Nachrichten x_1 und x_2 der gleiche temporäre Schlüssel k_E verwendet wurde, erkennt Oskar dies, weil die beiden Parameter r den gleichen Wert haben, da für diese $r_1 = r_2 = \alpha^{k_E}$ gilt. Mit den beiden unterschiedlichen Parametern s kann Oskar die beiden folgenden Gleichungen aufstellen:

$$s_1 \equiv (x_1 - d\ r)k_E^{-1} \bmod (p-1) \tag{10.2}$$

$$s_2 \equiv (x_2 - d\ r)k_E^{-1} \bmod (p-1) \tag{10.3}$$

Dies ist ein Gleichungssystem mit den zwei Unbekannten, d – Bobs privatem Schlüssel (!) – und dem temporären Schlüssel k_E. Wenn beide Ausdrücke mit k_E multipliziert werden, erhält man ein System von linearen Gleichungen, das einfach gelöst werden kann. Oskar kann z. B. die zweite Gleichung von der ersten subtrahieren:

$$s_1 - s_2 \equiv (x_1 - x_2)k_E^{-1} \bmod (p-1),$$

woraus der temporäre Schlüssel folgt als:

$$k_E \equiv \frac{x_1 - x_2}{s_1 - s_2} \bmod (p-1)$$

Es ergeben sich Mehrfachlösungen für k_E, falls $\mathrm{ggT}(s_1 - s_2, p-1) \neq 1$. In diesem Fall muss Oskar verifizieren, welche die richtige ist. Wenn er k_E ermittelt hat, kann Oskar auch den privaten Schlüssel mithilfe der (10.2) oder (10.3) berechnen:

$$d \equiv \frac{x_1 - s_1 k_E}{r} \bmod (p-1)$$

Mit dem privaten Schlüssel d und den öffentlichen Parametern kann Oskar jetzt Dokumente in Bobs Namen signieren.

Im Folgenden wird der Angriff anhand eines Beispiels mit kleinen Zahlen demonstriert.

Beispiel 10.3 Oskar kann zwei Nachrichten mitschneiden, die mit Bobs privatem Schlüssel und dem gleichen temporären Schlüssel k_E signiert wurden:

1. $(x_1, (r, s_1)) = (26, (3, 26))$,
2. $(x_2, (r, s_2)) = (13, (3, 1))$.

Oskar kennt auch Bobs öffentlichen Schlüssel, der gegeben ist durch

$$(p, \alpha, \beta) = (29, 2, 7)$$

Mit diesen Informationen kann Oskar nun den temporären Schlüssel berechnen:

$$\begin{aligned} k_E &\equiv \frac{x_1 - x_2}{s_1 - s_2} \bmod (p-1) \\ &\equiv \frac{26-13}{26-1} \equiv 13 \cdot 9 \bmod 28 \equiv 5 \bmod 28 \end{aligned}$$

und im weiteren Verlauf damit Bobs privaten Schlüssel d rekonstruieren:

$$\begin{aligned} d &\equiv \frac{x_1 - s_1 \cdot k_E}{r} \bmod (p-1) \\ &\equiv \frac{26 - 26 \cdot 5}{3} \equiv 8 \cdot 19 \equiv 12 \bmod 28 \end{aligned}$$

Existenzielle Fälschung

Wie bei RSA-Signaturen kann ein Angreifer auch gültige Signaturen für *zufällige* Nachrichten x erzeugen. Oskar gibt gegenüber Alice vor, Bob zu sein. Der Angriff funktioniert wie folgt:

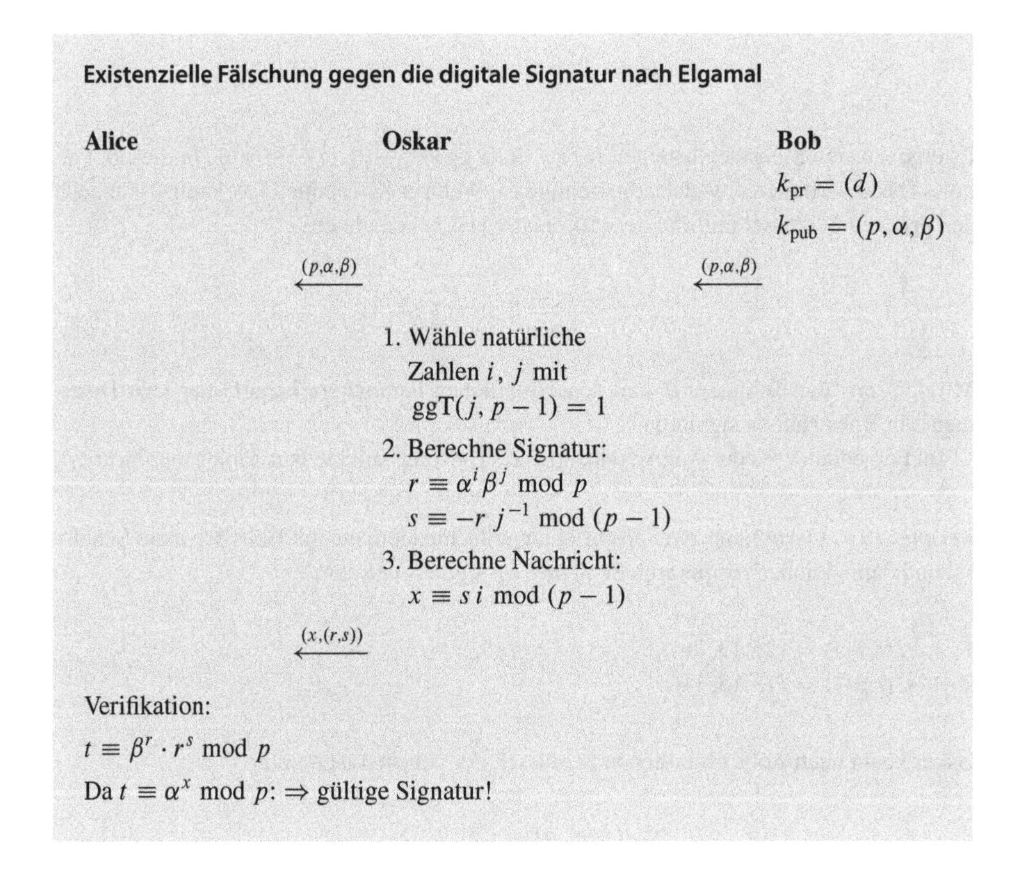

Bei der Verifikation wird die Signatur als gültig anerkannt, da die folgenden Äquivalenzen gelten:

$$\begin{aligned} t &\equiv \beta^r \cdot r^s \bmod p \\ &\equiv \alpha^{d\,r} \cdot r^s \bmod p \\ &\equiv \alpha^{d\,r} \cdot \alpha^{(i+d\,j)s} \bmod p \\ &\equiv \alpha^{d\,r} \cdot \alpha^{(i+d\,j)(-r\,j^{-1})} \bmod p \\ &\equiv \alpha^{d\,r-d\,r} \cdot \alpha^{-r\,i\,j^{-1}} \bmod p \\ &\equiv \alpha^{s\,i} \bmod p \end{aligned}$$

Da die Nachricht als $x \equiv s\,i \bmod (p-1)$ konstruiert wurde, ist der letzte Ausdruck identisch zu

$$\alpha^{s\,i} \equiv \alpha^x \bmod p,$$

was aber genau die Bedingung ist, unter der Alice die Signatur als gültig akzeptiert.

Die Angreifer berechnet im Schritt 3 die Nachricht x, wobei er deren Inhalt nicht kontrollieren kann. Von daher kann Oskar nur gültige Signaturen für pseudozufällige Nachrichten berechnen. Wenn die Nachricht gehasht wird, wie es in der Praxis sehr häufig der Fall ist, ist der Angriff nicht mehr möglich. Anstatt die Nachricht direkt zu signieren, wird zunächst eine Hash-Funktion $h(\cdot)$ auf die Nachricht angewendet. Dadurch ergibt sich die folgende Gleichung für das Signieren:

$$s \equiv (h(x) - d \cdot r)k_E^{-1} \bmod (p-1)$$

10.4 Der Digital-Signature-Algorithmus

Das einfache Signaturverfahren nach Elgamal, das im letzten Abschnitt vorgestellt wurde, kommt in der Praxis nur selten zum Einsatz. Viel weiter verbreitet ist eine Variante, der sog. *Digital-Signature-Algorithm* (DSA). Es handelt sich hierbei um einen US-amerikanischen Regierungsstandard für digitale Signaturen, der vom National Institute of Standards and Technology (NIST) entwickelt wurde. Die Hauptvorteile gegenüber dem Elgamal-Signaturschema sind, dass die Signaturen je nach Parameterwahl zwischen 320–512 Bit lang sind und dass einige der Angriffe gegen Elgamal nicht möglich sind.

10.4.1 Algorithmus

Im Folgenden wird der DSA-Standard mit einer Länge von 2048 Bit vorgestellt. Andere Bitlängen sind ebenfalls Teil des Standards, vgl. Tab. 10.1.

Tab. 10.1 Bitlängen der Primzahlen und der Signatur im DSA

p	q	Signatur
1024	160	320
2048	224	448
3072	256	512

Schlüsselerzeugung

Die DSA-Schlüssel werden wie folgt berechnet:

Schlüsselerzeugung für DSA

1. Erzeuge eine Primzahl p mit $2^{2047} < p < 2^{2048}$.
2. Finde einen primen Teiler q von $p - 1$ mit $2^{255} < q < 2^{256}$.
3. Finde ein Element α mit $\text{ord}(\alpha) = q$, d. h. α erzeugt eine Untergruppe mit q Elementen.
4. Wähle eine zufällige natürliche Zahl d mit $0 < d < q$.
5. Berechne $\beta \equiv \alpha^d \bmod p$.

Die Schlüssel sind nun gegeben durch:

$$k_{pub} = (p, q, \alpha, \beta)$$
$$k_{pr} = (d)$$

Der zentrale Aspekt von DSA ist die Tatsache, dass mit zwei zyklischen Gruppen gearbeitet wird. Eine Gruppe ist die große zyklische Gruppe $\mathbb{Z}_p^*$, die häufig eine Größe von 2048 Bit hat. Die zweite ist die 256 Bit große Untergruppe von $\mathbb{Z}_p^*$. Hieraus resultieren kurze Signaturen, wie wir weiter unten zeigen werden.

Neben den Primzahlen p mit 2048 Bit und q mit 256 Bit gibt es noch zwei weitere zulässige Kombinationen von Bitlängen für die beiden Primzahlen. Tab. 10.1 zeigt die möglichen Kombinationen aus dem Standard[2]. Man sollte beachten, dass die Parameter (1024, 160) heute keine Langzeitsicherheit mehr bieten.

Beim Einsatz einer der beiden anderen Bitlängen müssen nur die Schritte 1 und 2 bei der Schlüsselerzeugung geändert werden. Das Thema der Bitlängen wird in dem unten stehenden Abschn. 10.4.3 näher diskutiert.

Signatur und Verifikation

Die DSA-Signaturen bestehen, ebenso wie Elgamal-Signaturen, aus einem Wertepaar (r, s). Da jeder der beiden Parameter 160–256 Bit lang ist, weist die gesamte Signatur eine Länge von 320–512 Bit auf. Für eine Nachricht x wird die Signatur mithilfe des öffentlichen und des privaten Schlüssels wie folgt berechnet:

DSA-Signaturberechnung

1. Wähle eine ganze Zahl als temporären Schlüssel k_E mit $0 < k_E < q$.
2. Berechne $r \equiv (\alpha^{k_E} \bmod p) \bmod q$.
3. Berechne $s \equiv (SHA(x) + d \cdot r)\, k_E^{-1} \bmod q$.

[2] Für die Primzahl mit 2048 Bit Länge ist laut Standard auch ein 224-Bit-Wert für die Zahl q möglich.

Der Standard schreibt vor, dass die Nachricht x bei der Berechnung von s mit der Hash-Funktion SHA-1 gehasht wird. Das Thema Hash-Funktionen wird in Kap. 11 behandelt. Momentan ist es ausreichend, wenn wir uns SHA-1 als eine Kompressionsfunktion vorstellen, die von x einen Fingerabdruck der Länge 160 Bit berechnet. Man kann sich diesen Wert als einen Repräsentanten von x vorstellen.

Für die Signatur werden die folgenden Schritte ausgeführt:

DSA-Signaturverifikation

1. Berechne den Hilfswert $w \equiv s^{-1} \bmod q$.
2. Berechne den Hilfswert $u_1 \equiv w \cdot SHA(x) \bmod q$.
3. Berechne den Hilfswert $u_2 \equiv w \cdot r \bmod q$.
4. Berechne $v \equiv (\alpha^{u_1} \cdot \beta^{u_2} \bmod p) \bmod q$.
5. Die Verifikation $\mathrm{ver}_{k_{pub}}(x, (r, s))$ folgt aus:

$$v \begin{cases} \equiv r \bmod q & \Longrightarrow \text{gültige Signatur} \\ \not\equiv r \bmod q & \Longrightarrow \text{ungültige Signatur} \end{cases}$$

Der Verifizierer akzeptiert die Signatur (r, s) nur, wenn die Bedingung $v \equiv r \bmod q$ erfüllt ist. Ansonsten ist die Signatur ungültig. In letzterem Fall könnte die Nachricht und/oder die Signatur manipuliert worden sein oder der Verifizierer verwendet nicht den korrekten öffentlichen Schlüssel.

Beweis Wir zeigen, dass die Signatur (r, s) bei der Verifikation die Bedingung $v \equiv r \bmod q$ erfüllt. Wir betrachten den Signaturparameter s:

$$s \equiv (SHA(x) + d\, r)\, k_E{}^{-1} \bmod q,$$

was äquivalent ist zu

$$k_E \equiv s^{-1}\, SHA(x) + d\, s^{-1}\, r \bmod q$$

Die rechte Seite kann mithilfe der Hilfswerte u_1 und u_2 dargestellt werden:

$$k_E \equiv u_1 + d\, u_2 \bmod q$$

Beide Seiten des Ausdrucks können als Exponent von α dienen, wenn wir den Operator modulo p anwenden:

$$\alpha^{k_E} \bmod p \equiv \alpha^{u_1 + d\, u_2} \bmod p$$

Da der öffentliche Wert β als $\beta \equiv \alpha^d \bmod p$ berechnet wurde, können wir

$$\alpha^{k_E} \bmod p \equiv \alpha^{u_1} \beta^{u_2} \bmod p$$

schreiben. Jetzt reduzieren wir modulo q:

$$(\alpha^{k_E} \bmod p) \bmod q \equiv (\alpha^{u_1} \beta^{u_2} \bmod p) \bmod q$$

Da r durch $r \equiv (\alpha^{k_E} \bmod p) \bmod q$ und v durch $v \equiv (\alpha^{u_1} \beta^{u_2} \bmod p) \bmod q$ konstruiert wurde, ist dieser Ausdruck identisch zu der Verifikationsbedingung für eine gültige Signatur:

$$r \equiv v \bmod q. \qquad \square$$

Wir betrachten nun ein Beispiel mit kleinen Zahlen.

Beispiel 10.4 Bob möchte Alice eine Nachricht x senden und diese mit einer DSA-Signatur versehen. Der Hash-Wert von x sei durch $h(x) = 26$ gegeben. Die Signatur und die Verifikation berechnen sich wie folgt:

Alice		**Bob**
		1. Wähle $p = 59$
		2. Wähle $q = 29$
		3. Wähle $\alpha = 3$
		4. Wähle privaten Schlüssel $d = 7$
		5. $\beta = \alpha^d \equiv 4 \bmod 59$
	$\xleftarrow{(p,q,\alpha,\beta) = (59,29,3,4)}$	
		Signiere:
		Berechne Hash Wert $h(x) = 26$
		1. Wähle temporären Schlüssel $k_E = 10$
		2. $r = (3^{10} \bmod 59) \equiv 20 \bmod 29$
		3. $s = (26 + 7 \cdot 20) \cdot 3 \equiv 5 \bmod 29$
	$\xleftarrow{(x,(r,s)) = (x,(20,5))}$	
Verifiziere:		
1. $w = 5^{-1} \equiv 6 \bmod 29$		
2. $u_1 = 6 \cdot 26 \equiv 11 \bmod 29$		
3. $u_2 = 6 \cdot 20 \equiv 4 \bmod 29$		
4. $v = (3^{11} \cdot 4^4 \bmod 59) \bmod 29 = 20$		
5. $v \equiv r \bmod 29$		
$\Longrightarrow$ gültige Signatur!		

In diesem Beispiel hat die Untergruppe eine prime Ordnung von $q = 29$ und die große zyklische Gruppe modulo p hat 58 Elemente. Man beachte, dass $58 = 2 \cdot 29$. Anstatt der Funktion $SHA(x)$ wurde $h(x)$ verwendet, da die SHA-1-Hash-Funktion eine Ausgangslänge von 160 Bit hat.

10.4.2 Praktische Aspekte

Nun werden wir diskutieren, welche Berechnungen für das DSA-Schema notwendig sind. Der aufwendigste Teil der Berechnungen ist die Schlüsselerzeugung. Diese muss jedoch nur einmal zu Beginn ausgeführt werden.

Schlüsselerzeugung

Die Schwierigkeit bei der Schlüsselerzeugung ist es, eine zyklische Gruppe $\mathbb{Z}_p^*$ zu finden, die eine Untergruppe mit einer Primordnung von etwa 2^{256} besitzt und p eine Länge von 2048 Bit aufweist. Die Bedingung an die Größe der Unterordnung ist erfüllt, wenn $p - 1$ einen Primfaktor q von der Länge 256 Bit hat. Um diese Parameter zu erzeugen, wird zunächst eine 256-Bit-Primzahl q gefunden und mit dieser dann die große Primzahl p konstruiert. Man beachte, dass das NIST ein etwas anderes Verfahren spezifiziert hat.

DSA-Primzahlerzeugung

Ausgabe: Zwei Primzahlen (p, q) mit $2^{2047} < p < 2^{2048}$ und $2^{255} < q < 2^{256}$, sodass $p - 1$ ein Vielfaches von q ist.

Initialisierung: $i = 1$

Algorithmus:

1. Finde Primzahl q mit $2^{255} < q < 2^{256}$ unter Verwendung des Miller-Rabin-Algorithmus
2. FOR $i = 1$ TO 4096
   - 2.1 Erzeuge zufällige ganze Zahl M mit $2^{2047} < M < 2^{2048}$
   - 2.2 $M_r \equiv M \bmod 2q$
   - 2.3 $p - 1 = M - M_r$
     (Anmerkung: $p - 1$ ist ein Vielfaches von $2q$.)
     IF p ist prim
     (verwende Miller-Rabin-Primzahltest)
   - 2.4 RETURN (p, q)
3. GOTO Schritt 1

Durch die Wahl von $2q$ als Modul in Schritt 2.2 wird sichergestellt, dass die Primzahlkandidaten in Schritt 2.3 ungerade sind. Da $p - 1$ durch $2q$ teilbar ist, ist die Zahl auch durch q teilbar. Ist p eine Primzahl, so hat $\mathbb{Z}_p^*$ eine Untergruppe der Ordnung q.

Signieren

Beim Signieren werden die Parameter r und s berechnet. Für r wird zunächst $g^{k_E} \bmod p$ mithilfe des Square-and-Multiply-Algorithmus berechnet. Da k_E nur etwa 256 Bit lang ist, werden im Durchschnitt etwa $1{,}5 \cdot 256 = 384$ Quadrierungen und Multiplikationen benötigt, die jeweils wiederum mit 2048 Bit großen Zahlen durchgeführt werden. Das Ergebnis, das ebenfalls eine Bitlänge von 2048 besitzt, wird abschließend mit der Operation $\bmod q$ auf 256 Bit reduziert. Bei der Berechnung von s werden nur Zahlen mit 256 Bit verarbeitet. Der aufwendigste Schritt hierbei ist die Inversion von k_E.

Von all diesen Berechnungen sind die Exponentiationen die aufwendigsten. Da der Parameter s nicht von der Nachricht abhängt, kann dieser im Voraus berechnet werden, wodurch das Signieren der Nachricht relativ schnell wird.

Verifikation

Da für die Berechnung der Hilfsparameter w, u_1 und u_2 nur Arithmetik mit 256 Bit benötigt wird, ist deren Berechnung vergleichsweise schnell.

10.4.3 Sicherheit

Ein interessanter Aspekt von DSA ist, dass das Schema gegen zwei verschiedene Angriffe auf den diskreten Logarithmus geschützt werden muss. Zum einen könnte ein Angreifer versuchen, den privaten Schlüssel d zu berechnen, indem er den diskreten Logarithmus in der großen zyklischen Gruppe modulo p berechnet:

$$d = \log_\alpha \beta \bmod p$$

Die effizienteste Methode hierfür sind Index-Calculus-Angriffe, die in Abschn. 8.3.3 besprochen wurden. Um diesen Angriff zu verhindern, muss p mindestens 1024 Bit lang sein. Diese Bitlänge bietet eine Sicherheit von 80 Bit, d. h. ein Angreifer benötigt etwa 2^{80} Operationen (vgl. Tab. 6.1 in Kap. 6). Für eine höhere Sicherheit erlaubt das NIST Primzahlen mit einer Länge von 2048 und 3072 Bit.

Der zweite Angriff auf den diskreten Logarithmus nutzt die Tatsache aus, dass α nur eine kleine Untergruppe der Ordnung q erzeugt. Von daher könnte ein Angriff gegen diese Untergruppe, die etwa 2^{160} Elemente hat, unter Umständen einfacher sein als ein Angriff gegen die große zyklische Gruppe mit 2^{1024} Elementen, die von p gebildet wird. Allerdings ist der mächtige Index-Calculus-Angriff in der Untergruppe nicht anwendbar. Der beste Angriff, den Oskar durchführen kann, ist ein generischer DLP-Angriff, d. h. entweder die Baby-Step-Giant-Step-Methode oder die Pollard-Rho-Methode (vgl. Abschn. 8.3.3). Hierbei handelt es sich um sog. Quadratwurzelangriffe, die bei einer Untergruppe mit etwa 2^{160} Elementen ein Sicherheitsniveau von $\sqrt{2^{160}} = 2^{80}$ bieten. Es ist kein Zufall, dass der Index-Calculus-Angriff und die Quadratwurzelattacke eine vergleichbare Komplexität haben. Die Parameter wurden in beiden Fällen entsprechend gewählt.

Tab. 10.2 Standardisierte Bitlängen und entsprechende Sicherheitsniveaus von DSA

p	q	Hash-Ausgabe (min)	Sicherheitsniveau
1024	160	160	80
2048	256	256	128
3072	256	256	128

Wenn die Länge der Primzahl p auf 2048 oder 3072 Bit vergrößert wird, wird nur der Index-Calculus-Angriff schwerer, aber Angriffe gegen die kleine Untergruppe benötigen immer noch lediglich 2^{80} Schritte, sofern die Ordnung der Untergruppe sich nicht verändert. Aus diesem Grund muss q auch vergrößert werden, wenn größere Werte für p gewählt werden. Tab. 10.2 zeigt die Längen der Primzahlen p und q, die in dem NIST-Standard spezifiziert sind, zusammen mit den daraus resultierenden Sicherheitsniveaus. Die Sicherheit der Hash-Funktion muss dem Sicherheitsniveau des DLP angepasst sein. Da die kryptografische Stärke einer Hash-Funktion im Wesentlichen durch die Bitlänge des Ausgangswerts bestimmt wird, sind die Mindestlängen des Hash-Ausgangswerts ebenfalls in der Tabelle aufgeführt. Die Sicherheit von Hash-Funktionen wird in Kap. 11 diskutiert.

An dieser Stelle sollte betont werden, dass der Rekord für Berechnungen von diskreten Logarithmen bei etwa 600 Bit liegt (vgl. Tab. 8.3) und dass DSA mit 1024 Bit keine Langzeitsicherheit mehr bietet. Aus diesem Grund sollten in allen neuen Anwendungen die Varianten mit 2048 und 3072 Bit eingesetzt werden.

Neben Diskreter-Logarithmus-Attacken ist DSA angreifbar, wenn der temporäre Schlüssel mehrfach verwendet wird. Der Angriff erfolgt analog zu demjenigen gegen das Elgamal-Signaturverfahren, vgl. Abschn. 10.3.3. Es muss daher sichergestellt werden, dass für jede Signatur neue zufällig generierte Schlüssel k_E verwendet werden.

10.5 Der Elliptic-Curve-Digital-Signature-Algorithmus

In Kap. 9 wurden die Vorteile elliptischer Kurven gegenüber RSA- und Diskreter-Logarithmus-Verfahren wie Elgamal oder DSA diskutiert. ECC bieten mit Bitlängen von 160 bis 256 Bit gleiche Sicherheit wie RSA und die Diskreter-Logarithmus-Verfahren mit 1024 bis 3072 Bit. Die kürzeren Bitlängen von ECC resultieren in kürzeren Signaturen und auch oft in schnelleren Algorithmen. Aus diesen Gründen wurde im Jahr 1998 der Elliptic-Curve-Digital-Signature-Algorithmus (ECDSA) in den USA vom American National Standards Institute (ANSI) standardisiert.

10.5.1 Der ECDSA-Standard

Konzeptionell ähneln die Schritte im ECDSA-Standard denen von DSA. Allerdings wird hierbei ein DLP in der Gruppe von Punkten auf einer elliptischen Kurve verwendet. Die notwendigen Berechnungen für eine ECDSA-Signatur sind vollkommen unterschiedlich zu denen einer DSA-Signatur.

Der ECDSA-Standard erlaubt elliptische Kurven über Primkörpern $\mathbb{Z}_p$ und endlichen Körpern $GF(2^m)$. In der Praxis werden oft Primkörper verwendet, die auch im Folgenden beschrieben werden.

Schlüsselerzeugung

Die ECDSA-Schlüssel werden wie folgt berechnet:

Schlüsselerzeugung für ECDSA

1. Wähle eine elliptische Kurve E mit
   - Modul p,
   - Koeffizienten a und b,
   - einem Punkt A, der eine zyklische Gruppe mit primer Ordnung q erzeugt.
2. Wähle eine zufällige natürliche Zahl d mit $0 < d < q$.
3. Berechne $B = d\,A$.

Die erzeugten Schlüssel sind gegeben durch:

$$k_{\text{pub}} = (p, a, b, q, A, B)$$
$$k_{\text{pr}} = (d)$$

Durch diese Schritte wurde ein DLP erzeugt, bei dem die natürliche Zahl d der private Schlüssel ist und das Ergebnis der Skalarmultiplikation, d. h. der Punkt B, der öffentliche Schlüssel. Wie bei DSA hat die zyklische Gruppe eine Ordnung q, die mindestens 160 Bit groß sein sollte. Für höhere Sicherheitsniveaus sind größere Bitlängen erforderlich.

Signatur und Verifikation

Genau wie bei DSA besteht eine ECDSA-Signatur aus einem Zahlenpaar (r, s). Jeder der beiden Parameter hat die gleiche Bitlänge q, wodurch die Signatur relativ kurz ist. Bei gegebenem öffentlichen und privaten Schlüssel kann eine Signatur für die Nachricht x wie folgt berechnet werden:

Signaturerzeugung bei ECDSA

1. Wähle eine zufällige ganze Zahl k_E mit $0 < k_E < q$ als temporärer Schlüssel.
2. Berechne $R = k_E\,A = (x_R, y_R)$.
3. Es sei $r = x_R$.
4. Berechne $s \equiv (h(x) + d \cdot r)\,k_E^{-1} \bmod q$.

In Schritt 3 wird dem Parameter r der Wert der x-Koordinate des Punkts R zugewiesen. Die Nachricht x muss mit h gehasht werden, damit der Wert s berechnet werden kann. Die Hash-Funktion muss dabei eine Ausgangsgröße von mindestens q Bit aufweisen.

Die Verifikation erfolgt wie folgt:

Verifikation der ECDSA-Signatur

1. Berechne den Hilfswert $w \equiv s^{-1} \bmod q$.
2. Berechne den Hilfswert $u_1 \equiv w \cdot h(x) \bmod q$.
3. Berechne den Hilfswert $u_2 \equiv w \cdot r \bmod q$.
4. Berechne $P = u_1\, A + u_2\, B = (x_P, y_P)$.
5. Die Verifikation $\text{ver}_{k_{pub}}(x, (r, s))$ folgt aus der Bedingung:

$$x_P \begin{cases} \equiv r \bmod q & \Longrightarrow \text{gültige Signatur} \\ \not\equiv r \bmod q & \Longrightarrow \text{ungültige Signatur} \end{cases}$$

Im letzten Schritt steht die Variable x_P für die x-Koordinate des Punkts P. Der Verifizierer akzeptiert die Signatur (r, s) nur, wenn x_P den gleichen Wert hat wie der Signaturparameter r modulo q. Anderenfalls liegt eine ungültige Signatur vor.

Beweis Wir zeigen, dass die Signatur (r, s) die Verifikationsbedingung $r \equiv x_P \bmod q$ erfüllt. Wir beginnen mit dem Signaturparameter s:

$$s \equiv (h(x) + d\, r)\, k_E{}^{-1} \bmod q,$$

was äquivalent zu

$$k_E \equiv s^{-1}\, h(x) + d\, s^{-1}\, r \bmod q$$

ist. Die rechte Seite kann durch die Hilfsvariablen u_1 und u_2 ausgedrückt werden:

$$k_E \equiv u_1 + d\, u_2 \bmod q$$

Da der Punkt A eine zyklische Gruppe der Ordnung q erzeugt, können wir beide Seiten der Gleichung mit A multiplizieren:

$$k_E\, A = (u_1 + d\, u_2)\, A$$

Da die Gruppenoperation assoziativ ist, gilt:

$$k_E\, A = u_1\, A + d\, u_2\, A$$

und

$$k_E\, A = u_1\, A + u_2\, B$$

Es wurde bisher gezeigt, dass der Ausdruck $u_1\, A + u_2\, B$ gleich $k_E\, A$ ist, wenn die korrekte Signatur und der richtige Schlüssel (sowie die Nachricht) verwendet wurden. Dies ist jedoch die genau die Bedingung, die bei der Verifikation überprüft wird, wenn die x-Koordinaten von $P = u_1\, A + u_2\, B$ und $R = k_E\, A$ verglichen werden. □

Wir betrachten jetzt ein Beispiel für ECDSA mit der elliptischen Kurve mit kleinen Parametern, die auch in Kap. 9 verwendet wurde.

Beispiel 10.5 Bob sendet Alice eine mit dem ECDSA-Verfahren signierte Nachricht. Signatur- und Verifikationsprozess verlaufen wie folgt:

Alice		**Bob**
		Wähle E mit $p = 17, a = 2, b = 2$ und $A = (5, 1)$ mit $q = 19$
		Wähle $d = 7$
		Berechne $B = d\, A = 7 \cdot (5, 1) = (0, 6)$
	$\xleftarrow[(17,2,2,19,(5,1),(0,6))]{(p,a,b,q,A,B) =}$	
		Signatur:
		Berechne den Hash-Wert $h(x) = 26$ der Nachricht x
		Wähle temporären Schlüssel $k_E = 10$
		$R = 10 \cdot (5, 1) = (7, 11)$
		$r = x_R = 7$
		$s = (26 + 7 \cdot 7) \cdot 2 \equiv 17 \bmod 19$
	$\xleftarrow{(x,(r,s)) = (x,(7,17))}$	
Verifikation:		
$w = 17^{-1} \equiv 9 \bmod 19$		
$u_1 = 9 \cdot 26 \equiv 6 \bmod 19$		
$u_2 = 9 \cdot 7 \equiv 6 \bmod 19$		
$P = 6 \cdot (5, 1) + 6 \cdot (0, 6) = (7, 11)$		
$x_P \equiv r \bmod 19$		
$\Longrightarrow$ gültige Signatur!		

Hierbei wurde die elliptische Kurve

$$E : y^2 \equiv x^3 + 2x + 2 \bmod 17$$

aus Abschn. 9.2 verwendet. Da alle Punkte der Kurve eine zyklische Gruppe mit der Primordnung 19 bilden, existieren keine Untergruppen und daher wurde $q = \#E = 19$ gewählt.

10.5.2 Praktische Aspekte

Im Folgenden betrachten wir die Berechnungen, die in den drei Phasen des ECDSA-Verfahrens benötigt werden.

Schlüsselerzeugung Wie schon in Kap. 9 diskutiert, ist das Finden elliptischer Kurven mit geeigneten Eigenschaften nicht trivial. In der Praxis werden oft standardisierte Kurven verwendet, z. B. solche, die vom NIST oder dem Brainpool-Konsortium vorgeschlagen wurden. Darüber hinaus muss bei der Schlüsselerzeugung eine Punktmultiplikation durchgeführt werden, bei der der Double-and-Add-Algorithmus zum Einsatz kommt.

Signatur Während des Signierens wird zunächst der Punkt R berechnet, was eine Punktmultiplikation erfordert. Aus dem Punkt R folgt direkt r. Für den Parameter s muss der temporäre Schlüssel invertiert werden, wofür der EEA verwendet wird. Die anderen, nicht trivialen Operationen in dieser Phase sind das Hashen der Nachricht sowie eine Reduktion modulo q.

Von diesen Berechnungen ist die Punktmultiplikation die aufwendigste. Wenn der temporäre Schlüssel im Voraus gewählt wird, kann die Punktmultiplikation allerdings vorausberechnet werden, beispielsweise zu Zeiten, in denen die CPU nicht ausgelastet ist. Von daher kann das Signieren sehr schnell gehen, wenn Vorausberechnungen möglich sind.

Verifikation Zur Berechnung der Parameter w, u_1 und u_2 werden nur einfache Rechenschritte benötigt. Der meiste Aufwand tritt bei der Berechnung von $P u_1 A + u_2 B$ auf. Die Berechnung kann durch zwei getrennte Punktmultiplikationen realisiert werden. Es gibt allerdings effizientere Wege, um zwei Exponentiationen simultan durchzuführen, die schneller sind als zwei einzelne Punktmultiplikationen. (An dieser Stelle sei daran erinnert, dass in Kap. 9 gezeigt wurde, dass Punktmultiplikation und Exponentiation nahezu identische Operationen sind.)

10.5.3 Sicherheit

Werden die Parameter der elliptischen Kurve korrekt gewählt, ist der bestmögliche Angriff gegen ECDSA das Lösen des DLP. Wenn einem Angreifer dies gelingt, kann er den

Tab. 10.3 Bitlängen und Sicherheitsniveaus von ECDSA

q	Hash-Größe (min)	Sicherheitsniveau
192	192	96
224	224	112
256	256	128
384	384	192
512	512	256

privaten Schlüssel d und/oder den temporären Schlüssel berechnen. Allerdings weisen die besten dieser ECC-Angriffe eine Komplexität auf, die proportional ist zur Quadratwurzel der Gruppenordnung, in der das DLP definiert ist, d. h. proportional zu $\sqrt{q}$. Die Parametergrößen für ECDSA und die daraus folgenden Sicherheitsniveaus sind in Tab. 10.3 dargestellt. Man beachte, dass die Primzahl p typischerweise kaum größer als q ist, sodass sämtliche Arithmetik in ECDSA mit Operanden durchgeführt wird, die in etwa die gleiche Bitlänge wie q haben.

Das Sicherheitsniveau der Hash-Funktion muss ebenfalls mit dem des DLP übereinstimmen. Die kryptografische Stärke einer Hash-Funktion wird im wesentlichen durch deren Ausgangsgröße bestimmt. Mehr zur Sicherheit von Hash-Funktionen werden wir in Kap. 11 diskutieren.

Die Sicherheitsniveaus von 128, 192 und 256 wurden so gewählt, dass sie den drei Schlüssellängen des AES entsprechen.

Fortgeschrittenere Angriffe gegen ECDSA sind ebenfalls möglich. So muss beispielsweise zur Vermeidung bestimmter Angriffe am Anfang der Verifikation die Bedingung $r, s \in \{1, 2, \ldots, q\}$ überprüft werden. Protokollbasierte Schwächen wie z. B. die Wiederverwendung des temporären Schlüssels müssen verhindert werden.

10.6 Diskussion und Literaturempfehlungen

Digitale Signaturverfahren Die ersten praktikablen digitalen Signaturen wurden von Rivest, Shamir und Adleman in ihrer legendären Veröffentlichung [12] vorgestellt. RSA-Signaturen wurden schon früh standardisiert, beispielsweise in [4]. Sie waren und sind in vielen Fällen auch der De-facto-Standard für viele Anwendungen, insbesondere für Zertifikate, die im Internet weit verbreitet sind.

Signaturen nach Elgamal wurden im Jahr 1985 vorgeschlagen [2]. Im Lauf der Jahre wurden viele Varianten des Verfahrens erörtert. Für eine kompakte Zusammenfassung verweisen wir auf [5, Note 11.70].

Der DSA-Algorithmus wurde 1991 vorgeschlagen und im Jahr 1994 in den USA standardisiert. Es darf spekuliert werden, dass es zwei Gründe für die US-Regierung gab, diesen Standard als Alternative zu RSA zu schaffen. Zum einen war RSA damals noch patentiert und es war für die Wirtschaft vorteilhaft, eine freie Alternative zur Verfügung zu haben. Ein zweiter Grund war, dass man mit RSA auch verschlüsseln kann. Aus Sicht der US-Regierung war dies nicht gewünscht, da die USA damals noch sehr strenge Exportbeschränkungen für Kryptoverfahren hatten. Im Gegensatz zu RSA kann mit DSA nur signiert, nicht jedoch verschlüsselt werden. Von daher war es einfacher, Anwendungen zu exportieren, die mit DSA ausgestattet waren. Man beachte, das DSA den Digital Signature *Algorithm* bezeichnet, während der Standard die Bezeichnung DSS, d. h. Digital Signature *Standard*, trägt. Inzwischen beinhaltet der DSS nicht nur das DSA-Verfahren, sondern auch ECDSA sowie digitale RSA-Signaturen [6].

Neben den Verfahren, die in diesem Kapitel vorgestellt wurden, gibt es noch viele weitere digitale Signaturen. Hierzu zählen u. a. das Verfahren nach Rabin [10], nach Fiat-Shamir [3], nach Pointcheval-Stern [8] und nach Schnorr [13].

Digitale Signaturen in der Praxis Ein zentrales Problem beim Einsatz digitaler Signaturen ist, dass die öffentlichen Schlüssel authentisiert werden müssen. Dies bedeutet, dass sichergestellt werden muss, dass Alice (oder Bob) im Besitz des korrekten öffentlichen Schlüssels sind. Anders ausgedrückt: Wie kann verhindert werden, dass Oskar gefälschte öffentliche Schlüssel ins Spiel bringt und damit einen Angriff durchführt? Diese Fragestellung wird in Kap. 13 diskutiert, in dem Zertifikate eingeführt werden. Zertifikate basieren auf digitalen Signaturen und sind eine ihrer Hauptanwendungen. Sie binden eine Identität, z. B. Alice' E-Mail-Adresse, an einen öffentlichen Schlüssel.

Gesetze zur digitalen Signatur sind interessante Beispiele für die Bedeutung der Kryptografie in der modernen Gesellschaft. Ihre Hauptaufgabe ist es sicherzustellen, dass digitale Signaturen Gesetzeskraft besitzen. Beispielsweise soll ein digital signierter Vertrag rechtlich ebenso bindend sein wie ein Vertrag, der mit einer konventionellen Unterschrift versehen ist. Um die Jahrtausendwende führten viele Länder entsprechende Gesetze ein. Damals hatte das Zeitalter des Internets begonnen und es schien unendliche Möglichkeiten für neue Geschäftsfelder zu geben. Damals glaubte man, dass Gesetze zur digitalen Signatur unbedingt notwendig seien, um das Internet kommerziell nutzen zu können. Beispiele hierfür sind das deutsche Signaturgesetz [1], der Electronic Signatures in Global and National Commerce Act (ESIGN) in den USA [9] oder die entsprechende EU-Richtlinie [7]. Es hat sich seitdem herausgestellt, dass viele Geschäftsvorgänge im Internet kein Signaturgesetz benötigen, aber es ist gut vorstellbar, dass es zukünftig mehr Anwendungen geben wird, die tatsächlich eine entsprechende Gesetzesgrundlage benötigen.

Ein wichtiger Aspekt beim Einsatz digitaler Signaturen in der Praxis ist, dass der private Schlüssel auf jeden Fall geheim bleiben muss. Dies ist besonders wichtig bei juristisch bindenden Anwendungen. Daher werden Methoden benötigt, um diese Schlüssel sicher zu speichern. Eine Lösung hierfür sind Chipkarten. Ein geheimer Schlüssel verlässt über seine gesamte Lebensdauer nicht die Chipkarte und die Signaturen werden auf der CPU der Chipkarte berechnet. Für Anwendungen mit hohen Sicherheitsanforderungen werden manipulationsgeschützte (sog. *tamper-resistente*) Chipkarten eingesetzt, die gegen verschiedene Hardwareangriffe schützen. Eine umfassende Darstellung der verschiedenen technischen Aspekte von Chipkarten ist in [11] gegeben.

10.7 Lessons Learned

- Digitale Signaturen stellen Nachrichtenintegrität, Nachrichtenauthentisierung und Nichtzurückweisbarkeit zur Verfügung.
- Eine wichtige Anwendung von digitalen Signaturen ist die Erstellung von Zertifikaten.
- RSA ist das zurzeit am weitesten verbreitete Signaturverfahren. Ebenfalls oft im Einsatz sind der DSA und der ECDSA.
- Bei der RSA-Verifikation können kurze öffentliche Schlüssel e eingesetzt werden, wodurch die Verifikation in der Praxis wesentlich schneller ist als das Erzeugen von RSA-Signaturen.
- DSA und ECDSA haben gegenüber RSA den Vorteil wesentlich kürzerer Signaturen.
- Um gewisse Angriffe zu unterbinden, sollte RSA nur zusammen mit einem sog. Padding verwendet werden.
- Die Moduln von DSA- und RSA-Signaturen sollten mindestens 2048 Bit lang sein. Für Langzeitsicherheit sind Moduln von etwa 3072 Bit erforderlich. Im Gegensatz dazu erzielt man mit ECDSA die gleichen Sicherheitsniveaus mit Bitlängen im Bereich von 256 Bit.

10.8 Aufgaben

10.1
In Abschn. 10.1.3 wurde behauptet, dass Nachrichtenauthentisierung immer (Nachrichten-)Integrität impliziert. Warum gilt diese Aussage? Gilt im Umkehrschluss auch, dass bei Integrität immer auch Nachrichtenauthentisierung gegeben ist? Begründen Sie beide Antworten.

10.2
In dieser Aufgabe werden einige grundlegende Eigenschaften von Sicherheitsdiensten betrachtet.

1. Folgt aus gegebener Vertraulichkeit immer Integrität? Warum?
2. In welcher Reihenfolge sollten bei der Nachrichtenübertragung Vertraulichkeit und Integrität sichergestellt werden, d. h. soll die Verschlüsselung oder die Integritätsmaßnahme zuerst berechnet werden? Begründen Sie Ihre Antwort.

10.3
Wir betrachten ein Kommunikationssystem mit zwei Teilnehmern und einem unsicheren Kanal. Entwerfen Sie ein System, dass die Dienste Geheimhaltung, Integrität und Nichtzurückweisbarkeit zur Verfügung stellt. Begründen Sie, warum die drei Sicherheitsdienste erreicht werden. (Hinweis: Betrachten Sie bei Ihrer Argumentation Angriffe gegen das System.)

10.4

Ein Maler hat eine neue Geschäftsidee: Er bietet Bilder an, die auf Fotos basieren. Sowohl die Fotos als auch die Bilder werden in digitaler Form über das Internet versendet. Es soll hierbei Diskretion gewahrt werden, da auch brisante Fotos wie z. B. Nacktfotos eingesandt werden können. Von daher sollten die Fotos während der Übertragung für Dritte nicht lesbar sein. Da die Erstellung eines Bilds eine erhebliche Zeitinvestition darstellt, muss der Maler sicherstellen, dass er den wahren Namen der Kunden kennt. Er muss auch sicherstellen, dass der Kunde nicht abstreitet, dass er das Bild bestellt hat.

1. Welche Sicherheitsdienste sind für die Übertragung der digitalen Fotos seitens des Kunden erforderlich?
2. Mit welchen kryptografischen Bausteinen (z. B. symmetrische Verschlüsselung) können die Sicherheitsdienste realisiert werden? Wir nehmen an, dass jedes Foto mehrere MByte groß ist.

10.5

Gegeben sei eine RSA-Signatur mit dem öffentlichen Schlüssel ($n = 9797, e = 131$). Welche der folgenden Signaturen sind gültig?

1. $(x = 123, \mathrm{sig}(x) = 6292)$
2. $(x = 4333, \mathrm{sig}(x) = 4768)$
3. $(x = 4333, \mathrm{sig}(x) = 1424)$

10.6

Gegeben sei eine RSA-Signatur mit dem öffentlichen Schlüssel ($n = 9797, e = 131$). Zeigen Sie anhand eines Beispiels, wie Oskar eine existenzielle Fälschung durchführen kann.

10.7

Gegeben sei ein RSA-Signaturverfahren. Bob signiert Nachrichten x_i und sendet diese zusammen mit den Signaturen s_i und seinem öffentlichen Schlüssel an Alice. Bob hat den öffentlichen Schlüssel (n, e) und sein privater Schlüssel ist d. Oskar kann nun einen Mann-in-der-Mitte-Angriff ausführen, d. h. er kann Bobs öffentlichen Schlüssel durch seinen eigenen öffentlichen Schlüssel während der Übertragung ersetzen. Sein Ziel ist es, Nachrichten so zu manipulieren, dass Alice dies bei der Verifikation nicht erkennt. Zeigen Sie alle Schritte, die Oskar für einen erfolgreichen Angriff durchführen muss.

10.8

Gegeben sei eine RSA-Signatur mit EMSA-PSS-Padding, wie in Abschn. 10.2.4 dargestellt. Beschreiben Sie jeden Schritt der Verifikation, der vom Empfänger der Signatur durchgeführt werden muss.

10.9

Ein wichtiger praktischer Aspekt digitaler Signaturen ist der benötigte Rechenaufwand zum (i) Signieren und (ii) Verifizieren. In dieser Aufgabe untersuchen wir die Rechenkomplexität des RSA-Signaturverfahrens.

1. Wie viele Multiplikationen werden durchschnittlich benötigt, um (i) eine Nachricht mit einem allgemeinen Exponenten zu signieren und (ii) eine Signatur mit mit dem kurzen Exponenten $e = 2^{16} + 1$ zu verifizieren? Wir nehmen an, dass n eine Länge von $l = \lceil \log_2 n \rceil$ Bit hat. Sowohl für das Signieren als auch für das Verifizieren wird der Square-and-Multiply-Algorithmus verwendet. Entwickeln Sie einen allgemeinen Ausdruck in Abhängigkeit von l für die Komplexität.
2. Welche Operation ist schneller, Signieren oder Verifizieren?
3. Wir entwickeln nun eine Geschwindigkeitsabschätzung für eine Softwareimplementierung. Das folgende Zeitmodell für die Multiplikation wird verwendet: Ein Computer verwendet 32-Bit-Datenstrukturen. Daher wird jede Variable mit voller Länge, insbesondere n und x, durch ein Array mit $m = \lceil l/32 \rceil$ Elementen dargestellt (x ist hierbei die Basis bei der Exponentiation). Wir nehmen an, dass eine Multiplikation oder Quadrierung mit zwei solcher Variablen modulo n genau m^2 Zeiteinheiten benötigt (eine Zeiteinheit ist gleich der Taktperiode des Prozessors multipliziert mit einer Konstante größer als 1, die von der Implementierung abhängt). Man beachte, dass man niemals mit den Exponenten d und e multipliziert. Deswegen beeinflusst die Bitlänge des Exponenten nicht die Zeit, die eine modulare Quadrierung oder Multiplikation benötigt. Wie lange dauert eine Signatur bzw. eine Verifikation, wenn die Zeiteinheit auf einer bestimmten CPU 100 ns lang ist und n aus 512 Bit besteht? Was sind die Laufzeiten, wenn l 1024 Bit lang ist?
4. Chipkarten sind eine wichtige Anwendungsdomäne für digitale Signaturen. Wir betrachten Karten, die mit einem 8051-Mikroprozessorkern ausgestattet sind. Es handelt sich hierbei um einen 8-Bit-Prozessor. Wie muss die Zeiteinheit gewählt werden, um eine Signaturerzeugung in 0,5 s durchzuführen, wenn n (i) 512 Bit und (ii) 1024 Bit besitzt? Sind diese Zeiteinheiten realistisch, wenn wir annehmen, dass die maximale Taktfrequenz bei 10 MHz liegt?

10.10

Diese Aufgabe beschäftigt sich mit Elgamal-Signaturen. Gegeben seien Bobs privater Schlüssel $K_{pr} = (d) = (67)$ und der dazugehörige öffentliche Schlüssel $K_{pub} = (p, \alpha, \beta) = (97, 23, 15)$.

1. Berechnen Sie die Elgamal-Signatur (r, s) und die entsprechende Verifikation für eine Nachricht, die von Bob an Alice gesandt wird. Die Nachricht x und der temporäre Schlüssel k_E haben die folgenden Werte:
   (a) $x = 17$ und $k_E = 31$
   (b) $x = 17$ und $k_E = 49$
   (c) $x = 85$ und $k_E = 77$

2. Sie empfangen zwei Nachrichten x_1, x_2 zusammen mit den zugehörigen Signaturen (r_i, s_i) von Bob. Verifizieren Sie, ob die Nachrichten $(x_1, r_1, s_1) = (22, 37, 33)$ und $(x_2, r_2, s_2) = (82, 13, 65)$ beide von Bob kommen.
3. Vergleichen Sie das RSA-Signaturverfahren mit dem von Elgamal. Was sind die jeweiligen Vor- und Nachteile?

10.11
Gegeben sei eine Elgamal-Signatur mit $p = 31, \alpha = 3$ und $\beta = 6$. Die Nachricht $x = 10$ wird zweimal empfangen mit den Signaturen (r, s):

(i) $(17, 5)$
(ii) $(13, 15)$

1. Handelt es sich beide Male um gültige Signaturen?
2. Wie viele gültige Signaturen existieren für jede gegebene Nachricht x und die oben genannten Parameter?

10.12
Gegeben sei eine Elgamal-Signatur mit den öffentlichen Parametern $(p = 97, \alpha = 23, \beta = 15)$. Zeigen Sie, wie Oskar eine existenzielle Fälschung erstellen kann, indem Sie ein Beispiel für eine gültige Signatur konstruieren.

10.13
Gegeben sei ein Elgamal-Signaturverfahren mit den öffentlichen Parametern $p, \alpha \in \mathbb{Z}_p^*$ und dem unbekannten privaten Schlüssel d. Aufgrund einer fehlerhaften Implementierung besteht zwischen zwei aufeinanderfolgenden temporären Schlüsseln der folgende Zusammenhang:

$$k_{E_{i+1}} = k_{E_i} + 2.$$

Des Weiteren sind zwei aufeinanderfolgende Signaturen

$$(r_1, s_1)$$
$$\text{und} \quad (r_2, s_2)$$

zu den Klartexten x_1 und x_2 gegeben. Zeigen Sie, wie ein Angreifer den privaten Schlüssel aus den obigen Werten berechnen kann.

10.14
Geben seien die DSA-Parameter $p = 59, q = 29, \alpha = 3$ und Bobs privater Schlüssel $d = 23$. Zeigen Sie die Prozesse der Signaturerstellung durch Bob und der Signaturverifikation durch Alice mit den folgenden Hash-Werten $h(x)$ und temporären Schlüsseln k_E:

1. $h(x) = 17, k_E = 25$
2. $h(x) = 2, k_E = 13$
3. $h(x) = 21, k_E = 8$

10.15

Zeigen Sie, wie DSA gebrochen werden kann, wenn der temporäre Schlüssel mehrfach verwendet wird.

10.16

Die folgenden ECDSA-Parameter sind gegeben: Die Kurve $E : y^2 = x^3 + 2x + 2 \bmod 17$, der Punkt $A = (5, 1)$ mit der Ordnung $q = 19$ und Bobs privater Schlüssel $d = 10$. Zeigen Sie die Prozesse der Signaturerstellung seitens Bob und der Signaturverifikation durch Alice mit den folgenden Hash-Werten $h(x)$ und temporären Schlüsseln k_E:

1. $h(x) = 12, k_E = 11$
2. $h(x) = 4, k_E = 13$
3. $h(x) = 9, k_E = 8$

Literatur

1. Bundesrepublik Deutschland, Gesetz über Rahmenbedingungen für elektronische Signaturen, SigG (2001)
2. T. ElGamal, A public-key cryptosystem and a signature scheme based on discrete logarithms. IEEE Transactions on Information Theory. **31**(4), 469–472 (1985)
3. Amos Fiat, Adi Shamir, How to prove yourself: practical solutions to identification and signature problems, in *CRYPTO '86: Proceedings of the 6th Annual International Cryptology Conference, Advances in Cryptology* (Springer, 1987), S. 186–194
4. International Organization for Standardization (ISO), ISO/IEC 9796-1:1991, 9796-2:2000, 9796-3:2002 (1991–2002)
5. A. J. Menezes, P. C. van Oorschot, S. A. Vanstone, *Handbook of Applied Cryptography* (CRC Press, Boca Raton, FL, USA, 1997)
6. National Institute of Standards and Technology (NIST), Digital Signature Standards (DSS), FIPS186-3. Technical report, Federal Information Processing Standards Publication (FIPS) (2009), http://csrc.nist.gov/publications/fips/fips186-3/fips_186-3.pdf. Zugegriffen am 1. April 2016
7. European Parliament, Directive 1999/93/EC of the European Parliament and of the Council of 13 December 1999 on a Community framework for electronic signatures (1999), http://europa.eu/eur-lex/pri/en/oj/dat/2000/l_013/l_01320000119en00120020.pdf. Zugegriffen am 1. April 2016
8. D. Pointcheval, J. Stern, Security proofs for signature schemes, in *Advances in Cryptology – EUROCRYPT'96*, hrsg. von U. Maurer. LNCS, Bd. 1070. (Springer, 1996), S. 387–398
9. Electronic Signatures in Global and National Commerce Act, United States of America (2000)

10. M. O. Rabin, Digitalized Signatures and Public-Key Functions as Intractable as Factorization. Technical report (Massachusetts Institute of Technology, 1979)
11. W. Rankl, W. Effing, *Smart Card Handbook* (John Wiley & Sons, Inc., 2003)
12. R. L. Rivest, A. Shamir, L. Adleman, A method for obtaining digital signatures and public-key cryptosystems. Communications of the ACM **21**(2):120–126 (1978)
13. Claus-Peter Schnorr, Efficient signature generation by smartcards. Journal of Cryptology **4**, 161–174 (1991)

Hash-Funktionen

11

Eine Hash-Funktion ist ein wichtiges kryptografisches Primitiv, das in sehr vielen Protokollen eingesetzt wird. Hash-Funktionen berechnen aus einer gegebenen Nachricht eine Bitfolge mit fester Länge, die ein Repräsentant der Nachricht ist. Der so erzeugte Hash-Wert kann als ein Fingerabdruck der Nachricht betrachtet werden. Im Gegensatz zu allen anderen Kryptoalgorithmen, die bisher in diesem Buch eingeführt wurden, haben Hash-Funktionen keinen Schlüssel. Hash-Funktionen haben viele Anwendungen in der Kryptografie. Sie sind ein wichtiger Teil von Signaturverfahren und kryptografischen Prüfsummen (MAC), die in Kap. 12 besprochen werden. Hash-Funktionen haben darüber hinaus noch viele andere Einsatzmöglichkeiten, z. B. das Speichern von Passwörtern oder Schlüsselableitung.

In diesem Kapitel erlernen Sie

- warum Hash-Funktionen für digitale Signaturen benötigt werden,
- wichtige Eigenschaften von Hash-Funktionen,
- eine Diskussion über Sicherheit von Hash-Funktionen, wozu auch die Einführung des Geburtstagsparadoxons gehört,
- einen Überblick über Hash-Funktionen, die in der Praxis eingesetzt werden,
- wie die weit verbreitete Hash-Funktion SHA-1 funktioniert.

11.1 Motivation: Das Signieren langer Nachrichten

Hash-Funktionen, im Deutschen auch vereinzelt Streuwertfunktionen genannt, haben viele Anwendungen in der modernen Kryptografie. Am bekanntesten sind sie wahrscheinlich für ihre Rolle, die sie bei digitalen Signaturen spielen. In den vorherigen Kapiteln wurden digitale Signaturen vorgestellt, die auf RSA oder dem DLP basieren. Bei all diesen Verfahren ist der Klartext, der signiert wird, in der Größe begrenzt. Beispielsweise kann

C. Paar, J. Pelzl, *Kryptografie verständlich*, eXamen.press,
DOI 10.1007/978-3-662-49297-0_11

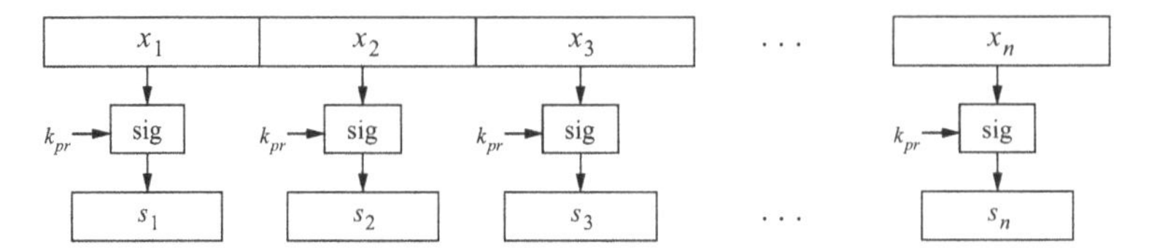

Abb. 11.1 Unsicherer Ansatz für das Signieren großer Nachrichten

für RSA die Nachricht nicht länger als der Modul sein. Dieser ist in der Praxis oft zwischen 1024 und 3072 Bit lang, d. h. zwischen 128 und 384 Byte – leider sind die meisten E-Mails schon länger. Allgemein lässt sich sagen, dass wir bisher die Tatsache ignoriert haben, dass die meisten Klartexte, die in der Praxis auftauchen, (viel) länger sind als die oben genannten Bitlängen. Daraus ergibt sich jetzt die Fragestellung, wie wir effizient Signaturen für lange Nachrichten berechnen können. Ein naheliegender Ansatz, der dem ECB-Modus für Blockchiffren ähnelt, ist wie folgt: Unterteile die Nachricht x in Blöcke x_i, die nicht länger sind als die Eingangslänge des Signaturverfahrens und signiere jeden Block einzeln. Dieser Ansatz ist in Abb. 11.1 dargestellt.

Bei diesem naiven Ansatz ergibt sich allerdings eine ganze Reihe Probleme:

Problem 1: Hoher Rechenaufwand Digitale Signaturen basieren auf asymmetrischen Algorithmen, die rechenintensiv sind, da sie z. B. modulare Exponentiation mit großen Zahlen erfordern. Auch wenn eine einzelne dieser Operationen schnell ist und wenig Energie erfordert (was bei mobilen Anwendungen wichtig ist), würde die Signatur von langen Nachrichten, z. B. Anhängen von E-Mails oder Videodateien, viel zu lange brauchen. Auch würde nicht nur der Sender eine lange Signatur berechnen müssen, auch der Empfänger müsste eine lange Signatur verifizieren.

Problem 2: Nachrichten-Overhead Der oben beschriebene naive Ansatz verdoppelt die Länge der zu sendenden Bits, denn nicht nur die Nachricht, sondern auch die Signatur, die die gleiche Länge hat, muss übermittelt werden. Beispielsweise hätte eine 1-MByte-Datei eine RSA-Signatur der Länge von einem MByte, sodass insgesamt zwei Megabyte übertragen werden müssen.

Problem 3: Sicherheitsprobleme Dies ist das schwerwiegendste Problem, das auftritt, wenn wir versuchen, eine lange Nachricht zu signieren, indem wir einzelne Nachrichtenblöcke individuell signieren. Aus dem Ansatz, der in Abb. 11.1 dargestellt ist, ergeben sich sofort neue Angriffsmöglichkeiten. Oskar könnte beispielsweise einzelne Nachrichten und die dazugehörigen Signaturen entfernen oder könnte Nachrichten und Signaturen umordnen. Er könnte auch aus alten Nachrichtenblöcken neue Nachrichten zusammenstellen. Obwohl Oskar keine Manipulationen innerhalb eines Blocks vornehmen kann, kann er die Nachricht im Ganzen manipulieren.

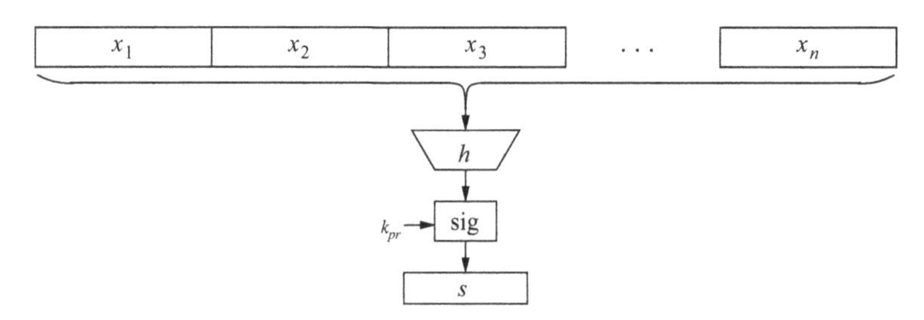

Abb. 11.2 Signieren einer langen Nachricht mithilfe einer Hash-Funktion

Aus dieser Diskussion folgt, dass wir eine *einzelne* kurze Signatur für eine Nachricht beliebiger Länge benötigen. Wir erreichen dieses Ziel mit einer Hash-Funktion, die einen Fingerabdruck einer Nachricht berechnet. Hiermit kann dann eine Signatur, wie in Abb. 11.2 dargestellt, errechnet werden.

Wenn eine solche Hash-Funktion existiert, kann man das folgende Basisprotokoll für digitale Signaturen ausführen. Hierbei möchte Bob eine digital signierte Nachricht an Alice senden.

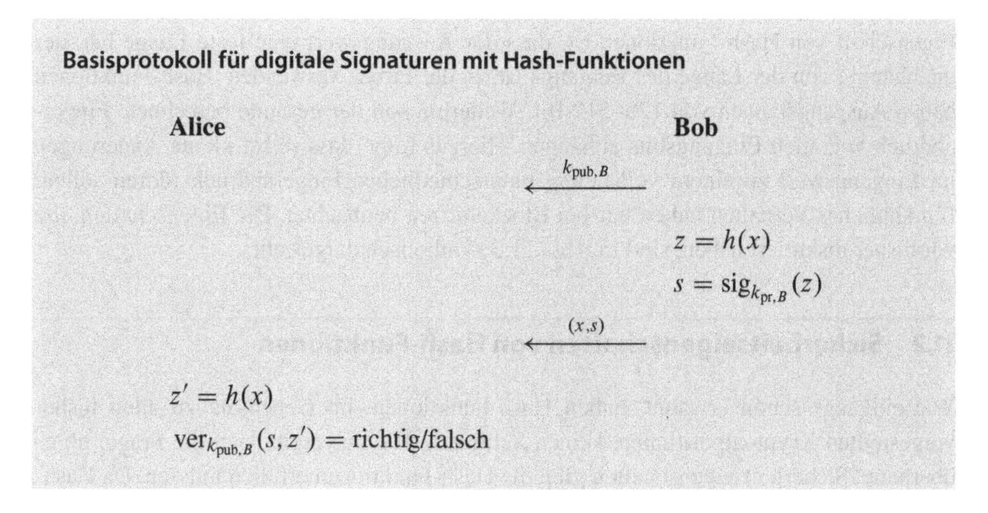

Bob berechnet zunächst den Hash-Wert der Nachricht x und signiert den Hash-Wert z mit seinem privaten Schlüssel $k_{pr,B}$. Auf der Empfängerseite berechnet Alice den Hash-Wert z' der empfangenen Nachricht x. Sie verifiziert die Signatur s mit Bobs öffentlichem Schlüssel $k_{pub,B}$. Man beachte, dass sowohl die Signaturerzeugung als auch die Verifikation jeweils den Hash-Wert z als Eingang hat und nicht die eigentliche Nachricht. Daher kann gesagt werden, dass der Hash-Wert die Nachricht repräsentiert. Aus diesem Grund wird der Hash-Wert manchmal auch der Fingerabdruck der Nachricht genannt.

Bevor wir in den folgenden Abschnitten die Sicherheitseigenschaften von Hash-Funktionen diskutieren, überlegen wir uns, welches Eingang-Ausgang-Verhalten Hash-Funktionen aufweisen sollten. Sie sollten eine Nachricht x beliebiger Länge verarbeiten

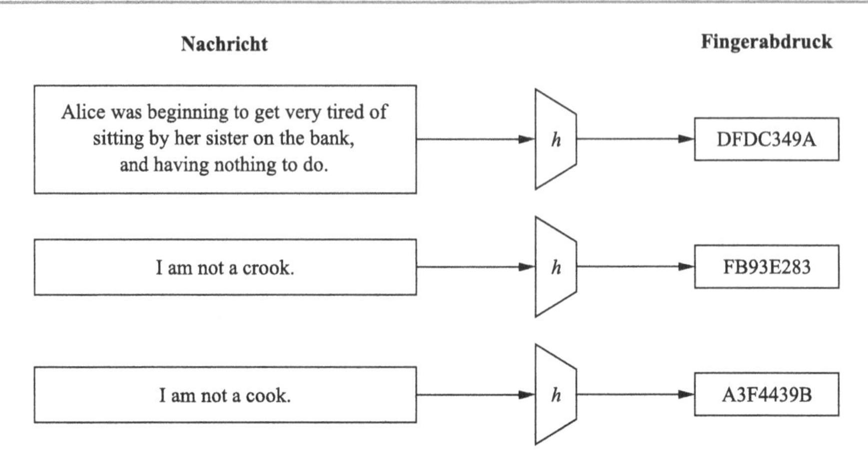

Abb. 11.3 Eingang- und Ausgangverhalten von Hash-Funktionen

können. Von daher sollte die Hash-Funktion sehr schnell zu berechnen sein. In der Praxis bedeutet dies, dass selbst lange Nachrichten mit einer Länge von mehreren Megabyte oder sogar Gigabyte schnell verarbeitet werden sollten. Eine weitere wünschenswerte Eigenschaft von Hash-Funktionen ist, dass der Ausgangswert eine feste Länge hat, der unabhängig von der Länge des Eingangs ist. In der Praxis verwendete Hash-Funktionen haben Ausgangslängen von 128–512 Bit. Weiterhin soll der gesamte berechnete Fingerabdruck von allen Eingangsbits abhängen. Hieraus folgt, dass selbst kleine Änderungen im Eingangswert zu einem vollständig unterschiedlichen Fingerabdruck führen sollen. Ein ähnliches Verhalten haben wir bei Blockchiffren beobachtet. Die Eigenschaften, die wir bisher diskutiert haben, sind in Abb. 11.3 symbolisch dargestellt.

11.2 Sicherheitseigenschaften von Hash-Funktionen

Wie eingangs schon erwähnt, haben Hash-Funktionen, im Gegensatz zu allen bisher vorgestellten Kryptoalgorithmen, keinen Schlüssel. Hieraus ergibt sich die Frage, ob es überhaupt Sicherheitseigenschaften gibt, die Hash-Funktionen erfüllen müssen. Da Hash-Funktionen Daten nicht ver- oder entschlüsseln, ist diese Frage durchaus berechtigt. Wie oft in der Kryptografie sind Fragestellungen zur Sicherheit sehr diffizil und es gibt eine Reihe von Angriffen, die Schwachstellen von Hash-Funktionen ausnutzen können. Es gibt drei zentrale Eigenschaften, die für die Sicherheit von Hash-Funktionen entscheidend sind:

1. Urbildresistenz (oder Einwegeigenschaft)
2. Schwache Kollisionsresistenz (oder zweite Urbildresistenz)
3. Starke Kollisionsresistenz (oder Kollisionsresistenz)

Abb. 11.4 veranschaulicht diese Eigenschaften, die wir in den folgenden Abschnitten diskutieren werden.

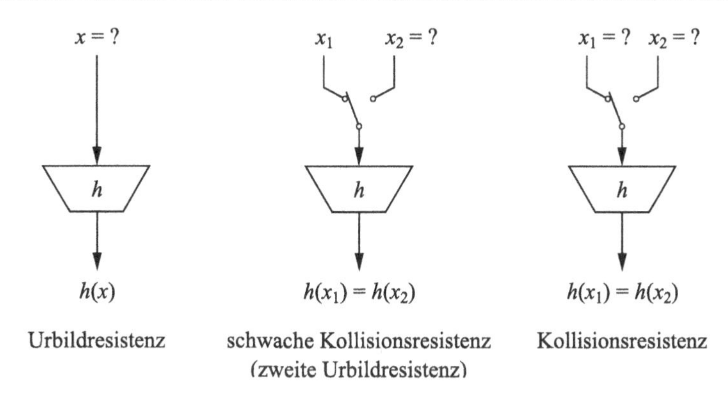

Abb. 11.4 Die drei Sicherheitseigenschaften von Hash-Funktionen

11.2.1 Urbildresistenz

Hash-Funktionen müssen Einwegfunktionen sein. Dies bedeutet, dass es rechentechnisch unmöglich sein soll, aus einem gegebenen Hash-Wert z den Eingangswert x mit $z = h(x)$ zu berechnen. Anders ausgedrückt: Aus einem gegebenen Fingerabdruck können wir nicht die passende Nachricht berechnen. Diese Eigenschaft wird auch Urbildresistenz genannt. Anhand eines fiktiven einfachen Protokolls zeigen wir nun, warum die Urbildresistenz wichtig ist. In dem Protokoll ist nur die Nachricht verschlüsselt, nicht jedoch die Signatur, d. h. hier wird das folgende Paar übertragen:

$$(e_k(x), \mathrm{sig}_{k_{\mathrm{pr},B}}(z))$$

$e_k(\cdot)$ ist eine symmetrische Chiffre, beispielsweise AES, für die Alice und Bob einen gemeinsamen geheimen Schlüssel besitzen. Nehmen wir an, dass Bob RSA für die digitale Signatur verwendet:

$$s = \mathrm{sig}_{k_{\mathrm{pr},B}}(z) \equiv z^d \bmod n$$

Mithilfe von Bobs öffentlichem Schlüssel kann Oskar den folgenden Wert berechnen:

$$s^e \equiv z \bmod n$$

Falls die Hash-Funktion h keine Einwegfunktion ist, kann er aus der Ausgabe jetzt die Nachricht x mit $h^{-1}(z) = x$ berechnen. Hierdurch wird die Verschlüsselung durch die Signatur umgangen, da aus der Signatur der Klartext berechnet werden kann. Aus diesem Grund muss die Hash-Funktion urbildresistent sein.

Es gibt viele weitere Anwendungen mit Hash-Funktionen, beispielsweise Schlüsselableitungen, bei denen die Einwegeigenschaft von zentraler Bedeutung ist.

11.2.2 Schwache Kollisionsresistenz oder zweite Urbildresistenz

Bei digitalen Signaturen ist es wichtig, dass zwei unterschiedliche Nachrichten nicht den gleichen Hash-Wert besitzen. Dies bedeutet, dass es rechentechnisch unmöglich sein muss, zwei unterschiedliche Nachrichten $x_1 \neq x_2$ mit gleichem Hash-Wert $z_1 = h(x_1) = h(x_2) = z_2$ zu erzeugen. Wir unterscheiden zwischen zwei verschiedenen Arten solcher Kollisionen. In dem ersten Fall ist x_1 gegeben und wir versuchen, x_2 zu finden, was man als zweite Urbildresistenz oder schwache Kollisionsresistenz bezeichnet. Der zweite Fall liegt vor, wenn ein Angreifer sowohl x_1 als auch x_2 frei wählen kann. Man spricht hier von starker Kollisionsresistenz, die im nachfolgenden Abschnitt diskutiert wird.

Wenn wir das Grundprotokoll zur digitalen Signatur mit Hash-Funktionen betrachten, das eingangs eingeführt wurde, ist es einfach zu erkennen, warum die zweite Urbildresistenz erforderlich ist. Nehmen wir an, Bob hasht und signiert eine Nachricht x_1. Wenn Oskar jetzt in der Lage ist, eine zweite Nachricht x_2 zu finden, für die gilt $h(x_1) = h(x_2)$, kann er den folgenden Substitutionsangriff ausführen:

Alice		**Oskar**		**Bob**
			$\xleftarrow{k_{pub,B}}$	
				$z = h(x_1)$
				$s = sig_{k_{pr,B}}(z)$
	$\xleftarrow{(x_2,s)}$	↯ ersetzt	$\xleftarrow{(x_1,s)}$	
$z = h(x_2)$				
$ver_{k_{pub,B}}(s, z) = wahr$				

Bei diesem Angriff würde Alice x_2 als korrekte Nachricht akzeptieren, da die Verifikation erfolgreich durchgeführt wurde. Warum ist dieser Angriff möglich? Abstrakt betrachtet liegt der Grund dafür darin, dass sowohl die Signatur (von Bob) und als auch die Verifikation (von Alice) nicht auf der tatsächlichen Nachricht operieren, sondern mit der gehashten Version der Nachricht arbeiten. Wenn ein Angreifer in der Lage ist, eine zweite Nachricht mit dem gleichen Fingerabdruck, d. h. dem gleichen Hash-Wert, zu finden, hat diese den gleichen Signatur- und Verifikationswert wie die erste Nachricht.

Wir stehen jetzt vor dem Problem, dass wir verhindern müssen, dass Oskar ein passendes x_2 findet. Idealerweise hätte man gerne eine Hash-Funktion, bei der schwache Kollisionen gar nicht auftreten können. Leider ist dies aufgrund des sog. Taubenschlagprinzips nicht möglich. Dieses auch Dirichletsches Schubfachprinzip genannte Argument basiert auf schlichtem Abzählen. Wenn ein Taubenzüchter 100 Tauben besitzt, sich in seinem Taubenschlag aber nur 99 Fächer befinden, so muss mindestens ein Fach mit mindestens zwei Tauben belegt sein. Da jede Hash-Funktion eine feste Ausgangslänge von n Bit hat, hat sie genau 2^n mögliche Ausgangswerte. Da es aber unendlich viele Eingangswerte für die Hash-Funktion gibt, müssen zwangsläufig mehrere unterschiedliche Eingangswerte auf dem gleichen Ausgangswert abgebildet werden. In der Praxis ist jeder Ausgangswert gleich wahrscheinlich für einen zufälligen Eingangswert, sodass eine schwache Kollision für alle Ausgangswerte existiert.

Da schwache Kollisionen immer existieren, muss man dafür sorgen, dass sie in der Praxis nicht erzeugt werden können. Eine starke Hash-Funktion muss derart aufgebaut sein, dass es unmöglich ist, für ein gegebenes x_1 und $h(x_1)$ einen Wert x_2 zu konstruieren, für den gilt $h(x_1) = h(x_2)$. Mit anderen Worten: Es gibt keinen analytischen Angriff. Natürlich kann Oskar immer zufällige Werte x_2 wählen, deren Hash-Werte berechnen und überprüfen, ob diese gleich $h(x_1)$ sind. Dies gleicht einer vollständigen Schlüsselsuche bei symmetrischen Chiffren. Um diese Attacke mit heutigen Computern auszuschließen, würde eine Ausgangslänge von 100 Bit ausreichen. Wir werden allerdings in den nächsten Abschnitten sehen, dass es noch mächtigere Angriffe gibt, durch die man gezwungen ist, noch größere Ausgangslängen zu wählen.

11.2.3 Kollisionsresistenz und das Geburtstagsparadox

Eine Hash-Funktionen ist kollisionsresistent oder stark kollisionsresistent, wenn es rechentechnisch unmöglich ist, zwei Eingangswerte $x_1 \neq x_2$ zu finden, für die gilt $h(x_1) = h(x_2)$. Diese Bedingung ist schwerer zu erfüllen als schwache Kollisionsresistenz, da ein Angreifer in diesem Fall zwei Freiheitsgrade hat: Sowohl x_1 als auch x_2 können manipuliert werden, um identische Hash-Werte zu bekommen. Wir zeigen nun, wie Oskar aus einer Kollision einen Angriff entwickeln kann. Oskar generiert zwei Nachrichten, z. B.

$$x_1 = \texttt{Überweise 10€ auf Oskars Konto}$$

$$x_2 = \texttt{Überweise 10.000€ auf Oskars Konto}$$

Er verändert jetzt x_1 und x_2 an unsichtbaren Stellen, z. B. durch Einfügen von Leerstellen an Zeilenenden oder Tabulatoren am Ende. Hierbei ändert sich die Semantik der Nachricht nicht (beispielsweise für eine Bank), aber der Hash-Wert jeder Nachricht ist anders. Oskar verändert so lange Nachrichten, bis die Bedingung $h(x_1) = h(x_2)$ erfüllt ist. Wenn ein Angreifer beispielsweise 64 mögliche Stellen in einer Nachricht hat, die er verändern kann, ergibt dies 2^{64} Versionen der gleichen Nachricht mit 2^{64} unterschiedlichen Hash-Werten. Mit diesen zwei Nachrichten kann er nun den folgenden Angriff durchführen:

Alice	**Oscar**		**Bob**
		$\xleftarrow{k_{pub,B}}$	
		$\xrightarrow{x_1}$	
			$z = h(x_1)$
			$s = \text{sig}_{k_{pr,B}}(z)$
$\xleftarrow{(x_2,s)}$	↯ ersetzt	$\xleftarrow{(x_1,s)}$	
$z = h(x_2)$			
$\text{ver}_{k_{pub,B}}(s,z) = \text{wahr}$			

Bei diesem Angriff muss Oskar in der Lage sein, Bob dazu zu bringen, die Nachricht x_1 zu signieren. Dies ist sicherlich nicht in jeder Anwendung möglich, aber es gibt beispielsweise Szenarien, bei denen Bob ein Internethändler ist, der Bestellungen signiert, und x_1 ist die Bestellung, die von Oskar erzeugt wurde.

Wie zuvor erläutert existieren immer Kollisionen aufgrund des Taubenschlagprinzips. Die Frage ist lediglich, wie aufwendig es ist, diese zu finden. Eine naheliegende Annahme ist, dass dies so aufwendig ist wie das Finden zweiter Urbilder, d. h. wenn die Hash-Funktion eine Ausgangslänge von 80 Bit hat, hat der Angreifer einen Aufwand von etwa 2^{80} Nachrichten. Überraschenderweise braucht Oskar jedoch nur etwa 2^{40} Nachrichten! Dieses unerwartete Verhalten basiert auf dem sog. *Geburtstagsparadoxon*. Dieses Paradoxon kommt oft in der Kryptanalyse zum Einsatz.

Die folgende Fragestellung ist eng mit der Kollisionssuche für Hash-Funktionen verbunden: Wie viele Personen müssen auf einer Party sein, damit es eine hohe Wahrscheinlichkeit gibt, dass mindestens zwei Gäste am gleichen Tag Geburtstag haben? Als mögliche Geburtstage betrachten wir die 365 Tage im Jahr. Intuitiv würde man annehmen, dass man etwa 183 (d. h. die Hälfte von 365) Personen benötigt, damit eine solche Kollision stattfindet. Tatsächlich benötigt man aber wesentlich weniger Personen. Um dieses Problem zu lösen, berechnen wir zuerst die Wahrscheinlichkeit, dass zwei Personen *nicht* den gleichen Geburtstag haben, d. h. ihre Geburtstage kollidieren nicht. Für eine einzige Person ist die Wahrscheinlichkeit für keine Kollisionen natürlich gleich 1. Bei zwei Personen ist die Wahrscheinlichkeit für keine Kollision 364/365, denn es gibt genau einen Tag, den Geburtstag der ersten Person, bei dem die Kollision stattfinden kann:

$$P(\text{keine Kollision bei 2 Personen}) = \left(1 - \frac{1}{365}\right)$$

Wenn eine dritte Person hinzukommt, kann er oder sie mit beiden Personen, die schon auf der Party sind, kollidieren:

$$P(\text{keine Kollision bei 3 Personen}) = \left(1 - \frac{1}{365}\right) \cdot \left(1 - \frac{2}{365}\right)$$

Hieraus folgt die Wahrscheinlichkeit für keine Kollision bei t Personen:

$$P(\text{keine Kollision bei } t \text{ Personen}) = \left(1 - \frac{1}{365}\right) \cdot \left(1 - \frac{2}{365}\right) \cdots \left(1 - \frac{t-1}{365}\right)$$

Bei $t = 366$ Personen gibt es eine Kollision mit der Wahrscheinlichkeit eins, da das Jahr nur 365 Tage hat. Wir wenden uns jetzt wieder unserer ursprünglichen Frage zu: Mit wie vielen Personen gibt es eine 50 %ige Chance für eine Kollision? Aus der oben stehenden

Gleichung erfolgt überraschenderweise, dass hierfür nur 23 Personen erforderlich sind:

$$\begin{aligned} P(\text{mindestens eine Kollision}) &= 1 - P(\text{keine Kollision}) \\ &= 1 - \left(1 - \frac{1}{365}\right) \cdots \left(1 - \frac{23-1}{365}\right) \\ &= 0.507 \approx 50\,\%. \end{aligned}$$

Bei 40 Personen liegt die Kollisionswahrscheinlichkeit bei etwa 90 %. Aufgrund des etwas unerwarteten Ergebnisses dieses Gedankenexperiments werden derartige Wahrscheinlichkeiten für Kollisionen oft als Geburtstagsparadoxon bezeichnet.

Bei Kollisionssuchen für Hash-Funktionen $h(\cdot)$ liegt genau die gleiche Situation vor wie bei Geburtstagskollisionen zwischen Teilnehmern einer Party. Bei Hash-Funktionen gibt es allerdings nicht 365 Ausgangswerte, sondern 2^n, wobei n die Ausgangsbreite der Hash-Funktion ist. Wie wir gleich sehen werden, ist n der wichtigste Sicherheitsparameter einer Hash-Funktion. Die Frage ist: Wie viele Nachrichten t muss Oskar hashen, damit er eine gute Chance für eine Kollision hat? Die Wahrscheinlichkeit für keine Kollision bei t Nachrichten ist:

$$\begin{aligned} P(\text{keine Kollision}) &= \left(1 - \frac{1}{2^n}\right)\left(1 - \frac{2}{2^n}\right) \cdots \left(1 - \frac{t-1}{2^n}\right) \\ &= \prod_{i=1}^{t-1} \left(1 - \frac{i}{2^n}\right) \end{aligned}$$

Aus der Theorie der Taylorreihen[1] ist eine Approximation für $(1 - \frac{i}{2^n})$ bekannt, wenn $i/2^n \ll 1$, die auch in unserem Fall anwendbar ist. Hiermit können wir auch die Wahrscheinlichkeit wie folgt abschätzen:

$$\begin{aligned} P(\text{keine Kollision}) &\approx \prod_{i=1}^{t-1} e^{-\frac{i}{2^n}} \\ &\approx e^{-\frac{1+2+3+\cdots+t-1}{2^n}} \end{aligned}$$

Im Exponenten steht die arithmetische Reihe

$$1 + 2 + \cdots + t - 1 = t(t-1)/2,$$

wodurch wir die Wahrscheinlichkeit schreiben können als

$$P(\text{keine Kollision}) \approx e^{-\frac{t(t-1)}{2 \cdot 2^n}}$$

Unser Ziel ist nach wie vor zu bestimmen, wie viele Nachrichten $(x_1, x_2, \ldots, x_t)$ gebraucht werden, um eine Kollision herbeizuführen. Daher müssen wir die Glei-

[1] Der Ausdruck folgt aus der Reihenentwicklung der Exponentialfunktion: $e^{-x} = 1 - x + x^2/2! - x^3/3! + \cdots$

chung nach t umstellen. Wenn die Wahrscheinlichkeit für mindestens eine Kollision $\lambda = 1 - P(\text{keine Kollision})$ ist, dann folgt

$$\lambda \approx 1 - e^{-\frac{t(t-1)}{2^{n+1}}}$$
$$\ln(1-\lambda) \approx -\frac{t(t-1)}{2^{n+1}}$$
$$t(t-1) \approx 2^{n+1} \ln\left(\frac{1}{1-\lambda}\right)$$

Da in der Praxis immer $t \gg 1$ gilt, können wir die Abschätzung $t^2 \approx t(t-1)$ verwenden, wodurch wir einen Ausdruck für die Anzahl der benötigten Nachrichten erhalten:

$$t \approx \sqrt{2^{n+1} \ln\left(\frac{1}{1-\lambda}\right)}$$
$$t \approx 2^{(n+1)/2} \sqrt{\ln\left(\frac{1}{1-\lambda}\right)} \tag{11.1}$$

Gleichung (11.1) ist von zentraler Bedeutung! Sie beschreibt den Zusammenhang zwischen der Anzahl der gehashten Nachrichten t, die für eine Kollision benötigt werden, der Ausgangsbreite n (in Bit) und der Kollisionswahrscheinlichkeit λ.

Die wichtigste Folgerung aus dem Geburtstagsangriff ist, dass die Anzahl der zu hashenden Nachrichten, die für eine Kollision erforderlich sind, näherungsweise gleich der Wurzel der möglichen Ausgangswerte ist, d. h. in etwa gleich $\sqrt{2^n} = 2^{n/2}$.

Hieraus folgt, dass für ein Sicherheitsniveau (vgl. Abschn. 6.2.4) von x Bit eine Hash-Funktion mit einer Ausgangsbreite von $2x$ Bit benötigt wird. Als Beispiel nehmen wir an, dass eine Hash-Funktion einen Ausgang der Breite von 80 Bit hat. Um eine Kollision mit einer Wahrscheinlichkeit von 50 % zu erzeugen, müssen ungefähr

$$t = 2^{81/2}\sqrt{\ln(1/(1-0{,}5))} \approx 2^{40{,}2}$$

Eingangswerte gehasht werden. Diese etwa 2^{40} Hash-Werte können mit einem modernen Laptop innerhalb von Sekunden oder Minuten und auf Kollisionen hin überprüft werden! Um Geburtstagsangriffe zu verhindern, muss die Ausgangsbreite der Hash-Funktion doppelt so groß sein wie die einer Hash-Funktion, die lediglich gegen zweite Urbildangriffe resistent ist. Aus diesem Grund haben alle Hash-Funktionen eine Ausgangsbreite von mindestens 128 Bit, wobei diese bei den meisten modernen Hash-Funktionen

Tab. 11.1 Anzahl der erforderlichen Hash-Werte für eine Geburtstagskollision für unterschiedliche Ausgangsgrößen und Kollisionswahrscheinlichkeiten von 50 % und 90 %.

	Ausgangsgröße der Hash-Funktion				
λ	128 Bit	160 Bit	256 Bit	384 Bit	512 Bit
0,5	2^{65}	2^{81}	2^{129}	2^{193}	2^{257}
0,9	2^{67}	2^{82}	2^{130}	2^{194}	2^{258}

noch wesentlich größer ist. Tab. 11.1 enthält die Anzahl der für eine Kollision notwendigen Hash-Berechnungen für verschiedene Wahrscheinlichkeiten λ und Ausgangsgrößen heutiger Hash-Funktionen. Interessanterweise hängt die Anzahl der notwendigen Hash-Berechnungen nicht sehr stark von der Kollisionswahrscheinlichkeit λ ab. Dies ist ersichtlich, wenn man die relativ kleinen Änderungen in der Anzahl der Hash-Berechnungen für die beiden Erfolgswahrscheinlichkeiten $\lambda = 0,5$ und $\lambda = 0,9$ betrachtet.

An dieser Stelle sollte betont werden, dass der Geburtstagsangriff ein generischer Angriff ist, d. h. er kann auf jede Hash-Funktion angewandt werden. Gleichzeitig ist aber nicht sicher, dass dies der effizienteste Angriff ist. Wie im folgenden Abschnitt beschrieben wird, existieren beispielsweise für die beiden Hash-Funktionen MD5 und SHA-1 mathematische Kollisionsangriffe, die effizienter als das Geburtstagsparadoxon sind.

Es sollte nicht vergessen werden, dass es viele Anwendungen für Hash-Funktionen gibt, z. B. das Abspeichern von Passwörtern. Hierbei wird nur Urbildresistenz gefordert. Von daher kann eine Hash-Funktion mit einer kurzen Ausgangsgröße von beispielsweise 80 Bit durchaus ihre Berechtigung haben, wenn Kollisionsangriffe nicht anwendbar sind.

Nachfolgend fassen wir noch einmal alle wichtigen Eigenschaften von Hash-Funktionen zusammen. Die ersten drei Eigenschaften sind praktischer Natur, während die letzten drei unmittelbar relevant für die Sicherheit der Hash-Funktion sind.

Eigenschaften von Hash-Funktionen

1. **Beliebige Nachrichtenlänge** Eine Hash-Funktion $h(x)$ kann Nachrichten x beliebiger Länge verarbeiten.
2. **Feste Ausgangslänge** Eine Hash-Funktion $h(x)$ erzeugt Hash-Werte z fester Länge.
3. **Effizienz** Eine Hash-Funktion $h(x)$ kann einfach berechnet werden.
4. **Urbildresistenz** Es ist rechnerisch unmöglich, für einen gegebenen Ausgangswert z einen Eingangswert x zu finden, sodass $h(x) = z$ gilt, d. h. $h(x)$ ist eine Einwegfunktion.
5. **Zweite Urbildresistenz** für einen gegebenen Eingangswert x_1 ist es rechentechnisch unmöglich, einen zweiten Wert x_2 zu finden, sodass $h(x_1) = h(x_2)$ gilt.
6. **Kollisionsresistenz** Es ist rechentechnisch unmöglich, zwei Eingangswerte $x_1 \neq x_2$ zu finden, sodass $h(x_1) = h(x_2)$ gilt.

11.3 Überblick über Hash-Funktionen

Bisher haben wir lediglich Eigenschaften diskutiert, die Hash-Funktionen aufweisen müssen. Wir betrachten jetzt, wie sie realisiert werden können. Es gibt zwei große Klassen von Hash-Funktionen:

1. **Dedizierte Hash-Funktionen**. Hierunter versteht man Algorithmen, die speziell als Hash-Funktionen entworfen wurden.
2. **Hash-Funktionen basierend auf Blockchiffren**. Hash-Funktionen können auch aus Blockchiffren wie beispielsweise dem AES konstruiert werden.

Im vorherigen Abschnitt wurde besprochen, dass Hash-Funktionen Eingangswerte beliebiger Länge verarbeiten und Ausgangswerte mit fester Länge berechnen. In der Praxis erreicht man dies, indem der Eingang in Blöcke gleicher Länge unterteilt wird. Diese Blöcke werden von der Hash-Funktion sequenziell verarbeitet. Das Herzstück vieler bekannter Hash-Algorithmen ist dabei eine sog. Kompressionsfunktion, die iterativ angewandt wird. Eine weit verbreitete Möglichkeit, nach diesem Prinzip eine Hash-Funktion zu realisieren, ist die sog. *Merkle-Damgård-Konstruktion*. Der Hash-Wert der gesamten Nachricht ist dabei der Ausgangswert der letzten Iteration der Kompressionsfunktion, vgl. Abb. 11.5. Die Hash-Funktionen SHA-1 und SHA-2 basieren auf einer Merkle-Damgård-Konstruktion, während SHA-3 eine gänzlich andere interne Struktur hat, die sog. Sponge-Konstruktion.

11.3.1 Dedizierte Hash-Funktionen: Die MD4-Familie und SHA-3

Man spricht von dedizierten Hash-Funktionen, wenn diese Algorithmen speziell als Hash-Funktionen entworfen wurden. Viele solcher Algorithmen wurden im Lauf der

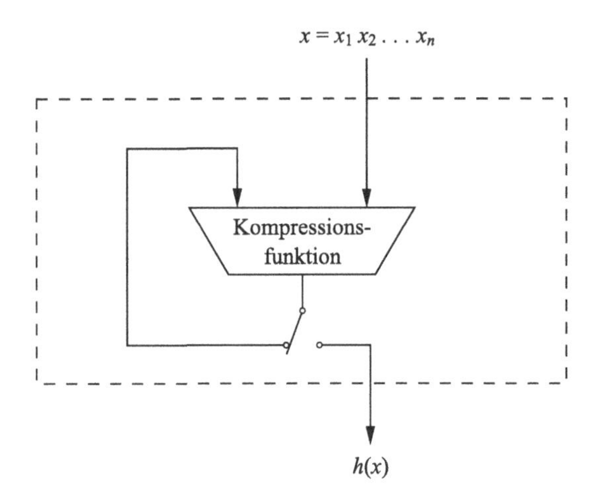

Abb. 11.5 Merkle-Damgård-Konstruktion einer Hash-Funktion

letzten zwei Jahrzehnte vorgeschlagen. In der Praxis haben bisher allerdings die Hash-Funktionen aus der sog. MD4-Familie die mit Abstand größte Bedeutung. MD5, die SHA-Algorithmen SHA-1 und die SHA-2-Familie sowie RIPEMD basieren alle auf MD4. Die neueste Hash-Funktion aus dieser Reihe, der im Jahr 2012 entwickelte SHA-3, hat allerdings einen anderen internen Aufbau und gehört nicht zur MD4-Familie.

Der Hash-Algorithmus MD4 wurde von Ronald Rivest entworfen. Der Name soll an „message digest" (Nachrichtenzusammenfassung oder -auszug) erinnern. Der Algorithmus galt als sehr innovativ, da er speziell für effiziente Softwareimplementierungen optimiert ist. Er basiert auf der Verarbeitung von 32-Bit-Werten und alle Operationen sind boolesche Funktionen wie AND, OR, XOR und Negation. Alle späteren Hash-Funktionen in der MD4-Familie basieren auf dem gleichen Prinzip. Eine verbesserte Version von MD4, der Algorithmus MD5, wurde von Rivest im Jahr 1991 vorgeschlagen. Beide Hash-Funktionen berechnen eine Ausgabe der Länge 128 Bit, d. h. sie haben eine Kollisionsresistenz von etwa 2^{64}. MD5 erfuhr eine sehr große Verbreitung beispielsweise in Sicherheitsprotokollen für das Internet, zum Speichern gehashter Passwörter oder um Prüfsummen von Dateien zu berechnen. Gleichzeitig hat es schon frühe Anzeichen für potenzielle Schwachstellen gegeben. Daraufhin veröffentlichte die amerikanische Standardisierungsbehörde NIST 1993 einen neuen Algorithmus, der Secure-Hash-Algorithmus (SHA) genannt wurde. Dies ist das erste Mitglied der SHA-Familie. Obwohl der offizielle Name dieses ersten Algorithmus SHA ist, wird er oft als SHA-0 bezeichnet. Im Jahr 1995 wurde SHA-0 modifiziert und der geänderte Algorithmus wurde SHA-1 genannt. Die Modifikation betraf den Nachrichtenfahrplan der Kompressionsfunktion, wodurch sich verbesserte Sicherheitseigenschaften ergaben. Beide Algorithmen haben eine Ausgangsgröße von 160 Bit. Im Jahr 1996 wurden von Hans Dobbertin schwerwiegende Schwachstellen im MD5 aufgezeigt, woraufhin sich mehr und mehr Experten dafür aussprachen, MD4 durch SHA-1 zu ersetzen. Seitdem hat sich SHA-1 als dominante Hash-Funktion durchgesetzt, die in unzähligen Produkten und Standards zu finden ist.

Solange mathematische Angriffe außer Acht gelassen werden, benötigt man für eine Kollisionssuche basierend auf dem Geburtstagsparadoxon für SHA-1 in etwa 2^{80} Schritte. Wenn die Hash-Funktion in Protokollen zusammen mit Algorithmen wie AES eingesetzt wird, die ein Sicherheitsniveau von 128 bis 256 Bit bieten, ist die Angriffsresistenz von SHA-1 nicht ausreichend. Auch asymmetrische Verfahren haben oft ein höheres Sicherheitsniveau, z. B. können elliptische Kurven mit einer Sicherheit von 128 bis 256 Bit verwendet werden. Aus diesem Grund wurden im Jahr 2001 von NIST drei neue Varianten von SHA-1 eingeführt: SHA-256, SHA-384 und SHA-512, die jeweils eine Ausgangsgröße von 256, 384 und 512 Bit besitzen. Im Jahr 2004 wurde eine vierte Variante vorgeschlagen, SHA-224, die das gleiche Sicherheitsniveau bietet wie 3DES. Diese vier Hash-Funktionen werden zusammengefasst als SHA-2 oder auch SHA-2-Familie bezeichnet.

Im Jahr 2004 wurden von Xiaoyun Wang Angriffe gegen MD5 und SHA-0 vorgestellt, mit denen sich Kollisionen konstruieren lassen. Ein Jahr später wurden die Angriffe auf SHA-1 erweitert und es wurde vermutet, dass eine Kollision 2^{63} Schritte benötigt. Diese

Tab. 11.2 Die Parameter der MD4-Familie von Hash-Funktionen sowie SHA-3

Algorithmus		Ausgang [Bit]	Eingang [Bit]	Anzahl Runden	Kollision gefunden
MD5		128	512	64	Ja
SHA-1		160	512	80	Noch nicht
SHA-2	SHA-224	224	512	64	Nein
	SHA-256	256	512	64	Nein
	SHA-384	384	1024	80	Nein
	SHA-512	512	1024	80	Nein
SHA-3	SHA-224	224	1152	24	Nein
	SHA-256	256	1088	24	Nein
	SHA-384	384	832	24	Nein
	SHA-512	512	576	24	Nein

Komplexität ist dramatisch kleiner als die 2^{80} Schritte, die bei einem Angriff mit dem Geburtstagsparadoxon benötigt werden. Dies führte zur Entwicklung eines gänzlich neuen Hash-Algorithmus, dem SHA-3. Dieser wurde von der NIST-Behörde 2015 standardisiert. Da sich der interne Aufbau von SHA-3 stark von MD5, SHA-1 und SHA-2 unterscheidet, gehört er nicht zur MD-4-Familie. In Tab. 11.2 sind die wichtigsten Parameter der MD4-Familie sowie von SHA-3 zusammengefasst. In Abschn. 11.4 wird der interne Aufbau von SHA-1 im Detail vorgestellt werden.

Man sollte beachten, dass die Existenz eines Kollisionsangriffs nicht in jeder Anwendung eine Gefahr darstellt. Wie oben schon erwähnt gibt es viele Anwendungen von Hash-Funktionen, zum Beispiel Schlüsselableitung oder das Abspeichern von Passwörtern, bei denen nur Urbildresistenz und zweite Urbildresistenz gefordert sind. Bei solchen Anwendungen ist beispielsweise MD5 noch ausreichend.

11.3.2 Hash-Funktionen basierend auf Blockchiffren

Hash-Funktionen können auch mit Blockchiffren konstruiert werden, wenn diese in einem Betriebsmodus mit Verkettung betrieben werden. Genau wie bei dedizierten Hash-Funktionen wie SHA-1 wird die Nachricht x auch hier in Blöcke x_i mit fester Länge unterteilt. Abb. 11.6 zeigt solch eine mögliche Konstruktion. Die Nachrichtenblöcke x_i werden mit einer Blockchiffre e mit Eingangsgröße b verschlüsselt. Der Schlüsseleingang für die Chiffre wird aus dem vorhergehenden Ausgangswert H_{i-1} gebildet. Eine Abbildungsfunktion g, die b Bit auf m Bit abbildet, sorgt dafür, dass der Schlüssel die korrekte Größe besitzt. Wenn $b = m$ ist, was z. B. bei AES der Fall ist, kann g einfach die Identitätsabbildung sein. Man beachte, dass hier natürlich keine Schlüssel im konventionellen Sinn verwendet werden, da Hash-Funktionen ohne Schlüssel operieren. Nachdem ein Block x_i verarbeitet wurde, wird der Ausgangswert mit dem Eingangsblock x_i per XOR verknüpft. Der letzte Ausgangswert, der berechnet wird, ist der Hash-Wert der gesamten Nachricht $x = (x_1, x_2, \ldots, x_n)$, d. h. $H_n = h(x)$.

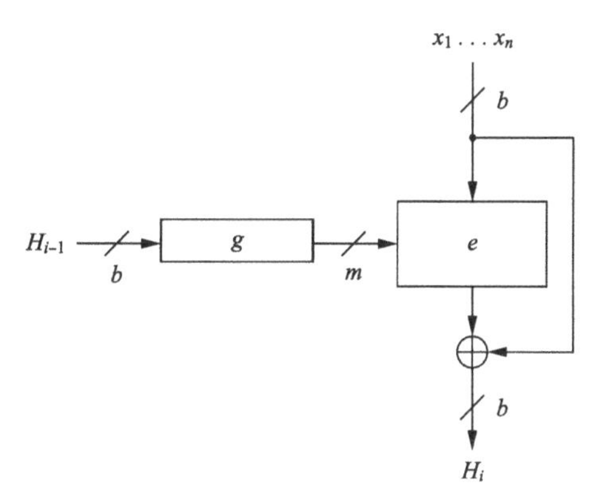

Abb. 11.6 Hash-Funktion basierend auf einer Blockchiffre nach Matyas-Meyer-Oseas

Mathematisch kann die Hash-Funktion beschrieben werden als

$$H_i = e_{g(H_{i-1})}(x_i) \oplus x_i$$

Diese Konstruktion wird nach ihren Erfindern Matyas-Meyer-Oseas-Hash-Funktion genannt.

Es gibt zahlreiche Varianten, wie Hash-Funktionen basierend auf Blockchiffren realisiert werden können. Abb. 11.7 zeigt zwei verbreitete Verfahren. Die beiden Hash-Funktionen können als Formeln wie folgt beschrieben werden:

$$H_i = H_{i-1} \oplus e_{x_i}(H_{i-1}) \quad \text{(Davies-Meyer)}$$
$$H_i = H_{i-1} \oplus x_i \oplus e_{g(H_{i-1})}(x_i) \quad \text{(Miyaguchi-Preneel)}$$

Alle drei der oben eingeführten Hash-Funktionen brauchen einen Initialwert für H_0. Dies kann ein öffentlich bekannter Wert sein, z. B. ein Vektor, der nur aus Nullen besteht. Alle drei Verfahren haben gemeinsam, dass die Ausgangsgröße der Hash-Funktion identisch ist

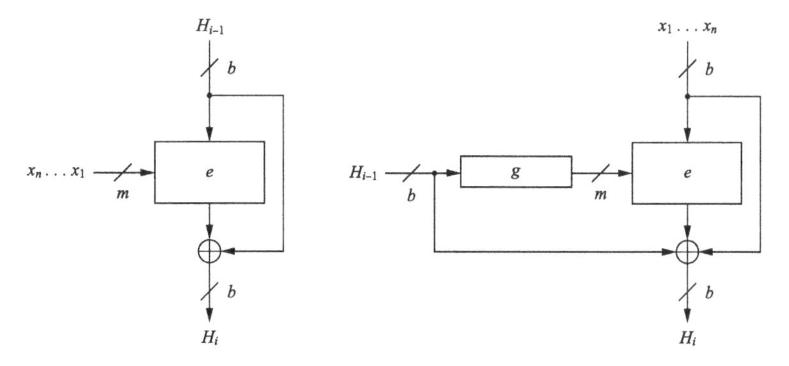

Abb. 11.7 Konstruktion von Hash-Funktionen nach Davies-Meyer (*links*) und Miyaguchi-Preneel (*rechts*)

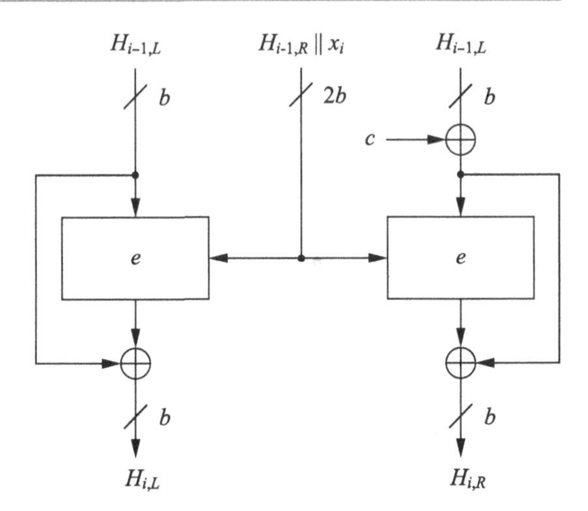

Abb. 11.8 Hash-Funktionen basierend auf Blockchiffren mit doppelter Blocklänge nach Hirose

mit der Blockgröße der Chiffre. Blockchiffren wie AES können eingesetzt werden, wenn lediglich Urbildresistenz und zweite Urbildresistenz gefordert werden, da die Blockgröße hier 128 Bit beträgt. In Situationen, in denen Kollisionsresistenz gefordert wird, ist die Blockgröße von 128 Bit, die die meisten modernen Blockchiffren besitzen, nicht ausreichend. Aufgrund des Geburtstagsparadoxons reduziert sich das Sicherheitsniveau hier auf 64 Bit. Angriffe mit dieser Komplexität können heutzutage von Angreifern mit einem ausreichenden Budget ohne allzu große Probleme durchgeführt werden.

Einen Ausweg aus dieser Situation ist es, Rijndael mit einer Blockgröße von 192 oder 256 Bit einzusetzen. Diese beiden Bitlängen bieten ein Sicherheitsniveau von 96 bzw. 128 Bit gegen Angriffe basierend auf dem Geburtstagsparadoxon. Diese Sicherheitsniveaus sind für die meisten Anwendungen ausreichend. Zur Erinnerung: Im Abschn. 4.2 wurde diskutiert, dass Rijndael die Blockchiffre ist, die später AES wurde, die allerdings eine Blockweite von 128, 192 und 256 Bit erlaubt.

Eine andere Möglichkeit, Hash-Funktionen mit längeren Ausgangsgrößen zu realisieren, ist es, die Hash-Funktionen aus verschiedenen Instanzen einer Blockchiffre zusammenzusetzen, sodass der Hash-Wert die doppelte Länge der Blockgröße b besitzt. Abb. 11.8 zeigt die sog. Hirose-Konstruktion für den Fall, dass die Chiffre e eine Schlüssellänge hat, die genau doppelt so groß ist wie die Blockbreite. Dies ist insbesondere der Fall für AES mit einer Schlüssellänge von 256 Bit. Der Ausgang der Hash-Funktion besteht aus den $2b$ Bit $(H_{n,L} \| H_{n,R})$. Kommt in diesem Fall AES zum Einsatz, ist die Ausgangsgröße $2b = 256$ Bit, womit eine hohe Resistenz gegen Kollisionsangriffe gegeben ist. Wie aus der Abbildung ersichtlich, wird die Ausgabe der linken Chiffre $H_{i-1,L}$ rückgekoppelt und dient als Eingang für beide Blockchiffren in der nächsten Iteration. Der vorherige Ausgang der rechten Chiffre $H_{i-1,R}$ wird mit dem aktuellen Nachrichtenblock x_i verkettet und bildet so den Schlüssel für beide Chiffren. Um Angriffe zu verhindern, muss eine Konstante c mithilfe einer XOR-Addition mit dem Eingang der rechten Chiffre verknüpft werden. Die Konstante c kann jeden Wert annehmen, muss aber ungleich Null sein. Wie bei den anderen Hash-Konstruktionen auch, müssen den ersten Hash-Werten ($H_{0,L}$ und $H_{0,R}$) Anfangswerte zugewiesen werden.

Die Abbildung zeigt die Hirose-Konstruktion für den Spezialfall, dass die Schlüssellänge exakt das Doppelte der Blockweite beträgt. Neben AES gibt es eine Reihe weiterer Chiffren, die diese Bedingung erfüllen, u. a. die Blockchiffren Blowfish, Mars, RC6 und Serpent. In Anwendungen mit beschränkten Ressourcen kann die Lightweight-Blockchiffre PRESENT, die in Abschn. 3.7.3 eingeführt wurde, verwendet werden, was zu einer Hash-Funktion mit sehr geringer Hardwarekomplexität führt. Wenn eine Schlüssellänge von 128 Bit gewählt wird, resultiert die Hirose-Konstruktion in einem Hash-Ausgang von 128 Bit. Eine solche Hash-Funktion verfügt über Urbildresistenz und zweite Urbildresistenz, ist jedoch nur marginal sicher gegen Kollisionsangriffe.

11.4 Der Secure-Hash-Algorithmus SHA-1

Die Hash-Funktion SHA-1 (Secure-Hash-Algorithmus) ist der am weitesten verbreitete Algorithmus aus der MD4-Familie. Obwohl Angriffe gegen SHA-1 vorgeschlagen wurden und somit die Langzeitsicherheit fragwürdig erscheint, lohnt es sich, den Algorithmus näher zu studieren. Einer der Gründe hierfür ist, dass verbesserte Versionen von SHA-1, die sog. SHA-2-Algorithmen, eine sehr ähnliche interne Struktur aufweisen. SHA-2 gilt nach dem heutigen Wissensstand als sehr sicher. Wie in Abb. 11.9 dargestellt, basiert SHA-1 auf der Merkle-Damgård-Konstruktion.

Um die Funktionsweise von SHA-1 zu verstehen, ist es hilfreich, sich die Kompressionsfunktion wie eine Blockchiffre vorzustellen. Der Eingang wird hierbei durch den vorhergehenden Hash-Wert H_{i-1} gebildet und der Schlüssel wird durch den aktuellen

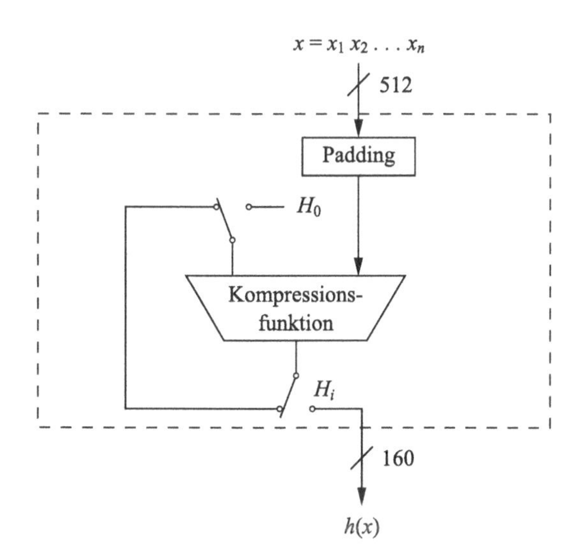

Abb. 11.9 Prinzipielle Funktionsweise von SHA-1

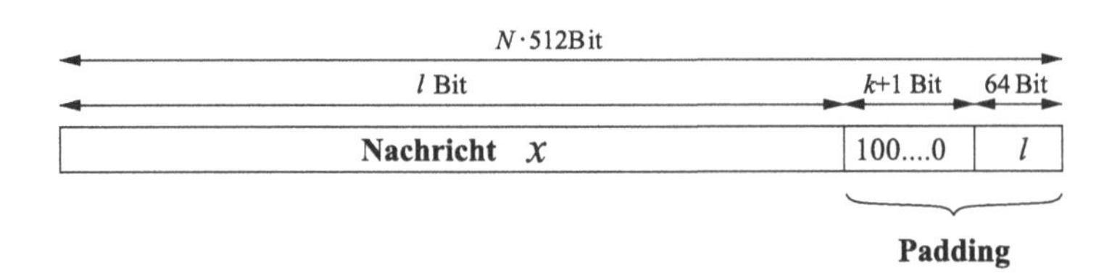

Abb. 11.10 Padding einer Nachricht für die Hash-Funktion SHA-1

Nachrichtenblock x_i bereitgestellt. Wie unten beschrieben, hat die Rundenfunktion von SHA-1 Ähnlichkeiten mit einer Feistel-Chiffre.

SHA-1 erlaubt Nachrichten mit einer maximalen Größe von $2^{64} - 1$ Bit und berechnet einen 160-Bit-Ausgangswert. Bevor der eigentliche Hash-Vorgang beginnt, wird die Nachricht einer Vorverarbeitung unterzogen. Die Kompressionsfunktion verarbeitet Nachrichtenblöcke mit einer Größe von 512 Bit. Die Funktion besteht aus 80 Runden, die wiederum in vier Stufen von jeweils 20 Runden zusammengefasst sind.

11.4.1 Vorverarbeitung

Bevor der eigentliche Hash-Vorgang beginnt, muss die Nachricht x künstlich verlängert werden, damit ihre Größe ein Vielfaches von 512 Bit beträgt. Die so verlängerte Nachricht wird dann in Blöcke von 512 Bit unterteilt. In der Vorverarbeitung wird auch der Variable H_0 ein Anfangswert zugewiesen.

Padding Gegeben sei eine Nachricht x der Länge l Bit. Um eine Nachrichtenlänge zu erhalten, die ein Vielfaches von 512 Bit ist, wird eine einzelne 1 gefolgt von k Nullbits gefolgt von der Binärdarstellung des Werts l (der Blocklänge) angehängt. Für die Binärdarstellung sind 64 Bit reserviert. Die Anzahl k der Nullen, die eingefügt werden müssen, folgt daher aus:

$$\begin{aligned} k &= 512 - 64 - 1 - l \\ &= 448 - (l + 1) \bmod 512 \end{aligned}$$

Abb. 11.10 zeigt den Vorgang.

Beispiel 11.1 Gegeben sei die Nachricht `abc`, die aus drei 8-Bit-ASCII-Zeichen mit einer Gesamtlänge von $l = 24$ Bit besteht:

$$\underbrace{\texttt{01100001}}_{\texttt{a}} \quad \underbrace{\texttt{01100010}}_{\texttt{b}} \quad \underbrace{\texttt{01100011}}_{\texttt{c}}$$

Es wird jetzt eine 1 angehängt, gefolgt von $k = 423$ Nullbits, wobei k wie folgt berechnet wird:

$$k \equiv 448 - (l + 1) = 448 - 25 = 423 \bmod 512$$

Nun wird ein 64-Bit-Wert angehängt, der die Binärdarstellung der Nachrichtenlänge $l = 24_{10} = 11000_2$ enthält. Die aufgefüllte Nachricht ist dann gegeben als

$$\underbrace{\texttt{01100001}}_{\texttt{a}}\ \underbrace{\texttt{01100010}}_{\texttt{b}}\ \underbrace{\texttt{01100011}}_{\texttt{c}}\ \texttt{1}\ \underbrace{\texttt{00...0}}_{\text{423 Nullen}}\ \underbrace{\texttt{00...011000}}_{l=24}$$

Aufteilen der aufgefüllten Nachricht Die Nachricht wird nun in Blöcke von 512 Bit $x_1, x_2, \ldots, x_n$ unterteilt. Jeder Block besteht dabei aus 16 Wörtern von 32 Bit Größe. Beispielsweise besteht der i-te Block der Nachricht aus den folgenden Wörtern:

$$x_i = (x_i^{(0)}\ x_i^{(1)}\ \ldots\ x_i^{(15)})$$

Jedes $x_i^{(k)}$ ist hierbei ein Wort mit 32 Bit.

Initialwert H_0 Während der ersten Iteration steht der anfängliche Hash-Wert in einem 160-Bit-Puffer. Dieser Anfangswert wird durch fünf konstante 32-Bit-Wörter gebildet. Diese haben die Hexadezimaldarstellung

$$\begin{aligned} A &= H_0^{(0)} = \texttt{67452301}\\ B &= H_0^{(1)} = \texttt{EFCDAB89}\\ C &= H_0^{(2)} = \texttt{98BADCFE}\\ D &= H_0^{(3)} = \texttt{10325476}\\ E &= H_0^{(4)} = \texttt{C3D2E1F0} \end{aligned}$$

11.4.2 Berechnen des Hash-Werts

Wie in Abb. 11.11 dargestellt, wird jeder Block x_i in vier Stufen verarbeitet, wobei jede Stufe aus 20 Runden besteht. Der Algorithmus verwendet dabei:

- Einen sog. Nachrichtenfahrplan, der aus der Nachricht in jeder der 80 Runden ein 32-Bit-Wort $W_0, W_1, \ldots, W_{79}$ berechnet. Die Wörter werden wie folgt gebildet:

$$W_j = \begin{cases} x_i^{(j)}, & 0 \leq j \leq 15,\\ (W_{j-16} \oplus W_{j-14} \oplus W_{j-8} \oplus W_{j-3})_{\lll 1}, & 16 \leq j \leq 79, \end{cases}$$

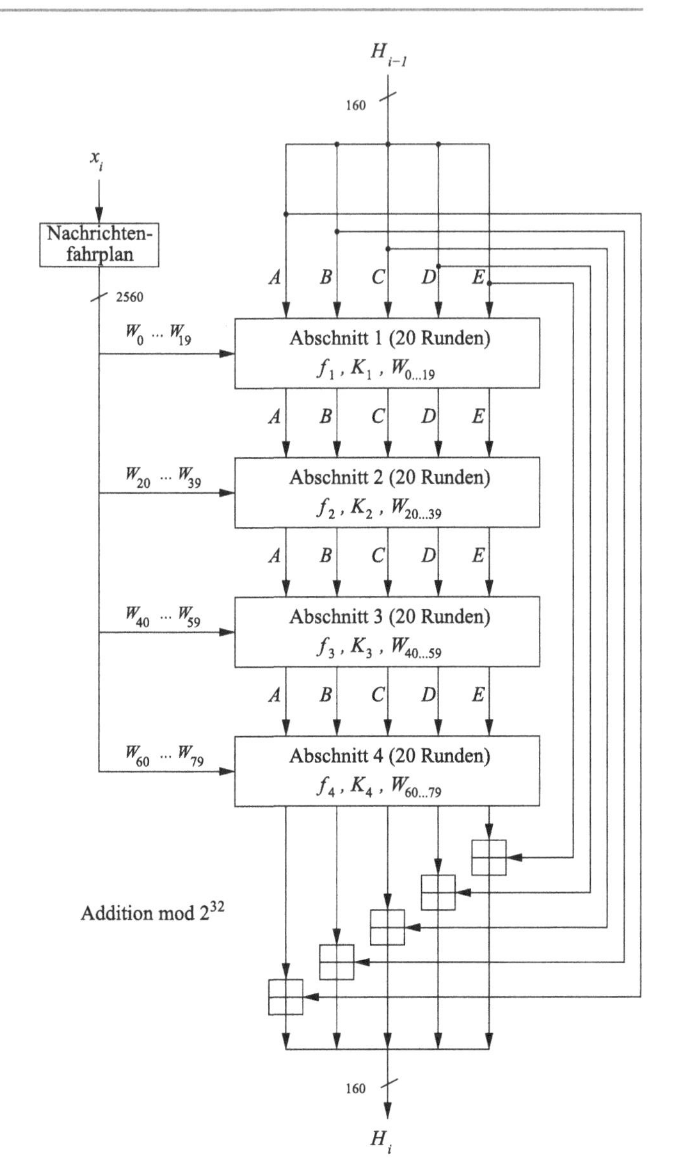

Abb. 11.11 Die Kompressionsfunktion von SHA-1, bestehend aus 80 Runden

Die Notation $X_{\lll n}$ steht für eine zyklische Linksverschiebung des Worts X um n Bit-Positionen.

- Fünf Arbeitsregister A, B, C, D, E mit 32 Bit.
- Den aktuellen Hash-Wert H_i, der aus fünf 32-Bit-Worten $H_i^{(0)}$, $H_i^{(1)}$, $H_i^{(2)}$, $H_i^{(3)}$ und $H_i^{(4)}$ besteht. Der Startwert ist der oben beschriebene Wert H_0, der nach der Verarbeitung eines Nachrichtenblocks jeweils aktualisiert wird. Der letzte berechnete Hash-Wert H_n ist der Ausgang $h(x)$ von SHA-1.

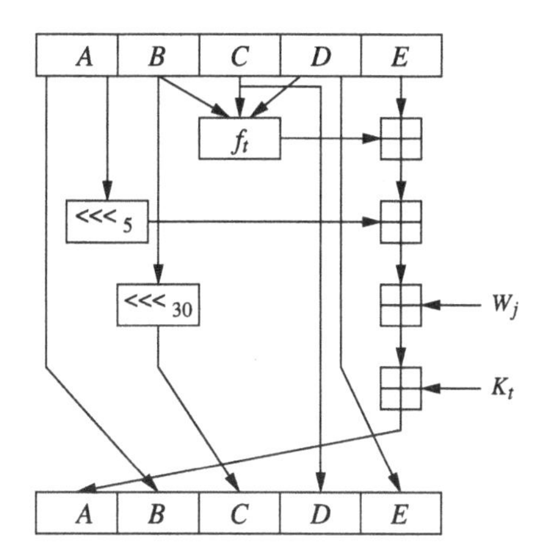

Abb. 11.12 Runde j in Stufe t von SHA-1

Die vier Stufen von SHA-1 haben alle eine ähnliche Struktur, aber sie verwenden unterschiedliche interne Funktionen f_t und Konstanten K_t, wobei $1 \leq t \leq 4$. Jede Stufe besteht aus 20 Runden. In jeder Runde wird ein Teil der Nachricht durch eine Funktion f_t verarbeitet, wobei auch eine spezifische Konstante K_t in jeder Stufe eingeht. Nach 80 Runden ergibt sich ein 160-Bit-Ausgangswert, der zu dem Eingangswert H_{i-1} modulo 2^{32} auf Wortbasis addiert wird.

In der Runde j der Stufe t wird die Operation

$$A, B, C, D, E = (E + f_t(B, C, D) + (A)_{\lll 5} + W_j + K_t), A, (B)_{\lll 30}, C, D,$$

die in Abb. 11.12 dargestellt ist, durchgeführt.

Die interne Funktion f_t und Konstante K_t verändern sich in Abhängigkeit von der Stufe, wie in Tab. 11.3 dargestellt. Dies bedeutet, dass alle 20 Runden eine neue Funktion und eine neue Konstante verwendet werden. Die Funktion besteht lediglich aus bitweisen booleschen Operationen, nämlich logisches AND ($\wedge$), OR ($\vee$), NOT (Strich oben) und XOR. Weil sich diese Operationen auf 32-Bit-Werte beziehen, können sie sehr schnell auf modernen PC implementiert werden.

Die in Abb. 11.12 dargestellte Runde von SHA-1 ähnelt der Runde eines Feistel-Netzes. Solche Konstruktionen werden auch verallgemeinerte Feistel-Netze genannt (vgl. auch Abschn. 3.2). Feistel-Netze haben die Eigenschaft, dass ein Teil des Eingangs direkt mit dem Ausgang verbunden ist. Der andere Teil des Eingangs wird mithilfe des ersten

Tab. 11.3 Rundenfunktionen und -konstanten von SHA-1

Stufe t	Runde j	Konstante K_t	Funktion f_t
1	$0 \ldots 19$	$K_1 =$ 5A827999	$f_1(B, C, D) = (B \wedge C) \vee (\bar{B} \wedge D)$
2	$20 \ldots 39$	$K_2 =$ 6ED9EBA1	$f_2(B, C, D) = B \oplus C \oplus D$
3	$40 \ldots 59$	$K_3 =$ 8F1BBCDC	$f_3(B, C, D) = (B \wedge C) \vee (B \wedge D) \vee (C \wedge D)$
4	$60 \ldots 79$	$K_4 =$ CA62C1D6	$f_4(B, C, D) = B \oplus C \oplus D$

Teils verschlüsselt, wobei der erste Teil den Eingang für eine Funktion bildet, z. B. die f-Funktion von DES. Im Fall von SHA-1 werden die Eingänge A, B, C und D unverändert zum Ausgang weitergeleitet (A, C, D) bzw. mit minimalen Veränderungen übernommen (B wird lediglich rotiert). Das Eingangswort E wird jedoch verschlüsselt, indem Werte, die von den anderen vier Eingangsworten abhängen, aufaddiert werden. Der Wert W_i, der aus der Nachricht gebildet wird, und die Rundenkonstante übernehmen die Rolle von Unterschlüsseln.

11.4.3 Implementierung

SHA-1 wurde als Algorithmus entworfen, der besonders einfach in Software zu implementieren ist. In jeder Runde werden lediglich bitweise boolesche Operationen mit 32-Bit-Registern durchgeführt. Diesen sehr einfachen Elementaroperationen steht allerdings eine relativ große Anzahl von Runden gegenüber. Optimierte Implementierungen auf modernen 64-Bit-Prozessoren erreichen Durchsatzraten von über 1 GBit pro Sekunde. Um diese Geschwindigkeiten zu erreichen, ist ein hoch optimierter Code erforderlich und typische Implementierungen sind dementsprechend langsamer. Ein allgemeiner Nachteil von SHA-1 und anderen Hash-Funktionen der MD4-Familie ist, dass ihre Parallelisierung nicht einfach ist, d. h. es ist schwer, viele der booleschen Operationen innerhalb einer Runde parallel zu berechnen.

Wenn SHA-1 in Hardware implementiert wird, ist der Algorithmus zwar nicht sehr groß, allerdings verbraucht er doch mehr Ressourcen, als man zunächst annehmen würde. Implementierungen auf FPGAs können Durchsatzraten von einigen GBit/s erreichen, was nicht wesentlich schneller ist als Implementierungen auf PC. Ein Grund hierfür ist, dass sich die Funktion f_t in jeder Stufe ändert. Ein weiterer Grund ist, dass viele Register benötigt werden, um das 512-Bit-Zwischenergebnis zu speichern. Daher sind Blockchiffren wie AES typischerweise kleiner und schneller als SHA-1 in Hardware. Aus diesem Grund können Hash-Funktionen, die auf Blockchiffren basieren (vgl. Abschn. 11.3.2), für Hardwareimplementierungen vorteilhaft sein.

11.5 Diskussion und Literaturempfehlungen

MD4-Familie und allgemeine Bemerkungen Es ist lehrreich, sich die Evolution der Angriffe auf die MD4-Familie anzuschauen. MD4 hatte einen Vorgänger, die Hash-Funktion MD2 von Ronald Rivest, die sich allerdings nicht durchsetzte. Es kann bezweifelt werden, dass der Algorithmus heutigen Angriffen standhalten würde. MD4 wurde zunächst mit einer reduzierten Anzahl von Runden, d. h. die erste und die letzte Runde fehlten, angegriffen. Dieser Angriff wurde 1992 von Boer und Bosselaers entwickelt [2]. Im Jahr 1995 zeigte Dobbertin, wie eine Kollision für die gesamte Hash-Funktion in weniger als einer Minute auf einem PC berechnet werden kann [4]. Später wurde von

Dobbertin auch gezeigt, dass eine Variante von MD4 (eine Runde wurde nicht berechnet) keine Einwegfunktion ist. Boer und Bosselaer fanden 1994 eine Kollision in MD5 [3]. Dobbertin war im Jahr 1995 in der Lage, eine Kollision für die Kompressionsfunktion von MD5 zu konstruieren [5]. Im Gegensatz dazu benötigt eine Kollision für die weit verbreitete Hash-Funktion SHA-1 nach heutigem Kenntnisstand mindestens 2^{63} Rechenschritte. Obwohl zum jetzigen Zeitpunkt (Anfang 2016) noch keine SHA-1-Kollision gefunden wurde, wird vermutet, dass dies bald möglich ist bzw. gut ausgestattete Nachrichtendienste dies heute schon erreichen können. Aus diesem Grund wird im Allgemeinen dazu geraten, SHA-2 zu verwenden. Die SHA-2-Algorithmen gelten nach dem heutigen Wissenstand als sehr sicher.

Der Algorithmus RIPEMD-160 hat eine Sonderrolle in der MD4-Familie. Im Gegensatz zu SHA-1 und SHA-2 ist er der einzige Algorithmus, der nicht von NIST und NSA entwickelt wurde, sondern von einer Gruppe europäischer Wissenschaftler. Obwohl es keinerlei Anzeichen gibt, dass die SHA-Algorithmen künstliche Schwachstellen enthalten (die beispielsweise von US-Nachrichtendiensten bewusst eingebaut wurden), kann RIPEMD-160 attraktiv für Personen sein, die allgemein kein Vertrauen in Regierungsalgorithmen haben. Momentan sind keine erfolgreichen Angriffe auf diese Hash-Funktion bekannt. Es sollte allerdings beachtet werden, dass RIPEMD-160 weniger gründlich untersucht wurde als die anderen Algorithmen der MD4-Familie.

Es sollte an dieser Stelle betont werden, dass neben der MD4-Familie im Lauf der Zeit zahlreiche andere Algorithmen vorgeschlagen wurden. Ein Beispiel hierfür ist Whirlpool [1], der mit AES verwandt ist. Die meisten dieser Hash-Funktionen haben sich allerdings nicht durchgesetzt. Es gibt auch Hash-Funktionen, die auf algebraischen Strukturen basieren, z. B. MASH-1 und MASH-2 [9]. Bei vielen dieser Algorithmen wurden jedoch Schwachstellen gefunden.

SHA-3 Aufgrund der Schwachstellen, die bei SHA-1 gefunden wurden, wurden von der amerikanische Standardisierungsbehörde NIST 2005 und 2006 zwei offene Workshops durchgeführt, deren Ziel es war, die Sicherheit von SHA-1 zu diskutieren. Ebenso wurde die Standardisierung von Hash-Funktionen allgemein besprochen. Als Konsequenz aus diesen Überlegungen entschloss sich das NIST, eine neue Hash-Funktion mit dem Namen SHA-3 im Rahmen eines öffentlichen Wettbewerbs zu entwickeln [10]. Dieser Prozess des SHA ähnelt dem Auswahlprozess, der zu AES geführt hatte. Im Jahr 2008 wurden 51 Algorithmen beim NIST eingereicht, wovon 14 in die zweite Runde kamen. Im Oktober 2012 wurde der Algorithmus Keccak [7] zum Gewinner des Wettbewerbs gekürt. Im August 2015 wurde schließlich der SHA-3 in dem US-Standard FIPS 202 veröffentlicht [6]. Genau wie SHA-2 handelt es sich bei SHA-3 streng genommen nicht um einen einzigen Algorithmus, sondern um einen Satz von Algorithmen, die parametrisiert werden, vgl. Tab. 11.2.

Es gibt nun zwei Familien von standardisierten Hash-Funktionen, SHA-2 und SHA-3, die beide heutzutage als sicher gelten. Obwohl es auch sicherlich Gründe dafür gibt, nur einen einzigen Standard zu haben, hat die Existenz zweier unterschiedlicher Hash-

Algorithmen auch Vorteile. Zum einen basieren SHA-3 bzw. Keccak intern auf einer sog. Sponge-Konstruktion, die sich deutlich von der Merkle-Damgård-Konstruktion unterscheidet, auf der SHA-2 beruht (vgl. Abb. 11.5). Sollte in Zukunft ein neuer Angriff gegen einen der beiden Algorithmen gefunden werden, ist die Wahrscheinlichkeit gering, dass der andere Algorithmus auch betroffen ist. Der andere Vorteil zweier Hash-Funktionen ist, dass sie unterschiedliche Implementierungseigenschaften besitzen und so je nach Anwendungsszenario optimierte Lösungen existieren. Insbesondere kann SHA-3 in Hardware sehr schnell und energieeffizient realisiert werden, was für kleine batteriebetriebene Geräte oft wünschenswert ist. Hingegen ist SHA-2 gut für schnelle Softwareimplementierungen geeignet.

Hash-Funktionen basierend auf Blockchiffren Die vier auf Blockchiffren basierenden Hash-Funktionen, die in diesem Kapitel vorgestellt wurden, sind alle beweisbar sicher. Dies bedeutet, dass die bestmöglichen Angriffe bezüglich Urbild und zweitem Urbild eine Komplexität von 2^b haben, wobei b die Ausgangsgröße der Hash-Funktion ist. Der bestmögliche Kollisionsangriff erfordert $2^{b/2}$ Schritte. Der Sicherheitsbeweis erfordert allerdings, dass die Blockchiffre wie eine Blackbox betrachtet wird, d. h. mögliche interne Schwachstellen der Chiffre können nicht ausgenutzt werden. Neben den vier Konstruktionen, die in diesem Kapitel vorgestellt wurden, gibt es noch eine Reihe anderer Möglichkeiten, Hash-Funktionen aus Blockchiffren zu konstruieren [11]. In Aufgabe 11.3 werden zwölf solcher Hash-Funktionen besprochen.

Die Konstruktion von Hirose ist noch relativ neu [8]. Sie kann beispielsweise mit AES mit einem 192-Bit-Schlüssel und Nachrichtenblöcken x_i mit einer Länge von 64 Bit realisiert werden. Diese Konstruktion ist allerdings nur halb so effizient wie die anderen Hash-Funktionen basierend auf Blockchiffren, die in diesem Kapitel vorgestellt wurden. Es gibt noch eine Reihe anderer Möglichkeiten, Hash-Funktionen zu konstruieren, die die doppelte Ausgangslänge der zugrunde liegenden Blockchiffre aufweisen. Ein bekanntes Verfahren ist MDC-2, das ursprünglich für DES eingeführt wurde. Die Konstruktion kann allerdings mit jeder Blockchiffre durchgeführt werden [12]. MDC-2 ist als ISO/IEC 10118-2 standardisiert.

11.6 Lessons Learned

- Hash-Funktionen haben keinen Schlüssel. Die beiden wichtigsten Anwendungsgebiete von Hash-Funktionen sind digitale Signaturen und kryptografische Prüfsummen wie beispielsweise HMAC.
- Die drei Sicherheitskriterien für Hash-Funktionen sind Einwegeigenschaft, zweite Urbildresistenz und Resistenz gegen Kollisionsangriffe.
- Um Kollisionen zu verhindern, sollte die Ausgangsbreite von Hash-Funktionen mindestens 160 Bit betragen. Für Langzeitsicherheit sind 256 Bit oder mehr empfehlenswert.

- Die weit verbreitete Hash-Funktion MD5 ist unsicher. SHA-1 weist ernsthafte Schwachstellen auf und sollte nach Möglichkeit nicht mehr eingesetzt werden. Die SHA-2-Algorithmen konnten bisher nicht gebrochen werden, funktionieren aber nach demselben Prinzip wie SHA-1.
- Die relativ neue Hash-Funktion SHA-3 wurde 2015 standardisiert und gilt als sicher.

11.7 Aufgaben

11.1

Berechnen Sie den Ausgangswert nach der ersten Runde von der ersten Stufe von SHA-1 für die beiden Eingangsblöcke der Länge 512 Bit:

1. $x = \{0...00\}$
2. $x = \{0...01\}$ (d. h. Bit 512 ist eine 1).

Für diese Aufgabe nehmen wir an, dass der Anfangswert H_0 nur aus Nullen besteht, d. h. $A_0 = B_0 = ... = 00000000_{16}$.

11.2

Eine frühe Anwendung für Hash-Funktionen war das Abspeichern von Passwörtern, die für die Benutzerauthentisierung benutzt wurden. Hierbei wird ein Passwort gehasht, nachdem es eingegeben wurde, und der Wert wird mit dem Hash-Wert des gespeicherten Referenzpassworts verglichen. Es wurde schon früh erkannt, dass es ausreicht, nur den Hash-Wert anstatt des eigentlichen Passworts abzuspeichern.

1. Nehmen Sie an, Sie wären ein Hacker und Sie haben Zugang zu einer Liste mit gehashten Passwörtern bekommen. Sie würden natürlich gerne die Passwörter rekonstruieren, um sich als legitimer Benutzer anmelden zu können. Diskutieren Sie, mit welchen der unten stehenden Angriffe dies möglich ist. Beschreiben Sie genau die Konsequenzen Ihrer Angriffe.
   - Angriff A: Sie können die Einwegeigenschaft von h brechen.
   - Angriff B: Sie können zweite Urbilder für h finden.
   - Angriff C: Sie können Kollisionen konstruieren.
2. Warum wird beim Speichern von Passwörtern oft ein sog. Salt benutzt? (Hierbei handelt es sich um einen Wert, der an das Passwort angehängt wird, bevor es gehasht wird. Der Wert des Salt wird zusammen mit dem Hash-Wert abgespeichert, d. h. ein Angreifer kennt das Salt auch.) Werden die oben stehenden Angriffe durch die Verwendung von Salt beeinflusst?
3. Ist eine Hash-Funktion mit einer Ausgangsbreite von 80 Bit ausreichend für diese Anwendung?

11.3

Zeichnen Sie ein Blockdiagramm für die folgenden Hash-Funktionen, die mit Blockchiffre $e(\cdot)$ konstruiert wurden:

1. $e(H_{i-1}, x_i) \oplus x_i$
2. $e(H_{i-1}, x_i \oplus H_{i-1}) \oplus x_i \oplus H_{i-1}$
3. $e(H_{i-1}, x_i) \oplus x_i \oplus H_{i-1}$
4. $e(H_{i-1}, x_i \oplus H_{i-1}) \oplus x_i$
5. $e(x_i, H_{i-1}) \oplus H_{i-1}$
6. $e(x_i, x_i \oplus H_{i-1}) \oplus x_i \oplus H_{i-1}$
7. $e(x_i, H_{i-1}) \oplus x_i \oplus H_{i-1}$
8. $e(x_i, x_i \oplus H_{i-1}) \oplus H_{i-1}$
9. $e(x_i \oplus H_{i-1}, x_i) \oplus x_i$
10. $e(x_i \oplus H_{i-1}, H_{i-1}) \oplus H_{i-1}$
11. $e(x_i \oplus H_{i-1}, x_i) \oplus H_{i-1}$
12. $e(x_i \oplus H_{i-1}, H_{i-1}) \oplus x_i$

11.4

Die Durchsatzrate einer Hash-Funktion, die auf Blockchiffren basiert, ist wie folgt definiert: Wenn die Hash-Funktion u Eingangsbits gleichzeitig verarbeitet, v Ausgangsbits produziert und w Verschlüsselungen mit der Blockchiffre durchführt, beträgt die Rate

$$v/(u \cdot w)$$

Was ist die Durchsatzrate von den vier Hash-Funktionen, die in Abschn. 11.3.2 eingeführt wurden?

11.5

Wir betrachten drei verschiedene Hash-Funktionen, die Ausgangsbreiten von jeweils 64, 128 und 160 Bit haben. Wie viele zufällig gewählte Eingangswerte werden benötigt, um eine Kollisionswahrscheinlichkeit von $\varepsilon = 0{,}5$ zu erreichen? Wie viele Eingangswerte benötigt man für eine Wahrscheinlichkeit von $\varepsilon = 0{,}1$?

11.6

Beschreiben Sie genau, wie Sie eine Kollisionssuche nach einem Paar x_1 und x_2 durchführen würden, sodass die Bedingung $h(x_1) = h(x_2)$ für eine gegebene Hash-Funktion h erfüllt ist. Wie viel Speicherplatz benötigen Sie für die Suche, wenn die Ausgangsbreite der Hash-Funktion n Bit beträgt?

11.7

Wir betrachten die Konstruktion der Hash-Funktion nach Hirose. Sie wird mit der Blockchiffre PRESENT (Blockbreite 64 Bit und ein Schlüssel von 128 Bit) realisiert. Mit der

Funktion werden gehashte Passwörter in einem Computersystem abgespeichert. In dem System werden für jeden Benutzer i mit Passwort PW_i die folgenden Werte gespeichert:

$$h(PW_i) = y_i,$$

wobei die Passwörter (oder Passphrasen) eine beliebige Größe haben können. In den Computersystemen werden nur die Werte y_i benutzt, um Benutzer zu identifizieren und ihnen Zugang zu Ressourcen zu geben.

Erfreulicherweise bekommen Sie Zugang zu der Datei, die alle Hash-Werte enthält, und ein Ruf als gefährlicher Hacker eilt Ihnen voraus. Dies sollte erst einmal keine Gefahr darstellen, da es aufgrund der Einwegeigenschaft der Hash-Funktion unmöglich sein sollte, Passwörter aus den Hash-Werten zu berechnen. Allerdings finden Sie einen kleinen, aber schwerwiegenden Fehler in der Implementierung: Die Konstante c in der Hash-Funktion hat den Wert $c = 0$. Wir nehmen an, Sie kennen auch die Anfangswerte ($H_{0,L}$ und $H_{0,R}$).

1. Wie viele Bit besitzt jeder Eintrag y_i?
2. Ihr Ziel ist es nun, sich als Benutzer U einzuloggen (wobei U beispielsweise der Geschäftsführer der Organisation sein kann). Beschreiben Sie genau, warum nur etwa 2^{64} Schritte notwendig sind, um einen Wert PW_{hack} zu finden, für den gilt:

$$PW_{\text{hack}} = y_U$$

3. Welcher der drei Angriffe gegen Hash-Funktionen wird hier durchgeführt?
4. Warum ist der Angriff nicht möglich, wenn $c \neq 0$?

11.8

In dieser Aufgabe untersuchen wir, warum fehlerkorrigierende Codes nicht als Hash-Funktionen benutzt werden können. Wir betrachten eine Funktion, die für jedes 8-Bit-ASCII-Zeichen $b_{i1}, \ldots, b_{i8}$ einen 1-Bit-Hash-Wert wie folgt berechnet:

$$C_i = b_{i1} \oplus b_{i2} \oplus b_{i3} \oplus b_{i4} \oplus b_{i5} \oplus b_{i6} \oplus b_{i7} \oplus b_{i8}$$

1. Stellen Sie das Wort `CRYPTO` als Binär- oder Hexadezimalwert dar.
2. Berechnen Sie die sechs Bits des Hash-Werts mithilfe der oben stehenden Gleichung.
3. Zeigen Sie, dass die Hash-Funktion unsicher ist, indem Sie beschreiben, wie man eine Zeichenkette mit dem gleichen Hash-Wert konstruieren kann. Konstruieren Sie ein Beispiel hierfür.
4. Welche fundamentale Eigenschaft von Hash-Funktionen ist hier nicht gegeben?

Literatur

1. P. S. L. M. Barreto, V. Rijmen, The Whirlpool Hashing Function (2000, überarbeitet 2003), http://paginas.terra.com.br/informatica/paulobarreto/WhirlpoolPage.html. Zugegriffen am 1. April 2016
2. B. den Boer, A. Bosselaers, An attack on the last two rounds of MD4, in *CRYPTO '91: Proceedings of the 11th Annual International Cryptology Conference, Advances in Cryptology*. LNCS (Springer, 1992), S. 194–203
3. B. den Boer, A. Bosselaers, Collisions for the compression function of MD5, in *Advances in Cryptology – EUROCRYPT'93*. LNCS (Springer, 1994), S. 293–304
4. Hans Dobbertin, Alf swindles Ann. Cryptobytes **3**(1) (1995)
5. Hans Dobbertin, The status of MD5 after a recent attack, Cryptobytes, **2**(2) (1996)
6. Federal Information Processing Standards Publications – FIPS PUBS, http://www.itl.nist.gov/fipspubs/index.htm. Zugegriffen am 1. April 2016
7. Guido Bertoni, Joan Daemen, Michaël Peeters, Gilles Van Assche, The Keccak SHA-3 submission, Version 3 (2011), http://keccak.noekeon.org/Keccak-submission-3.pdf. Zugegriffen am 1. April 2016
8. Shoichi Hirose, Some plausible constructions of double-block-length hash functions, in *FSE: Fast Software Encryption*. LNCS, Bd. 4047 (Springer, 2006), S. 210–225
9. International Organization for Standardization (ISO), ISO/IEC 10118-4, Information technology – Security techniques – Hash-functions – Part 4: Hash-functions using modular arithmetic (1998), http://www.iso.org/iso/. Zugegriffen am 1. April 2016
10. National Institute of Standards and Technology, Cryptographic Hash Algorithm Competition, http://csrc.nist.gov/groups/ST/hash/sha-3/index.html. Zugegriffen am 1. April 2016
11. B. Preneel, R. Govaerts, J. Vandewalle, Hash functions based on block ciphers: A synthetic approach, in *Advances in Cryptology – CRYPTO' 93*. LNCS, Bd. 773 (Springer, 1994), S. 368–378
12. Bart Preneel, MDC-2 and MDC-4, in *Encyclopedia of Cryptography and Security*, hrsg. von Henk C. A. van Tilborg (Springer, 2005)

Message Authentication Codes (MACs) 12

MAC, die auch kryptografische Prüfsummen genannt werden, kommen in der Praxis häufig zum Einsatz. Bezüglich ihrer Sicherheitsfunktionen ähneln MAC digitalen Signaturen, da sie auch Nachrichtenintegrität und Nachrichtenauthentisierung ermöglichen. Im Gegensatz zu digitalen Signaturen sind MAC jedoch symmetrische Verfahren, die keine Nichtzurückweisbarkeit zur Verfügung stellen können. Ein Vorteil von MAC ist, dass sie wesentlich schneller sind als digitale Signaturen, da sie auf Blockchiffren oder Hash-Funktionen basieren.

In diesem Kapitel erlernen Sie

- das Prinzip von MAC,
- Sicherheitseigenschaften von MAC,
- die Realisierung von MAC mithilfe von Hash-Funktionen und Blockchiffren.

12.1 Die Grundidee von Message-Authentiation-Codes

Ähnlich wie digitale Signaturen berechnen MAC eine Prüfsumme für eine gegebene Nachricht. Der entscheidende Unterschied zwischen MAC und digitalen Signaturen ist, dass MAC einen symmetrischen Schlüssel für die Erzeugung der Prüfsumme und für die Verifikation benutzen. Die Prüfsumme ist eine Funktion des symmetrischen Schlüssels k und der Nachricht x. Im Folgenden wird die Notation

$$m = \mathrm{MAC}_k(x)$$

verwendet. Das Prinzip der MAC-Berechnung und -Verifikation ist in Abb. 12.1 dargestellt.

Typischerweise werden MAC eingesetzt, wenn Alice und Bob sicherstellen möchten, dass eine Veränderung der Nachricht x während der Übertragung erkannt wird. Um dies zu erreichen, berechnet Bob den MAC als Funktion der Nachricht und des gehei-

C. Paar, J. Pelzl, *Kryptografie verständlich*, eXamen.press,
DOI 10.1007/978-3-662-49297-0_12

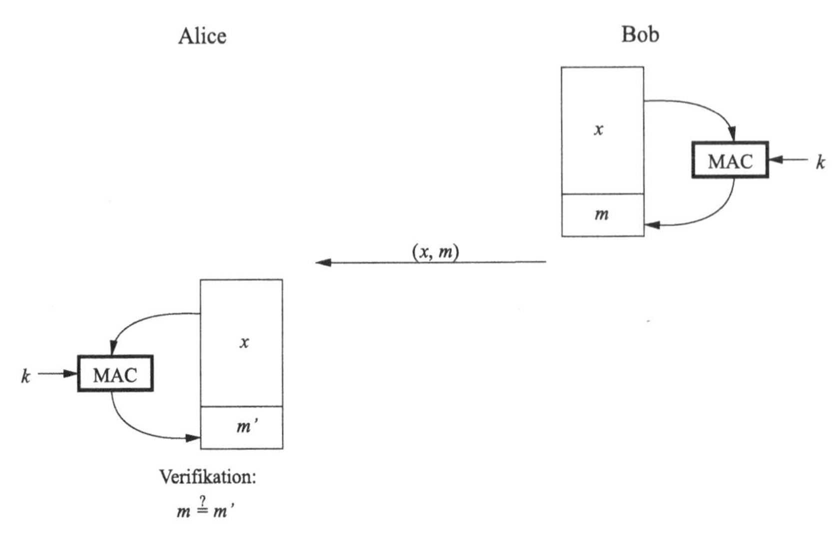

Abb. 12.1 Das Prinzip von Message-Authentication-Codes (MAC)

men Schlüssels k. Er sendet sowohl die Nachricht als auch die Prüfsumme m zu Alice. Wenn Alice die Nachricht und die Prüfsumme erhält, verifiziert sie beides. Da es sich um ein symmetrisches Verfahren handelt, braucht sie lediglich die gleichen Schritte wie Bob durchzuführen: Sie berechnet ebenfalls die Prüfsumme unter Benutzung der Nachricht und des geheimen Schlüssels.

Dem Verfahren liegt zugrunde, dass die MAC-Berechnung ein falsches Resultat liefert, wenn die Nachricht während der Übertragung verfälscht wurde. Daher stellen MAC den Sicherheitsdienst Nachrichtenintegrität zur Verfügung. Darüber hinaus weiß Alice mit Sicherheit, dass Bob tatsächlich der Sender der Nachricht war, da nur ein Besitzer des geheimen Schlüssels in der Lage ist, eine korrekte Prüfsumme zu berechnen. Ein Angreifer kann keine korrekte Prüfsumme berechnen, da er nicht über den geheimen Schlüssel verfügt. Jede bösartige oder zufällige (z. B. aufgrund eines Übertragungsfehlers) Veränderung der Nachricht wird vom Empfänger erkannt, da die Verifikation des MAC fehlschlagen wird. Somit wird auch der Sicherheitsdienst Nachrichtenauthentisierung zur Verfügung gestellt.

Wie bei Hash-Funktionen hat die Prüfsumme eine feste Länge, die unabhängig von der Länge der Nachricht ist. In der Praxis ist die Nachricht x zumeist wesentlich länger als die Prüfsumme. Die besprochenen Eigenschaften von MAC lassen sich wie folgt zusammenfassen:

Eigenschaften von Message Authentication Codes

1. **Kryptografische Prüfsumme** Ein MAC erzeugt eine kryptografisch sichere Prüfsumme für eine gegebene Nachricht.

2. **Symmetrisch** MAC basieren auf symmetrischen Schlüsseln. Sender und Empfänger müssen über einen gemeinsamen geheimen Schlüssel verfügen.
3. **Beliebige Nachrichtenlänge** MAC akzeptieren Nachrichten von beliebiger Länge.
4. **Feste Prüfsummenlänge** MAC erzeugen Prüfsummen mit einer festen Länge.
5. **Nachrichtenintegrität** Der Empfänger ist sich sicher, dass die Nachricht nicht verändert wurde.
6. **Nachrichtenauthentisierung** Der Empfänger ist sich sicher, von wem die Nachricht kommt.
7. **Keine Beweisbarkeit** Da MAC symmetrische Verfahren sind, kann mit ihnen keine Beweisbarkeit erreicht werden.

Der letzte Punkt ist besonders wichtig: MAC können keine Beweisbarkeit zur Verfügung stellen. Da die beiden Kommunikationspartner den gleichen geheimen Schlüssel besitzen, ist es nicht möglich, gegenüber einer neutralen dritten Partei, beispielsweise einem Richter, zu beweisen, ob die Nachricht und der dazugehörige MAC von Alice oder Bob stammen. Von daher bieten MAC keinen Schutz in Situationen, in denen Alice oder Bob sich potenziell unehrlich verhalten, wie in dem Beispiel zum Autokauf in Abschn. 10.1.1 diskutiert wurde. Ein symmetrischer Schlüssel ist nicht einer bestimmten Person zugeordnet, sondern zwei Teilnehmern. Von daher kann ein Richter im Fall eines Disputs nicht zwischen Alice und Bob unterscheiden.

In der Praxis gibt es zwei prinzipielle Ansätze, um MAC zu konstruieren, entweder unter Benutzung von Blockchiffren oder mithilfe von Hash-Funktionen. In den folgenden Abschnitten werden die beiden Konstruktionen vorgestellt.

12.2 MAC-Konstruktionen mit Hash-Funktionen

MAC können mit kryptografischen Hash-Funktionen, wie z.B. SHA-1, realisiert werden. Eine spezielle Konstruktion, die HMAC genannt wird, ist in den letzten zehn Jahren besonders beliebt geworden. Beispielsweise setzen sowohl das TLS-Protokoll, dessen Ausführung durch das kleine Vorhängeschloss in Webbrowsern angezeigt wird, als auch das IPsec-Protokoll die HMAC-Konstruktion ein. Ein Grund, warum sie so häufig eingesetzt wird, ist, dass HMAC unter gewissen Voraussetzungen beweisbar sicher sind.

Die Grundidee hinter allen Hash-basierten Verfahren zur Authentisierung von Nachrichten ist, dass der Schlüssel zusammen mit der Nachricht gehasht wird. Es gibt hierzu zwei naheliegende Konstruktionen. Der erste Ansatz

$$m = MAC_k(x) = h(k\|x)$$

heißt *Secret-Prefix-MAC* und der zweite

$$m = \mathrm{MAC}_k(x) = h(x\|k)$$

wird *Secret-Suffix-MAC* genannt. Das Symbol $\|$ bezeichnet die Verkettung zweier Ausdrücke. Aufgrund der Einwegeigenschaften und der guten Verwürfelungseigenschaften von modernen Hash-Funktionen sollte man vermuten, dass beide Ansätze starke kryptografische Prüfsummen liefern. Wie so oft in der Kryptografie ist es aber sehr leicht, Fehler bei der Realisierung von Sicherheitsmechanismen zu machen. Im Folgenden zeigen wir Schwachstellen beider Ansätze auf.

12.2.1 Schwachstellen von Secret-Prefix-MAC

Wir betrachten MAC der Form $m = h(k\|x)$. Wir nehmen an, dass die kryptografische Prüfsumme m mithilfe einer Hash-Funktion realisiert wird, wie sie in Abb. 11.5 dargestellt ist. Die Nachricht x, die Bob signieren will, besteht aus den Blöcken $x = (x_1, x_2, \ldots, x_n)$. Wir nehmen an, dass die Blocklänge genau der Eingangsbreite der Hash-Funktionen entspricht. Bob berechnet die Prüfsumme m wie folgt:

$$m = \mathrm{MAC}_K(x) = h(k\|x_1, x_2, \ldots, x_n)$$

Das Problem hierbei ist, dass ein Angreifer nun auch den MAC für eine Nachricht $x = (x_1, x_2, \ldots, x_n, x_{n+1})$, wobei x_{n+1} ein beliebiger zusätzlicher Block ist, berechnen kann, ohne dass der geheime Schlüssel bekannt ist. Ein Angreifer muss lediglich m kennen. Der Angriff ist in folgendem Protokoll dargestellt.

Angriff auf den Secret-Prefix-MAC

Alice	**Oskar**	**Bob**
		$x = (x_1, \ldots, x_n)$
		$m = h(k\|x_1, \ldots, x_n)$
	↯ Nachricht abfangen $\xleftarrow{(x,m)}$	
	$x_O = (x_1, \ldots, x_n, x_{n+1})$	
	$m_O = h(m\|x_{n+1})$	
$\xleftarrow{(x_O, m_O)}$		
$m' = h(k\|x_1, \ldots, x_n, x_{n+1})$		
Da $m' = m_O \Rightarrow$ gültige Prüfsumme!		

Man beachte, dass Alice die Nachricht $(x_1, \ldots, x_n, x_{n+1})$ als korrekt akzeptieren wird, obwohl Bob nur die Nachricht $(x_1, \ldots, x_n)$ authentisiert hat. Wenn der letzte Block x_{n+1} beispielsweise ein Anhang zu einem Vertrag ist, könnte ein solcher Angriff ernsthafte Konsequenzen haben.

Der Angriff beruht darauf, dass für den MAC des zusätzlichen Blocks lediglich $x + 1$ und der Ausgangswert der letzten Hash-Funktion benötigt wird, der identisch ist zu m, nicht aber zu Schlüssel k.

12.2.2 Schwachstellen von Secret-Suffix-MAC

Wenn man den zuvor beschriebenen Angriff betrachtet, erscheint die zweite Methode, bei der m berechnet wird als $m = h(x\|k)$, zunächst sicher. Hier ergibt sich allerdings eine andere Schwachstelle. Angenommen, Oskar ist in der Lage, eine Kollision in der Hash-Funktion zu konstruieren, d. h. er kann zwei Werte x und x_O finden, sodass

$$h(x) = h(x_O).$$

Die beiden Nachrichten x und x_O können beispielsweise zwei Versionen eines Vertrags sein, die sich in einem kritischen Detail unterscheiden, z. B. der Vertragssumme. Wenn Bob die Nachricht x mit dem MAC

$$m = h(x\|k)$$

signiert, so ist m auch eine gültige Prüfsumme für x_O, d. h.

$$m = h(x\|k) = h(x_O\|k)$$

Der Grund für diese Schwachstelle liegt wiederum in der iterativen Struktur der MAC-Berechnungen.

Ob dieser Angriff für Oskar wirklich einen Vorteil darstellt, hängt von den Parametern ab. Als praktisches Beispiel nehmen wir an, dass ein MAC mit Secret Suffix, die Hash-Funktion SHA-1 sowie ein 128-Bit-Schlüssel verwendet werden. Diese Konstruktion sollte dann ein Sicherheitsniveau von 128 Bit haben, d. h. der beste Angriff ist eine Brute-Force-Attacke. Ein Angreifer kann jedoch das Geburtstagsparadoxon ausnutzen (vgl. Abschn. 11.2.3), d. h. er kann eine Signatur mit $\sqrt{2^{160}} = 2^{80}$ Schritten fälschen. Es gibt Anzeichen, dass SHA-1-Kollisionen sogar mit weniger Schritten berechnet werden können, sodass eine tatsächliche Attacke sogar noch einfacher sein kann. Zusammenfassend können wir feststellen, dass die Secret-Suffix-Methode auch nicht die Sicherheit bietet, die wünschenswert ist.

12.2.3 HMAC

Die HMAC-Konstruktion, die ebenfalls auf Hash-Funktionen basiert, hat nicht die oben beschriebenen Schwachstellen. Sie wurde im Jahr 1996 von Mihir Bellare, Ran Canetti

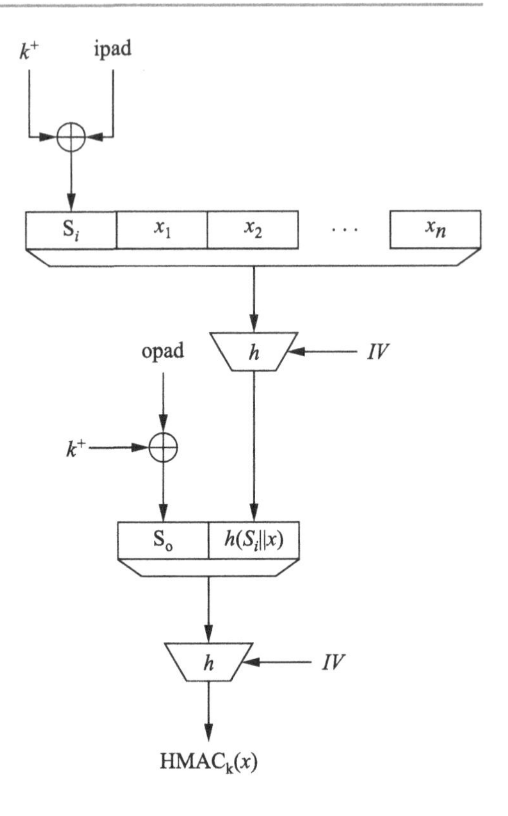

Abb. 12.2 Die HMAC-Konstruktion

und Hugo Krawczyk vorgeschlagen. Das Verfahren besteht aus einem inneren und einem äußeren Hash-Wert, wie in Abb. 12.2 dargestellt. Die MAC-Berechnung beginnt mit einer Expansion des symmetrischen Schlüssels k durch Einfügen von Nullen an der linken Position, sodass das Resultat k^+ eine Länge von b Bit hat, wobei b die Breite eines Eingangsblocks der Hash-Funktion ist. Der expandierte Schlüssel und die innere Maske (ipad) werden dann XOR-verknüpft. Die innere Maske besteht dabei aus dem Bit-Muster

$$\text{ipad} = 0011\,0110, 0011\,0110, \ldots, 0011\,0110$$

Das Ergebnis der XOR-Berechnung ist b Bit lang und bildet den ersten Eingangswert für die Hash-Funktion. Die nachfolgenden Eingangswerte sind die Nachrichtenblöcke $(x_1, x_2, \ldots, x_n)$.

Der zweite, äußere Hash hat als Eingangswert den maskierten Schlüssel und den Ausgang des inneren Hash-Werts. Der Schlüssel wird hier durch das Anhängen von Nullen expandiert und danach mit der äußeren Maske XOR-verknüpft:

$$\text{opad} = 0101\,1100, 0101\,1100, \ldots, 0101\,1100$$

Das Ergebnis der XOR-Berechnung bildet den ersten Eingangswert für die äußere Hash-Funktion. Der andere Eingangswert ist die Ausgabe des inneren Hash. Der MAC von x ist der Ausgang der äußeren Hash-Funktion. Die HMAC-Konstruktion kann in Formeln wie folgt beschrieben werden:

$$\text{HMAC}_k(x) = h\left[(k^+ \oplus \text{opad}) \| h\left[(k^+ \oplus \text{ipad}) \| x\right]\right]$$

Die Ausgangslänge l von Hash-Funktionen ist in der Praxis kürzer als die Breite b eines Eingangsblocks. Zum Beispiel hat SHA-1 einen Ausgang der Länge $l = 160$ Bit, aber die Eingangslänge ist $b = 512$ Bit. Die Tatsache, dass die Ausgangslänge der inneren Hash-Funktion nicht mit der Blocklänge der äußeren Hash-Funktion übereinstimmt, stellt allerdings kein Problem dar, da Hash-Funktionen in der Praxis einen Vorverarbeitungschritt haben, bei dem die Eingangslängen der Blockweite angepasst werden. Abschn. 11.4.1 beschreibt die Vorverarbeitung am Beispiel von SHA-1.

Bezüglich des Rechenaufwands ist es wichtig festzustellen, dass die Nachricht x, die sehr lang sein kann, nur einmal gehasht wird, und zwar in der inneren Hash-Funktion. Die äußere Hash-Funktion besteht lediglich aus zwei Blöcken, nämlich dem maskierten Schlüssel und dem Ausgang der inneren Hash-Funktion. Daher ist der „overhead“ durch die HMAC-Konstruktion vernachlässigbar.

Neben der Recheneffizienz ist ein wesentlicher Vorteil der HMAC-Konstruktion die beweisbare Sicherheit. Wie bei allen derartigen Konstruktionen beruht ihre Sicherheit auf der Sicherheit gewisser anderer Grundkomponenten. In dem hier vorliegenden Fall kann gezeigt werden, dass ein Angreifer, der den HMAC brechen kann, auch die zugrundeliegende Hash-Funktion brechen kann. Brechen des HMAC bedeutet, dass Oskar einen gültigen MAC berechnen kann, obwohl er den Schlüssel nicht besitzt. Brechen der Hash-Funktion bedeutet, dass Oskar entweder eine Kollision finden oder Ausgangswerte der Hash-Funktion berechnen kann, ohne den Initialisierungsvektor IV zu kennen. (Der IV von SHA-1 ist der Wert H_0.)

12.3 MAC mit Blockchiffren: CBC-MAC

Im letzten Kapitel haben wir gesehen, dass MAC mit Hash-Funktionen realisiert werden können. Eine alternative Konstruktion verwendet Blockchiffren für die Realisierung von MAC. Am weitesten verbreitet ist der Einsatz einer Blockchiffre wie beispielsweise AES im CBC-Modus (vgl. Abschn. 5.1.2). Abb. 12.3 zeigt einen auf einer Blockchiffre basierten MAC im CBC-Modus. Auf der linken Seite ist der Sender, auf der rechten der Empfänger zu sehen. Dieses Schema wird auch CBC-MAC genannt.

12.3.1 MAC-Erzeugung

Für die Erzeugung eines MAC muss die Nachricht x in Blöcke x_i mit $i = 1, \ldots, n$ unterteilt werden. Unter Verwendung des geheimen Schlüssels k und eines Initialisie-

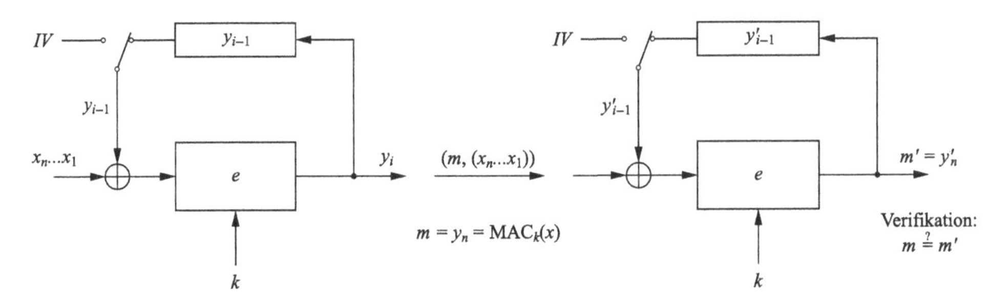

Abb. 12.3 MAC auf Basis einer Blockchiffre im CBC-Modus

rungsvektors IV kann die erste Iteration des MAC wie folgt berechnet werden:

$$y_1 = e_k(x_1 \oplus IV),$$

wobei der IV ein öffentlich bekannter Wert sein kann, der allerdings zufällig sein muss. Alle nachfolgenden Blöcke x_i werden mit dem vorhergehenden Ausgabewert y_{i-1} per XOR verknüpft und dann verschlüsselt:

$$y_i = e_k(x_i \oplus y_{i-1})$$

Der MAC der gesamten Nachricht $x = x_1 x_2 x_3 \ldots x_n$ ist der letzte Ausgangswert y_n:

$$m = \text{MAC}_k(x) = y_n$$

Im Gegensatz zur CBC-Verschlüsselung, werden die Werte $y_1, y_2, y_3, \ldots, y_{n-1}$ nicht übertragen. Sie stellen lediglich Zwischenwerte für die MAC-Berechnung dar.

12.3.2 MAC Verifikation

Wie bei jeder MAC-Konstruktion besteht die Verifikation daraus, dass die gleichen Schritte wie bei der Erzeugung des MAC wiederholt werden. Um eine Aussage über die Gültigkeit des MAC zu erhalten, muss der Empfänger den von ihm berechneten MAC m' mit dem empfangenen MAC m vergleichen. Falls gilt $m' = m$, ist die Verifikation korrekt. In dem anderen Fall, d. h. $m' \neq m$, wurden entweder die Nachricht oder der MAC während der Übertragung verändert. Man beachte, dass die MAC-Verifikation sich von der CBC-Entschlüsselung unterscheidet, bei der die Verschlüsselung tatsächlich rückgängig gemacht wird.

Die Länge des MAC ist durch die Blockgröße der Chiffre festgelegt. In der Vergangenheit wurde häufig DES verwendet, z. B. für Anwendungen im Bankbereich. Heutzutage wird zumeist AES verwendet, der einen MAC mit einer Länge von 128 Bit produziert.

12.4 Der Galois-Message-Authentication-Code

Der *Galois-Message-Authentication-Code* (GMAC) ist eine Variante des Galois-Counter-Modus (GCM), der in Abschn. 5.1.6 eingeführt wurde. Der GMAC ist in [13] spezifiziert und ist ein Betriebsmodus der darunterliegenden Blockchiffre. Im Gegensatz zum GCM verschlüsselt der GMAC nicht, sondern berechnet lediglich eine kryptografische Prüfsumme. Der GMAC kann einfach parallelisiert werden, was für Hochgeschwindigkeitsanwendungen vorteilhaft ist. In RFC 4543 [11] ist die Verwendung von GMAC für IPsec beschrieben. GMAC wird hier für den sog. Encapsulating Security Payload (ESP) und den Authentication Header (AH) eingesetzt. Der GMAC-Modus kann auch effizient in Hardware implementiert werden, wobei ein Durchsatz von mehr als 10 GBit/s möglich ist.

12.5 Diskussion und Literaturempfehlungen

MAC basierend auf Blockchiffren In den Anfangszeiten der modernen Kryptografie waren auf Blockchiffren basierende MAC die Standardmethoden, um kryptografische Prüfsummen zu berechnen. Schon im Jahr 1977, d. h. zwei Jahre nach der Standardisierung von DES, wurde vorgeschlagen, dass DES auch für kryptografische Prüfsummen benutzt werden kann [5]. In den Folgejahren wurden auf Blockchiffren basierende MAC in den USA standardisiert und weitläufig zur Absicherung finanzieller Transaktionen eingesetzt, beispielsweise über den Standard ANSI X9.17 [1]. In der wesentlich neueren NIST-Empfehlung [8] wird ein weiterer MAC basierend auf Blockchiffren spezifiziert (CMAC), der dem CBC-MAC ähnlich ist. CMAC mit AES ist zudem in dem Internetstandard RFC 4493 spezifiziert [12].

In diesem Kapitel wurde der CBC-MAC eingeführt. Daneben gibt es noch die Verfahren OMAC und PMAC, die beide auf Blockchiffren beruhen. Der „Counter with CBC-MAC" (*CCM*) ist ein Modus, der Verschlüsselung und Authentisierung verbindet und auf einer Chiffre mit 128 Bit Blockgröße basiert [14]. Der Modus ist ebenfalls in einer NIST-Empfehlung beschrieben [7]. Der GMAC-Modus ist in IPsec standardisiert [11] und ebenfalls in der NIST-Empfehlung [9].

MAC basierend auf Hash-Funktionen Die HMAC-Konstruktion wurde auf der Konferenz CRYPTO 1996 vorgestellt [2]. Eine sehr verständliche Darstellung des Schemas befindet sich in [3]. Die HMAC-Konstruktion wurde zu einem Internet-RFC und wurde daraufhin in vielen Sicherheitsprotokollen für das Internet verwendet, z. B. TLS oder IPsec. In beiden Fällen sichert sie die Integrität einer Nachricht bei der Übertragung. Oft wird der HMAC mit den Hash-Funktionen SHA-1 oder SHA-2 realisiert.

Andere MAC-Konstruktionen Eine gänzlich andere Klasse von MAC basiert auf dem sog. universellen Hashen („universal hashing") und wird oft als *UMAC* [4, 10] bezeichnet. Die UMAC-Konstruktion, für die es formale Sicherheitsbeweise gibt, basiert auf einer Blockchiffre, die pseudozufällige Zahlen und interne Schlüssel erzeugt. Die universelle Hash-Funktion berechnet einen Wert fester Länge, der dann mit einem schlüsselabhängigen, pseudozufälligen Wert XOR-verknüpft wird. Universelle Hash-Funktionen wurden so entworfen, dass sie besonders softwarefreundlich sind. Die internen Hauptoperationen sind Additionen von 32- und 64-Bit-Zahlen und Multiplikationen von 32-Bit-Zahlen. Schnelle Implementierungen erlauben die Berechnung von einem Ausgangsbyte in nur einem Taktzyklus. Ausgehend von dem Originalvorschlag von Wegman und Carter [6] wurden zahlreiche weitere Verfahren vorgeschlagen, u. a. multilineares modulares Hashen (MMH).

12.6 Lessons Learned

- MAC sind symmetrische Primitive und stellen die beiden wichtigen Sicherheitsdienste Nachrichtenintegrität und Nachrichtenauthentizität zur Verfügung. MAC werden in vielen Protokollen eingesetzt.
- Beide Dienste können auch mit digitalen Signaturen erreicht werden, MAC sind allerdings wesentlich effizienter.
- Mit MAC wird keine Beweisbarkeit erreicht.
- In der Praxis kommen MAC zum Einsatz, die entweder auf Blockchiffren oder auf Hash-Funktionen basieren.
- Eine weit verbreitete MAC-Konstruktion ist der HMAC, der in vielen praktischen Protokollen zum Einsatz kommt.

12.7 Aufgaben

12.1

In diesem Kapitel wurde gezeigt, dass MAC zur Authentisierung von Nachrichten verwendet werden können. In dieser Aufgabe betrachten wir den Unterschied zwischen einem Protokoll mit einem MAC und einem mit einer digitalen Signatur. Der Sender führt die folgende Operation aus:

1. Protokoll A:

$$y = e_{k_1}[x \| h(k_2 \| x)],$$

   wobei x die Nachricht ist, $h(\cdot)$ eine Hash-Funktion (beispielsweise SHA-1), e eine symmetrische Chiffre und k_1, k_2 geheime Schlüssel, die nur dem Sender und Empfänger bekannt sind. Das Symbol $\|$ steht für die Verkettung von Werten.
2. Protokoll B:

$$y = e_k[x \| \operatorname{sig}_{k_{pr}}(h(x))]$$

Beschreiben Sie jeden Schritt, den der Empfänger durchführt, nachdem der Wert y bei ihm eingeht. Empfehlenswert, aber optional ist es, ein Blockdiagramm für den Prozess auf der Empfängerseite zu zeichnen.

12.2

Um Angriffe, die auf dem Geburtstagsparadoxon basieren, abzuwenden, müssen Hash-Funktionen eine hinreichend lange Ausgangswortbreite aufweisen, z. B. 160 Bit. Warum sind für MAC wesentlich kürzere Ausgangswörter ausreichend, z. B. 80 Bit?

Gehen Sie von folgender Annahme aus: Eine Nachricht wird unverschlüsselt mit ihrem entsprechendem MAC versandt: $(x, \mathrm{MAC}_k(x))$. Beschreiben Sie genau, was ein Angreifer Oskar tun muss.

12.3

Wir untersuchen zwei Möglichkeiten zum Integritätsschutz mit Verschlüsselung.

1. Wir betrachten ein Schema, bei dem Verschlüsselung und Integritätsschutz zusammen geboten werden, indem das Chiffrat in der folgenden Weise berechnet wird:

$$c = e_k(x \| h(x))$$

   Hierbei ist $h(\cdot)$ eine Hash-Funktion. Dieses Verfahren ist angreifbar, wenn für die Verschlüsselung eine Stromchiffre verwendet wird und der Angreifer den gesamten Klartext kennt. Beschreiben Sie im Detail, wie ein Angreifer den Klartext x mit einem beliebigen anderen Klartext x' ersetzen kann und hierfür ein c' berechnen kann, sodass der Empfänger die Nachricht als gültig verifiziert. Wir nehmen an, dass x und x' gleich lang sind. Kann dieser Angriff auch durchgeführt werden, wenn mit einem One-Time-Pad verschlüsselt wird?
2. Ist der Angriff auch möglich, wenn eine Hash-Funktion mit Schlüssel, beispielsweise ein MAC, verwendet wird?

$$c = e_{k_1}(x \| \mathrm{MAC}_{k_2}(x))$$

   Wir nehmen nach wie vor an, dass für die Verschlüsselung eine Stromchiffre zum Einsatz kommt.

12.4

In dieser Aufgabe werden die Probleme einer effizienten MAC-Konstruktion diskutiert.

1. Die Nachricht x, die authentisiert werden soll, besteht aus z unabhängigen Blöcken, wobei $X = x_1 \| x_2 \| \ldots \| x_z$ und jedes x_i aus acht Bits besteht. Die Eingangswerte werden iterativ in der Kompressionsfunktion verarbeitet:

$$c_i = h(c_{i-1}, x_i) = c_{i-1} \oplus x_i$$

Am Ende wird der MAC-Wert wie folgt berechnet:

$$\text{MAC}_k(X) = c_z + k \bmod 2^8,$$

wobei k ein gemeinsamer 64 Bit langer Schlüssel ist. Beschreiben Sie, wie der effektiv wirksame Teil des Schlüssels mit nur einer einzigen Nachricht x berechnet werden kann.

2. Führen Sie den Angriff mit dem folgenden Parametern durch und bestimmen Sie den Schlüssel k:

$$\begin{aligned} X &= \texttt{HELLO ALICE!} \\ c_0 &= 11111111_2 \\ \text{MAC}_k(X) &= 10011101_2 \end{aligned}$$

3. Was ist die effektive Länge des Schlüssels k?
4. Obwohl diese MAC-Konstruktion zwei verschiedene Operationen ($[\oplus, 2^8]$ und $[+, 2^8]$) verwendet, weist sie doch erhebliche Schwachstellen auf. Worauf basieren diese Schwachstellen? Worauf sollte man achten, wenn man ein Kryptosystem entwirft? Diese essenzielle Eigenschaft ist auch für Blockchiffren und Hash-Funktionen wichtig.

12.5
Prinzipiell können MAC auch mit Kollisionsattacken angegriffen werden. Wir diskutieren diese Fragestellung im Folgenden.

1. Wir nehmen an, Oskar hat eine Kollision zweier Nachrichten gefunden:

$$\text{MAC}_k(x_1) = \text{MAC}_k(x_2)$$

Zeigen Sie ein einfaches Protokoll, mit der diese Attacke ausgenutzt werden kann.

2. Prinzipiell ist das Geburtstagsparadoxon auch hier anwendbar. In der Praxis ist es dennoch viel schwieriger, das Geburtstagsparadoxon auf MAC anzuwenden, als auf Hash-Funktionen. Aufgrund dieser Beobachtung können wir die folgende Frage beantworten: Welche Sicherheit bietet ein MAC mit 80-Bit-Ausgangswert verglichen mit einer Hash-Funktionen mit 80-Bit-Ausgangswert?

Literatur

1. ANSI X9.17-1985, American National Standard X9.17: Financial Institution Key Management (1985)
2. Mihir Bellare, Ran Canetti, Hugo Krawczyk, Keying Hash Functions for Message Authentication, in *CRYPTO '96: Proceedings of the 16th Annual International Cryptology Conference, Advances in Cryptology* (Springer, 1996), S. 1–15

3. Mihir Bellare, Ran Canetti, Hugo Krawczyk, Message Authentication using Hash Functions – The HMAC Construction. Cryptobytes **2** (1996)
4. J. Black, S. Halevi, H. Krawczyk, T. Krovetz, P. Rogaway, UMAC: Fast and secure message authentication, in *CRYPTO '99: Proceedings of the 19th Annual International Cryptology Conference, Advances in Cryptology* (Springer, 1999), S. 216–233
5. C. M. Campbell, Design and specification of cryptographic capabilities. NBS Special Publication 500-27: Computer Security and the Data Encryption Standard (U.S. Department of Commerce, National Bureau of Standards, 1977), S. 54–66
6. J.L. Carter, M.N. Wegman, New hash functions and their use in authentication and set equality. Journal of Computer and System Sciences **22**(3), 265–277 (1981)
7. Morris Dworkin, Recommendation for Block Cipher Modes of Operation: The CCM Mode for Authentication and Confidentiality (2004), http://csrc.nist.gov/publications/nistpubs/800-38C/SP800-38C_updated-July20_2007.pdf. Zugegriffen am 1. April 2016
8. Morris Dworkin, Recommendation for Block Cipher Modes of Operation: The CMAC Mode for Authentication, NIST Special Publication 800-38D (2005), http://csrc.nist.gov/publications/nistpubs/800-38D/SP-800-38D.pdf. Zugegriffen am 1. April 2016
9. Morris Dworkin, Recommendation for Block Cipher Modes of Operation: Galois Counter Mode (GCM) and GMAC, NIST Special Publication 800-38D (2007), http://csrc.nist.gov/publications/nistpubs/800-38D/SP-800-38D.pdf. Zugegriffen am 1. April 2016
10. S. Halevi, H. Krawczyk, MMH: message authentication in software in the Gbit/second rates, in *Proceedings of the 4th Workshop on Fast Software Encryption*. LNCS, Bd. 1267 (Springer, 1997), S. 172–189
11. D. McGrew, J. Viega, RFC 4543: The Use of Galois Message Authentication Code (GMAC) in IPsec ESP and AH. Technical report (Corporation for National Research Initiatives, Internet Engineering Task Force, Network Working Group, 2006), http://rfc.net/rfc4543.html. Zugegriffen am 1. April 2016
12. J.H. Song, R. Poovendran, J. Lee, T. Iwata, RFC 4493: The AES-CMAC Algorithm. Technical report (Corporation for National Research Initiatives, Internet Engineering Task Force, Network Working Group, 2006), http://rfc.net/rfc4493.html. Zugegriffen am 1. April 2016
13. NIST Special Publication SP800-38D: Recommendation for Block Cipher Modes of Operation: Galois/Counter Mode (GCM) and GMAC (2007), http://csrc.nist.gov/publications/nistpubs/800-38D/SP-800-38D.pdf. Zugegriffen am 1. April 2016
14. D. Whiting, R. Housley, N. Ferguson, RFC 3610: Counter with CBC-MAC (CCM). Technical report (Corporation for National Research Initiatives, Internet Engineering Task Force, Network Working Group, 2003)

Schlüsselerzeugung 13

Mit den bisher eingeführten kryptografischen Mechanismen, insbesondere der symmetrischen und asymmetrischen Verschlüsselung, den digitalen Signaturen und den MAC, können grundlegende Sicherheitsziele (vgl. Abschn. 10.1.3) relativ einfach erreicht werden:

- Geheimhaltung (mit Verschlüsselungsverfahren)
- Integrität (mit MAC oder digitalen Signaturen)
- Nachrichtenauthentisierung (mit MAC oder digitalen Signaturen)
- Nichtzurückweisbarkeit (mit digitalen Signaturen)

Das Sicherheitsziel Identifikation kann ebenfalls mit kryptografischen Standardmechanismen erreicht werden.

Eine fundamentale Voraussetzung für alle Kryptoverfahren, die wir bisher behandelt haben, ist, dass die Schlüssel zwischen den beteiligten Parteien, z. B. Alice und Bob, korrekt verteilt wurden. Schlüsselerzeugung und -verteilung sind in der Praxis mit die wichtigsten, aber oft auch die schwersten Aspekte in einem Sicherheitssystem. In den vergangenen Kapiteln wurden schon einige Methoden zur Schlüsselerzeugung und zum Schlüsselaustausch vorgestellt, insbesondere die Schlüsselerzeugung nach Diffie-Hellman. In diesem Kapitel wird eine Reihe weiterer Verfahren vorgestellt, um Schlüssel sicher zwischen Parteien zu vereinbaren.

In diesem Kapitel erlernen Sie

- wie Schlüssel mit symmetrischer Kryptografie verteilt werden können,
- wie Schlüssel mit asymmetrischer Kryptografie verteilt werden können,
- wo die Schwachstellen von asymmetrischen Techniken zur Schlüsselerzeugung liegen,
- was Zertifikate sind und wie sie eingesetzt werden,
- was Public-Key Infrastrukturen (PKI) sind.

C. Paar, J. Pelzl, *Kryptografie verständlich*, eXamen.press,
DOI 10.1007/978-3-662-49297-0_13

13.1 Einführung

In diesem Abschnitt werden wir einige neue Begriffe, das Prinzip der Schlüsselaktualisierung und ein einfaches Schlüsselverteilungsprotokoll einführen. Das Protokoll dient als Basis für die spätere Einführung komplexerer Protokolle.

13.1.1 Terminologie

Unter Schlüsselverteilung versteht man den Aufbau eines gemeinsamen Geheimnisses zwischen zwei oder mehreren Parteien. Man unterscheidet zwischen Schlüsseltransport und Schlüsselvereinbarung, wie in Abb. 13.1 dargestellt. Beim Schlüsseltransport übermittelt ein Teilnehmer ein Geheimnis sicher zu einer anderen Partei. In einem Schlüsselvereinbarungsprotokoll einigen sich zwei oder mehr Teilnehmer auf ein gemeinsames Geheimnis, wobei alle Parteien an der Erzeugung des Geheimnisses mitwirken. Idealerweise sollte keiner der Teilnehmer in der Lage sein, den genauen Wert des Geheimnisses zu bestimmen.

Schlüsselverteilung ist eng verbunden mit der korrekten Erkennung von Teilnehmern. Man kann sich beispielsweise viele Angriffe vorstellen, bei denen ein Angreifer an einem Schlüsselverteilungsprotokoll teilnimmt und sich als Alice oder Bob ausgibt, um ein gemeinsames Geheimnis mit den legitimen Teilnehmern zu vereinbaren. Um solche Angriffe zu verhindern, muss sichergestellt werden, dass alle Teilnehmer die wahren Identitäten der anderen Parteien kennen.

13.1.2 Schlüsselaktualisierung und Schlüsselableitung

In vielen (aber nicht in allen) Sicherheitsanwendungen ist es wünschenswert, kryptografische Schlüssel zu verwenden, die nur für eine begrenzte Zeit gültig sind, beispielsweise für die Dauer einer Internetverbindung. Solche Schlüssel bezeichnet man als *Sitzungs-*

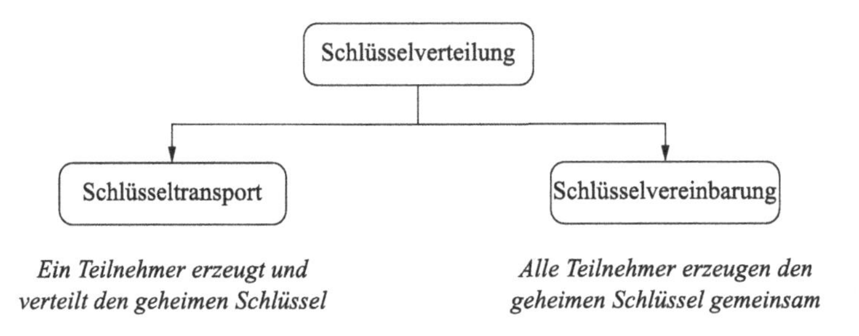

Abb. 13.1 Klassifizierung von Schlüsselverteilungsprotokollen

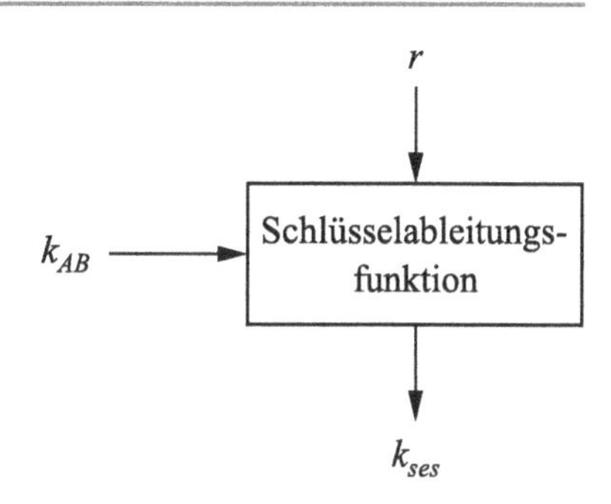

Abb. 13.2 Das Prinzip der Schlüsselableitung

schlüssel („session key") oder *temporäre Schlüssel* („ephemeral key"). Schlüssel mit einer zeitlichen Begrenzung bieten eine Reihe von Vorteilen. Zunächst ist festzustellen, dass der Schaden begrenzt wird, sollte der geheime Schlüssel bekannt werden. Auch stehen einem Angreifer weniger Chiffrate zur Verfügung, die mit einem Schlüssel erzeugt wurden. Dies erschwert manche kryptografischen Angriffe. Darüber hinaus muss ein Angreifer in den Besitz mehrerer Schlüssel kommen, wenn er lange Klartexte dechiffrieren möchte. Beispiele für Systeme, bei denen Sitzungsschlüssel sehr oft neu erzeugt werden, sind die Sprachverschlüsselung beim GSM-Mobilfunk und Videoverschlüsselung beim Satellitenfernsehen. In beiden Fällen werden innerhalb von Minuten oder manchmal sogar von Sekunden neue Schlüssel berechnet.

Die Vorteile, die die Schlüsselaktualisierung bietet, sind offensichtlich. Aber wie kann man diese realisieren? Der erste Ansatz wäre, einfach die Schlüsselverteilungsprotokolle aus diesem Kapitel immer wieder auszuführen. Wie später gezeigt wird, ist eine Schlüsselerzeugung aber auch immer mit Kosten verbunden, wobei Kosten sowohl in Form zusätzlicher Kommunikation als auch zusätzlicher Berechnungen auftreten. Besonders bei asymmetrischen Verfahren kann der Rechenaufwand sehr hoch sein.

Ein anderer Ansatz, um Schlüssel, die schon zwischen den Teilnehmern vereinbart wurden, zu aktualisieren, ist es, neue Sitzungsschlüssel *abzuleiten*. Das Grundprinzip hierbei ist, sog. Schlüsselableitungsfunktionen, wie in Abb. 13.2 dargestellt, zu verwenden. Typischerweise wird ein Parameter r, der nicht geheim gehalten werden muss, zusammen mit einem gemeinsamen Geheimnis k_{AB} von Alice und Bob verarbeitet.

Eine wichtige Anforderung an die Schlüsselableitungsfunktion ist, dass sie eine Einwegfunktion sein muss. Hierdurch ist es einem Angreifer nicht möglich, von einem Sitzungsschlüssel, der bekannt wird, auf den Urschlüssel k_{AB} zu schließen. Sollte ihm dies gelingen, könnte er alle Sitzungsschlüssel berechnen.

Eine Option zur Realisierung einer Schlüsselableitung besteht darin, dass ein Teilnehmer eine Nonce, d. h. einen numerischen Wert, der nur einmal verwendet wird, an den anderen Teilnehmer sendet. Beide Parteien verschlüsseln nun die Nonce mit dem gemeinsamen geheimen Schlüssel k_{AB} und einem symmetrischen Algorithmus wie beispielsweise AES. Ein entsprechendes Protokoll ist nachfolgend dargestellt.

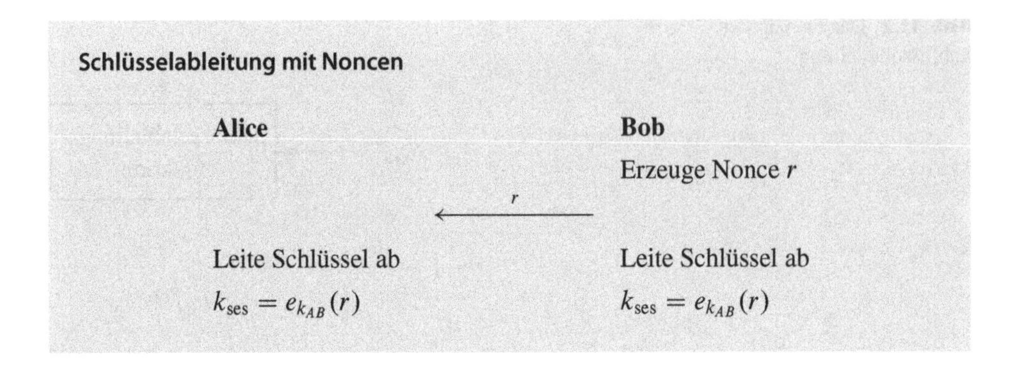

Eine Alternative zur Verschlüsselung der Nonce ist es, diese zusammen mit dem Schlüssel k_{AB} zu hashen. Beispielsweise können beide Teilnehmer einen HMAC berechnen, bei dem die Nonce die Rolle der Nachricht übernimmt:

$$k_{\text{ses}} = \text{HMAC}_{k_{AB}}(r)$$

Anstatt eine Nonce zu versenden, können Alice und Bob auch einfach einen Zähler cnt periodisch verschlüsseln, wobei das resultierende Chiffrat wieder den Sitzungsschlüssel bildet:

$$k_{\text{ses}} = e_{k_{AB}}(cnt)$$

Alternativ kann auch ein HMAC mit dem Zählerwert berechnet werden:

$$k_{\text{ses}} = \text{HMAC}_{k_{AB}}(cnt)$$

Durch die Verwendung eines Zählers müssen Alice und Bob weniger kommunizieren, da kein Wert übertragen werden muss, wie es bei der noncebasierten Schlüsselableitung der Fall ist. Allerdings müssen beide Teilnehmer genau wissen, wann die nächste Schlüsselableitung durchgeführt wird. Ansonsten ist eine Synchronisationsnachricht für den Zähler notwendig.

13.1.3 Das n^2-Schlüsselverteilungsproblem

Bisher wurde zumeist angenommen, dass die Schlüssel für symmetrische Kryptografie über einen sicheren Kanal übertragen werden, wie in Abb. 1.5 zu Beginn des Buchs dargestellt. Dies wird manchmal als *Schlüsselvorverteilung* („pre-shared key") oder *Seitenbandübertragung* bezeichnet, da ein alternativer Kommunikationskanal benutzt wird. Beispielsweise kann der Schlüssel über eine Telefonverbindung oder in einem Brief über-

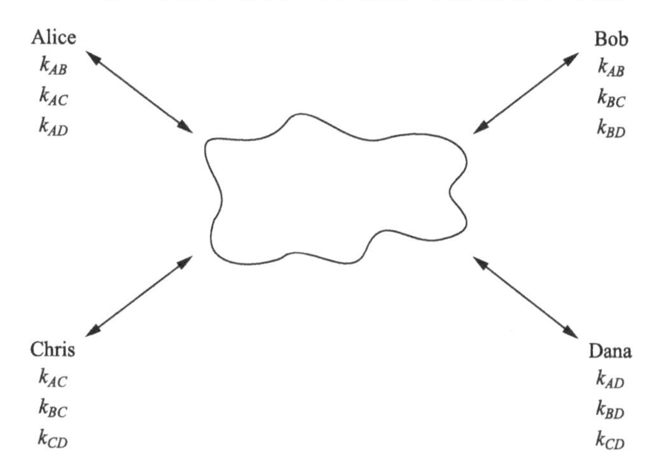

Abb. 13.3 Schlüssel in einem Netzwerk mit $n = 4$ Teilnehmern

tragen werden. Obwohl dies oft umständlich ist, kann der Ansatz in manchen Anwendungen durchaus sinnvoll sein, insbesondere wenn die Anzahl der Teilnehmer nicht zu groß ist. Ein Beispiel hierfür ist die händische Schlüsselverteilung zwischen WLAN-Routern und damit zu verbindenden Endgeräten. Trotzdem stößt die Schlüsselvorverteilung schnell an ihre Grenzen, wenn die Anzahl der Parteien anwächst. Dies führt zu dem bekannten n^2-Schlüsselverteilungsproblem.

Wir betrachten ein Netz mit n Teilnehmern, wobei jede Partei mit jeder anderen sicher kommunizieren soll. Dies bedeutet, dass Alice und Bob einen gemeinsamen geheimen Schlüssel k_{AB} besitzen, der nur ihnen bekannt ist, aber keinem der $n-2$ anderen Teilnehmer. Ein solches Arrangement für ein Netzwerk mit $n = 4$ Teilnehmern ist in Abb. 13.3 dargestellt.

Dieses einfache Schema hat die folgenden Eigenschaften für den Fall von n Teilnehmern:

- Jeder Teilnehmer speichert $n - 1$ Schlüssel.
- Insgesamt existieren in dem Netzwerk $n(n-1) \approx n^2$ Schlüssel.
- Insgesamt gibt es $n(n-1)/2 = \binom{n}{2}$ symmetrische Schlüsselpaare in dem Netzwerk.
- Wenn ein neuer Teilnehmer aufgenommen wird, müssen sichere Kanäle zu jedem Teilnehmer aufgebaut werden, um neue Schüssel hochzuladen.

Aus diesen Beobachtungen folgt, dass das Verfahren nicht gut skaliert, wenn die Anzahl der Benutzer größer wird. Der erste Nachteil liegt darin, dass die Anzahl der Schlüssel in etwa n^2 ist. Schon für mittelgroße Netzwerke wird eine große Zahl an Schlüsseln benötigt, die von einer vertrauenswürdigen Partei sicher erzeugt werden müssen. Ein weiterer Nachteil ist, dass das Verfahren in der Praxis oft komplex wird, da z. B. das Hinzufügen eines weiteren Teilnehmers Aktualisierungen bei allen existierenden Parteien erforderlich macht. Da hierfür sichere Kanäle erforderlich sind, sind Aktualisierungen sehr aufwendig.

Beispiel 13.1 Ein mittleres Unternehmen mit 750 Angestellten will ein System zur sicheren Kommunikation mit symmetrischen Schlüsseln einführen. Hierfür müssen $(750 \cdot 749)/2 = 280.875$ symmetrische Schlüsselpaare erzeugt werden und $750 \cdot 749 = 561.750$ Schlüssel müssen über sichere Kanäle versendet werden. Wenn der Angestellte mit der Nummer 751 dazukommt, müssen alle existierenden 750 Teilnehmer eine Schlüsselaktualisierung durchführen, die 751 sichere Kanäle (zu den 750 alten Angestellten und zudem einen neuen) erfordert.

Offensichtlich ist diese Methode für große Netze nicht praktikabel. Es gibt jedoch viele praktische Szenarien, in denen die Anzahl der Teilnehmer (i) klein ist und (ii) sich nicht häufig ändert. Ein Beispiel ist ein Unternehmen, das nur einige Zweigstellen hat, die alle untereinander sicher kommunizieren müssen. Neue Zweigstellen werden nur selten eröffnet und falls dies vorkommt, ist es kein großes Problem, dass alle existierenden Zweigstellen einen neuen geheimen Schlüssel erhalten.

13.2 Schlüsselverteilung mithilfe symmetrischer Techniken

Mit symmetrischer Kryptografie können geheime (Sitzungs-)Schlüssel aufgebaut werden. Dies ist etwas überraschend, da wir bisher angenommen haben, dass symmetrische Chiffren selbst einen sicheren Kanal voraussetzen. Es ist jedoch in vielen Fällen ausreichend, wenn ein sicherer Kanal nur einmal während der Einrichtung eines neuen Teilnehmers zur Verfügung steht. Dies ist in Computernetzen oft der Fall, da häufig ein vertrauenswürdiger Systemadministrator zugegen ist, der geheime Schlüssel installieren kann. Im Fall von eingebetteten Geräten wie z. B. Mobiltelefonen besteht ein sicherer Kanal oft während der Herstellung, da geheime Schlüssel in der Fabrik in das Gerät geladen werden können.

Die im Folgenden vorgestellten Protokolle führen alle einen Schlüsseltransport aus und keine Schlüsselvereinbarung, vgl. Abb. 13.1.

13.2.1 Schlüsselaufbau mithilfe eines Schlüsselservers

Die nachfolgend eingeführten Protokolle basieren alle auf einem Schlüsselserver, auch KDC oder Key Distribution Center genannt, dem alle Teilnehmer vertrauen. Jeder Benutzer hat jeweils ein Geheimnis mit dem KDC. Diese Schlüssel werden als *Key Encryption Key* (KEK) bezeichnet und dienen der sicheren Übertragung von Sitzungsschlüsseln.

Basisprotokoll

Eine wesentliche Bedingung für diese Protokollfamilie ist, dass jeder Benutzer U einen geheimen KEK k_U mit dem Schlüsselserver, d. h. dem KDC, teilt. Dieser muss vorab über einen sicheren Kanal, beispielsweise manuell durch einen Systemadministrator, verteilt werden. Wir betrachten nun, was passiert, wenn die Teilnehmerin Alice für ihre Kommunikation mit Bob einen Sitzungsschlüssel anfordert. Die Grundidee ist, dass der Schlüsselserver den Sitzungsschlüssel verschlüsselt, den Alice und Bob benutzen werden. In dem Basisprotokoll erzeugt das KDC die zwei Nachrichten y_A und y_B, die für Alice bzw. Bob bestimmt sind:

$$y_A = e_{k_A}(k_{\text{ses}})$$
$$y_B = e_{k_B}(k_{\text{ses}})$$

Jede der Nachrichten enthält den gleichen Sitzungsschlüssel k_{ses} in verschlüsselter Form, wobei er einmal mit Alice' KEK und ein mal mit Bobs KEK chiffriert wurde. Der Protokollablauf ist wie folgt:

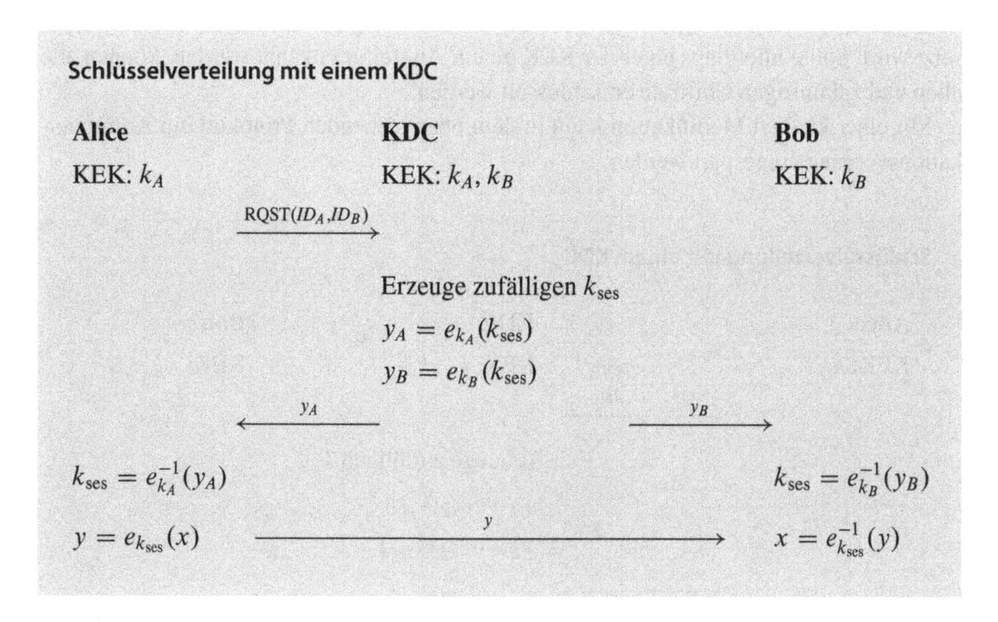

Das Protokoll wird initiiert durch die Nachricht RQST(ID_A, ID_B), wobei ID_A bzw. ID_B lediglich die Benutzer identifizieren, für die ein Sitzungsschlüssel aufgebaut werden soll. Die eigentliche Schlüsselverteilung erfolgt in den nachfolgenden Schritten. Im obigen Protokoll ist unterhalb der durchgezogenen Linie beispielhaft gezeigt, wie Alice und Bob nach der Schlüsselverteilung sicher kommunizieren können.

In diesem Protokoll gibt es zwei Arten von Schlüsseln. Die KEK k_A und k_B sind Langzeitschlüssel, die sich nicht verändern. Der Sitzungsschlüssel k_{ses} ist ein temporärer Schlüssel, der im Idealfall für jede Sitzung neu ausgehandelt wird. **Um ein intuitives Verständnis für das Protokoll zu bekommen, ist es hilfreich, sich vorzustellen, dass über die KEK ein sicherer Kanal zwischen dem KDC und jedem Benutzer existiert.**

Durch diese Interpretation wird die Funktionsweise des Protokolls direkt ersichtlich: Das KDC sendet einfach den Sitzungsschlüssel an Alice und Bob über die beiden sicheren Kanäle.

Da die KEK Langzeitschlüssel sind, während die Sitzungsschlüssel typischerweise eine wesentlich kürzere Lebensdauer haben, werden sie in der Praxis manchmal mit unterschiedlichen Chiffren betrieben. Wir betrachten das folgende Beispiel. In einem Pay-TV-System wird AES mit den Langzeitschlüsseln k_U eingesetzt, um die Sitzungsschlüssel k_{ses} zu verteilen. Diese Sitzungsschlüssel haben nur eine sehr kurze Lebensdauer, beispielsweise eine Minute. Sie werden verwendet, um den Klartext, d. h. das digitale TV-Signal, beispielsweise mit einer schnellen Stromchiffre zu entschlüsseln. Die Stromchiffre ist wegen der Echtzeitanforderungen notwendig. Selbst wenn ein Sitzungsschlüssel einem Angreifer bekannt wird, kann er nur eine Minute des Chiffrats entschlüsseln. Daraus folgt, dass die Chiffre, die mit dem Sitzungsschlüssel benutzt wird, nicht notwendigerweise so stark sein muss wie der Algorithmus, der für die Verteilung des Sitzungsschlüssels eingesetzt wird. Sollte allerdings einer der KEK einem Angreifer bekannt werden, können alle alten und zukünftigen Chiffrate entschlüsselt werden.

Mit einer kleinen Modifikation kann in dem oben stehenden Protokoll ein Kommunikationsvorgang eingespart werden:

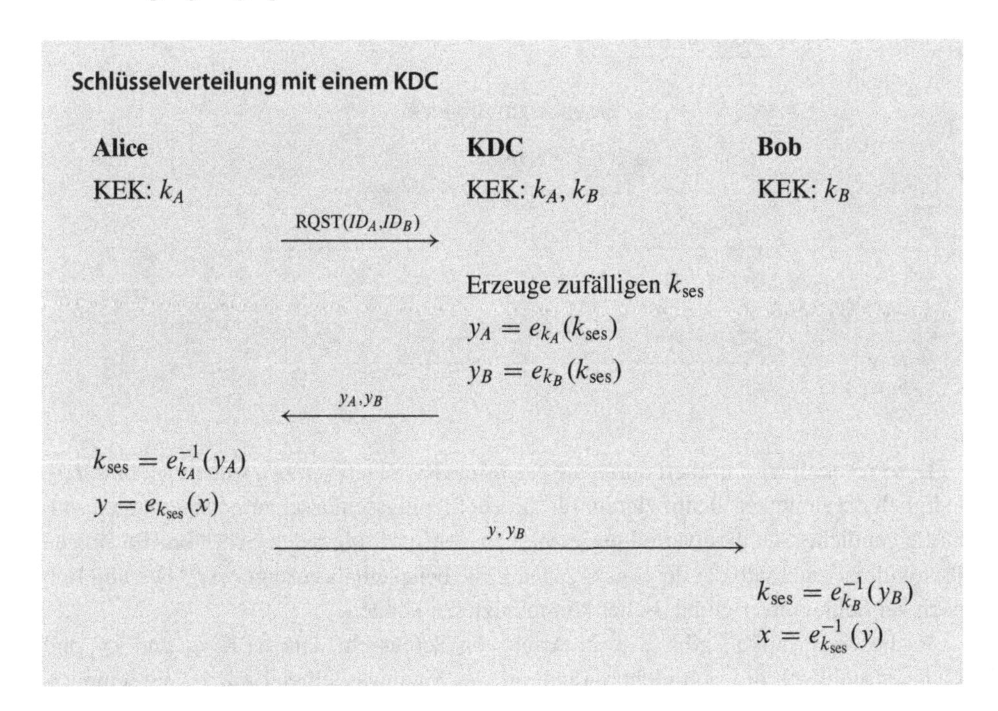

Alice empfängt nun den Sitzungsschlüssel, der mit beiden KEK, k_A und k_B, verschlüsselt wurde. Aus y_A kann sie den Sitzungsschlüssel k_{ses} berechnen, mit dem sie dann die eigentliche Nachricht für Bob verschlüsseln kann. Bob empfängt sowohl die verschlüsselte Nachricht y als auch y_B. Diese muss er entschlüsseln, um den Sitzungsschlüssel zu erhalten, mit dem er dann wiederum die Nachricht x berechnen kann.

Ein Vorteil beider KDC-basierten Protokolle ist, dass nur n Langzeitschlüsselpaare existieren, während im ersten Schema, das wir betrachtet haben, etwa $n^2/2$ Schlüsselpaare notwendig waren. Dies heißt, die Anzahl der Schlüssel ist linear in n und nicht mehr quadratisch. Das KDC muss n Langzeitschlüssel speichern, während jeder Benutzer lediglich seinen eigenen KEK speichert. Wichtig ist die folgende Eigenschaft: Wenn ein neuer Benutzer Noah hinzukommt, muss ein sicherer Kanal nur zwischen dem KDC und Noah aufgebaut werden, um den KEK k_N zu versenden.

Sicherheit

Obwohl die beiden Protokolle sicher gegen passive Angreifer sind – d. h. Widersacher, die lediglich lauschen können – können Angriffe erfolgreich sein, wenn der Gegenspieler Nachrichten manipulieren und falsche Nachrichten erzeugen kann.

Replay-Angriff Dieser Angriff nutzt aus, dass weder Alice noch Bob wissen, ob der gerade empfangene verschlüsselte Sitzungsschlüssel tatsächlich aktuell ist. Dies kann insbesondere dann ein Problem sein, wenn ein früherer Sitzungsschlüssel nicht mehr geheim ist. Beispielsweise könnte ein alter Schlüssel durch Schadsoftware kompromittiert worden sein oder eine früher verwendete Chiffre wurde gebrochen und der Schlüssel daraufhin berechnet.

Wenn Oskar einen alten Sitzungsschlüssel besitzt, kann er vorgeben, das KDC zu sein, und er kann die alten Nachrichten y_A und y_B nochmals an Alice und Bob versenden. Da Oskar den Sitzungsschlüssel kennt, kann er die Chiffrate, die Alice und Bob austauschen, entschlüsseln.

Schlüsselbestätigungsangriffe Eine weitere Schwachstelle des oben stehenden Protokolls ist, dass Alice nicht weiß, ob der Schlüssel, den sie vom KDC erhalten hat, tatsächlich für eine Sitzung zwischen ihr und Bob bestimmt ist. Wenn Oskar die erste Anforderungsnachricht von Alice manipuliert, kann dies dazu führen, dass das KDC eine Sitzung zwischen ihm und Alice vorbereitet. Im Folgenden skizzieren wir den Angriff:

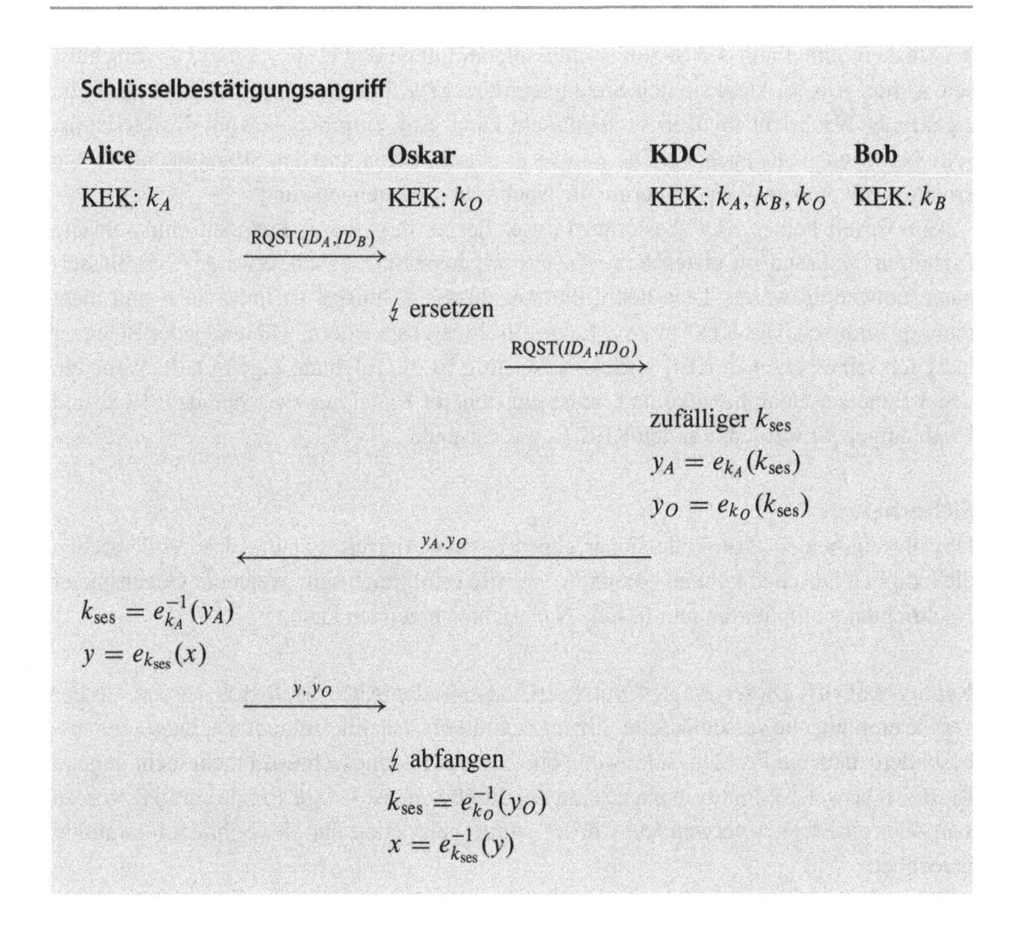

Bei diesem Angriff glaubt das KDC, dass Alice eine Sitzung zwischen ihr und Oskar anfordert, obwohl sie eigentlich mit Bob kommunizieren möchte. Alice glaubt, dass der verschlüsselte Sitzungsschlüssel y_O eigentlich y_B ist, d. h. der Sitzungsschlüssel, der mit Bobs KEK k_B verschlüsselt wurde. (Falls das KDC die Information ID_O zusammen mit y_0 versenden sollte, würde Oskar diesen Header einfach zu ID_B ändern.) Hieraus folgt, dass Alice keine Informationen darüber hat, dass das KDC eine Sitzung zwischen ihr und Oskar vorbereitet hat. Stattdessen denkt sie, dass es sich um eine Sitzung zwischen ihr und Bob handelt. Daher wird Alice das Protokoll fortführen und die verschlüsselte Nachricht y berechnen. Oskar kann aus dem Chiffrat y die Originalnachricht erhalten.

Das zugrunde liegende Problem dieses Angriffs ist, dass die Sitzungsschlüssel nicht bestätigt sind. Wäre dies der Fall, wüsste Alice, dass es sich um den falschen Sitzungsschlüssel handelt.

13.2.2 Kerberos

Ein komplexeres Protokoll, das sowohl gegen Replay- als auch gegen Schlüsselbestätigungsangriffe sicher ist, ist Kerberos. Es handelt sich hier um mehr als nur ein Schlüsselverteilungsprotokoll. Die Hauptaufgabe ist die Authentisierung von Benutzern in Netzwerken. Im Jahr 1993 wurde Kerberos als RFC 1510 standardisiert und ist seitdem weit verbreitet. Kerberos basiert ebenfalls auf einem KDC, das Authentication Server genannt wird. Wir betrachten jetzt eine vereinfachte Version des Protokolls.

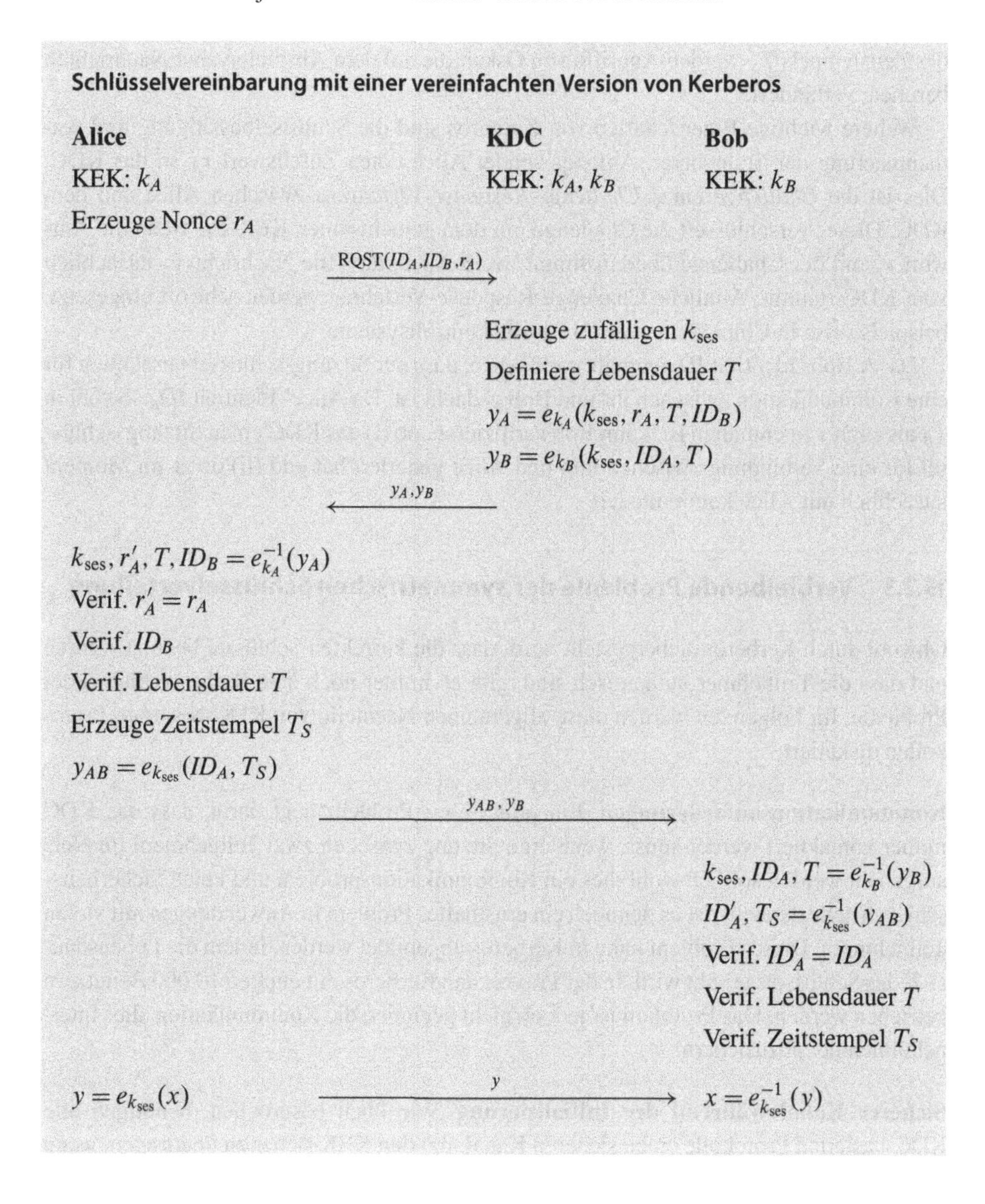

Kerberos stellt die Aktualität der ausgetauschten Daten durch zwei Maßnahmen sicher. Zunächst legt das KDC die Lebensdauer T des Sitzungsschlüssels fest. Dieser Wert wird zusammen mit beiden Sitzungsschlüsseln verschlüsselt, d. h. die Lebensdauer ist sowohl in y_A als auch in y_B enthalten. Hierdurch kennen Alice und Bob den Zeitraum, während dessen der Sitzungsschlüssel gültig ist. Zum anderen verwendet Alice einen Zeitstempel T_S, durch den Bob weiß, dass Alice' Nachricht aktuell ist und nicht der Mitschnitt einer früheren Kommunikation. Hierfür müssen die Systemuhren von Alice und Bob synchronisiert sein, allerdings nicht mit einer hohen Genauigkeit. Typischerweise reicht eine Genauigkeit von einigen Minuten aus. Durch die Spezifikation der Lebensdauer T und des Zeitstempels T_S werden Angriffe von Oskar, die auf dem Abspielen alter Nachrichten beruhen, verhindert.

Weitere wichtige Eigenschaften von Kerberos sind die Schlüsselbestätigung und Authentisierung der Teilnehmer. Anfangs sendet Alice einen Zufallswert r_A an das KDC. Dies ist die *Challenge* eines *Challenge-Response-Verfahrens* zwischen Alice und dem KDC. Dieses verschlüsselt die Challenge mit dem gemeinsamen KEK k_A. Wenn die Antwort r'_A mit der Challenge übereinstimmt, weiß Alice, dass die Nachricht y_A tatsächlich vom KDC stammt. Ähnliche Challenge-Response-Verfahren werden sehr oft eingesetzt, beispielsweise in Chipkarten oder für Zutrittskontrollsysteme.

Da y_A Bobs Identität ID_B enthält, weiß Alice, dass der Sitzungsschlüssel tatsächlich für eine Kommunikation zwischen ihr und Bob gedacht ist. Da Alice' Identität ID_A sowohl in y_B als auch y_{AB} enthalten ist, kann Bob verifizieren, ob (i) das KDC einen Sitzungsschlüssel für eine Verbindung zwischen ihm und Alice generiert hat und (ii) ob er im Moment tatsächlich mit Alice kommuniziert.

13.2.3 Verbleibende Probleme der symmetrischen Schlüsselverteilung

Obwohl durch Kerberos sichergestellt wird, dass die korrekten Schlüssel benutzt werden und dass die Teilnehmer authentisch sind, gibt es immer noch eine Reihe verbleibender Probleme. Im Folgenden werden diese allgemeinen Nachteile von KDC-basierten Protokollen diskutiert.

Kommunikationsanforderungen Ein praktisches Problem liegt darin, dass das KDC immer kontaktiert werden muss, wenn eine Sitzung zwischen zwei Teilnehmern im Netz aufgebaut werden soll. Obwohl dies ein Kommunikationsproblem und keine Sicherheitsschwachstelle darstellt, ist es dennoch ein ernsthaftes Problem in Anwendungen mit vielen Teilnehmern. Dieses Problem kann in Kerberos abgebildet werden, indem die Lebensdauer T des Schlüssels erhöht wird. In der Praxis kann Kerberos mit einigen 10.000 Benutzern betrieben werden. Das Protokoll ist jedoch nicht geeignet, die Kommunikation aller Internetteilnehmer abzusichern.

Sicherer Kanal während der Initialisierung Wie oben besprochen, benötigen alle KDC-basierten Protokolle einen sicheren Kanal, um den KEK sicher zu übertragen, wenn ein neuer Benutzer dem Netz beitritt.

„Single Point of Failure" Bei allen KDC-basierten Protokollen stellt die Datenbank, die alle KEK enthält, einen *„Single Point of Failure"* dar. Wenn ein Angreifer Zugriff auf das KDC bekommt, werden alle KEK im gesamten System unbrauchbar und müssen erneut verteilt werden, wofür sichere Kanäle zwischen dem KDC und jedem Teilnehmer erforderlich sind.

Keine perfekte Vorwärtssicherheit Sollte einer der KEK einem Angreifer bekannt werden, beispielsweise durch einen Hackerangriff oder durch Trojaner-Software, hat dies schwerwiegende Konsequenzen. Zum einen können alle zukünftigen Nachrichten durch einen Angreifer mit Kanalzugang dechiffriert werden. Wenn der Angreifer Oskar in den Besitz von Alice' KEK k_A kommt, kann er den Sitzungsschlüssel aus den Nachrichten y_A berechnen. **Eine noch schwerwiegendere Konsequenz ist, dass Oskar nun auch alle zuvor gesendeten Nachrichten dechiffrieren kann, wenn er die entsprechenden Nachrichten y_A und y gespeichert hat.** Selbst wenn Alice unmittelbar bemerkt, dass ihr KEK kompromittiert wurde, und sie den Schlüssel ab sofort nicht mehr verwendet, kann sie nicht verhindern, dass Oskar ihre *früheren* Nachrichten entschlüsselt. Ob ein Verschlüsselungssystem beim Verlust von Langzeitschlüsseln unsicher wird oder nicht, ist eine wichtige Eigenschaft. Es gibt hierfür sogar einen speziellen Fachbegriff:

► Ein kryptografisches Protokoll besitzt *perfekte Vorwärtssicherheit*, wenn der Verlust von Langzeitschlüsseln es einem Angreifer nicht erlaubt, Sitzungsschlüssel, die in der Vergangenheit verwendet wurden, zu berechnen. Diese Eigenschaft wird oft mit PFS („perfect forward secrecy") abgekürzt.

Weder Kerberos noch die eingangs beschriebenen einfacheren Protokolle besitzen PFS. Perfekte Vorwärtssicherheit wird in der Praxis insbesondere durch den Einsatz asymmetrischer Kryptografie erreicht. Die nachfolgenden Abschnitte werden sich mit solchen Protokollen beschäftigen.

13.3 Schlüsselverteilung mithilfe asymmetrischer Techniken

Mit asymmetrischen Schlüsselverteilungsverfahren können viele Nachteile der symmetrischen Protokolle umgangen werden. Daher ist neben digitalen Signaturen die Schlüsselverteilung die zweite Hauptanwendung asymmetrischer Algorithmen in der Praxis. Sie können sowohl für den Schlüsseltransport als auch die Schlüsselvereinbarung eingesetzt werden. Für den Schlüsseltransport kann jedes asymmetrische Verschlüsselungsverfahren, beispielsweise RSA oder Elgamal, verwendet werden. Für die Schlüsselvereinbarung kann der DHKE oder ECDH eingesetzt werden. An dieser Stelle rufen wir uns noch einmal in Erinnerung, dass asymmetrische Algorithmen vergleichsweise langsam sind. Aus diesem Grund wird die eigentliche Verschlüsselung der Klartextdaten mit symmetrischen Primitiven wie AES oder 3DES vorgenommen, wobei der hierfür benötigte Schlüssel vorab durch asymmetrische Algorithmen verteilt wird.

Aus der bisherigen Diskussion könnte man schließen, dass asymmetrische Verfahren alle Probleme der Schlüsselverteilung lösen. Dies ist allerdings ein Trugschluss! Alle asymmetrischen Algorithmen benötigen nämlich einen sog. *authentisierten Kanal*, um die öffentlichen Schlüssel zu verteilen. Dieses Kapitel beschäftigt sich im Wesentlichen mit der Fragestellung der Authentisierung öffentlicher Schlüssel.

13.3.1 Mann-in-der-Mitte-Angriff

Der *Mann-in-der-Mitte-Angriff*[1] (MIM), auch Janusangriff oder „man-in-the-middle attack" genannt, stellt ein ernsthaftes Problem für asymmetrische Verfahren dar. Die Grundidee des Angriffs ist, dass der Angreifer Oskar die öffentlichen Schlüssel der Teilnehmer gegen seinen eigenen austauscht. Dies ist immer dann möglich, wenn die Schlüssel nicht authentisiert sind. Die hieraus folgenden Konsequenzen für die asymmetrische Kryptografie sind erheblich. Aus didaktischen Gründen betrachten wir MIM-Angriffe gegen den DHKE. Es ist jedoch extrem wichtig festzuhalten, dass alle asymmetrischen Verfahren mit MIM angegriffen werden können, falls die öffentlichen Schlüssel nicht besonders geschützt sind. Dies kann in der Praxis durch Zertifikate geschehen, eine Technik, die in Abschn. 13.3.2 behandelt wird.

Beim DHKE vereinbaren zwei Teilnehmer, die vorher noch nicht miteinander kommuniziert hatten, ein gemeinsames Geheimnis über einen unsicheren Kanal. Wir zeigen hier noch einmal das DHKE-Protokoll:

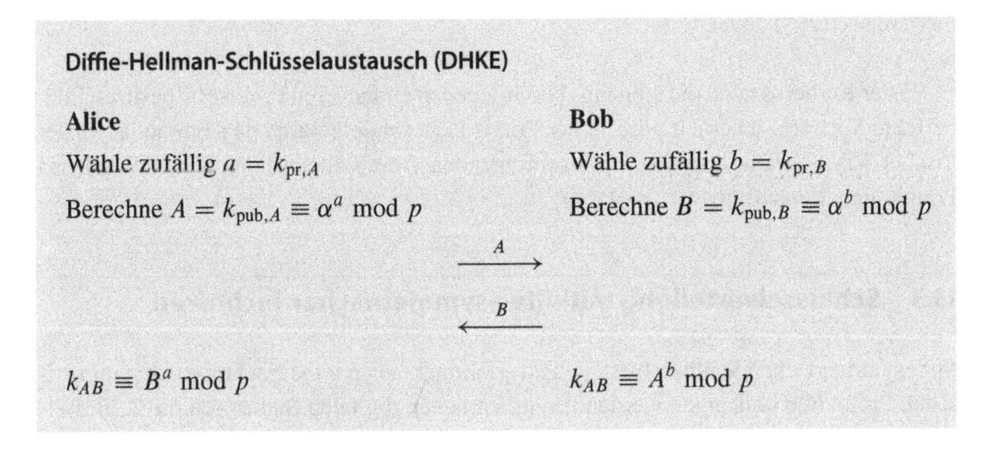

In Abschn. 8.4 wurde diskutiert, dass das Protokoll sicher gegen passive Angreifer ist, d. h. Angreifer, die nur mithören können, wenn die Parameter sorgfältig gewählt wurden. Insbesondere sollte die Primzahl p mindestens 2048 Bit lang sein. Wir betrachten nun

[1] Der Mann-in-der-Mitte-Angriff sollte nicht mit dem ähnlich klingenden, aber vollkommen unterschiedlichen Meet-in-the-Middle-Angriff verwechselt werden, der in Abschn. 5.3.1 vorgestellt wurde.

einen Angreifer, der nicht nur lauschen, sondern aktiv in die Kommunikation eingreifen kann, d. h. Nachrichten verändern oder neue Nachrichten erzeugen kann. Die zugrunde liegende Idee des MIM-Angriffs ist, dass Oskar sowohl Alice' als auch Bobs öffentlichen Schlüssel gegen seinen eigenen austauscht. Der Angriff funktioniert wie folgt:

Mann-in-der-Mitte-Angriff auf den DHKE

Alice	**Oskar**	**Bob**
Wähle $a = k_{pr,A}$		Wähle $b = k_{pr,B}$
$A = k_{pub,A} \equiv \alpha^a \bmod p$		$B = k_{pub,B} \equiv \alpha^b \bmod p$
	$\xrightarrow{A}$ ↯ Ersetze $\tilde{A} \equiv \alpha^o$ $\xrightarrow{\tilde{A}}$	
	$\xleftarrow{\tilde{B}}$ ↯ Ersetze $\tilde{B} \equiv \alpha^o$ $\xleftarrow{B}$	
$k_{AO} \equiv (\tilde{B})^a \bmod p$	$k_{AO} \equiv A^o \bmod p$	$k_{BO} \equiv (\tilde{A})^b \bmod p$
	$k_{BO} \equiv B^o \bmod p$	

Wir betrachten nun die Schlüssel, die von den drei Parteien Alice, Bob und Oskar berechnet werden. Alice berechnet:

$$k_{AO} = (\tilde{B})^a \equiv (\alpha^o)^a \equiv \alpha^{o\,a} \bmod p$$

Dieser Schlüssel ist identisch zu dem von Oskar berechneten: $k_{AO} = A^o \equiv (\alpha^a)^o \equiv \alpha^{a\,o} \bmod p$. Bob berechnet seinerseits:

$$k_{BO} = (\tilde{A})^b \equiv (\alpha^o)^b \equiv \alpha^{o\,b} \bmod p,$$

was wiederum identisch ist zu Oskars Schlüssel $k_{BO} = B^o \equiv (\alpha^b)^o \equiv \alpha^{b\,o} \bmod p$. In unserem Beispiel haben die beiden gefälschten Schlüssel $\tilde{A}$ und $\tilde{B}$, die Oskar erzeugt, den gleichen Wert. Wir benutzen unterschiedliche Namen für die beiden Schlüssel, um zu unterstreichen, dass Alice und Bob jeweils annehmen, dass sie den öffentlichen Schlüssel voneinander erhalten haben.

Bei diesem Angriff werden zwei DHKE simultan durchgeführt, einer zwischen Alice und Oskar und ein zweiter zwischen Bob und Oskar. Von daher teilt Oskar den Schlüssel k_{AO} mit Alice und den Schlüssel k_{BO} mit Bob. **Allerdings wissen weder Alice noch Bob, dass sie einen Schlüssel mit Oskar vereinbart haben und nicht miteinander!** Beide nehmen an, dass sie den gemeinsamen Sitzungsschlüssel k_{AB} berechnet haben.

Nach einem erfolgreichen Angriff hat Oskar fast vollständige Kontrolle über die verschlüsselte Kommunikation zwischen Alice und Bob. Beispielsweise kann er verschlüsselte Nachrichten dechiffrieren und lesen, ohne dass dies von Alice und Bob bemerkt wird:

Nachrichtenmanipulation nach einem Mann-in-der-Mitte-Angriff

Alice		**Oskar**		**Bob**
Nachricht x				
$y = \mathrm{AES}_{k_{AO}}(x)$				
	$\xrightarrow{y}$	↯ abfangen		
		entschlüsseln: $x = \mathrm{AES}^{-1}_{k_{AO}}(y)$		
		erneut verschlüsseln: $y' = \mathrm{AES}_{k_{BO}}(x)$		
			$\xrightarrow{y'}$	
				entschlüsseln: $x = \mathrm{AES}^{-1}_{k_{BO}}(y')$

Um die Auswirkungen des Angriffs besser aufzuzeigen, wurde hierbei angenommen, dass AES für die Verschlüsselung der Rohdaten benutzt wurde. Der Angriff funktioniert natürlich für jede andere symmetrische Chiffre ebenso. Man beachte, dass Oskar nicht nur den Klartext x lesen, sondern diesen auch verändern kann, bevor er ihn mit k_{BO} wieder verschlüsselt. Dies kann massive Konsequenzen haben, beispielsweise wenn es sich um elektronische Überweisungen handelt.

13.3.2 Zertifikate

Das Grundproblem bei Mann-in-der-Mitte-Angriffen ist, dass die öffentlichen Schlüssel nicht authentisiert werden. In Abschn. 10.1.3 wurde der Begriff der Authentisierung derart definiert, dass der Sender einer Nachricht eindeutig zugeordnet werden kann. Bei dem MIM-Angriff empfängt Bob allerdings einen öffentlichen Schlüssel, der angeblich von Alice kommt, aber er hat keine Möglichkeit zu überprüfen, ob dies wirklich der Fall ist, d. h. Bob kann den Schlüssel nicht authentisieren. Um die Situation deutlich zu machen, betrachten wir, wie der öffentliche Schlüssel von Alice in der Praxis aufgebaut ist:

$$k_A = (k_{\text{pub},A}, ID_A),$$

wobei ID_A Alice eindeutig identifiziert, beispielsweise ihre IP-Adresse oder ihr Name zusammen mit ihrem Geburtsdatum. Der öffentliche Schlüssl $k_{\text{pub},A}$ selbst ist lediglich eine Bitfolge, die z. B. 2048 Bit lang ist. Wenn Oskar eine MIM-Attacke fahren würde, würde er den öffentlichen Schlüssel wie folgt ändern:

$$k_A = (k_{\text{pub},O}, ID_A)$$

Da die einzige Änderung die (zufällig aussehende) Bitfolge betrifft, die den eigentlichen Schlüssel bildet, kann der Empfänger nicht feststellen, dass es sich hierbei um Oskars Schlüssel handelt und nicht um den von Alice. Dieser Angriff hat weitreichende Konsequenzen, die wir wie folgt zusammenfassen:

Obwohl asymmetrische Verfahren keinen geheimen Kanal erfordern, benötigen sie einen authentisierten Kanal, um die öffentlichen Schlüssel verteilen zu können.

An dieser Stelle soll nochmals betont werden, dass der MIM-Angriff nicht auf den DHKE beschränkt ist, sondern dass er gegen jedes asymmetrische Kryptoverfahren einsetzbar ist! Der Angreifer geht immer nach dem gleichen Schema vor: Oskar fängt die Übertragung des öffentlichen Schlüssels ab, der gerade gesendet wird, und ersetzt diesen durch seinen eigenen.

Die vertrauenswürdige, d. h. authentische, Verteilung öffentlicher Schlüssel ist eine zentrale Fragestellung in der asymmetrischen Kryptografie. Es gibt verschiedene prinzipielle Ansätze, um hier eine Lösung zu schaffen. Der am weitesten verbreitete Ansatz basiert auf sog. *Zertifikaten*. Die Grundidee von Zertifikaten ist einfach. Da der MIM-Angriff sich gegen die Authentisierung der Nachricht $(k_{\text{pub},A}, ID_A)$ richtet, setzt man einen kryptografischen Mechanismus ein, mit dem man genau diese authentisieren kann. Genau gesagt werden digitale Signaturen für die Authentisierung benötigt[2]. Der Grundaufbau eines Zertifikats ist wie folgt:

$$\text{Cert}_A = [(k_{\text{pub},A}, ID_A), \text{sig}_{k_{\text{pr}}}(k_{\text{pub},A}, ID_A)]$$

Der Empfänger des Zertifikats verifiziert die digitale Signatur, bevor er den öffentlichen Schlüssel im Zertifikat verwendet. Die Nachricht, die die Signatur schützt (vgl. Kap. 10), ist das Paar $(k_{\text{pub},A}, ID_A)$. Wenn Oskar nun versucht, $k_{\text{pub},A}$ gegen seinen Schlüssel $k_{\text{pub},O}$ auszutauschen, wird dies vom Empfänger bemerkt, da die Signatur nicht mehr korrekt ist. Etwas abstrakter kann man sagen, dass *das Zertifikat die Identität des Benutzers an dessen öffentlichen Schlüssel bindet.*

Eine Voraussetzung für die Verwendung von Zertifikaten ist, dass der Empfänger den korrekten Verifikationsschlüssel besitzt, der ein öffentlicher Schlüssel ist. Wenn man Alice' Schlüssel für die Verifikation benutzen würde, hätte man wiederum das anfängliche Problem mit der MIM-Attacke, das man ja zu lösen versucht. Stattdessen verwendet man für die Zertifikatsverifikation einen öffentlichen Schlüssel, der von einer vertrauenswürdigen, zentralen Instanz stammt. Dies ist die sog. *Zertifizierungsstelle*, auch oft *Certification Authority* oder *CA* genannt. Die Zertifizierungsstelle erzeugt für alle Benutzer Zertifikate. Für das eigentliche Erstellen der Zertifikate gibt es zwei Ansätze. Im

[2] Mit MAC kann man auch authentisieren, sodass diese prinzipiell auch anwendbar wären. Allerdings handelt es sich bei MAC um symmetrische Verfahren, die selbst wiederum einen geheimen Kanal für die Verteilung der MAC-Schlüssel benötigen. Hierbei hätte man daher wieder die gleichen Probleme, die bei allen symmetrischen Chiffren auftreten.

ersten Fall berechnet der Benutzer sein eigenes asymmetrisches Schlüsselpaar und fordert die Zertifizierungsstelle auf, den öffentlichen Schlüssel zu signieren. Hier ist das entsprechende Grundprotokoll:

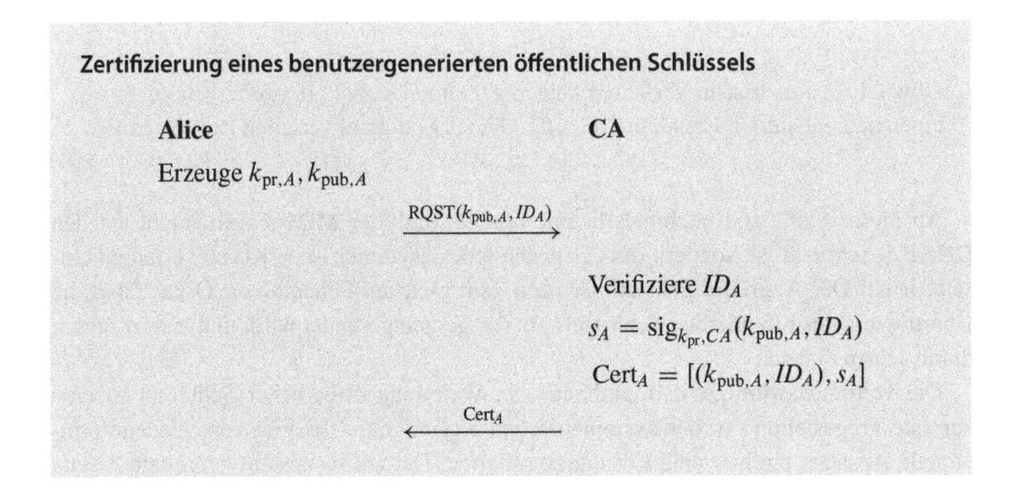

Der erste Nachrichtenaustausch ist hierbei sicherheitskritisch. Es muss sichergestellt werden, dass die Nachricht ($k_{pub,A}$, ID_A) über einen authentisierten Kanal versandt wird. Anderenfalls könnte Oskar ein Zertifikat auf den Namen Alice beantragen.

In der Praxis signiert die Zertifizierungsstelle oft nicht nur den öffentlichen Schlüssel, sondern erzeugt auch den zugehörigen privaten Schlüssel für die Benutzer. Ein einfaches Protokoll hierfür ist wie folgt aufgebaut:

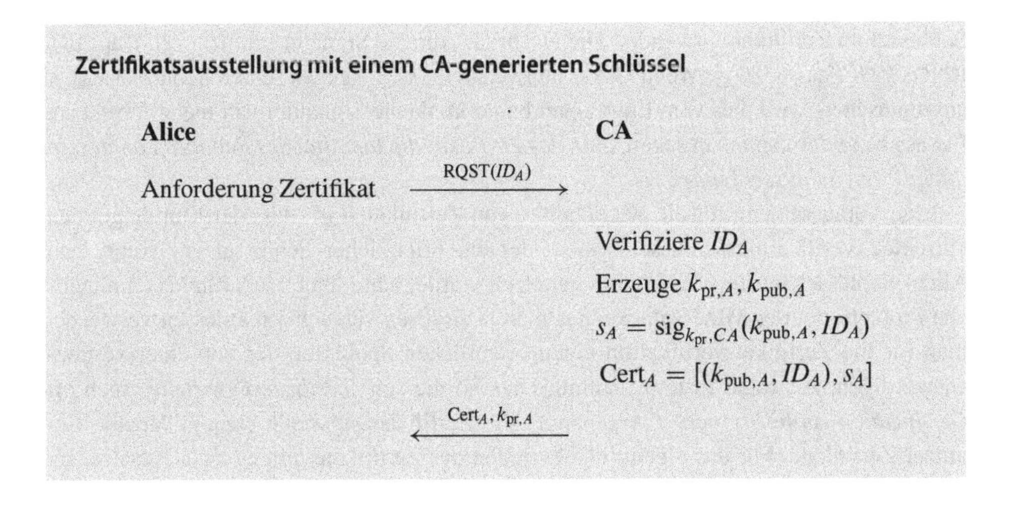

Für die erste Nachricht wird ein authentisierter Kanal benötigt, d. h. die CA muss sicherstellen, dass Alice die Anforderung schickt und nicht Oskar ein Zertifikat in Alice'

Namen anfordert. Noch kritischer ist die zweite Nachricht ($Cert_A$, $k_{pr,A}$). Da hier ein privater Schlüssel versandt wird, muss dies über einen geheimen Kanal erfolgen, beispielsweise kann das Zertifikat auf einer CD-ROM per Post versandt werden.

Bevor wir weitere Details zu Zertifizierungsstellen diskutieren, betrachten wir einen mit Zertifikaten geschützten DHKE:

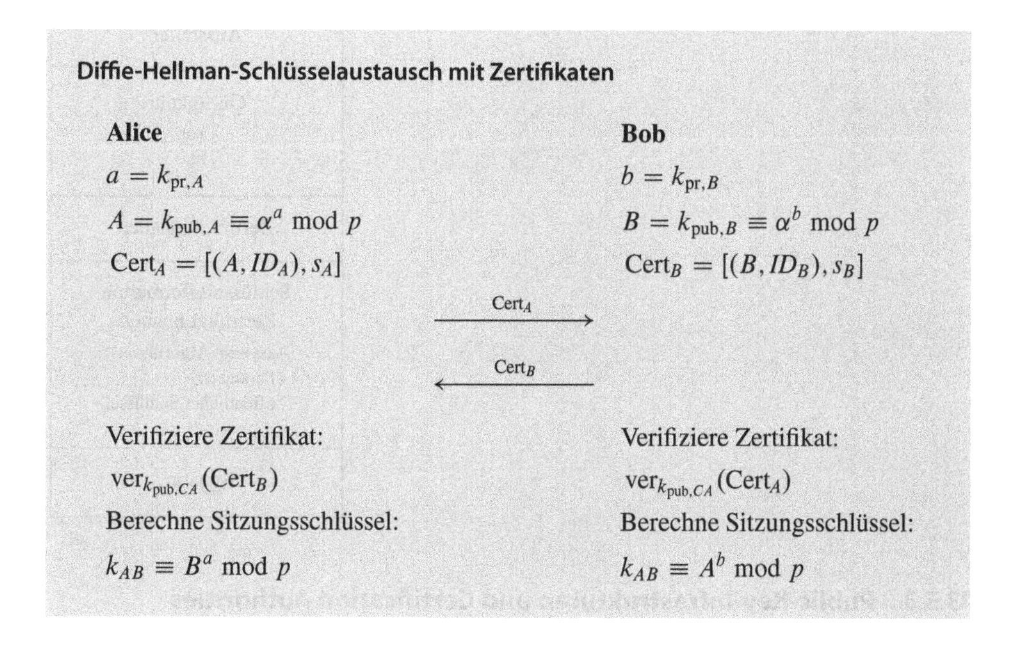

Ein kritischer Punkt ist die Verifikation der Zertifikate. Ohne diese sind Zertifikate natürlich nutzlos. Wie aus dem Protokoll ersichtlich, wird für die Verifikation der öffentliche Schlüssel der CA benötigt. Man beachte, dass dieser auch über einen authentisierten Kanal übertragen werden muss, da Oskar anderenfalls einen MIM-Angriff durchführen könnte. Zunächst sieht es nun so aus, als ob Zertifikate keine Vorteile bieten, da sie wiederum einen authentisierten Kanal erfordern! **Ein entscheidender Unterschied zur Ausgangssituation ist allerdings, dass der authentische Kanal nur einmal am Anfang benötigt wird.** Beispielsweise sind die Verifikationsschlüssel für Zertifikate heute in vielen Webbrowsern vorinstalliert oder Betriebssysteme enthalten bereits diese Schlüssel. Die Annahme dabei ist, dass die Installation von Originalsoftware, die nicht manipuliert wurde, einen authentisierten Kanal darstellt. Abstrakt betrachtet findet hier ein *Transfer von Vertrauen* statt. In dem vorherigen Beispiel mit dem DHKE ohne Zertifikate haben wir gesehen, dass Alice dem öffentlichen Schlüssel von Bob trauen muss und umgekehrt. Durch den Einsatz von Zertifikaten müssen sie nur dem öffentlichen Schlüssel $k_{pub,CA}$ der CA trauen. Wenn die CA andere öffentliche Schlüssel signiert, wissen Alice und Bob, dass sie auch diesen trauen können. Dieser Vorgang wird *Vertrauenskette* genannt.

Abb. 13.4 Aufbau von X.509-Zertifikaten

Seriennummer
Schlüsselinformation: - asymm. Algorithmus - Parameter
Aussteller
Gültigkeit: - von - bis
Zertifikatinhaber
Schlüsselinformation Zertifikatinhaber: - asymm. Algorithmus - Parameter - öffentlicher Schlüssel
Signatur

13.3.3 Public-Key-Infrastrukturen und Certification Authorities

Man kann sich leicht vorstellen, dass das Betreiben einer CA in der Praxis eine komplexe Aufgabe ist. Unter einer *Public-Key-Infrastruktur*, oft abgekürzt als *PKI*, versteht man eine CA zusammen mit den erforderlichen Unterstützungsmechanismen. Hierunter fallen beispielsweise die Identifizierung der Benutzer, für die ein Zertifikat ausgestellt werden soll, und natürlich das sichere Übertragen des öffentlichen Schlüssels der CA. Andere praktische Probleme ergeben sich durch die Existenz verschiedener CA oder den Rückruf (Entvalidieren) von Zertifikaten. Einige Aspekte von Zertifikaten in der Praxis werden im Folgenden diskutiert.

X.509-Zertifikate

Reale Zertifikate enthalten nicht nur den öffentlichen Schlüssel des Benutzers und dessen Identität, sondern sind komplexe Strukturen, die viele weitere Informationen beinhalten. Als Beispiel ist in Abb. 13.4 ein X.509-Zertifikat zu sehen. X.509 ist ein wichtiger Standard für die Authentisierung in Computernetzen. Die entsprechenden Zertifikate sind für Internetanwendungen sehr weit verbreitet, beispielsweise in TLS, IPsec und S/MIME. Im Folgenden betrachten wir die verschiedenen Felder innerhalb des X.509-Zertifikats, wodurch wir einen Einblick in die verschiedenen Aspekte einer PKI bekommen.

1. *Schlüsselinformation*: Hier wird spezifiziert, welcher Algorithmus für die Signatur verwendet wird, z. B. RSA mit SHA-1 oder ECDSA mit SHA-2. Ebenso werden die Algorithmenparameter wie z. B. die Bitlänge spezifiziert.
2. *Aussteller*: Es gibt viele Organisationen, die Zertifikate ausstellen. In diesem Feld wird angegeben, wer der Aussteller ist.
3. *Gültigkeit*: Zertifikate werden fast immer für einen bestimmten Zeitraum ausgestellt, beispielsweise für zwei Jahre. Ein Grund hierfür ist, dass der private Schlüssel in dem Zertifikat möglicherweise kompromittiert werden kann. Durch das Ablaufdatum des Zertifikats hat ein Angreifer nur eine endliche Zeitspanne, während der er den kompromittierten Schlüssel nutzen kann. Ein weiterer Grund für die zeitliche Begrenzung ist, dass Benutzer ausscheiden. Dies ist z. B. häufig der Fall bei Zertifikaten für Mitarbeiter einer Firma. Wenn die Zertifikate, und somit die öffentlichen Schlüssel, nur eine begrenzte Lebensdauer haben, hält sich der mögliche Schaden durch einen ausgeschiedenen (böswilligen) Benutzer in Grenzen.
4. *Zertifikatinhaber*: Dieses Feld identifiziert den Benutzer, d. h. die in den oben stehenden Beispielen mit ID_A und ID_B benannten Felder. Der Inhalt des Felds kann der Name einer natürlichen Person oder einer Firma oder Organisation sein.
5. *Schlüsselinformation Zertifikatinhaber*: Hier ist der öffentliche Schlüssel, der durch das Zertifikat geschützt wird, enthalten. Neben der eigentlichen Bitfolge, die den Schlüssel selber ausmacht, sind der Algorithmus (z. B. Diffie-Hellman) und dessen Parameter (z. B. der Modul p und das primitive Element α) gespeichert.
6. *Signatur*: Eine digitale Signatur über alle oben stehenden Felder.

Man beachte, dass bei jedem Zertifikat zwei asymmetrische Algorithmen im Spiel sind. Zum einen der Algorithmus, dessen Schlüssel von dem Zertifikat geschützt wird, und zum anderen derjenige, der für das Signieren des Zertifikats benötigt wird. Es können hierfür zwei vollkommen unterschiedliche Algorithmen benutzt werden. Beispielsweise kann das Zertifikat mit 2048-Bit-RSA signiert werden, während der öffentliche Schlüssel, der Inhalt des Zertifikats ist, zu einer elliptischen Kurve mit 256 Bit gehören kann.

Verkettete Zertifizierungsstellen

Im Idealfall gäbe es genau eine CA, die beispielsweise Zertifikate für alle Benutzer des Internets ausstellen würde. Leider ist die Situation in der Realität komplexer und es gibt viele verschiedene CA. Zum einen haben manche Länder ihre eigene offizielle CA, mit der z. B. Zertifikate ausgestellt werden, die für Regierungsanwendungen oder Ausweisdokumente genutzt werden. Zum anderen sind in heutigen Webbrowsern öffentliche Schlüssel von deutlich mehr als 100 CA gespeichert, die zum großen Teil von Firmen betrieben werden. Darüber hinaus betreiben große Unternehmen oft ihre eigenen CA, mit denen Zertifikate für Mitarbeiter und Zulieferer erstellt werden können. Es ist nahezu unmöglich, dass jeder Anwender die öffentlichen Schlüssel all dieser Zertifizierungsstellen kennt. Um dieses Problem in den Griff zu bekommen, ist es möglich, dass sich CA gegenseitig zertifizieren.

Als Beispiel nehmen wir an, dass Alice' Zertifikat von CA1 und Bobs von CA2 ausgestellt wurde. Alice besitzt allerdings nur den öffentlichen Schlüssel ihrer CA1, während Bob nur über $k_{pub,CA2}$ verfügt. Wenn Bob nun sein Zertifikat an Alice schickt, kann sie Bobs öffentlichen Schlüssel nicht verifizieren. Diese Situation ist in nachfolgender Abbildung dargestellt:

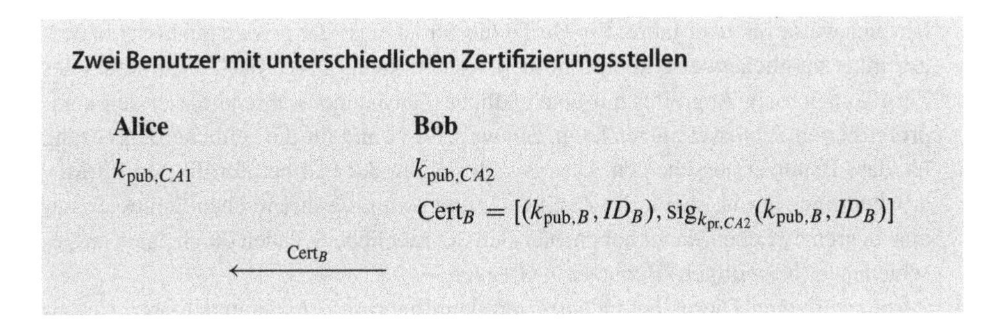

Alice fordert nur den öffentlichen Schlüssel von CA2 an, der wiederum in einem Zertifikat enthalten ist, das von Alice' CA1 signiert wurde:

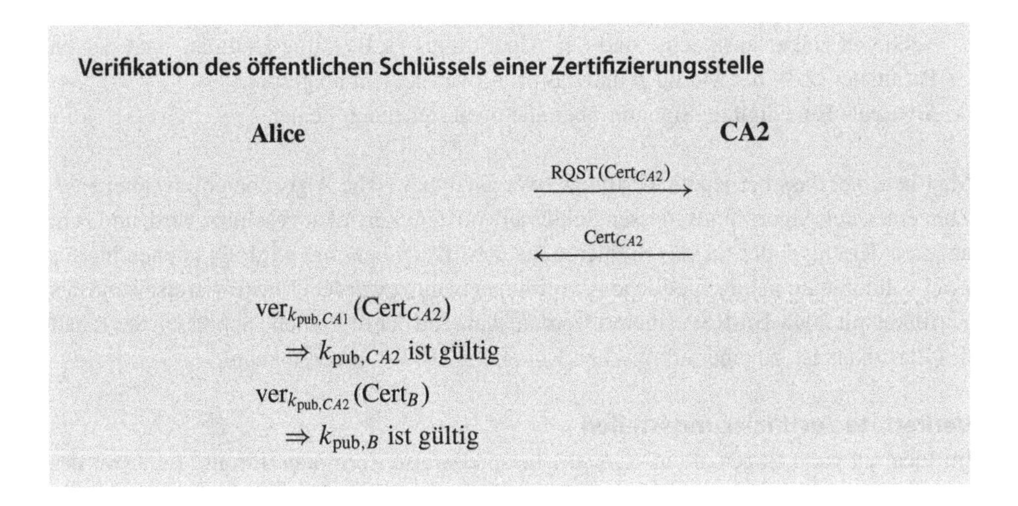

Das Zertifikat $Cert_{CA2}$ enthält den öffentlichen Schlüssel von CA2 und wurde von CA1 signiert. Es ist wie folgt aufgebaut:

$$Cert_{CA2} = [(k_{pub,CA2}, ID_{CA2}), sig_{k_{pr,CA1}}(k_{pub,CA2}, ID_{CA2})]$$

Durch diese Verkettung von CA ist es Alice nun möglich, Bobs öffentlichen Schlüssel zu verifizieren. Man spricht dementsprechend auch von einer Zertifikatskette. CA1 vertraut CA2, was daran erkennbar ist, dass CA1 den öffentlichen Schlüssel $k_{pub,CA2}$ signiert. Dadurch kann Alice – und natürlich auch alle anderen Benutzer von CA1 – Bobs öffentlichem Schlüssel vertrauen. Es wird eine *Vertrauenskette* („chain of trust“) gebildet. Manchmal spricht man hierbei auch von einer Vertrauensdelegation.

In der Praxis werden CA auch hierarchisch angeordnet. Hierbei signiert jede CA die öffentlichen Schlüssel der CA, die auf den darunterliegenden Hierarchieebene liegt. Ein anderer Ansatz besteht darin, dass sich die CA gegenseitig ohne strikte Hierarchie zertifizieren.

Zertifikatssperrlisten

In der Praxis muss es möglich sein, ausgestellte Zertifikate zu sperren. Ein Grund, warum dies notwendig ist, sind Zertifikate, die auf Chipkarten gespeichert sind und verlorengegangen sind. Ebenso kommt es häufig vor, dass ein Mitarbeiter ein Unternehmen verlässt und sein öffentlicher Schlüssel zurückgezogen werden muss. Eine Lösung für diese Situation erscheint naheliegend: Man veröffentlicht einfach eine Liste mit allen zurückgezogenen Zertifikaten. Man spricht dabei von einer *Zertifikatssperrliste* oder auch Certificate Revocation List bzw. *CRL*. Die betroffenen Zertifikate können durch ihre Seriennummer genau spezifiziert werden. Natürlich muss die Zertifikatssperrliste selbst auch von der CA signiert sein, da sie ansonsten manipuliert werden kann.

Eine entscheidende Fragestellung bei CRL ist die Verteilung der Listen. Bezüglich der Sicherheit wäre die beste Lösung, wenn jeder Benutzer, der ein Zertifikat eines anderen Benutzers erhält, bei der ausstellenden CA anfragt, ob das betroffene Zertifikat noch gültig ist. Ein weitverbreiteter Standard hierfür ist das sog. Online Certificate Status Protocol (OCSP). Dies hat aber zur Folge, dass die CA für jeden Sitzungsaufbau kontaktiert werden muss. Dies ist einer der zentralen Nachteile der Schlüsselverteilung mit symmetrischen Chiffren, vgl. den Abschnitt zu KDC. Der Vorteil von Zertifikaten ist ja gerade, dass zwei beliebige Benutzer eine sichere Verbindung aufbauen können, ohne dass eine zentrale Stelle involviert ist.

Alternativ können CRL periodisch verschickt werden. Hierbei gibt es allerdings Zeiträume, in denen gesperrte Zertifikate noch verwendet werden können. Wenn die CRL beispielsweise jede Nacht um 3:00 Uhr versendet werden (eine Zeit mit wenig Verkehr in Netzen), könnte ein unehrlicher Benutzer noch fast den ganzen Tag ein gesperrtes Zertifikat nutzen. Das Risiko kann reduziert werden, wenn die CRL häufiger verschickt werden, beispielsweise stündlich. Dies führt allerdings zu einer erhöhten Belastung des Netzes. Diese Diskussion ist ein gutes Beispiel für die Abwägung zwischen Sicherheit und (Kommunikations-)Kosten. In der Praxis muss hier ein gangbarer Kompromiss gewählt werden.

Eine gängige Methode, um die Datenmenge zu begrenzen, sind sog. *Delta-CRL*. Hierbei werden nur die Veränderungen seit dem letzten Versenden der CRL übertragen, d. h. nur die Zertifikate, die seit dem letzten Versandvorgang gesperrt wurden.

13.4 Diskussion und Literaturempfehlungen

Protokolle zur Schlüsselverteilung In den meisten modernen Sicherheitsprotokollen für Computernetze werden asymmetrische Verfahren zur Schlüsselverteilung eingesetzt. In diesem Buch wurden der DHKE sowie das Basisprotokoll für den Schlüsseltransport in Kap. 6 eingeführt, vgl. Abb. 6.5. Die in der Praxis eingesetzten Protokolle sind i. d. R. wesentlich komplexer. Trotzdem verwenden sie fast immer entweder Diffie-Hellman-Verfahren oder einen Schlüsseltransport als grundlegenden Mechanismus. Ein umfassende Übersicht zu dem Thema ist in [2] zu finden.

Im Folgenden stellen wir einige generische Protokolle vor, die oft anstelle des einfachen DHKE verwendet werden. Unter *MTI* (Matsumoto-Takashima-Imai) versteht man eine Gruppe von DHKE-Protokollen, die bereits 1986 vorgestellt wurden. Hilfreiche Referenzen hierfür sind [2] und [7]. Eine weitere, beliebte Diffie-Hellman-Variante ist das Station-to-Station(STS)-Protokoll, das Zertifikate für die Benutzer- und Schlüsselauthentisierung einsetzt. STS wird in [3] diskutiert. Ein weiteres Protokoll für den DHKE ist das MQV-Protokoll, das zumeist mit elliptischen Kurven realisiert wird, siehe [6].

Ein weit verbreiteter Vertreter für ein komplexes Schlüsselverteilungsprotokoll ist das Internet-Key-Exchange(IKE)-Protokoll. Mit IKE können Schlüssel für IPsec, das offizielle Sicherheitsprotokoll für das Internet, erzeugt werden. Bei IKE handelt es sich um ein sehr komplexes Protokoll mit vielen Optionen. Die Grundlage ist allerdings ein DHKE mit nachfolgender Authentisierung. Eine umfassende Beschreibung von IPsec und IKE ist der RFC [8] und eine leichter verständliche Darstellung findet man in [9].

Zertifikate und Alternativen In der zweiten Hälfte der 1990er-Jahre war die Annahme weit verbreitet, dass praktisch jeder Internetnutzer ein Zertifikat für die sichere Kommunikation benötigen wird, beispielsweise um Einkäufe zu tätigen. PKI war ein Schlagwort, das in aller Munde war, und es schossen viele Firmen aus dem Boden, die Zertifikate und PKI-Dienste anboten. Es stellte sich dann allerdings heraus, dass es erhebliche technische und praktische Schwierigkeiten gibt, wenn eine PKI aufgebaut werden soll, die wirklich alle Internetnutzer mit einbezieht. Statt dessen haben wir heute eine Situation, bei der die meisten Server – beispielsweise von Internethändlern – mit Zertifikaten ausgestattet sind, während die meisten Nutzer keine besitzen. Die Verifikationsschlüssel für die Serverzertifikate sind oft in den Webbrowsern der Benutzer vorinstalliert. Diese asymmetrische Situation, bei der die Server authentisiert sind, die Benutzer hingegen nicht, ergibt in der Praxis Sinn, da typischerweise der Benutzer sicherheitsrelevante Informationen wie eine Kreditkartennummer preisgibt. Eine umfassende Einführung in das Thema PKI gibt [1]. Eine interessante und teilweise auch amüsante Diskussion über die tatsächlichen und vermeintlichen Nachteile von PKI findet man in [4], wobei die ebenfalls lehrreichen Gegenargumente in dem Beitrag [5] zu finden sind.

In dem vorliegenden Kapitel haben wir Zertifikate und PKI als Hauptmechanismen für die Authentisierung öffentlicher Schlüssel vorgestellt. Solche hierarchisch organisierten Systeme stellen allerdings nur einen möglichen Ansatz dar, wenn dieser auch in der Praxis am häufigsten verwendet wird. Ein anderer Ansatz ist das sog. *Vertrauensnetzwerk* bzw. Web of Trust, bei dem Vertrauensbeziehungen zwischen Benutzern berücksichtigt werden. Es basiert auf dem folgenden Prinzip: Wenn Alice Bob vertraut, wird angenommen, dass sie auch allen anderen Teilnehmern vertraut, denen Bob vertraut. Hierdurch vertraut jeder Benutzer vielen anderen Teilnehmern, die er nicht unmittelbar kennt. Das am weitesten verbreitete Beispiel für ein Vertrauensnetzwerk ist durch *Pretty Good Privacy (PGP)* und *Gnu Privacy Guard (GPG)* entstanden. Beide Verfahren werden insbesondere für das Verschlüsseln und Signieren von E-Mails verwendet.

13.5 Lessons Learned

- Bei einem Schlüsseltransportprotokoll wird ein Schlüssel sicher von einem Teilnehmer zu einem anderen übertragen.
- Bei einer Schlüsselvereinbarung erzeugen zwei oder mehr Teilnehmer gemeinsam einen geheimen Schlüssel.
- Wenn symmetrische Algorithmen zur Schlüsselverteilung verwendet werden, wird zumeist ein Schlüsselserver eingesetzt, dem alle Teilnehmer vertrauen. Jeder Benutzer muss anfangs einen geheimen Schlüssel mit dem Schlüsselserver über einen sicheren Kanal austauschen.
- Die Schlüsselvereinbarung mit symmetrischen Algorithmen skaliert nicht gut in Systemen mit vielen Teilnehmern und sie weist zumeist keine perfekte Vorwärtssicherheit auf.
- Das am häufigsten eingesetzte asymmetrische Protokoll zur Schlüsselvereinbarung ist der DHKE.
- Bei allen asymmetrischen Protokollen sollten die öffentlichen Schlüssel authentisiert sein, z. B. durch Zertifikate. Ohne Authentisierung sind Mann-in-der-Mitte-Angriffe möglich.

13.6 Aufgaben

13.1
In dieser Aufgabe betrachten wir einige Varianten zur Schlüsselableitung. In der Praxis wird oft zunächst ein Hauptschlüssel k_{MK} ausgetauscht, beispielsweise mit einem DHKE mit Zertifikaten. Nachfolgend werden von dem Hauptschlüssel Sitzungsschlüssel abgeleitet. Hier sind drei Möglichkeiten:

(1) $k_0 = k_{MK}; k_{i+1} = k_i + 1$
(2) $k_0 = h(k_{MK}); k_{i+1} = h(k_i)$
(3) $k_0 = h(k_{MK}); k_{i+1} = h(k_{MK} \| i \| k_i)$

$h(\cdot)$ ist eine sichere Hash-Funktion ist und k_i der i-te Sitzungsschlüssel.

1. Was ist der Hauptunterschied zwischen den drei Methoden?
2. Welches Verfahren weist *perfekte Vorwärtssicherheit* auf?
3. Wir nehmen an, dass Oskar den n-ten Sitzungsschlüssel erhalten hat (z. B. durch eine zeitaufwendige vollständige Schlüsselsuche). Welche der Sitzungen kann er jetzt entschlüsseln?
4. Welche Methode ist auch dann noch einsetzbar, wenn der Hauptschlüssel k_{MK} kompromittiert wurde? Begründen Sie die Antwort.

13.2
Wir betrachten ein Netzwerk mit 1000 Teilnehmern, die jeweils paarweise sicher und authentisiert kommunizieren wollen. Es soll jedoch kein Schlüsselserver oder eine anderweitige vertrauenswürdige zentrale Instanz einsetzt werden.

1. Wie viele Schlüssel werden systemweit benötigt?
2. Wie viele Schlüssel braucht man, wenn nun doch ein Schlüsselserver eingesetzt wird?
3. Was ist der Hauptvorteil beim Einsatz eines Schlüsselservers?
4. Wie viele Schlüssel werden im System benötigt, wenn asymmetrische Algorithmen benutzt werden?

Unterscheiden Sie zwischen Schlüsseln, die jeder Teilnehmer speichern muss und solchen, die für alle Teilnehmer bestimmt sind.

13.3
Ihre Aufgabe ist es, das Kryptoverfahren für einen Schlüsselserver auszuwählen. Hierbei treten zwei Arten von Verschlüsselungen auf:

- $e_{k_{U,KDC}}(\cdot)$, wobei U ein beliebiger Benutzer des Netzes ist;
- $e_{k_{\text{ses}}}(\cdot)$ für die Verschlüsselung einer Sitzung zwischen zwei Teilnehmern.

Zur Wahl stehen zwei Algorithmen, DES und 3DES (Triple-DES), wobei für beiden Verschlüsselungsarten unterschiedliche Chiffren gewählt werden sollen. Welchen Algorithmus empfehlen Sie für welche Verschlüsselung? Begründen Sie Ihre Antwort.

13.4
In dieser Aufgabe betrachten wir die Sicherheit von Systemen, die auf Schlüsselservern basieren. Wir nehmen an, einem Angreifer ist es gelungen, zum Zeitpunkt t_x Zugriff auf den Schlüsselserver zu erhalten. Er hat dabei alle Schlüssel stehlen können. Weiterhin gehen wir davon aus, dass dieser Angriff bemerkt wurde.

1. Welche Maßnahmen sollten getroffen werden, damit der Angreifer die zukünftige Kommunikation zwischen den Teilnehmern nicht entschlüsseln kann?

2. Was genau ist seitens des Angreifers notwendig, um Nachrichten, die zu einem früheren Zeitpunkt t, wobei $t < t_x$, ausgetauscht wurden, zu dechiffrieren? Weist das System die Eigenschaft der perfekten Vorwärtssicherheit auf?

13.5

In dieser Aufgabe wird eine verbesserte Version eines Schlüsselservers betrachtet. In dem System werden alle Schlüssel $e_{k_{U,\mathrm{KDC}}}(\cdot)$ relativ häufig durch neue ersetzt, wobei das folgende Protokoll genutzt wird:

- Der Schlüsselserver erzeugt neue zufällige Schlüssel $k_{U,\mathrm{KDC}}^{(i+1)}$.
- Der Schlüsselserver sendet die neuen Schlüssel an Teilnehmer U, wobei der neue Schlüssel mithilfe des alten chiffriert wird:

$$e_{k_{U,\mathrm{KDC}}^{(i)}}(k_{U,\mathrm{KDC}}^{(i+1)})$$

Welche Nachrichten können entschlüsselt werden, wenn angenommen wird, dass ein Mitarbeiter des Betreibers des Schlüsselservers bestechlich ist und alle aktuellen Schlüssel $k_{U,KDC}^{(i)}$ an einen Angreifer zum Zeitpunkt t_x verkauft? Diese Schlüsselpreisgabe wird erst wesentlich später zum Zeitpunkt t_y entdeckt, z. B. erst nach einem Jahr.

13.6

Zeigen Sie einen Schlüssel-Bestätigungsangriff gegen das Protokoll mit Schlüsselserver aus dem Abschn. 13.2.1. Beschreiben Sie alle Schritte des Angriffs mithilfe einer Skizze. Lehnen Sie sich hierbei an den Schlüsselbestätigungsangriff gegen das zweite modifizierte Protokoll mit Schlüsselserver an.

13.7

Zeigen Sie, dass das vereinfachte Kerberos-Protokoll keine perfekte Vorwärtssicherheit aufweist. Zeigen Sie, wie Oskar alte und zukünftige Nachrichten entschlüsseln kann, wenn:

1. Alice' KEK k_A kompromittiert wird,
2. Bobs KEK k_B kompromittiert wird.

13.8

Erweitern Sie das Kerberos-Protokoll derart, dass sich Alice und Bob gegenseitig authentisieren. Begründen Sie, warum das Protokoll sicher ist.

13.9

Ihre Kollegen bei Ihrem neuen Arbeitgeber sind beeindruckt, dass Sie es geschafft haben, sich durch dieses Buch zu kämpfen. Ihre erste Aufgabe ist es, ein Pay-TV-System zu entwerfen, bei dem das Dechiffrieren von verschlüsselten Programmen nicht möglich sein soll. Für den Schlüsselaustausch wird das DHKE mit sicheren Parametern, z. B. einem Modul mit 2048 Bit, verwendet. Aus Kostengründen steht in den Set-Top-Boxen beim Kunden allerdings nur DES zur Verfügung. Sie schlagen das folgende Verfahren zur Schlüsselableitung vor:

$$K^{(i)} = f(K_{AB}\|i), \tag{13.1}$$

wobei f eine Einwegfunktion ist.

1. Zunächst überlegen wir uns, ob ein Angreifer einen vollständigen Film mit akzeptablem Aufwand speichern kann. Wir nehmen eine Datenrate von 1 MBit/s an und eine Länge von 120 Minuten für einen Film. Wie viel Speicherplatz in GB (d. h. Gigabyte, wobei 1 M = 10^6 und 1 G = 10^9) wird für das Abspeichern eines zweistündigen Films benötigt? Kann diese Datenmenge kostengünstig gespeichert werden?
2. Die Annahme ist nun, dass ein Angreifer einen DES-Schlüssel mithilfe vollständiger Schlüsselsuche innerhalb von 10 min finden kann. Trotz der kurzen Schlüssellänge von DES ist dies immer noch eine sehr optimistische Annahme für den Angreifer, aber wir erreichen damit, dass das System auch noch mittelfristig sicher bleibt, da die Schlüsselsuche zunehmend einfacher wird. Wie häufig muss ein neuer Schlüssel abgeleitet werden, wenn wir erreichen wollen, dass die Dechiffrierung eines einzelnen Films mindestens 30 Tage dauern soll?

13.10

Gegeben sei ein DHKE, bei dem der Schlüssel k_{AB} berechnet wird. Weitere Sitzungsschlüssel werden von k_{AB} nach dem folgenden Verfahren abgeleitet:

$$k^{(i)} = h(k_{AB}\|i), \tag{13.2}$$

wobei i eine Zählervariable ist, beispielsweise eine Ganzzahl mit 32 Bit. Der Wert von i ist öffentlich, er wird z. B. im Kopf einer jeden verschlüsselten Nachricht im Klartext mit übertragen. Für die eigentliche Verschlüsselung der Nutzdaten werden die abgeleiteten Schlüssel $k^{(i)}$ verwendet. Wir nehmen an, dass ein neuer Sitzungsschlüssel alle 60 s erzeugt wird.

1. Wir nehmen an, dass der DHKE einen Primzahlmodul mit der relativ kurzen Länge von 512 Bit verwendet und die Datenverschlüsselung mit AES erfolgt. Warum ist die oben stehende Schlüsselableitung in diesem Fall kryptografisch nicht sehr sinnvoll? Beschreiben Sie einen Angriff gegen das System, der möglichst effizient ist.
2. Wir nehmen jetzt an, dass der DHKE mit einem 2048-Bit-Modul durchgeführt wird und für die Datenverschlüsselung DES eingesetzt wird. Beschreiben Sie den Vorteil, den diese Schlüsselableitung im Vergleich zu einer Lösung bietet, bei der nur ein DES-Schlüssel aus dem Diffie-Hellman-Protokoll berechnet wird.

13.11

Wir betrachten den Schlüsselaustausch nach Diffie-Hellman. Oskar führt hierbei den in Abschn. 13.3.1 beschriebenen Mann-in-der-Mitte-Angriff durch. Wir nehmen an, dass für den Schlüsselaustausch die Parameter $p = 467$, $\alpha = 2$, $a = 228$ (für Alice) und $b = 57$ (für Bob) verwendet werden. Oskar verwendet den Wert $o = 16$. Berechnen Sie die Schlüssel k_{AO} und k_{BO} auf zwei Arten: (i) so, wie sie von Oskar berechnet werden, und (ii) so, wie sie von Alice bzw. Bob berechnet werden.

13.12

In dieser Aufgabe wird der DHKE mit Zertifikaten betrachtet. Es gibt die drei Teilnehmer Alice, Bob und Charley. Die Diffie-Hellman-Parameter sind $p = 61$ und $\alpha = 18$. Die privaten Schlüssel der drei Teilnehmer sind $a = 11$, $b = 22$ und $c = 33$. Die Seriennummern, mit denen die Teilnehmer sich identifizieren, sind $\mathrm{ID}(A) = 1$, $\mathrm{ID}(B) = 2$ und $\mathrm{ID}(C) = 3$. Es wird das Signaturverfahren von Elgamal mit den Parametern $p' = 467$, $d' = 127$, $\alpha' = 2$ und β verwendet. Die Zertifizierungsstelle (CA) verwendet die temporären Schlüssel $k_E = 213$ (für Alice), $k_E = 215$ (für Bob) und $k_E = 217$ (für Charley). (Bemerkung: In der Praxis sollte die CA einen besseren Zufallszahlengenerator einsetzen, um die Schlüssel k_E zu erzeugen.) Für die Zertifikate berechnet die CA $x_i = 4 \cdot b_i + \mathrm{ID}(i)$ und nimmt diesen Wert als Eingang für den Signaturalgorithmus. (Aus einem gegebenen Wert x_i lässt sich die $\mathrm{ID}(i)$ dann über $\mathrm{ID}(i) \equiv x_i \bmod 4$ berechnen.)

1. Berechnen Sie die drei Zertifikate Cert_A, Cert_B und Cert_C.
2. Verifizieren Sie alle drei Zertifikate.
3. Berechnen Sie die drei Sitzungsschlüssel k_{AB}, k_{AC} sowie k_{BC}.

13.13

Oskar versucht einen aktiven Substitutionsangriff gegen den DHKE mit Zertifikaten. Er geht dabei wie folgt vor:

1. Alice möchte mit Bob kommunizieren. Wenn Alice das Zertifikat C(B) von Bob erhält, ersetzt Oskar dieses mit dem (gültigen!) Zertifikat C(O). Wie wird dieser Angriff entdeckt?
2. Bei einem weiteren Angriff, den Oskar versucht, ersetzt er Bobs öffentlichen Schlüssel b_B mit seinem eigenen Schlüssel b_O. Warum wird auch dieser Angriff bemerkt?

13.14

In dieser Aufgabe wird das Protokoll zur Zertifikatsausstellung mit CA-generierten Schlüsseln betrachtet. Es wird angenommen, dass die zweite Nachricht (Cert_A, $k_{\mathrm{pr},A}$) über einen authentisierten Kanal übertragen wird, der aber nicht vertraulich ist, d. h. Oskar kann die Nachricht mitlesen.

1. Zeigen Sie, wie Oskar Nachrichten entschlüsseln kann, die mit einem Schlüssel chiffriert wurden, den Alice und Bob mithilfe des Diffie-Hellman-Protokolls erzeugt haben.
2. Kann Oskar sich auch gegenüber Bob als Alice ausgeben, d. h. kann er mit Bob einen DHKE vornehmen, ohne dass Bob es bemerkt?

13.15

Gegeben sei ein System, bei dem sich alle Teilnehmer die Diffie-Hellman-Parameter α und p teilen. Alle öffentlichen Schlüssel der Teilnehmer wurden durch eine CA zertifiziert. Wenn zwei Nutzer vertraulich kommunizieren möchten, führen sie einen DHKE durch, bei dem sie einen Sitzungsschlüssel erzeugen, den sie beispielsweise für AES verwenden können.

Wir nehmen an, dass Oskar in den Besitz des privaten Schlüssels der CA kommt, mit dem die Zertifikate generiert wurden. Kann er nun Nachrichten entschlüsseln, die Teilnehmer ausgetauscht haben, bevor er in den Besitz des privaten CA-Schlüssels gekommen ist? Begründen Sie Ihre Antwort.

13.16

Ein Problem bei Zertifikatssystemen ist die authentisierte Übertragung des öffentlichen Schlüssels der CA, mit dem die Zertifikate verifiziert werden. Wir nehmen an, dass Oskar vollständige Kontrolle über Bobs Kommunikationskanal hat, d. h. er kann alle Nachrichten von und zu Bob beliebig verändern. Oskar ersetzt nun den öffentlichen CA-Schlüssel durch seinen eigenen Schlüssel. (Man beachte, dass Bob keine Möglichkeit hat, die Echtheit dieses Schlüssels zu überprüfen, sodass er annimmt, dass es sich um den CA-Schlüssel handelt.)

1. (Zertifikatsausstellung) Bob möchte nun ein Zertifikat bei der CA anfordern. Er sendet dafür eine Nachricht, die (1) seine Identität $ID(B)$ und (2) seinen öffentlichen Schlüssel B enthält. Welche Schritte muss Oskar unternehmen, damit Bob nicht bemerkt, dass er nicht im Besitz des CA-Schlüssels ist?
2. (Protokollausführung) Beschreiben Sie, wie Oskar mit Bob einen authentisierten DHKE durchführen kann. Bob soll hierbei nicht bemerken, dass er nicht mit Alice kommuniziert.

13.17

Zeigen Sie den Ablauf eines Protokolls zum Schlüsseltransport, bei dem der RSA-Algorithmus eingesetzt wird. Lehnen Sie sich hierzu an Abb. 6.5 in Abschn. 6.1 an.

13.18

In dieser Aufgabe betrachten wir RSA mit Zertifikaten. Bob ist im Besitz eines öffentlichen und eines privaten RSA-Schlüssels. Oskar gelingt es, Alice einen gefälschten CA-Schlüssel $k_{pub,CA}$ zuzusenden, für den er den passenden privaten Schlüssel hat. Entwickeln

Sie einen aktiven Angriff, bei dem Oskar Nachrichten dechiffrieren kann, die Alice an Bob sendet. Muss Oskar hierfür einen Mann-in-der-Mitte-Angriff durchführen?

13.19
Pretty Good Privacy (PGP) ist ein weit verbreitetes Programm, mit dem E-Mails verschlüsselt und signiert werden können. PGP erfordert keine Zertifikate. Beschreiben Sie das Vertrauensmodell von PGP und die Funktionsweise der PGP-Schlüsselverteilung.

Literatur

1. Carlisle Adams, Steve Lloyd, *Understanding PKI: Concepts, Standards, and Deployment Considerations* (Addison-Wesley Longman Publishing, Boston, MA, USA, 2002)
2. Colin A. Boyd, Anish Mathuria, *Protocols for Key Establishment and Authentication* (Springer, 2003)
3. Whitfield Diffie, Paul C. Van Oorschot, Michael J. Wiener, Authentication and authenticated key exchanges. Des. Codes Cryptography **2**(2), 107–125 (1992)
4. C. Ellison, B. Schneier, Ten risks of PKI: What you're not being told about public key infrastructure. Computer Security Journal **16**(1), 1–7 (2000), http://www.counterpane.com/pki-risks.html. Zugegriffen am 1. April 2016
5. Ben Laurie, Seven and a Half Non-risks of PKI: What You Shouldn't Be Told about Public Key Infrastructure, http://www.apache-ssl.org/7.5things.txt. Zugegriffen am 1. April 2016
6. Laurie Law, Alfred Menezes, Minghua Qu, Jerry Solinas, Scott Vanstone, An efficient protocol for authenticated key agreement. Des. Codes Cryptography **28**(2), 119–134 (2003)
7. A. J. Menezes, P. C. van Oorschot, S. A. Vanstone, *Handbook of Applied Cryptography* (CRC Press, Boca Raton, Florida, USA, 1997)
8. Security Architecture for the Internet Protocol, http://www.rfc-editor.org/rfc/rfc4301.txt. Zugegriffen am 1. April 2016
9. William Stallings, *Cryptography and Network Security: Principles and Practice*, 6. Aufl. (Pearson, 2013)

Sachverzeichnis

C. Paar, J. Pelzl, *Kryptografie verständlich*, eXamen.press, DOI 10.1007/978-3-662-49297-0

Printed in the United States
By Bookmasters